내가 뽑은 원픽!

최고의 수험서

2024

가스
기사 필기

과년도 문제풀이 7개년

권오수·최종만·전삼종 공저

🔥 **한국가스신문사**
(사) **한국가스기술인협회**

머리말

가스는 통상적으로 압축가스, 액화가스, 용해가스로 나누며, 성분에 따라 가연성가스, 독성가스, 조연성가스, 불연성가스로 나눈다. 가스는 일반적으로 고압용기에 저장하며, 특히 가연성가스는 폭발의 위험이 있고, 독성가스는 인체에 해를 크게 끼치므로 항상 조심스럽고 안전하게 취급해야 하는 기체이다.

가스는 최근에 제정된 「중대재해 처벌 등에 관한 법률」에 해당하는 유체로서 아무나 취급하지 못하게 하기 위하여 가스 분야 기술자격증(가스기사, 가스산업기사, 가스기능장, 가스기능사)을 취득한 사람만이 취급 및 설비 시공이 가능하도록 하고 있다.

본 저자는 수십 년간 가스 분야의 저술가로 활동하였고 (사)한국가스기술인협회를 창립하고 회장에 취임하여 현직에서 활발하게 직무를 수행하고 있다.

그동안의 오랜 경험과 노하우를 반영한 《가스기사 필기 과년도 문제풀이 7개년》은 해마다 되풀이되는 가스사고의 예방과 산업안전에 큰 도움이 되고자 저술하였고, 이 책이 여러분이 자격증을 취득하는 데 밑알이 되기를 바란다.

최선을 다하여 저술하였으나 오류가 있으면 수정하고, 독자분들의 의견을 수렴하여 계속 보완해 나갈 것을 약속드린다.

마지막으로 이 책을 출간하는 데 많이 도와주신 도서출판 예문사 정용수 사장님과 편집부 직원들에게 감사 인사를 전한다.

권오수

직무 분야	안전관리	중직무 분야	안전관리	자격 종목	가스기사	적용 기간	2024. 1. 1. ~ 2027. 12. 31.

직무내용 : 가스 및 용기제조의 공정관리, 가스의 사용방법 및 취급요령 등을 위해 예방을 위한 지도 및 감독업무와 저장, 판매, 공급 등의 과정에서 안전관리를 위한 지도 및 감독 업무를 수행하는 직무이다.

필기검정방법	객관식	문제수	100	시험시간	2시간 30분

필기과목명	출제 문제수	주요항목	세부항목	세세항목
가스유체역학	20	1. 유체의 정의 및 특성	1. 용어의 정의 및 개념의 이해	1. 단위와 차원해석 2. 물리량의 정의 3. 유체의 흐름현상
		2. 유체 정역학	1. 비압축성 유체	1. 유체의 정역학 2. 유체의 기본방정식 3. 유체의 유동 4. 유체의 물질수지 및 에너지 수지
		3. 유체 동역학	1. 압축성유체	1. 압축성 유체의 흐름공정 2. 기체상태 방정식의 응용 3. 유체의 운동량이론 4. 경계층이론 5. 충격파의 전달속도
			2. 유체의 수송	1. 유체의 수송 장치 2. 액체의 수송 3. 기체의 수송 4. 유체의 수송동력 5. 유체의 수송에 있어서의 두 손실
연소공학	20	1. 연소이론	1. 연소기초	1. 연소의 정의 2. 열역학 법칙 3. 열전달 4. 열역학의 관계식 5. 연소속도 6. 연소의 종류와 특성
			2. 연소계산	1. 연소현상 이론 2. 이론 및 실제 공기량 3. 공기비 및 완전연소 조건 4. 발열량 및 열효율 5. 화염온도 6. 화염전파이론
		2. 연소설비	1. 연소장치의 개요	1. 연소장치 2. 연소방법 3. 연소현상

필기과목명	출제 문제수	주요항목	세부항목	세세항목
			2. 연소장치 설계	1. 고부하 연소기술 2. 연소부하산출
		3. 가스폭발/방지 대책	1. 가스폭발이론	1. 폭발범위 2. 확산 이론 3. 열 이론 4. 기체의 폭굉현상 5. 폭발의 종류 6. 가스폭발의 피해(영향) 계산
			2. 위험성 평가	1. 정성적 위험성 평가 2. 정량적 위험성 평가
			3. 가스화재 및 폭발방지대책	1. 가스폭발의 예방 및 방호 2. 가스화재 소화이론 3. 방폭구조의 종류 4. 정전기 발생 및 방지대책
가스설비	20	1. 가스설비의 종류 및 특성	1. 고압가스 설비	1. 고압가스 제조설비 2. 고압가스 저장설비 3. 고압가스 사용설비 4. 고압가스 충전 및 판매설비
			2. 액화석유가스 설비	1. 액화석유가스 충전설비 2. 액화석유가스 저장 및 판매설비 3. 액화석유가스 집단공급설비 4. 액화석유가스 사용설비
			3. 도시가스설비	1. 도시가스 제조설비 2. 도시가스 공급충전설비 3. 도시가스 사용설비 4. 도시가스 배관 및 정압설비
			4. 수소설비	1. 수소 제조설비 2. 수소 공급충전설비 3. 수소 사용설비 4. 수소 배관설비
			5. 펌프 및 압축기	1. 펌프의 기초 및 원리 2. 압축기의 구조 및 원리 3. 펌프 및 압축기의 유지관리
			6. 저온장치	1. 가스의 액화사이클 2. 가스의 액화분리장치 3. 가스의 액화분리장치의 계통과 구조
			7. 고압장치	1. 고압장치의 요소 2. 고압장치의 계통과 구조

필기과목명	출제 문제수	주요항목	세부항목	세세항목
				3. 고압가스 반응장치
				4. 고압저장 탱크설비
				5. 기화장치
				6. 고압측정장치
			8. 재료와 방식, 내진	1. 가스설비의 재료, 용접 및 비파괴검사
				2. 부식의 종류 및 원리
				3. 방식의 원리
				4. 방식설비의 설계 및 유지관리
				5. 내진설비 및 기술사항
		2. 가스용 기기	1. 가스용 기기	1. 특정설비
				2. 용기 및 용기밸브
				3. 압력조정기
				4. 가스미터
				5. 연소기
				6. 콕 및 호스
				7. 차단용 밸브
				8. 가스누출경보/차단기
가스안전관리	20	1. 가스에 대한 안전	1. 가스제조 및 공급, 충전에 관한 안전	1. 고압가스 제조 및 공급 · 충전
				2. 액화석유가스 제조 및 공급 · 충전
				3. 도시가스 제조 및 공급 · 충전
				4. 수소 제조 및 공급 · 충전
			2. 가스저장 및 사용에 관한 안전	1. 저장 탱크
				2. 탱크로리
				3. 용기
				4. 저장 및 사용 시설
			3. 용기, 냉동기 가스용품, 특정설비 등의 제조 및 수리에 관한 안전	1. 고압가스 용기제조, 수리 및 검사
				2. 냉동기기 제조, 특정설비 제조 및 수리
				3. 가스용품 제조 및 수리
		2. 가스취급에 대한 안전	1. 가스운반 취급에 관한 안전	1. 고압가스의 양도, 양수 운반 또는 휴대
				2. 고압가스 충전용기의 운반
				3. 차량에 고정된 탱크의 운반
			2. 가스의 일반적인 성질에 관한 안전	1. 가연성가스
				2. 독성가스
				3. 기타가스
			3. 가스안전사고의 원인 조사 분석 및 대책	1. 화재사고
				2. 가스폭발
				3. 누출사고
				4. 질식사고 등
				5. 안전관리 이론, 안전교육 및 자체검사

필기과목명	출제 문제수	주요항목	세부항목	세세항목
가스계측	20	1. 계측기기	1. 계측기기의 개요	1. 계측기 원리 및 특성 2. 제어의 종류 3. 측정과 오차
			2. 가스계측기기	1. 압력계측 2. 유량계측 3. 온도계측 4. 액면 및 습도계측 5. 밀도 및 비중의 계측 6. 열량계측
		2. 가스분석	1. 가스분석	1. 가스 검지 및 분석 2. 가스기기 분석
		3. 가스미터	1. 가스미터의 기능	1. 가스미터의 종류 및 계량 원리 2. 가스미터의 크기선정 3. 가스미터의 고장처리
		4. 가스시설의 원격감시	1. 원격감시장치	1. 원격감시장치의 원리 2. 원격감시장치의 이용 3. 원격감시 설비의 설치·유지

CBT PREVIEW

한국산업인력공단(www.q-net.or.kr)에서는 실제 컴퓨터 필기시험 환경과 동일하게 구성된 자격검정 CBT 웹 체험을 제공하고 있습니다. 또한, 예문사 홈페이지(http://yeamoonsa.com)에서도 CBT 형태의 모의고사를 풀어볼 수 있으니 참고하여 활용하시기 바랍니다.

수험자 정보 확인

시험장 감독위원이 컴퓨터에 나온 수험자 정보와 신분증이 일치하는지를 확인하는 단계입니다.
수험번호, 성명, 주민등록번호, 응시종목, 좌석번호를 확인합니다.

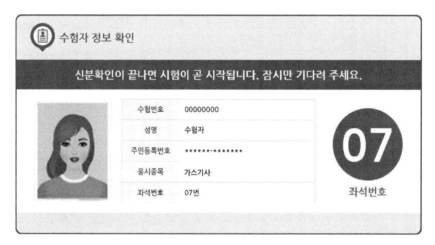

안내사항

시험에 관련된 안내사항이므로 꼼꼼히 읽어보시기 바랍니다.

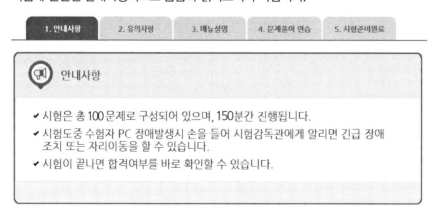

유의사항

부정행위는 절대 안 된다는 점, 잊지 마세요!

유의사항 - [1/3]

- 다음과 같은 부정행위가 발각될 경우 감독관의 지시에 따라 퇴실 조치되고, 시험은 무효로 처리되며, 3년간 국가기술자격검정에 응시할 자격이 정지됩니다.

  - ✔ 시험 중 다른 수험자와 시험에 관련한 대화를 하는 행위
  - ✔ 시험 중에 다른 수험자의 문제 및 답안을 엿보고 답안지를 작성하는 행위
  - ✔ 다른 수험자를 위하여 답안을 알려주거나, 엿보게 하는 행위
  - ✔ 시험 중 시험문제 내용과 관련된 물건을 휴대하여 사용하거나 이를 주고받는 행위

다음 유의사항 보기 ▶

문제풀이 메뉴 설명

문제풀이 메뉴에 대한 주요 설명입니다. CBT에 익숙하지 않다면 꼼꼼한 확인이 필요합니다.
(글자크기/화면배치, 전체/안 푼 문제 수 조회, 남은 시간 표시, 답안 표기 영역, 계산기 도구,
페이지 이동, 안 푼 문제 번호 보기/답안 제출)

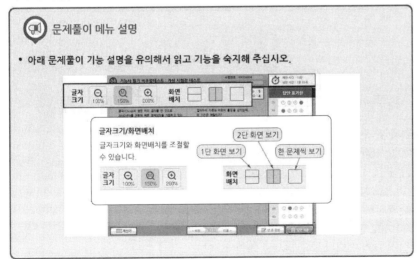

CBT 전면시행에 따른

CBT PREVIEW

🖥 시험준비 완료!

이제 시험에 응시할 준비를 완료합니다.

1. 안내사항	2. 유의사항	3. 메뉴설명	4. 문제풀이 연습	**5. 시험준비완료**

📢 **시험 준비 완료**

✔ 아래의 시험 준비 완료 버튼을 클릭해주세요.
✔ 잠시 후 시험감독관의 지시에 따라 시험이 자동으로 시작됩니다.

(시험 준비 완료)

🖥 시험화면

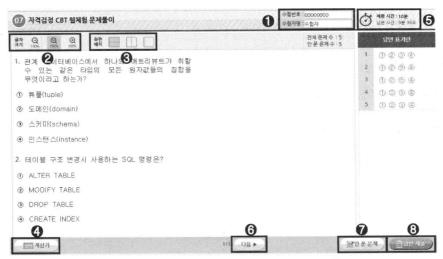

❶ 수험번호, 수험자명 : 본인이 맞는지 확인합니다.
❷ 글자크기 : 100%, 150%, 200%로 조정 가능합니다.
❸ 화면배치 : 2단 구성, 1단 구성으로 변경합니다.
❹ 계산기 : 계산이 필요할 경우 사용합니다.
❺ 제한 시간, 남은 시간 : 시험시간을 표시합니다.
❻ 다음 : 다음 페이지로 넘어갑니다.
❼ 안 푼 문제 : 답안 표기가 되지 않은 문제를 확인합니다.
❽ 답안 제출 : 최종답안을 제출합니다.

답안 제출

문제를 다 푼 후 답안 제출을 클릭하면 다음과 같은 메시지가 출력됩니다.
여기서 '예'를 누르면 답안 제출이 완료되며 시험을 마칩니다.

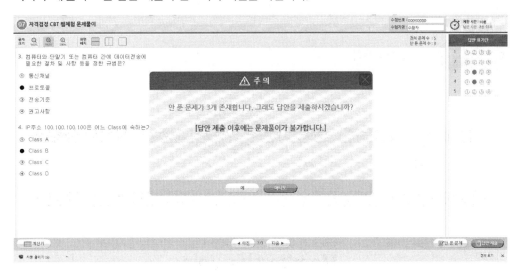

알고 가면 쉬운 CBT 4가지 팁

1. 시험에 집중하자.
기존 시험과 달리 CBT 시험에서는 같은 고사장이라도 각기 다른 시험에 응시할 수 있습니다. 옆 사람은
다른 시험을 응시하고 있으니, 자신의 시험에 집중하면 됩니다.

2. 필요하면 연습지를 요청하자.
응시자의 요청에 한해 시험장에서는 연습지를 제공하고 있습니다. 연습지는 시험이 종료되면 회수되므로
필요에 따라 요청하시기 바랍니다.

3. 이상이 있으면 주저하지 말고 손을 들자.
갑작스럽게 프로그램 문제가 발생할 수 있습니다. 이때는 주저하며 시간을 허비하지 말고, 즉시 손을
들어 감독관에게 문제점을 알려주시기 바랍니다.

4. 제출 전에 한 번 더 확인하자.
시험 종료 이전에는 언제든지 제출할 수 있지만, 한 번 제출하고 나면 수정할 수 없습니다. 맞게 표기하
였는지 다시 확인해보시기 바랍니다.

• 인터넷에서 [예문사]를 검색하여 홈페이지에 접속합니다.
• PC, 휴대폰, 태블릿 등을 이용해 사용이 가능합니다.

STEP 1 > 회원가입 하기

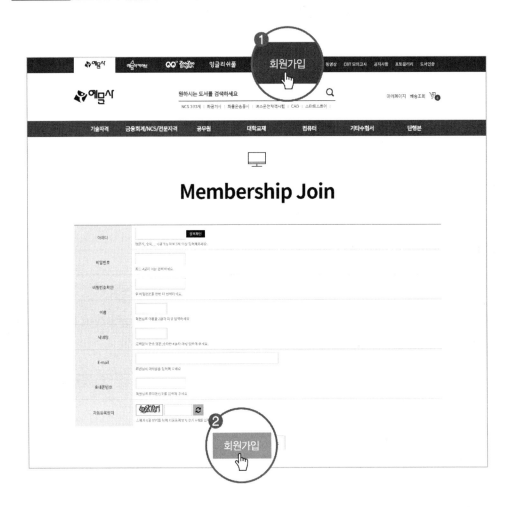

1. 메인 화면 상단의 [회원가입] 버튼을 누르면 가입 화면으로 이동합니다.
2. 입력을 완료하고 아래의 [회원가입] 버튼을 누르면 **인증절차 없이 바로 가입**이 됩니다.

STEP 2 시리얼 번호 확인 및 등록

시리얼번호			
D577	5R10	13N2	2BF1

1. 로그인 후 메인 화면 상단의 [CBT 모의고사]를 누른 다음 **수강할 강좌를 선택**합니다.
2. 시리얼 등록 안내 팝업창이 뜨면 [확인]을 누른 뒤 **시리얼 번호를 입력**합니다.

STEP 3 등록 후 사용하기

1. 시리얼 번호 입력 후 [마이페이지]를 클릭합니다.
2. 등록된 CBT 모의고사는 [모의고사]에서 확인할 수 있습니다.

CONTENTS
이책의 **차례**

제1편 과년도 기출문제

2021년

2022년

제2편

CBT 실전모의고사

가스기사는 2022년 3회 시험부터 CBT(Computer – Based Test)로 전면 시행됩니다.

❶ 불연성가스

1) 개요

공기중에서 연소성이 없는 가스

2) 종류

질소, 이산화탄소, 알곤 등 희가스 6개, 수증기, 아황산가스

❷ 조연성가스

1) 개요

자기 자신은 연소하지 않고 가연성가스가 연소하는데 도움을 주는 가스

2) 종류

산소, 오존, 공기, 불소, 염소, 이산화질소, 일산화질소

❸ 가연성가스

1) 개요

① 공기와 혼합된 경우 연소를 일으킬 수 있는 공기 중의 가스농도 한계를 말한다.
② 공기 중에서 폭발한계의 하한이 10% 이하이거나 폭발한계의 상한과 하한의 차가 각각 20% 이상인 것을 말한다.

2) 종류

아크릴로니트릴, 아크릴알데히드, 아세트알데히드, 아세틸렌, 암모니아, 수소, 황화수소, 시안화수소, 일산화탄소, 이황화탄소, 메탄, 염화메탄, 브롬화메탄, 에탄, 염화에탄, 염화비닐, 에틸렌, 산화에틸렌, 프로판, 시클로프로판, 프로필렌, 산화프로필렌, 부탄, 부타디엔, 부틸렌, 메틸에테르, 모노메틸아민, 디메틸아민, 트리메틸아민, 에틸아민, 벤젠, 에틸벤젠

4 독성가스 종류

1) 개요

① 공기 중에서 일정량 이상 존재하는 경우 인체에 유해한 독성을 가진 가스로서 허용농도 100만분의 5,000 이하인 가스를 말한다.

② 해당가스를 성숙한 흰쥐 집단에게 대기 중에서 1시간 동안 계속하여 노출시킨 경우 14일 이내에 그 흰쥐의 2분의 1 이상이 죽게 되는 가스의 농도를 말한다.

2) 종류(31개)

아크릴로니트릴, 아크릴알데히드, 아황산가스, 암모니아, 일산화탄소, 이황화탄소, 불소, 염소, 브롬화메탄, 염화메탄, 염화프렌, 산화에틸렌, 시안화수소, 황화수소, 모노메틸아민, 디메틸아민, 트리메틸아민, 벤젠, 포스핀, 요오드화수소, 브롬화수소, 염화수소, 불화수소, 겨자가스, 알진, 모노실란, 디실란, 디보레인, 세렌화수소, 포스핀, 모노게르만

5 가연성가스이면서 독성가스 종류

1) 개요

연소성이 있는 가스로서 독성이 있는 가스

2) 종류(16개)

아크릴로리트릴, 아크릴알데히드, 암모니아, 일산화탄소, 이황화탄소, 브롬화메탄, 염화메탄, 산화에틸렌, 시안화수소, 황화수소, 모노메틸아민, 디메틸아민, 트리메틸아민, 벤젠, 염화메탄, 시안화수소

6 고압가스안전관리법

1) 용어설명

• 액화가스 : 가압(加壓) · 냉각 등의 방법에 의하여 액체상태로 되어 있는 것으로서 대기압에서의 끓는점이 섭씨 40도 이하 또는 상용 온도 이하인 것

• 압축가스 : 일정한 압력에 의하여 압축되어 있는 가스

- **저장설비** : 고압가스를 충전·저장하기 위한 설비로서 저장탱크 및 충전용기보관설비

- **저장능력** : 저장설비에 저장할 수 있는 고압가스의 양으로서 시행규칙 별표 1에 따라 산정된 것

- **저장탱크** : 고압가스를 충전·저장하기 위하여 지상 또는 지하에 고정 설치된 탱크

- **초저온저장탱크** : 섭씨 영하 50도 이하의 액화가스를 저장하기 위한 저장탱크로서 단열재를 씌우거나 냉동설비로 냉각시키는 등의 방법으로 저장탱크 내의 가스온도가 상용의 온도를 초과하지 아니하도록 한 것

- **저온저장탱크** : 액화가스를 저장하기 위한 저장탱크로서 단열재를 씌우거나 냉동설비로 냉각시키는 등의 방법으로 저장탱크 내의 가스온도가 상용의 온도를 초과하지 아니하도록 한 것 중 초저온저장탱크와 가연성가스 저온저장탱크를 제외한 것

- **가연성가스 저온저장탱크** : 대기압에서의 끓는점이 섭씨 0도 이하인 가연성가스를 섭씨 0도 이하인 액체 또는 해당 가스의 기상부의 상용 압력이 0.1메가파스칼 이하인 액체상태로 저장하기 위한 저장탱크로서 단열재를 씌우거나 냉동설비로 냉각하는 등의 방법으로 저장탱크 내의 가스온도가 상용 온도를 초과하지 아니하도록 한 것

- **차량에 고정된 탱크** : 고압가스의 수송·운반을 위하여 차량에 고정 설치된 탱크

- **초저온용기** : 섭씨 영하 50도 이하의 액화가스를 충전하기 위한 용기로서 단열재를 씌우거나 냉동설비로 냉각시키는 등의 방법으로 용기 내의 가스온도가 상용 온도를 초과하지 아니하도록 한 것

- **저온용기** : 액화가스를 충전하기 위한 용기로서 단열재를 씌우거나 냉동설비로 냉각시키는 등의 방법으로 용기 내의 가스온도가 상용의 온도를 초과하지 아니하도록 한 것 중 초저온용기 외의 것

- **충전용기** : 고압가스의 충전질량 또는 충전압력의 2분의 1 이상이 충전되어 있는 상태의 용기

- **잔가스용기** : 고압가스의 충전질량 또는 충전압력의 2분의 1 미만이 충전되어 있는 상태의 용기

- **가스설비** : 고압가스의 제조 · 저장 · 사용 설비(제조 · 저장 · 사용 설비에 부착된 배관을 포함하며, 사업소 밖에 있는 배관은 제외) 중 가스(제조 · 저장되거나 사용 중인 고압가스, 제조공정 중에 있는 고압가스가 아닌 상태의 가스, 해당 고압가스제조의 원료가 되는 가스 및 고압가스가 아닌 상태의 수소)가 통하는 설비

- **고압가스설비** : 가스설비 중 다음의 설비를 말한다.
  ㉠ 고압가스가 통하는 설비
  ㉡ ㉠에 따른 설비와 연결된 것으로서 고압가스가 아닌 상태의 수소가 통하는 설비. 다만,「수소경제 육성 및 수소 안전관리에 관한 법률」에 따른 수소연료사용시설에 설치된 설비는 제외한다.

- **처리설비** : 압축 · 액화나 그 밖의 방법으로 가스를 처리할 수 있는 설비 중 고압가스의 제조(충전을 포함한다)에 필요한 설비와 저장탱크에 딸린 펌프 · 압축기 및 기화장치

- **감압설비** : 고압가스의 압력을 낮추는 설비

- **처리능력** : 처리설비 또는 감압설비에 의하여 압축 · 액화나 그 밖의 방법으로 1일에 처리할 수 있는 가스의 양(온도 섭씨 0도, 게이지압력 0파스칼의 상태를 기준으로 한다. 이하 같다)

- **불연재료(不燃材料)** :「건축법 시행령」에 따른 불연재료

- **방호벽(防護壁)** : 높이 2미터 이상, 두께 12센티미터 이상의 철근콘크리트 또는 이와 같은 수준 이상의 강도를 가지는 구조의 벽

- **보호시설** : 제1종보호시설 및 제2종보호시설로서 시행규칙 별표 2에서 정한 것

- **용접용기** : 동판 및 경판(동체의 양 끝부분에 부착하는 판을 말한다. 이하 같다)을 각각 성형하고 용접하여 제조한 용기

- **이음매 없는 용기** : 동판 및 경판을 일체(一體)로 성형하여 이음매가 없이 제조한 용기

- **접합 또는 납붙임용기** : 동판 및 경판을 각각 성형하여 심(Seam)용접이나 그 밖의 방법으로 접합하거나 납붙임하여 만든 내용적(內容積) 1리터 이하인 일회용 용기

- **충전설비** : 용기 또는 차량에 고정된 탱크에 고압가스를 충전하기 위한 설비로서 충전기와 저장탱크에 딸린 펌프 · 압축기를 말한다.

• **특수고압가스** : 압축모노실란 · 압축디보레인 · 액화알진 · 포스핀 · 세렌화수소 · 게르만 · 디실란 및 그 밖에 반도체의 세정 등 산업통상자원부장관이 인정하는 특수한 용도에 사용되는 고압가스

2) 저장능력

"산업통상자원부령으로 정하는 일정량"이란 다음 내용에 따른 저장능력을 말한다.

① 액화가스 : 5톤. 다만, 독성가스인 액화가스의 경우에는 1톤(허용농도가 100만분의 200 이하인 독성가스인 경우에는 100킬로그램)

② 압축가스 : 500세제곱미터. 다만, 독성가스인 압축가스의 경우에는 100세제곱미터(허용농도가 100만분의 200 이하인 독성가스인 경우에는 10세제곱미터)

3) 냉동능력

"산업통상자원부령으로 정하는 냉동능력"이란 시행규칙 별표 3에 따른 냉동능력 산정기준에 따라 계산된 냉동능력 3톤을 말한다.

4) 안전설비

"산업통상자원부령으로 정하는 것"이란 다음 내용의 어느 하나에 해당하는 안전설비를 말하며, 그 안전설비의 구체적인 범위는 산업통상자원부장관이 정하여 고시한다.

① 독성가스 검지기

② 독성가스 스크러버

③ 밸브

5) 고압가스 관련 설비

"산업통상자원부령으로 정하는 고압가스 관련 설비"란 다음 내용의 설비를 말한다.

① 안전밸브 · 긴급차단장치 · 역화방지장치

② 기화장치

③ 압력용기

④ 자동차용 가스 자동주입기

⑤ 독성가스배관용 밸브

⑥ 냉동설비를 구성하는 압축기 · 응축기 · 증발기 또는 압력용기(이하 "냉동용특정설비"라 한다). 다만 일체형 냉동기는 제외한다.

⑦ 고압가스용 실린더캐비닛
⑧ 자동차용 압축천연가스 완속충전설비(처리능력이 시간당 18.5세제곱미터 미만인 충
   전설비)
⑨ 액화석유가스용 용기 잔류가스회수장치
⑩ 차량에 고정된 탱크

가스관련 더 많은 자료는 네이버카페 "가냉보열"에서 확인하세요.

가스기사 필기 과년도 문제풀이 7개년
ENGINEER GAS

PART

01

과년도 기출문제

SECTION 01 가스유체역학

01 단수가 Z인 다단펌프의 비속도는 다음 중 어느 것에 비례하는가?

① $Z^{0.5}$ ② $Z^{0.75}$

③ $Z^{1.25}$ ④ $Z^{1.33}$

해설 원심식 펌프
ㄱ 볼류트 펌프
ㄴ 다단터빈 펌프

$$펌프\ 비속도(N_s) = Z^{0.75} = \frac{\eta \times Q^{\frac{1}{2}}}{H^{\frac{3}{4}}}, \frac{3}{4} = 0.75$$

02 비압축성 유체의 유량을 일정하게 하고, 관지름을 2배로 하면 유속은 어떻게 되는가?(단, 기타 손실은 무시한다.)

① $\frac{1}{2}$로 느려진다.   ② $\frac{1}{4}$로 느려진다.

③ 2배로 빨라진다.   ④ 4배로 빨라진다.

해설 $\frac{3.14}{4} \times (1)^2, \frac{3.14}{4} \times (2)^2$

$$\therefore \frac{A}{A'} = \frac{\frac{3.14}{4} \times (1)^2}{\frac{3.14}{4} \times (2)^2}$$

$\therefore$ 즉 $0.25\left(\frac{1}{4}\right)$로 느려진다.

03 유체수송장치의 캐비테이션 방지대책으로 옳은 것은?

① 펌프의 설치위치를 높인다.
② 펌프의 회전수를 크게 한다.
③ 흡입관 지름을 크게 한다.
④ 양흡입을 단흡입으로 바꾼다.

해설 캐비테이션
공동현상이며 순간 압력저하로 액유체가 기화하는 현상이다. 방지대책은 ③항 외에 펌프의 설치위치를 낮추어 양정을 적게 하고 펌프의 회전수를 감소시킨다. 단, 흡입을 양흡입으로 변경시킨다.

04 등엔트로피 과정은 어떤 과정이라 말할 수 있는가?

① 비가역 등온과정
② 마찰이 있는 가역과정
③ 가역 단열과정
④ 비가역적 팽창과정

해설 가역 단열과정(등엔트로피 과정)

$$\frac{T_2}{T_1} = \left(\frac{V_1}{V_2}\right)^{k-1} = \left(\frac{P_2}{P_1}\right)^{\frac{k-1}{k}}$$

05 모세관 현상에서 액체의 상승높이에 대한 설명으로 옳지 않은 것은?

① 액체의 밀도에 반비례한다.
② 모세관의 지름에 비례한다.
③ 표면장력에 비례한다.
④ 접촉각에 의존한다.

해설 모세관 현상에서 액체 상승 높이는 ①, ③, ④항에 의한다.

응집력>부착력   (모세관 현상)   응집력<부착력

06 원관에서의 레이놀즈 수(Re)에 관련된 변수가 아닌 것은?

① 직경   ② 밀도

③ 점성계수   ④ 체적

해설 레이놀즈수(Re) $= \dfrac{\rho V d}{\mu} = \dfrac{V d}{\nu}$

여기서, ρ : 밀도

　　　　V : 유체평균속도

　　　　d : 관의 직경

　　　　μ : 점성계수

　　　　ν : 동점성계수

07 다음 그림에서와 같이 관속으로 물이 흐르고 있다. A점과 B점에서의 유속은 몇 m/s인가?

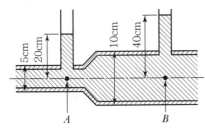

① $u_A = 2.045$, $u_B = 1.022$

② $u_A = 2.045$, $u_B = 0.511$

③ $u_A = 7.919$, $u_B = 1.980$

④ $u_A = 3.960$, $u_B = 1.980$

해설 $P_A = 1,000 \times 0.2 = 200 \text{kgf/m}^2$

$P_B = 1,000 \times 0.4 = 400 \text{kgf/m}^2$

$\dfrac{200}{1,000} + \dfrac{16}{2 \times 9.8} = \dfrac{400}{1,000} + \dfrac{u_B}{2 \times 9.8}$

$u_B = 0.511 \text{m/s}$

$\therefore u_A$점 유속 $= 0.511 \times 4 = 2.045 \text{m/s}$

08 대기의 온도가 일정하다고 가정하고 공중에 높이 떠 있는 고무풍선이 차지하는 부피(a)와 그 풍선이 땅에 내렸을 때의 부피(b)를 옳게 비교한 것은?

① a는 b보다 크다.

② a와 b는 같다.

③ a는 b보다 작다.

④ 비교할 수 없다.

해설 대기온도가 일정할 경우,

　㉠ 공중의 고무풍선 : 부력이 크고 밀도가 가볍다.

　㉡ 땅의 고무풍선 : 부력이 작고 밀도가 크다.

09 어떤 유체 흐름계를 Buckingham pi 정리에 의하여 차원 해석을 하고자 한다. 계를 구성하는 변수가 7개이고, 이들 변수에 포함된 기본차원이 3개일 때, 몇 개의 독립적인 무차원수가 얻어지는가?

① 2　　　　　　　② 4

③ 6　　　　　　　④ 10

해설 독립적인 무차원수

계의 구성 변수 - 변수 내 기본차원

$\therefore 7 - 3 = 4$개

10 내경이 10cm인 관 속을 40cm/s의 평균속도로 흐르던 물이 그림과 같이 내경이 5cm인 가지관으로 갈라져 흐를 때, 이 가지관에서의 평균유속은 약 몇 cm/s인가?

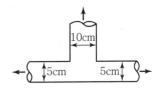

① 20　　　　　　② 40

③ 80　　　　　　④ 160

해설 $A = \dfrac{\pi}{4} d^2$, $Q_1 = A_1 \times V_1$

$10 \times 40 \text{cm/s} = 5 \times x$

평균유속$(x) = 40 \times \dfrac{10}{5} = 80 \text{cm/s}$

11 다음 중 옳은 것을 모두 고르면?

> ㉮ 가스의 비체적은 단위 질량당 체적을 뜻한다.
> ㉯ 가스의 밀도는 단위 체적당 질량이다.

① ㉮

② ㉯

③ ㉮, ㉯

④ 모두 틀림

해설 ㉠ 비체적(m^3/kg)

　㉡ 밀도(kg/m^3)

12 미사일이 공기 중에서 시속 1,260km로 날고 있을 때의 마하수는 약 얼마인가?(단, 공기의 기체상수 R 은 287J/kg·K, 비열비는 1.4이며, 공기의 온도는 25℃이다.)

① 0.83　　　　　② 0.92
③ 1.01　　　　　④ 1.25

해설 마하수$(M) = \dfrac{V}{C} = \dfrac{V}{\sqrt{kRT}} = \dfrac{\dfrac{1,260\times10^3}{3,600}}{\sqrt{1.4\times287\times(25+273)}}$

$= \dfrac{0.35\times10^3}{346} = 1.01$

13 길이 500m, 내경 50cm인 파이프 속을 물이 흐를 경우 마찰손실수두가 10m라면 유속은 얼마인가?(단, 마찰손실계수 $\lambda = 0.02$이다.)

① 3.13m/s　　　　② 4.15m/s
③ 5.26m/s　　　　④ 6.21m/s

해설 $10\,\text{m} = 0.02\times\dfrac{500}{0.5}\times\dfrac{V^2}{2\times9.8}$

유속$(V) = \sqrt{\dfrac{10\times0.5\times2\times9.8}{0.02\times500}} = 3.13\,\text{m/s}$

마찰손실수두$(h) = \lambda\times\dfrac{L}{d}\cdot\dfrac{V^2}{2\cdot g}\,(\text{m})$

14 압력 P, 마하수 M, 엔트로피가 S일 때, 수직충격파가 발생한다면 P, M, S는 어떻게 변화하는가?

① M, P는 증가하고 S는 일정
② M은 감소하고 P, S는 증가
③ P, M, S 모두 증가
④ P, M, S 모두 감소

해설 압력(P), 마하수(M), 엔트로피(S)
　㉠ 수직충격파 : 유동방향에 수직으로 생긴 충격파
　㉡ 충격파 : 초음속흐름$(M>1)$이 급작스럽게 아음속$(M<1)$ 으로 변할 때 이 흐름에 불연속면이 생기는 것이다(Shock Wave).
　㉢ 수직충격파가 생기면 압력, 밀도, 온도, 엔트로피가 증가, 속도는 감소한다(비가역 과정).
　㉣ 속도가 음속(C)보다 작은 경우가 아음속 흐름. 그 반대는 초음속흐름

15 물이 평균속도 4.5m/s로 안지름 100mm인 관을 흐르고 있다. 이 관의 길이 20m에서 손실된 헤드를 실험적으로 측정하였더니 4.8m이었다. 관 마찰계수는?

① 0.0116　　　　② 0.0232
③ 0.0464　　　　④ 0.2280

해설 마찰손실수두(h_l)

$= \lambda\times\dfrac{L}{d}\cdot\dfrac{V^2}{2\cdot g} = 4.8 = \lambda\times\dfrac{20}{0.1}\times\dfrac{4.5^2}{2\times9.8}$

관마찰계수$(\lambda) = \dfrac{4.8\times0.1\times2\times9.8}{20\times(4.5)^2} = 0.0232$

16 정체온도 Ts, 임계온도 Tc, 비열비를 k라 하면 이들의 관계를 옳게 나타낸 것은?

① $\dfrac{Tc}{Ts} = \left(\dfrac{2}{k+1}\right)^{k-1}$

② $\dfrac{Tc}{Ts} = \left(\dfrac{1}{k-1}\right)^{k-1}$

③ $\dfrac{Tc}{Ts} = \dfrac{2}{k+1}$

④ $\dfrac{Tc}{Ts} = \dfrac{1}{k-1}$

해설 등엔트로피 흐름
임계온도비 $= \dfrac{Tc}{Ts} = \dfrac{2}{k+1}$

17 그림은 회전수가 일정할 경우의 펌프의 특성곡선이다. 효율곡선은 어느 것인가?

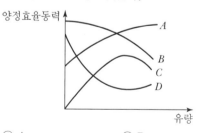

① A　　　　　② B
③ C　　　　　④ D

해설 A : 축동력곡선　　　　B : 양정곡선
　　　C : 효율곡선　　　　D : 해당없음

18 Hagen – Poiseuille 식이 적용되는 관내 층류 유동에서 최대속도 V_{max}=6cm/s일 때 평균 V_{avg}는 몇 cm/s인가?

① 2
② 3
③ 4
④ 5

해설 하겐 – 푸아죄유 방정식 관계비
최대속도=평균속도의 2배
즉, $V_{avg} = \dfrac{V}{V_{max}} = \dfrac{1}{2} \times 6 = 3$cm/s

• 평균속도=최대속도의 $\dfrac{1}{2}$

19 다음 중 비압축성 유체의 흐름에 가장 가까운 것은?

① 달리는 고속열차 주위의 기류
② 초음속으로 나는 비행기 주위의 기류
③ 압축기에서의 공기 유동
④ 물속을 주행하는 잠수함 주위의 수류

해설 건물, 자동차, 물 등 주위의 흐름(저속자유흐름)은 비압축성 유체이다.

20 실린더 안에는 500kgf/cm²의 압력으로 압축된 액체가 들어 있다. 이 액체 0.2m³를 550kgf/cm²로 압축하니 그 부피가 0.1996m³로 되었다. 이 액체의 체적 탄성계수는 몇 kgf/cm²인가?

① 20,000
② 22,500
③ 25,000
④ 27,500

해설 체적탄성계수(K)
$= \rho\dfrac{dP}{dP} = \dfrac{dP}{\frac{dV}{V}} \cdot \dfrac{550-500}{\frac{0.2-0.1996}{0.2}} = 25,000$kgf/cm²

SECTION 02 연소공학

21 가스가 폭발하기 전 발화 또는 착화가 일어날 수 있는 요인으로 가장 거리가 먼 것은?

① 습도　　② 조성
③ 압력　　④ 온도

해설 가스폭발 전 발화 및 착화요인
조성, 압력, 온도, 용기의 형태

22 기류의 흐름에 소용돌이를 일으켜, 이때 중심부에 생기는 부압에 의해 순환류를 발생시켜 화염을 안정시키려는 수단으로 가장 적당한 것은?

① 보염기　　② 선회기
③ 대향분류기　　④ 저유속기

해설 선회기
연소 시 기류의 흐름에 소용돌이를 일으켜 중심부에 생기는 부압에 의해 순환류를 발생시켜 화염을 안정시키는 기기이다. 안정적인 화염을 유지하여 정상적으로 연소가 이루어지게 하기 위한 장치이다.

23 이상기체에서 "PV^k = 일정"의 식이 적용되는 과정은?(단, k는 비열비이다.)

① 등온과정
② 등압과정
③ 등적과정
④ 단열과정

해설 단열과정(등엔트로피 과정)
$\dfrac{T_2}{T_1} = \left(\dfrac{V_1}{V_2}\right)^{k-1} = \left(\dfrac{P_2}{P_1}\right)^{\frac{k-1}{k}}$

24 폭굉유도거리가 짧아지는 이유가 아닌 것은?

① 관경이 클수록
② 압력이 높을수록
③ 점화원의 에너지가 클수록
④ 정상연소속도가 큰 혼합가스일수록

해설 • 가연성 가스는 관경이 작을수록 폭굉의 유도거리가 짧아진다.

• 폭굉(디토네이션) 폭발가스의 기류속도 : 1,000~3,500 m/sec

25 다음의 연소 반응식 중 틀린 것은?

① $C_3H_8 + 5O_2 \rightarrow 3CO_2 + 4H_2O$

② $C_3H_6 + \left(\dfrac{7}{2}\right)O_2 \rightarrow 3CO_2 + 3H_2O$

③ $C_4H_{10} + \left(\dfrac{13}{2}\right)O_2 \rightarrow 4CO_2 + 5H_2O$

④ $C_6H_6 + \left(\dfrac{15}{2}\right)O_2 \rightarrow 6CO_2 + 3H_2O$

해설 • C_3H_6(프로필렌) $+ 4.5O_2 \rightarrow 3CO_2 + 3H_2O$

• 공기량$(A_o) = 4.5 \times \dfrac{1}{0.21} = 21.43 Nm^3/Nm^3$

26 가스의 폭발에 대한 설명으로 틀린 것은?

① 산소 중에서의 폭발하한계가 아주 낮아진다.

② 혼합가스의 폭발은 르샤트리에의 법칙에 따른다.

③ 압력이 상승하거나 온도가 높아지면 가스의 폭발범위는 일반적으로 넓어진다.

④ 가스의 화염전파속도가 음속보다 큰 경우에 일어나는 충격파를 폭굉이라고 한다.

해설 가스는 산소 중에서 폭발한계가 넓어진다.
(폭발하한계~폭발상한계＝폭발범위)

27 2개의 단열과정과 2개의 정압과정으로 이루어진 가스 터빈의 이상 사이클은?

① 에릭슨 사이클   ② 브레이턴 사이클

③ 스털링 사이클   ④ 아트킨슨 사이클

해설

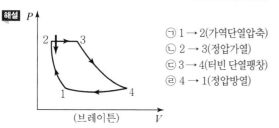

㉠ 1 → 2(가역단열압축)
㉡ 2 → 3(정압가열)
㉢ 3 → 4(터빈 단열팽창)
㉣ 4 → 1(정압방열)

(브레이튼)

28 어떤 연료의 성분이 다음과 같을 때 이론공기량 (Nm^3/kg)은 약 얼마인가?(단, 각 성분의 비는 C : 0.82, H : 0.16, O : 0.02이다.)

① 8.7   ② 9.5

③ 10.2   ④ 11.5

해설 고체, 액체 원소분석의 이론공기량(A_o)

$A_o = 8.89C + 26.67\left(H - \dfrac{O}{8}\right) + 3.33S$

$= 8.89 \times 0.82 + 26.67\left(0.16 - \dfrac{0.02}{8}\right)$

$= 7.2898 + 4.200525 = 11.5 Nm^3/kg$

29 연소기에서 발생할 수 있는 역화를 방지하는 방법에 대한 설명 중 옳지 않은 것은?

① 연료분출구를 적게 한다.

② 버너의 온도를 높게 유지한다.

③ 연료의 분출속도를 크게 한다.

④ 1차 공기를 착화범위보다 적게 한다.

해설 연소실 내의 온도를 높게 하면 완전연소가 가능하여 역화가 방지된다(역화원인가스는 일산화탄소).

30 안쪽 반지름 55cm, 바깥 반지름 90cm인 구형 고압 반응 용기$(\lambda = 41.87 W/m \cdot ℃)$ 내외의 표면온도가 각각 551K, 543K일 때 열손실은 약 몇 kW인가?

① 6   ② 11

③ 18   ④ 29

해설 구형 용기 내 열손실(Q)

$= k \dfrac{4\pi(t_1 - t_2)}{\dfrac{1}{r_1} - \dfrac{1}{r_2}} = 41.87 \times \dfrac{4 \times 3.14(551 - 543)}{\dfrac{1}{0.55} - \dfrac{1}{0.9}}$

$≒ 6kW$

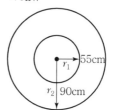

31 가스 안전성 평가 기법은 정성적 기법과 정량적 기법으로 구분한다. 정량적 기법이 아닌 것은?

① 결합수 분석(FTA)
② 사건수 분석(ETA)
③ 원인결과 분석(CCA)
④ 위험과 운전분석(HAZOP)

해설 ㉠ HAZOP법 : 정성적인 안전성 평가기법
ㄴ FTA법, ETA법, CCA법 : 정량적인 안정성 평가기법

32 폭굉현상에 대한 설명으로 틀린 것은?

① 폭굉한계의 농도는 폭발(연소)한계의 범위 내에 있다.
② 폭굉현상은 혼합가스의 고유 현상이다.
③ 오존, NO_2, 고압하의 아세틸렌의 경우에도 폭굉을 일으킬 수 있다.
④ 폭굉현상은 가연성 가스가 어느 조성범위에 있을 때 나타나는데 여기에는 하한계와 상한계가 있다.

해설 폭굉(DID)은 가연성 가스와 공기 또는 산소와의 폭발범위에서만 발생한다.
• 프로판=산소 2.5%~산소 42.5%가 폭굉범위이다.

33 연소의 연쇄반응을 차단하는 방법으로 소화하는 소화의 종류는?

① 억제소화   ② 냉각소화
③ 제거소화   ④ 질식소화

해설 ㉠ 억제소화 : 연소의 연쇄반응을 차단하는 소화
ㄴ 냉각소화 : 연소에 필요한 에너지 값 이하로 낮추는 소화
ㄷ 제거소화 : 가연 물질들을 제거하는 방식의 소화
ㄹ 질식소화 : 산소를 차단해 소화시키는 방법

34 어느 온도에서 $A(g) + B(g) \rightleftarrows C(g) + D(g)$ 와 같은 가역반응이 평형상태에 도달하여 D가 1/4mol 생성되었다. 이 반응의 평형상수는?(단, A와 B를 각각 1mol씩 반응시켰다.)

① $\dfrac{16}{9}$ ② $\dfrac{1}{3}$

③ $\dfrac{1}{9}$ ④ $\dfrac{1}{16}$

해설 평형상수$(K) = \dfrac{(C)^c (D)^d}{(A)^a (B)^b}$ (온도 일정)

$$A(g) \ + \ B(g) \ \rightleftarrows \ C(g) + D(g)$$
1몰   1몰   0몰   0몰   (반응 전)
$\left(1-\dfrac{1}{4}\right)$몰 $\left(1-\dfrac{1}{4}\right)$몰 $\left(\dfrac{1}{4}\right)$몰 $\left(\dfrac{1}{4}\right)$몰 (반응 후)

$$\dfrac{\dfrac{1}{4} \times \dfrac{1}{4}}{\dfrac{3}{4} \times \dfrac{3}{4}} = \dfrac{\dfrac{1 \times 1}{4 \times 4}}{\dfrac{3 \times 3}{4 \times 4}} = \dfrac{4 \times 4 \times 1 \times 1}{4 \times 4 \times 3 \times 3} = \dfrac{1}{9}$$

35 다음 그림은 액체 연료의 연소시간(t)의 변화에 따른 유적 직경(d)의 거동을 나타낸 것이다. 착화 지연기간으로 유적의 온도가 상승하여 열팽창을 일으키므로 직경이 다소 증가하지만 증발이 시작되면 감소하는 곳은?

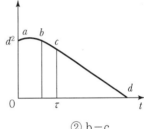

① a−b   ② b−c
③ c−d   ④ d

해설 a→b : 가열하면 증발이 시작되어 유적의 직경이 감소되는 곳
• b−c는 증발이 이루어지는 곳
  c−d는 연소가 이루어지는 곳

36 예혼합연소의 특징에 대한 설명으로 옳은 것은?

① 역화의 위험성이 없다.
② 노(爐)의 체적이 커야 한다.
③ 연소실 부하율을 높게 얻을 수 있다.
④ 화염대에 해당하는 두께는 10~100mm 정도로 두껍다.

해설 예혼합연소 시 연소실 부하율(kcal/m³ · h)을 높게 얻을 수 있다(기체연소).
• ①, ②, ④항은 확산연소방식이다(기체연소).

37 고체연료의 연소과정 중 화염이동속도에 대한 설명으로 옳은 것은?

① 발열량이 낮을수록 화염이동속도는 커진다.
② 석탄화도가 높을수록 화염이동속도는 커진다.
③ 입자 직경이 작을수록 화염이동속도는 커진다.
④ 1차 공기온도가 높을수록 화염이동속도는 작아진다.

> **해설** ①항은 발열량이 클수록 화염이동속도가 커진다.
> ②항은 석탄의 탄화도가 크면 화염이동속도는 작아진다.
> ④항은 1차 공기의 온도가 높으면 화염이동속도가 커진다.

38 20kW의 어떤 디젤 기관에서 마찰손실이 출력의 15%일 때 손실에 의해 발생되는 열량은 약 몇 kJ/s인가?

① 3
② 4
③ 6
④ 7

> **해설** 1시간=3,600초, 1kWh=3,600kJ/h
> $20 \times 3,600 = 72,000 \text{kJ/h}$
> $\therefore \dfrac{72,000 \times 0.15}{3,600} = 3 \text{kJ/s}$
> • $1\text{W} = 1\text{J/s}$, $1\text{kWh} = 3,600\text{s}$

39 30kg 중유의 고위발열량이 90,000kcal일 때 저위발열량은 약 몇 kcal/kg인가?(단, C : 30%, H : 10%, 수분 : 2%이다.)

① 1,552
② 2,448
③ 3,552
④ 4,944

> **해설** 저위발열량(H_l) = 고위발열량(H_h) $- 600(9H + W)$
> $\qquad = \dfrac{90,000}{30} - 600 \times (9 \times 0.1 + 0.02)$
> $\therefore \dfrac{90,000}{30} - 552 = 2,448 \text{kcal/kg}$

40 에너지 방출속도(Energy Release Rate)에 대한 설명으로 틀린 것은?

① 화재와 관련하여 가장 중요한 값이다.
② 다른 요소와 비교할 때 간접적으로 화재의 크기와 손상가능성을 나타낸다.
③ 화염 높이와 밀접한 관계가 있다.
④ 화재 주위의 복사열 유속과 직접 관련된다.

> **해설** 에너지 방출속도는 다른 요소와 비교할 때 직접적으로 화재의 크기와 손상 가능성을 나타낸다.

SECTION **03** 가스설비

41 LPG 집단 공급시설에서 액화석유가스 저장탱크의 저장능력 계산 시 기준이 되는 것은?

① 0℃에서의 액비중을 기준으로 계산
② 20℃에서의 액비중을 기준으로 계산
③ 40℃에서의 액비중을 기준으로 계산
④ 상용온도에서의 액비중을 기준으로 계산

> **해설** LPG(액화석유가스) 집단공급시설에서 액화가스 저장탱크의 저장능력은 40℃에서의 액비중을 기준으로 한다.

42 일정압력 이하로 내려가면 가스 분출이 정지되는 구조의 안전밸브는?

① 스프링식
② 파열식
③ 가용전식
④ 박판식

> **해설** 스프링식 안전밸브는 일정압력 이하로 내려가면 가스 분출이 정지된다. 반대로 압력이 스프링의 힘보다 높아지면 밸브시트가 열린다.

43 일반용 액화석유가스 압력조정기의 내압 성능에 대한 설명으로 옳은 것은?

① 입구 쪽 시험압력은 2MPa 이상으로 한다.

② 출구 쪽 시험압력은 0.2MPa 이상으로 한다.

③ 2단 감압식 2차용 조정기의 경우에는 입구 쪽 시험압력을 0.8MPa 이상으로 한다.

④ 2단 감압식 2차용 조정기 및 자동절체식 분리형 조정기의 경우에는 출구 쪽 시험압력을 0.8MPa 이상으로 한다.

해설 ①항은 3MPa 이상
②항은 0.3MPa 이상
④항은 2단 감압식 1차용 조정기이다(자동절체형도 동일).

44 가스배관에 대한 설명 중 옳은 것은?

① SDR21 이하의 PE 배관은 0.25MPa 이상 0.4MPa 미만의 압력에 사용할 수 있다.

② 배관의 규격 중 관의 두께는 스케줄 번호로 표시하는데 스케줄 수 40은 살 두께가 두꺼운 관을 말하고, 160 이상은 살 두께가 가는 관을 나타낸다.

③ 강괴에 내재하는 수축공, 국부적으로 집합한 기포나 편식 등의 개재물이 압착되지 않고 층상의 균열로 남아 있어 강에 영향을 주는 현상을 라미네이션이라 한다.

④ 재료가 일정온도 이하의 저온에서 하중을 변화시키지 않아도 시간의 경과함에 따라 변형이 일어나고 끝내 파탄에 이르는 것을 크리프 현상이라 하고 한계온도는 −20℃이하이다.

해설 ㉠ 스케줄 번호가 클수록 살 두께가 두껍다.
㉡ 크리프 현상 : 한계온도는 고온, 고하중에서 발생
㉢ SDR : 외경/최소두께
㉣ 스케줄 수가 클수록 살 두께가 굵다.
㉤ ③항은 라미네이션 현상

45 고압식 액체산소 분리공정 순서로 옳은 것은?

㉠ 공기압축기(유분리기)	㉡ 예냉기
㉢ 탄산가스 흡수기	㉣ 열교환기
㉤ 건조기	㉥ 액체산소 탱크

① ㉠ → ㉡ → ㉢ → ㉣ → ㉤ → ㉥

② ㉢ → ㉠ → ㉡ → ㉤ → ㉣ → ㉥

③ ㉡ → ㉠ → ㉢ → ㉤ → ㉣ → ㉥

④ ㉠ → ㉢ → ㉡ → ㉤ → ㉣ → ㉥

해설 고압식 액체산소 분리공정 순서
탄산가스 흡수기 → 공기압축기(유분리기) → 예냉기 → 건조기 → 열교환기 → 액체산소 탱크 저장

46 도시가스 강관 파이프의 길이가 5m이고, 선팽창계수(a)가 0.000015(1/℃)일 때 온도가 20℃에서 70℃로 올라갔다면 늘어난 길이는?

① 2.74mm

② 3.75mm

③ 4.78mm

④ 5.76mm

해설 $0.000015(1/℃) × 1,000 = 0.015mm/m$
$∴ a = 0.015 × 5 × (70 − 20) = 3.75mm$

47 펌프 입구와 출구의 진공계 및 압력계의 바늘이 흔들리며 송출 유량이 변하는 현상은?

① 공동 현상

② 서징 현상

③ 수격 현상

④ 베이퍼록 현상

해설 서징(Surging) 현상
펌프 작동 시 입구와 출구의 진공계 및 압력계의 바늘이 흔들리며 송출유량, 운동, 양정이 변화하는 현상. 맥동 현상이라고도 한다.

48 유량이 0.5m³/min인 축류펌프에서 물을 흡수면보다 50m 높은 곳으로 양수하고자 한다. 축동력이 15PS 소요되었다고 할 때 펌프의 효율은 약 몇 %인가?

① 32

② 37

③ 42

④ 47

해설 급수 펌프의 소요동력(PS) $= \dfrac{1,000 \times \theta \times H}{75 \times 60 \times \eta}$

$= \dfrac{1,000 \times 0.5 \times 50}{75 \times 60 \times \eta}$

$\therefore$ 효율$(\eta) = \dfrac{\left(\dfrac{1,000 \times 0.5 \times 50}{75 \times 60}\right)}{15} \times 100 = 37\%$

49 가스용기의 최고 충전압력이 14MPa이고 내용적이 50L인 수소용기의 저장능력은 약 얼마인가?

① 4m³   ② 7m³
③ 10m³   ④ 15m³

해설 용기 저장능력 $= 50 \times (10 \times 14) = 7,000$ L

$= \dfrac{7,000\,\text{L}}{1,000(\text{L/m}^3)} = 7\text{m}^3$

• $1\text{MPa} = 10\text{kg/cm}^2$
$[(Q = (10P+1)V(\text{m}^3)]$

50 입구압력이 0.07~1.56MPa이고, 조정압력이 2.3 ~3.3kPa인 액화석유가스 압력조정기의 종류는?

① 1단 감압식 저압 조정기
② 1단 감압식 준저압 조정기
③ 자동 절체식 분리형 조정기
④ 자동 절체식 일체형 저압 조정기

해설 1단 감압식 저압 조정기
㉠ 입구압력 : 0.07~1.56MPa 이하
㉡ 조정압력 : 230~330mmH₂O 이하(2.3~3.3kPa)

51 가스화 프로세스에서 발생하는 일산화탄소의 함량을 줄이기 위한 CO 변성반응을 옳게 나타낸 것은?

① $CO + 3H_2 \leftrightarrows CH_4 + H_2O$
② $CO + H_2O \leftrightarrows CO_2 + H_2$
③ $2CO \leftrightarrows CO_2 + C$
④ $2CO + 2H_2 \leftrightarrows CH_4 + CO_2$

해설 CO 변성반응 $= CO + H_2O \rightleftarrows CO_2 + H_2$
(변성촉매사용 : 산화철 이용)

52 보통 탄소강에서 여러 가지 목적으로 합금원소를 첨가한다. 다음 중 적열메짐을 방지하기 위하여 첨가하는 원소는?

① 망간
② 텅스텐
③ 니켈
④ 규소

해설 망간
황과 결합해 만들어진 황화망간이 황화철의 생성을 억제한다. 탄소강에서 적열메짐(적열취성)을 방지하기 위해 0.2~1% 정도 함유시킨다.

53 고압가스 이음매 없는 용기의 밸브 부착부 나사의 치수 측정방법은?

① 링게이지로 측정한다.
② 평형수준기로 측정한다.
③ 플러그게이지로 측정한다.
④ 버니어 캘리퍼스로 측정한다.

해설 플러그게이지
이음매 없는 용기(무계목용기)의 부착 밸브 나사의 치수 측정 세이시이다(나사용 한계 게이지로 너트의 유효지름을 측정).

54 나사 이음에 대한 설명으로 틀린 것은?

① 유니언 : 관과 관의 접합에 이용되며 분해가 쉽다.
② 부싱 : 관 지름이 다른 접속부에 사용된다.
③ 니플 : 관과 관의 접합에 사용되며 암나사로 되어 있다.
④ 밴드 : 관의 완만한 굴곡에 이용된다.

해설 니플이음

내경(암나사)　외경(숫나사)　내경(암나사)

55 액화석유가스(LPG)를 용기 또는 소형 저장탱크에 충전 시 기상부는 용기 내용적의 15%를 확보하도록 하고 있다. 다음 중 그 이유로서 가장 옳은 것은?

① 용기가 부식여유를 갖도록
② 액체 상태의 유동성을 갖도록
③ 충전된 액체 상태의 부피의 양을 줄이도록
④ 온도 상승에 따른 부피팽창으로 인한 파열을 방지하기 위하여

해설  → 온도 상승에 따른 부피팽창으로 인한 파열을 방지하기 위함

56 부식 방지방법에 대한 설명으로 틀린 것은?

① 금속을 피복한다.
② 선택배류기를 접속시킨다.
③ 이종의 금속을 접촉시킨다.
④ 금속 표면의 불균일을 없앤다.

해설 이종(각기 다른 가스배관)의 금속을 접촉시켜 배관하면 전류 흐름에 의해 부식이 촉진된다.

57 다음 금속재료에 대한 설명으로 틀린 것은?

① 강에 P(인)의 함유량이 많으면 신율, 충격치는 저하된다.
② 18% Cr, 8% Ni을 함유한 강을 18-8 스테인리스강이라 한다.
③ 금속가공 중에 생긴 잔류응력 제거에는 열처리를 한다.
④ 구리와 주석의 합금은 황동이고, 구리와 아연의 합금은 청동이다.

해설 ㉠ 황동=구리+아연
㉡ 청동=구리+주석

58 고압가스용 밸브에 대한 설명 중 틀린 것은?

① 고압밸브는 그 용도에 따라 스톱밸브, 감압밸브, 안전밸브, 체크밸브 등으로 구분된다.
② 가연성 가스인 브롬화메탄과 암모니아 용기밸브의 충전구는 오른나사이다.
③ 암모니아 용기밸브는 동 및 동합금의 재료를 사용한다.
④ 용기에는 용기 내 압력이 규정압력 이상으로 될 때 작동하는 안전밸브가 부착되어 있다.

해설 암모니아 가스는 구리, 아연, 은, 알루미늄, 코발트 등과 반응하여 착이온을 발생시킨다. 암모니아 용기밸브 재료는 동 함유량이 62% 미만이어야 한다.

59 과류차단 안전기구가 부착된 것으로 배관과 호스 또는 배관과 커플러를 연결하는 구조의 콕은?

① 호스콕
② 퓨즈콕
③ 상자콕
④ 노즐콕

해설 퓨즈콕
과류차단 안전기구가 부착되며 배관과 호스 또는 배관과 커플러를 연결하는 구조의 콕이다.
※ 퓨즈콕은 가스유로를 볼로 개폐하고 상자콕은 가스유로를 핸들, 누름, 당김 등의 조작으로 개폐하며, 둘 다 과류차단 안전기구가 부착되어 있다. 상자콕은 배관과 커플러만 연결하는 구조다.

60 토양 중에서의 금속부식을 시험편을 이용하여 실험하였다. 이에 대한 설명으로 틀린 것은?

① 전기저항이 낮은 토양 중의 부식속도는 빠르다.
② 배수가 불량한 점토 중의 부식속도는 빠르다.
③ 염기성 세균이 번식하는 토양 중의 부식속도는 빠르다.
④ 통기성이 좋은 토양 중의 부식속도는 점차 빨라진다.

해설 통기성이 좋은 토양 중의 부식속도는 (금속에서) 느려진다.

61 가스보일러가 가동 중인 아파트 7층 다용도실에서 세탁 중이던 주부가 세탁 30분 후 머리가 아프다며 다용도실을 나온 후 실신하였다. 정밀조사 결과 상층으로 올라갈수록 CO의 농도가 높아짐을 알았다. 최우선 대책으로 옳은 것은?

① 다용도실의 환기 개선
② 공동배기구 시설 개선
③ 도시가스의 누출 차단
④ 가스보일러 본체 및 가스배관시설 개선

해설 아파트에서는 가스보일러 설치 시 공동배기구가 막히면 배기가스로 인해 가스보일러가 불완전연소됨으로써 상층부에서 CO 가스의 농도가 높아진다.

62 차량에 고정된 탱크에 설치된 긴급차단 장치는 차량에 고정된 저장탱크나 이에 접속하는 배관 외면의 온도가 얼마일 때 자동적으로 작동하도록 되어 있는가?

① 100℃
② 105℃
③ 110℃
④ 120℃

해설 가스배관의 외면온도가 110℃ 이상이면 가스긴급차단장치가 자동으로 작동된다.

63 저장탱크에 의한 액화석유가스 저장소에서 지반조사 시 지반조사의 실시 기준은?

① 저장설비와 가스설비 외면으로부터 10m 내에서 2곳 이상 실시한다.
② 저장설비와 가스설비 외면으로부터 10m 내에서 3곳 이상 실시한다.
③ 저장설비와 가스설비 외면으로부터 20m 내에서 2곳 이상 실시한다.
④ 저장설비와 가스설비 외면으로부터 20m 내에서 3곳 이상 실시한다.

해설 액화석유가스 저장소 지반조사는 저장설비와 가스설비 외면 10m 내에서 2곳 이상 실시한다.

64 다음 중 특정설비의 범위에 해당되지 않는 것은?

① 조정기
② 저장탱크
③ 안전밸브
④ 긴급차단장치

해설 압력조정기는 가스설비이며 특정설비에서 제외한다.

65 고압가스 용접용기 중 오목부에 내압을 받는 접시형 경판의 두께를 계산하고자 한다. 다음 계산식 중 어떤 계산식 이상의 두께로 하여야 하는가?[단, P는 최고충전압력의 수치(MPa), D는 중앙만곡부 내면의 반지름(mm), W는 접시형 경판의 형상에 다른 계수, S는 재료의 허용응력 수치(N/mm²), η는 경판 중앙부이음매의 용접효율, C는 부식여유두께(mm)이다.]

① $t(\mathrm{mm}) = \dfrac{PDW}{S\eta - P} + C$

② $t(\mathrm{mm}) = \dfrac{PDW}{S\eta - 0.5P} + C$

③ $t(\mathrm{mm}) = \dfrac{PDW}{2S\eta - 0.2P} + C$

④ $t(\mathrm{mm}) = \dfrac{PDW}{2S\eta - 1.2P} + C$

해설 용접용기 중 오목부 내압용 접시형 경판 두께(t) 계산식은 ③항에 해당한다.

66 도시가스용 압력조정기의 정의로 맞는 것은?

① 도시가스 정압기 이외에 설치되는 압력조정기로서 입구 쪽 구경이 50A 이하이고 최대표시유량이 300Nm³/h 이하인 것을 말한다.
② 도시가스 정압기 이외에 설치되는 압력조정기로서 입구 쪽 구경이 50A 이하이고 최대표시유량이 500Nm³/h 이하인 것을 말한다.
③ 도시가스 정압기 이외에 설치되는 압력조정기로서 입구 쪽 구경이 100A 이하이고 최대표시유량이 300Nm³/h 이하인 것을 말한다.
④ 도시가스 정압기 이외에 설치되는 압력조정기로서 입구 쪽 구경이 100A 이하이고 최대표시유량이 500Nm³/h 이하인 것을 말한다.

해설 도시가스용 압력조정기
도시가스 정압기 이외에 설치되는 압력조정기이다(입구 쪽 구경은 50A 이하, 최대사용량 표시 유량은 300Nm³/h 이하일 것).

67 액화석유가스의 누출을 감지할 수 있도록 냄새나는 물질을 섞어야 할 양으로 적당한 것은?

① 공기 중에 1백분의 1의 비율로 혼합되었을 때 그 사실을 알 수 있도록 섞는다.

② 공기 중에 1천분의 1의 비율로 혼합되었을 때 그 사실을 알 수 있도록 섞는다.

③ 공기 중에 5천분의 1의 비율로 혼합되었을 때 그 사실을 알 수 있도록 섞는다.

④ 공기 중에 1만분의 1의 비율로 혼합되었을 때 그 사실을 알 수 있도록 섞는다.

해설 가스부취제 함량

가스제조량의 $\frac{1}{1,000}$ 비율로 섞는다.

68 일반도시가스사업자 시설의 정압기에 설치되는 안전밸브 분출부의 크기 기준으로 옳은 것은?

① 정압기 입구 압력이 0.5MPa 이상인 것은 50A 이상

② 정압기 입구 압력에 관계없이 80A 이상

③ 정압기 입구 압력이 0.5MPa 이상인 것으로서 설계유량이 1,000m³ 이상인 것은 32A 이상

④ 정압기 입구 압력이 0.5MPa 이상인 것으로서 설계유량이 1,000m³ 미만인 것은 32A 이상

해설 일반도시가스사업자 시설의 정압기에 설치되는 안전밸브 분출부의 크기는 정압기 입구 압력이 0.5MPa 이상인 것은 50A 이상이다.
• 0.5MPa 미만(1,000Nm³/h 이상 : 50A 이상, 1,000Nm³/h 미만 : 25A 이상)

69 산화에틸렌의 성질에 대한 설명으로 틀린 것은?

① 불연성이다.

② 무색의 가스 또는 액체이다.

③ 분자량이 이산화탄소와 비슷하다.

④ 충격 등에 의해 분해폭발할 수 있다.

해설 산화에틸렌(C_2H_4O)
상온에서 기체 상태인 무색의 가스. 가연성(3~80%), 독성(50ppm), 분자량(44)

70 다음 [보기]의 가스성질에 대한 설명 중 옳은 것을 모두 바르게 나열한 것은?

> ㉠ 수소는 무색의 기체이다.
> ㉡ 아세틸렌은 가연성 가스이다.
> ㉢ 이산화탄소는 불연성이다.
> ㉣ 암모니아는 물에 잘 용해된다.

① ㉠, ㉡

② ㉡, ㉢

③ ㉠, ㉣

④ ㉠, ㉡, ㉢, ㉣

해설 보기 ㉠, ㉡, ㉢, ㉣항은 모두 바른 내용이다.

71 고압가스 특정제조시설에 설치하는 일정규모 이상의 가연성 가스의 저장탱크와 다른 가연성 가스와의 사이가 두 저장탱크의 최대지름을 합산한 길이의 4분의 1이 0.5m인 경우 저장탱크와 다른 저장탱크와의 사이는 최소 몇 m 이상을 유지하여야 하는가?

① 0.5m

② 1m

③ 1.5m

④ 2m

해설

$$\left(\begin{array}{c}\text{저장탱크}\\\text{총 합산길이}\end{array}\right) \times \frac{1}{4} = \begin{array}{l}\text{그 값이 1 이하이면}\\\text{이격거리는 1m 이상 유지}\end{array}$$

72 고압가스 용기를 취급 또는 보관하는 때에는 위해요소가 발생하지 않도록 관리하여야 한다. 용기보관장소에 충전용기를 보관하는 방법으로 옳지 않은 것은?

① 충전용기와 잔가스용기는 각각 구분하여 용기보관장소에 놓는다.
② 용기보관장소에는 계량기 등 작업에 필요한 물건 외에는 두지 아니한다.
③ 용기보관장소 주위 2m 이내에는 화기 또는 인화성 물질이나 발화성 물질을 두지 아니한다.
④ 충전용기는 항상 60℃ 이하의 온도를 유지하고, 직사광선을 받지 않도록 조치한다.

해설 가스충전용기는 항상 40℃ 이하를 유지하고 직사광선을 받지 않도록 한다.

73 독성가스에 대한 설명으로 틀린 것은?

① 암모니아 등의 독성가스 저장탱크에는 가스충전량이 그 저장탱크 내용적의 90%를 초과하는 것을 방지하는 장치를 설치한다.
② 독성가스의 제조시설에는 그 가스가 누출 시 흡수 또는 중화할 수 있는 장치를 설치한다.
③ 독성가스의 제조시설에는 풍향계를 설치한다.
④ 암모니아와 브롬화메탄 등의 독성가스 제조시설의 전기설비는 방폭성능을 가지는 구조로 한다.

해설 암모니아, 브롬화메탄 가스 등은 가연성 가스나 연소 폭발범위가 작아서 전기설비에서 방폭기능이 불필요하다.

74 일정 규모 이상의 고압가스 저장탱크 및 압력용기를 설치하는 경우 내진설계를 하여야 한다. 다음 중 내진설계를 하지 않아도 되는 경우는?

① 저장능력 100톤인 산소저장탱크
② 저장능력 1,000m³인 수소저장탱크
③ 저장능력 3톤인 암모니아저장탱크
④ 증류탑으로서의 높이 10m의 압력용기

해설 저장능력 5톤 또는 500m³ 이상인 암모니아 등 독성가스의 저장탱크와 압력용기에는 내진설계를 하여야 한다.

75 고압가스안전관리법상 전문교육의 교육대상자가 아닌 자는?

① 안전관리원
② 운반차량 운전자
③ 검사기관의 기술인력
④ 특정고압가스사용신고시설의 안전관리책임자

해설 고압가스 자동차 운반차량 운전자는 전문교육대상자에서 제외한다(단, 운반차량 책임자는 해당된다).

76 고압가스 운반기준에 대한 설명으로 틀린 것은?

① 운반 중 충전 용기는 항상 40℃ 이하를 유지한다.
② 가연성 가스와 산소는 동일 차량에 적재해서는 안 된다.
③ 충전용기와 휘발유는 동일 차량에 적재해서는 안 된다.
④ 납붙임용기에 고압가스를 충전하여 운반 시에는 주의사항 등을 기재한 포장상자에 넣어서 운반한다.

해설 가연성 가스와 산소용기는 동일 차량에 적재가 가능하다. 다만, 그 충전용기의 밸브가 서로 마주 바라보지 않도록 한다.

77 독성고압가스의 배관 중 2중 관의 외층관 내경은 내층관 외경의 몇 배 이상을 표준으로 하는가?

① 1.2배   ② 1.5배
③ 2.0배   ④ 2.5배

해설

2중 관의 외관 → 내관
2중 관의 외층관 내경은 내층관 외경의 1.2배 이상이 표준이다.

78 액화가스의 정의에 대하여 바르게 설명한 것은?

① 일정한 압력으로 압축되어 있는 것이다.
② 대기압에서의 비점이 섭씨 0도 이하인 것이다.
③ 대기압에서의 비점이 상용의 온도 이상인 것이다.
④ 가압, 냉각 등의 방법으로 액체 상태로 되어 있는 것이다.

해설 액화가스

가압이나 냉각 등의 방법으로 액체 상태로 되어 있는 가스로 비점은 섭씨 40도 이하 또는 상용의 온도 이하이다.

79 가스안전사고의 원인을 정확하게 분석하여야 하는 이유로서 가장 타당한 것은?

① 산재보험금 처리
② 사고의 책임소재 명확화
③ 부당한 보상금 지급 방지
④ 사고에 대한 정확한 예방대책 수립

해설 가스안전사고의 정확한 원인분석의 목적은 ④항에 의한다.

80 액화석유가스를 충전받기 위한 차량은 지상에 설치된 저장탱크 외면으로부터 몇 m 이상 떨어져 정지하여야 하는가?

① 2m
② 3m
③ 5m
④ 8m

 해설

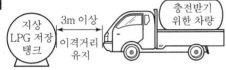

SECTION 05 가스계측

81 가스검지 시험지와 검지가스와의 연결이 바르게 된 것은?

① KI 전분지 : CO
② 리트머스지 : C_2H_2
③ 하리슨시약 : $COCl_2$
④ 염화제일동 착염지 : 알칼리성 가스

해설 ① KI 전분지 : Cl_2(염소) 가스 분석
② 적색 리트머스 시험지 : NH_3(암모니아) 가스 분석
④ 염화제1동착염지 : 아세틸렌가스(C_2H_2) 시험지

82 열전대온도계는 2종류의 금속선을 접속하여 하나의 회로를 만들어 2개의 접점에 온도차를 부여하면 회로에 접점의 온도에 거의 비례한 전류가 흐르는 것을 이용한 것이다. 이때 응용된 원리로서 옳은 것은?

① 측온체의 발열현상
② 제베크효과에 의한 열기전력
③ 두 금속의 열전도도의 차이
④ 키르히호프의 전류법칙에 의한 저항강하

해설 열전대온도계

제베크효과에 의한 열기전력으로 온도를 측정한다(열전대, 보상도선, 기준접점, 표시계기 등의 부품이 필요하다).

83 막식 가스미터의 감도유량(㉠)과 일반 가정용 LP 가스미터의 감도유량(㉡)의 값이 바르게 나열된 것은?

① ㉠ 3L/h 이상, ㉡ 15L/h 이상
② ㉠ 15L/h 이상, ㉡ 3L/h 이상
③ ㉠ 3L/h 이하, ㉡ 15L/h 이하
④ ㉠ 15L/h 이하, ㉡ 3L/h 이하

해설 ㉠ 막식(다이어프램식) 가스미터의 감도유량 : 3L/h 이하
㉡ 가정용 감도유량 : 15L/h 이하

84 기체크로마토그래피(Gas Chromatography)에서 캐리어가스 유량이 5mL/s이고 기록지 속도가 3mm/s일 때 어떤 시료가스를 주입하니 지속용량이 250mL이었다. 이때 주입점에서 성분의 피크까지 거리는 약 몇 mm인가?

① 50
② 100
③ 150
④ 200

해설 지속용량$=\dfrac{유량 \times 피크길이}{기록지\ 속도}$(mL)

$\therefore\ 250=\dfrac{(5\times60)\times x}{3\times60}$

피크거리$(x)=\dfrac{(3\times60)\times250}{5\times60}=150\text{mm}$

• 1분＝60초이다.

85 가스분석을 위하여 헴펠법으로 분석할 경우 흡수액이 KOH 30g/H_2O 100mL인 가스는?

① CO_2　　　　　　② C_mH_n
③ O_2　　　　　　④ CO

가스별 흡수용액(헴펠법)
CO_2 : 33% KOH 수용액
O_2 : 알칼리성 피로카롤 용액
CO : 암모니아성 염화제1동 용액
C_mH_n : 발연황산

86 다음 중 액주식 압력계가 아닌 것은?

① 경사관식　　　　② 벨로스식
③ 환상천평식　　　④ U자관식

Bellows Gauge
탄성식 압력계(0.01~10kg/cm^2까지 측정 가능)이며 벨로스 재질은 스테인리스 사용

87 가스크로마토그래피에 의한 분석방법은 어떤 성질을 이용한 것인가?

① 비열의 차이
② 비중의 차이
③ 연소성의 차이
④ 이동속도의 차이

가스크로마토그래피에 의한 가스분석은 각종 가스의 이동속도의 차이로 분석한다.

88 피스톤형 게이지로서 다른 압력계의 교정 또는 검정용 표준기로 사용되는 압력계는?

① 분동식 압력계
② 부르동관식 압력계
③ 벨로스식 압력계
④ 다이어프램식 압력계

분동식 압력계
피스톤형 게이지로서 다른 압력계의 교정 또는 검정용 표준기로 사용된다.
• ②, ③, ④항은 탄성식 압력계이다.

89 독성 가스나 가연성 가스 저장소에서 가스누출로 인한 폭발 및 가스중독을 방지하기 위하여 현장에서 누출여부를 확인하는 방법으로 가장 거리가 먼 것은?

① 검지관법
② 시험지법
③ 가연성 가스 검출기법
④ 가스크로마토그래피법

가스크로마토그래피법은 혼합가스의 각 성분별 가스분석법이다(독성·가연성 가스의 누출 폭발, 가스중독과는 관련성이 없다).

90 가스미터는 계산된 주기체적 값과 가스미터에 지시된 공칭 주기체적 값 간의 차이가 기준조건에서 공칭 주기체적 값의 얼마를 초과해서는 아니 되는가?

① 1%　　　　　　② 2%
③ 3%　　　　　　④ 5%

가스미터기
계산된 주기체적 값과 가스미터에 지시된 공칭 주기체적 값 간의 차이가 기준조건에서 공칭주기체적 값의 5%를 초과해서는 아니 된다.

91 고온, 고압의 액체나 고점도의 부식성 액체 저장탱크에 가장 적합한 간접식 액면계는?

① 유리관식　　　　② 방사선식
③ 플로트식　　　　④ 검척식

방사선식 액면계
방사선의 세기와 변화를 감지하여 측정한다. 고온 고압의 액체나 고점도의 부식성 액체, 저장탱크에 가장 적합한 간접식 액면계이다(감마선 ^{60}Co, ^{137}Cs 이용).

92 루트식 가스미터의 특징에 해당되는 것은?

① 계량이 정확하다.
② 설치공간이 커진다.
③ 사용 중 수위 조절이 필요하다.
④ 소유량에는 부동의 우려가 있다.

해설 ①항 : 습식 가스미터 내용
②항 : 막식 가스미터 내용
③항 : 습식 가스미터 내용

93 직각 3각 위어(Weir)를 사용하여 물의 유량을 측정하였다. 위어를 통과하는 물의 높이를 H, 유량계수를 K라고 했을 때 부피유량 Q를 구하는 식은?

① $Q = KH$

② $Q = KH^{\frac{1}{2}}$

③ $Q = KH^{\frac{3}{2}}$

④ $Q = KH^{\frac{5}{2}}$

해설 직각 3각 위어를 이용한 물의 유량 측정

부피유량$(Q) = K \cdot H^{\frac{5}{2}}$

• 4각 위어 $Q = KLH^{\frac{3}{2}}$

94 압력 30atm, 온도 50℃, 부피 1m^{3}의 질소를 −50℃로 냉각시켰더니 그 부피가 0.32m^{3}가 되었다. 냉각 전, 후의 압축계수가 각각 1.001, 0.930일때 냉각 후의 압력은 약 몇 atm이 되는가?

① 60

② 70

③ 80

④ 90

해설 압축 후의 증가압력 $= \left(\dfrac{0.930}{1.001} \right)$

$P_2 = \left(\dfrac{0.930}{1.001} \right) \times \dfrac{30 \times 1 \times (273 - 50)}{0.32 \times (273 + 50)} = 60\text{atm}$

$P_2 = P_1 \times \dfrac{V_1 \times T_2}{V_2 \times T_1}$

95 속도 변화에 의하여 생기는 압력차를 이용하는 유량계는?

① 벤투리미터
② 아누바 유량계
③ 로터미터
④ 오벌 유량계

해설 벤투리 차압식 유량계
속도 변화에 의하여 생기는 압력차 이용(벤투리미터)하며, 그 측정 원리는 베르누이 방정식이다.

96 서미스터(Thermistor)에 대한 설명으로 옳지 않은 것은?

① 측정범위는 약 −100~300℃이다.
② 수분을 흡수하면 오차가 발생한다.
③ 반도체를 이용하여 온도변화에 따른 저항변화를 온도 측정에 이용한다.
④ 감도가 낮고 온도변화가 큰 곳의 측정에 주로 이용된다.

해설 서미스터 온도계는 응답이 빠르고 국부적인 온도 측정에 적합하다(저항변화가 크다).
약간의 온도변화도 측정이 가능하다.

97 막식 가스미터에서 가스는 통과하지만 미터의 지침이 작동하지 않는 고장이 일어났다. 예상되는 원인으로 가장 거리가 먼 것은?

① 계량막의 파손
② 밸브의 탈락
③ 회전장치 부분의 고장
④ 지시장치 톱니바퀴의 불량

해설 부동
가스는 가스미터기를 통과하나 미터 지침이 작동하지 않는 현상(밸브와 밸브시트 사이의 가스누설 및 ①, ②, ④항이 원인)

98 캐스케이드 제어에 대한 설명으로 옳은 것은?

① 비율제어라고도 한다.
② 단일 루프제어에 비해 내란의 영향이 없으나 계전체의 지연이 크게 된다.
③ 2개의 제어계를 조합하여 제어량을 1차 조절계로 측정하고 그 조작 출력으로 2차 조절계의 목표치를 설정한다.
④ 물체의 위치, 방위, 자세 등의 기계적 변위를 제어량으로 하는 제어계이다.

해설 캐스케이드 제어
2개의 제어계 조합이며 1차 조절계(제어량 측정), 2차 조절계(목표치 설정)로 제어한다.

99 공기의 유속을 피토관으로 측정하였을 때 차압이 60mmH$_2$O이었다. 이때 유속(m/s)은?(단, 피토관 계수 1, 공기의 비중량 1.2kgf/m^{3}이다.)

① 0.053
② 31.3
③ 5.3
④ 53

해설 물의 비중량(1,000kg/m^3)

$$V = C\sqrt{2g\frac{r_w - r_a}{r_a}h}$$

$$= 1 \times \sqrt{2 \times 9.8 \times \left(\frac{1,000 - 1.2}{1.2}\right) \times 0.06}$$

$$= 31.3 \text{m/s}$$

100 통상적으로 사용하는 열전대의 종류가 아닌 것은?

① 크로멜 – 백금
② 철 – 콘스탄탄
③ 구리 – 콘스탄탄
④ 백금 – 백금 · 로듐

해설 열전대 온도계
크로멜 – 알루멜 온도계(0~1,200℃)는 니켈+크롬(Ni 90% +Cr 10%) 합금 온도계이다(기전력이 크고 온도 – 기전력 선이 직선적이다).

SECTION **01** 가스유체역학

01 기계효율을 η_m, 수력효율을 η_h, 체적효율을 η_v 라 할 때, 펌프의 총 효율은?

① $\dfrac{\eta_m \times \eta_h}{\eta_v}$
② $\dfrac{\eta_m \times \eta_v}{\eta_h}$

③ $\eta_m \times \eta_h \times \eta_v$
④ $\dfrac{\eta_v \times \eta_h}{\eta_m}$

해설 펌프의 총 효율(η) = 기계효율 × 수력효율 × 체적효율

02 비중 0.9인 유체를 10ton/h의 속도로 20m 높이의 저장탱크에 수송한다. 지름이 일정한 관을 사용할 때 펌프가 유체에 가한 일은 몇 kgf · m/kg인가?(단, 마찰손실은 무시한다.)

① 10
② 20
③ 30
④ 40

해설 10ton/h = 10,000kg/h
10,000 × 20 = 200,000kg · m
∴ 일량 = $\dfrac{200,000}{10,000}$ = 20 kg · m/kg

03 액체를 수송할 때 흡입관 또는 펌프 속에 공동현상(Cavitation)이 일어날 수 있는 조건과 가장 거리가 먼 것은?

① 흡입압력(Suction Pressure)이 대기압보다 낮을 때
② 흡입압력이 증기압보다 낮을 때
③ 흡입압력수두와 증기압수두의 차가 유효흡입수두(Net Positive Suction Head)보다 낮을 때
④ 흡입압력수두가 증기압수두와 유효흡입수두의 합보다 낮을 때

해설 액체수송유체 흡입압력은 대기압이 아닌 게이지 압력이다.

04 내경이 40cm, 길이가 500m인 관에 평균속도 1.5 m/s로 물이 흐르고 있을 때 Darcy 식을 사용하여 마찰손실 수두를 구하면 약 몇 m인가?(단, Darcy 마찰계수 f는 0.0422이다.)

① 4.2
② 6.1
③ 12.3
④ 24.2

해설 마찰손실수두(h_l) = $f \times \dfrac{L}{d} \cdot \dfrac{V^2}{2 \cdot g}$

$= 0.0422 \times \dfrac{500}{0.4} \times \dfrac{1.5^2}{2 \times 9.8} = 6.1\text{m}$

05 다음 중 등엔트로피 과정에 대한 설명으로 옳은 것은?

① 가역 단열과정이다.
② 가역 등온과정이다.
③ 마찰이 있는 등온과정이다.
④ 마찰이 없는 비가역과정이다.

해설 등엔트로피 과정은 가역 단열과정이다(엔트로피가 증가하는 과정은 비가역 단열과정이다).

06 질량 M, 길이 L, 시간 T로 압력의 차원을 나타낼 때 옳은 것은?

① MLT^{-2}
② $ML^2 T^{-2}$
③ $ML^{-1} T^{-2}$
④ $ML^2 T^{-3}$

해설 차원 = 질량(M), 길이(L), 시간(T), 힘(F)
질량(FLT계) : $FL^{-1} T^2$
압력(MLT계) : $ML^{-1} T^{-2}$ (절대단위차원)
$(\text{N/m}^2 = \text{kg/m} \cdot \text{s}^2)$

07 경험적으로 낙하거리 s는 물체의 질량 m, 낙하시간 t 및 중력가속도 g와 관계가 있다. 차원해석을 통해 이들에 관한 관계식을 옳게 나타낸 것은?(단, k는 무차원상수이다.)

① $s = kgt$
② $s = kgt^2$
③ $s = kmgt$
④ $s = kmgt^2$

해설 낙하거리(S)

$S =$ 무차원상수 $\cdot$ 중력가속도 $\cdot$ 낙하시간

$\quad = kmgt$

08 일반적으로 원관 내부 유동에서 층류만이 일어날 수 있는 레이놀즈수(Reynolds Number)의 영역은?

① 2,100 이상

② 2,100 이하

③ 21,000 이상

④ 21,000 이하

해설 Re(층류) : 레이놀즈수 2,100 이하(또는 2,320 이하)

레이놀즈수(Re) $= \dfrac{Vd}{\nu} = \dfrac{\text{유속} \times \text{직경}}{\text{동점성계수}}$

09 상온의 물속에서 압력파가 전파되는 속도는 얼마인가?(단, 물의 체적 탄성계수는 $2 \times 10^8 kgf/m^2$이고, 비중량은 $1,000kgf/m^3$이다.)

① 340m/s

② 680m/s

③ 1,400m/s

④ 1,600m/s

해설 압력파 전파속도(C) $= \sqrt{RT} = \sqrt{\dfrac{k}{\rho}}$

$\quad\quad = \sqrt{\dfrac{2 \times 10^8}{102}} = 1,400 m/s$

• 물의 밀도 $= 102 kgf\,s^2/m^4 = 1,000 kgf/m^3$

$\quad\quad = 9,800 N/m^2$

10 공기의 비열비는 k이고 기체상수는 R일 때 절대온도가 T인 공기에서의 음속은?

① $\dfrac{RT}{k}$

② $\sqrt{kRT}$

③ $\dfrac{kR}{T}$

④ kRT

해설 음속 계산식

공기의 음속(V) $= \sqrt{kRT}$(m/s)

11 그림과 같이 물 위에 비중이 0.7인 유체 A가 5m의 두께로 차 있을 때 유출속도 V는 몇 m/s인가?

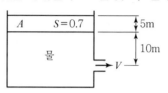

① 5.5

② 11.2

③ 16.3

④ 22.4

해설 유속(V) $= \sqrt{2gh}$ (m/s)

전체수두 $= 10 + (5 \times 0.7) = 13.5 mH_2O$

$\therefore V = \sqrt{2 \times 9.8 \times 13.5} = 16.3 m/s$

12 어떤 유체의 밀도가 $138.63[kgf \cdot s^2/m^4]$일 때 비중량은 몇 $[kgf/m^3]$인가?

① 1.381

② 13.55

③ 140.8

④ 1,359

해설 $138.63 \times 9.8 = 1,359 kgf/m^3$

• $1,000 kgf/m^3 = 9,800 N/m^3$

• $1,000 kgf/m^3 = 102 kgf \cdot s^2/m^4 = 1,000 N \cdot s^2/m^4$

13 동력(Power)과 같은 차원을 갖는 것은?

① 힘×거리

② 힘×가속도

③ 압력×체적유량

④ 압력×질량유량

해설 동력의 차원(P)

㉠ $F \cdot L \cdot T = FLT^{-1}$

㉡ $M \cdot L \cdot T = ML^2 T^{-3}$

14 밀도가 $892kg/m^3$인 원유가 단면적이 $2.165 \times 10^{-3} m^2$인 관을 통하여 $1.388 \times 10^{-3} m^3/s$로 들어가서 단면적이 각각 $1.314 \times 10^{-3} m^2$로 동일한 2개의 관으로 분할되어 나갈 때 분할되는 관 내에서의 유속은 약 몇 m/s 인가?(단, 분할되는 2개 관에서의 평균유속은 같다.)

① 1.036

② 0.841

③ 0.619

④ 0.528

해설 단면적$(A) = 2.165 \times 10^{-3} \text{m}^2$
단면적$(A') = 1.314 \times 10^{-3} \text{m}^2$
유량$(\theta) = 1.388 \times 10^{-3} \text{m}^3$
동일 관 크기는 같으므로(분할되는 관)
분할되는 관의 유속(V)

$$= \frac{\theta_1}{A} = \frac{1.388 \times 10^{-3}}{(1.314 \times 10^{-3}) \times 2} = 0.528 \text{m/s}$$

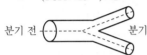

분기 전   분기

15 수축노즐에서의 등엔트로피 유동에서 기체의 임계압력(P^*)을 옳게 나타낸 것은?(단, 비열비는 k, 정체압력은 P_o이다.)

① $P^* = P_o\left(\dfrac{2}{k+1}\right)$

② $P^* = P_o\left(\dfrac{2}{k+1}\right)^{\frac{k}{k-1}}$

③ $P^* = P_o\left(\dfrac{2}{k+1}\right)^{\frac{1}{k-1}}$

④ $P^* = P_o\left(\dfrac{2}{k+1}\right)^{\frac{1}{k}}$

해설 임계압력$(P^*) = P_o\left(\dfrac{2}{k+1}\right)^{\frac{k}{k-1}}$
(노즐목에서의 상태이다.)

16 레이놀즈수가 10^6이고 상대조도가 0.005인 원관의 마찰계수 f는 0.03이다. 이 원관에 부차손실계수가 6.6인 글로브밸브를 설치하였을 때, 이 밸브의 등가길이(또는 상당길이)는 관 지름의 몇 배인가?

① 25
② 55
③ 220
④ 440

해설 밸브의 등가길이$(L) = \dfrac{K \cdot D}{f} = \dfrac{6.6 \times D}{0.03} = 220D$배

17 원심 펌프가 높은 능력으로 운전되는 경우 임펠러 흡입부의 압력이 유체의 증기압보다 낮아지면 흡입부의 유체는 증발하게 되며 이 증기는 임펠러의 고압부로 이동하여 갑자기 응축하게 된다. 이러한 현상을 무엇이라고 하는가?

① 캐비테이션(Cavitation)
② 펌핑(Pumping)
③ 디퓨젼 링(Diffusion Ring)
④ 에어 바인딩(Air Binding)

해설 캐비테이션
펌프 임펠러 흡입부의 압력이 유체의 증기압보다 낮아지면 흡입부의 유체가 증발하는 현상(공동현상)

18 수평원관에서의 층류 유동을 Hagen−Poiseuille 유동이라고 한다. 이 흐름에서 일정한 유량의 물이 흐를 때 지름을 2배로 하면 손실수두는 몇 배가 되는가?

① 4
② 16
③ $\dfrac{1}{4}$
④ $\dfrac{1}{16}$

해설 압력손실은 관 내경의 5승에 반비례한다.

$$\therefore (2 \times 2 \times 2 \times 2 \times 2) \times \frac{1}{2} = \frac{1}{16}$$

손실수두$(h_L) = \dfrac{128 \mu L Q}{\pi D^4 r}$

(손실수두는 지름의 4제곱에 반비례)

$$\therefore h_L = \left(\frac{1}{2^4}\right) = \frac{1}{16}$$

19 수차의 효율을 η, 수차의 실제 출력을 $L[\text{PS}]$, 수량을 $Q[\text{m}^3/\text{s}]$라 할 때 유효낙차 $H[\text{m}]$를 구하는 식은?

① $H = \dfrac{L}{13.3\eta Q}[\text{m}]$

② $H = \dfrac{QL}{13.3\eta}[\text{m}]$

③ $H = \dfrac{L\eta}{13.3Q}[\text{m}]$

④ $H = \dfrac{\eta}{L \times 13.3Q}[\text{m}]$

해설 수차의 유효낙차$(H) = \dfrac{L(\text{실제 출력})}{13.3\eta Q}(\text{m})$

20 유체의 점성과 관련된 설명 중 잘못된 것은?

① Poise는 점도의 단위이다.

② 점도란 흐름에 대한 저항력의 척도이다.

③ 동점성 계수는 점도/밀도와 같다.

④ 20℃에서의 물의 점도는 1Poise이다.

해설 ㉠ 푸아즈(Poise)$= \frac{1}{98}$(kg·s/m^2)$=$1gr/cm·s

㉡ 점성의 차원(kg·s/m^2)$= FT/L^2 = FL^{-2}T$

㉢ 20℃ 물의 점성계수$=0.010046$Poise

SECTION 02 연소공학

21 다음 중 리프팅(Lifting)의 원인과 거리가 먼 것은?

① 노즐구경이 너무 크게 된 경우

② 공기조절기를 지나치게 열었을 경우

③ 가스의 공급압력이 지나치게 높은 경우

④ 버너의 염공에 먼지 등이 부착되어 염공이 작아져 있을 경우

해설 선화현상(Lifting)

노즐 염공 또는 직경이 지나치게 작아졌을 때 발생하는 현상

가스노즐 / 선화 현상 (리프팅 현상은 버너 선단에서 연소된다.)

22 연소계산에 사용되는 공기비 등에 대한 설명으로 옳지 않은 것은?

① 공기비란 실제로 공급한 공기량의 이론 공기량에 대한 비율이다.

② 과잉공기란 연소 시 단위연료당의 공급 공기량을 말한다.

③ 필요한 공기량의 최소량은 화학 반응식으로부터 이론적으로 구할 수 있다.

④ 공연비는 공기와 연료의 공급 질량비를 말한다.

해설 ㉠ 과잉공기 = 실제 공기량 − 이론 공기량

㉡ 공기비 = 실제 공기량/이론 공기량

㉢ 공연비 = 소요공기질량/연료공급질량

23 가연성 물질이 되기 쉬운 조건이 아닌 것은?

① 열전도율이 적어야 한다.

② 활성화에너지가 커야 한다.

③ 산소와 친화력이 커야 한다.

④ 가연물의 표면적이 커야 한다.

해설 열전도율이 적고, 활성화에너지가 크고, 산소와 친화력이 크고, 가연물의 표면적이 크고 발열량이 크고, 건조할수록 가연성 물질이 되기 쉽다.

24 열역학 제2법칙에 어긋나는 것은?

① 열은 스스로 저온의 물체에서 고온의 물체로 이동할 수 없다.

② 열은 항상 고온에서 저온으로 흐른다.

③ 에너지 변환의 방향성을 표시한 법칙이다.

④ 제2종 영구기관을 만드는 것은 쉽다.

해설 제2종 영구기관

입력과 출력이 같은 기관, 즉 열효율이 100%인 기관으로 열역학 제2법칙에 위배된다.

25 어떤 용기 속에 1kg의 기체가 들어 있다. 이 용기의 기체를 압축하는 데 2,300kgf·m의 일을 하였으며, 이때 7kcal의 열량이 용기 밖으로 방출되었다면 이 기체의 내부에너지 변화량은 약 얼마인가?

① 0.7kcal/kg

② 1.0kcal/kg

③ 1.6kcal/kg

④ 2.6kcal/kg

해설 일의 열당량$= \frac{1}{427}$ kcal/kg·m

$2,300 \times \frac{1}{427} = 5.39$ kcal

∴ 기체의 내부에너지 변화량$= 7 - 5.39 = 1.6$kcal/kg

• $du = dh - dw$, $dh = du + dw$

26 폭굉유도거리(DID)가 짧아지는 경우는?

① 압력이 낮을 때
② 관지름이 굵을 때
③ 점화원의 에너지가 작을 때
④ 정상 연소속도가 큰 혼합가스일 때

해설 폭굉유도거리가 짧아지는 원인(위험상태)
㉠ 압력이 높을수록
㉡ 관 속에 방해물이 있거나 관경이 작을수록
㉢ 점화원의 에너지가 강하거나 정상 연소속도가 큰 혼합가스일 때

27 메탄을 공기비 1.3에서 연소시킨 경우 단열연소온도는 약 몇 K인가?(단, 메탄의 저발열량은 50MJ/kg, 배기가스의 평균비열은 1.293kJ/kg · K이고 고온에서의 열분해는 무시하고 연소 전 온도는 25℃이다.)

① 1,688
② 1,820
③ 1,961
④ 2,234

해설 연소온도$(T) = \dfrac{Hl}{G_w \times C_P}$

$\underline{CH_4} + \underline{2O_2} \rightarrow \underline{CO_2} + \underline{2H_2O}$
16kg   2×32kg   44kg   2×18kg

공기량$(A_o) = \dfrac{2 \times 32}{16} \times \dfrac{1}{0.232} = 17.24\,kg/kg$

$CO_2 = \dfrac{1 \times 44}{16} = 2.75\,kg/kg$

$H_2O = \dfrac{2 \times 18}{16} = 2.25\,kg/kg$

$N_2 = 17.24 \times 0.768 = 13.24\,kg/kg$
과잉공기량 $= 17.24 \times (1.3 - 1) = 5.17\,kg/kg$
총가스양 $= 2.75 + 2.25 + 13.24 = 23.41\,kg/kg$

∴ 연소온도$(T) = \dfrac{50 \times 10^3}{23.41 \times 1.293} + 298 ≒ 1{,}961\,K$

• $1MJ = 1{,}000kJ = 10^3 kJ$
• $25 + 273 = 298K$
• 공기 중 질소값 중량 $= 76.8\%$

28 방폭 전기기기의 구조별 표시방법으로 틀린 것은?

① p - 압력(壓力) 방폭구조
② o - 안전증 방폭구조
③ d - 내압(耐壓) 방폭구조
④ s - 특수방폭구조

해설 • o : 유입 방폭구조
• e : 안전증 방폭구조

29 기체연료의 주된 연소형태는?

① 확산연소
② 액면연소
③ 증발연소
④ 분무연소

해설 기체연료
㉠ 확산연소 방식(불완전연소에 주의)
㉡ 예혼합연소 방식(역화에 주의)

30 압력 0.1MPa, 체적 3m³인 273.15K의 공기가 이상적으로 단열압축되어 그 체적이 1/3로 감소되었다. 엔탈피 변화량은 약 몇 kJ인가?(단, 공기의 기체상수는 0.287kJ/kg · K, 비열비는 1.4이다.)

① 560
② 570
③ 580
④ 590

해설 처음 체적 = 3m³, 나중 체적 = $3 \times \dfrac{1}{3} = 1m³$

압축 : 단열압축

$T_2 = T_1 \times \left(\dfrac{V_1}{V_2}\right)^{k-1} = 273.15 \times \left(\dfrac{3}{1}\right)^{1.4-1} = 423.89K$

$C_P = C_V + R,\ K = \dfrac{C_P}{C_V},\ C_P = \dfrac{KR}{K-1}$

$\Delta H = \dfrac{K}{K-1} GR(T_2 - T_1)$

공기질량$(G) = \dfrac{P_1 V_1}{RT_1} = \dfrac{0.1 \times 1{,}000 \times 3}{0.287 \times 273.15} = 3.83\,kg$

∴ 엔탈피 변화량(ΔH)
$= 3.83 \times \dfrac{1.4 \times 0.287}{1.4 - 1}(423.89 - 273.15) = 580\,kJ$

31 위험성 평가기법 중 사고를 일으키는 장치의 이상이나 운전자 실수의 조합을 연역적으로 분석하는 평가기법은?

① FTA(Fault Tree Analysis)
② ETA(Event Tree Analysis)
③ CCA(Cause Consequence Analysis)
④ HAZOP(Hazard and Operability Studies)

해설 ① FTA : 결함수 평가기법
② ETA : 사건수 분석 평가기법
③ CCA : 원인결과분석 평가기법
④ HAZOP : 위험과 운전분석 평가기법

32 연료에 고정 탄소가 많이 함유되어 있을 때 발생되는 현상으로 옳은 것은?

① 매연 발생이 많다.　② 발열량이 높아진다.

③ 연소 효과가 나쁘다.　④ 열손실을 초래한다.

해설 ㉠ 고정 탄소 증가 : 발열량이 높아진다.
㉡ 휘발분이 많으면 매연 발생이 많다.
㉢ 고체연료 분석 : 고정탄소, 휘발분, 수분, 회분(공업분석)

33 1기압의 외압에서 1몰인 어떤 이상기체의 온도를 5℃ 높였다. 이때 외계에 한 최대 일은 약 몇 cal인가?

① 0.99　　　　　② 9.94

③ 99.4　　　　　④ 994

해설 1몰=22.4l
$W = PVR(T_2 - T_1)$
　$= 1 \times 1 \times 8.314(278 - 273) = 41.57J = 9.94(cal)$
• 일반기체상수 $R = 8.314kJ/kmol \cdot K$
　　　　　　　$= 8.314J/mol \cdot K$
• $5 + 273 = 278K$

34 유독물질의 대기확산에 영향을 주게 되는 매개변수로서 가장 거리가 먼 것은?

① 토양의 종류　　② 바람의 속도

③ 대기 안정도　　④ 누출지점의 높이

해설 유독물질의 대기확산 영향 매개변수
바람의 속도, 대기 안정도, 누출지점의 높이

35 공기가 산소 20v%, 질소 80v%의 혼합기체라고 가정할 때 표준상태(0℃, 101.325kPa)에서 공기의 기체상수는 약 몇 kJ/kg · K인가?

① 0.269　　　　　② 0.279

③ 0.289　　　　　④ 0.299

해설 기체상수(R)=8.314kJ/kg · K
공기분자량=29, 질소분자량=28, 산소분자량=32
$\therefore \left(\frac{8.314}{32} \times 0.2\right) + \left(\frac{8.314}{28} \times 0.8\right) = 0.289kJ/kg \cdot K$

36 어떤 열기관에서 온도 20℃의 엔탈피 변화가 단위중량당 200kcal일 때 엔트로피 변화량(kcal/kg · K)은?

① 0.34　　　　　② 0.68

③ 0.73　　　　　④ 10

해설 엔트로피 변화량(ΔS)
$= \frac{\delta Q}{T} = \frac{200}{273 + 20} = 0.68kcal/kg \cdot K$

37 유동층 연소에 대한 설명으로 틀린 것은?

① 균일한 연소가 가능하다.

② 높은 전열 성능을 가진다.

③ 소각로 내에서 탈황이 가능하다.

④ 부하변동에 대한 적응력이 우수하다.

해설 유동층 연소는 고체연료의 연소방식이라서 부하변동이 심한 곳에서는 적용이 어렵다.

38 자연 상태의 물질을 어떤 과정(Process)을 통해 화학적으로 변형시킨 상태의 연료를 2차 연료라고 한다. 다음 중 2차 연료에 해당하는 것은?

① 석탄　　　　　② 원유

③ 천연가스　　　④ LPG

해설 LPG(액화석유가스)
원유를 증류하는 과정에서 화학적으로 변형시킨 2차 연료
(LPG : 프로판, 부탄, 프로필렌, 부틸렌, 부타디엔)

39 다음 중 연소 시 가장 높은 온도를 나타내는 색깔은?

① 적색　　　　　② 백적색

③ 휘백색　　　　④ 황적색

해설 ① 적색 : 800℃　　② 백적색 : 800~1,200℃
③ 휘백색 : 2,000℃　④ 황적색 : 1,000℃

40 카르노 사이클에서 열량을 받는 과정은?

① 등온팽창
② 등온압축
③ 단열팽창
④ 단열압축

해설 카르노 사이클

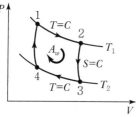

㉠ 1 → 2(등온팽창) - 열 공급
㉡ 2 → 3(단열팽창)
㉢ 3 → 4(등온압축) - 열 방출
㉣ 4 → 1(단열압축)

SECTION 03 가스설비

41 LNG의 기화장치에 대한 설명으로 틀린 것은?

① Open Rack Vaporizer는 해수를 가열원으로 사용한다.
② Submerged Conversion Vaporizer는 연소가스가 수조에 설치된 열교환기의 하부에 고속으로 분출되는 구조이다.
③ Submerged Conversion Vaporizer는 물을 순환시키기 위하여 펌프 등의 다른 에너지원을 필요로 한다.
④ Intermediate Fluid Vaporizer는 프로판을 중간매체로 사용할 수 있다.

해설 서브머지드 기화기
• 피크로드용으로 액 중 버너를 사용한다.
• 초기 설비가 적으나 운전비용이 많이 든다.
• 버너 연소열로 기화시킨다.

42 일반 도시가스 공급시설에서 최고 사용압력이 고압, 중압인 가스홀드에 대한 안전조치 사항이 아닌 것은?

① 가스방출 장치를 설치한다.
② 맨홀이나 검사구를 설치한다.
③ 응축액을 외부로 뽑을 수 있는 장치를 설치한다.
④ 관의 입구와 출구에는 온도나 압력의 변화에 따른 신축을 흡수하는 조치를 한다.

해설 도시가스 공급시설에서 고압이나 중압 홀더의 안전조치사항은 안전밸브나 ②, ③, ④항에 따른다. ①항은 저압인 가스홀드 중 유수식에 해당되는 내용이다.

43 내용적 120L의 LP가스 용기에 50kg의 프로판을 충전하였다. 이 용기 내부가 액으로 충만될 때의 온도를 그림에서 구한 것은?

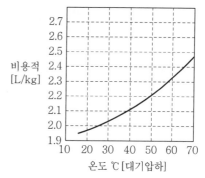

① 37℃
② 47℃
③ 57℃
④ 67℃

해설 비체적 $= \dfrac{120L}{50kg} = 2.4L/kg$

∴ 2.4에서 수직하방은 약 67℃에서 만난다.

44 천연가스의 액화에 대한 설명으로 옳은 것은?

① 가스전에서 채취된 천연가스는 불순물이 거의 없어 별도의 전처리 과정이 필요하지 않다.
② 임계온도 이상, 임계압력 이하에서 천연가스를 액화한다.
③ 캐스케이드 사이클은 천연가스를 액화하는 대표적인 냉동사이클이다.
④ 천연가스의 효율적 액화를 위해서는 성능이 우수한 단일 조성의 냉매 사용이 권고된다.

해설 • ①항 가스전에서 채취된 천연가스는 탈황 등의 전처리 과정이 필요하다.
• ②항 임계온도 이상, 임계압력 이하에서는 액화하지 못한다.
• ④항 2원 냉동 사이클에서는 단일 냉매가 아닌 2중 냉매를 사용한다.

45 저온수증기 개질에 의한 SNG(대체천연가스) 제조 프로세스의 순서로 옳은 것은?

① LPG → 수소화 탈황 → 저온수증기 개질 → 메탄화 → 탈탄산 → 탈습 → SNG
② LPG → 수소화 탈황 → 저온수증기 개질 → 탈습 → 탈탄산 → 메탄화 → SNG
③ LPG → 저온수증기 개질 → 수소화 탈황 → 탈습 → 탈탄산 → 메탄화 → SNG
④ LPG → 저온수증기 개질 → 탈습 → 수소화 탈황 → 탈탄산 → 메탄화 → SNG

해설 저온수증기 개질에 의한 대체천연가스(SNG)의 제조 프로세스의 순서는 ①항에 따른다. 이렇게 제조된 가스는 천연가스와 성상이 유사하다.

46 저압배관에서 압력손실의 원인으로 가장 거리가 먼 것은?

① 마찰저항에 의한 손실
② 배관의 입상에 의한 손실
③ 밸브 및 엘보 등 배관 부속품에 의한 손실
④ 압력계, 유량계 등 계측기 불량에 의한 손실

해설 압력계 및 유량계는 저압배관의 압력손실과는 연관성이 없다. ①, ②, ③항 외에 배관 길이에 의한 손실도 원인이 된다.

47 다음 [보기]와 같은 성질을 갖는 가스는?

• 공기보다 무겁다.
• 조연성 가스이다.
• 염소산 칼륨을 이산화망간 촉매하에서 가열하면 실험적으로 얻을 수 있다.

① 산소
② 질소
③ 염소
④ 수소

해설 산소분자량=32(공기분자량=29), 산소비중=$\frac{32}{29}$ =1.10(공기비중=1), 산소는 조연성 가스

48 가스배관의 굵기를 구할 수 있는 다음 식에서 "S"가 의미하는 것은?

$$Q = \sqrt{\frac{(P_1^2 - P_2^2)d^5}{SL}}$$

① 유량계수
② 가스 비중
③ 배관 길이
④ 관 내경

해설 P_1, P_2 : 초압, 종압
d : 관지름(cm)
S : 가스 비중
L : 관의 길이(m)

49 아세틸렌(C_2H_2)에 대한 설명으로 옳지 않은 것은?

① 동과 직접 접촉하여 폭발성의 아세틸라이드를 만든다.
② 비점과 융점이 비슷하여 고체 아세틸렌은 융해한다.
③ 아세틸렌가스의 충전제로 규조토, 목탄 등의 다공성 물질을 사용한다.
④ 흡열 화합물이므로 압축하면 분해폭발할 수 있다.

해설 $CaO + 3C \rightarrow CaC_2$(카바이트)$+ CO$
$CaC_2 + 2H_2O \rightarrow Ca(OH)_2 + C_2H_2$(아세틸렌)
고체카바이트가 물속에서 융해한다.

50 액화가스 용기 및 차량에 고정된 탱크의 저장능력을 구하는 식은?(단, V : 내용적, P : 최고충전압력, C : 가스 종류에 따른 정수, d : 상용온도에서의 액화가스의 비중이다.)

① $10PV$
② $(10P+1)V$
③ $\frac{V}{C}$
④ $0.9dV$

해설 액화가스 저장능력 $(W) = \dfrac{V}{C}(\text{kg})$

51 정압기의 특성 중 유량과 2차 압력의 관계를 나타내는 것은?

① 정특성
② 유량특성
③ 동특성
④ 작동 최소차압

해설 정특성
가스정압기(거버너)에서 정상상태에 있어서의 유량과 2차 압력의 관계를 말한다.
• ②항은 메인밸브 개도와 유량의 관계가 있고, ③항은 응답 속도 및 안정성과 관련이 있으며, ③항은 정압기가 작동 가능한 최소차압을 뜻한다.

52 외부전원법으로 전기방식 시공 시 직류전원 장치의 +극 및 −극에는 각각 무엇을 연결해야 하는가?

① +극 : 불용성 양극, −극 : 가스배관
② +극 : 가스배관, −극 : 불용성 양극
③ +극 : 전철레일, −극 : 가스배관
④ +극 : 가스배관, −극 : 전철레일

해설 전기방식 외부전원법(가스배관 부식 방지)
직류전원장치 : ㉠ +극(불용성 양극) 연결
㉡ −극(가스배관 연결)

53 냄새가 나는 물질(부취제)의 주입방법이 아닌 것은?

① 적하식
② 증기주입식
③ 고압분사식
④ 회전식

해설 도시가스 부취제 주입방법
㉠ 액체주입방식 : 펌프식, 적하식, 미터연결바이패스방식
㉡ 증발식 기체주입방식 : 위크식, 바이패스식

54 다음 중 양정이 높을 때 사용하기에 가장 적당한 펌프는?

① 1단 펌프
② 다단펌프
③ 단흡입 펌프
④ 양흡입 펌프

해설 양정(펌프의 리프트)이 높을 때는 다단펌프로 사용한다.

55 도시가스 제조설비 중 나프타의 접촉분해(수증기개질)법에서 생성가스 중 메탄(CH_4) 성분을 많게 하는 조건은?

① 반응온도 및 압력을 상승시킨다.
② 반응온도 및 압력을 감소시킨다.
③ 반응온도를 저하시키고 압력을 상승시킨다.
④ 반응온도를 상승시키고 압력을 감소시킨다.

해설 도시가스 접촉분해공정
㉠ 사이클릭식 접촉분해공정
㉡ 저온 수증기 개질공정
㉢ 고온 수증기 개질공정

메탄(CH_4) 성분을 많게 하려면 반응 시 반응온도를 저하시키고 압력을 상승시킨다.

56 가스배관의 플랜지(Flange) 이음에 사용되는 부품이 아닌 것은?

① 플랜지
② 개스킷
③ 체결용 볼트
④ 플러그

해설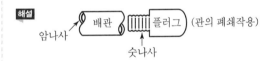
암나사 　 배관 　 플러그 (관의 폐쇄작용)
숫나사

57 수소화염 또는 산소·아세틸렌 화염을 사용하는 시설 중 분기되는 각각의 배관에 반드시 설치해야 하는 장치는?

① 역류방지장치
② 역화방지장치
③ 긴급이송장치
④ 긴급차단장치

해설 수소화염 또는 산소−아세틸렌화염을 사용하는 시설의 분기되는 각각의 배관에는 가스와 역화를 막는 역화방지장치를 설치하여야 한다.

58 직경 150mm, 행정 100mm, 회전수 500rpm, 체적 효율 75%인 왕복압축기의 송출량은 약 얼마인가?

① $0.54\text{m}^3/\text{min}$

② $0.66\text{m}^3/\text{min}$

③ $0.79\text{m}^3/\text{min}$

④ $0.88\text{m}^3/\text{min}$

해설 왕복동압축기용량(m^3/h)

＝단면적×행정×회전수×60×효율

$= \dfrac{3.14}{4} \times (0.15)^2 \times 0.1 \times 500 \times 60 \times 0.75 = 39.74(\text{m}^3/\text{h})$

분간송출유량$= \dfrac{39.74}{60} = 0.66(\text{m}^3/\text{min})$

• 단면적 계산공식(A)$= \dfrac{3.14}{4} \cdot d^2(\text{m}^2)$

59 나사식 압축기의 특징으로 틀린 것은?

① 용기 조절이 어렵다.

② 기초, 설치면적 등이 적다.

③ 기체에는 맥동이 적고 연속적으로 압축한다.

④ 토출 압력의 변화에 의한 용량 변화가 크다.

해설 나사압축기(스크류식 압축기)

용적식 압축기이며 토출압력의 변화에 의한 용량변화가 적다. ④항은 터보압축기의 특징이다.

60 고압가스 용기의 재료에 사용되는 강의 성분 중 탄소, 인, 황의 함유량은 제한되어 있다. 이에 대한 설명으로 옳은 것은?

① 황은 적열취성의 원인이 된다.

② 인(P)은 될수록 많은 것이 좋다.

③ 탄소량은 증가하면 인장강도와 충격치가 감소한다.

④ 탄소량이 많으면 인장강도는 감소하고 충격치는 증가한다.

해설 • 인(P) : 상온이나 저온취성의 원인

• 탄소(C) : 0.77%까지는 인장강도 최대 충격치 감소(탄소가 많으면 경도는 증가)

SECTION **04** 가스안전관리

61 철근콘크리트제 방호벽의 설치기준에 대한 설명 중 틀린 것은?

① 일체로 된 철근콘크리트 기초로 한다.

② 기초의 높이는 350mm 이상, 되메우기 깊이는 300mm 이상으로 한다.

③ 기초의 두께는 방호벽 최하부 두께의 120% 이상으로 한다.

④ 직경 8mm 이상의 철근을 가로, 세로 300mm 이하의 간격으로 배근한다.

해설 철근콘크리트 방호벽

직경 9mm 이상의 철근을 40×40mm 이하의 간격으로 배근 결속한다.

62 고압가스 저장탱크는 가스가 누출하지 아니하는 구조로 하고 가스를 저장하는 것에는 가스방출장치를 설치하여야 한다. 이때 가스저장능력이 몇 m^3 이상인 경우에 가스방출장치를 설치하여야 하는가?

① 5　　　　　② 10

③ 50　　　　④ 500

해설 고압가스 저장탱크나 가스홀더는 가스가 누출하지 아니하는 구조로 하고 5m^3 이상의 가스를 저장하는 것에는 가스방출장치를 설치할 것

63 가연성 가스이면서 독성 가스인 것은?

① 염소, 불소, 프로판

② 암모니아, 질소, 수소

③ 프로필렌, 오존, 아황산가스

④ 산화에틸렌, 염화메탄, 황화수소

해설 가연성 · 독성 가스(TWA 기준)

㉠ 산화에틸렌(50ppm) : 3~80%

㉡ 염화메탄(100ppm) : 8.3~18.7%

㉢ 황화수소(10ppm) : 4.3~45%

---

64 액화석유가스 사용시설에 설치되는 조정압력 3.3kPa 이하인 조정기의 안전장치 작동정지 압력의 기준은?

① 7kPa

② 5.6~8.4kPa

③ 5.04~8.4kPa

④ 9.9kPa

해설 조정압력 3.3kPa 이하 압력조정기의 안전장치 작동 압력
- 개시압력 = 5.6~8.4kPa
- 정지압력 = 5.04~8.4kPa
- 작동표준압력 = 7kPa

65 고압가스 특정제조시설에서 안전구역 안의 고압가스 설비의 외면으로부터 다른 안전구역 안에 있는 고압가스 설비의 외면까지 유지하여야 할 거리의 기준은?

① 10m 이상

② 20m 이상

③ 30m 이상

④ 50m 이상

해설 고압가스 특정제조시설

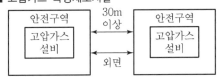

66 지중에 설치하는 강재배관의 전위측정용터미널(T/B)의 설치기준으로 틀린 것은?

① 희생양극법은 300m 이내 간격으로 설치한다.

② 직류전철 횡단부 주위에는 설치할 필요가 없다.

③ 지중에 매설되어 있는 배관절연부 양측에 설치한다.

④ 타 금속구조물과 근접교차부분에 설치한다.

해설 지중의 직류전철 횡단부 주위에도 T/B는 설치하여야 한다. 교량 및 횡단배관의 양단에 설치할 때, 외부전원법 및 배류법에 의해 설치된 것으로 횡단길이가 500m 이하인 배관과 희생양극법에 의해 설치된 것으로 횡단길이가 50m 이하인 배관은 설치할 필요가 없다.

67 시안화수소에 대한 설명으로 옳은 것은?

① 가연성, 독성 가스이다.

② 가스의 색깔은 연한 황색이다.

③ 공기보다 아주 무거워 아래쪽에 체류하기 쉽다.

④ 냄새가 없고, 인체에 대한 강한 마취작용을 나타낸다.

해설 시안화수소(HCN) : 가연성, 독성 가스
㉠ 허용농도 : 10ppm 독성 가스
㉡ 폭발범위 : 6~41%
㉢ 무색, 투명한 액화가스
㉣ 공기 분자량 : 29

68 염소의 특징에 대한 설명으로 틀린 것은?

① 가연성이다.

② 독성 가스이다.

③ 상온에서 액화시킬 수 있다.

④ 수분과 반응하고 철을 부식시킨다.

해설 염소(Cl_2)
허용농도 1ppm의 맹독성 가스이다.
$Cl_2 + H_2O \rightarrow HCl + HClO$
$Fe(철) + 2HCl \rightarrow FeCl_2(부식) + H_2$

69 지하에 설치하는 액화석유가스 저장탱크실 재료의 규격으로 옳은 것은?

① 설계강도 : 25MPa 이상

② 물-시멘트 비 : 25% 이하

③ 슬럼프(Slump) : 50~150mm

④ 굵은 골재의 최대 치수 : 25mm

해설 ㉠ 설계강도 : 21~24MPa 사이
㉡ 물-시멘트 비 : 50% 이하
㉢ 슬럼프 : 120~150mm

70 공기보다 무거워 누출 시 체류하기 쉬운 가스가 아닌 것은?

① 산소 ② 염소

③ 암모니아 ④ 프로판

해설 ㉠ 가스가 공기분자량 29보다 작으면 체류 시 가벼워서 상
부로 이동한다.

㉡ 분자량
- 산소 : 32
- 염소 : 72
- 프로판 : 44
- 암모니아 : 17

71 가스용품 중 배관용 밸브 제조 시 기술기준으로 옳지 않은 것은?

① 밸브의 O-링과 패킹은 마모 등 이상이 없는 것으로 한다.
② 볼밸브는 핸들 끝에서 294.2N 이하의 힘을 가해서 90° 회전할 때 완전히 개폐하는 구조로 한다.
③ 개폐용 핸들 휠의 열림 방향은 시계바늘 방향으로 한다.
④ 볼밸브는 완전히 열렸을 때 핸들 방향과 유로 방향이 평행인 것으로 한다.

해설 개폐용 핸들 휠의 열림 방향은 시계바늘 반대방향이어야 한다.

72 고압가스용기를 운반할 때 혼합적재를 금지하는 기준으로 틀린 것은?

① 염소와 아세틸렌은 동일 차량에 적재하여 운반하지 않는다.
② 염소와 수소는 동일 차량에 적재하여 운반하지 않는다.
③ 가연성 가스와 산소를 동일 차량에 적재하여 운반할 때에는 그 충전용기의 밸브가 서로 마주보지 않도록 적재한다.
④ 충전용기와 석유류는 동일 차량에 적재할 때에는 완충판 등으로 조치하여 운반한다.

해설 고압가스 충전용기와 석유류 등 소방법이 정하는 위험물과는 동일차량에 적재하여 운반하지 아니할 것

73 저장탱크에 의한 LPG 사용시설에서 로딩암을 건축물 내부에 설치한 경우 환기구 면적의 합계는 바닥면적의 얼마 이상으로 하여야 하는가?

① 3% ② 6%
③ 10% ④ 20%

해설 LPG 저장탱크 사용시설의 로딩암을 건축물 내부에 설치하는 경우 환기구 면적 합계는 바닥면적의 6% 이상으로 하고 바닥면에 접하여 환기구를 2방향 이상 설치한다.

74 가스 안전사고를 조사할 때 유의할 사항으로 적합하지 않은 것은?

① 재해조사는 발생 후 되도록 빨리 현장이 변경되지 않은 가운데 실시하는 것이 좋다.
② 재해에 관계가 있다고 생각되는 것은 물적, 인적인 것을 모두 수집, 조사한다.
③ 시설의 불안전한 상태나 작업자의 불안전한 행동에 대하여 유의하여 조사한다.
④ 재해조사에 참가하는 자는 항상 주관적인 입장을 유지하여 조사한다.

해설 가스 안전사고 조사자는 재해조사에서 항상 객관적인 입장을 유지하여 조사한다.

75 고압가스 충전설비 및 저장설비 중 전기설비를 방폭구조로 하지 않아도 되는 고압가스는?

① 암모니아
② 수소
③ 아세틸렌
④ 일산화탄소

해설 암모니아, 브롬화메탄가스는 전기설비에서 방폭구조가 필요 없는 가연성 가스이다.

76 고압가스를 차량에 적재·운반할 때 몇 km 이상의 거리를 운행하는 경우에 중간에 충분한 휴식을 취한 후 운행하여야 하는가?

① 100km ② 200km
③ 250km ④ 400km

해설 고압가스차량 운전자는 운행거리가 200km 이상이면 반드시 휴식을 취하여야 한다.

77 용기보관실에 고압가스 용기를 취급 또는 보관하는 때의 관리기준에 대한 설명 중 틀린 것은?

① 충전용기와 잔가스 용기는 각각 구분하여 용기보관장소에 놓는다.
② 용기보관장소의 주위 8m 이내에는 화기 또는 인화성 물질이나 발화성 물질을 두지 아니한다.
③ 충전용기는 항상 40℃ 이하의 온도를 유지하고 직사광선을 받지 않도록 조치한다.
④ 가연성 가스 용기보관장소에는 방폭형 휴대용 손전등 외의 등화를 휴대하고 들어가지 아니한다.

해설

용기
보관장소 —2m— 2m 이내에는 화기 또는 인화성 물질이나 발화성 물질을 두지 아니한다.

78 물을 제독제로 사용하는 독성 가스는?

① 염소, 포스겐, 황화수소
② 암모니아, 산화에틸렌, 염화메탄
③ 아황산가스, 시안화수소, 포스겐
④ 황화수소, 시안화수소, 염화메탄

해설 제독제가 물인 독성 가스
ⓐ 암모니아
ⓑ 산화에틸렌
ⓒ 염화메탄

79 고압가스설비에서 고압가스 배관의 상용압력이 0.6 MPa일 때 기밀시험 압력의 기준은?

① 0.6MPa 이상
② 0.7MPa 이상
③ 0.75MPa 이상
④ 1.0MPa 이상

해설 고압가스 배관의 기밀시험 압력은 상용압력 기준으로 기밀시험을 한다.

80 저장설비 또는 가스설비의 수리 또는 청소 시 안전에 대한 설명으로 틀린 것은?

① 작업계획에 따라 해당 책임자의 감독하에 실시한다.
② 탱크 내부의 가스를 그 가스와 반응하지 아니하는 불활성 가스 또는 불활성 액체로 치환한다.
③ 치환에 사용된 가스 또는 액체를 공기로 재치환하고 산소 농도가 22% 이상으로 된 것이 확인될 때까지 작업한다.
④ 가스의 성질에 따라 사업자가 확립한 작업절차서에 따라 가스를 치환하되 불연성 가스 설비에 대하여는 치환작업을 생략할 수 있다.

해설 가스 치환 후 공기 재치환의 경우 산소농도 18~22% 이하가 되도록 한다.

SECTION **05** 가스계측

81 열전도도검출기의 측정 시 주의사항으로 옳지 않은 것은?

① 운반기체 흐름속도에 민감하므로 흐름속도를 일정하게 유지한다.
② 필라멘트에 전류를 공급하기 전에 일정량의 운반기체를 먼저 흘려보낸다.
③ 감도를 위해 필라멘트와 검출실 내벽 온도를 적정하게 유지한다.
④ 운반기체의 흐름속도가 클수록 감도가 증가하므로, 높은 흐름속도를 유지한다.

해설 열전도도검출기(TCD)
운반가스와 시료성분가스의 열전도차를 금속필라멘트나 서미스터의 저항변화를 이용하여 가스를 분석하며 일반적으로 널리 이용된다.

82 유체의 압력 및 온도 변화에 영향이 적고, 소유량이며 정확한 유량제어가 가능하여 혼합가스 제조 등에 유용한 유량계는?

① Roots Meter
② 벤투리유량계
③ 터빈식유량계
④ Mass Flow Controller

해설 Mass Flow Controller 유량계
㉠ 유체의 압력 및 온도변화에 영향이 적다.
㉡ 소유량 측정용이다.
㉢ 정확한 유량제어가 가능하며 혼합가스 제조 등에 유용한 유량계이다.

83 계측기와 그 구성을 연결한 것으로 틀린 것은?

① 부르동관 : 압력계
② 플로트(浮子) : 온도계
③ 열선 소자 : 가스검지기
④ 운반가스(Carrier Gas) : 가스분석기

해설 플로트
액면계, 압력계 소자로 사용된다.

84 압력 $5kgf/cm^2 \cdot abs$, 온도 $40℃$인 산소의 밀도는 약 몇 kg/m^3인가?

① 2.03
② 4.03
③ 6.03
④ 8.03

해설 ㉠ 표준상태 산소(O_2) 일반밀도(kg/m^3)

$$= \frac{32kg}{22.4m^3} = 1.43kg/m^3$$

$$22.4 \times \frac{273+40}{273} \times \frac{1.033}{5} = 5.31m^3$$

㉡ 변화 후 밀도(ρ) = $\frac{질량}{체적}$ = $\frac{32kg}{5.31m^3}$ = $6.03kg/m^3$

85 가스미터의 구비조건으로 적당하지 않은 것은?

① 기차의 변동이 클 것
② 소형이고 계량용량이 클 것
③ 가격이 싸고 내구력이 있을 것
④ 구조가 간단하고 감도가 예민할 것

해설 ㉠ 가스미터기 고유의 기기오차(기차) 변동이 적을 것
㉡ 소형이고 용량이 클 것
㉢ 내구력이 있고 정확히 계량할 수 있을 것
㉣ 구조가 간단하고 감도가 예민할 것

86 게겔(Gockel)법을 이용하여 가스를 흡수·분리할 때 33% KOH로 분리되는 가스는?

① 이산화탄소
② 에틸렌
③ 아세틸렌
④ 일산화탄소

해설 CO_2 가스분석(화학적) 시료
수산화칼륨 용액(KOH) 33%로 분석한다.
• 게겔법은 흡수분석법이며, 에틸렌은 취소수로, 아세틸렌은 옥소수은 칼륨용액으로, 일산화탄소는 암모니아성 염화 제1동 용액으로 분석한다.

87 일반적인 액면 측정방법이 아닌 것은?

① 압력식
② 정전용량식
③ 박막식
④ 부자식

해설 박막식(얇은 막 이용)은 온도계로 사용된다.

88 전력, 전류, 전압, 주파수 등을 제어량으로 하며 이 것을 일정하게 유지하는 것을 목적으로 하는 제어방식은?

① 자동조정
② 서보기구
③ 추치제어
④ 정치제어

해설 자동조정제어
전력, 전류, 전압, 주파수 등의 제어량을 일정하게 유지하는 제어이다.

89 오르자트 가스분석장치에서 사용되는 흡수제와 흡수 가스의 연결이 바르게 된 것은?

① CO 흡수액 – 30% KOH 수용액
② O_2 흡수액 – 알칼리성 피로카롤 용액
③ CO 흡수액 – 알칼리성 피로카롤 용액
④ CO_2 흡수액 – 암모니아성 염화제일구리 용액

해설 ㉠ CO : 암모니아성 염화 제1동 용액으로 분석
㉡ CO_2 : KOH 33% 수용액으로 분석
㉢ O_2 : 알칼리성 피로카롤 용액으로 분석

90 방사선식 액면계의 종류가 아닌 것은?

① 조사식   ② 전극식

③ 가반식   ④ 투과식

해설 방사선식 액면제(^{60}Co, ^{137}Cs 감마선 이용)
㉠ 조사식, ㉡ 가반식, ㉢ 투과식

91 NO_X 분석 시 약 590nm~2,500nm의 파장영역에서 발광하는 광량을 이용하는 가스분석 방식은?

① 화학 발광법   ② 세라믹식 분석

③ 수소이온화 분석   ④ 비분산 적외선 분석

해설 NO_X(질소산화물) 가스분석에서 파장의 발광하는 광량으로 분석하는 법은 화학 발광법이다. NO가 O_3와 반응하여 NO_2가 생성되면서 발광이 이루어지는데, 이때의 광량을 이용하는 방식이다.

92 제베크(Seebeck) 효과의 원리를 이용한 온도계는?

① 열전대 온도계   ② 서미스터 온도계

③ 팽창식 온도계   ④ 광전관 온도계

해설 열전대 온도계
제베크 효과를 이용한 접촉식 온도계
• 제베크 효과란 온도차에 의해 폐회로상에서 전위차가 발생되는 것을 의미하며, 이때 발생한 기전력인 열기전력을 이용한 것이 열전대 온도계이다.

93 경사각이 30°인 다음 그림과 같은 경사관식 압력계에서 차압은 약 얼마인가?

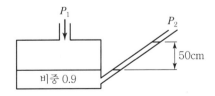

① $0.225kg/m^2$ ② $225kg/cm^2$

③ $2.21kPa$ ④ $221Pa$

해설 $P_1 = P_2 + rx\sin\theta$, $1atm = 1.033kg/cm^2 = 101.6kPa$

압력차 $= L_2\left(\sin a + \dfrac{A_2}{A_1}\right) = P_1 - P_2$

∴ 차압 $= \dfrac{0.9 \times 10^3 \times 0.5 \times \sin 30°}{10^4} \times 101.6 = 2.2kPa$

• $1m^2 = 10^4 cm^2$

94 습식 가스미터기는 주로 표준계량에 이용된다. 이 계량기는 어떤 Type의 계측기기인가?

① Drum Type

② Orifice Type

③ Oval Type

④ Venturi Type

해설 드럼타입(습식 가스미터기의 대표적으로) 표준계량 가스미터기로 사용된다.

95 측정량이 시간에 따라 변동하고 있을 때 계기의 지시값은 그 변동에 따를 수 없는 것이 일반적이며 시간적으로 처짐과 오차가 생기는데 이 측정량의 변동에 대하여 계측기의 지시가 어떻게 변하는지 대응관계를 나타내는 계측기의 특성을 의미하는 것은?

① 정특성   ② 동특성

③ 계기특성   ④ 고유특성

해설 계측기의 동특성
측정량의 시간적 처짐과 오차 발생 시 이 측정량의 변동에 대하여 계측기의 변화 대응관계를 나타내는 특성

96 KI – 전분지의 검지가스와 변색반응 색깔이 바르게 연결된 것은?

① 할로겐 – [청~갈색]

② 아세틸렌 – [적갈색]

③ 일산화탄소 – [청~갈색]

④ 시안화수소 – [적갈색]

해설 KI 전분지(요오드칼륨 시험지)는 염소(Cl_2)의 시험지 분석용이며 누설 시 청색이 나타난다.
- 아세틸렌은 염화 제1구리 착염지에서 적갈색 반응이 일어나고, 일산화탄소는 염화팔라듐지에서 흑색 반응이, 시안화수소는 초산벤젠지에서 청색반응이 일어난다.

97 다음 가스미터 중 추량식(간접식)이 아닌 것은?

① 벤투리식
② 오리피스식
③ 막식
④ 터빈식

해설

98 추 무게가 공기와 액체 중에서 각각 5N, 3N이었다. 추가 밀어낸 액체의 체적이 $1.3 \times 10^{-4}\text{m}^3$ 일 때 액체의 비중은 약 얼마인가?

① 0.98
② 1.24
③ 1.57
④ 1.87

해설 액체 체적 $= 1.3 \times 10^{-4}\text{m}^3 = 0.00013\text{m}^3$
$1,000\text{kgf/m}^3 = 9,800\text{N/m}^3$
비중$(s) = \dfrac{5-3}{9,800 \times 0.00013} = 1.57(\text{kgf/L})$

99 온도 0℃에서 저항이 40Ω인 니켈저항체로서 100℃에서 측정하면 저항값은 얼마인가?

① 56.8Ω
② 66.8Ω
③ 78.0Ω
④ 83.5Ω

해설 저항값$(R_t) = R_o(1 + a \cdot \Delta t)$
$\Delta t = 100 - 0 = 100℃$ (온도차)
$\therefore R_t = 40(1 + 0.0067 \times 100) = 66.8\,Ω$

100 기체 – 크로마토그래피의 충전컬럼 내의 충전물, 즉 고체지지체로서 일반적으로 사용되는 재질은?

① 실리카겔
② 활성탄
③ 알루미나
④ 규조토

해설 기체–크로마토그래피의 충전컬럼 내의 충전물 중 고체지지체는 일반적으로 규조토를 사용한다(고체지지체 : Support 담체).

SECTION 01 가스유체역학

01 다음 중 단위 간의 관계가 옳은 것은?

① $1N=9.8kg \cdot m/s^2$ ② $1J=9.8kg \cdot m^2/s^2$

③ $1W=1kg \cdot m^2/s^3$ ④ $1Pa=10^5 kg/m \cdot s^2$

해설
- $1kW=102kg \cdot m/s$
- $1kWh=860kcal=3,600kJ$
- $1W=1J=1Nm/s(1J=N \cdot m)$
- $1N=\dfrac{1}{9.8}kg=1kg \cdot m/s^2$
- $1W=1N \cdot m/s=0.102kg \cdot m/s=1kg \cdot m^2/s^3$

02 수면 차이가 20m인 매우 큰 두 저수지 사이에 분당 $60m^3$으로 펌프가 물을 아래에서 위로 이송하고 있다. 이때 전체 손실수두는 5m이다. 펌프의 효율이 0.9일 때 펌프에 공급해 주어야 하는 동력은 얼마인가?

① 163.3kW ② 220.5kW

③ 245.0kW ④ 272.2kW

해설 물펌프 동력(kW)
$$=\frac{r \cdot Q \cdot H}{102 \times 60 \times \eta}=\frac{1,000 \times 60 \times (20+5)}{102 \times 60 \times 0.9}=272.3kW$$

03 운동 부분과 고정 부분이 밀착되어 있어서 배출공간에서부터 흡입공간으로의 역류가 최소화되며, 경질 윤활유와 같은 유체 수송에 적합하고 배출압력을 200atm 이상 얻을 수 있는 펌프는?

① 왕복펌프 ② 회전펌프

③ 원심펌프 ④ 격막펌프

해설 회전펌프(기어펌프)
경질 윤활유와 같은 유체 수송에 적합하다. 또한 운동 부분과 고정 부분이 밀착되어 있어서 역류가 최소화된다.

04 이상기체에서 소리의 전파속도(음속) a는 다음 중 어느 값에 비례하는가?

① 절대온도의 제곱근

② 압력의 세제곱

③ 밀도

④ 부피의 세제곱

해설 이상기체에서 소리의 전파속도는 절대온도의 제곱근에 비례한다.
$$음속(a)=\sqrt{\frac{dP}{d\rho}}=\sqrt{\frac{kP}{\rho}}=\sqrt{kgRT}$$

05 상부가 개방된 탱크의 수위가 4m를 유지하고 있다. 이 탱크 바닥에 지름 1cm의 구멍이 났을 경우 이 구멍을 통하여 유출되는 유속은?

① 7.85m/s ② 8.85m/s

③ 9.85m/s ④ 10.85m/s

해설 $유속(V)=\sqrt{2gh}=\sqrt{2 \times 9.8 \times 4}=8.85m/s$

06 Newton 유체를 가장 옳게 설명한 것은?

① 비압축성 유체로서 속도구배가 항상 일정한 유체

② 전단응력이 속도구배에 비례하는 유체

③ 유체가 정지상태에서 항복응력을 갖는 유체

④ 전단응력이 속도구배에 관계없이 항상 일정한 유체

해설 뉴턴유체
전단응력이 속도구배에 비례하는 유체

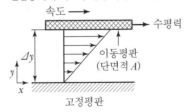

07 비중이 0.887인 원유가 관의 단면적이 0.0022m²인 관에서 체적 유량이 10.0m³/h일 때 관의 단위면적당 질량유량(kg/m² · s)은?

① 1,120　　　　② 1,220
③ 1,320　　　　④ 1,420

> **해설** 유량(Q)＝단면적×유속
>
> 초당 유량＝$\dfrac{10.0}{0.0022 \times 3,600}$＝$1.2626\text{m}^3/\text{s}$
>
> ∴ $1.2626 \times 10^3 \times 0.887 = 1,120(\text{kg/m}^2 \cdot \text{s})$
>
> • $1\text{m}^3 = 10^3\text{L}$

08 밀도의 차원을 MLT계로 옳게 표시한 것은?

① ML^{-3}　　　　② ML^{-2}
③ MLT^{-2}　　　　④ MLT^{-1}

> **해설** ㉠ MLT계(질량 M, 길이 L, 시간 T) 밀도 : ML^{-3}
> ㉡ FLT계(힘 F, 길이 L, 시간 T) 밀도 : FL^{-4}T^2
> • kgf → kgm · m/s²(단위와 차원 연습)

09 단면적이 변하는 관로를 비압축성 유체가 흐르고 있다. 지름이 15cm인 단면에서의 평균속도가 4m/s이면 지름이 20cm인 단면에서의 평균속도는 몇 m/s인가?

① 1.05　　　　② 1.25
③ 2.05　　　　④ 2.25

> **해설** ㉠ 단면적(A_1)＝$\dfrac{3.14}{4} \times (0.15)^2 = 0.0176625\text{m}^2$
>
> ㉡ 단면적(A_2)＝$\dfrac{3.14}{4} \times (0.2)^2 = 0.0314\text{m}^2$
>
> ∴ 평균유속(V)＝$4 \times \dfrac{0.0176625}{0.0314} = 2.25\text{m/s}$

10 압축성 이상기체(Compressible Ideal Gas)의 운동을 지배하는 기본 방정식이 아닌 것은?

① 에너지방정식　　　　② 연속방정식
③ 차원방정식　　　　　④ 운동량방정식

> **해설** 압축성 이상기체의 기본 방정식
> ㉠ 에너지방정식　　　㉡ 연속방정식
> ㉢ 운동량방정식

11 펌프를 사용하여 지름이 일정한 관을 통하여 물을 이송하고 있다. 출구는 입구보다 3m 위에 있고 입구압력은 1kgf/cm², 출구압력은 1.75kgf/cm²이다. 펌프수두가 15m일 때 마찰에 의한 손실수두는?

① 1.5m　　　　② 2.5m
③ 3.5m　　　　④ 4.5m

> **해설**
>
>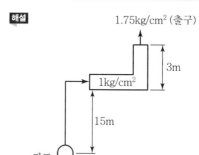
>
> 손실수두(h)＝$(1.75 \times 10 - 1 \times 10) - 3 = 4.5\text{mH}_2\text{O}$
> • $1\text{kg/cm}^2 = 10\text{mH}_2\text{O}$

12 비압축성 유체가 흐르는 유로가 축소될 때 일어나는 현상 중 틀린 것은?

① 압력이 감소한다.
② 유량이 감소한다.
③ 유속이 증가한다.
④ 질량 유량은 변화가 없다.

> **해설** 비압축성 유체에서 유로가 축소하면 압력 감소, 유속 증가 (질량 유량 일정)

13 다음 중 점성(Viscosity)과 관련성이 가장 먼 것은?

① 전단응력　　　　② 점성계수
③ 비중　　　　　　④ 속도구배

> **해설** 점성에서 전단응력(τ)＝$\dfrac{F}{A} = \mu \dfrac{u}{\Delta y}$
>
> • μ : 점성계수
> • $\dfrac{u}{\Delta y}$: 속도구배(각 변형속도)
> • u : 속도

14 이상기체에서 정적 비열의 정의로 옳은 것은?

① $\left(\dfrac{\partial u}{\partial T}\right)_P$ ② KC_P

③ $\left(\dfrac{\partial T}{\partial u}\right)_V$ ④ $\left(\dfrac{\partial u}{\partial T}\right)_V$

해설 등적 변화 $\dfrac{P_1}{T_1} = \dfrac{P_2}{T_2} = C$(일정)

$$_1W_2 = \int_1^2 Pdv = 0$$

$$_1Q_2 = m(u_2 - u_1) + \int_1^2 Pdv = m(u_2 - u_1)$$

$$= mC_p(T_2 - T_1) = \frac{1}{K-1}V(T_2 - T_1)$$

$$\therefore \text{ 정적 비열} = \left(\frac{\partial u}{\partial T}\right)_V$$

15 비압축성 유체가 매끈한 원형 관에서 난류로 흐르며 Blasius 실험식과 잘 일치한다면 마찰계수와 레이놀즈수의 관계는?

① 마찰계수는 레이놀즈수에 비례한다.

② 마찰계수는 레이놀즈수에 반비례한다.

③ 마찰계수는 레이놀즈수의 $\dfrac{1}{4}$ 승에 비례한다.

④ 마찰계수는 레이놀즈수의 $\dfrac{1}{4}$ 승에 반비례한다.

해설 레이놀즈수$(Re) = \dfrac{\rho Vd}{\mu} = \dfrac{Vd}{\nu}$

여기서, ρ : 밀도

       μ : 점성계수

       V : 유체 평균유속

       d : 관의 직경

• 마찰계수 : 실험식과 잘 일치하는 경우 레이놀즈수의 $\dfrac{1}{4}$ 승에 반비례(Blasius)

16 20kgf의 저항력을 받는 평판을 2m/s로 이동할 때 필요한 동력은?

① 0.25PS

② 0.36PS

③ 0.53PS

④ 0.63PS

해설 1PS $= 75$kgf $\cdot$ m/sec

$\therefore$ 동력(PS) $= 20 \times \dfrac{2}{75} = 0.53$PS

• PS $= \dfrac{\text{kgf} \times \text{m/s}}{\text{kgf} \cdot \text{m/s}}$

17 원심 송풍기에 속하지 않는 것은?

① 다익 송풍기   ② 레이디얼 송풍기

③ 터보 송풍기   ④ 프로펠러 송풍기

해설 축류형 송풍기

㉠ 디스크식

㉡ 프로펠러형

18 지름이 8cm인 원관 속을 동점성계수가 1.5×10^{-6} m^2/s인 물이 $0.002\text{m}^3/\text{s}$의 유량으로 흐르고 있다. 이때 레이놀즈수는 약 얼마인가?

① 20,000   ② 21,221

③ 21,731   ④ 22,333

해설 레이놀즈수$(Re) = \dfrac{\rho Vd}{\mu} = \dfrac{Vd}{\nu}$

유속$(V) = \dfrac{\text{유량}}{\text{단면적}} = \dfrac{0.002}{\dfrac{3.14}{4} \times (0.08)^2} = 0.40\text{m/s}$

$\therefore Re = \dfrac{0.40 \times 0.08}{1.5 \times 10^{-6}} = 21,333$

• 8cm $= 0.08$m, 단면적 $= \dfrac{\pi}{4}d^2$

19 압축성 유체 흐름에 대한 설명으로 가장 거리가 먼 것은?

① Mach 수는 유체의 속도와 음속의 비로 정의된다.

② 단면이 일정한 도관에서 단열마찰흐름은 가역적이다.

③ 단면이 일정한 도관에서 등온마찰흐름은 비단열적이다.

④ 초음속 유동일 때 확대 도관에서 속도는 점점 증가한다.

20 매끈한 직원관 속의 액체 흐름이 층류이고 관 내에서 최대속도가 4.2m/s로 흐를 때 평균속도는 약 몇 m/s인가?

① 4.2

② 3.5

③ 2.1

④ 1.75

SECTION 02 연소공학

21 최소산소농도(MOC)와 이너팅(Inerting)에 대한 설명으로 틀린 것은?

① LFL(연소하한계)은 공기 중의 산소량을 기준으로 한다.

② 화염을 전파하기 위해서는 최소한의 산소농도가 요구된다.

③ 폭발 및 화재는 연료의 농도에 관계없이 산소의 농도를 감소시킴으로써 방지할 수 있다.

④ MOC 값은 연소반응식 중 산소의 양론계수와 LFL(연소하한계)의 곱을 이용하여 추산할 수 있다.

22 가스터빈 장치의 이상사이클을 Brayton 사이클이라고도 한다. 이 사이클의 효율을 증대시킬 수 있는 방법이 아닌 것은?

① 터빈에 다단팽창을 이용한다.

② 기관에 부딪치는 공기가 운동에너지를 갖게 하므로 압력을 확산기에서 증가시킨다.

③ 터빈을 나가는 연소 기체류와 압축기를 나가는 공기류 사이에 열교환기를 설치한다.

④ 공기를 압축하는 데 필요한 일은 압축과정을 몇 단계로 나누고, 각 단 사이에 중간 냉각기를 설치한다.

23 연소에 대한 설명 중 옳지 않은 것은?

① 연료가 한 번 착화하면 고온으로 되어 빠른 속도로 연소한다.

② 환원반응이란 공기의 과잉 상태에서 생기는 것으로 이때의 화염을 환원염이라 한다.

③ 고체, 액체 연료는 고온의 가스분위기 중에서 먼저 가스화가 일어난다.

④ 연소에 있어서는 산화 반응뿐만 아니라 열분해반응도 일어난다.

24 자연발화온도(AIT)는 외부에서 착화원을 부여하지 않고 증기가 주위의 에너지로부터 자발적으로 발화하는 최저온도이다. 다음 설명 중 틀린 것은?

① 부피가 클수록 AIT는 낮아진다.

② 산소농도가 클수록 AIT는 낮아진다.

③ 계의 압력이 높을수록 AIT는 낮아진다.

④ 포화탄화수소 중 iso–화합물이 n–화합물보다 AIT가 낮다.

해설 AIT(Autoignition Temperature)
- 가연물의 농도 · 산소농도 · 부피가 클수록 AIT는 낮아진다.
- 압력이 감소하면 AIT는 높아진다.
- 촉매가 존재하면 AIT보다 낮은 온도에서 폭발한다.
- ※ 참고 : iso(이소), n(노르말)

25 고압, 비반응성 기체가 들어 있는 용기의 파열에 의한 폭발은 다음 중 어떠한 폭발인가?

① 기계적 폭발　　② 화학적 폭발
③ 분진 폭발　　　④ 개방계 폭발

해설 고압, 비반응성 기체의 용기 내 파열은 기계적 파열이다.

26 Fireball에 의한 피해로 가장 거리가 먼 것은?

① 공기팽창에 의한 피해
② 탱크파열에 의한 피해
③ 폭풍압에 의한 피해
④ 복사열에 의한 피해

해설 탱크파열은 압력 또는 비반응성의 기계적 파열일 수 있다.
- Fireball : 불덩어리, 소이탄, 유성화구

27 어떤 과학자가 대기압하에서 물의 어는점과 끓는점 사이에서 운전할 때 열효율이 28.6%인 열기관을 만들었다고 발표하였다. 다음 설명 중 옳은 것은?

① 근거가 확실한 말이다.
② 경우에 따라 있을 수 있다.
③ 근거가 있다 없다 말할 수 없다.
④ 이론적으로 있을 수 없는 말이다.

해설 물의 표준상태
$0 + 273 = 273K$, $100 + 273 = 373K$
$$\eta = \frac{W}{\theta_1} = 1 - \frac{T_1}{T_2} = 1 - \frac{273}{373} = 0.268(26.8\%)$$
- 이론적으로 열기관에서는 26.8% 이상 만들 수가 없다.

28 등엔트로피 과정은 다음 중 어느 것인가?

① 가역 단열과정
② 비가역 단열과정
③ Polytropic 과정
④ Joule – Thomson 과정

해설 가역 단열변화(등엔트로피 변화)
$$\frac{T_2}{T_1} = \left(\frac{V_1}{V_2}\right)^{k-1} = \left(\frac{P_2}{P_1}\right)^{\frac{k-1}{k}}$$
$$_1W_2 = \frac{R}{k-1}(T_1 - T_2) = \frac{C_v}{(T_1 - T_2)}$$
- 가역 단열과정에서는 엔트로피변화가 없어서 등엔트로피 과정이다.

29 C_3H_8을 공기와 혼합하여 완전연소시킬 때 혼합기체 중 C_3H_8의 최대농도는 약 얼마인가?(단, 공기 중 산소는 20.9%이다.)

① 3vol%　　　　② 4vol%
③ 5vol%　　　　④ 6vol%

해설 프로판(C_3H_8) $+ 5O_2 \rightarrow 3CO_2 + 4H_2O$
일반적인 폭발범위(2.1%~9.5%), $1kmol = 22.4Nm^3$
- 이론공기량(A_o) $= 5 \times \frac{100}{20.9} = 23.92 Nm^3/Nm^3$
$$\therefore C_3H_8 \text{ 농도}(\%) = \frac{22.4}{22.4 + \left(\frac{5 \times 22.4}{0.209}\right)} \times 100 = 4(\%)$$

30 불활성화(Inerting) 가스로 사용할 수 없는 가스는?

① 수소　　　　　② 질소
③ 이산화탄소　　④ 수증기

해설 수소(H_2)는 가연성 활성화 가스이다.
$$H_2 + \frac{1}{2}O_2 \rightarrow H_2O$$

31 125℃, 10atm에서 압축계수(Z)가 0.96일 때 NH_3(g) 35kg의 부피는 약 몇 Nm^3인가?(단, N의 원자량은 14, H의 원자량은 1이다.)

① 2.81　　　　② 4.28
③ 6.45　　　　④ 8.54

해설 $PV = ZnRT = \dfrac{W}{M}RTZ$, $W = \dfrac{PVM}{RTZ}$

∴ 부피$(V) = \dfrac{Z \cdot n \cdot R \cdot T}{P}$

$= \dfrac{0.96 \times \dfrac{35 \times 10^3}{17} \times 0.082 \times (125 + 273)}{10}$

$= 6,450\,\ell = 6.45\,\text{Nm}^3$

- NH_3 1몰$= 22.4\,\ell = 17g$(암모니아 가스)
- n(몰수)
- $R : 0.082\,\ell \cdot \text{atm/mol} \cdot K$
- $1kg = 1,000g$

---

32 1kg의 공기가 127℃에서 열량 300kcal를 얻어 등온팽창한다고 할 때 엔트로피의 변화량(kcal/kg · K)은?

① 0.493 　　② 0.582

③ 0.651 　　④ 0.750

해설 엔트로피 변화량(ΔS)

$= \dfrac{\delta Q}{T} = \dfrac{300}{127 + 273} = 0.750\,\text{kcal/kg} \cdot K$

---

33 발열량이 24,000kcal/m³인 LPG 1m³에 공기 3m³를 혼합하여 희석하였을 때 혼합기체 1m³당 발열량은 몇 kcal인가?

① 5,000 　　② 6,000

③ 8,000 　　④ 16,000

해설 혼합공기$= 1 + 3 = 4\text{m}^3$

∴ $\dfrac{24,000}{4} = 6,000\,\text{kcal/m}^3$

---

34 연료가 구비해야 될 조건에 해당하지 않는 것은?

① 발열량이 높을 것

② 조달이 용이하고 자원이 풍부할 것

③ 연소 시 유해가스를 발생하지 않을 것

④ 성분 중 이성질체가 많이 포함되어 있을 것

해설 연료는 성분 중 이성질체가 적게 포함되거나 아예 없는 것이 좋다.

---

35 기체연료의 연소에서 화염 전파속도에 영향을 가장 적게 주는 요인은?

① 압력

② 온도

③ 가스의 점도

④ 가연성 가스와 공기의 혼합비

해설 기체연료의 연소에서 화염 전파속도에 영향을 주는 것
압력, 온도, 촉매, 가연성 가스와 공기의 혼합비, 산소의 농도 등

---

36 온도에 따른 화학반응의 평형상수를 옳게 설명한 것은?

① 온도가 상승해도 일정하다.

② 온도가 하강하면 발열반응에서는 감소한다.

③ 온도가 상승하면 흡열반응에서는 감소한다.

④ 온도가 상승하면 발열반응에서는 감소한다.

해설 화학반응의 평형상수
온도가 상승하면 발열반응에서는 감소한다.

---

37 연소 시 발생하는 분진을 제거하는 장치가 아닌 것은?

① 백 필터 　　② 사이클론

③ 스크린 　　④ 스크러버

해설 ㉠ 사이클론(원심형)은 매연을 제거하는 장치이다.
㉡ 스크린(Screen) : 비교적 부유물이 큰 것을 제거하는 폐수처리 설비이다.

---

38 다음 중 폭발방호(Explosion Protection)의 대책이 아닌 것은?

① Venting

② Suppression

③ Containment

④ Adiabatic Compression

해설 폭발방호대책
㉠ Venting : 통풍설비
㉡ Suppression : 폭발진압
㉢ Containment : 확산봉쇄
㉣ Adiabatic Compression : 단열압축

39 수소(H_2)가 완전연소할 때의 고위발열량(H_h)과 저위발열량(H_L)의 차이는 약 몇 kJ/kmol인가?(단, 물의 증발열은 273K, 포화상태에서 2,501.6kJ/kg 이다.)

① 40,240   ② 42,410

③ 44,320   ④ 45,070

해설 $\underset{\text{1kmol}}{\underline{H_2(2kg)}} + 0.5O_2 \rightarrow \underset{\text{1kmol}}{\underline{H_2O(18kg)}}$

증발열 $= 2,501.6 \times 18 = 45,029$kJ/kmol
- 수소분자량 : 2, H_2O 분자량 : 18

40 공기 중에 압력을 증가시키면 일정 압력까지는 폭발범위가 좁아지다가 고압으로 올라가면 반대로 넓어지는 가스는?

① 수소   ② 일산화탄소

③ 메탄   ④ 에틸렌

해설 ㉠ 수소(H_2)가스는 10atm까지는 폭발범위가 좁아지다가 그 이상의 압력에서는 다시 넓어진다.
㉡ CO 가스는 고압일수록 폭발범위가 좁아진다.
㉢ 메탄 가스는 고압일수록 폭발범위가 넓어진다.
㉣ 에틸렌 가스는 고압일수록 폭발범위가 넓어진다.

SECTION 03   가스설비

41 원유, 중유, 나프타 등 분자량이 큰 탄화수소를 원료로 하며, 800~900℃의 고온에서 분해시켜 약 10,000kcal/Nm³ 정도의 가스를 제조하는 공정은?

① 열분해공정   ② 접촉분해공정

③ 부분연소공정   ④ 고압수증기개질공정

해설 열분해공정 가스 제조
㉠ 원료 : 원유, 중유, 나프타 등의 탄화수소
㉡ 분해온도 : 800~900℃
㉢ 발열량 : 10,000kcal/Nm³
㉣ 생성물 : 수소, 메탄, 에탄, 에틸렌, 프로필렌 등

42 신규 용기의 내압시험 시 전 증가량이 100cm³이었다. 이 용기가 검사에 합격하려면 영구증가량은 몇 cm³ 이하이어야 하는가?

① 5   ② 10

③ 15   ④ 20

해설 용기의 영구증가율은 10% 이하이어야 한다.

영구증가율 $= \dfrac{\text{영구증가량}}{\text{전증가량}} \times 100(\%)$

∴ $100\text{cm}^3 \times 0.1 = 10\text{cm}^3$ 이하

43 가스의 종류와 용기 표면의 도색이 틀린 것은?

① 의료용 산소 : 녹색   ② 수소 : 주황색

③ 액화염소 : 갈색   ④ 아세틸렌 : 황색

해설 의료용 산소 : 백색 용기

44 압력조정기에 대한 설명으로 틀린 것은?

① 2단 감압식 2차용 조정기는 1단 감압식 저압조정기 대신으로 사용할 수 없다.

② 2단 감압식 1차 조정기는 2단 감압방식의 1차용으로 사용되는 것으로서 중압 조정기라고도 한다.

③ 자동절체식 분리형 조정기는 1단 감압방식이며 자동교체와 1차 감압 기능이 따로 구성되어 있다.

④ 1단 감압식 준저압조정기는 일반소비자의 생활용 이외의 용도에 공급하는 경우에 사용되고 조정압력의 종류가 다양하다.

해설 자동절체식 분리형 조정기
㉠ 입구 : 0.1MPa~1.56MPa
㉡ 출구 : 0.032MPa~0.083MPa

45 가스배관이 콘크리트벽을 관통할 경우 배관과 벽 사이에 절연을 하는 가장 주된 이유는?

① 누전을 방지하기 위하여

② 배관의 부식을 방지하기 위하여

③ 배관의 변형 여유를 주기 위하여

④ 벽에 의한 배관의 기계적 손상을 막기 위하여

해설 가스 배관

절연을 하면 배관의 부식을 방지할 수 있다.

콘크리트 벽

---

46 터빈펌프에서 속도에너지를 압력에너지로 변환하는 역할을 하는 것은?

① 회전차(Impeller)
② 안내깃(Guide Vane)
③ 와류실(Volute Casing)
④ 와실(Whirl Pool Chamber)

해설 가이드베인(안내깃)

원심식 터빈펌프에서 회전차에서 얻은 속도에너지를 압력 에너지로 변환하는 역할을 한다.

---

47 LPG 자동차에 설치되어 있는 베이퍼라이저(Vaporizer)의 주요 기능은?

① 압력승압 – 가스 기화
② 압력감압 – 가스 기화
③ 공기, 연료 혼합 – 타르 배출
④ 공기, 연료 혼합 – 가스 차단

해설 LPG 기화기(베이퍼라이저)의 주요 기능
㉠ 압력감압
㉡ LPG 가스기화

---

48 −160℃의 LNG(액비중 : 0.62, 메탄 : 90%, 에탄 : 10%)를 기화(10℃)시키면 부피는 약 몇 m^3가 되겠는가?

① 827.4
② 82.74
③ 356.3
④ 35.6

해설 액비중 $0.62 = 0.62kg/l(620kg/m^3)$

메탄(CH_4) 분자량 = 16, 에탄(C_2H_6) 분자량 = 30

$16g = 22.4l$, $30g = 22.4l(16kg, 30kg = 22.4m^3)$

$\therefore \left(\dfrac{620 \times 0.9}{16} \times 22.4\right) + \left(\dfrac{620 \times 0.1}{30} \times 22.4\right)$

$\quad = 781.2 + 46.30 = 827.4m^3$

---

49 원심펌프를 병렬로 연결시켜 운전하면 어떻게 되는가?

① 양정이 증가한다.
② 양정이 감소한다.
③ 유량이 증가한다.
④ 유량이 감소한다.

해설 펌프 병렬연결 시 양정은 일정, 유량은 증가

---

50 공동주택에 압력 조정기를 설치할 경우 설치기준으로 맞는 것은?

① 공동주택 등에 공급되는 가스압력이 중압 이상으로서 전 세대수가 200세대 미만인 경우 설치할 수 있다.
② 공동주택 등에 공급되는 가스압력이 저압으로서 전 세대수가 250세대 미만인 경우 설치할 수 있다.
③ 공동주택 등에 공급되는 가스압력이 중압 이상으로서 전 세대수가 300세대 미만인 경우 설치할 수 있다.
④ 공동주택 등에 공급되는 가스압력이 저압으로서 전 세대수가 350세대 미만인 경우 설치할 수 있다.

해설 공동주택 압력 조정기 설치

가스압력이 저압인 경우에는 전 세대수가 250세대 미만의 경우 정압기(거버너) 대신 압력 조정기의 설치가 가능하다(중압 세대 이상 : 150세대 미만).

---

51 LP 가스 소비시설에서 설치 용기의 개수 결정 시 고려할 사항으로 거리가 먼 것은?

① 최대소비수량
② 용기의 종류(크기)
③ 가스 발생능력
④ 계량기의 최대용량

해설 LP 가스 소비시설 중 용기 설치 개수 결정 시 고려사항
㉠ 최대소비수량
㉡ 용기의 크기
㉢ 가스 발생능력

---

52 다음 중 이상기체에 가장 가까운 기체는?

① 고온, 고압의 기체

② 고온, 저압의 기체

③ 저온, 고압의 기체

④ 저온, 저압의 기체

해설 실제 기체가 이상기체에 가까우려면 온도가 높고 압력이 저압 상태일 경우에 가능하다.

53 정전기 제거 또는 발생 방지조치에 대한 설명으로 틀린 것은?

① 상대습도를 낮춘다.

② 대상물을 접지시킨다.

③ 공기를 이온화시킨다.

④ 도전성 재료를 사용한다.

해설 공기의 상대습도를 높이면 정전기가 제거되거나 발생이 방지된다.

54 도시가스 배관의 접합시공방법 중 원칙적으로 규정된 접합시공방법은?

① 기계적 접합   ② 나사 접합

③ 플랜지 접합   ④ 용접 접합

해설 도시가스 배관은 부식이나 누설을 방지하기 위하여 용접접합을 우선적으로 고려한다.

※ KGS Gode FS551 2022 2.5.5.1

다음의 각 배관은 수송하는 도시가스의 누출을 방지하기 위하여 원칙적으로 용접시공방법에 따라 접합한다. 이 경우 용접은 KGS GC205(가스시설 용접 및 비파괴시험 기준)에 따라 실시하고 모든 용접부(PE배관, 저압으로서 노출된 사용자공급관 및 호칭지름 80mm 미만인 저압의 배관을 제외한다.)에 대하여는 비파괴시험을 한다.

(1) 지하매설 배관(PE배관을 제외한다.)

(2) 최고사용압력이 중압 이상인 노출배관

(3) 최고사용압력이 저압으로서 호칭지름 50A 이상의 노출 배관

55 LNG 냉열 이용에 대한 설명으로 틀린 것은?

① LNG를 기화시킬 때 발생하는 한랭을 이용하는 것이다.

② LNG 냉열로 전기를 생산하는 발전에 이용할 수 있다.

③ LNG는 온도가 낮을수록 냉열이용량은 증가한다.

④ 국내에서는 LNG 냉열을 이용하기 위한 타당성 조사가 활발하게 진행 중이며 실제 적용한 실적은 아직 없다.

해설 국내에서도 LNG 냉열을 이용한 실적이 있다.
- LNG(CH_4 비점 : $-161.5℃$)

56 일반 도시가스사업소에 설치하는 매몰형 정압기의 설치에 대한 설명으로 옳은 것은?

① 정압기 본체는 두께 3mm 이상의 철판에 부식 방지 도장을 한 격납상자 안에 넣어 매설한다.

② 철근콘크리트 구조의 그 두께는 200mm 이상으로 한다.

③ 정압기의 기초는 바닥 전체가 일체로 된 철근콘크리트 구조로 한다.

④ 격납상자 쪽 도입관의 말단부에는 누출된 가스를 포집할 수 있는 직경 10cm 이상의 포집갓을 설치한다.

해설 도시가스 매몰형 정압기 설치

정압기의 기초는 안전을 위하여 바닥 전체가 일체로 된 철근콘크리트 구조로 한다(두께는 300mm 이상으로 한다).

57 대기압에서 1.5MPa · g까지 2단 압축기로 압축하는 경우 압축동력을 최소로 하기 위해서는 중간압력을 얼마로 하는 것이 좋은가?

① 0.2MPa · g   ② 0.3MPa · g

③ 0.5MPa · g   ④ 0.75MPa · g

해설 압축기의 중간압력

$= \sqrt{저단흡입\ 절대압력 \times 고단토출\ 절대압력}$

$= \sqrt{0.1 \times (1.5+0.1)} = 0.4MPa \cdot a(절대압)$

$\therefore 0.4 - 0.1 = 0.3MPa \cdot g(게이지압)$

- 대기압 $= 0.1MPa$

58 압축기에 관한 용어에 대한 설명으로 틀린 것은?

① 간극용적 : 피스톤이 상사점과 하사점 사이를 왕복할 때 가스의 체적
② 행정 : 실린더 내에서 피스톤이 이동하는 거리
③ 상사점 : 실린더 체적이 최소가 되는 점
④ 압축비 : 실린더 체적과 간극 체적의 비

해설
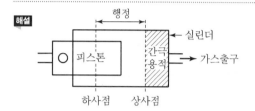

59 제트펌프의 구성이 아닌 것은?

① 노즐
② 슬로트
③ 베인
④ 디퓨저

해설 ㉠ 제트펌프(Jet Pump) : 고압의 액체를 분출할 때 그 주변의 액체가 분사류에 따라서 송출되도록 하는 펌프로서 분사펌프라고도 한다.
㉡ 베인(Vane) : 깃이며 베인펌프에 사용된다.

60 수소에 대한 설명으로 틀린 것은?

① 암모니아 합성의 원료로 사용된다.
② 열전달률이 작고 열에 불안정하다.
③ 염소와의 혼합 기체에 일광을 쬐면 폭발한다.
④ 고온, 고압에서 강제 중의 탄소와 반응하여 수소취성을 일으킨다.

해설 수소는 열전도율이 대단히 크고 열에 대해 안정한 가스이다 (폭발범위가 4~75%인 가연성 가스이다).

SECTION 04 가스안전관리

61 독성 가스 설비를 수리할 때 독성 가스의 농도를 얼마 이하로 하여야 하는가?

① 18% 이하
② 22% 이하
③ TLV-TWA 기준농도 이하
④ TLV-TWA 기준농도 1/4 이하

해설 독성 가스 설비 수리 시 독성 가스 허용농도는 TLV-TWA 기준농도 이하로 한다.
• TLV(허용복용한계치, 미국정부산업보건협의회 폭로한계), TWA(시간하중평균)

62 고압가스 냉동시설에서 냉동능력의 합산기준으로 틀린 것은?

① 냉매가스가 배관에 의하여 공통으로 되어 있는 냉동 설비
② 냉매계통을 달리하는 2개 이상의 설비가 1개의 규격품으로 인정되는 설비 내에 조립되어 있는 것
③ 1원(元) 이상의 냉동방식에 의한 냉동설비
④ Brine을 공통으로 하고 있는 2 이상의 냉동설비

해설 ③항에서는 1원이 아닌 2元(원) 이상의 냉동방식에 의한 냉동설비이이어야 한다.

63 고압가스 충전용기의 운반 시 용기 사이에 용기충격을 최소한으로 방지하기 위해 설치하는 것은?

① 프로텍터
② 캡
③ 완충판
④ 방파판

해설

---

64 동절기 습도가 낮은 날 아세틸렌 용기밸브를 급히 개방할 경우 발생할 가능성이 가장 높은 것은?

① 아세톤 증발
② 역화방지기 고장
③ 중합에 의한 폭발
④ 정전기에 의한 착화

해설 날씨가 건조한 동절기에 아세틸렌(C_2H_2) 가스 용기밸브를 급히 개방하면 정전기가 발생하여 점화의 원인이 된다.

65 산소 또는 천연메탄을 수송하기 위한 배관과 이에 접속하는 압축기와의 사이에 반드시 설치하여야 하는 것은?

① 수격방지장치
② 긴급차단밸브
③ 압력계
④ 수취기

해설
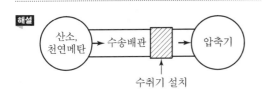

66 도시가스 정압기용 압력조정기를 출구 압력에 따라 구분할 경우의 기준으로 틀린 것은?

① 고압 : 1MPa 이상
② 중압 : 0.1~1MPa 미만
③ 준저압 : 4~100kPa 미만
④ 저압 : 1~4kPa 미만

해설 도시가스 정압기의 출구 압력(게이지 압력기준)
㉠ 중압 : 0.1MPa 이상~1MPa 이하
㉡ 준저압 : 4~100kPa 미만
㉢ 저압 : 1~4kPa 미만

67 도시가스공급시설에서 긴급용 벤트스택의 가스방출구의 위치는 작업원이 정상작업을 하는 데 필요한 장소 및 작업원이 항시 통행하는 장소로부터 몇 m 이상 떨어진 곳에 설치하여야 하는가?

① 5m
② 8m
③ 10m
④ 12m

해설
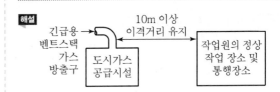

68 저장탱크에 의한 액화석유가스 사용시설에서 배관이음부와 절연조치를 하지 아니한 전선과의 거리는 몇 cm 이상 유지하여야 하는가?

① 10
② 15
③ 20
④ 30

해설
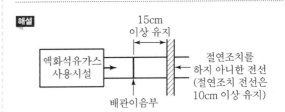

69 용량이 500L인 액체산소 저장탱크에 액체산소를 넣어 방출밸브를 개방한 후 16시간 방치하였더니, 탱크 내의 액체산소가 4.8kg이 방출되었다. 이때 탱크에 침입하는 열량은 약 몇 kcal/h인가?(단, 액체산소의 증발잠열은 50kcal/kg이다.)

① 12
② 15
③ 20
④ 23

해설 산소 32g=22.4L, 산소 분자량(32kg=22.4m³)
500L=0.5m³
용기 내 산소=$\dfrac{500L}{22.4L} \times 32 = 714.3g(0.7143kg)$
∴ 침입열량(Q)=$\dfrac{4.8kg}{16시간} \times 50kcal/kg = 15\ kcal/h$

70 고압가스용 용접용기(내용적 500L 미만) 제조에 대한 가스종류별 내압시험 압력의 기준으로 옳은 것은?

① 액화프로판은 3.0MPa이다.
② 액화프레온 22는 3.5MPa이다.
③ 액화암모니아는 3.7MPa이다.
④ 액화부탄은 0.9MPa이다.

71 다기능 보일러(가스 스털링엔진 방식)의 재료에 대한 설명으로 옳은 것은?

① 카드뮴이 함유된 경 납땜을 사용한다.
② 가스가 통하는 모든 부분의 재료는 반드시 불연성 재료를 사용한다.
③ 80℃ 이상의 온도에 노출된 가스통로에는 아연합금을 사용한다.
④ 석면 또는 폴리염화비페닐을 포함하는 재료는 사용되지 아니하도록 한다.

해설 다기능 보일러
• 전기와 열을 생산하는 가스 스털링엔진 방식의 다기능 보일러(스털링 엔진+콘덴싱 보일러 결합)
• 전기, 온수, 난방에너지 동시생산 보일러(단, 석면이나 염화비페닐 포함 재료는 사용 불가)

72 고압가스 제조설비에 사용하는 금속재료의 부식에 대한 설명으로 틀린 것은?

① 18-8 스테인리스강은 저온취성에 강하므로 저온재료에 적당하다.
② 황화수소에는 탄소강은 내식성이 약하나 구리나 니켈합금은 내식성이 우수하다.
③ 일산화탄소에 의한 금속 카르보닐화의 억제를 위해 장치내면에 구리 등으로 라이닝 한다.
④ 수분이 함유된 산소를 용기에 충전할 때에는 용기의 부식 방지를 위하여 산소가스 중의 수분을 제거한다.

해설 황화수소
황화수소에 함유된 황(S)은 고온에서 거의 모든 금속과 작용하여 황화작용을 일으킨다.
• 내황화성 원소 : Al, Cr, Si

73 액화석유가스 용기의 기밀검사에 대한 설명으로 틀린 것은?(단, 내용적 125L 미만의 것에 한한다.)

① 내압검사에 적합한 용기를 샘플링하여 검사한다.
② 공기, 질소 등의 불활성 가스를 이용한다.
③ 누출 유무의 확인은 용기 1개에 1분(50L 미만의 용기는 30초)에 걸쳐서 실시한다.
④ 기밀시험 압력 이상으로 압력을 가하여 실시한다.

해설 액화석유가스 용기의 기밀시험압력은 최고충전압력이다(샘플링 검사가 아닌 전수검사가 필요하다).

74 정전기 발생에 대한 설명으로 옳지 않은 것은?

① 물질의 표면상태가 원활하면 발생이 적어진다.
② 물질 표면이 기름 등에 의해 오염되었을 때는 산화, 부식에 의해 정전기가 발생한다.
③ 정전기의 발생은 처음 접촉, 분리가 일어났을 때 최대가 된다.
④ 분리속도가 빠를수록 정전기의 발생량은 적어진다.

해설 가스의 분리속도가 빠를수록, 가스가 건조할수록 정전기의 발생이 증가한다.

75 고압가스의 종류 및 범위에 포함되지 않는 것은?

① 상용의 온도에서 게이지압력 1MPa 이상이 되는 압축가스
② 섭씨 25℃의 온도에서 게이지압력이 0MPa 을 초과하는 아세틸렌가스
③ 상용의 온도에서 게이지압력 0.2MPa 이상이 되는 액화가스
④ 섭씨 35℃의 온도에서 게이지압력이 0MPa을 초과하는 액화가스 중 액화시안화수소

해설 ②항에서 아세틸렌가스는 섭씨 25℃가 아닌 섭씨 15℃의 온도이다.

76 안전관리 수준평가의 분야별 평가항목이 아닌 것은?

① 안전사고
② 비상사태 대비
③ 안전교육 훈련 및 홍보
④ 안전관리 리더십 및 조직

해설 안전관리 수준평가 분야별 평가항목은 ②, ③, ④항이다. ①항에서는 안전사고가 아닌 가스사고가 해당된다.

77 독성가스 용기 운반차량의 적재함 재질은?

① SS200
② SPPS200
③ SS400
④ SSPS400

해설 독성가스 용기 운반차량의 적재함 재질은 SS400 (SS는 Steel Marine의 약자이며 400은 인장강도)

78 가스난방기는 상용압력의 1.5배 이상의 압력으로 실시하는 기밀시험에서 가스차단밸브를 통한 누출량이 얼마 이하로 되어야 하는가?

① 30mL/h
② 50mL/h
③ 70mL/h
④ 90mL/h

해설 가스난방기의 기밀시험(상용압력×1.5배 이상) 누출량이 0.07L/h(70mL/h) 이내이면 성능기준에 이상적이다.

79 고압가스용 저장탱크 및 압력용기(설계압력 20.6 MPa 이하) 제조에 대한 내압시험 압력계산식 $\left[Pt = \mu P \left(\dfrac{\sigma_t}{\sigma_d}\right)\right]$ 에서 계수 μ의 값은?

① 설계압력의 1배 이상
② 설계압력의 1.3배 이상
③ 설계압력의 1.5배 이상
④ 설계압력의 2.0배 이상

해설 설계압력 20.6MPa 이하 저장탱크나 압력용기 제조에 대한 내압시험 시 계수(μ)값은 설계압력의 1.3배 이상이다.
• 20.6MPa 초과 98MPa 이하 : 1.25배 이상

80 폭발 상한값은 수소, 폭발 하한값은 암모니아와 유사한 가스는?

① 에탄
② 산화프로필렌
③ 일산화탄소
④ 메틸아민

해설 폭발범위(하한값 – 상한값)
㉠ 수소가스 : 4~75%
㉡ 일산화탄소 : 12.5~74%
㉢ 암모니아 : 15~28%

SECTION **05** 가스계측

81 온도 25℃, 전압 760mmHg인 공기 중의 수증기 분압은 17.5mmHg이었다. 이 공기의 습도를 건조공기 kg당 수증기의 kg수로 나타낸 것은?(단, 공기 및 물의 분자량은 각각 29, 18이다.)

① 0.0014kg H_2O/kg 건조공기
② 0.0146kg H_2O/kg 건조공기
③ 0.0029kg H_2O/kg 건조공기
④ 0.0292kg H_2O/kg 건조공기

해설 수증기량 $= \dfrac{18}{29} \times \dfrac{17.5}{760}$
$\fallingdotseq 0.0146$kg H_2O/kg 건조공기

82 적외선 가스분석기에서 분석 가능한 기체는?

① Cl_2
② SO_2
③ N_2
④ O_2

해설 적외선 가스분석기는 적외선의 흡수가 일어나는 것을 이용한 분석법으로 적외선 분광광도계가 사용된다. 쌍극자 모멘트를 갖지 않는 2원자 가스 Cl_2, N_2, H_2, O_2 등은 분석이 불가능하다.

83 다음 중 면적식 유량계는?

① 로터미터
② 오리피스미터
③ 피토관
④ 벤투리미터

해설 면적식(플로트 : 부자)은 부자의 변위를 면적으로 변화시켜 순간유량을 측정하며, 대표적으로 로터미터, 게이트식이 있다.

84 부르동관(Bourdon Tube) 압력계의 종류가 아닌 것은?

① C자형
② 스파이럴형(Spiral Type)
③ 헬리컬형(Helical Type)
④ 케미컬형(Chemical Type)

해설 부르동관의 종류
ㄱ C자형   ㄴ 스파이럴형
ㄷ 헬리컬형   ㄹ 버튼형

85 되먹임 제어의 특성에 대한 설명으로 틀린 것은?

① 목푯값에 정확히 도달할 수 있다.
② 제어계의 특성을 향상시킬 수 있다.
③ 외부조건의 변화에 영향을 줄일 수 있다.
④ 제어기 부품들의 성능이 다소 나빠지면 큰 영향을 받는다.

해설 되먹임 제어(피드백 제어)는 수정동작이 가능한 제어로서 제어기 부품들의 성능이 다소 나빠져도 그리 큰 영향을 받지 않는다. 일명 정량적 제어이다.
④는 시퀀스 제어이다.

86 Ni, Mn, Co 등의 금속산화물을 소결시켜 만든 반도체로서 미세한 온도 측정에 용이한 온도계는?

① 바이메탈온도계
② 서모컬러온도계
③ 서모커플온도계
④ 서미스터저항체온도계

해설 저항온도계
Pt, Ni, Cu, Fe 등을 이용하며 서미스터저항체는 Ni, Mn, Co 등의 금속산화물을 소결시켜 만든 저항온도계이다(사용온도는 $-100 \sim 300℃$).
소형이며 저항온도계수가 다른 금속에 비해 크다.

87 0℃에서 저항이 120Ω이고 저항온도계수가 0.0025인 저항온도계를 어떤 노 안에 삽입하였을 때 저항이 180Ω이 되었다면 노 안의 온도는 약 몇 ℃인가?

① 125
② 200
③ 320
④ 534

해설 $R_t = R_o(1 + a \cdot \Delta t) = 120(1 + 0.0025 \Delta t) = 180\,\Omega$
$\Delta t = (x - 0)$
∴ 노 안의 온도$(\Delta t) = \dfrac{R_t - R_o}{R_o \times a} = \dfrac{180 - 120}{120 \times 0.0025}$
$= 200 ℃$

88 액면계는 액면의 측정방법에 따라 직접법과 간접법으로 구분한다. 간접법 액면계의 종류가 아닌 것은?

① 방사선식
② 플로트식
③ 압력검출식
④ 퍼지식

해설 직접식 액면계
ㄱ 플로트식(부자식)
ㄴ 유리관식
ㄷ 검척식(막대자식)

89 측정온도가 가장 높은 온도계는?

① 수은온도계
② 백금저항온도계
③ PR 열전도온도계
④ 바이메탈온도계

해설 ① 수은온도계 : $-35 \sim 360℃$
② 백금저항온도계 : $-200 \sim 500℃$
③ PR 열전도온도계 : $600 \sim 1,600℃$
④ 바이메탈온도계 : $-50 \sim 500℃$

90 가스크로마토그래피의 장치 구성요소가 아닌 것은?

① 분리관(칼럼)
② 검출기
③ 광원
④ 기록계

해설 광원(光元) : 온도계로 사용(비접촉식 온도계)

91 다음 중 가스 검지법에 해당하지 않는 것은?

① 분별연소법
② 시험지법
③ 검지관법
④ 가연성 가스 검출기법

해설 분별연소법

2종 이상의 동족 탄화수소와 H_2 가스가 혼합되어 있는 시료에 사용되는 분석법으로 탄화수소(C_mH_n)는 산화시키지 않고 H_2 및 CO 가스만을 분별적으로 완전산화시키는 사용법이다(파라듐관연소법, 산화동법이 있다).

92 다음 중 편위법에 의한 계측기기가 아닌 것은?

① 스프링 저울
② 부르동관 압력계
③ 전류계
④ 화학천칭

해설 영위법

기준량과 측정하고자 하는 상태량을 비교 평형시켜 측정하는 방법이다(천칭을 이용하여 질량을 측정하는 방법이다).

93 대용량의 유량을 측정할 수 있는 초음파 유량계는 어떤 원리를 이용한 유량계인가?

① 전자유도법칙
② 도플러 효과
③ 유체의 저항변화
④ 열팽창계수 차이

해설 초음파 유량계(도플러 효과 이용)

유체 속을 초음파가 통과할 때 유체가 정지할 때와 이동할 때의 초음파의 진행속도가 변화한다는 도플러 효과를 이용한 유량계(압력손실이 없고 비전도성의 액체도 유량 측정이 가능한 대유량 측정용이다.)

94 막식 가스미터에서 계량막 밸브의 누설, 밸브와 밸브시트 사이의 누설 등이 원인이 되는 고장은?

① 부동(不動)
② 불통(不通)
③ 누설(漏泄)
④ 기차(器差) 불량

해설 가스미터기의 기차 불량

개량막(다이어프램) 밸브의 누설, 밸브와 밸브시트 사이의 누설 원인인 가스미터기의 이상 현상이다.

95 가스크로마토그래피 분석법에서 자유전자포착성질을 이용하여 전자 친화력이 있는 화합물에만 감응하는 원리를 적용하여 환경물질 분석에 널리 이용되는 검출기는?

① TCD
② FPD
③ ECD
④ FID

해설 ECD

전자포획이온화 검출기(Electron Capture Detector)로서 할로겐 및 산소화합물에서는 감도가 최고로, 분리가 용이하다. 단, 탄화수소가스의 성분 분석은 감도가 나쁘다.

96 감도(感度)에 대한 설명으로 옳은 것은?

① 감도가 좋으면 측정시간이 길어지고 측정범위는 좁아진다.
② 측정결과에 대한 신뢰도를 나타내는 척도이다.
③ 지시량 변화에 대한 측정량 변화의 비로 나타낸다.
④ 계측기가 지시량의 변화에 민감한 정도를 나타내는 값이다.

해설 계측기기의 감도

• 감도(지시량 변화/측정량 변화) : 감도가 좋으면 측정시간이 길어지고 측정범위가 좁아진다.
• ②항은 계측기의 정도에 대한 설명이다.
• 측정량의 변화에 대한 지시량의 변화비율

97 다음 그림은 가스크로마토그래프의 크로마토그램이다. t, t_1, t_2는 무엇을 나타내는가?

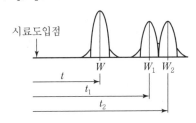

① 이론 단수
② 체류시간
③ 분리관의 효율
④ 피크의 좌우 변곡점 길이

해설 ㉠ t, t_1, t_2 : 시료도입점으로부터 피크의 최고점까지의 길이(보유시간＝체류시간)
㉡ W, W_1, W_2 : 피크의 좌우 변곡점에서 점선이 자르는 바탕선의 길이

98 게겔법에 의한 가스 분석에서 가스와 그 흡수제가 바르게 짝지어진 것은?

① O_2 – 취화수소
② CO_2 – 발연황산
③ C_2H_2 – 33% KOH 용액
④ CO – 암모니아성 염화 제1구리 용액

해설 ㉠ 산소(O_2) : 알칼리성 피로카롤(Pyrogallol) 용액
㉡ 탄산가스(CO_2) : 33% KOH 용액
㉢ 일산화탄소(CO) : 암모니아성 염화 제1구리 용액

99 임펠러식 유량계에 대한 설명으로 틀린 것은?

① 구조가 간단하다.
② 내구력이 우수하다.
③ 직관부분이 필요 없다.
④ 부식성 유체에도 사용이 가능하다.

해설 임펠러식(날개바퀴식) 유량계
유체 중에 프로펠러나 터빈 등의 임펠러를 놓고 그 회전속도에 의해 유량이 비례하므로 회전수를 검출하여 유량을 측정하는 유량계이다. 일정한 길이의 직관부가 필요한 유량계이다.

100 대류에 의한 열전달에 있어서의 경막계수를 결정하기 위한 무차원 함수로 관성력과 점성력의 비로 표시되는 것은?

① Reynolds수   ② Nusselt수
③ Prandtl수   ④ Euler수

해설 무차원 수의 종류
㉠ 레이놀즈수(관성력/점성력)
㉡ 너셀수
㉢ 프란틀수(열확산/열전도)

SECTION 01 가스유체역학

01 탱크 안의 액체의 비중량은 $700kgf/m^3$이며 압력은 $3kgf/cm^2$이다. 압력을 수두로 나타내면 몇 m인가?

① 0.429m
② 4.286m
③ 42.86m
④ 428.6m

해설 압력수두$(H) = \dfrac{p}{\gamma} = \dfrac{3 \times 10^4}{700} = 42.86m$

02 2개의 무한 수평 평판 사이에서의 층류 유동의 속도 분포가 $u(y) = U\left[1 - \left(\dfrac{y}{H}\right)^2\right]$로 주어지는 유동장 (Poiseuille Flow)이 있다. 여기에서 U와 H는 각각 유동장의 특성속도와 특성길이를 나타내며, y는 수직방향의 위치를 나타내는 좌표이다. 유동장에서는 속도 $u(y)$만 있고, 유체는 점성계수가 μ인 뉴턴유체일 때 $y = \dfrac{H}{2}$에서의 전단응력의 크기는?

① $\dfrac{\mu U}{H^2}$
② $\dfrac{\mu U}{2H^2}$
③ $\dfrac{\mu U}{H}$
④ $\dfrac{8\mu U}{2H}$

해설 전단응력크기$(y = \dfrac{H}{2}$ 상태에서$)$: $\dfrac{\mu U}{H}$

03 어떤 유체의 액면 아래 10m인 지점의 계기 압력이 $2.16kgf/cm^2$일 때 이 액체의 비중량은 몇 kgf/m^3인가?

① 2,160
② 216
③ 21.6
④ 0.216

해설 γ(비중량)$= \dfrac{P}{RT}$, 밀도$(\rho) = \dfrac{\gamma}{g}$,
$1kg/cm^2 = 10mH_2O$, H_2O $1m^3 = 1,000kg$
$\therefore \gamma = 10 \times 2.16 \times 10^2 = 2,160kg/m^3$

• $P = \gamma h = 2.16 \times 10^4 = \gamma \times 10$
$\therefore$ 비중량$(\gamma) = \dfrac{2.16 \times 10^4}{10} = 2,160 \, kgf/m^3$

04 Mach 수를 의미하는 것은?

① $\dfrac{실제유동속도}{음속}$
② $\dfrac{초음속}{아음속}$
③ $\dfrac{음속}{실제유동속도}$
④ $\dfrac{아음속}{초음속}$

해설 마하수$(M) = \dfrac{V}{C} = \dfrac{V}{\sqrt{KRT}} = \dfrac{속도}{음속}$

05 간격이 좁은 2개의 연직 평판을 물속에 세웠을 때 모세관 현상의 관계식으로 맞는 것은?(단, 두 개의 연직 평판의 간격 : t, 표면장력 : σ, 접촉각 : β, 물의 비중량 : γ, 평판의 길이 : l, 액면의 상승높이 : h_c이다.)

① $h_c = \dfrac{4\sigma\cos\beta}{\gamma t}$
② $h_c = \dfrac{4\sigma\sin\beta}{\gamma t}$
③ $h_c = \dfrac{2\sigma\cos\beta}{\gamma t}$
④ $h_c = \dfrac{2\sigma\sin\beta}{\gamma t}$

해설 연직 평판 모세관 현상(액면의 높이 h_c)$= \dfrac{2\sigma\cos\beta}{\gamma t}$

06 지름이 25cm인 원형관 속을 5.7m/s의 평균속도로 물이 흐르고 있다. 40m에 걸친 수두 손실이 5m라면 이때의 Darcy 마찰계수는?

① 0.0189
② 0.1547
③ 0.2089
④ 0.2621

해설 달시방정식(마찰계수) : f
마찰손실$(h) = f\dfrac{L}{d} \times \dfrac{V^2}{2g} = f \times \dfrac{40}{0.25} \times \dfrac{5.7^2}{2 \times 9.8} = 5m$
$f = \dfrac{5 \times 0.25 \times 2 \times 9.8}{40 \times 5.7^2} = 0.0189$
$\therefore f = 0.0189$

07 두 피스톤의 지름이 각각 25cm와 5cm이다. 직경이 큰 피스톤을 2cm 움직이면 작은 피스톤은 몇 cm 움직이는가?(단, 누설량과 압축은 무시한다.)

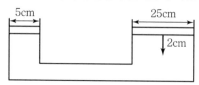

① 5   ② 10
③ 25   ④ 50

해설 이동거리$(L) = \dfrac{A'}{A} = \dfrac{\left(\dfrac{\pi}{4}d'^2\right)}{\left(\dfrac{\pi}{4}d^2\right)}$

$= \dfrac{\left(\dfrac{3.14}{4} \times 25^2\right)}{\left(\dfrac{3.14}{4} \times 5^2\right)} \times 2 = 50 \text{ cm}$

08 중력 단위계에서 1kgf와 같은 것은?

① $980\text{kg} \cdot \text{m/s}^2$
② $980\text{kg} \cdot \text{m}^2/\text{s}^2$
③ $9.8\text{kg} \cdot \text{m/s}^2$
④ $9.8\text{kg} \cdot \text{m}^2/\text{s}^2$

해설 중력단위 $1\text{kgf} = 9.8\text{N} = 9.8\text{kg} \cdot \text{m/s}^2 = 1\text{kg} \times 9.8\text{m/s}^2$
• $1,000\text{kg/m}^3 = 9,800\text{N/m}^3$

09 내경이 10cm인 원관 속을 비중 0.85인 액체가 10cm/s의 속도로 흐른다. 액체의 점도가 5cP라면 이 유동의 레이놀즈수는?

① 1,400
② 1,700
③ 2,100
④ 2,300

해설 레이놀즈수$(Re) = \dfrac{\rho V d}{\mu}$, $5\text{cP} = 0.05\text{P}$

점성계수(Poise) $= \text{dyne} \cdot \text{sec/cm}^2 = \text{gr/cm} \cdot \text{sec}$

$\therefore Re = \dfrac{0.85 \times 10 \times 10}{5 \times 10^{-2}} = 1,700$

10 출구의 지름이 20cm인 송풍기의 배출유량이 $3\text{m}^3/\text{min}$일 때 평균유속은 약 몇 m/s인가?

① 1.2m/s
② 1.6m/s
③ 3.2m/s
④ 4.8m/s

해설 1min = 60초
유량$(Q) = $ 단면적 $\times$ 유속
유속$(V) = \dfrac{\text{유량(m/s)}}{\text{단면적(m}^2)}$

$\therefore$ 유속 $= \dfrac{3 \times \dfrac{1}{60}}{\dfrac{3.14}{4} \times (0.2)^2} = \dfrac{0.05}{0.0314} = 1.6\text{m/s}$

11 항력계수를 옳게 나타낸 식은?(단, C_D는 항력계수, D는 항력, ρ는 밀도, V는 유속, A는 면적을 나타낸다.)

① $C_D = \dfrac{D}{0.5\rho V^2 A}$ ② $C_D = \dfrac{D^2}{0.5\rho VA}$

③ $C_D = \dfrac{0.5\rho V^2 A}{D}$ ④ $C_D = \dfrac{0.5\rho V^2 A}{D^2}$

해설 항력계수$(C_D) = \dfrac{D}{0.5\rho V^2 A} = \dfrac{24}{Re}$

• 항력(Drag Force)은 유동속도의 방향과 같은 방향의 저항력을 뜻한다.

12 구형입자가 유체 속으로 자유 낙하할 때의 현상으로 틀린 것은?(단, μ는 점성계수, d는 구의 지름, U는 속도이다.)

① 속도가 매우 느릴 때 항력(drag force)은 $3\pi\mu dU$이다.
② 입자에 작용하는 힘을 중력, 항력, 부력으로 구분할 수 있다.
③ 항력계수(C_D)는 레이놀즈수가 증가할수록 커진다.
④ 종말속도는 가속도가 감소되어 일정한 속도에 도달한 것이다.

해설 항력계수는 레이놀즈수(Re)가 감소할수록 커진다.

13 안지름이 150mm인 관 속에 20℃의 물이 4m/s로 흐른다. 안지름이 75mm인 관 속에 40℃의 암모니아가 흐르는 경우 역학적 상사를 이루려면 암모니아의 유속은 얼마가 되어야 하는가?(단, 물의 동점성계수는 $1.006 \times 10^{-6} m^2/s$이고 암모니아의 동점성계수는 $0.34 \times 10^{-6} m^2/s$이다.)

① 0.27m/s ② 2.7m/s
③ 3m/s ④ 5.68m/s

해설
- 물의 유량$= \dfrac{3.14}{4} \times (0.15)^2 \times 4 = 0.07065 m^3/s$

- 암모니아 단면적$= \dfrac{3.14}{4} \times (0.075)^2 = 0.004415625 m^2$

- 역학적 상사 : 서로 대응하는 점에 작용하는 힘의 방향과 크기의 비가 같을 때를 역학적 상사라고 한다.

$$\left(\dfrac{VD}{\nu}\right)_{am} = \left(\dfrac{VD}{\nu}\right)_{wa}$$

$$\text{유속}(V_{am}) = \left(\dfrac{VD}{\nu}\right)_{wa} \times \left(\dfrac{\nu}{D}\right)_{am}$$
$$= \dfrac{4 \times 0.15}{1.006 \times 10^{-6}} \times \dfrac{0.34 \times 10^{-6}}{0.075}$$
$$= 2.7 m/s$$

14 2차원 직각좌표계(x, y) 상에서 x방향의 속도를 u, y방향의 속도를 v라고 한다. 어떤 이상유체의 2차원 정상 유동에서 $v = -Ay$일 때 다음 중 x방향의 속도 u가 될 수 있는 것은?(단, A는 상수이고 $A > 0$이다.)

① Ax ② $-Ax$
③ Ay ④ $-2Ax$

해설 2차원 직각좌표계 x방향의 속도$(u) = Ax$

15 압축성 유체가 축소 – 확대 노즐의 확대부에서 초음속으로 흐를 때, 다음 중 확대부에서 감소하는 것을 옳게 나타낸 것은?(단, 이상기체의 등엔트로피 흐름이라고 가정한다.)

① 속도, 온도 ② 속도, 밀도
③ 압력, 속도 ④ 압력, 밀도

해설 초음속 흐름$(Ma > 1)$에서 속도는 증가하나 압력이나 밀도는 감소한다.

16 상온의 공기 속을 260m/s의 속도로 비행하고 있는 비행체의 선단에서의 온도 증가는 약 얼마인가?(단, 기체의 흐름을 등엔트로피 흐름으로 간주하고 공기의 기체상수는 287J/kg·K이고 비열비는 1.4이다.)

① 24.5℃
② 33.6℃
③ 44.6℃
④ 45.1℃

해설 음속$= \sqrt{KRT}$

온도 증가$(T_0) = T_1 - T_2 = \dfrac{1}{R} \times \dfrac{K-1}{K} \times \dfrac{V^2}{2g}$

$T_0 = T_1\left(1 + \dfrac{K-1}{2} \times M^2\right)$

$M = \dfrac{V}{C} = \dfrac{V}{\sqrt{KRT}} = \dfrac{260}{\sqrt{1.4 \times 287 \times 273}} = 0.785$

$\therefore T_0 = 273 \times \left(1 + \dfrac{1.4-1}{2} \times 0.785^2\right)$
$= 306.645 K(33.6℃)$

17 수은 – 물 마노미터로 압력차를 측정하였더니 50cmHg였다. 이 압력차를 mH₂O로 표시하면 약 얼마인가?

① 0.5 ② 5.0
③ 6.8 ④ 7.3

해설 $76 cmHg = 1,033 kg/cm^2 = 10.33 mH_2O$

$\therefore H = 10.33 \times \dfrac{50}{76} = 6.8 mH_2O$

18 그림은 수축노즐을 갖는 고압용기에서 기체가 분출될 때 질량유량(m)과 배압(Pb)과 용기내부 압력(Pr)의 비의 관계를 도시한 것이다. 다음 중 질식된(choking) 상태만 모은 것은?

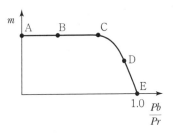

① A, E ② B, D
③ D, E ④ A, B

19 유체에 관한 다음 설명 중 옳은 내용을 모두 선택한 것은?

> ㄱ. 정지 상태의 이상유체(ideal fluid)에서는 전단응력이 존재한다.
> ㄴ. 정지 상태의 실제유체(real fluid)에서는 전단응력이 존재하지 않는다.
> ㄷ. 전단응력을 유체에 가하면 연속적인 변형이 일어난다.

① ㄱ, ㄴ   ② ㄱ, ㄷ
③ ㄴ, ㄷ   ④ ㄱ, ㄴ, ㄷ

해설 전단응력$(\tau) = \mu \dfrac{du}{dy}$, μ(점성계수), $\dfrac{du}{dy}$(속도구배)
• 이상유체는 정지나 유동상태에서 전단응력이 존재하지 않는다.

20 웨버(Weber)수의 물리적 의미는?

① 압축력/관성력   ② 관성력/점성력
③ 관성력/탄성력   ④ 관성력/표면장력

해설 무차원 웨버수$(We) = \dfrac{\rho V^2 L}{\sigma} = \dfrac{\text{관성력}}{\text{표면력}}$(자유표면)

SECTION 02 연소공학

21 연소범위에 대한 일반적인 설명으로 틀린 것은?

① 압력이 높아지면 연소범위는 넓어진다.
② 온도가 올라가면 연소범위는 넓어진다.
③ 산소농도가 증가하면 연소범위는 넓어진다.
④ 불활성 가스의 양이 증가하면 연소범위는 넓어진다.

해설 불활성 가스(N_2, CO_2 등)의 양이 증가하면 소요공기량이 부족하여 연소범위가 좁아진다.

22 아세틸렌(C_2H_2)에 대한 설명 중 틀린 것은?

① 산소와 혼합하여 $3,300\,℃$까지의 고온을 얻을 수 있으므로 용접에 사용된다.
② 가연성 가스 중 폭발한계가 가장 적은 가스이다.
③ 열이나 충격에 의해 분해폭발이 일어날 수 있다.
④ 용기에 충전할 때에 단독으로 가압 충전할 수 없으며 용해 충전한다.

해설 아세틸렌(C_2H_2)가스는 가연성 가스이며 폭발범위가 2.5~81%로 가장 크다.

23 미분탄 연소의 특징으로 틀린 것은?

① 가스화 속도가 낮다.
② 2상류 상태에서 연소한다.
③ 완전연소에 시간과 거리가 필요하다.
④ 화염이 연소실 전체에 퍼지지 않는다.

해설 미분탄은 석탄을 분쇄하여 버너로 연소시키므로 화염이 연소실 전체에 급격하게 퍼진다.

24 방폭에 대한 설명으로 틀린 것은?

① 분진 처리시설에서 호흡을 하는 경우 분진을 제거하는 장치가 필요하다.
② 분해 폭발을 일으키는 가스에 비활성 기체를 혼합하는 이유는 화염온도를 낮추고 화염전파능력을 소멸시키기 위함이다.
③ 방폭 대책은 크게 예방, 긴급대책 등 2가지로 나누어진다.
④ 분진을 다루는 압력을 대기압보다 낮게 하는 것도 분진 대책 중 하나이다.

해설 방폭대책 : 예방, 긴급대책, 본질적 대책(영구대책)

25 열역학적 상태량이 아닌 것은?

① 정압비열

② 압력

③ 기체상수

④ 엔트로피

해설 상태량 : ㉠ 강도성(온도, 압력, 비체적)
㉡ 종량성(체적, 내부 에너지, 엔탈피, 엔트로피)

일반 기체상수$(\overline{R}) = \dfrac{PV}{T} = \dfrac{101,300 \times 22.4}{273}$

$= 8.314 \text{kJ/kmol} \cdot \text{K}$

26 800℃의 고열원과 300℃의 저열원 사이에서 작동하는 카르노사이클 열기관의 열효율은?

① 31.3%

② 46.6%

③ 68.8%

④ 87.3%

해설 카르노 열효율$(\eta) = \dfrac{T_2 - T_1}{T_2}$

$= \dfrac{(800 + 273) - (300 + 273)}{(800 + 273)}$

$= 0.4659(46.6\%)$

27 폭발억제 장치의 구성이 아닌 것은?

① 폭발검출기구   ② 활성제

③ 살포기구   ④ 제어기구

해설 활성제 대신 억제제가 필요하다.

28 다음 가스와 그 폭발한계가 틀린 것은?

① 수소 : 4~75%

② 암모니아 : 15~28%

③ 메탄 : 5~15.4%

④ 프로판 : 2.5~40%

해설 프로판$(C_3H_8) = 2.1 \sim 9.5\%$

29 배기가스의 온도가 120℃인 굴뚝에서 통풍력 12mmH₂O를 얻기 위하여 필요한 굴뚝의 높이는 약 m인가?(단, 대기의 온도는 20℃이다.)

① 24   ② 32

③ 39   ④ 47

해설 통풍력$(Z) = 355 \times H \left(\dfrac{1}{273 + t_a} - \dfrac{1}{273 + t_g} \right)$

$12 = 355 \times H \left(\dfrac{1}{273 + 20} - \dfrac{1}{273 + 120} \right)$

굴뚝높이$(H) = \dfrac{12}{\left(\dfrac{355}{293} \right) - \left(\dfrac{355}{393} \right)} \fallingdotseq 39\text{m}$

30 가연성 혼합가스에 불활성 가스를 주입하여 산소의 농도를 최소산소농도(MOC) 이하로 낮게 하는 공정은?

① 릴리프(Relief)

② 벤트(Vent)

③ 이너팅(Inerting)

④ 리프팅(Lifting)

해설 이너팅 : 가연성 혼합가스에 불활성 가스를 주입하여 산소의 농도를 최소산소농도 이하로 낮게 하는 공정이다(작업의 안전성 확보가 목적).

• 이너팅(비활성화 퍼지작업)

31 공기비가 클 경우 연소에 미치는 영향에 대한 설명으로 틀린 것은?

① 통풍력이 강하여 배기가스에 의한 열손실이 많아진다.

② 연소가스 중 NOx의 양이 많아져 저온부식이 된다.

③ 연소실 내의 연소온도가 저하한다.

④ 불완전연소가 되어 매연이 많이 발생한다.

해설 공기비(과잉 공기계수)$= \dfrac{\text{실제공기량}}{\text{이론공기량}}$(항상 1보다 크다.)

완전연소가 가능하여 매연 발생이 소멸된다.

32 다음은 간단한 수증기 사이클을 나타낸 그림이다. 여기서 랭킨(Rankine) 사이클의 경로를 옳게 나타낸 것은?

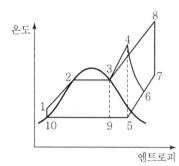

① $1 \rightarrow 2 \rightarrow 3 \rightarrow 9 \rightarrow 10 \rightarrow 1$
② $1 \rightarrow 2 \rightarrow 3 \rightarrow 4 \rightarrow 5 \rightarrow 9 \rightarrow 10 \rightarrow 1$
③ $1 \rightarrow 2 \rightarrow 3 \rightarrow 4 \rightarrow 6 \rightarrow 5 \rightarrow 9 \rightarrow 10 \rightarrow 1$
④ $1 \rightarrow 2 \rightarrow 3 \rightarrow 8 \rightarrow 7 \rightarrow 5 \rightarrow 9 \rightarrow 10 \rightarrow 1$

> **해설** 랭킨 사이클(증기원동소)
> 급수 → 포화수 → 습포화증기 → 건포화증기 → 과열증기
> (온도상승) 등의 경로 : $1 \rightarrow 2 \rightarrow 3 \rightarrow 4 \rightarrow 5 \rightarrow 9 \rightarrow 10$
> $\rightarrow 1$

33 연소의 열역학에서 몰엔탈피를 H_j, 몰엔트로피를 S_j라 할 때, Gibs 자유에너지 F_j와의 관계를 올바르게 나타낸 것은?

① $F_j = H_j - TS_j$ ② $F_j = H_j + TS_j$
③ $F_j = S_j - TH_j$ ④ $F_j = S_j + TH_j$

> **해설** 깁스 자유에너지(F_j)
> • 깁스 자유 에너지 : 어떤 계의 엔탈피, 엔트로피 및 온도를 이용하여 정의하는 열역학적 함수이다. 이 값을 이용하면 일정한 온도와 압력이 유지된 상태에서의 화학반응 평형 조건을 알 수 있다. 또한 정반응과 역반응 중 어느 것이 더 자발적인지도 계산할 수 있다.
> • F_j = 연소 몰엔탈피 − T 몰엔트로피(kcal)
>   여기서, T : 열역학적 온도
> $\therefore F_j = H_j - TS_j$

34 천연가스의 비중측정 방법은?
① 분젠실링법 ② Soap bubble법
③ 라이트법 ④ 분젠버너법

> **해설** 기체 연료의 비중시험
> ㉠ 분젠실링법 : 분젠실링 비중계 이용
> ㉡ 라이트법 : 가스비중 측정 시 사용
> • 분젠실링법에서는 스톱워치, 비중계, 온도계가 필요하다.

35 공기 중의 산소 농도가 높아질 때 연소의 변화에 대한 설명으로 틀린 것은?
① 연소속도가 빨라진다.
② 화염온도가 높아진다.
③ 발화온도가 높아진다.
④ 폭발이 더 잘 일어난다.

> **해설** 공기 중의 산소농도가 높아지면 연소 시 발화온도(착화온도)가 낮아진다. 또한 폭발 범위가 커지고 불꽃 길이가 길어지며 발열량이 커지고, 발화에너지는 낮아진다.

36 증기운 폭발의 특징에 대한 설명으로 틀린 것은?
① 폭발보다 화재가 많다.
② 점화위치가 방출점에서 가까울수록 폭발위력이 크다.
③ 증기운의 그기가 클수록 섬화될 가능성이 커진다.
④ 연소에너지의 약 20%만 폭풍파로 변한다.

> **해설** 증기운 폭발(UVCE) : 폭발성 증기운이 점화원과 접촉하여 화구를 형성하는 폭발. 화재 시 복사열에 의한 저장 액체 온도의 상승으로 다량의 증기가 탱크 외부로 누출하여 바로 확산하지 않고 구름과 같이 뭉쳐 있는 경우가 증기운이다. 증기운과 화염이 연결되면 폭발한다. 증기운이 적으면 폭발위험이 크다.

37 연소 반응이 완료되지 않아 연소가스 중에 반응의 중간 생성물이 들어 있는 현상을 무엇이라 하는가?
① 열해리
② 순반응
③ 역화반응
④ 연쇄분자반응

> **해설** 열해리 : 연소반응이 완료되지 않아서 연소가스 중에 반응의 중간 생성물이 들어 있는 현상이다.

38 화격자 연소방식 중 하입식 연소에 대한 설명으로 옳은 것은?

① 산화층에서는 코크스화한 석탄입자 표면에 충분한 산소가 공급되어 표면연소에 의한 탄산가스가 발생한다.
② 코크스화한 석탄은 환원층에서 아래 산화층에서 발생한 탄산가스를 일산화탄소로 환원한다.
③ 석탄층은 연소가스에 직접 접하지 않고 상부의 고온 산화층으로부터 전도와 복사에 의해 가열된다.
④ 휘발분과 일산화탄소는 석탄층 위쪽에서 2차 공기와 혼합하여 기상연소한다.

해설 화격자 연소 하입식 : 석탄층이 연소가스에 직접 접하지 않고 고온산화층으로부터 착화하여 연소한다.

39 일정한 체적하에서 포화증기의 압력을 높이면 무엇이 되는가?

① 포화액
② 과열증기
③ 압축액
④ 습증기

해설 일정한 체적하에서 포화증기의 압력을 높이면 과열증기가 된다.
• 포화증기 : 포화온도에 이른 포화수의 증발로 생성된 증기

40 프로판을 완전연소시키는 데 필요한 이론공기량은 메탄의 몇 배인가?(단, 공기 중 산소의 비율은 21v%이다.)

① 1.5 　　② 2.0
③ 2.5 　　④ 3.0

해설 프로판 : $C_3H_8 + 5O_2 \rightarrow 3CO_2 + 4H_2O$
메탄 : $CH_4 + 2O_2 \rightarrow CO_2 + 2H_2O$
이론공기량(A_o) = 이론산소량$(O_o) \times \dfrac{1}{0.21}$ 배

$\therefore \dfrac{\left(5 \times \dfrac{1}{0.21}\right)}{\left(2 \times \dfrac{1}{0.21}\right)} = 2.5$ 배

SECTION 03 　가스설비

41 습식 아세틸렌 제조법 중 투입식의 특징이 아닌 것은?

① 온도상승이 느리다.
② 불순가스 발생이 적다.
③ 대량 생산이 용이하다.
④ 주수량의 가감으로 양을 조정할 수 있다.

해설 투입식은 물에 카바이트(CaC_2)를 넣어서 C_2H_2가스를 발생시킨다. ④항은 주수식의 특성이다. 주수식은 카바이트 투입량으로 C_2H_2가스 발생량을 조절한다.

42 다음 배관 중 반드시 역류방지 밸브를 설치할 필요가 없는 곳은?

① 가연성 가스를 압축하는 압축기와 오토클레이브 사이
② 암모니아의 합성탑과 압축기 사이
③ 가연성 가스를 압축하는 압축기와 충전용 주관 사이
④ 아세틸렌을 압축하는 압축기의 유분리기와 고압건조기 사이

해설 ①항의 경우 역화방지장치가 설치된다.
• 아세틸렌의 고압건조기와 충전용 교체밸브 사이 배관, 아세틸렌 충전용 지관에도 역류방지 밸브가 아닌 역화방지장치가 설치된다.

43 역카르노 사이클로 작동되는 냉동기가 20kW의 일을 받아서 저온체에서 20kcal/s의 열을 흡수한다면 고온체로 방출하는 열량은 약 몇 kcal/s인가?

① 14.8 　　② 24.8
③ 34.8 　　④ 44.8

해설 1kW = 102kg · m/sec, 1시간 = 3,600초
1kWh = 860kcal(3,600kJ)
일의 열량$(Q) = \dfrac{20 \times 860}{3,600} = 4.78$ kcal/s
∴ 고온체 방출열량 = 20 + 4.78 = 24.78kcal/s

44 고압가스설비는 상용압력의 몇 배 이상의 압력에서 항복을 일으키지 않는 두께를 갖도록 설계해야 하는가?

① 2배 ② 10배
③ 20배 ④ 100배

해설 고압가스설비는 상용압력의 2배 압력에서 항복을 일으키지 않는 두께로 설계하여야 한다.

45 정상운전 중에 가연성 가스의 점화원이 될 전기불꽃, 아크 또는 고온부분 등의 발생을 방지하기 위하여 기계적·전기적 구조상 또는 온도 상승에 대하여 안전도를 증가시킨 방폭구조는?

① 내압방폭구조
② 압력방폭구조
③ 유입방폭구조
④ 안전증방폭구조

해설 안전증방폭구조 : 기계적, 전기적, 구조상 또는 온도 상승에 대하여 특히 안전도를 증가시킨 구조이다.

46 다음 중 동관(Copper pipe)의 용도로서 가장 거리가 먼 것은?

① 열교환기용 튜브
② 압력계 도입관
③ 냉매가스용
④ 배수관용

해설 배수관용 재료 : 주철관을 사용한다.

47 공업용 수소의 가장 일반적인 제조방법은?

① 소금물 분해
② 물의 전기분해
③ 황산과 아연 반응
④ 천연가스, 석유, 석탄 등의 열분해

해설 공업용 수소의 제조방법(석유 분해법) : 나프타, 중유, 원유를 수증기로 열분해하여 수소를 생산, 기타 석탄완전가스화법, 천연가스의 분해법 등으로 H_2가스 제조

48 1,000rpm으로 회전하고 있는 펌프의 회전수를 2,000rpm으로 하면 펌프의 양정과 소요동력은 각각 몇 배가 되는가?

① 4배, 16배
② 2배, 4배
③ 4배, 2배
④ 4배, 8배

해설 펌프의 상사법칙
㉠ 양정은 회전수 증가 2승
$$양정 = 1 \times \left(\frac{2,000}{1,000}\right)^2 = 4배$$
㉡ 동력은 회전수 증가 3승
$$동력 = 1 \times \left(\frac{2,000}{1,000}\right)^3 = 8배$$

49 다음 [보기]의 안전밸브의 선정절차에서 가장 먼저 검토하여야 하는 것은?

- 통과유체 확인
- 밸브 용량계수값 확인
- 해당 메이커의 자료 확인
- 기타 밸브구동기 선정

① 기타 밸브구동기 선정
② 해당 메이커의 자료 확인
③ 밸브 용량계수값 확인
④ 통과유체 확인

해설 안전밸브 선정 시에는 통과유체, 통과압력범위 등, 통과유체의 성질을 가장 먼저 검토하여야 한다.

50 일반용 LPG 2단 감압식 1차용 압력조정기의 최대폐쇄압력으로 옳은 것은?

① 3.3kPa 이하
② 3.5kPa 이하
③ 95kPa 이하
④ 조정압력의 1.25배 이하

해설
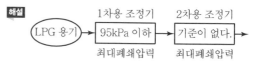

51 화염에서 백 – 파이어(Back – fire)가 생기는 주된 원인은?

① 버너의 과열
② 가스의 과량공급
③ 가스압력의 상승
④ 1차 공기량의 감소

해설 ㉠ 화염의 백 – 파이어(역화)는 버너의 과열이나 화실 내 잔류가스의 재점화 시에 일어난다.
㉡ 가스의 공급이 부족할 때 역화가 일어난다.
㉢ 가스압력이 낮을 때 역화가 일어난다.

52 고압가스 탱크의 수리를 위하여 내부가스를 배출하고 불활성 가스로 치환하여 다시 공기로 치환하였다. 내부의 가스를 분석한 결과 탱크 안에서 용접작업을 해도 되는 경우는?

① 산소 20%
② 질소 85%
③ 수소 5%
④ 일산화탄소 4,000ppm

해설 ㉠ 탱크 내 용존산소량이 18% 이상~22% 이내에서 작업이 가능하다.
㉡ 질소가 85%일 시 산소량이 부족하다.
㉢ 수소가 5%일 시 폭발 하한값이 초과된다.
㉣ 일산화탄소 허용농도는 50ppm이다.

53 4극 3상 전동기를 펌프와 직결하여 운전할 때 전원주파수가 60Hz이면 펌프의 회전수는 몇 rpm인가? (단, 미끄럼률은 2%이다.)

① 1,562
② 1,663
③ 1,764
④ 1,865

해설 $(100-2)=98\%(0.98)$

$$동기속도(Ns) = \frac{120f}{P} = \frac{120 \times 60}{4} \times (0.98)$$
$$= 1,764\text{rpm}$$

54 수소 가스를 충전하는 데 가장 적합한 용기의 재료는?

① Cr강
② Cu
③ Mo강
④ Al

해설 수소(H_2)가스는 170℃, 250atm(고온, 고압) 상태에서 강 철용기 중의 탄소와 반응하여

$$(Fe_3C + 2H_2 \xrightarrow{\text{고온, 고압}} CH_4 + 3Fe \text{ 수소취성 발생})$$

강을 취약시킨다.
※ 수소취성 방지 첨가원소 : Cr(크롬), Ti(티타늄), V(바나듐), W(텅스텐), Mo(몰리브덴), Nb(니오브)

55 정압기를 평가, 선정할 경우 정특성에 해당되는 것은?

① 유량과 2차 압력과의 관계
② 1차 압력과 2차 압력과의 관계
③ 유량과 작동 차압과의 관계
④ 메인밸브의 열림과 유량과의 관계

해설 ㉠ 정압기 정특성 : 유량과 2차 압력과의 관계
㉡ ②항은 사용최대차압 특성
㉢ ④항은 유량 특성

56 인장시험 방법에 해당하는 것은?

① 올센법
② 샤르피법
③ 아이조드법
④ 파우더법

해설 인장시험기
㉠ 올센형
㉡ 암슬러형
㉢ 발드윈형
㉣ 모블페더하프형
㉤ 시마즈형
㉥ 인스트롤형

57 도시가스의 원료 중 탈황 등의 정제 장치를 필요로 하는 것은?

① NG
② SNG
③ LPG
④ LNG

해설 천연가스(NG가스)는 탈황 등의 정제장치를 필요로 한다. 주성분은 메탄(CH_4)이다.

58 용기내장형 가스난방기에 대한 설명으로 옳지 않은 것은?

① 난방기는 용기와 직결되는 구조로 한다.
② 난방기의 콕은 항상 열림 상태를 유지하는 구조로 한다.
③ 난방기는 버너 후면에 용기를 내장할 수 있는 공간이 있는 것으로 한다.
④ 난방기 통기구의 면적은 용기 내장실 바닥면적에 대하여 하부는 5%, 상부는 1% 이상으로 한다.

해설 용기내장형 가스난방기는 가스용기와 분리되는 구조로 설계하여야 한다(가스용기의 교체가 순조롭게 하기 위하여).

59 염소가스(Cl_2) 고압용기의 지름을 4배, 재료의 강도를 2배로 하면 용기의 두께는 얼마가 되는가?

① 0.5배　　② 1배
③ 2배　　④ 4배

해설 염소용기 두께 계산(t)

$$t = \frac{최고충전압력 \times 용기내경}{2S\eta - 1.2P} + C = (\text{mm})$$

$$증가 후 두께\ t' = t \times \frac{\left(\dfrac{D_2}{S_2}\right)}{\left(\dfrac{D_1}{S_1}\right)} = \frac{\dfrac{4D_1}{2S_1}}{\left(\dfrac{D_1}{S_1}\right)} \times t$$

$$= \frac{4}{2} \times t = 2t$$

60 천연가스에 첨가하는 부취제의 성분으로 적합지 않은 것은?

① THT(Tetra Hydro Thiophene)
② TBM(Tertiary Butyl Mercaptan)
③ DMS(Dimethyl Sulfide)
④ DMDS(Dimethyl Disulfide)

해설 부취제
㉠ THT(석탄가스 냄새) : 토양투과성 보통
㉡ TBM(양파 썩는 냄새) : 토양투과성 우수
㉢ DMS(마늘 냄새) : 토양투과성 가장 우수
※ 부취제는 토양에 대한 투과성이 커야 한다.

SECTION 04　가스안전관리

61 지상에 일반도시가스 배관을 설치(공업지역 제외)한 도시가스사업자가 유지하여야 할 상용압력에 따른 공지의 폭으로 적합하지 않은 것은?

① 5.0MPa − 19m
② 2.0MPa − 16m
③ 0.5MPa − 8m
④ 0.1MPa − 6m

해설 0.5MPa(5kg/cm^2) 압력 : 0.2MPa 이상~1MPa 미만의 공지 폭(9m 이상 유지)
• 0.2MPa 미만(5m), 1MPa 이상(15m)

62 가연성 가스가 폭발할 위험이 있는 농도에 도달할 우려가 있는 장소로서 "2종 장소"에 해당되지 않는 것은?

① 상용의 상태에서 가연성 가스의 농도가 연속해서 폭발 하한계 이상으로 되는 장소
② 밀폐된 용기가 그 용기의 사고로 인해 파손될 경우에만 가스가 누출할 위험이 있는 장소
③ 환기장치에 이상이나 사고가 발생한 경우에는 가연성 가스가 체류하여 위험하게 될 우려가 있는 장소
④ 1종 장소의 주변에서 위험한 농도의 가연성 가스가 종종 침입할 우려가 있는 장소

해설 ①항 내용은 0종 장소에 해당하는 위험장소의 등급이다.

63 탱크 주 밸브가 돌출된 저장탱크는 조작상자 내에 설치하여야 한다. 이 경우 조작상자와 차량의 범퍼와의 수평거리는 얼마 이상 이격하여야 하는가?

① 20cm　　② 30cm
③ 40cm　　④ 50cm

해설 조작상자 수평거리 : 20cm 이상
또한 후부 취출식 탱크와 범퍼와의 수평거리는 40cm 이상이며, 그 외는 30cm 이상이다.

64 도시가스 배관을 지하에 매설할 때 배관에 작용하는 하중을 수직방향 및 횡방향에서 지지하고 하중을 기초 아래로 분산시키기 위한 침상재료는 배관 하단에서 배관 상단 몇 cm까지 포설하여야 하는가?

① 10
② 20
③ 30
④ 50

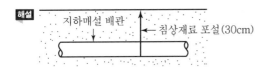

해설 지하매설 배관 ← 침상재료 포설(30cm)

65 불화수소(HF) 가스를 물에 흡수시킨 물질을 저장하는 용기로 사용하기에 가장 부적절한 것은?

① 납용기
② 강철용기
③ 유리용기
④ 스테인리스용기

해설 불화수소 : 유리를 부식시키는 가스이므로 유리용기에는 저장이 불가하다(납 그릇이나 베크라이트 용기 및 폴리에틸렌 병에 보관한다).

66 용기에 의한 고압가스의 운반기준으로 틀린 것은?

① 운반 중 도난당하거나 분실한 때에는 즉시 그 내용을 경찰서에 신고한다.
② 충전용기 등을 적재한 차량은 제1종 보호시설에서 15m 이상 떨어진 안전한 장소에 주 · 정차한다.
③ 액화가스 충전용기를 차량에 적재하는 때에는 적재함에 세워서 적재한다.
④ 충전용기를 운반하는 모든 운반전용 차량의 적재함에는 리프트를 설치한다.

해설 독성가스를 제외한 고압가스의 용기운반차량은 용기에서 가스 누출 시를 대비하여 리프트 등 적절한 조치를 갖추어야 한다(다만, 적재함에서는 리프트 설치가 불필요하다).

67 도시가스의 누출 시 그 누출을 조기에 발견하기 위해 첨가하는 부취제의 구비조건이 아닌 것은?

① 배관 내의 상용의 온도에서 응축하지 않을 것
② 물에 잘 녹고 토양에 대한 흡수가 잘 될 것
③ 완전히 연소하고 연소 후에 유해한 성질이나 냄새가 남지 않을 것
④ 독성이 없고 가스관이나 가스미터에 흡착되지 않을 것

해설 부취제(THT, TBM, DMS)는 물에 용해되지 않고 가격이 저렴해야 하며 ①, ③, ④항의 특성이 있어야 한다.

68 안전성 평가기법 중 공정 및 설비의 고장형태 및 영향, 고장형태별 위험도 순위 등을 결정하는 기법은?

① 위험과운전분석(HAZOP)
② 이상위험도분석(FMECA)
③ 상대위험순위결정분석(Dow And Mond Indices)
④ 원인결과분석(CCA)

해설 이상위험도분석(FMECA) : 공정 및 설비의 고장 형태 및 영향, 고장형태별 위험도 순위 등을 결정하는 기법이다.
• 위험과운전분석(HAZOP) : 공정에 존재하는 위험요소들과 공정의 효율을 떨어뜨릴 수 있는 운전상의 문제점을 찾아내어 그 원인을 제거하는 기법
• 상대위험순위결정분석(Dow And Mond Indices) : 설비에 존재하는 위험을 수치적으로 지표화하여 피해 정도를 나타내는 기법
• 원인결과분석(CCA) : 잠재된 사고의 결과와 그 근본적인 원인을 찾아내고 결과와 원인의 상호관계를 예측 · 평가하는 기법

69 염소와 동일 차량에 적재하여 운반하여도 무방한 것은?

① 산소
② 아세틸렌
③ 암모니아
④ 수소

해설 염소(Cl_2)가스와 동일 차량에 적재가 불가능한 가스 : 아세틸렌, 수소, 암모니아

70 가연성 가스 충전용기의 보관실에 등화용으로 휴대할 수 있는 것은?

① 휴대용 손전등(방폭형)
② 석유등
③ 촛불
④ 가스등

해설 가연성가스 충전용기 보관실 : 휴대용 손전등(방폭형)을 휴대한다.

71 고압가스 특정설비 제조자의 수리범위에 해당하지 않는 것은?

① 단열재 교체
② 특정설비 몸체의 용접
③ 특정설비의 부속품 가공
④ 아세틸렌용기 내의 다공물질 교체

해설 ④ 다공물질 교체는 용기의 제조등록을 한 자의 수리범위에 해당한다.

72 다음 각 가스의 특징에 대한 설명 중 옳은 것은?

① 암모니아 가스는 갈색을 띤다.
② 일산화탄소는 산화성이 강하다.
③ 황화수소는 갈색의 무취 기체이다.
④ 염소 자체는 폭발성이나 인화성이 없다.

해설 염소폭명기(격렬한 폭발)

$$Cl_2 + H_2 \xrightarrow{직사광선} 2HCl + 44kcal$$

73 일반도시가스사업 정압기 시설에서 지하정압기실의 바닥면 둘레가 35m일 때 가스누출 경보기 검지부의 설치 개수는?

① 1개
② 2개
③ 3개
④ 4개

해설 가스누출경보기 설치 기준 : 설비군 주위 20m에 대하여 1개 이상 비율
∴ 35m이면 2개 설치

74 공기액화 장치에 아세틸렌 가스가 혼입되면 안 되는 주된 이유는?

① 배관에서 동결되어 배관을 막아 버리므로
② 질소와 산소의 분리를 어렵게 하므로
③ 분리된 산소가 순도를 나빠지게 하므로
④ 분리기 내 액체산소 탱크에 들어가 폭발하기 때문에

해설

75 고압가스용 냉동기 제조시설에서 냉동기의 설비에 실시하는 기밀시험과 내압시험(시험유체 : 물) 압력 기준은 각각 얼마인가?

① 설계압력 이상, 설계압력의 1.3배 이상
② 설계압력의 1.5배 이상, 설계압력 이상
③ 설계압력의 1.1배 이상, 설계압력의 1.1배 이상
④ 설계압력의 1.5배 이상, 설계압력의 1.3배 이상

해설 고압가스 냉동기 제조시설
㉠ 기밀시험 : 설계압력 이상
㉡ 내압시험 : 설계압력의 1.3배 이상

76 아세틸렌 용기에 충전하는 다공물질의 다공도는?

① 25% 이상 50% 미만
② 35% 이상 62% 미만
③ 54% 이상 79% 미만
④ 75% 이상 92% 미만

해설 다공물질의 다공도 : 75% 이상~92% 미만

77 고압가스 특정제조의 시설기준 중 배관의 도로 밑 매설 기준으로 틀린 것은?

① 배관의 외면으로부터 도로의 경계까지 1m 이상의 수평거리를 유지한다.

② 배관은 그 외면으로부터 도로 밑의 다른 시설물과 0.3m 이상의 거리를 유지한다.

③ 시가지의 도로 노면 밑에 매설하는 배관의 노면과의 거리는 1.2m 이상으로 한다.

④ 포장되어 있는 차도에 매설하는 경우에는 그 포장 부분의 노반 밑에 매설하고 배관의 외면과 노반의 최하부와의 거리는 0.5m이상으로 한다.

해설
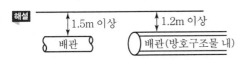

78 차량에 고정된 탱크의 안전운행기준으로 운행을 완료하고 점검하여야 할 사항이 아닌 것은?

① 밸브의 이완상태

② 부속품 등의 볼트 연결상태

③ 자동차 운행등록허가증 확인

④ 경계표지 및 휴대품 등의 손상 유무

해설 ③항에서는 운전면허증, 차량등록증, 차량운행일지가 필요하다.

79 다음 특정설비 중 재검사 대상에 해당하는 것은?

① 평저형 저온저장탱크

② 초저온용 대기식 기화장치

③ 저장탱크에 부착된 안전밸브

④ 특정고압가스용 실린더 캐비넷

해설 저장탱크, 차량용 저장탱크 부착 안전밸브는 재검사 대상이지만 안전밸브나 긴급차단장치는 재검사 대상 제외이다.

80 니켈(Ni) 금속을 포함하고 있는 촉매를 사용하는 공정에서 주로 발생할 수 있는 맹독성 가스는?

① 산화니켈(NiO)

② 니켈카르보닐[$Ni(CO)_4$]

③ 니켈클로라이드($NiCl_2$)

④ 니켈염

해설 금속니켈(Ni)카르보닐(일산화탄소 반응)

$$Ni + 4CO \xrightarrow{150℃} Ni(CO)_4$$

SECTION 05 가스계측

81 가스미터가 규정된 사용공차를 초과할 때의 고장을 무엇이라고 하는가?

① 부동

② 불통

③ 기차불량

④ 감도불량

해설 기차불량 : 가스미터가 규정된 사용공차를 초과할 때의 고장이다.
• 부동은 지침이 작동하지 않는 고장, 불통은 가스가 계량기를 통과 못 하는 고장, 감도불량은 계기가 가리키는 눈금이 변화하지 않는 고장을 뜻한다.

82 제어 오차가 변화하는 속도에 비례하는 제어동작으로, 오차의 변화를 감소시켜 제어 시스템이 빨리 안정될 수 있게 하는 동작은?

① 비례 동작

② 미분 동작

③ 적분 동작

④ 뱅뱅 동작

해설 미분 동작(D동작) : 제어 오차가 변화하는 속도에 비례하는 제어동작이다.

83 가스 분석계 중 O_2(산소)를 분석하기에 적합하지 않은 것은?

① 자기식 가스 분석계

② 적외선 가스 분석계

③ 세라믹식 가스 분석계

④ 갈바니 전기식 가스 분석계

해설 적외선 분광 분석법 : 쌍극자 모멘트를 갖지 않는 2원자분자(O_2, H_2, N_2, Cl_2)기체나 가스는 적외선을 흡수하지 않으므로 분석이 불가능하다.

84 변화되는 목표치를 측정하면서 제어량을 목표치에 맞추는 자동제어 방식이 아닌 것은?

① 추종 제어

② 비율 제어

③ 프로그램 제어

④ 정치 제어

해설
- 정치 제어 : 프로세스에서 목표치가 일정한 자동제어 방식이다.
- 추종 제어 : 목푯값이 임의의 시간적으로 변화하는 제어
- 비율 제어 : 목푯값이 다른 두 종류의 공정변화량을 어떤 일정한 비율로 유지하는 제어
- 프로그램 제어 : 목푯값이 미리 정해진 계측에 따라 시간적 변화를 할 경우 목푯값에 따라 변동하도록 한 제어

85 어떤 가스의 유량을 막식가스미터로 측정하였더니 65L였다. 표준가스미터로 측정하였더니 71L이었다면 이 가스미터의 기차는 약 몇 %인가?

① -8.4%

② -9.2%

③ -10.9%

④ -12.5%

해설 막식측정 : 65L
표준가스미터 측정 : 71L
차이 $= 71 - 65 = 6$L
∴ 가스미터기차 $= \dfrac{65-71}{65} \times 100 = -9.23\%$

86 가스크로마토그래피의 캐리어가스로 사용하지 않는 것은?

① He

② N_2

③ Ar

④ O_2

해설 캐리어가스(전개제) : Ar(아르곤), He(헬륨), H_2(수소), N_2(질소) 등이 있다.

87 미리 정해 놓은 순서에 따라서 단계별로 진행시키는 제어방식에 해당하는 것은?

① 수동 제어(Manual control)

② 프로그램 제어(Program control)

③ 시퀀스 제어(Sequence control)

④ 피드백 제어(Feedback control)

해설 시퀀스 제어 : 미리 정해 높은 순서에 따라서 단계별로 진행시키는 제어방식이다.

88 유리관 등을 이용하여 액위를 직접 판독할 수 있는 액위계는?

① 직관식 액위계

② 검척식 액위계

③ 퍼지식 액위계

④ 플로트식 액위계

해설 직접식 액면계
㉠ 직관식(유리관 사용)
㉡ 검척식(막대자 사용)
㉢ 부자식(플로트 사용)

89 기체크로마토그래피에서 사용되는 캐리어가스에 대한 설명으로 틀린 것은?

① 헬륨, 질소가 주로 사용된다.

② 기체 확산이 가능한 한 큰 것이어야 한다.

③ 시료에 대하여 불활성이어야 한다.

④ 사용하는 검출기에 적합하여야 한다.

해설 캐리어가스는 측정하고자 하는 시료에 대하여 불활성이어야 하므로 기체 확산이 가능한 한 적어야 한다.

90 물탱크의 크기가 높이 3m, 폭 2.5m일 때, 물탱크 한쪽 벽면에 작용하는 전압력은 약 몇 kgf인가?

① 2,813

② 5,625

③ 11,250

④ 22,500

해설 $F = rhA = 1,000 \times \left(1 \times \dfrac{3}{2}\right) \times (2.5 \times 1) \times 3$

$= 11,250\text{kgf}$

91 관에 흐르는 유체 흐름의 전압과 정압의 차이를 측정하고 유속을 구하는 장치는?

① 로터미터   ② 피토관

③ 벤투리미터   ④ 오리피스미터

해설 피토관 유속식 유량계 : 탭을 이용하여 전압 - 정압 = 동압을 측정함으로써 유량을 계측하는 유속계이다.

※ 피토관으로 국부유속을 측정하고 배관 단면적으로 유량을 계산한다.

92 캐리어가스와 시료성분가스의 열전도도 차이를 금속 필라멘트 또는 서미스터의 저항 변화로 검출하는 가스크로마토그래피 검출기는?

① TCD   ② FID

③ ECD   ④ EPD

해설 • TCD : 열전도도형 가스기기 분석법

• ECD : 전자포획이온화 검출기

• FID : 수소이온화 검출기

• EPD : N_2가스 측정 시 최고 감도

93 경사각(θ)이 30°인 경사관식 압력계의 눈금(X)을 읽었더니 60cm가 상승하였다. 이때 양단의 차압($P_1 - P_2$)은 약 몇 kgf/cm²인가?(단, 액체의 비중은 0.8인 기름이다.)

① 0.001   ② 0.014

③ 0.024   ④ 0.034

해설 $\Delta P = P_1 - P_2 = \gamma L \left(\sin\sigma + \dfrac{a}{A}\right) = \gamma L(\sin\theta)$

$= 1,000 \times 0.8 \times 0.6 \times (\sin 30°)$

$= 10^3 \times 0.8 \times 0.6 \times (\sin 30°)$

$= 240\text{kgf/m}^2$

$= 0.024\text{kgf/cm}^2$

94 계량기의 검정기준에서 정하는 가스미터의 사용오차의 값은?

① 최대허용오차의 1배의 값으로 한다.

② 최대허용오차의 1.2배의 값으로 한다.

③ 최대허용오차의 1.5배의 값으로 한다.

④ 최대허용오차의 2배의 값으로 한다.

해설 • 계량기 검정기준 가스미터 사용오차 : 최대허용오차의 2배의 값

95 밸브를 완전히 닫힌 상태로부터 완전히 열린 상태로 움직이는 데 필요한 오차의 크기를 의미하는 것은?

① 잔류편차   ② 비례대

③ 보정   ④ 조작량

해설 비례대 : 출력이 0~100% 변화 시 필요한 입력의 변화의 폭 퍼센트

96 염화파라듐지로 일산화탄소의 누출 유무를 확인할 경우 누출이 되었다면 이 시험지는 무슨 색으로 변하는가?

① 검은색   ② 청색

③ 적색   ④ 오렌지색

해설 염화파라듐지 : 일산화탄소 가스분석 시험지로 CO가 검출되면 시험지가 검은색(흑색)으로 변색된다.

97 시험지에 의한 가스 검지법 중 시험지별 검지가스가 바르지 않게 연결된 것은?

① KI전분지 - NO_2

② 염화제일동 착염지 - C_2H_2

③ 염화파라듐지 - CO

④ 연당지 - HCN

해설 ④ 연당지 - 황화수소

• 시안화수소(HCN) : 초산벤지딘 시험지로 가스분석 (HCN가스가 검출되면 시험지가 흑색으로 변한다.)

98 2종의 금속선 양 끝에 접점을 만들어 주어 온도차를 주면 기전력이 발생하는데 이 기전력을 이용하여 온도를 표기하는 온도계는?

① 열전대온도계　　② 방사온도계
③ 색온도계　　　　④ 제겔콘온도계

해설 • 열전대온도계 : 2종의 금속선의 기전력 이용
　　• 방사온도계 : 피온물체에서 나오는 전방사를 렌즈 · 반사경으로 모아 흡수체에 받아서, 흡수체의 상승온도를 열전대로 읽고 물체의 반사경을 파악
　　• 색온도계 : 방사되는 복사에너지의 온도가 높아지면 파장이 짧아지는 것을 이용
　　• 제겔콘온도계 : 제겔콘의 융점을 이용

99 절대습도(絶對濕度)에 대하여 가장 바르게 나타낸 것은?

① 건공기 1kg에 대한 수증기의 중량
② 건공기 1m³에 대한 수증기의 중량
③ 건공기 1kg에 대한 수증기의 체적
④ 건공기 1m³에 대한 수증기의 체적

해설 절대습도 : 건공기 1kg에 대한 수증기의 중량
$$x(DA) = \frac{습공기\ 전\ 중량}{건공기\ 전\ 중량} = kg/kg$$

100 임펠러식(Impeller type) 유량계의 특징에 대한 설명으로 틀린 것은?

① 구조가 간단하다.
② 직관부분이 필요 없다.
③ 측정 정도는 약 ±0.5%이다.
④ 부식성이 강한 액체에도 사용할 수 있다.

해설 ②항 임펠러식 유량계는 직관부분이 필요하다.

SECTION 01 가스유체역학

01 다음 보기 중 Newton의 점성법칙에서 전단응력과 관련 있는 항으로만 되어 있는 것은?

a. 온도기울기	b. 점성계수
c. 속도기울기	d. 압력기울기

① a, b
② a, d
③ b, c
④ c, d

해설 뉴턴의 점성법칙 전단응력 : 점성계수, 속도기울기

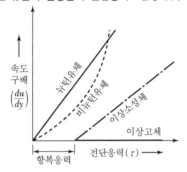

02 어떤 유체의 운동문제에 8개의 변수가 관계되고 있다. 이 8개의 변수에 포함되는 기본차원이 질량 M, 길이 L, 시간 T일 때 π정리로서 차원해석을 한다면 몇 개의 독립적인 무차원량 π를 얻을 수 있는가?

① 3개
② 5개
③ 8개
④ 11개

해설 MLT계(질량 M, 길이 L, 시간 T)
※ 무차원수＝물리량수(8)−기본차원수(3)＝5개

03 절대압력이 $4 \times 10^4 kgf/m^2$이고, 온도가 15℃인 공기의 밀도는 약 몇 kg/m^3인가?(단, 공기의 기체상수는 $29.27kgf \cdot m/kg \cdot K$이다.)

① 2.75
② 3.75
③ 4.75
④ 5.75

해설 압력＝$4 \times 10^4 kgf/m^2$＝$40,000kgf/m^2$＝$4kgf/cm^2$

$$\rho = \frac{P}{RT} = \frac{4 \times 10^4}{29.27 \times (15+273)} = 4.75 kg/m^3$$

04 충격파(shock wave)에 대한 설명 중 옳지 않은 것은?

① 열역학 제2법칙에 따라 엔트로피가 감소한다.
② 초음속 노즐에서는 충격파가 생겨날 수 있다.
③ 충격파 생성 시, 초음속에서 아음속으로 급변한다.
④ 열역학적으로 비가역적인 현상이다.

해설 충격파 : 초음속 흐름($M > 1$)이 갑작스럽게 아음속($M < 1$)으로 변할 때 이 흐름에 불연속면이 생기는 것[M : 마하수 (속도/음속)]
※ 충격파 : 온도, 엔트로피, 압력과 밀도가 증가한다.

05 송풍기의 공기 유량이 $3m^3/s$일 때, 흡입 쪽의 전압이 110kPa, 출구 쪽의 정압이 115kPa이고 속도가 30m/s이다. 송풍기에 공급하여야 하는 축동력은 얼마인가?(단, 공기의 밀도는 $1.2 kg/m^3$이고, 송풍기의 전효율은 0.80이다.)

① 10.45kW
② 13.99kW
③ 16.62kW
④ 20.78kW

해설 1atm＝$10,330mmH_2O$＝$101.325kPa$

$(115 - 110) \times \frac{10,330}{101.325} = 511 mmH_2O$

송풍기 동력＝$\frac{Z \cdot Q}{102 \times \eta}$

$\therefore$ 동력＝$\frac{511 \times 3}{102 \times 0.8}$ ≒ 20.78kW

• 1kW＝1kJ/s, 1W＝1J/s

06 펌프에서 전체 양정 10m, 유량 $15m^3/min$, 회전수 700rpm을 기준으로 한 비속도는?

① 271
② 482
③ 858
④ 1,050

해설 비속도$(N_s) = \dfrac{N \times \sqrt{Q}}{(H)^{\frac{3}{4}}} = \dfrac{700 \times \sqrt{15}}{(10)^{\frac{3}{4}}} = 482$

07 비중 0.9인 액체가 지름 10cm인 원관 속을 매분 50 kg의 질량유량으로 흐를 때, 평균속도는 얼마인가?

① 0.118m/s ② 0.145m/s
③ 7.08m/s ④ 8.70m/s

해설 단면적$(A) = \dfrac{\pi}{4}d^2 = \dfrac{3.14}{4} \times (0.1)^2 = 0.00785\text{m}^2$

질량유량 유속 $= \left\{ \left(\dfrac{50 \times 0.9}{1,000 \times 60} \right) / 0.00785 \right\}$
$\qquad\qquad = 0.118\text{m/s}$

• 1분=60초, $1\text{m}^3 = 1,000\text{L}$

08 중량 10,000kgf의 비행기가 270km/h의 속도로 수평 비행할 때 동력은?[단, 양력(L)과 항력(D)의 비 $L/D = 5$이다.]

① 1,400PS ② 2,000PS
③ 2,600PS ④ 3,000PS

해설 270km/h=270,000m/h=75m/s

동력 $= \dfrac{DV}{75} = \dfrac{\dfrac{10,000}{5} \times 75}{75}$

$\qquad = \dfrac{10,000}{5} \times \dfrac{270 \times 10^3}{75 \times 3,600} = 2,000\text{PS}$

• 1시간=3,600초

09 유체역학에서 다음과 같은 베르누이 방정식이 적용되는 조건이 아닌 것은?

$$\frac{P}{r} + \frac{V^2}{2g} + Z = \text{일정}$$

① 적용되는 임의의 두 점은 같은 유선상에 있다.
② 정상상태의 흐름이다.
③ 마찰이 없는 흐름이다.
④ 유체흐름 중 내부에너지 손실이 있는 흐름이다.

해설 베르누이(Bernoulli) 방정식
㉠ 정상류
㉡ 무마찰
㉢ 비압축성
㉣ 동일 유선상

10 정상유동에 대한 설명 중 잘못된 것은?

① 주어진 한 점에서의 압력은 항상 일정하다.
② 주어진 한 점에서의 속도는 항상 일정하다.
③ 유체입자의 가속도는 항상 0이다.
④ 유선, 유적선 및 유맥선은 모두 같다.

해설 정상유동
유체의 임의의 한 점에서 속도, 밀도, 압력 등이 시간에 따라 변하지 않는 흐름이다(그 반대는 비정상유동이다).
※ A점 또는 B점에서 속도가 시간에 따라 바뀌지 않는 것이 정상유동이다(상태량 변화가 0이다).

11 원심펌프 중 회전차 바깥둘레에 안내깃이 없는 펌프는?

① 볼류트 펌프 ② 터빈 펌프
③ 베인 펌프 ④ 사류 펌프

해설 ㉠ 안내깃이 없는 것 : 볼류트 펌프
㉡ 안내깃이 있는 것 : 터빈 펌프, 사류 펌프, 베인 펌프

12 지름 20cm인 원관이 한 변의 길이가 20cm인 정사각형 단면을 가지는 덕트와 연결되어 있다. 원관에서 물의 평균속도가 2m/s일 때, 덕트에서 물의 평균속도는 얼마인가?

① 0.78m/s ② 1m/s
③ 1.57m/s ④ 2m/s

해설 원관 면적 $= \dfrac{3.14}{4} \times (0.2)^2 = 0.0314\text{m}^2$

덕트 면적 $= 0.2 \times 0.2 = 0.04\text{m}^2$

∴ 덕트의 물의 유속$(V) = 2 \times \dfrac{0.0314}{0.04} = 1.57\text{m/s}$

13 지름이 3m 원형 기름 탱크의 지붕이 평평하고 수평이다. 대기압이 1atm일 때 대기가 지붕에 미치는 힘은 몇 kgf인가?

① 7.3×10^2 ② 7.3×10^3

③ 7.3×10^4 ④ 7.3×10^5

해설 단면적$(A) = \frac{\pi}{4} d^2 = \frac{3.14}{4} \times (3)^2 = 7.065 \text{m}^2$

$1 \text{atm} = 10,330 \text{mmH}_2\text{O} = 1.033 \text{kg/cm}^2$

∴ $7.065 \times 1.033 \times 10^4 = 7.3 \times 10^4 \text{kgf}$

14 밀도 $1,000 \text{kg/m}^3$인 액체가 수평으로 놓인 축소관을 마찰 없이 흐르고 있다. 단면 1에서의 면적과 유속은 각각 40cm^2, 2m/s이고 단면 2의 면적은 10cm^2일 때 두 지점의 압력 차이$(P_1 - P_2)$는 몇 kPa인가?

① 10 ② 20

③ 30 ④ 40

해설 $1 \text{atm} = 1.0332 \text{kgf/cm}^2 = 101.325 \text{kPa} = 760 \text{mmHg}$

$\left(\frac{1,000 \times 0.4}{10^4} - \frac{1,000 \times 0.1}{10^4} \right) \times 760 = 228 \text{mmHg}$

압력차 $= (228/760) \times 101.325 = 30 \text{kPa}$

15 정적비열이 $1,000 \text{J/kg} \cdot \text{K}$이고, 정압비열이 $1,200 \text{J/kg} \cdot \text{K}$인 이상기체가 압력 200kPa에서 등엔트로피 과정으로 압력이 400kPa로 바뀐다면, 바뀐 후의 밀도는 원래 밀도의 몇 배가 되는가?

① 1.41 ② 1.64

③ 1.78 ④ 2

해설 밀도$(\rho) = \frac{m}{V} = ($질량$/$단위체적$)$, 비열비(k)

$= \frac{1,200}{1,000} = 1.2$

∴ $\frac{\left(\frac{P_1}{P_2} \right)^{\frac{k-1}{k}}}{\left(\frac{P_1}{P_2} \right)} = \frac{\left(\frac{200}{400} \right)^{\frac{1.2-1}{1.2}}}{\left(\frac{200}{400} \right)} = 1.78$ (배)

16 Stokes법칙이 적용되는 범위에서 항력계수(drag coefficient) C_D를 옳게 나타낸 것은?

① $C_D = \frac{16}{Re}$ ② $C_D = \frac{24}{Re}$

③ $C_D = \frac{64}{Re}$ ④ $C_D = 0.44$

해설 항력 : 유동속도의 방향과 같은 방향의 저항력

항력계수$(C_D) = 3\pi\mu Vd = C_D \rho \left(\frac{\pi}{4} d^2 \right) V^2 / 2$

∴ $C_D = \frac{24\mu}{V\rho d} = \frac{24}{Re}$

17 기체 수송 장치 중 일반적으로 압력이 가장 높은 것은?

① 팬 ② 송풍기

③ 압축기 ④ 진공펌프

해설 압력 수준

압축기 > 블로어 > 팬(fan) > 진공펌프

18 그림과 같이 비중이 0.85인 기름과 물이 층을 이루며 뚜껑이 열린 용기에 채워져 있다. 물의 가장 낮은 밑바닥에서 받는 게이지 압력은 얼마인가?(단, 물의 밀도는 $1,000 \text{kg/m}^3$이다.)

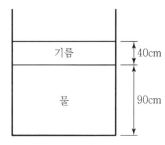

① 3.33kPa ② 7.45kPa

③ 10.8kPa ④ 12.2kPa

해설 40cm, 90cm(0.4m, 0.9m)

$P = \sum \gamma h = 0.85 \times 9,800 \times 0.4 + 9,800 \times 0.9$

≒ 12.2kPa

• $1,000 \text{kgf/m}^3 = 9,800 \text{N/m}^3$

19 온도가 일정할 때 압력이 $10kgf/cm^2 \cdot abs$ 인 이상기체의 압축률은 몇 cm^2/kgf인가?

① 0.1   ② 0.5

③ 1   ④ 5

해설 압축률 : 주어진 압력 변화에 대한 밀도의 변화율(체적의 변화율)

$$\therefore \text{압축률}(\beta) = \frac{1}{E} = \frac{1}{10} = 0.1 \; cm^2/kgf$$

---

20 공기 중의 소리속도 C는 $C^2 = \left(\dfrac{\partial P}{\partial \rho}\right)_s$로 주어진다. 이때 소리의 속도와 온도의 관계는?(단, T는 주위 공기의 절대온도이다.)

① $C \propto \sqrt{T}$

② $C \propto T^2$

③ $C \propto T^3$

④ $C \propto \dfrac{1}{T}$

해설 소리의 속도와 온도 관계
$C \propto \sqrt{T}$
- 공기 중의 음속은 절대온도의 제곱근에 비례한다.

SECTION 02   연소공학

21 가스의 폭발등급은 안전간격에 따라 분류한다. 다음 가스 중 안전간격이 넓은 것부터 옳게 나열된 것은?

① 수소 > 에틸렌 > 프로판

② 에틸렌 > 수소 > 프로판

③ 수소 > 프로판 > 에틸렌

④ 프로판 > 에틸렌 > 수소

해설 위험 안전간격(3등급 > 2등급 > 1등급)
프로판(1등급), 에틸렌(2등급), 수소(3등급)
※ 안전간격(3등급 : 0.4mm 이하, 2등급 : 0.4 초과~0.6 mm 이하, 1등급 : 0.6mm 초과)

---

22 발생로 가스의 가스분석 결과 CO_2 3.2%, CO 26.2%, CH_4 4%, H_2 12.8%, N_2 53.8%였다. 또한 가스 $1Nm^3$ 중에 수분이 50g이 포함되어 있다면 이 발생로 가스 $1Nm^3$을 완전연소시키는 데 필요한 공기량은 약 몇 Nm^3인가?

① 1.023   ② 1.228

③ 1.324   ④ 1.423

해설 가연성 가스(CO, CH_4, H_2), 공기 중 산소 : 21%
$CO + 0.5O_2 \rightarrow CO_2$, $CH_4 + 2O_2 \rightarrow CO_2 + 2H_2O$,
$H_2 + 0.5O_2 \rightarrow H_2O$
이론공기량(A_o)

$$= \frac{(0.5 \times 0.262) + (2 \times 0.04) + (0.5 \times 0.128)}{0.21}$$

$$= 1.3095 Nm^3/Nm^3$$

$$\text{수분} = \frac{50}{18} \times 22.4 \times 10^{-3} = 0.0622 Nm^3$$

수분을 제외한 가스양 $= 1 - 0.0622 = 0.9378 Nm^3$
$\therefore$ 실제 이론공기량 $= 1.3095 \times 0.9378 = 1.228 Nm^3$

---

23 프로판가스 10kg을 완전연소시키는 데 필요한 공기의 양은 약 얼마인가?

① $12.1m^3$ ② $121m^3$

③ $44.8m^3$ ④ $448m^3$

해설 공기 중 O_2(산소) 중량비 : 23.2%(체적비 21%)

$$\frac{C_3H_8}{44kg} + \frac{5O_2}{5 \times 22.4m^3} \rightarrow 3CO_2 + 4H_2O$$

$$\therefore \text{이론공기량}(A_o) = \left(5 \times 22.4 \times \frac{10}{44}\right) \times \frac{1}{0.21}$$

$$= 121 m^3$$

---

24 연소범위는 다음 중 무엇에 의해 주로 결정되는가?

① 온도, 압력   ② 온도, 부피

③ 부피, 비중   ④ 압력, 비중

해설 기체연료 연소범위(폭발범위) : 온도와 압력에 의해 결정된다.
- 메탄 : 5~15%
- 프로판 : 2.1~9.5%

---

25 수소를 함유한 연료가 연소할 경우 발열량의 관계식 중 올바른 것은?

① 총발열량＝진발열량
② 총발열량＝진발열량/생성된 물의 증발잠열
③ 총발열량＝진발열량＋생성된 물의 증발잠열
④ 총발열량＝진발열량－생성된 물의 증발잠열

해설 총발열량(고위발열량)＝진발열량(저위발열량)＋생성된 물의 증발잠열

26 무연탄이나 코크스와 같이 탄소를 함유한 물질을 가열하여 수증기를 통과시켜 얻는 H_2와 CO를 주성분으로 하는 기체연료는?

① 발생로가스   ② 수성가스
③ 도시가스   ④ 합성가스

해설 수성가스
무연탄이나 코크스를 가열한 후 H_2O를 통과시켜 H_2, CO가스를 생산하는 기체연료

27 가스버너의 연소 중 화염이 꺼지는 현상과 거리가 먼 것은?

① 공기량의 변동이 크다.
② 점화에너지가 부족하다.
③ 연료 공급라인이 불안정하다.
④ 공기연료비가 정상범위를 벗어났다.

해설 점화에너지는 화염의 발생 전에 필요한 에너지이다(최초 점화 시 소요되는 에너지).

28 다음 중 비엔트로피의 단위는?

① kJ/kg · m
② kg/kJ · K
③ kJ/kPa
④ kJ/kg · K

해설 비엔트로피 단위 : kJ/kg · K

29 다음 중 내연기관의 화염으로 가장 적당한 것은?

① 층류, 정상 확산 화염이다.
② 층류, 비정상 확산 화염이다.
③ 난류, 정상 예혼합 화염이다.
④ 난류, 비정상 예혼합 화염이다.

해설 내연기관(실린더기관)
난류, 비정상 예혼합 화염(오토사이클, 디젤사이클, 사바테사이클)

30 오토사이클에서 압축비(ε)가 8일 때 열효율은 약 몇 %인가?(단, 비열비[k]는 1.4이다.)

① 56.5   ② 58.2
③ 60.5   ④ 62.2

해설 오토사이클 열효율(η_o)

$$\eta_o = 1 - \left(\frac{1}{\varepsilon}\right)^{k-1} = 1 - \left(\frac{1}{8}\right)^{1.4-1}$$
$$= (1-0.435)\times100 = 56.5\%$$

31 15℃의 공기 2L를 2kg/cm²에서 10kg/cm²로 단열압축시킨다면 1단 압축의 경우 압축 후의 배출가스의 온도는 약 몇 ℃인가?(단, 공기의 단열지수는 1.4이다.)

① 154   ② 183
③ 215   ④ 246

해설 단열 변화(T_2)＝$T_1 \times \left(\frac{P_2}{P_1}\right)^{\frac{k-1}{k}}$

$$\therefore T_2 = \left\{(15+273)\times\left(\frac{10}{2}\right)^{\frac{1.4-1}{1.4}}\right\} - 273 = 183℃$$

32 다음과 같은 반응에서 A의 농도는 그대로 하고 B의 농도를 처음의 2배로 해주면 반응속도는 처음의 몇 배가 되겠는가?

2A＋3B → 3C＋4D

① 2배   ② 4배
③ 8배   ④ 16배

해설 반응속도식 $aA + bB \xrightarrow{V} cC + dD$

$V = k(A)^l(B)^m$, k(비례상수)

$l + m = 1$(1차 반응), $l + m = 2$(2차 반응)

$2A + 3B \rightarrow 3C + 4D$, 반응속도 $V = k(A)^2(B)^3$,

반응속도 $V = 1^2 \times 2^3 = 8$배

33 포화증기를 일정 체적하에서 압력을 상승시키면 어떻게 되는가?

① 포화액이 된다.　　② 압축액이 된다.

③ 과열증기가 된다.　④ 습증기가 된다.

해설 포화증기(일정 체적) → 압력 상승 → 과열증기 발생

34 가스폭발의 방지대책으로 가장 거리가 먼 것은?

① 내부폭발을 유발하는 연소성 혼합물을 피한다.

② 반응성 화합물에 대해 폭굉으로의 전이를 고려한다.

③ 안전밸브나 파열판을 설계에 반영한다.

④ 용기의 내압을 아주 약하게 설계한다.

해설 용기는 내압을 충분하게 설계하여야 한다. 일반적으로 내압은 최고 충전 압력의 $\frac{5}{3}$ 배이다.

35 다음 확산화염의 여러 가지 형태 중 대향분류(對向噴流) 확산화염에 해당하는 것은?

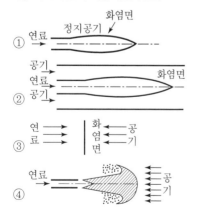

해설 ①항 : 자유분류 확산화염 상태

②항 : 동축류 확산화염 상태

③항 : 대향류 확산화염 상태

④항 : 대향분류 확산화염 상태

36 층류예혼합화염과 비교한 난류예혼합화염의 특징에 대한 설명으로 옳은 것은?

① 화염의 두께가 얇다.

② 화염의 밝기가 어둡다.

③ 연소 속도가 현저하게 늦다.

④ 화염의 배후에 다량의 미연소분이 존재한다.

해설 난류화염

화염의 배후에 다량의 미연소분이 존재하는 화염

37 가스압이 이상 저하한다든지 노즐과 콕 등이 막혀 가스양이 극히 적게 될 경우 발생하는 현상은?

① 불완전연소

② 리프팅

③ 역화

④ 황염

해설 역화

가스압력의 이상 저하, 노즐 및 콕의 구멍 폐쇄 등으로 분출가스양이 극히 적게 되면 화염이 역류하여 가스 분출구 쪽으로 이동하는 이상 상태

38 방폭전기기기의 구조별 표시방법 중 틀린 것은?

① 내압방폭구조(d)

② 안전증방폭구조(s)

③ 유입방폭구조(o)

④ 본질안전방폭구조(ia 또는 ib)

해설 • 안전증방폭구조 : e

• 압력방폭구조 : p

39 파라핀계 탄화수소의 탄소수 증가에 따른 일반적인 성질 변화로 옳지 않은 것은?

① 인화점이 높아진다.
② 착화점이 높아진다.
③ 연소범위가 좁아진다.
④ 발열량($kcal/m^3$)이 커진다.

해설 파라핀계 탄화수소(알케인, alkane) : 사슬 모양의 탄화수소(Paraffin)
• 일반식 : $C_nH_{2n}{}^{+2}$로 나타낼 수 있는 화합물 총칭
• 화학적으로 비활성이므로 산소, 염소 및 몇 가지 화합물과 반응한다(분자량이 증가함에 따라 규칙적으로 비점이나 녹는점이 높아진다).
• $CH_4 + 2O_2 \rightarrow CO_2 + 2H_2O + 890kJ/mol$

40 프로판(C_3H_8)의 연소반응식은 다음과 같다. 프로판(C_3H_8)의 화학양론계수는?

$$C_3H_8 + 5O_2 \rightarrow 3CO_2 + 4H_2O$$

① 1
② 1/5
③ 6/7
④ −1

해설 $\dfrac{C_3H_8}{1몰} + \dfrac{5O_2}{5몰} \rightarrow \dfrac{3CO_2}{3몰} + \dfrac{4H_2O}{4몰} = (6-7=-1)$
• 화학양론계수 : 일정성분비의 법칙계수, 질량보존의 법칙계수, 배수비례의 법칙계수
반응물($C_3H_8 + 5O_2$), 생성물($3CO_2 + 4H_2O$)

SECTION 03 가스설비

41 LP가스 탱크로리의 하역 종료 후 처리할 작업순서로 가장 옳은 것은?

Ⓐ 호스를 제거한다.
Ⓑ 밸브에 캡을 부착한다.
Ⓒ 어스선(접지선)을 제거한다.
Ⓓ 차량 및 설비의 각 밸브를 잠근다.

① Ⓓ → Ⓐ → Ⓑ → Ⓒ
② Ⓓ → Ⓐ → Ⓒ → Ⓑ
③ Ⓐ → Ⓑ → Ⓒ → Ⓓ
④ Ⓒ → Ⓐ → Ⓑ → Ⓓ

해설 LP가스 탱크로리 하역 작업순서(Ⓓ → Ⓐ → Ⓑ → Ⓒ)
※ 어스선(접지는) 하역 작업 시작 시 가장 먼저 하고, 종료 후 마지막으로 제거한다.

42 LP가스 사용 시의 특징에 대한 설명으로 틀린 것은?

① 연소기는 LP가스에 맞는 구조이어야 한다.
② 발열량이 커서 단시간에 온도 상승이 가능하다.
③ 배관이 거의 필요 없어 입지적 제약을 받지 않는다.
④ 예비용기는 필요 없지만 특별한 가압장치가 필요하다.

해설 LP가스는 용기사용 소비량 때문에 항상 예비용기가 필요하다.

43 압력조정기의 구성이 아닌 것은?

① 캡
② 로드
③ 슬릿
④ 다이어프램

해설 슬릿(Slit)
광속의 단면을 적당하게 제한하여 통과시킬 목적의 작은 틈새이다.

44 LPG배관에 직경 0.5mm의 구멍이 뚫려 LP가스가 5시간 유출되었다. LP가스의 비중이 1.55라고 하고 압력은 280mmH₂O 공급되었다고 가정하면 LPG의 유출량은 약 몇 L인가?

① 131
② 151
③ 171
④ 191

해설 노즐에서 LP가스 분출량 계산(Q)
$$Q = 0.009 \times D^2 \times \left(\sqrt{\dfrac{h}{d}}\right) \times H(m^3)$$
$$= 0.009 \times 0.5^2 \times \left(\sqrt{\dfrac{280}{1.55}}\right) \times 5$$
$$= 0.151m^3 (151L)$$

45 다음 중 산소 가스의 용도가 아닌 것은?

① 의료용

② 가스용접 및 절단

③ 고압가스 장치의 퍼지용

④ 폭약제조 및 로켓 추진용

해설 고압가스 장치의 퍼지용 가스
CO_2, N_2, 공기 등 불연성 가스가 이상적이다.

---

46 탄화수소에서 아세틸렌가스를 제조할 경우의 반응에 대한 설명으로 옳은 것은?

① 통상 메탄 또는 나프타를 열분해함으로써 얻을 수 있다.

② 탄화수소 분해반응 온도는 보통 $500 \sim 1,000\,°C$이고 고온일수록 아세틸렌이 적게 생성된다.

③ 반응압력은 저압일수록 아세틸렌이 적게 생성된다.

④ 중축합반응을 촉진시켜 아세틸렌 수율을 높인다.

해설 아세틸렌 제조(C2H2 가스)
㉠ 카바이트 : $CaO + 3C \rightarrow CaC_2 + CO$, $CaC_2 + 2H_2O \rightarrow Ca(OH)_2 + C_2H_2$
㉡ 천연가스 : $C_3H_8 \rightarrow C_2H_2 + CH_4 + H_2$, $C_2H_4 \rightarrow C_2H_2 + H_2$

---

47 원유, 등유, 나프타 등 분자량이 큰 탄화수소 원료를 고온($800 \sim 900\,°C$)으로 분해하여 $10,000 kcal/m^3$ 정도의 고열량 가스를 제조하는 방법은?

① 열분해공정

② 접촉분해공정

③ 부분연소공정

④ 대체천연가스공정

해설 ㉠ 열분해공정 : 고온에서 탄화수소를 가열하여 메탄, 에탄, 프로판 등을 제조한다.
㉡ 접촉분해공정 : 나프타 탄화수소의 개질압력을 올려 제조
㉢ 부분연소공정 : 노 내에 산소 또는 공기를 흡입시킨 후 원료의 일부를 연소시켜 제조
㉣ 대체천연가스공정 : 수분, 산소, 수소를 탄화수소와 반응시켜 제조

---

48 금속재료에 대한 일반적인 설명으로 옳지 않은 것은?

① 황동은 구리와 아연의 합금이다.

② 뜨임의 목적은 담금질 후 경화된 재료에 인성을 증대시키는 등 기계적 성질의 개선을 꾀하는 것이다.

③ 철에 크롬과 니켈을 첨가한 것은 스테인리스강이다.

④ 청동은 강도는 크나 주조성과 내식성은 좋지 않다.

해설 청동
구리와 주석의 합금으로 주조성과 내식성이 크고 내마멸성이 크다. 강도상 유리하고 축수재료나 베어링재료에 많이 사용된다.

---

49 산소제조 장치에서 수분제거용 건조제가 아닌 것은?

① SiO_2

② Al_2O_3

③ $NaOH$

④ Na_2CO_3

해설 산소제조 장치의 수분제거용 건조제
㉠ 입상가성소다($NaOH$)
㉡ 실리카겔(SiO_2)
㉢ 활성알루미나(Al_2O_3)
㉣ 소바비드
㉤ 몰레큘러시브
※ 탄산나트륨(Na_2CO_3) 용도 : 탄산소다이며 유리, 비누, 가성소다를 제조한다(흡습성이 강하다).
$Na_2CO_3 + H_2O \rightarrow NaOH + NaHCO_3$

---

50 다음 각 가스의 폭발에 대한 설명으로 틀린 것은?

① 아세틸렌은 조연성 가스와 공존하지 않아도 폭발할 수 있다.

② 일산화탄소는 가연성이므로 공기와 공존하면 폭발할 수 있다.

③ 가연성 고체 가루가 공기 중에서 산소분자와 접촉하면 폭발할 수 있다.

④ 이산화황은 산소가 없어도 자기분해 폭발을 일으킬 수 있다.

해설 이산화황(SO_2)
독성가스이며 황산을 만들어 저온부식을 일으킨다.

---

51 냉동장치에서 냉매가 갖추어야 할 성질로서 가장 거리가 먼 것은?

① 증발열이 적은 것
② 응고점이 낮은 것
③ 가스의 비체적이 적은 것
④ 단위냉동량당 소요동력이 적은 것

해설 냉매는 증발잠열(kJ/kg)이 커야 한다.

52 고압가스 제조 장치의 재료에 대한 설명으로 틀린 것은?

① 상온 건조 상태의 염소가스에 대하여는 보통강을 사용해도 된다.
② 암모니아, 아세틸렌의 배관 재료에는 구리를 사용해도 된다.
③ 저온에서는 고탄소강보다 저탄소강이 사용된다.
④ 암모니아 합성탑 내부의 재료에는 18−8 스테인리스강을 사용한다.

해설
• 아세틸렌(C_2H_2)+2Cu → $\underline{Cu_2C_2}$+H_2
  (동아세틸라이드 폭발물 발생)↵
• 암모니아(NH_3)는 구리, 아연, 은, 알루미늄, 코발트 등의 금속이온과 반응하여 착이온을 만든다.

53 외경과 내경의 비가 1.2 이상인 산소가스 배관 두께를 구하는 식은 $t=\dfrac{D}{2}\left(\sqrt{\dfrac{\frac{f}{s}+P}{\frac{f}{s}-P}}-1\right)+C$이다. D는 무엇을 의미하는가?

① 배관의 내경
② 배관의 외경
③ 배관의 상용압력
④ 내경에서 부식여유에 상당하는 부분을 뺀 부분의 수치

해설 f : 재료의 인장강도, t : 배관의 두께, s : 안전율, P : 상용압력, C : 부식여유치

54 전양정 20m, 유량 $1.8m^3/min$, 펌프의 효율이 70%인 경우 펌프의 축동력(L)은 약 몇 마력(PS)인가?

① 11.4
② 13.4
③ 15.5
④ 17.5

해설 급수펌프의 축동력(PS) $=\dfrac{\gamma\cdot Q\cdot H}{75\times60\times\eta}$

$=\dfrac{1,000\times1.8\times20}{75\times60\times0.7}$

$=11.4PS$

55 프로판의 탄소와 수소의 중량비(C/H)는 얼마인가?

① 0.375
② 2.67
③ 4.50
④ 6.40

해설 프로판가스(C_3H_8)
탄소(C) 원자량(12) → 12×3=36g
수소(H) 원자량(1) → 1×8=8g

∴ 중량비 $=\dfrac{36}{8}=4.5$

56 정압기 특성 중 정상상태에서 유량과 2차압력과의 관계를 나타내는 특성을 무엇이라 하는가?

① 정특성
② 동특성
③ 유량특성
④ 작동최소차압

해설 정압기 정특성 : 가스유량과 2차 압력과의 관계 특성
• 기준유량을 Q_o, 2차 압력이 P_s면, 유량 변화에 다른 2차 압력과 P_s의 차이를 오프셋(off-set), 유량이 0일 때 닫힘압력과 P_s의 차이를 로크업(lock-up), 1차 압력 변화에 의해 정압 곡선이 전체적으로 어긋나는 간격을 시프트(shift)라 한다.

57 LP가스 사용시설에 강제기화기를 사용할 때의 장점이 아닌 것은?

① 기화량의 증감이 쉽다.
② 가스 조성이 일정하다.
③ 한랭 시 가스공급이 순조롭다.
④ 비교적 소량 소비 시에 적당하다.

해설 기화기 열매체 : 온수, 증기, 공기
• 기화기는 비교적 대량 소비 시에 적당하다.

58 왕복식 압축기의 연속적인 용량제어 방법으로 가장 거리가 먼 것은?

① 바이패스 밸브에 의한 조정
② 회전수를 변경하는 방법
③ 흡입 밸브를 폐쇄하는 방법
④ 베인 컨트롤에 의한 방법

> **해설** 베인 컨트롤 방법 : 원심식 압축기 용량제어법
> • ①, ②, ③항은 왕복식 압축기의 용량제어 중 연속적으로 조절을 하는 방법이다.

59 다음 [그림]은 가정용 LP가스 사용시설이다. R_1에 사용되는 조정기의 종류는?

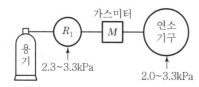

① 1단 감압식 저압조정기
② 1단 감압식 중압조정기
③ 1단 감압식 고압조정기
④ 2단 감압식 저압조정기

> **해설** R_1 : 단단감압식 저압조정기(1단 감압식)

60 고압가스시설에 설치한 전기방식 시설의 유지관리 방법으로 옳은 것은?

① 관대지 전위 등은 2년에 1회 이상 점검하였다.
② 외부전원법에 의한 전기방식시설은 외부전원점 관대지전위, 정류기의 출력, 전압, 전류, 배선의 접속은 3개월에 1회 이상 점검하였다.
③ 배류법에 의한 전기방식시설은 배류점관대지전위, 배류기 출력, 전압, 전류, 배선 등은 6개월에 1회 이상 점검하였다.
④ 절연부속품, 역전류방지장치, 결선 등은 1년에 1회 이상 점검하였다.

> **해설** 외부전원 전기방식
> 별도의 외부전원이 필요하다. 타 인접시설물에 간섭현상이 야기될 수 있다. 양극전류의 조절이 수월하여 대용량에 적합하고 주기적인 유지보수(3개월 1회 이상)가 필요하다.

SECTION 04 가스안전관리

61 온수기나 보일러를 겨울철에 장시간 사용하지 않거나 실온에 설치하였을 때 물이 얼어 연소기구가 파손될 우려가 있으므로 이를 방지하기 위하여 설치하는 것은?

① 퓨즈 메탈(fuse metal)장치
② 드레인(drain)장치
③ 플레임 로드(flame rod)장치
④ 물 거버너(water governor)

> **해설** 드레인장치 : 물(H_2O) 제거장치

62 암모니아를 사용하는 A공장에서 저장능력 25톤의 저장탱크를 지상에 설치하고자 할 때 저장설비 외면으로부터 사업소 외의 주택까지 안전거리는 얼마 이상을 유지하여야 하는가?(단, A공장의 지역은 전용 공업지역이 아님)

① 20m ② 18m
③ 16m ④ 14m

> **해설** 독성가스 암모니아 안전거리(주택은 제2종)
> 2만 kg 초과~3만 kg 이하 : 16m(제1종은 24m)

63 −162℃의 LNG(메탄 : 90%, 에탄 : 10%, 액비중 : 0.46)를 1atm, 30℃로 기화시켰을 때 부피의 배수(倍數)로 맞는 것은?(단, 기화된 천연가스는 이상기체로 간주한다.)

① 457배 ② 557배
③ 657배 ④ 757배

> **해설** 액비중 0.46＝460kg/m³
> 메탄 90%(CH_4), 에탄 10%(C_2H_6)
> 평균분자량＝$(16×0.9)+(30×0.1)$
> $=17.4(17.4g／22.4L)$
> 기화량$(V)=\dfrac{WRT}{PM}=\dfrac{460×0.082×(273+30)}{1×17.4}$
> $=657$배(m³)

64 독성가스를 용기에 충전하여 운반하게 할 때 운반책임자의 동승기준으로 적절하지 않은 것은?

① 압축가스 허용농도가 100만분의 200 초과 100만분의 5,000 이하 : 가스양 1,000m³ 이상

② 압축가스 허용농도가 100만분의 200 이하 : 가스양 10m³ 이상

③ 액화가스 허용농도가 100만분의 200 초과 100만분의 5,000 이하 : 가스양 1,000kg 이상

④ 액화가스 허용농도가 100만분의 200 이하 : 가스양 100kg 이상

해설 ①항은 독성가스 중 $\frac{200}{100만}$ 초과 시 가스양 100m³ 이상

65 고압가스 운반 시에 준수하여야 할 사항으로 옳지 않은 것은?

① 밸브가 돌출한 충전용기는 캡을 씌운다.

② 운반 중 충전용기의 온도는 40℃ 이하로 유지한다.

③ 오토바이에 20kg LPG 용기 3개까지는 적재할 수 있다.

④ 염소와 수소는 동일 차량에 적재 운반을 금한다.

해설 ③항은 20kg 이하인 경우 2개까지 적재할 수 있다.

66 고압가스안전관리법에 의한 산업통상자원부령이 정하는 고압가스 관련 설비에 해당되지 않는 것은?

① 정압기

② 안전밸브

③ 기화장치

④ 독성가스배관용 밸브

해설 관련 설비에는 ②, ③, ④항 외에도 자동차용 가스자동주입기, 압력용기, 긴급 차단장치, 역화방지장치, 냉동설비, 특정고압가스용 실린더캐비닛, 자동차용 압축천연가스 완속충전설비가 있다.

67 독성가스 저장탱크에 부착된 배관에는 그 외면으로부터 일정거리 이상 떨어진 곳에서 조작할 수 있는 긴급차단 장치를 설치하여야 한다. 그러나 액상의 독성가스를 이입하기 위해 설치된 배관에는 어느 것으로 갈음할 수 있는가?

① 역화방지장치

② 독성가스배관용 밸브

③ 역류방지밸브

④ 인터록기구

해설 액상의 독성가스를 이입하기 위해 설치된 배관에는 긴급차단장치 대신 역류방지밸브로 갈음할 수 있다.

68 가스 폭발의 위험도를 옳게 나타낸 식은?

① 위험도 $= \dfrac{폭발상한값(\%)}{폭발하한값(\%)}$

② 위험도 $= \dfrac{폭발상한값(\%) - 폭발하한값(\%)}{폭발하한값(\%)}$

③ 위험도 $= \dfrac{폭발하한값(\%)}{폭발상한값(\%)}$

④ 위험도 $= 1 - \dfrac{폭발하한값(\%)}{폭발상한값(\%)}$

해설 가연성 가스 폭발위험도 계산

위험도 $= \dfrac{폭발상한값 - 폭발하한값}{폭발하한값}$

69 다음 연소기의 분류 중 전가스소비량의 범위가 업무용 대형연소기에 속하는 것은?

① 전가스소비량이 6,000kcal/h인 그릴

② 전가스소비량이 7,000kcal/h인 밥솥

③ 전가스소비량이 5,000kcal/h인 오븐

④ 전가스소비량이 14,400kcal/h인 가스레인지

해설 가스용품 연소기

㉠ 그릴(6,000kcal/h 이하)

㉡ 밥솥(4,800kcal/h 이하)−그 이상은 업무용 대형 연소기

㉢ 오븐(5,000kcal/h 이하)

㉣ 가스레인지(14,400kcal/h 이하)

70 용기에 의한 액화석유가스 저장소의 자연환기설비에서 1개소 환기구의 면적은 몇 cm² 이하로 하여야 하는가?

① 2,000cm²　　　② 2,200cm²
③ 2,400cm²　　　④ 2,600cm²

해설 액화석유가스 저장소 자연환기설비 1개소 환기구 면적 : 2,400cm² 이하

71 산소를 취급할 때 주의사항으로 틀린 것은?

① 산소가스 용기는 가연성 가스나 독성가스 용기와 분리 저장한다.
② 각종 기기의 기밀시험에 사용할 수 없다.
③ 산소용기 기구류에는 기름, 그리스를 사용하지 않는다.
④ 공기 액화 분리기 안에 설치된 액화산소통 안의 액화산소는 1개월에 1회 이상 분석한다.

해설 ④항은 1개월이 아닌 1일 1회 이상 분석한다.

72 다음 중 독성가스가 아닌 것은?

① 아크릴로니트릴
② 아크릴알데히드
③ 아황산가스
④ 아세트알데히드

해설 아세트알데히드(CH₃CHO) → C₂H₄O
가연성 가스로 휘발성이 강한 무색액체이다. 자극적인 냄새가 나며, 중합을 잘 일으킨다.
• 2CH₃CHO + 5O₂ → 4CO₂ + 4H₂O

73 최소 발화에너지에 영향을 주는 요인으로 가장 거리가 먼 것은?

① 온도　　　② 압력
③ 열량　　　④ 농도

해설 최소 발화에너지에 영향을 주는 인자
온도, 압력, 농도, 연소속도, 열전도율

74 액화석유가스 충전소의 용기 보관 장소에 충전용기를 보관하는 때의 기준으로 옳지 않은 것은?

① 용기 보관 장소의 주위 8m 이내에는 석유, 휘발유를 보관하여서는 아니 된다.
② 충전 용기는 항상 40℃ 이하를 유지하여야 한다.
③ 용기가 너무 냉각되지 않도록 겨울철에는 직사광선을 받도록 조치하여야 한다.
④ 충전용기와 잔가스용기는 각각 구분하여 놓아야 한다.

해설 액화석유가스 충전소의 용기는 항상 40℃ 이하를 유지하고 직사광선을 받지 않도록 한다.

75 암모니아 가스의 장치에 주로 사용될 수 있는 재료는?

① 탄소강　　　② 동
③ 동합금　　　④ 알루미늄합금

해설 암모니아는 동합금, 알루미늄합금 사용 시 부식이 초래된다.

76 다음 가스 중 압력을 가하거나 온도를 낮추면 가장 쉽게 액화하는 것은?

① 산소　　　② 헬륨
③ 질소　　　④ 프로판

해설 액화가 가능한 것은 비점이 높은 가스이다.
㉠ 헬륨 : −268.9℃
㉡ 질소 : −196℃
㉢ 산소 : −183℃
㉣ 프로판 : −42.1℃

77 독성가스인 염소 500kg을 운반할 때 보호구를 차량의 승무원수에 상당한 수량을 휴대하여야 한다. 다음 중 휴대하지 않아도 되는 보호구는?

① 방독마스크　　　② 공기호흡기
③ 보호의　　　④ 보호장갑

해설 독성가스 차량운반 시 압축가스는 100m³, 액화가스는 1,000kg 이상일 경우에만 공기호흡기가 필요하다.

78 액화석유가스 자동차에 고정된 탱크충전시설에서 자동차에 고정된 탱크는 저장탱크의 외면으로부터 얼마 이상 떨어져서 정지하여야 하는가?

① 1m
② 2m
③ 3m
④ 5m

79 정전기 제거설비를 정상상태로 유지하기 위한 검사 항목이 아닌 것은?

① 지상에서 접지저항치
② 지상에서의 접속부의 접속상태
③ 지상에서의 접지접속선의 절연 여부
④ 지상에서의 절선 그 밖에 손상부분의 유무

해설 • 가연성 가스 제조설비 접지저항치 총합은 100Ω(피뢰설비를 갖춘 경우는 총합 10Ω)
• 본딩용 접속선 및 접지접속선은 5.5mm² 이상의 것
• 지상에서 접지저항치는 100m³ 이상이어야 한다.

80 염소의 제독제로 적당하지 않은 것은?

① 물
② 소석회
③ 가성소다 수용액
④ 탄산소다 수용액

해설 제독제 물
㉠ 암모니아(NH₃)
㉡ 산화에틸렌(C₂H₄O)
㉢ 염화메탄(CH₃Cl)

SECTION 05 가스계측

81 가스미터의 설치장소로 적당하지 않은 것은?

① 수직, 수평으로 설치한다.
② 환기가 양호한 곳에 설치한다.
③ 검침, 교체가 용이한 곳에 설치한다.
④ 높이가 200cm 이상인 위치에 설치한다.

해설 가스미터기는 지상에서 1.6~2m 위치에 설치한다.

82 오르자트 분석기에 의한 배기가스 각 성분 계산법 중 CO의 성분 %계산법은?

① $100 - (CO_2\% + N_2\% + O_2\%)$
② $\dfrac{KOH\ 30\%\ 용액\ 흡수량}{시료채취량} \times 100$
③ $\dfrac{알칼리성\ 피로카롤용액\ 흡수량}{시료채취량} \times 100$
④ $\dfrac{암모니아성\ 염화제일구리용액\ 흡수량}{시료채취량} \times 100$

해설 • ①항 : 질소분석 계산
• ②항 : CO_2 분석
• ③항 : O_2 분석

83 에탄올, 헵탄, 벤젠, 에틸아세테이트로 된 4성분 혼합물을 TCD를 이용하여 정량분석하려고 한다. 다음 데이터를 이용하여 각 성분(에탄올 : 헵탄 : 벤젠 : 에틸아세테이트)의 중량분율(wt%)을 구하면?

성분	면적(cm²)	중량인자
에탄올	5.0	0.64
헵탄	9.0	0.70
벤젠	4.0	0.78
에틸아세테이트	7.0	0.79

① 20 : 36 : 16 : 28
② 22.5 : 37.1 : 14.8 : 25.6
③ 22.0 : 24.1 : 26.8 : 27.1
④ 17.6 : 34.7 : 17.2 : 30.5

해설 가스총중량 $= (5.0 \times 0.64) + (9.0 \times 0.70) + (4.0 \times 0.78)$
$+ (7.0 \times 0.79) = 18.15$

ㄱ 에탄올 $= \dfrac{5.0 \times 0.64}{18.15} \times 100 = 17.6\%$

ㄴ 헵탄 $= \dfrac{9.0 \times 0.70}{18.15} \times 100 = 34.7\%$

ㄷ 벤젠 $= \dfrac{4.0 \times 0.78}{18.15} \times 100 = 17.2\%$

ㄹ 에틸아세테이드 $= \dfrac{7.0 \times 0.79}{18.15} \times 100 = 30.5\%$

84 실내공기의 온도는 15℃이고, 이 공기의 노점은 5℃로 측정되었다. 이 공기의 상대습도는 약 몇 %인가? (단, 5℃, 10℃ 및 15℃의 포화수증기압은 각각 6.54mmHg, 9.21mmHg 및 12.79mmHg이다.)

① 46.6
② 51.1
③ 71.0
④ 72.0

해설 상대습도$(\psi) = \dfrac{P_w}{P_s} \times 100 = \dfrac{\gamma_w}{\gamma_s} \times 100(\%)$
$= \dfrac{6.54}{12.79} \times 100 = 0.511(51.1\%)$

85 배관의 모든 조건이 같을 때 지름을 2배로 하면 체적유량은 약 몇 배가 되는가?

① 2배
② 4배
③ 6배
④ 8배

해설 $\dfrac{3.14}{4} \times (1)^2 = 0.785$, $\dfrac{3.14}{4} \times (2)^2 = 3.14$
$\therefore$ 체적유량 $= \left(\dfrac{3.14}{0.785}\right) = 4$배

86 유독가스인 시안화수소의 누출탐지에 사용되는 시험지는?

① 연당지
② 초산벤지딘지
③ 하리슨 시험지
④ 염화 제1구리 착염지

해설 ① 연당지 : 황화수소(H_2S) 검지지
③ 하리슨 시험지 : 포스겐($COCl_2$) 검지지
④ 염화 제1구리 착염지 : 아세틸렌(C_2H_2) 검지지

87 유도단위는 어느 단위에서 유도되는가?

① 절대단위
② 중력단위
③ 특수단위
④ 기본단위

해설 유도단위 : 기본단위의 조합, 또는 유도단위 조합에 의해 형성되는 단위이다.

88 로터리 피스톤형 유량계에서 중량유량을 구하는 식은?(단, C : 유량계수, A : 유출구의 단면적, W : 유체 중의 피스톤 중량, a : 피스톤의 단면적이다.)

① $G = CA\sqrt{\dfrac{a}{2g\gamma W}}$
② $G = CA\sqrt{\dfrac{\gamma a}{2g W}}$
③ $G = CA\sqrt{\dfrac{2g\gamma W}{a}}$
④ $G = CA\sqrt{\dfrac{2g W}{\gamma a}}$

해설 로터리 피스톤형 유량계의 중량유량(G) 계산식
$G = C \times A \times \sqrt{\dfrac{2g\gamma W}{a}}$ (kg)

89 가스크로마토그래피 분석기에서 FID(Flame Ionization Detector)검출기의 특성에 대한 설명으로 옳은 것은?

① 시료를 파괴하지 않는다.
② 대상 감도는 탄소수에 반비례한다.
③ 미량의 탄화수소를 검출할 수 있다.
④ 연소성 기체에 대하여 감응하지 않는다.

해설 FID(수소이온화검출기) : 미량의 탄화수소나 탄화수소의 가스분석에 감도가 최고이다. H_2, O_2, CO, CO_2, SO_2 등은 검출이 불가능하다.

90 액주식 압력계에 봉입되는 액체로서 가장 부적당한 것은?

① 윤활유
② 수은
③ 물
④ 석유

해설 윤활유는 압축기 등에 사용한다.

91 접촉식 온도계의 측정 방법이 아닌 것은?

① 열팽창 이용법
② 전기저항 변화법
③ 물질상태 변화법
④ 열복사의 에너지 및 강도 측정

해설 열복사(열방사) 에너지 이용 온도계
복사 고온계(50~3,000℃ 측정)로서 비접촉식 온도계이다.

92 연소 분석법에 대한 설명으로 틀린 것은?

① 폭발법은 대체로 가스 조성이 일정할 때 사용하는 것이 안전하다.
② 완만 연소법은 질소 산화물 생성을 방지할 수 있다.
③ 분별 연소법에서 사용되는 촉매는 파라듐, 백금 등이 있다.
④ 완만 연소법은 지름 0.5mm 정도의 백금선을 사용한다.

해설 폭발법은 연소분석법으로서 일정성분의 가연성 가스와 공기가 필요하며 전기스파크로 폭발시킨다. 일반적으로 가스 조성이 대체로 변할 때 사용하는 것이 안전하며 2가지 이상의 동족 탄화수소와 수소가 혼합된 시료는 측정할 수 없다.

93 고속회전이 가능하므로 소형으로 대용량 계량이 가능하고 주로 대수용가의 가스측정에 적당한 계기는?

① 루트미터
② 막식가스미터
③ 습식가스미터
④ 오리피스미터

해설 루트미터 가스미터기
고속회전이 가능하고 소형이지만 대용량 계량($100~5,000$ m^3/h)이 가능하여 대수용가의 가스계량에 적당하다(설치스페이스가 적으나 여과기 및 설치 후의 유지관리가 필요하다).

94 제어의 최종신호값이 이 신호의 원인이 되었던 전달요소로 되돌려지는 제어방식은?

① open-loop 제어계
② closed-loop 제어계
③ forward 제어계
④ feedforward 제어계

해설 closed-loop 제어계 : 피드백제어를 의미하는 폐회로, 입력 측의 신호를 출력 측의 신호와 비교한다.

95 목푯값이 미리 정해진 변화를 하거나 제어순서 등을 지정하는 제어로서 금속이나 유리 등의 열처리에 응용하면 좋은 제어방식은?

① 프로그램제어
② 비율제어
③ 캐스케이드제어
④ 타력제어

해설 ㉠ 비율제어 : 목푯값이 다른 두 종류의 공정변화량을 어떤 일정한 비율로 유지하는 제어
㉡ 캐스케이드제어 : 제어계를 조합하여 1차 제어장치에서 측정된 명령을 바탕으로 2차 제어계에서 제어량을 조절하는 방식으로 외란의 영향이나 낭비지연시간이 큰 제어
㉢ 타력제어 : 조작부를 움직이는 데 외부의 동력을 필요로 하는 제어. 자력제어의 반대 방식

96 기준가스미터 교정주기는 얼마인가?

① 1년
② 2년
③ 3년
④ 5년

해설 기준가스미터 교정주기 : 2년마다 실시한다.

97 물체의 탄성 변위량을 이용한 압력계가 아닌 것은?

① 부르동관 압력계
② 벨로우즈 압력계
③ 다이어프램 압력계
④ 링밸런스식 압력계

해설 링밸런스식 압력계(환상천평식)
U자관 대신에 환상관을 사용하고 그 상부에 격막을 두어 하부에 수은 등을 채워서 상압에서 300atm까지 측정하며 미소한 압력차로 유량계의 지시기구 등으로 사용

98 광전관식 노점계에 대한 설명으로 틀린 것은?

① 기구가 복잡하다.
② 냉각장치가 필요 없다.
③ 저습도의 측정이 가능하다.
④ 상온 또는 저온에서 상점의 정도가 우수하다.

해설 광전관식 습도계
ⓐ 기구가 복잡하다.
ⓑ 냉각장치가 필요하다.
ⓒ 노점과 상점과의 육안판정이 필요하다.
ⓓ 저습도의 측정이 가능하다.
ⓔ 연속기록, 원격측정, 자동제어에 이용된다.

99 속도분포식 $U=4y^{2/3}$ 일 때 경계면에서 0.3m 지점의 속도구배(s^{-1})는?(단, U와 y의 단위는 각각 m/s, m이다.)

① 2.76   ② 3.38

③ 3.98   ④ 4.56

해설 $\dfrac{du}{dy}=4\times\dfrac{2}{3}\left(y^{\frac{2}{3}-1}\right)=4\times\dfrac{2}{3}\times\left(0.3^{\frac{2}{3}-1}\right)$

$\qquad = 3.98\,\text{s}^{-1}\,(y=0.3)$

100 Stokes의 법칙을 이용한 점도계는?

① Ostwald 점도계

② Falling ball type 점도계

③ Saybolt 점도계

④ Rotation type 점도계

해설 • ②항의 Falling ball type 점도계 : 스토크스의 법칙을 이용한 낙구식 점도계
• ①, ③항의 Ostwald 점도계, Saybolt 점도계 : 하겐-푸아죄유의 법칙 이용
• ④항의 Rotation type 점도계 : 뉴턴의 점성법칙(회전식)

SECTION 01 가스유체역학

01 표준기압, 25℃인 공기 속에서 어떤 물체가 910m/s의 속도로 움직인다. 이때 음속과 물체의 마하수는 각각 얼마인가?(단, 공기의 비열비는 1.4, 기체상수는 287J/kg·K이다.)

① 326m/s, 2.79

② 346m/s, 2.63

③ 359m/s, 2.53

④ 367m/s, 2.48

해설 마하수$(M) = \dfrac{V(속도)}{C(음속)}$

음속$(C) = \sqrt{KRT} = \sqrt{1.4 \times 287(25+273)}$

$\qquad \fallingdotseq 346$m/s

마하수$(M) = \dfrac{910}{346} = 2.63$

02 한 변의 길이가 a인 정삼각형 모양의 단면을 갖는 파이프 내로 유체가 흐른다. 이 파이프의 수력반경 (hydraulic radius)은?

① $\dfrac{\sqrt{3}}{4}a$

② $\dfrac{\sqrt{3}}{8}a$

③ $\dfrac{\sqrt{3}}{12}a$

④ $\dfrac{\sqrt{3}}{16}a$

해설 파이프 수력반경(정삼각형)

수력반경 : $\dfrac{접수길이}{넓이}$, 접수길이 : 접촉면의 길이 합

$= \dfrac{\frac{1}{2}a \times \sqrt{3}\,a \times \frac{1}{2}}{3a} = \dfrac{\frac{1}{4}a^2 \times \sqrt{3}}{3a} = \dfrac{\sqrt{3}}{12}a$

03 그림에서 수은주의 높이 차이 h가 80cm를 가리킬 때 B지점의 압력이 1.25kgf/cm²이라면 A지점의 압력은 약 몇 kgf/cm²인가?(단, 수은의 비중은 13.6이다.)

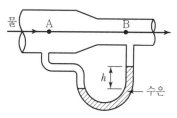

① 1.08

② 1.19

③ 2.26

④ 3.19

해설 압력차 $(P_2 - P_1) = h(r_o - r)$

$\qquad\qquad\qquad = 0.8 \times (13.6-1) = 1.008$kg/cm²

∴ A지점 압력$(P_2) = 1.25 + 1.008 = 2.26$kg/cm²

04 다음 중 정상유동과 관계있는 식은?(단, V=속도벡터, s=임의방향좌표, t=시간이다.)

① $\dfrac{\partial V}{\partial t} = 0$

② $\dfrac{\partial V}{\partial s} \neq 0$

③ $\dfrac{\partial V}{\partial t} \neq 0$

④ $\dfrac{\partial V}{\partial s} = 0$

해설 정상유동(정상류) : 유체유동의 특성이 모든 점에서 시간에 따라 변하지 않는 흐름

정상유동 관계식

$\dfrac{\partial V}{\partial t} = \dfrac{속도벡터}{시간} = 0$

05 베르누이의 방정식에 쓰이지 않는 head(수두)는?

① 압력수두

② 밀도수두

③ 위치수두

④ 속도수두

해설 베르누이 방정식 수두

$\dfrac{P_1}{\gamma} + \dfrac{V_1^2}{2g} + Z_1 = \dfrac{P_2}{\gamma} + \dfrac{V_2^2}{2g} + Z_2 = H$

- $\dfrac{P}{\gamma}$: 압력수두, $\dfrac{V^2}{2g}$: 속도수두, Z : 위치수두

- $\dfrac{P}{\gamma}+\dfrac{V^2}{2g}+Z$: 전수두선(에너지선 EL)

- $\dfrac{P}{\gamma}+Z$: 수력구배선(HGL)

06 측정기기에 대한 설명으로 옳지 않은 것은?

① Piezometer : 탱크나 관 속의 작은 유압을 측정하는 액주계

② Micromanometer : 작은 압력차를 측정할 수 있는 압력계

③ Mercury Barometer : 물을 이용하여 대기 절대압력을 측정하는 장치

④ Inclined−tube manometer : 액주를 경사시켜 계측의 감도를 높인 압력계

해설
- Mercury : 수은
- Barometer : 기압계

07 5.165mH₂O는 다음 중 어느 것과 같은가?

① 760mmHg

② 0.5atm

③ 0.7bar

④ 1,013mmHg

해설 1atm＝76cmHg＝10.332mH₂O＝101.325kPa

$\therefore\ 1\times\dfrac{5.165}{10.332}=0.5\mathrm{atm}$

08 Hagen−Poiseuille 식은 $-\dfrac{dP}{dx}=\dfrac{32\mu V_{avg}}{D^2}$로 표현한다. 이 식을 유체에 적용시키기 위한 가정이 아닌 것은?

① 뉴턴유체

② 압축성

③ 층류

④ 정상상태

해설 하겐−푸아죄유 방정식 유체 적용
- ㉠ 뉴턴유체
- ㉡ 층류
- ㉢ 정상상태

- 하겐−푸아죄유 방정식 : 유량(Q)$=\dfrac{\pi D^4\Delta P}{128\mu L}$

  (유량은 지름의 4제곱에 비례)

09 평판을 지나는 경계층 유동에 관한 설명으로 옳은 것은?(단, x는 평판 앞쪽 끝으로부터의 거리를 나타낸다.)

① 평판 유동에서 층류 경계층의 두께는 $x^{\frac{1}{2}}$에 비례한다.

② 경계층에서 두께는 물체의 표면부터 측정한 속도가 경계층의 외부 속도의 80%가 되는 점까지의 거리이다.

③ 평판에 형성되는 난류 경계층의 두께는 x에 비례한다.

④ 평판 위의 층류 경계층의 두께는 거리의 제곱에 비례한다.

해설 경계층 두께

㉠ 층류(δ)$=\dfrac{5\cdot x}{Re x^{\frac{1}{2}}}$

㉡ 난류(δ)$=\dfrac{1.16\cdot x}{Re x^{\frac{1}{2}}}=\dfrac{0.376\cdot x}{Re x^{\frac{1}{5}}}$

㉢ 평판 유동에서 층류 경계층의 두께는 $x^{\frac{1}{2}}$에 비례한다.

10 다음 중 차원 표시가 틀린 것은?(단, M : 질량, L : 길이, T : 시간, F : 힘이다.)

① 절대점성계수 : $\mu=[FL^{-1}T]$

② 동점성계수 : $\nu=[L^2T^{-1}]$

③ 압력 : $P=[FL^{-2}]$

④ 힘 : $F=[MLT^{-2}]$

해설 점성계수(FLT)

kgf $\cdot$ s/m² ＝ N $\cdot$ s/m² ＝ dyne $\cdot$ s/cm²

㉠ 점성계수(FLT) μ : $FTL^{-1}=(MLT^{-2})TL^{-2}$
$=ML^{-1}T^{-1}$ (절대단위)

㉡ 점성계수(MLT) μ : $ML^{-1}T^{-1}$

여기서, M : 질량, L : 길이, T : 시간, F : 힘

11 표면이 매끈한 원관인 경우 일반적으로 레이놀즈수가 어떤 값일 때 층류가 되는가?

① 4,000보다 클 때

② 4,000²일 때

③ 2,100보다 작을 때

④ 2,100²일 때

해설 층류

레이놀즈수(Re)가 2,100보다 작을 때
- 난류는 Re가 4,000보다 클 때이다.

12 다음 중 의소성 유체(Pseudo Plastics)에 속하는 것은?

① 고분자 용액
② 점토 현탁액
③ 치약
④ 공업용수

해설 • 의소성 유체(고분자 용액)
- 뉴턴의 점성법칙 만족 유체(뉴턴유체)
- Pseudo Plastics : 비뉴턴유체(전단응력이 변형률에 비례하지 않는 유체이다.)

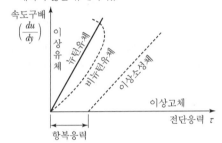

13 압력 100kPa · abs, 온도 20℃의 공기 5kg이 등엔트로피가 변화하여 온도 160℃로 되었다면 최종압력은 몇 kPa · abs인가?(단, 공기의 비열비 k=1.4이다.)

① 392
② 265
③ 112
④ 462

해설 등엔트로피(단열 변화)

$$\frac{T_2}{T_1} = \left(\frac{P_2}{P_1}\right)^{\frac{k-1}{k}}, \quad T_2 = T_1\left(\frac{P_2}{P_1}\right)^{\frac{k-1}{k}}$$

$T_2 = 160 + 273 = 433\text{K}, \quad T_1 = 20 + 273 = 293\text{K}$

$433 = 293 \times \left(\frac{P_2}{100}\right)^{\frac{1.4-1}{1.4}}$

$$\therefore P_2 = \left(\frac{160+273}{20+273}\right)^{\frac{1.4}{1.4-1}} \times 100$$

$$= 392\text{kPa}$$

14 축류펌프의 특징에 대해 잘못 설명한 것은?

① 가동익(가동날개)의 설치각도를 크게 하면 유량을 감소시킬 수 있다.
② 비속도가 높은 영역에서는 원심펌프보다 효율이 높다.
③ 깃의 수를 많이 하면 양정이 증가한다.
④ 체절상태로 운전은 불가능하다.

해설 축류펌프
- 물이 축방향으로 흐른다.
- 토출량은 매우 크다.
- 비속도가 높다.
- 양정이 10m 이하용이다(펌프 날개에는 고정식, 가동식이 있다).
- 프로펠러형 날개의 3~4배이다.
- 회전식 펌프이다.
- 가동익은 개도를 조절하여 유량을 조정한다.

15 다음의 압축성 유체의 흐름 과정 중 등엔트로피 과정인 것은?

① 가역단열 과정
② 가역등온 과정
③ 마찰이 있는 단열 과정
④ 마찰이 없는 비가역 과정

해설 ①항의 가격단열 과정 : 외부와의 열출입이 없는 상태로서 안팎으로 전열의 출입이 없으면 가역 변화이다.

16 유체의 흐름에 대한 설명으로 다음 중 옳은 것을 모두 나타내면?

> ㉮ 난류전단응력은 레이놀즈응력으로 표시할 수 있다.
> ㉯ 후류는 박리가 일어나는 경계로부터 하류구역을 뜻한다.
> ㉰ 유체와 고체벽 사이에는 전단응력이 작용하지 않는다.

① ㉮
② ㉮, ㉰
③ ㉮, ㉯
④ ㉮, ㉯, ㉰

해설 유체흐름

㉠ 난류전단응력은 레이놀즈응력으로 표시가 가능하다.

㉡ 후류는 박리가 일어나는 경계로부터 하류구역을 뜻한다.

㉢ 박리현상(Separation) : 기계적인 풍화작용의 한 가지로 한 겹씩 벗겨지는 현상이다.

㉣ 유체유동 박리현상 : 유체입자들은 표면에서 떨어져 나오도록 힘을 받게 되고 결국 유동이 난류가 되는 후류로 이어진다. 뒤따르는 입자들에 의해 떠밀려 떨어져 나와 후류(와류)를 형성하고 그 점을 박리점(분리점)이라 한다.

---

17 부력에 대한 설명 중 틀린 것은?

① 부력은 유체에 잠겨 있을 때 물체에 대하여 수직 위로 작용한다.

② 부력의 중심을 부심이라 하고 유체의 잠긴 체적의 중심이다.

③ 부력의 크기는 물체가 유체 속에 잠긴 체적에 해당하는 유체의 무게와 같다.

④ 물체가 액체 위에 떠 있을 때는 부력이 수직 아래로 작용한다.

해설 부력크기$(F_B) = \gamma V$

여기서, V : 유체 속에 잠겨 있는 물체의 체적

γ : 유체의 비중량

물체가 유체 속에 전부 잠겨서 떠 있거나 혹은 물체의 일부만이 액체에 잠겨서 떠 있을 때 물체의 무게와 부력의 크기는 같다.

---

18 구가 유체 속을 자유낙하할 때 받는 항력 F가 점성계수 μ, 지름 D, 속도 V의 함수로 주어진다. 이 물리량들 사이의 관계식을 무차원으로 나타내고자 할 때 차원해석에 의하면 몇 개의 무차원수로 나타낼 수 있는가?

① 1 　　　　② 2

③ 3 　　　　④ 4

해설 무차원수＝물리량수－기본차원수

$\therefore F\mu DV - V = 4 - 3 = 1$

---

19 내경 0.1m인 수평 원관으로 물이 흐르고 있다. A단면에 미치는 압력이 100Pa, B단면에 미치는 압력이 50Pa라고 하면 A, B 두 단면 사이의 관벽에 미치는 마찰력은 몇 N인가?

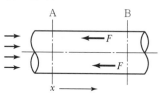

① 0.393 　　　　② 1.57

③ 3.93 　　　　④ 15.7

해설 단면적$(A) = \dfrac{3.14}{4}(0.1)^2 = 0.00785\text{m}^2$

마찰력$(F) = \rho Q(V_2 - V_1) + P_2 A_2 - P_1 A_1$

$\therefore F = 0.00785(100 - 50) = 0.393\text{N}$

• $1\text{N} = 1\text{kg} \times 1\text{m/s}^2 = 1\text{kg} \cdot \text{m/s}^2$

---

20 터보팬의 전압이 250mmAq, 축 동력이 0.5PS, 전압효율이 45%라면 유량은 약 몇 m³/min인가?

① 7.1 　　　　② 6.1

③ 5.1 　　　　④ 4.1

해설

$0.5 = \dfrac{250 \times Q(\text{m}^3/\text{min})}{75 \times 60 \times 0.45}$

$\therefore Q = \dfrac{(75 \times 60 \times 0.45) \times 0.5}{250} = 4.1\text{m}^3/\text{min}$

SECTION **02** 연소공학

21 연소온도를 높이는 방법으로 가장 거리가 먼 것은?

① 연료 또는 공기를 예열한다.

② 발열량이 높은 연료를 사용한다.

③ 연소용 공기의 산소농도를 높인다.

④ 복사전열을 줄이기 위해 연소속도를 늦춘다.

해설 연소온도를 높이기 위하여 복사전열을 줄이고 연소속도를 빠르게 한다. 또한 연료를 완전 연소시키고 과잉공기를 가급적 적게 사용한다.

22 액체연료를 미세한 기름방울로 잘게 부수어 단위 질량당의 표면적을 증가시키고 기름방울을 분산, 주위 공기와의 혼합을 적당히 하는 것을 미립화라고 한다. 다음 중 원판, 컵 등의 외주에서 원심력에 의해 액체를 분산시키는 방법에 의해 미립화하는 분무기는?

① 회전체 분무기 ② 충돌식 분무기
③ 초음파 분무기 ④ 정전식 분무기

해설 (모터) 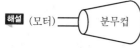 분무컵 3,000~10,000rpm
(원심력 수평로터리 버너)
중유오일 미립화 버너 일종

23 공기비에 관한 설명으로 틀린 것은?

① 이론공기량에 대한 실제공기량의 비이다.
② 무연탄보다 중유 연소 시 이론공기량이 더 적다.
③ 부하율이 변동될 때의 공기비를 턴다운(turn down) 비라고 한다.
④ 공기비를 낮추면 불완전 연소 성분이 증가한다.

해설 공기비$(m) = \dfrac{\text{실제공기량}(A)}{\text{이론공기량}(A_o)}$ (1보다 크다.)

무연탄 등 석탄은 공기비가 1.8~2 정도로 매우 크다.

24 메탄가스 $1m^3$를 완전연소시키는 데 필요한 공기량은 몇 m^3인가?(단, 공기 중 산소는 20% 함유되어 있다.)

① 5   ② 10
③ 15   ④ 20

해설 메탄가스(CH_4)
$CH_4 + 2O_2 \rightarrow CO_2 + 2H_2O$(연소화학방정식)
이론공기량$(A_o) = $ 이론산소량$\times \dfrac{1}{0.2} = 2 \times \dfrac{1}{0.2}$
$\qquad = 10Nm^3$

25 수증기 1mol이 100℃, 1atm에서 물로 가역적으로 응축될 때 엔트로피의 변화는 약 몇 cal/mol · K인가?(단, 물의 증발열은 539cal/g, 수증기는 이상기체라고 가정한다.)

① 26   ② 540
③ 1,700   ④ 2,200

해설 H_2O 분자량 : 18(1mol)
엔트로피 변화량$(\Delta S) = \dfrac{SQ}{T} = \dfrac{539}{373} \times 18$
$\qquad = 26cal/mol \cdot K$

26 메탄의 탄화수소(C/H) 비는 얼마인가?

① 0.25   ② 1
③ 3   ④ 4

해설 메탄(CH_4)분자량 : 16 $\begin{cases} C = 12 \\ H = 4 \end{cases}$

$\therefore$ 탄화수소비$(C/H) = \dfrac{12}{4} = 3$

27 프로판가스의 연소과정에서 발생한 열량이 13,000 kcal/kg, 연소할 때 발생된 수증기의 잠열이 2,000 kcal/kg일 경우, 프로판 가스의 연소효율은 얼마인가?(단, 프로판가스의 진발열량은 11,000kcal/kg 이다.)

① 50%   ② 100%
③ 150%   ④ 200%

해설 고위발열량$(H_h) = $ 진발열량 $+$ 수증기 잠열
$\qquad = 11,000 + 2,000 = 13,000$
$\therefore$ 연소효율 $= \dfrac{13,000}{13,000} \times 100 = 100\%$

28 프로판가스 $1Sm^3$을 완전연소시켰을 때의 건조연소 가스양은 약 몇 Sm^3인가?(단, 공기 중의 산소는 21v%이다.)

① 10   ② 16
③ 22   ④ 30

해설 프로판가스(C_3H_8)
$C_3H_8 + 5O_2 \rightarrow 3CO_2 + 4H_2O$
건연소가스양$(G_{od}) = (1 - 0.21)A_o + CO_2$
이론공기량$(A_o) = $ 이론산소량$\times \dfrac{1}{0.21}$
$\therefore G_{od} = (1 - 0.21) \times \dfrac{5}{0.21} + 3 = 22Nm^3$

29 1kWh의 열당량은?

① 376kcal　　② 427kcal

③ 632kcal　　④ 860kcal

해설 $1kWh = 860kcal = 3,600kJ$

• $1kW = 1kJ/s = \dfrac{1kJ \times \left(\dfrac{1kcal}{4.1868kJ}\right)}{1s \times \left(\dfrac{1hr}{3,600s}\right)} = 860kcal/h$

---

30 내압(耐壓)방폭구조로 방폭전기 기기를 설계할 때 가장 중요하게 고려할 사항은?

① 가연성 가스의 연소열

② 가연성 가스의 안전간극

③ 가연성 가스의 발화점(발화도)

④ 가연성 가스의 최소점화에너지

해설 ㉠ 내압방폭구조 : 안전간극(ⅡA : 0.9mm 이상, ⅡB : 0.5mm 초과~0.9mm 미만, ⅡC : 0.5mm 이하)
㉡ 내압방폭구조로 방폭전기 기기설계 시 가연성 가스의 안전간극을 고려한다.

---

31 폭발형태 중 가스 용기나 저장탱크가 직화에 노출되어 가열되고 용기 또는 저장탱크의 강도를 상실한 부분을 통한 급격한 파단에 의해 내부비등액체가 일시에 유출되어 화구(fire ball) 현상을 동반하며 폭발하는 현상은?

① BLEVE

② VCE

③ Jet fire

④ Flash over

해설 ㉠ BLEVE(비등액체팽창증기폭발) : 가연성 액체 저장탱크 주변에서 화재 발생 시 탱크의 국부적 가열로 그 부분의 강도가 약화되면 탱크 내부의 액화가스가 급격히 유출·팽창되어 화구를 형성하는 폭발
㉡ UVCE(증기운폭발) : 대기 중에 가연성 가스나 인화성 액체가 누설되면 폭발성의 증기구름을 형성하여 착화원에 의해 화구(fire ball)를 형성하는 폭발

---

32 착화온도에 대한 설명 중 틀린 것은?

① 압력이 높을수록 낮아진다.

② 발열량이 클수록 낮아진다.

③ 반응활성도가 클수록 높아진다.

④ 산소량이 증가할수록 낮아진다.

해설 반응활성도가 적을수록 착화온도가 낮아진다.
• ①, ②, ④항 외에 열전도율이 작을 때, 산소 친화력이 클 때, 분자구조가 복잡할 때도 착화온도가 낮아진다.

---

33 분자량이 30인 어떤 가스의 정압비열이 0.516kJ/kg · K이라고 가정할 때 이 가스의 비열비 k는 약 얼마인가?

① 1.0　　② 1.4

③ 1.8　　④ 2.2

해설 가스의 기체상수$(R) = \dfrac{8.314}{분자량}$

$= \dfrac{8.314}{30} = 0.28kJ/kg \cdot K$

정적비열$(C_V) =$ 정압비열$(C_P) - R$

$= 0.516 - 0.28 = 0.236kJ/kg \cdot K$

∴ 비열비$(K) = \dfrac{C_P}{C_V} = \dfrac{0.516}{0.236} = 2.2$

---

34 다음과 같은 조성을 갖는 혼합가스의 분자량은?[단, 혼합가스의 체적비는 $CO_2(13.1\%)$, $O_2(7.7\%)$, $N_2(79.2\%)$이다.]

① 22.81　　② 24.94

③ 28.67　　④ 30.40

해설 분자량(CO_2 : 44, O_2 : 32, N_2 : 28)
∴ 혼합가스 분자량
$= (44 \times 0.131) + (32 \times 0.077) + (28 \times 0.792)$
$= 30.40$

---

35 공기흐름이 난류일 때 가스연료의 연소현상에 대한 설명으로 옳은 것은?

① 화염이 뚜렷하게 나타난다.

② 연소가 양호하여 화염이 짧아진다.

③ 불완전연소에 의해 열효율이 감소한다.

④ 화염이 길어지면서 완전연소가 일어난다.

해설 난류현상 : 연소상태 양호, 화염이 짧아진다.

36 고발열량에 대한 설명 중 틀린 것은?

① 총발열량이다.
② 진발열량이라고도 한다.
③ 연료가 연소될 때 연소가스 중에 수증기의 응축잠열을 포함한 열량이다.
④ $H_h = H_L + H_S = H_L + 600(9H + W)$ 로 나타낼 수 있다.

해설 고위발열량(H_h) = 저위발열량(H_L) + 수증기응축잠열(H_S)
= 진발열량(H_L) + 600(9 × H + W)
여기서, H : 수소
W : 수분
• H_2O 1kg당 0℃에서 잠열이 600kcal(480kcal/m³당)

37 옥탄(g)의 연소 엔탈피는 반응물 중의 수증기가 응축되어 물이 되었을 때 25℃에서 −48,220kJ/kg이다. 이 상태에서 옥탄(g)의 저위발열량은 약 몇 kJ/kg인가?(단, 25℃ 물의 증발엔탈피[h_fg]는 2,441.8kJ/kg이다.)

① 40,750   ② 42,320
③ 44,750   ④ 45,778

해설 옥탄(C_8H_{18}) + 12.5O_2 → 8CO_2 + 9H_2O + Q
(옥탄 분자량 114)
• 저위발열량(H_L) = 고위발열량 − 물의 증발잠열
• H_2O 1mol = 22.4L = 18g
∴ $H_L = 48,220 - \dfrac{2,441.8 \times 9 \times 18}{114}$
= 44,750kJ/kg

38 밀폐된 용기 또는 설비 안에 밀봉된 가스가 그 용기 또는 설비의 사고로 인하여 파손되거나 오조작의 경우에만 누출될 위험이 있는 장소는 위험장소의 등급 중 어디에 해당하는가?

① 0종   ② 1종
③ 2종   ④ 3종

해설 위험장소 2종 장소
밀폐된 용기 또는 설비 내에 밀봉된 가연성 가스가 그 용기 또는 설비의 사고로 인하여 파손, 오조작 시 누출될 위험이 있는 장소의 등급

39 연소의 3요소가 아닌 것은?

① 가연성 물질
② 산소공급원
③ 발화점
④ 점화원

해설 연소의 3대 구성요소
㉠ 가연물
㉡ 점화원
㉢ 산소공급원

40 폭굉유도거리에 대한 설명 중 옳은 것은?

① 압력이 높을수록 짧아진다.
② 관 속에 방해물이 있으면 길어진다.
③ 층류연소속도가 작을수록 짧아진다.
④ 점화원의 에너지가 강할수록 길어진다.

해설 폭굉유도거리는 관 속에 방해물이 있거나, 층류연소속도가 클수록, 점화원의 에너지가 강할수록 짧아진다.

SECTION 03 가스설비

41 아세틸렌은 금속과 접촉 반응하여 폭발성 물질을 생성한다. 다음 금속 중 이에 해당하지 않는 것은?

① 금   ② 은
③ 동   ④ 수은

해설 아세틸렌 금속아세틸라이드(폭발성 물질) 반응 금속
㉠ C_2H_2 + 2Cu(구리) → Cu_2C_2 + H_2
㉡ C_2H_2 + 2Hg(수은) → Hg_2C_2 + H_2
㉢ C_2H_2 + 2Ag(은) → Ag_2C_2 + H_2

42 다음 보기의 비파괴 검사방법은?

> • 내부결함 또는 불균일 층의 검사를 할 수 있다.
> • 용입부족 및 용입부의 검사를 할 수 있다.
> • 검사비용이 비교적 저렴하다.
> • 탐지되는 결함의 형태가 명확하지 않다.

① 방사선투과 검사
② 침투탐상 검사
③ 초음파탐상 검사
④ 자분탐상 검사

해설 비파괴시험(초음파 검사)
초음파 진동수의 0.5~1.5MHz를 사용한다. 내부의 결함이나 불균형 층의 존재를 검지한다. 종류에는 투상법, 반향법이 있다.
※ 용입부족 검사 및 검사비용의 저렴, 탐지되는 결함의 형태가 명확하지 않다[초음파 속도(m/s) : 공기 중에서는 330, 물 중에서는 1,500, 강철 중에서는 6,000 정도이다].

43 왕복형 압축기의 특징에 대한 설명으로 옳은 것은?

① 압축효율이 낮다.
② 쉽게 고압이 얻어진다.
③ 기초 설치 면적이 작다.
④ 접촉부가 적어 보수가 쉽다.

해설 왕복형 압축기
• 저속이며 쉽게 고압을 얻을 수 있다.
• 용적형 압축기로서 왕복운동이 단속적으로 맥동이 있다.
• 압축효율이 높고 용량조정범위가 넓다.
• 접촉부가 많아서 보수가 까다롭다.

44 어떤 냉동기에서 0℃의 물로 0℃의 얼음 3톤을 만드는 데 100kW/h의 일이 소요되었다면 이 냉동기의 성능계수는?(단, 물의 응고열은 80kcal/kg이다.)

① 1.72 　　　　 ② 2.79
③ 3.72 　　　　 ④ 4.73

해설 성능계수(COP) $= \dfrac{증발열량}{압축일량}$

$$= \dfrac{3 \times 10^3 \times 80}{100 \times 860} = 2.79$$

45 가스 연소기에서 발생할 수 있는 역화(Flash back) 현상의 발생 원인으로 가장 거리가 먼 것은?

① 분출속도가 연소속도보다 빠른 경우
② 노즐, 기구밸브 등이 막혀 가스양이 극히 적게 된 경우
③ 연소속도가 일정하고 분출속도가 느린 경우
④ 버너가 오래되어 부식에 의해 염공이 크게 된 경우

해설 분출속도가 연료의 연소속도보다 빠르면 선화(블로 오프 현상)가 발생된다.

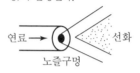

46 수소가스 집합장치의 설계 매니폴드 지관에서 감압 밸브는 상용압력이 14MPa인 경우 내압시험 압력은 얼마 이상인가?

① 14MPa
② 21MPa
③ 25MPa
④ 28MPa

해설 내압시험(TP)=상용압력×1.5배
∴ 14×1.5=21MPa

47 콕 및 호스에 대한 설명으로 옳은 것은?

① 고압고무호스 중 트윈호스는 차압 100kPa 이하에서 정상적으로 작동하는 체크밸브를 부착하여 제작한다.
② 용기밸브 및 조정기에 연결하는 이음쇠의 나사는 오른나사로서 W22.5×14T, 나사부의 길이는 20mm 이상으로 한다.
③ 상자콕은 과류차단안전기구가 부착된 것으로서 배관과 커플러를 연결하는 구조이고, 주물황동을 사용할 수 있다.
④ 콕은 70kPa 이상의 공기압을 10분간 가했을 때 누출이 없는 것으로 한다.

해설 ㉠ 허가대상가스용품(콕, 배관용 밸브 등)
- 콕 : 퓨즈콕, 상자콕, 주물연소기용 노즐콕 및 업무용 대형 연소기용 노즐콕
㉡ 가스용품(고압호스 : 일반용 고압고무호스, 자동차용 고압고무호스)
㉢ 상자콕 : 과류차단기구가 부착된 것으로 배관과 커플러를 연결하는 구조로서 주물황동을 사용할 수 있다.
㉣ ②, ④항에서는 35kPa 이상, 공기압을 1분간 가한다.

48 용기용 밸브는 가스 충전구의 형식에 따라 A형, B형, C형의 3종류가 있다. 가스 충전구가 암나사로 되어 있는 것은?

① A형
② B형
③ A, B형
④ C형

해설 충전구 나사
㉠ A형 : 숫나사
㉡ B형 : 암나사
㉢ C형 : 나사가 없는 것

49 압력 2MPa 이하의 고압가스 배관설비로서 곡관을 사용하기가 곤란한 경우 가장 적정한 신축이음매는?

① 벨로우즈형 신축이음매
② 루프형 신축이음매
③ 슬리브형 신축이음매
④ 스위블형 신축이음매

해설 압력 2MPa($20kg/cm^2$) 이하 신축이음에서 곡관이음(루프형)의 신축이음이 어려우면 벨로우즈형(주름형) 신축이음 사용

배관 ⟨⟨⟨⟨⟨⟨ ← 벨로우즈형 (주름형)
신축이음 사용

50 액화천연가스(메탄기준)를 도시가스 원료로 사용할 때 액화천연가스의 특징을 옳게 설명한 것은?

① 천연가스의 C/H 질량비가 3이고 기화설비가 필요하다.
② 천연가스의 C/H 질량비가 4이고 기화설비가 필요 없다.
③ 천연가스의 C/H 질량비가 3이고 가스제조 및 정제설비가 필요하다.
④ 천연가스의 C/H 질량비가 4이고 개질설비가 필요하다.

해설 액화천연가스(LNG = CH_4 가스)
㉠ 기화설비가 필요하다.
㉡ 탄화수소비 $C/H = \dfrac{12}{4} = 3$

CH_4(메탄)분자량 = 16(C : 12, H : 4)

51 가연성 가스의 위험도가 가장 높은 가스는?

① 일산화탄소 　② 메탄
③ 산화에틸렌 　④ 수소

해설 위험도 $= \dfrac{\text{폭발범위 상한} - \text{폭발범위 하한}}{\text{폭발범위 하한}}$

(클수록 위험하다.)
① CO $= \dfrac{74 - 12.5}{12.5} = 4.92$
② $CH_4 = \dfrac{15 - 5}{5} = 2$
③ $C_2H_4O = \dfrac{80 - 3}{3} = 26$
④ $H_2 = \dfrac{75 - 4}{4} = 18$

52 내용적 50L의 LPG 용기에 상온에서 액화프로판 15kg를 충전하면 이 용기 내 안전공간은 약 몇 % 정도인가?(단, LPG의 비중은 0.5이다.)

① 10%　　　② 20%
③ 30%　　　④ 40%

해설 LPG 질량(W) $= 50 \times 0.5 = 25kg$

$15kg = \dfrac{15kg}{0.5kg/L} = 30L$

$\therefore$ 안전공간 $= \dfrac{50 - 30}{50} \times 100 = 40\%$

53 공기액화 분리장치의 폭발 원인이 아닌 것은?

① 액체공기 중 산소(O_2)의 혼입
② 공기 취입구로부터 아세틸렌 혼입
③ 공기 중 질소화합물(NO, NO_2)의 혼입
④ 압축기용 윤활유 분해에 따른 탄화수소의 생성

해설 액체공기 중 산소(O_2)의 혼입은 공기액화 분리장치의 폭발 원인에 해당되지 않는다. 오존(O_3)은 폭발 원인이 될 수 있다.

54 발열량 5,000kcal/m³, 비중 0.61, 공급표준압력 100mmH₂O인 가스에서 발열량 11,000kcal/m³, 비중 0.66, 공급표준압력이 200mmH₂O인 천연가스로 변경할 경우 노즐변경률은 얼마인가?

① 0.49
② 0.58
③ 0.71
④ 0.82

해설 ㉠ 웨버지수(WT) $= \dfrac{H_g}{\sqrt{d}}$

㉡ 도시가스 월 사용예정량(Q) $= \dfrac{(A \times 240) + (B \times 90)}{11,000}$

㉢ 노즐변경률(D) $= \left(\dfrac{D_2}{D_1}\right) = \sqrt{\dfrac{WI_1 \sqrt{P_1}}{WI_2 \sqrt{P_2}}}$

$\therefore D = \sqrt{\dfrac{\dfrac{5,000}{\sqrt{0.61}} \times \sqrt{100}}{\dfrac{11,000}{\sqrt{0.66}} \times \sqrt{200}}} = 0.58$

55 가스 누출을 조기에 발견하기 위하여 사용되는 냄새가 나는 물질(부취제)이 아닌 것은?

① T.H.T
② T.B.M
③ D.M.S
④ T.E.A

해설 가스부취제 : 가스 누설 확인용 냄새부가물질
㉠ T.H.T(석탄가스 냄새)
㉡ T.B.M(양파 썩는 냄새)
㉢ D.M.S(마늘냄새)

56 펌프의 효율에 대한 설명으로 옳은 것으로만 짝지어진 것은?

> ㉠ 축동력에 대한 수동력의 비를 뜻한다.
> ㉡ 펌프의 효율은 펌프의 구조, 크기 등에 따라 다르다.
> ㉢ 펌프의 효율이 좋다는 것은 각종 손실 동력이 적고 축동력이 적은 동력으로 구동한다는 뜻이다.

① ㉠
② ㉠, ㉡
③ ㉠, ㉢
④ ㉠, ㉡, ㉢

해설 펌프동력(PS) $= \dfrac{\gamma \cdot Q \cdot H}{75 \times 60 \times \eta}$

※ η : 펌프효율(%)

57 다음 중 압력배관용 탄소강관을 나타내는 것은?

① SPHT
② SPPH
③ SPP
④ SPPS

해설 ① SPHT(고온배관용)
② SPPH(고압배관용)
③ SPP(일빈배관용)
④ SPPS(압력배관용)

58 고압가스 제조 장치의 재료에 대한 설명으로 옳지 않은 것은?

① 상온 건조 상태의 염소가스에 대하여는 보통강을 사용할 수 있다.
② 암모니아, 아세틸렌의 배관 재료에는 구리 및 구리합금이 적당하다.
③ 고압의 이산화탄소 세정장치 등에는 내산강을 사용하는 것이 좋다.
④ 암모니아 합성탑 내통의 재료에는 18−8 스테인리스강을 사용한다.

해설 ㉠ 암모니아 : 구리, 아연, 은, 알루미늄, 코발트 등과 반응하여 착이온을 만든다.
㉡ 아세틸렌 : 구리, 은, 수은과 반응하여 폭발성 아세틸라이드를 생성한다.

59 도시가스의 발열량이 $10,400 kcal/m^3$이고 비중이 0.5일 때 웨버지수(WI)는 얼마인가?

① 14,142

② 14,708

③ 18,257

④ 27,386

해설 웨버지수$(WI) = \dfrac{H_g}{\sqrt{d}} = \dfrac{10,400}{\sqrt{0.5}} = 14,708$

60 안전밸브에 대한 설명으로 틀린 것은?

① 가용전식은 Cl_2, C_2H_2 등에 사용된다.

② 파열판식은 구조가 간단하며, 취급이 용이하다.

③ 파열판식은 부식성, 괴상물질을 함유한 유체에 적합하다.

④ 피스톤식이 가장 일반적으로 널리 사용된다.

해설 안전밸브 종류

㉠ 스프링식(가장 많이 사용함)

㉡ 지렛대식

㉢ 추식

㉣ 복합식

SECTION 04 가스안전관리

61 밀폐된 목욕탕에서 도시가스 순간온수기를 사용하던 중 쓰러져서 의식을 잃었다. 사고 원인으로 추정할 수 있는 것은?

① 가스 누출에 의한 중독

② 부취제에 의한 중독

③ 산소 결핍에 의한 질식

④ 질소 과잉으로 인한 중독

해설 연소 $C + O_2 \rightarrow CO_2$(무독성, 산소 풍부)

$C + \dfrac{1}{2} O_2 \rightarrow CO$(독성가스 발생)

62 실제 사용하는 도시가스의 열량이 $9,500\ kcal/m^3$이고 가스 사용시설의 법적 사용량은 $5,200m^3$일 때 도시가스 사용량은 약 몇 m^3인가?(단, 도시가스의 월 사용 예정량을 구할 때의 열량을 기준으로 한다.)

① 4,490

② 6,020

③ 7,020

④ 8,020

해설 월 사용 예정량$(Q) = \dfrac{(A \times 240) + (B \times 90)}{11,000} (m^3)$

$\therefore$ 도시가스 사용량$(Q) = \dfrac{5,200 \times 9,500}{11,000} = 4,490(m^3)$

63 산화에틸렌의 충전에 대한 설명으로 옳은 것은?

① 산화에틸렌의 저장탱크에는 $45℃$에서 그 내부가스의 압력이 $0.3MPa$ 이상이 되도록 질소가스를 충전한다.

② 산화에틸렌의 저장탱크에는 $45℃$에서 그 내부가스의 압력이 $0.4MPa$ 이상이 되도록 질소가스를 충전한다.

③ 산화에틸렌의 저장탱크에는 $60℃$에서 그 내부가스의 압력이 $0.3MPa$ 이상이 되도록 질소가스를 충전한다.

④ 산화에틸렌의 저장탱크에는 $60℃$에서 그 내부가스의 압력이 $0.4MPa$ 이상이 되도록 질소가스를 충전한다.

해설 산화에틸렌(C_2H_4O)

㉠ 폭발범위 : $3 \sim 80\%$

㉡ 저장기준 : $45℃$에서 $0.4MPa$ 이상이 되도록 저장(충전가스 : 질소, CO_2)

• 액체상태로 존재하여 분해폭발을 방지함

64 공기나 산소가 섞이지 않더라도 분해폭발을 일으킬 수 있는 가스는?

① CO

② CO_2

③ H_2

④ C_2H_2

해설 $2C + H_2 \rightarrow C_2H_2 - 54.2kcal$(흡열화합)

$C_2H_2 \xrightarrow{\text{압축}} 2C + H_2 + 54.2kcal$(분해폭발)

65 고압가스를 운반하기 위하여 동일한 차량에 혼합 적재 가능한 것은?

① 염소－아세틸렌   ② 염소－암모니아
③ 염소－LPG   ④ 염소－수소

해설 염소가스(독성)와 LPG(가연성)가스는 동일한 차량에 혼합 적재가 가능하다. 염소, 아세틸렌, 암모니아, 수소는 모두 동일 차량에 적재해서는 아니 된다.

66 다음 중 독성가스는?

① 수소   ② 염소
③ 아세틸렌   ④ 메탄

해설 염소(Cl_2) : 황록색의 기체이며 자극성이 강한 맹독성 가스 (물에 2.3배 용해된다.)
• ①, ③, ④항은 독성가스는 아니나 가연성이다.

67 고압가스용 차량에 고정된 탱크의 설계기준으로 틀린 것은?

① 탱크의 길이이음 및 원주이음은 맞대기 양면 용접으로 한다.
② 용접하는 부분의 탄소강은 틴소함유량이 1.0% 미만으로 한다.
③ 탱크에는 지름 375mm 이상의 원형 맨홀 또는 긴 지름 375mm 이상, 짧은 지름 275mm 이상의 타원형 맨홀을 1개 이상 설치한다.
④ 탱크의 내부에는 차량의 진행방향과 직각이 되도록 방파판을 설치한다.

해설 차량에 고정된 탱크 설계기준에서 용접부분의 탄소강은 탄소 함량이 0.35% 미만이어야 한다.

68 도시가스 공급시설 또는 그 시설에 속하는 계기를 장치하는 회로에 설치하는 것으로서 온도 및 압력과 그 시설의 상황에 따라 안전 확보를 위한 주요 부분에 설비가 잘못 조작되거나 이상이 발생하는 경우에 자동으로 가스의 발생을 차단시키는 장치를 무엇이라 하는가?

① 벤트스텍   ② 안전밸브
③ 인터록기구   ④ 가스누출검지통보설비

해설
• 인터록 : 도시가스 공급시설에서 이상이 발생하는 경우 자동적으로 가스의 발생을 차단시키는 장치이다.
• 벤트스텍 : 독성가스 저장설비에 사용하는 장치이다.

69 "액화석유가스 충전사업"의 용어 정의에 대하여 가장 바르게 설명한 것은?

① 저장시설에 저장된 액화석유가스를 용기 또는 차량에 고정된 탱크에 충전하여 공급하는 사업
② 액화석유가스를 일반의 수요에 따라 배관을 통하여 연료로 공급하는 사업
③ 대량수요자에게 액화한 천연가스를 공급하는 사업
④ 수요자에게 연료용 가스를 공급하는 사업

해설 액화석유가스 충전사업
저장시설에 저장된 액화석유가스를 용기 또는 차량에 고정된 탱크에 충전하여 공급하는 사업

70 고압가스 특정제조허가의 대상 시설로서 옳은 것은?

① 석유정제업자의 석유정제시설 또는 그 부대시설에서 고압가스를 제조하는 것으로서 그 저장능력이 10톤 이상인 것
② 석유화학공업자의 석유화학공업시설 또는 그 부대시설에서 고압가스를 제조하는 것으로서 그 저장능력이 10톤 이상인 것
③ 석유화학공업자의 석유화학공업시설 또는 그 부대시설에서 고압가스를 제조하는 것으로서 그 처리능력이 1천 세제곱미터 이상인 것
④ 철강공업자의 철강공업시설 또는 그 부대시설에서 고압가스를 제조하는 것으로서 그 처리능력이 10만 세제곱미터 이상인 것

해설 고압가스 특정 제조허가 대상
㉠ ①항 : 100톤 이상인 것(처리능력은 $10,000m^3$ 이상인 것)
㉡ ②항 : 저장능력 100톤 이상, 처리능력 $10,000m^3$ 이상
㉢ ③항 : 100톤 이상 또는 처리능력 $10,000m^3$ 이상
㉣ ④항 : $100,000m^3$ 이상

71 액화석유가스 저장소의 저장탱크는 항상 얼마 이하의 온도를 유지하여야 하는가?

① 30℃　　　　　② 40℃
③ 50℃　　　　　④ 60℃

해설　액화석유가스 저장소의 저장탱크 유지온도 : 40℃ 이하

72 유해물질이 인체에 나쁜 영향을 주지 않는다고 판단하고 일정한 기준 이하로 정한 농도를 무엇이라고 하는가?

① 한계농도　　　　② 안전농도
③ 위험농도　　　　④ 허용농도

해설　허용농도
유해물질이 인체에 나쁜 영향을 주지 않는다고 판단하고 일정한 기준 이하로 정한 농도를 말한다.

73 고압가스 저온저장탱크의 내부 압력이 외부 압력보다 낮아져 저장탱크가 파괴되는 것을 방지하기 위해 설치하여야 할 설비로 가장 거리가 먼 것은?

① 압력계
② 압력경보설비
③ 진공안전밸브
④ 역류방지밸브

해설　역류방지밸브
체크밸브로서 유체흐름 시 역류를 방지하는 밸브

74 고압가스 특정제조시설에서 배관을 지하에 매설할 경우 지하도로 및 터널과 최소 몇 m 이상의 수평거리를 유지하여야 하는가?

① 1.5m　　　　　② 5m
③ 8m　　　　　　④ 10m

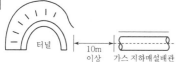

75 구조 · 재료 · 용량 및 성능 등에서 구별되는 제품의 단위를 무엇이라고 하는가?

① 공정　　　　　② 형식
③ 로트　　　　　④ 셀

해설　형식 : 구조 · 재료 · 용량 및 성능 등에서 구별되는 제품의 단위

76 독성가스는 허용농도 얼마 이하인 가스를 뜻하는가? (단, 해당 가스를 성숙한 흰 쥐 집단에게 대기 중에서 1시간 동안 계속하여 노출시킨 경우 14일 이내에 그 흰 쥐의 1/2 이상이 죽게 되는 가스의 농도를 말한다.)

① $\dfrac{100}{1,000,000}$　　② $\dfrac{200}{1,000,000}$
③ $\dfrac{500}{1,000,000}$　　④ $\dfrac{5,000}{1,000,000}$

해설　독성가스 허용농도
$\dfrac{5,000}{1,000,000}$ 이하$=\dfrac{5,000}{10^6}$ 이하

77 액화염소가스를 5톤 운반차량으로 운반하려고 할 때 응급조치에 필요한 제독제 및 수량은?

① 소석회 : 20kg 이상
② 소석회 : 40kg 이상
③ 가성소다 : 20kg 이상
④ 가성소다 : 40kg 이상

해설　응급조치 제독제 비축량
㉠ 독성액화가스양 1,000kg 이상 : 소석회 40kg 이상(독성가스 : 염소, 염화수소, 포스겐, 아황산가스 등)
㉡ 독성액화가스양 1,000kg 미만 : 20kg 이상

78 내부 용적이 35,000L인 액화산소 저장탱크의 저장능력은 얼마인가?

① 24,780kg　　　② 26,460kg
③ 27,520kg　　　④ 37,800kg

해설　저장능력(W) = 내용적 × 비중(kg/L)
　　　　　　 = 35,000 × 1.2 = 37,800kg

79 2단 감압식 1차용 조정기의 최대폐쇄압력은 얼마인가?

① 3.5kPa 이하

② 50kPa 이하

③ 95kPa 이하

④ 조정압력의 1.25배 이하

해설 조정기 최대폐쇄압력
ⓐ 3.5kPa 이하 : 1단 감압식 저압조정기, 2단 감압식 2차용 저압조정기, 자동절체형(일체형 저압조정기)
ⓑ 95kPa 이하 : 2단 감압식 1차용 조정기, 자동절체식 분리형 조정기

80 고압가스 일반제조시설에서 몇 m^3 이상의 가스를 저장하는 것에 가스방출장치를 설치하여야 하는가?

① 5

② 10

③ 20

④ 50

해설 고압가스 일반제조시설 가스방출장치 설치기준
$5m^3$(5,000L 이상)

SECTION **05** 가스계측

81 흡수법에 의한 가스분석법 중 각 성분과 가스 흡수액을 옳지 않게 짝지은 것은?

① 중탄화수소흡수액 – 발연황산

② 이산화탄소흡수액 – 염화나트륨 수용액

③ 산소흡수액 – (수산화칼륨＋피로카롤)수용액

④ 일산화탄소흡수액 – (염화암모늄＋염화제1구리)의 분해용액에 암모니아수를 가한 용액

해설 ②항 : 이산화탄소(CO_2)흡수액 – 수산화칼륨 용액(KOH 33%)

82 안지름이 14cm인 관에 물이 가득 차서 흐를 때 피토관으로 측정한 유속이 7m/sec였다면 이때의 유량은 약 몇 kg/sec인가?

① 39

② 108

③ 433

④ 1,077.2

해설 유량(Q) ＝단면적×유속
$$= \frac{3.14}{4}(0.14)^2 \times 7 = 0.1077m^3 = 108kg/s$$
※ 물 4℃ $1m^3 = 1,000L = 1,000kg$

83 피토관(Pitot tube)의 주된 용도는?

① 압력을 측정하는 데 사용된다.

② 유속을 측정하는 데 사용된다.

③ 온도를 측정하는 데 사용된다.

④ 액체의 점도를 측정하는 데 사용된다.

해설 피토관(전압－정압＝동압)은 기체의 유속을 측정한다.

84 가스크로마토그래피의 구성이 아닌 것은?

① 캐리어 가스   ② 검출기

③ 분광기   ④ 컬럼

해설 분광기(Spectrometer)
물질의 방출량 또는 빛의 스펙트럼을 계측하는 장치이다. 파장 스펙트럼의 좁은 영역을 분리시킨다.
• ①, ②, ④항 외에 가스크로마토그래피 구성 요소로는 압력계, 기록계, 압력조정기, 유량조절밸브 등이 있다.

85 염화 제1구리 착염지를 이용하여 어떤 가스의 누출 여부를 검지한 결과 착염지가 적색으로 변하였다. 이때 누출된 가스는?

① 아세틸렌   ② 수소

③ 염소   ④ 황화수소

해설 시험지(가스검지용)
ⓐ 아세틸렌 : 염화 제1동 착염지
ⓑ 수소 : 열전도도법 이용, 산화동연소법, 파라듐블랙흡수법
ⓒ 염소 : KI전분지
ⓓ 황화수소 : 연당지(초산납시험지)

86 직접식 액면계에 속하지 않는 것은?

① 직관식　　　　　② 차압식
③ 플로트식　　　　④ 검척식

해설 차압식(압력검출식) 액면계 : 간접식 액면계

87 가스미터 선정 시 주의사항으로 가장 거리가 먼 것은?

① 내구성　　　　　② 내관검사
③ 오차의 유무　　　④ 사용 가스의 적정성

해설 가스미터기는 ②항 내관검사가 아닌 외관검사를 실시한다.

88 습식가스미터에 대한 설명으로 틀린 것은?

① 추량식이다.
② 설치공간이 크다.
③ 정확한 계량이 가능하다.
④ 일정 시간 동안의 회전수로 유량을 측정한다.

해설 습식가스미터는 계량이 정확한 가스미터로 설치스페이스가 큰 기준기나 실험용이며 실측식(건식, 습식) 가스미터이다.

89 오리피스 유량계의 적용 원리는?

① 부력의 법칙　　　② 토리첼리의 법칙
③ 베르누이 법칙　　④ Gibbs의 법칙

해설 베르누이 법칙 유량계
㉠ 오리피스식
㉡ 플로노즐식
㉢ 벤투리식

90 차압식 유량계로 유량을 측정하였더니 오리피스 전·후의 차압이 1,936mmH₂O일 때 유량은 22m³/h 이었다. 차압이 1,024mmH₂O이면 유량은 얼마가 되는가?

① 12m³/h　　　　　② 14m³/h
③ 16m³/h　　　　　④ 18m³/h

해설 $Q_2 = Q_1 \times \sqrt{\dfrac{\Delta P_2}{\Delta P_1}} = 22 \times \dfrac{\sqrt{1,024}}{\sqrt{1,936}} = 16\text{m}^3/\text{h}$

91 적외선 가스분석계로 분석하기가 어려운 가스는?

① Ne　　　　　　　② N₂
③ CO₂　　　　　　④ SO₂

해설 적외선 가스분석계로는 2원자분자(H₂, O₂, N₂, Cl₂ 등)를 분석할 수 없다.

92 보일러에서 여러 대의 버너를 사용하여 연소실의 부하를 조절하는 경우 버너의 특성 변화에 따라 버너의 대수를 수시로 바꾸는데, 이때 사용하는 제어방식으로 가장 적당한 것은?

① 다변수제어
② 병렬제어
③ 캐스케이드제어
④ 비율제어

해설 캐스케이드제어
보일러에서 여러 대의 버너를 사용하여 연소실 부하를 조절하는 대수제어이다.

93 고압 밀폐탱크의 액면 측정용으로 주로 사용되는 것은?

① 편위식 액면계　　② 차압식 액면계
③ 부자식 액면계　　④ 기포식 액면계

해설 차압식 액면계(햄프슨식 액면계) : 고압 밀폐탱크의 액면 측정용

94 열전도형 검출기(TCD)의 특성에 대한 설명으로 틀린 것은?

① 고농도의 가스를 측정할 수 있다.
② 가열된 서미스터에 가스를 접촉시키는 방식이다.
③ 공기와의 열전도도 차가 작을수록 감도가 좋다.
④ 가연성 가스 이외의 가스도 측정할 수 있다.

해설 가스검출기
㉠ TCD(열전도형 검출기) : 순도 99.8% 이상의 수소나 헬륨을 사용한다(일반적으로 널리 사용된다).
㉡ ECD(전자포획이온화식 검출기)
㉢ FID(수소이온화 검출기)

95 불연속적인 제어이므로 제어량이 목푯값을 중심으로 일정한 폭의 상하 진동을 하게 되는 현상, 즉 뱅뱅현상이 일어나는 제어는?

① 비례제어
② 비례미분제어
③ 비례적분제어
④ 온·오프제어

해설 불연속제어
㉠ 온·오프 2위치동작
㉡ 다위치 동작
㉢ 간헐 동작

96 방사고온계는 다음 중 어느 이론을 이용한 것인가?

① 제베크 효과
② 펠티에 효과
③ 윈-플랑크의 법칙
④ 스테판-볼츠만 법칙

해설 방사고온계
고온(500~3,000℃) 측정용·비접촉식 온도계로서 스테판-볼츠만의 이론을 이용하는 복사온도계이다.

97 열기전력이 작으며, 산화 분위기에 강하나 환원 분위기에는 약하고, 고온 측정에는 적당한 열전대온도계의 단자 구성으로 옳은 것은?

① 양극 : 철, 음극 : 콘스탄탄
② 양극 : 구리, 음극 : 콘스탄탄
③ 양극 : 크로멜, 음극 : 알루멜
④ 양극 : 백금-로듐, 음극 : 백금

해설 백금-백금 로듐 온도계(PR온도계)
0~1,600℃까지 접촉식 고온용 온도계이다.
㉠ 산화 분위기에는 강하나 환원성에는 약하다.
㉡ 양극(백금-로듐), 음극(백금)

98 가스조정기(regulator)의 주된 역할에 대한 설명으로 옳은 것은?

① 가스의 불순물을 정제한다.
② 용기 내로의 역화를 방지한다.
③ 공기의 혼입량을 일정하게 유지해 준다.
④ 가스의 공급압력을 일정하게 유지해 준다.

해설 가스압력 조정기
가스의 공급압력을 일정하게 하는 레귤레이터이다.

99 1kmol의 가스가 0℃, 1기압에서 $22.4m^3$의 부피를 갖고 있을 때 기체상수는 얼마인가?

① $1.98kg \cdot m/kmol \cdot K$
② $848kg \cdot m/kmol \cdot K$
③ $8.314kg \cdot m/kmol \cdot K$
④ $0.082kg \cdot m/kmol \cdot K$

해설
$$\overline{R} = \frac{1.0332kg/cm^2 \times 10^4 kg/m^2 \times 22.4m^3}{1kmol \times 273K}$$
$$= 848kg \cdot m/kg \cdot K$$
$$\overline{R} = \frac{10,135N/m^2 \times 22.4m^3}{1kmol \times 273K}$$
$$= 8.314N \cdot m/kmol \cdot K$$
$$= 8.314J/mol \cdot K$$

100 가연성 가스 검출기의 형식이 아닌 것은?

① 안전등형   ② 간섭계형
③ 열선형   ④ 서포트형

해설 가연성 가스 검출기
㉠ 안전등형(CH_4 측정)
㉡ 간섭계형(CH_4 측정)
㉢ 열선형
　• 열전도식
　• 연소식

SECTION 01 가스유체역학

01 성능이 동일한 n대의 펌프를 서로 병렬로 연결하고 원래와 같은 양정에서 작동시킬 때 유체의 토출량은?

① $\frac{1}{n}$로 감소한다.

② n배로 증가한다.

③ 원래와 동일하다.

④ $\frac{1}{2n}$로 감소한다.

해설 펌프병렬연결

양정은 동일의 경우 유체토출량은 펌프 n대의 n배 증가

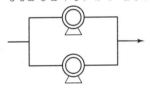

02 도플러효과(doppler effect)를 이용한 유량계는?

① 에뉴바 유량계

② 초음파 유량계

③ 오벌 유량계

④ 열선 유량계

해설 초음파 유량계 : 도플러효과 이용 유량 측정계
• 도플러효과 : 초음파의 유속과 유체의 유속은 그 합이 비례한다.

03 다음 중 증기의 분류로 액체를 수송하는 펌프는?

① 피스톤펌프　　② 제트펌프

③ 기어펌프　　④ 수격펌프

해설 제트펌프 : 증기로 액체를 수송하는 특수펌프이다.

04 분류에 수직으로 놓여진 평판이 분류와 같은 방향으로 U의 속도로 움직일 때 분류가 V의 속도로 평판에 충돌한다면 평판에 작용하는 힘은 얼마인가?(단, ρ는 유체 밀도, A는 분류의 면적이고 $V > U$이다.)

① $\rho A(V-U)^2$

② $\rho A(V+U)^2$

③ $\rho A(V-U)$

④ $\rho A(V+U)$

해설 유체의 운동량 변화 분류흐름(jet)
평판에 작용하는 힘$(F) = \rho A(V-U)^2$

05 노점(dew point)에 대한 설명으로 틀린 것은?

① 액체와 기체의 비체적이 같아지는 온도이다.

② 등압과정에서 응축이 시작되는 온도이다.

③ 대기 중 수증기의 분압이 그 온도에서 포화수증기압과 같아지는 온도이다.

④ 상대습도가 100%가 되는 온도이다.

해설 • 비체적(m^3/kg)에서 기체와 액체는 서로 다르다.
• 기체는 비체적이 크고 액체는 비체적이 작다.

06 반지름 40cm인 원통 속에 물을 담아 30rpm으로 회전시킬 때 수면의 가장 높은 부분과 가장 낮은 부분의 높이 차는 약 몇 m 인가?

① 0.002　　　　② 0.02

③ 0.04　　　　④ 0.08

해설 $40cm = 0.4m$

단면적(A) $= \frac{\pi}{4}d^2 = \frac{3.14}{4}(0.4)^2 = 0.1256(m^2)$

높이차$(h) = \frac{\omega^2 \cdot r^2}{2g} = \frac{\left(2\pi \times \frac{30}{60}\right) \times 0.4^2}{2 \times 9.8} = 0.08(m)$

• rpm : 60초당 회전수

07 일반적으로 다음 장치에서 발생하는 압력차가 작은 것부터 큰 순서대로 옳게 나열한 것은?

① 블로어 < 팬 < 압축기
② 압축기 < 팬 < 블로어
③ 팬 < 블로어 < 압축기
④ 블로어 < 압축기 < 팬

해설 압력차 순서
ⓐ 팬 : fan(0.1kg/cm² 미만)
ⓑ 블로어 : blower(0.1~1.0kg/cm²)
ⓒ 압축기 : compressor(1.0kg/cm² 이상)

08 수평 원관 내에서의 유체흐름을 설명하는 Hagen-Poiseuille 식을 얻기 위해 필요한 가정이 아닌 것은?

① 완전히 발달된 흐름
② 정상상태 흐름
③ 층류
④ 포텐셜 흐름

해설 수평원관 속에서의 층류운동(Hagen-Poiseuille flow) 흐름은 ①, ②, ③항이다.
• 포텐셜 흐름 : 점성효과가 없는 이상화된 유체의 흐름, 즉 완전한 유체흐름, 다시 말해 이는 곳에서도 와류현상이 생기지 않는 흐름

09 관 속 흐름에서 임계 레이놀즈수를 2,100으로 할 때 지름이 10cm인 관에 16℃의 물이 흐르는 경우의 임계속도는?(단, 16℃ 물의 동점성계수는 1.12×10^{-6} m²/s이다.)

① 0.024m/s
② 0.42m/s
③ 2.1m/s
④ 21.1m/s

해설 유속$(V) = \dfrac{Q}{A}$

Re (레이놀즈수)$= \dfrac{Vd}{\nu} = \dfrac{V \times 0.1}{1.12 \times 10^{-6}} = 2,100$

임계속도$(V) = \dfrac{1.12 \times 10^{-6} \times 2,100}{0.1} = 0.024$m/s

10 다음 유체에 관한 설명 중 옳은 것을 모두 나타낸 것은?

> ⑦ 유체는 물질내부에 전단응력이 생기면 정지상태로 있을 수 없다.
> ⑭ 유동장에서 속도벡터에 접하는 선을 유선이라 한다.

① ⑦
② ⑭
③ ⑦, ⑭
④ 모두 틀림

해설 ⑦, ⑭ 내용은 유체의 설명이다.

11 서징(surging) 현상의 발생 원인으로 거리가 가장 먼 것은?

① 펌프의 유량-양정곡선이 우향상승 구배 곡선일 때
② 배관 중에 수조나 공기조가 있을 때
③ 유량조절밸브가 수조나 공기조의 뒤쪽에 있을 때
④ 관속을 흐르는 유체의 유속이 급격히 변화될 때

해설 서징 현상 : 펌프 운전 등에서 관속에 흐르는 유체의 유속이 천천히 변화하거나 압력변화시 한숨을 내는 것과 같은 맥동 현상이다.

12 유체 속 한 점에서의 압력이 방향에 관계없이 동일한 값을 갖는 경우로 틀린 것은?

① 유체가 정지한 경우
② 비점성유체가 유동하는 경우
③ 유체층 사이에 상대운동이 없이 유동하는 경우
④ 유체가 층류로 유동하는 경우

해설 ⓐ 층류 : 유체입자가 질서정연하게 층과 층이 미끄러지면서 흐르는 흐름($Re < 2,100$)
ⓑ 난류 : 유체입자들이 불규칙하게 운동하면서 흐르는 흐름($Re > 4,000$)

13 100kPa, 25℃에 있는 이상기체를 등엔트로피 과정으로 135kPa까지 압축하였다. 압축 후의 온도는 약 몇 ℃ 인가?(단, 이 기체의 정압비열 C_P는 1.213kJ/kg·K이고 정적비열 C_V는 0.821kJ/kg·K이다.)

① 45.5
② 55.5
③ 65.5
④ 75.5

[해설] $\dfrac{T_2}{T_1} = \left(\dfrac{P_2}{P_1}\right)^{\frac{k-1}{k}}$,

$k(\text{비열비}) = \dfrac{C_P}{C_V} = \dfrac{1.213}{0.821} = 1.48$

$T_2 = T_1 \times \left(\dfrac{135}{100}\right)^{\frac{1.48-1}{1.48}}$

$= (25 + 273) \times \left(\dfrac{135}{100}\right)^{\frac{1.48-1}{1.48}} = 328.5K$

$\therefore t° = K - 273 = 328.5 - 273 = 55.5℃$

14 피토관을 이용하여 유속을 측정하는 것과 관련된 설명으로 틀린 것은?

① 피토관의 입구에는 동압과 정압의 합인 정체압이 작용한다.

② 측정원리는 베르누이 정리이다.

③ 측정된 유속은 정체압과 정압 차이의 제곱근에 비례한다.

④ 동압과 정압의 차를 측정한다.

[해설] 피토관은 전압 − 정압 = 동압의 차를 측정한다.

유속$(V) = C_V\sqrt{2gR'\left(\dfrac{S_0}{S}-1\right)}$, C_V(속도계수)

15 비열비가 1. 2이고 기체상수가 200J/kg · K인 기체에서의 음속이 400m/s이다. 이때, 기체의 온도는 약 얼마인가?

① 253℃   ② 394℃

③ 520℃   ④ 667℃

[해설] 음속$(C) = \sqrt{kRT} = \sqrt{1.2 \times 200 \times T} = 400\text{m/s}$

$T = T_0 - T = \dfrac{C^2}{K \cdot R} = \dfrac{400 \times 400}{1.2 \times 200} - 273 = 394℃$

16 그림과 같은 단열 덕트 내의 유동에서 마하수 M > 1일 때 압축성 유체의 속도와 압력의변화를 옳게 나타낸 것은?

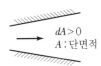

$dA > 0$

A : 단면적

① 속도증가, 압력증가   ② 속도감소, 압력감소

③ 속도증가, 압력감소   ④ 속도감소, 압력증가

[해설] 초음속 확대노즐

㉠ 속도증가 : $dV > 0$

㉡ 압력감소 : $dP < 0$

㉢ 밀도감소 : $d\rho < 0$

마하수$(M) = \dfrac{V(\text{속도})}{C(\text{음속})}$

• $M > 1$: 초음속 흐름(확대부에서 속도나 단면적은 증가, 압력, 밀도, 온도는 감소한다.)

17 난류에서 전단응력(Shear Stress) τ_t를 다음 식으로 나타낼 때 η는 무엇을 나타낸 것인가?(단, $\dfrac{du}{dy}$ 는 속도구배를 나타낸다.)

$$\tau_t = \eta\left(\dfrac{du}{dy}\right)$$

① 절대점도   ② 비교점도

③ 에디점도   ④ 중력점도

[해설] 뉴턴의 점성법칙

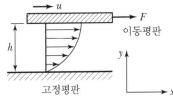

전단응력$(\tau_t) = \eta\left(\dfrac{du}{dy}\right)$

• η(전단 점성계수)

• $\dfrac{du}{dy}$ (속도구배 = 각 변형률)

• 에디점도 : 와류 점성계수에 의한 점성계수이다.

18 덕트 내 압축성 유동에 대한 에너지 방정식과 직접적으로 관련되지 않는 변수는?

① 위치에너지   ② 운동에너지

③ 엔트로피   ④ 엔탈피

[해설] 압축성 이상유체 : 연속방정식, 운동량방정식, 에너지방정식

• 가역단열과정 : 등엔트로피 과정

• 에너지 방정식 : 위치에너지, 운동에너지, 엔탈피

19 뉴턴의 점성법칙을 옳게 나타낸 것은?(단, 전단응력은 τ, 유체속도는 u, 점성계수는 μ, 벽면으로부터의 거리는 y로 나타낸다.)

① $\tau = \dfrac{1}{\mu}\dfrac{dy}{du}$ ② $\tau = \mu\dfrac{du}{dy}$

③ $\tau = \dfrac{1}{\mu}\dfrac{du}{dy}$ ④ $\tau = \mu\dfrac{dy}{du}$

해설 뉴턴의 점성법칙$(\tau) = \mu\dfrac{du}{dy}$

㉠ 점성계수 단위(1poise = 1dyne · sec/cm^2)
㉡ 동점성계수 단위(1stokes = 1cm^2/sec)

20 급격확대관에서 확대에 따른 손실수두를 나타내는 식은?(단, V_a는 확대 전 평균유속, V_b는 확대 후 평균유속, g는 중력가속도이다.)

① $(V_a - V_b)^3$ ② $(V_a - V_b)$

③ $\dfrac{(V_a - V_b)^2}{2g}$ ④ $\dfrac{(V_a - V_b)^2}{2g}$

해설 급격확대관의 손실수두(h_L)

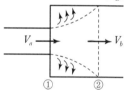

$h_L = 2{V_b}^2 - 2{V_a}^2 V_b - {V_b}^2 + {V_a}^2$

$= \dfrac{(V_a - V_b)^2}{2g}$

SECTION 02 연소공학

21 202.65kPa, 25℃의 공기를 10.1325kPa으로 단열팽창시키면 온도는 약 몇 K 인가?(단, 공기의 비열비는 1.4로 한다.)

① 126 ② 154
③ 168 ④ 176

해설 정압 단열팽창 $\left(\dfrac{T_2}{T_1}\right) = \dfrac{V_2}{V_1}$

등엔트로피 과정 $\left(\dfrac{T_2}{T_1}\right) = \left(\dfrac{V_1}{V_2}\right)^{k-1} = \left(\dfrac{P_2}{P_1}\right)^{\frac{k-1}{k}}$

$\therefore\ T_2 = T_1 \times \left(\dfrac{P_2}{P_1}\right)^{\frac{k-1}{k}}$

$= (273 + 25) \times \left(\dfrac{10.1325}{202.65}\right)^{\frac{1.4-1}{1.4}} = 126\text{K}$

22 안전성평가 기법 중 시스템을 하위 시스템으로 점점 좁혀가고 고장에 대해 그 영향을 기록하여 평가하는 방법으로, 서브시스템 위험분석이나 시스템 위험분석을 위하여 일반적으로 사용되는 전형적인 정성적, 귀납적 분석기법으로 시스템에 영향을 미치는 모든 요소의 고장을 형태별로 분석하여 그 영향을 검토하는 기법은?

① 결함수분석(FTA)
② 원인결과분석(CCA)
③ 고장형태 영향분석(FMEA)
④ 위험 및 운전성 검토(HAZOP)

해설 FMEA(FMECA) : 이상위험도 분석
공정 및 설비의 고장의 형태 및 영향 고장 형태별 위험도 순위 결정기법
• 결함수분석(FTA) : 장치 이상 · 운전사의 실수의 조합을 분석
• 원인결과분석(CCA) : 사고 결과와 원인을 예측, 평가
• 위험 및 운전성 검토(HAZOP) : 공정의 위험요소와 저효율을 야기하는 운전상 문제를 발견, 제거

23 과잉공기가 너무 많은 경우의 현상이 아닌 것은?

① 열효율을 감소시킨다.
② 연소온도가 증가한다.
③ 배기가스의 열손실을 증대시킨다.
④ 연소가스양이 증가하여 통풍을 저해한다.

해설 ㉠ 이론공기가 가장 알맞을 때 연소가스 등 노 내 온도가 증가한다(과잉공기 = 실제 공기량 − 이론공기량).
㉡ 과잉공기가 많아지면 배기가스 열손실, 노 내 온도저하 발생

24 다음은 Air-standard otto cycle의 P-V diagram 이다. 이 cycle의 효율(η)을 옳게 나타낸 것은?(단, 정적열용량은 일정하다.)

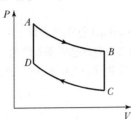

① $\eta = 1 - \left(\dfrac{T_B - T_C}{T_A - T_D}\right)$

② $\eta = 1 - \left(\dfrac{T_D - T_C}{T_A - T_B}\right)$

③ $\eta = 1 - \left(\dfrac{T_A - T_D}{T_B - T_C}\right)$

④ $\eta = 1 - \left(\dfrac{T_A - T_B}{T_D - T_C}\right)$

해설 오토사이클(내연기관사이클) 열효율(η_0)

$\eta_0 = \dfrac{A_w}{q_1} = 1 - \dfrac{q_2}{q_1} = 1 - \left(\dfrac{T_B - T_C}{T_A - T_D}\right)$

• 열효율은 압축비만의 함수이다.
• 압축비가 커질수록 열효율이 증가한다.

25 이상기체의 성질에 대한 설명으로 틀린 것은?

① 보일·샤를의 법칙을 만족한다.
② 아보가드로의 법칙을 따른다.
③ 비열비는 온도에 관계없이 일정하다.
④ 내부에너지는 온도와 무관하며 압력에 의해서만 결정된다.

해설 ㉠ 이상기체의 특징은 ①, ②, ③항이며 비열은 압력에 관계 없고 온도만의 함수이다.
㉡ 정압비열과 정적비열의 차는 일정하다.
  ($C_P - C_V = AR$)
㉢ 내부에너지는 줄의 법칙에 따른다.
  $du = (C_V dT)$

26 과잉공기계수가 1일 때 224Nm³의 공기로 탄소는 약 몇 kg을 완전 연소시킬 수 있는가?

① 20.1
② 23.4
③ 25.2
④ 27.3

해설 탄소(C)(12kg)+O_2(22.4Nm³) → CO_2(22.4Nm³)

공기량(A_o) $= 22.4 \times \dfrac{1}{0.21} = 106.67$Nm³

∴ 탄소소비량$= 12 \times \dfrac{224}{106.67} = 25.2$kg

27 액체 프로판이 298K, 0.1MPa에서 이론공기를 이용하여 연소하고 있을 때 고발열량은 약 몇 MJ/kg인가?(단, 연료의 증발엔탈피는 370kJ/kg이고, 기체상태 C_3H_8의 생성엔탈피는 −103,909kJ/kmol, CO_2의 생성엔탈피는 −393,757 kJ/kmol, 액체 및 기체상태 H_2O의 생성엔탈피는 각각 −286,010kJ/kmol, −241,971kJ/kmol이다.)

① 44
② 46
③ 50
④ 2,205

해설 고위발열량(Hh) =저위발열량+H_2O생성엔탈피
(프로판 $C_3H_8 + 5O_2 \rightarrow 3CO_2 + 4H_2O$)

$Q = \dfrac{(3 \times 393,757) + (4 \times 286,010) - 103,909}{44}$

$= 50,486 \,\text{kJ/kg} ≒ 50\text{MJ/kg}$

28 헬륨을 냉매로 하는 극저온용 가스냉동기의 기본 사이클은?

① 역르누아사이클
② 역아트킨슨사이클
③ 역에릭슨사이클
④ 역스털링사이클

해설 헬륨(He) 극저온용 가스냉동기 사이클 : 스털링사이클의 역사이클
• 스털링사이클 : 스털링사이클(stirling cycle)은 2개의 등온과정과 2개의 등적과정으로 구성된 이상적인 사이클로서 역스털링 사이클에서는 헬륨(He)을 냉매로 하는 극저온용 기본 냉동사이클이다.

29 다음 [그림]은 오토사이클 선도이다. 계로부터 열이 방출되는 과정은?

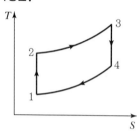

① 1 → 2 과정   ② 2 → 3 과정

③ 3 → 4 과정   ④ 4 → 1 과정

해설 오토사이클은 내연기관사이클(정적사이클)

ㄱ 1 → 2(단열압축)   ㄴ 2 → 3(등적가열)

ㄷ 3 → 4(단열팽창)   ㄹ 4 → 1(등적방열)

30 다음과 같은 용적조성을 가지는 혼합기체 91.2g이 27℃, 1atm에서 차지하는 부피는 약 몇 L인가?

CO_2 : 13.1%, O_2 : 7.7%, N_2 : 79.2%

① 49.2   ② 54.2

③ 64.8   ④ 73.8

해설 분자량의 합

$CO_2(44) = 44 \times 0.131 = 5.764g$

$O_2(32) = 32 \times 0.077 = 2.464g$

$N_2(28) = 28 \times 0.792 = 22.176g$

$CO_2 + O_2 + N_2 = 30.404g$

∴ 부피$(V) = \dfrac{91.2}{30.404} \times 22.4 \times \dfrac{273+27}{273} = 73.8(L)$

• 1몰=22.4(L), 몰=(질량/분자량)

31 이상기체에 대한 단열온도 상승은 열역학 단열압축식으로 계산될 수 있다. 다음 중 열역학 단열압축식이 바르게 표현된 것은?(단, T_f는 최종 절대온도, T_i는 처음 절대온도, P_f는 최종 절대압력, P_i는 처음 절대압력, r은 비열비이다.)

① $T_i = T_f(P_f/P_i)^{(r-1)/r}$

② $T_i = T_f(P_f/P_i)^{r/(1-r)}$

③ $T_f = T_i(P_f/P_i)^{r/(r-1)}$

④ $T_f = T_i(P_f/P_i)^{(r-1)/r}$

해설 단열압축 최종 절대온도$(T_f) = T_i \times \left(\dfrac{P_f}{P_i}\right)^{\frac{r-1}{r}}$ (K)

32 조성이 $C_6H_{10}O_5$인 어떤 물질 1.0kmol을 완전 연소시킬 때 연소가스 중의 질소의 양은 약 몇 kg 인가? (단, 공기 중의 산소는 23w%, 질소는 77w%이다.)

① 543   ② 643

③ 57.35   ④ 67.35

해설 $C_6H_{10}O_5 + 6O_2 \rightarrow 6CO_2 + 5H_2O$

공기량$= \dfrac{6 \times 32}{0.23} = 834.782kg$

질소요구량$= 834.782 \times 0.77 = 643kg$

$C_6H_{10}O_5$(분자량=162)

※ $O_5 = 2.5O_2$, $O_2 = (8.5O_2 - 2.5O_2 = 6O_2)$

33 다음 [그림]은 프로판 – 산소, 수소 – 공기, 에틸렌 – 공기, 일산화탄소 – 공기의 층류연소 속도를 나타낸 것이다. 이 중 프로판 – 산소 혼합기의 층류 연소속도를 나타낸 것은?

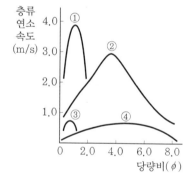

① ①   ② ②

③ ③   ④ ④

해설 프로판 $C_3H_8 + 5O_2 \rightarrow 3CO_2 + 4H_2O$

(당량비 : 어떤 연료의 일정 몰(mol)수가 연소하기 위해 필요한 산소몰수에 대한 비율)

∴ 위 그림에서

① $C_3H_8 \rightarrow$ 산소(산소일 때 연소속도 증가)

② $H_2 \rightarrow$ 공기

③ $C_2H_4 \rightarrow$ 공기

④ $CO \rightarrow$ 공기

34 산소의 성질, 취급 등에 대한 설명으로 틀린 것은?

① 산화력이 아주 크다.

② 임계압력이 25MPa이다.

③ 공기액화 분리기 내에 아세틸렌이나 탄화수소가 축적되면 방출시켜야 한다.

④ 고압에서 유기물과 접촉시키면 위험하다.

해설 산소의 임계온도(−118.4℃)

임계압력(50.1atm=5.01MPa)

• 분자량 : 32

• 액비중 : 1.14

• 비점 : −183℃

• 증발잠열 : 51kcal/kg

35 폭굉(detonation)에서 유도거리가 짧아질 수 있는 경우가 아닌 것은?

① 압력이 높을 수록

② 관경이 굵을 수록

③ 점화원의 에너지가 클수록

④ 관 속에 방해물이 많을수록

해설 관경이 얇을수록 가스의 폭굉유도거리가 짧아진다.

• ①, ③, ④항 외 정상 연소속도가 큰 혼합가스도 폭굉유도거리가 짧아진다.

36 다음 중 단위 질량당 방출되는 화학적 에너지인 연소열(kJ/g)이 가장 낮은 것은?

① 메탄

② 프로판

③ 일산화탄소

④ 에탄올

해설 연소열 : 물질 1몰(22.4L)이 완전연소할 때 반응열

㉠ 메탄 : 344,000kcal/kmol

㉡ 프로판 : 498,000kcal/kmol

㉢ 에탄올(C_2H_5OH) : 307,693kcal/kmol

㉣ CO : 68,000kcal/kmol

※ 저위발열량기준

37 전기기기의 불꽃, 아크가 발생하는 부분을 절연유에 격납하여 폭발가스에 점화되지 않도록 한 방폭구조는?

① 유입방폭구조　　　② 내압방폭구조

③ 안전증방폭구조　　④ 본질안전방폭구조

해설 유입방폭구조 : 용기 내부에 절연유를 주입하여 불꽃, 아크 또는 고온발생부분이 기름 속에 잠기게 함으로써 기름면 위에 존재하는 가연성가스에 인화되지 아니하도록 한 구조이다.

38 "어떠한 방법으로든 물체의 온도를 절대영도로 내릴 수는 없다."라고 표현한 사람은?

① Kelvin　　　　　② Planck

③ Nernst　　　　　④ Carnot

해설 Nernst 표현 : 어떠한 방법으로든 물체의 온도를 절대0도(0K)로 내릴 수 없다는 열역학 제3법칙

39 Carnot 기관이 12.6kJ의 열을 공급받고 5.2kJ의 열을 배출한다면 동력기관의 효율은 약 몇 % 인가?

① 33.2　　　　　　② 43.2

③ 58.7　　　　　　④ 68.4

해설 유효열＝12.6−5.2＝7.4kJ

$$\therefore \text{동력기관 열효율}=\frac{7.4}{12.6}\times100=58.7(\%)$$

40 비열에 대한 설명으로 옳지 않은 것은?

① 정압비열은 정적비열보다 항상 크다.

② 물질의 비열은 물질의 종류와 온도에 따라 달라진다.

③ 비열비가 큰 물질일수록 압축 후의 온도가 더 높다.

④ 물은 비열이 적어 공기보다 온도를 증가시키기 어렵고 열용량도 적다.

해설 비열

㉠ 물(1kcal/kg℃)은 비열 및 열용량이 크다.

㉡ 공기(0.24kcal/kg℃)

SECTION 03 가스설비

41 액화천연가스 중 가장 많이 함유되어 있는 것은?

① 메탄
② 에탄
③ 프로판
④ 일산화탄소

해설 천연가스(NG)의 주성분은 메탄가스(CH_4)이며 그 외에 에탄, 부탄, 프로판 등이 함유되어 있다.

42 펌프를 운전할 때 펌프 내에 액이 충만하지 않으면 공회전하여 펌핑이 이루어지지 않는다. 이러한 현상을 방지하기 위하여 펌프 내에 액을 충만시키는 것을 무엇이라 하는가?

① 맥동
② 캐비테이션
③ 서징
④ 프라이밍

해설

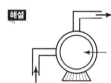

펌프에 공기를 제거하고 펌프의 물흡입을 원활하게 하기 위해 펌프에 액을 충만시키는 터빈펌프에 프라이밍작업을 실시한다.

43 LNG에 대한 설명으로 틀린 것은?

① 대량의 천연가스를 액화하려면 3원 캐스케이드 액화 사이클을 채택한다.
② LNG 저장탱크는 일반적으로 2중 탱크로 구성된다.
③ 액화 전의 전처리로 제진, 탈수, 탈탄산가스 등의 공정은 필요하지 않다.
④ 주성분인 메탄은 비점이 약 $-163℃$이다.

해설 LNG(액화천연가스)를 제조하기 전 천연가스 내의 제진, 탈수, 탈탄산가스 등을 제거하여 가스의 청정도를 높인다.

44 공기 액화 분리장치에 아세틸렌가스가 혼입되면 안되는 이유로 가장 옳은 것은?

① 산소의 순도가 저하
② 파이프 내부가 동결되어 막힘
③ 질소와 산소의 분리작용에 방해
④ 응고되어 있다가 구리와 접촉하여 산소 중에서 폭발

해설 공기 액화 분리장치에서 산소제조 시 아세틸렌[C_2H_2]가스가 혼입되면 응고되어 있다가 구리와 접촉하여 산소 중에서 폭발한다.
• 동(구리) 아세틸라이드($Cu_2C_2 + H_2 \rightarrow C_2H_2 + Cu_2$)

45 나프타(Naphtha)에 대한 설명으로 틀린 것은?

① 비점 $200℃$ 이하의 유분이다.
② 헤비 나프타가 옥탄가가 높다.
③ 도시가스의 증열용으로 이용된다.
④ 파라핀계 탄화수소의 함량이 높은 것이 좋다.

해설 ㉠ 옥탄가 : 가솔린의 안티노킹성(antiknocking)을 수로 나타낸 값이다.
㉡ 나프타(Naphtha) : 라이트나프타, 헤비나프타가 있다.
• 라이트나프타는 옥탄가가 높다.

46 가연성가스 용기의 도색 표시가 잘못된 것은?(단, 용기는 공업용이다.)

① 액화염소 : 갈색
② 아세틸렌 : 황색
③ 액화탄산가스 : 청색
④ 액화암모니아 : 회색

해설 액화암모니아 용기 도색 : 백색

47 공기액화 분리장치에서 내부 세정제로 사용되는 것은?

① CCl_4
② H_2SO_4
③ NaOH
④ KOH

해설 내부세정제 : 사염화탄소(CCl_4)이며 1년에 1회 정도 불연성 세제로 세척한다.

48 고압가스용 스프링식 안전밸브의 구조에 대한 설명으로 틀린 것은?

① 밸브 시트는 이탈되지 않도록 밸브 몸통에 부착되어야 한다.
② 안전밸브는 압력을 마음대로 조정할 수 없도록 봉인된 구조로 한다.
③ 가연성가스 또는 독성가스용의 안전밸브는 개방형으로 한다.
④ 안전밸브는 그 일부가 파손되어도 충분한 분출량을 얻어야 한다.

해설 가연성 가스, 독성가스용 안전밸브는 밀폐형 안전 밸브로 설치한다.

49 0.1MPa · abs, 20℃의 공기를 1.5MPa · abs까지 2단 압축할 경우 중간 압력 P_m은 약 몇 MPa · abs 인가?

① 0.29   ② 0.39
③ 0.49   ④ 0.59

해설 중간압력$(p') = \sqrt{P_1 \times P_2} = \sqrt{0.1 \times 1.5}$
$= 0.39$MPa · abs

50 가스보일러에 설치되어 있지 않은 안전장치는?

① 전도안전장치   ② 과열방지장치
③ 헛불방지장치   ④ 과압방지장치

해설 전도안전장치는 용기나 소형 연소장치로 국한한다.
(전도 : 옆으로 쓰러져 엎어져 버리는 것)

51 검사에 합격한 가스용품에는 국가표준기본법에 따른 국가통합인증마크를 부착하여야 한다. 다음 중 국가통합인증마크를 의미하는 것은?

① KA   ② KE
③ KS   ④ KC

해설 가스용품 국가 통합인증마크 기호 : KC

52 저압배관의 관지름 설계 시에는 Pole식을 주로 이용한다. 배관의 내경이 2배가 되면 유량은 약 몇 배로 되는가?

① 2.00   ② 4.00
③ 5.66   ④ 6.28

해설 배관 내 압력손실(관 내경의 5승에 반비례)
내경이 $\frac{1}{2}$로 줄어들면 압력손실 32배
압력손실$(h) = \dfrac{Q_2 \cdot s \cdot L}{K^2 \cdot D^5}$, 유량$(Q) = K\sqrt{\dfrac{D^5 \cdot h}{sL}}$
$\therefore Q = \sqrt{2^5} = 5.66$배

53 LPG(액체) 1kg이 기화했을 때 표준상태에서의 체적은 약 몇 L가 되는가?(단, LPG의 조성은 프로판 80 wt%, 부탄 20wt%이다.)

① 387   ② 485
③ 584   ④ 783

해설 프로판 $C_3H_8 + 5O_2 \rightarrow 3CO_2 + 4H_2O$
부탄 $C_4H_{10} + 6.5O_2 \rightarrow 4CO_2 + 5H_2O$
분자량 ($C_3H_8 = 44$, 부탄$= 58$)
1kg$=1,000$g (평균분자량$=44 \times 0.8 + 58 \times 0.2 = 46.8$)
몰수$= \dfrac{1,000}{46.8} = 21.37$몰, 체적$=21.37 \times 22.4 = 478$(L)

54 고압가스저장설비에서 수소와 산소가 동일한 조건에서 대기 중에 누출되었다면 확산속도는 어떻게 되겠는가?

① 수소가 산소보다 2배 빠르다.
② 수소가 산소보다 4배 빠르다.
③ 수소가 산소보다 8배 빠르다.
④ 수소가 산소보다 16배 빠르다.

해설 가스분자량($H_2 : 2$, $O_2 : 32$)
$\dfrac{U_1}{U_2} = \sqrt{\dfrac{M_2}{M_1}} = \sqrt{\dfrac{d_2}{d_1}} = \sqrt{\dfrac{2}{32}} = \sqrt{\dfrac{1}{16}} = \dfrac{1}{4}$
$H_2 : O_2 = 4 : 1$(수소가 산소보다 4배 빠르다.)

55 전양정이 20m, 송출량이 $1.5m^3/min$, 효율이 72%인 펌프의 축동력은 약 몇 kW 인가?

① 5.8kW ② 6.8kW

③ 7.8kW ④ 8.8kW

해설 펌프의 축동력$(kW) = \dfrac{r \cdot Q \cdot H}{102 \times \eta}$

(물의 비중량 : $1,000kg/m^3$)

$\therefore \dfrac{1,000 \times (1.5/60) \times 20}{102 \times 0.72} = 6.8kW$

56 액화석유가스를 이송할 때 펌프를 이용하는 방법에 비하여 압축기를 이용할 때의 장점에 해당하지 않는 것은?

① 베이퍼록 현상이 없다.

② 잔 가스 회수가 가능하다.

③ 서징(Surging)현상이 없다.

④ 충전작업 시간이 단축된다.

해설 액화석유가스 이송 펌프에서 순간압력이 저하하면 서징현상이 발생한다(압축기로 이송시는 서징현상 불가함).

57 액화염소 사용시설 중 저장설비는 저장능력이 몇 kg 이상일 때 안전거리를 유지하여야 하는가?

① 300kg

② 500kg

③ 1,000kg

④ 5,000kg

해설 액화염소[Cl_2] 저장설비 저장능력이 500kg 이상이면 제1종 보호시설은 17m 이상, 제2종 보호시설은 12m 이상 안전거리 확보가 필요하다.

58 도시가스의 누출 시 감지할 수 있도록 첨가하는 것으로서 냄새가 나는 물질(부취제)에 대한 설명으로 옳은 것은?

① THT는 경구투여 시에는 독성이 강하다.

② THT는 TBM에 비해 취기 강도가 크다.

③ THT는 TBM에 비해 토양 투과성이 좋다.

④ THT는 TBM에 비해 화학적으로 안정하다.

해설 부취제

㉠ THT(석탄가스냄새) : 취기가 보통

㉡ TBM(양파 썩는 냄새) : 취기가 가장 강하다.

㉢ DMS(마늘냄새) : 취기가 가장 약하다.

(THT는 TBM에 비해 화학적 안정이 가능)

59 다음 중 특수 고압가스가 아닌 것은?

① 포스겐 ② 액화알진

③ 디실란 ④ 세렌화수소

해설 특수고압가스

②, ③, ④항 외 압축모노실란, 압축디보레인, 게르만, 포스핀 등이다(포스겐은 독성가스이다).

60 오토클레이브(Autoclave)의 종류가 아닌 것은?

① 교반형 ② 가스교반형

③ 피스톤형 ④ 진탕형

해설 오토클레이브(반응기) : 교반형, 가스교반형, 진탕형

SECTION **04** 가스안전관리

61 차량에 고정된 탱크 운반차량의 기준으로 옳지 않은 것은?

① 이입작업 시 차바퀴 전후를 차바퀴 고정목 등으로 확실하게 고정시킨다.

② 저온 및 초저온 가스의 경우에는 면장갑을 끼고 작업한다.

③ 탱크운전자는 이입작업이 종료될 때까지 탱크로리 차량의 긴급차단장치 부근에 위치한다.

④ 이입작업은 그 사업소의 안전관리자 책임하에 차량의 운전자가 한다.

해설 초저온용기는 $-50℃$ 이하의 액화가스 저장 충전용기이므로 면장갑 사용은 금물이다.

62 용기저장실에서 가스로 인한 폭발사고가 발생되었을 때 그 원인으로 가장 거리가 먼 것은?

① 누출경보기의 미작동
② 드레인 밸브의 작동
③ 통풍구의 환기능력 부족
④ 배관 이음매 부분의 결함

해설 드레인 밸브(액체 배출 밸브)는 고압가스 충전용기에 부착되지 않으므로, ②항은 용기저장실 가스폭발과 관련성이 없다.

63 저장탱크에 의한 액화석유가스사용시설에서 지반조사의 기준에 대한 설명으로 틀린 것은?

① 저장 및 가스설비에 대하여 제 1차 지반조사를 한다.
② 제1차 지반조사방법은 드릴링을 실시하는 것을 원칙으로 한다.
③ 지반조사 위치는 저장설비 외면으로부터 10m 이내에서 2곳 이상 실시한다.
④ 표준 관입시험은 표준 관입시험 방법에 따라 N 값을 구한다.

해설 지반조사에서 ①, ③, ④항 외 과거부등침하 실적조사, 보링 등의 방법에 의하여 실시한다(보링 : Boring).
• 드릴링(Drilling)검사 : 토질검사법

64 액화가스 저장탱크의 저장능력 산정 기준식으로 옳은 것은?(단, Q 및 W는 저장능력, P는 최고충전압력, V_1, V_2는 내용적, d는 비중, C는 상수이다.)

① $Q = (10P + 1) V_1$

② $W = 0.9dV_2$

③ $W = \dfrac{V_2}{C}$

④ $W = \dfrac{C}{V_2}$

해설 ㉠ 액화가스 저장능력 $= 0.9 \times$ 비중 $\times$ 용기내용적(kg)
∴ $W = 0.9dV_2$(kg)
㉡ 압축가스 $= (10P + 1) V_2$(m³)
㉢ 저장용기 $= \dfrac{V_2}{C}$(kg)

65 가스의 성질에 대한 설명으로 틀린 것은?

① 메탄, 아세틸렌 등의 가연성 가스의 농도는 천정 부근이 가장 높다.
② 벤젠, 가솔린 등의 인화성 액체의 증기농도는 바닥의 오목한 곳이 가장 높다.
③ 가연성가스의 농도측정은 사람이 앉은 자세의 높이에서 한다.
④ 액체산소의 증발에 의해 발생한 산소 가스는 증발 직후 낮은 곳에 정체하기 쉽다.

해설 가연성가스의 농도측정은 비중에 따라서 측정장소가 다르다(공기보다 비중이 낮거나 높은 경우 가스의 머무르는 높이가 다르기 때문이다).

66 LPG 사용시설 중 배관의 설치 방법으로 옳지 않은 것은?

① 건축물 내의 배관은 단독 피트 내에 설치하거나 노출하여 설치한다.
② 건축물의 기초 밑 또는 환기가 잘 되는 곳에 설치한다.
③ 지하매몰 배관은 붉은색 또는 노란색으로 표시한다.
④ 배관이음부와 전기계량기와의 거리는 60cm 이상 거리를 유지한다.

해설 LPG 가스는 비중이 공기보다 높아서 누설시 지반 하부로 고이므로 환기가 잘 되는 곳에 배관설치는 가능하나 건축물의 기초 밑에 시공은 금지하여야 한다.

67 액화석유가스 집단공급시설에 설치하는 가스누출자동차단장치의 검지부에 대한 설명으로 틀린 것은?

① 연소기의 폐가스에 접촉하기 쉬운 장소에 설치한다.
② 출입구 부근 등 외부의 기류가 유동하는 장소에는 설치하지 아니한다.
③ 연소기 버너의 중심부분으로부터 수평거리 4m 이내에 검지부 1개 이상 설치한다.
④ 공기가 들어오는 곳으로부터 1.5m 이내의 장소에는 설치하지 아니한다.

해설 액화석유가스(LPG) 집단공급시설에 설치하는 가스누출 자동 차단장치의 검지부는 연소기의 연소한 폐가스에 접촉이 되지 않는 곳에 설치하여야 한다.

68 액화석유가스 충전사업자는 거래상황 기록부를 작성하여 한국가스안전공사에게 보고하여야 한다. 보고 기한의 기준으로 옳은 것은?

① 매달 다음 달 10일
② 매분기 다음 달 15일
③ 매반기 다음 달 15일
④ 매년 1월 15일

해설 전항정답(문제오류). 액화석유가스 충전사업자는 거래상황 기록부와 안전관리현황 기록부를 액화석유가스 충전사업자단체에 매분기 다음달 15일까지 보고해야 한다(액화석유가스의 안전관리 및 사업법 시행규칙 제73조 및 별표 21).

69 어떤 용기의 체적이 $0.5m^3$이고, 이때 온도가 25℃이다. 용기 내에 분자량 24인 이상기체 10kg이 들어 있을 때 이 용기의 압력은 약 몇 kg/cm^2 인가?(단, 대기압은 $1.033kg/cm^2$로 한다.)

① 10.5
② 15.5
③ 20.5
④ 25.5

해설 분자량 $24 = 24kg$, $10kg = (10/24) = 0.42kmol$

$$PV = GRT, \ P = \frac{GRT}{V}$$

$$\frac{10 \times \frac{848}{24} \times (273 + 25)}{0.5 \times 10^4} = 21.06 kgf/cm^2 \cdot a$$

$$21.06 - 1.033 = 20.5 kgf/cm^2 \cdot g$$

70 부탄가스용 연소기의 구조에 대한 설명으로 틀린 것은?

① 연소기는 용기와 직결한다.
② 회전식 밸브의 핸들의 열림 방향은 시계 반대방향으로 한다.
③ 용기 장착부 이외에는 용기가 들어가지 아니하는 구조로 한다.

④ 파일럿버너가 있는 연소기는 파일럿버너가 점화되지 아니하면 메인버너의 가스통로가 열리지 아니하는 것으로 한다.

해설 부탄(C_4H_{10})가스용 연소기에서 연소기는 용기직결이 아닌 용기의 호스와 직결하여야 한다.

71 아세틸렌을 충전하기 위한 기술기준으로 옳은 것은?

① 아세틸렌 용기에 다공물질을 고루 채워 다공도가 70% 이상 95% 미만이 되도록 한다.
② 습식아세틸렌발생기의 표면의 부근에 용접작업을 할 때에는 70℃ 이하의 온도로 유지하여야 한다.
③ 아세틸렌을 2.5MPa의 압력으로 압축할 때에는 질소 · 메탄 · 일산화탄소 또는 에틸렌 등의 희석제를 첨가한다.
④ 아세틸렌을 용기에 충전할 때 충전 중의 압력은 3.5MPa이하로 하고, 충전 후에는 압력이 15℃에서 2.5MPa 이하로 될 때까지 정치하여 둔다.

해설 C_2H_2(아세틸렌) 가스 충전기준
㉠ 다공도 범위 : 75%~92% 미만
㉡ 습식 아세틸렌 발생기 표면온도 : 70℃ 이하 유지
㉢ 발생기의 최저온도 : 50~60℃
㉣ 용기충전 압력 : 2.5MPa 이하(희석제 첨가)
㉤ 충전 후 압력은 15℃에서 1.55MPa 이하 유지

72 2개 이상의 탱크를 동일한 차량에 고정하여 운반하는 경우의 기준에 대한 설명으로 틀린 것은?

① 충전관에는 유량계를 설치한다.
② 충전관에는 안전밸브를 설치한다.
③ 탱크마다 탱크의 주밸브를 설치한다.
④ 탱크와 차량과의 사이를 단단하게 부착하는 조치를 한다.

해설 충전관 설치 부품 : 안전밸브, 압력계, 긴급차단밸브

73 다음 중 독성가스가 아닌 것은?

① 아황산가스
② 염소가스
③ 질소가스
④ 시안화수소

해설 질소(N_2)가스 : 불연성 가스

74 가스위험성 평가기법 중 정량적 안전성 평가기법에 해당하는 것은?

① 작업자 실수분석(HEA)기법
② 체크리스트(Checklist)기법
③ 위험과 운전분석(HAZOP)기법
④ 사고예상 질문분석(WHAT−IF)기법

해설 정량적 안전성 평가기법
㉠ HEA : 작업자 실수분석법
㉡ FTA : 결함수 분석법
㉢ ETA : 사건수 분석기법
㉣ CCA : 원인결과 분석법

75 기계가 복잡하게 연결되어 있는 경우 및 배관 등으로 연속되어 있는 경우에 이용되는 정전기 제거조치용 본딩용 접속선 및 접지접속선의 단면적은 몇 mm^2 이상이어야 하는가?(단, 단선은 제외한다.)

① $3.5mm^2$ ② $4.5mm^2$
③ $5.5mm^2$ ④ $6.5mm^2$

해설 본딩용 접속선 및 접지접속선 : 단면적 $5.5mm^2$ 이상(접지저항치는 100Ω 이하 유지)

76 고정식 압축도시가스자동차 충전시설에 설치하는 긴급분리장치에 대한 설명 중 틀린 것은?

① 유연성을 확보하기 위하여 고정설치하지 아니한다.
② 각 충전설비마다 설치한다.
③ 수평 방향으로 당길 때 $666.4N$ 미만의 힘에 의하여 분리되어야 한다.
④ 긴급분리장치와 충전설비 사이에는 충전자가 접근하기 쉬운 위치에 $90°$ 회전의 수동밸브를 설치한다.

해설 고정식 압축도시가스 자동차 충전시설에 설치하는 긴급분리장치는 반드시 고정설치하여야 한다.

77 LP가스 집단공급 시설의 안전밸브 중 압축기의 최종단에 설치한 것은 1년에 몇 회 이상 작동조정을 해야 하는가?

① 1회
② 2회
③ 3회
④ 4회

해설 LP가스 집단공급 시설의 안전밸브 중 압축기 최종단에 설치한 것은 1년에 1회 이상 작동조정을 해야 한다(기타는 2년에 1회 이상).

78 용기 각인 시 내압시험압력의 기호와 단위를 옳게 표시한 것은?

① 기호 : FP, 단위 : kg
② 기호 : TP, 단위 : kg
③ 기호 : FP, 단위 : MPa
④ 기호 : TP, 단위 : MPa

해설 내압시험 압력 : 기호(TP), 단위(MPa)

〈용기 각인 기호〉

기호	의미	단위
FP	최고충전압력(압축가스 충전 용기일 시)	MPa
TP	내압시험압력	MPa
TW	용기의 질량+다공물질, 용제, 밸브의 질량 (아세틸렌 용기일 시)	Kg
W	부속품을 제외한 용기의 질량 (초저온 용기 외)	Kg
V	내용적	L

79 시안화수소 충전 작업에 대한 설명으로 틀린 것은?

① 1일 1회 이상 질산구리벤젠 등의 시험지로 가스 누출을 검사한다.
② 시안화수소 저장은 용기에 충전한 후 90일을 경과하지 않아야 한다.
③ 순도가 98% 이상으로서 착색되지 않은 것은 다른 용기에 옮겨 충전하지 않을 수 있다.
④ 폭발을 일으킬 우려가 있으므로 안정제를 첨가한다.

해설 시안화수소(HCN) 가스 충전 시 주의사항
㉠ 안정제 : 황산
㉡ 순도 : 98% 이상
㉢ 충전시간정치 : 24시간
㉣ 가스누출시험 : 1일 1회 이상 질산구리벤젠 등
㉤ 순도가 98% 이상이 되지 않으면 60일이 경과되기 전에 다른 용기에 옮겨서 충전한다.

80 용기보관장소에 대한 설명으로 틀린 것은?

① 용기보관장소의 주위 2m 이내에 화기 또는 인화성물질 등을 치웠다.
② 수소용기 보관장소에는 겨울철 실내온도가 내려가므로 상부의 통풍구를 막았다.
③ 가연성가스의 충전용기 보관실은 불연재료를 사용하였다.
④ 가연성가스와 산소의 용기보관실은 각각 구분하여 설치하였다.

해설 수소가스는 비중이 $\left(\dfrac{2}{29}=0.068\right)$이라 누설 시 상부로 옮겨가므로 통풍구가 상부에서 개방시키도록 한다.

SECTION **05** 가스계측

81 계측기기의 감도에 대한 설명 중 틀린 것은?

① 감도가 좋으면 측정시간이 길어지고 측정범위는 좁아진다.
② 계측기기가 측정량의 변화에 민감한 정도를 말한다.
③ 측정량의 변화에 대한 지시량의 변화 비율을 말한다.
④ 측정결과에 대한 신뢰도를 나타내는 척도이다.

해설 ㉠ 계측기기 감도= $\dfrac{\text{지시량 변화}}{\text{측정량 변화}}$
㉡ 정도=측정결과의 신뢰도를 나타낸다.

82 가스크로마토그래피에서 사용되는 검출기가 아닌 것은?

① FID(Flame Ionization Detector)
② ECD(Electron Capture Detector)
③ NDIR(Non-Dispersive Infra-Red)
④ TCD(Thermal Conductivity Detector)

해설 가스크로마토그래피 검출기
㉠ TCD(열전도형)
㉡ FID(수소이온화 검출기)
㉢ ECD(전자포획이온화 검출기)
㉣ TCD(열전도형 검출기)-가장 많이 사용
㉤ FPD(염광 광도형 검출기)
㉥ FTD(알칼리성 이온화 검출기)

83 검지관에 의한 프로판의 측정농도 범위와 검지한도를 각각 바르게 나타낸 것은?

① 0~0.3%, 10ppm　　② 0~1.5%, 250ppm
③ 0~5%, 100ppm　　④ 0~30%, 1,000ppm

해설 프로판(C_3H_8)의 측정 농도 종류(검지관)
0~5%(검지한도 100ppm)

84 국제단위계(SI단위계)(The International System of Unit)의 기본단위가 아닌 것은?

① 길이[m]　　　　② 압력[Pa]
③ 시간[s]　　　　④ 광도[cd]

해설 국제단위계는 기본단위에서 ①, ③, ④ 외 물질량(mol), 온도(K), 질량(kg), 시간(s) 등 7가지가 있다.

85 차압식 유량계에서 유량과 압력차와의 관계는?

① 차압에 비례한다.
② 차압의 제곱에 비례한다.
③ 차압의 5승에 비례한다.
④ 차압의 제곱근에 비례한다.

해설 차압식 유량계 유량 : 차압의 제곱근에 비례한다(평방근에 비례).

86 온도가 21℃에서 상대습도 60%의 공기를 압력은 변화하지 않고 온도를 22.5℃로 할 때, 공기의 상대습도는 약 얼마인가?

온도(℃)	물의 포화증기압(mmHg)
20	16.54
21	17.83
22	19.12
23	20.41

① 52.41% ② 53.63%
③ 54.13% ④ 55.95%

해설 $21℃ = 17.83\text{mmHg} \times 0.6 = 10.698\text{mmHg}$

$22.5℃ = \dfrac{19.12 + 20.41}{2} = 19.765\text{mmHg}(평균)$

$\therefore$ 상대습도$(22.5℃) = \dfrac{10.698}{19.765} \times 100 = 54.13(\%)$

87 다음 중 건식 가스미터(Gas meter)는?

① Venturi식 ② Roots식
③ Orifice식 ④ turbine식

해설 건식가스미터
ⓐ 막식(독립내기식, 그로바식)
ⓑ 회전식(루트식, 로터리식, 오벌식)

88 가스미터에 의한 압력손실이 적어 사용 중 기압차의 변동이 거의 없고, 유량이 정확하게 계량되는 계측기는?

① 루츠미터 ② 습식가스미터
③ 막식가스미터 ④ 로터리피스톤식미터

해설 습식가스미터
ⓐ 유량(계량)이 정확하게 검출된다.
ⓑ 기차의 변동이 거의 없다.
ⓒ 사용 중 수위조정이 필요하다.
ⓓ 설치스페이스가 크다.

89 광학분광법은 여러 가지 현상에 바탕을 두고 있다. 이에 해당하지 않는 것은?

① 흡수 ② 형광
③ 방출 ④ 분배

해설 광학분광 가스분석의 바탕 : 흡수, 형광, 방출
※ 광학분광법 : 시료 속 원소를 원자화하여 빛의 흡수, 형광, 방출을 측정하는 기법

90 다음 [보기]의 온도계에 대한 설명으로 옳은 것을 모두 나열한 것은?

> ⓐ 온도계의 검출단은 열용량이 작은 것이 좋다.
> ⓑ 일반적으로 열전대는 수은온도계보다 온도변화에 대한 응답속도가 늦다.
> ⓒ 방사온도계는 고온의 화염온도 측정에 적합하다.

① ⓐ ② ⓑ, ⓒ
③ ⓐ, ⓒ ④ ⓐ, ⓑ, ⓒ

해설 열전대온도계도 수은온도계에 비해 온도변화 시 응답속도가 늦은 편이 아니다.

91 빈병의 질량이 414g인 비중병이 있다. 물을 채웠을 때 질량이 999g, 어느 액체를 채웠을 때의 질량이 874g일 때 이 액체의 밀도는 얼마인가?(단, 물의 밀도 : 0.998g/cm^3, 공기의 밀도 : 0.00120g/cm^3이다.)

① 0.785g/cm^3
② 0.998g/cm^3
③ 7.85g/cm^3
④ 9.98g/cm^3

해설 물의 질량 $= 999 - 414 = 585(\text{g})$
어느 액체 $= 874 - 414 = 460(\text{g})$

$\therefore$ 밀도$(\rho) = \dfrac{460 \times 0.998}{585} = 0.785(\text{g/cm}^3)$

92 유수형 열량계로 5L의 기체 연료를 연소시킬 때 냉각수량이 2,500g 이었다. 기체연료의 온도가 20℃, 전체압이 750mmHg, 발열량이 5,437.6kcal/Nm³일 때 유수 상승온도는 약 몇 ℃ 인가?

① 8℃ ② 10℃
③ 12℃ ④ 14℃

해설 유수 상승온도$(t) = \dfrac{5,437.6}{2,500} \times 5 = 10℃$

93 게겔법에 의한 아세틸렌(C_2H_2)의 흡수액으로 옳은 것은?

① 87% H_2SO_4 용액

② 요오드수은칼륨 용액

③ 알칼리성 피로카롤 용액

④ 암모니아성 염화제일구리 용액

해설 게겔법(저급탄화수소 분석) 흡수용액

㉠ CO_2 : KOH 33% 용액

㉡ C_2H_2 : 옥소수은 칼륨 용액

㉢ 프로필렌, 노르말부탄 : 87% 황산

㉣ C_2H_4 : 취수소

㉤ O_2 : 알칼리성 피로카롤 용액

㉥ CO : 암모니아성 염화 제1동 용액

94 압력 계측기기 중 직접 압력을 측정하는 1차 압력계에 해당하는 것은?

① 액주계 압력계 ② 부르동관 압력계

③ 벨로우즈 압력계 ④ 전기저항 압력계

해설 직접 압력 1차 압력계 : 액주식 압력계(수은, 물 등)

95 열전대를 사용하는 온도계 중 가장 고온을 측정할 수 있는 것은?

① R형 ② K형

③ E형 ④ J형

해설 열전대 온도계

㉠ R형(P-R) : 0~1,600℃

㉡ J형(I-C) : -20~800℃

㉢ K형(C-A) : -20~1,200℃

㉣ T형(C-C) : -180~360℃

96 연속 제어동작의 비례(P)동작에 대한 설명 중 틀린 것은?

① 사이클링을 제거할 수 있다.

② 부하변화가 적은 프로세스의 제어에 이용된다.

③ 외란이 큰 자동제어에는 부적당하다.

④ 잔류편차(off-set)가 생기지 않는다.

해설 연속동작 비례 동작(P)의 특징은 ①, ②, ③항 외에도 부하변동 시 외란이 있으면 잔류 편차가 발생한다. 그 외에도 프로세스의 반응 속도가(小, 또는 中)이다.

97 가스크로마토그래피에 대한 설명으로 가장 옳은 것은?

① 운반가스로는 일반적으로 O_2, CO_2가 이용된다.

② 각 성분의 머무름 시간은 분석조건이 일정하면 조성에 관계없이 거의 일정하다.

③ 분석시료는 반드시 LP가스의 기체 부분에서 채취해야 한다.

④ 분석 순서는 가장 먼저 분석시료를 도입하고 그 다음에 운반가스를 흘려보낸다.

해설 gas chromatography

㉠ 운반가스 : He, H_2, Ar, N_2 등

㉡ 시료가스 대부분을 분석할 수 있다.

㉢ 운반가스가 먼저 흘려보내면서 분석가스(측정가스)를 흘려보내는 순서이다.

98 가스를 일정용적의 통속에 넣어 충만시킨 후 배출하여 그 횟수를 용적단위로 환산하는 방법의 가스미터는?

① 막식 ② 루트식

③ 로터리식 ④ 와류식

해설 ㉠ 막식 : 일정 용적 속의 통 속에 넣어 충만시킨 후 배출하여 그 횟수를 용적단위로 환산한다.

㉡ 루트식 가스미터 : 건식가스미터이며 회전식 가스미터기이다(대량수용가 : 100~5,000m^3/h용이고 여과기 설치가 필요하다. 용적식이며 설치 후 유지관리가 필요하다).

99 기체 크로마토그래피에서 분리도(Resolution)와 컬럼 길이의 상관관계는?

① 분리도는 컬럼 길이에 비례한다.

② 분리도는 컬럼 길이의 2승에 비례한다.

③ 분리도는 컬럼 길이의 3승에 비례한다.

④ 분리도는 컬럼 길이의 제곱근에 비례한다.

해설 ㉠ 분리도 : 컬럼(분리관) 길이의 제곱근에 비례한다.
㉡ 가스크로마토그래피법 분리평가항목 중 분리능의 '분리계수' 및 '분리도'
- 분리계수(d)
- 분리도(R)

$$d = \frac{t_{R2}}{t_{R1}}$$

$$R = \frac{2(t_{R2} - t_{R1})}{W_1 + W_2}$$

여기서, t_{R1} : 시료 도입점으로부터 피크 1의 최고점까지의 길이

t_{R2} : 시료 도입점으로부터 피크 2의 최고점까지의 길이

W_1 : 피크 1의 좌우 변곡점에서의 접선이 자르는 바탕선의 길이

W_2 : 피크 2의 좌우 변곡점에서의 접선이 자르는 바탕선의 길이

100 계측기기 구비조건으로 가장 거리가 먼 것은?

① 정확도가 있고, 견고하고 신뢰할 수 있어야 한다.

② 구조가 단순하고, 취급이 용이하여야 한다.

③ 연속적이고 원격지시, 기록이 가능하여야 한다.

④ 구성은 전자화되고, 기능은 자동화되어야 한다.

해설 계측기기 구비조건은 ①, ②, ③항 외 정도가 높고 경제적이며, 내구성이 있고, 보수가 쉬울 것

SECTION 01 가스유체역학

01 동점성계수가 각각 $1.1 \times 10^{-6} \text{m}^2/\text{s}$, 1.5×10^{-5} m^2/s인 물과 공기가 지름 10cm인 원형관 속을 10cm/s의 속도로 각각 흐르고 있을 때, 물과 공기의 유동을 옳게 나타낸 것은?

① 물 : 층류, 공기 : 층류
② 물 : 층류, 공기 : 난류
③ 물 : 난류, 공기 : 층류
④ 물 : 난류, 공기 : 난류

해설 레이놀즈수(Re) $= \dfrac{\rho Vd}{\mu} = \dfrac{Vd}{\nu}$

(층류 : $Re < 2,100$, 난류 : $Re > 4,000$)

단면적(A) $= \dfrac{\pi}{4} d^2 = \dfrac{3.14}{4} \times (0.1)^2 = 0.00785 \text{m}^2$

유속(V) $= 10 \text{cm/s} = 0.1 \text{m/s}$(지름은 0.1m)

유량(Q) $= A \times V = 0.00785 \times 0.1 = 0.000785 \text{m}^3/\text{s}$

물 $= \dfrac{0.1 \times 0.1}{1.1 \times 10^{-6}} = 9,091 > 4,000$(난류)

공기 $= \dfrac{0.1 \times 0.1}{1.5 \times 10^{-6}} = 667 < 4,000$(층류)

02 내경이 50mm인 강철관에 공기가 흐르고 있다. 한 단면에서의 압력은 5atm, 온도는 20℃, 평균유속은 50m/s 이었다. 이 관의 하류에서 내경이 75mm인 강철관이 접속되어 있고 여기에서의 압력은 3atm, 온도는 40℃이다. 이때 평균 유속을 구하면 약 얼마 인가?(단, 공기는 이상기체라고 가정한다.)

① 40m/s
② 50m/s
③ 60m/s
④ 70m/s

해설

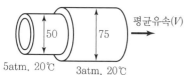

5atm, 20℃ 3atm, 20℃

$Q_1 = A_1 V_1 = \dfrac{3.14}{4} \times (0.05)^2 \times 50 = 0.098125 (\text{m}^3/\text{s})$

$Q_1' = \dfrac{P_1 Q_1 T_2}{P_2 T_1} = \dfrac{5 \times 0.098125 \times (273+40)}{3 \times (273+20)}$

$\qquad = 0.17177 (\text{m}^3/\text{s})$

$\therefore$ 평균유속(V') $= \dfrac{Q_2}{A_2} = \dfrac{0.17177}{\dfrac{3.14}{4}(0.075)^2} \fallingdotseq 40 (\text{m/s})$

03 다음 중 동점성계수와 가장 관련이 없는 것은?(단, μ 는 점성계수, ρ 는 밀도, F는 힘의 차원, T는 시간의 차원, L은 길이의 차원을 나타낸다.)

① $\dfrac{\mu}{\rho}$
② stokes
③ cm^2/s
④ FTL^{-2}

해설 ㉠ 점성계수차원(μ) $= \dfrac{\tau}{\left(\dfrac{du}{dy}\right)} = \dfrac{\text{FL}^{-2}}{\left(\dfrac{\text{LT}^{-1}}{\text{L}}\right)} = \text{FTL}^{-2}$

㉡ 동점성계수차원(ν) $= \dfrac{\mu}{\rho} = \dfrac{\text{ML}^{-1}\text{T}^{-1}}{\text{ML}^{-3}} = \text{L}^2\text{T}^{-1}$

㉢ 1stokes $= 1\text{cm}^2/\text{s} = 10^{-4}\text{m}^2/\text{s}$

04 제트엔진 비행기가 400m/s로 비행하는데 30kg/s 의 공기를 소비한다. 4,900N의 추진력을 만들 때 배출되는 가스의 비행기에 대한 상대 속도는 약 몇 m/s 인가?(단, 연료의 소비량은 무시한다.)

① 563
② 583
③ 603
④ 623

해설 상대속도(V_2)

$V_2 = \dfrac{F(추진력)}{\rho \cdot Q} + V_1 = \dfrac{4,900}{30} + 400 = 563 \text{m/s}$

※ $1\text{kg}_\text{f} = 1\text{kg} \times 9.8 \text{m/s}^2 = 9.8\text{N}$

$9.8\text{N} \cdot \text{m} = 9.8\text{J}$

$9.8(\text{J/s}) = 9.8\text{W}$

05 지름이 2m인 관속을 $7,200\text{m}^3/\text{h}$로 흐르는 유체의 평균유속은 약 몇 m/s 인가?

① 0.64
② 2.47
③ 4.78
④ 5.36

해설 유속(m/s) $= \dfrac{\text{유량}(m^3/s)}{\text{단면적}\left(\dfrac{\pi}{4}d^2\right)}$

$$= \dfrac{7,200}{\dfrac{3.14}{4}\times(2)^2\times3,600} = 0.64(m/s)$$

- 1시간 = 3,600초

06 다음 중 마하수(mach number)를 옳게 나타낸 것은?

① 유속을 음속으로 나눈 값
② 유속을 광속으로 나눈 값
③ 유속을 기체분자의 절대속도 값으로 나눈 값
④ 유속을 전자속도로 나눈 값

해설 마하수(Mach number) : M

$$M = \frac{V}{C} = \frac{V}{\sqrt{kRT}} = \frac{\text{유속}}{\text{음속}}$$

07 어떤 액체의 점도가 20g/cm · s라면 이것은 몇 Pa · s에 해당하는가?

① 0.02
② 0.2
③ 2
④ 20

해설 점성계수$(\mu) = 1(\text{poise}) = 1(\text{dyne} \cdot s/cm^2)$
$\qquad = 1(g/cm \cdot s)$
절대 단위 $= 0.0102 kgf \cdot s/m^2(\text{공학단위})$
$Pa = \dfrac{kg \cdot m/s^2}{m^2} = kg/m \cdot s^2$
$Pa \cdot s = (kg/m \cdot s^2)\times s = kg/m \cdot s$
$1Pa \cdot s = 10P(\text{Poise}) = g/cm \cdot s = 0.1 kg/m \cdot s$
$\qquad = 0.1 Pa \cdot S$
$\therefore \dfrac{20}{10} = 2(Pa \cdot S)$

08 동일한 펌프로 동력을 변화시킬 때 상사조건이 되려면 동력은 회전수와 어떤 관계가 성립하여야 하는가?

① 회전수의 $\dfrac{1}{2}$ 승에 비례
② 회전수와 1대 1로 비례
③ 회전수의 2승에 비례
④ 회전수의 3승에 비례

해설 펌프의 상사 법칙
㉠ 유량 : 회전수 증가에 비례
㉡ 유의 양정 : 회전수 증가의 2배(2승에 비례)
㉢ 유량의 동력 : 회전수 증가의 3승에 비례

09 충격파의 유동특성을 나타내는 Fanno 선도에 대한 설명 중 옳지 않은 것은?

① Fanno 선도는 에너지방정식, 연속방정식, 운동량방정식, 상태방정식으로부터 얻을 수 있다.
② 질량유량이 일정하고 정체 엔탈피가 일정한 경우에 적용된다.
③ Fanno 선도는 정상상태에서 일정단면유로를 압축성 유체가 외부와 열교환하면서 마찰없이 흐를 때 적용된다.
④ 일정질량유량에 대하여 Mach수를 Parameter로 하여 작도한다.

해설 ㉠ 충격파 : 초음속흐름이 갑자기 아음속으로 변할 때 이 흐름에 불연속면이 생기는데 이 불연속면을 충격파(shock wave)라고 한다(수직충격파, 경사충격파).
㉡ 수직충격파 : 압력, 밀도, 온도, 엔트로피 증가, 속도는 감소한다.
㉢ Fanno 선도 : 비점성가스의 단열변화(등엔트로피 변화)에서 사용되므로 열교환이 없을 때 적용한다.

10 비압축성 유체가 수평 원형관에서 층류로 흐를 때 평균유속과 마찰계수 또는 마찰로 인한 압력차의 관계를 옳게 설명한 것은?

① 마찰계수는 평균유속에 비례한다.
② 마찰계수는 평균유속에 반비례한다.
③ 압력차는 평균유속의 제곱에 비례한다.
④ 압력차는 평균유속의 제곱에 반비례한다.

해설 ㉠ 비압축성 유체 : 흐르는 냇물 등(마찰계수는 평균유속에 반비례한다.)
㉡ 마찰계수 : 레이놀즈수와 상대조도의 함수이다(마찰계수는 점성에 비례하고 밀도, 관의 지름, 유속에 반비례한다).

11 축류펌프의 특성이 아닌 것은?

① 체절상태로 운전하면 양정이 일정해진다.

② 비속도가 크기 때문에 회전속도를 크게 할 수 있다.

③ 유량이 크고 양정이 낮은 경우에 적합하다.

④ 유체는 임펠러를 지나서 축방향으로 유출된다.

해설 축류펌프

㉠ 날개수가 증가하면 유량이 일정, 양정이 증가

㉡ 체절운전이란 유량이 0일 때 양정이 최대가 되는 운전

㉢ 원심식 펌프이다.

12 파이프 내 점성흐름에서 길이방향으로 속도분포가 변하지 않는 흐름을 가리키는 것은?

① 플러그흐름(plug flow)

② 완전발달된 흐름(fully developed flow)

③ 층류(laminar flow)

④ 난류(turbulent flow)

해설 완전발달된 흐름 : 배관 내 점성 흐름에서 경계층이 완전히 발달되면 길이방향으로 속도분포가 변하지 않는다.

13 유체 유동에서 마찰로 일어난 에너지 손실은?

① 유체의 내부에너지 증가와 계로부터 열전달에 의해 제거되는 열량의 합이다.

② 유체의 내부에너지와 운동에너지의 합의 증가로 된다.

③ 포텐셜 에너지와 압축일의 합이 된다.

④ 엔탈피의 증가가 된다.

해설 유체 유동에서 마찰로 일어난 에너지 손실 : 유체의 내부 에너지 증가와 계로부터 열전달에 의해 제거되는 열량의 합이다

14 항력(Drag Force)에 대한 설명 중 틀린 것은?

① 물체가 유체 내에서 운동할 때 받는 저항력을 말한다.

② 항력은 물체의 형상에 영향을 받는다.

③ 항력은 유동에 수직방향으로 작용한다.

④ 압력항력을 형상항력이라 부르기도 한다.

해설 항력(Drag Force)

유동속도의 방향과 같은 방향의 저항력(전항력 : 점성에 의한 항력과 압력에 의한 항력 합)

※ 항력은 수평방향이고 수직방향은 양력이다.

15 관 내부에서 유체가 흐를 때 흐름이 완전난류라면 수두손실은 어떻게 되겠는가?

① 대략적으로 속도의 제곱에 반비례한다.

② 대략적으로 직경의 제곱에 반비례하고 속도에 정비례한다.

③ 대략적으로 속도의 제곱에 비례한다.

④ 대략적으로 속도에 정비례 한다.

해설 완전난류 : 대략적으로 속도의 제곱에 비례한다.

16 축류펌프의 날개 수가 증가할 때 펌프성능은?

① 양정이 일정하고 유량이 증가

② 유량과 양정이 모두 증가

③ 양정이 감소하고 유량이 증가

④ 유량이 일정하고 양정이 증가

해설 축류펌프 : 날개 수가 증가하면 유량은 일정하고 양정이 증가한다.

17 그림과 같은 관에서 유체가 등엔트로피 유동할 때 마하수 Ma < 1이라 한다. 이때 유동방향에 따른 속도와 압력의 변화를 옳게 나타낸 것은?

① 속도 – 증가, 압력 – 감소

② 속도 – 증가, 압력 – 증가

③ 속도 – 감소, 압력 – 감소

④ 속도 – 감소, 압력 – 증가

해설 아음속 흐름(Ma<1) 축소노즐

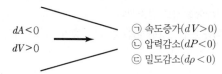

$dA<0$
$dV>0$ → ㉠ 속도증가($dV>0$)
㉡ 압력감소($dP<0$)
㉢ 밀도감소($d\rho<0$)

---

18 그림과 같은 사이펀을 통하여 나오는 물의 질량 유량은 약 몇 kg/s 인가?(단, 수면은 항상 일정하다.)

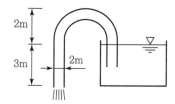

① 1.21
② 2.41
③ 3.61
④ 4.83

해설 유속(V) $= \sqrt{2gh} = \sqrt{2\times9.8\times3} = 7.67(\mathrm{m/s})$

단면적(A) $= \dfrac{\pi}{4}d^2$

$= \dfrac{3.14}{4}\times(0.02)^2 = 0.000314(\mathrm{m^2})$

유량(Q) $= 7.67 \times 0.000314 = 0.00240838(\mathrm{m^3/s})$

$\therefore\ 0.00240838(\mathrm{m^3/s})\times1,000(\mathrm{kg/m^3}) = 2.41(\mathrm{kg/s})$

---

19 등엔트로피 과정하에서 완전기체 중의 음속을 옳게 나타낸 것은?(단, E는 체적탄성계수, R은 기체상수, T는 기체의 절대온도, P는 압력, k는 비열비이다.)

① $\sqrt{PE}$
② $\sqrt{kRT}$
③ RT
④ PT

해설 등엔트로피 과정 : 단열과정

$\dfrac{T_2}{T_1} = \left(\dfrac{P_2}{P_1}\right)^{\frac{k-1}{k}} = \left(\dfrac{\rho_2}{\rho_1}\right)^{k-1} = \left(\dfrac{V_1}{V_2}\right)^{k-1}$

음속(a) $= \sqrt{kRT}$

(완전기체의 음속은 절대온도 T의 제곱근에 비례한다.)

---

20 원관 내 유체의 흐름에 대한 설명 중 틀린 것은?

① 일반적으로 층류는 레이놀즈수가 약 2,100 이하인 흐름이다.
② 일반적으로 난류는 레이놀즈수가 약 4,000 이상인 흐름이다.
③ 일반적으로 관 중심부의 유속은 평균유속보다 빠르다.
④ 일반적으로 최대속도에 대한 평균속도의 비는 난류가 층류보다 작다.

해설 ㉠ 마찰저항은 평균유속의 제곱에 비례한다.
㉡ 난류 : 유체입자들이 불규칙하게 운동하면서 흐르는 흐름
㉢ 레이놀즈수(Re) $= \dfrac{\rho Vd}{\mu} - \dfrac{Vd}{\nu}$

층류 : ($Re<2,100$), 난류($Re>4,000$)
천이구역($2,100<Re<4,000$)
㉣ 일반적으로 최대속도에 대한 평균속도의 비는 난류가 층류보다 크다.

SECTION 02 연소공학

---

21 이상 오토사이클의 열효율이 56.6%이라면 압축비는 약 얼마인가?(단, 유체의 비열비는 1.4로 일정하다.)

① 2
② 4
③ 6
④ 8

해설 압축비 $= \left(\dfrac{V_1}{V_2}\right)$, 열효율($\eta_0$) $= 1 - \left(\dfrac{1}{\varepsilon}\right)^{k-1}$

$0.566 = 1 - \left(\dfrac{1}{\varepsilon}\right)^{1.4-1}$

$\therefore$ 압축비(ε) $= {}^{1.4-1}\sqrt{\dfrac{1}{1-0.565}} = 8$

또는 $1 - 0.566 = 0.434$

$0.434 = \left(\dfrac{1}{\varepsilon}\right)^{0.4}$

$\therefore\ \dfrac{1}{\varepsilon} = 0.4\sqrt{0.434} = 0.124086$

$\varepsilon = \dfrac{1}{0.124086} = 8.06$

---

22 정상 및 사고(단선, 단락, 지락 등) 시에 발생하는 전기불꽃, 아크 또는 고온부에 의하여 가연성가스가 점화되지 않는 것이 점화시험, 기타 방법에 의하여 확인된 방폭구조의 종류는?

① 본질안전방폭구조
② 내압방폭구조
③ 압력방폭구조
④ 안전증방폭구조

해설 본질안전방폭구조 : 사고 시에 발생하는 전기불꽃, 아크 또는 고온부에 의하여 가연성가스가 점화되지 않는 것이 확인된 방폭구조(본질안전기기에서 발생하는 불꽃은 비위험장소의 전원부 사양에도 의존하기 때문에 본질안전방폭구조의 기기라고 한다.)

23 부탄(C_4H_{10}) $2Nm^3$를 완전 연소시키기 위하여 약 몇 Nm^3의 산소가 필요한가?

① 5.8
② 8.9
③ 10.8
④ 13.0

해설 부탄 연소 반응식 $C_4H_{10} + 6.5O_2 \rightarrow 4CO_2 + 5H_2O$
∴ 이론산소량(O_2) = $6.5 \times 2 = 13.0(Nm^3)$

24 탄화수소(C_mH_n) 1mol이 완전연소될 때 발생하는 이산화탄소의 몰(mol) 수는 얼마인가?

① $\frac{1}{2}m$
② m
③ $m + \frac{1}{4}n$
④ $\frac{1}{4}m$

해설 화학반응(연소반응)

$C_mH_n + \left(m + \frac{n}{4}\right)O_2 \rightarrow mCO_2 + \frac{n}{2}H_2O + Q$

메탄 $CH_4 + 2O_2 \rightarrow CO_2 + 2H_2O$

25 연소범위에 대한 설명으로 틀린 것은?

① LFL(연소하한계)은 온도가 100℃ 증가할 때마다 8% 정도 감소한다.
② UFL(연소상한계)은 온도가 증가하여도 거의 변화가 없다.
③ 대단히 낮은 압력(< 50mmHg)을 제외하고 압력은 LFL(연소하한계)에 거의 영향을 주지 않는다.
④ UFL(연소상한계)은 압력이 증가할 때 현격히 증가된다.

해설 연소범위(폭발범위) 상한계는 온도가 상승하면 반응속도가 촉진되어 열의 발생속도가 빨라지고 연소한계가 변화한다.

26 내압방폭구조로 전기기기를 설계할 때 가장 중요하게 고려해야 할 사항은?

① 가연성가스의 연소열
② 가연성가스의 발화열
③ 가연성가스의 안전간극
④ 가연성가스의 최소점화에너지

해설 내압방폭구조 : 용기 내부에서 발생한 폭발압력에 견딜 수 있는 강도가 필요하다(용기의 접합면 및 회전축에서 빈틈과 빈틈의 안쪽길이를 규성해서 외부의 폭발성가스에 인화하는 것을 방지한다).

27 1mol의 이상기체($C_v = 3/2R$)가 40℃, 35atm으로부터 1atm까지 단열가역적으로 팽창하였다. 최종 온도는 약 몇 ℃인가?

① $-100℃$ ② $-185℃$
③ $-200℃$ ④ $-285℃$

해설 단열팽창 $\dfrac{(P_1V_1 - P_2V_2)}{k-1}$

k(비열비) = $\dfrac{정압비열(C_p)}{정적비열(C_v)}$

$C_p - C_v = R$(기체상수)

$C_p = R + C_v = \dfrac{2}{2}R + \dfrac{3}{2}R = \dfrac{5}{2}R$

$k = \dfrac{C_p}{C_v} = \dfrac{\dfrac{5}{2}R}{\dfrac{3}{2}R} = \dfrac{10}{6} = 1.67$

단열 $\left(\dfrac{T_2}{T_1}\right) = \left(\dfrac{V_1}{V_2}\right)^{k-1} = \left(\dfrac{P_2}{P_1}\right)^{\frac{k-1}{k}}$

$T_2 = T_1 \times \left(\dfrac{P_2}{P_1}\right)^{\frac{k-1}{k}}$

$\therefore$ 최종온도$(T_2) = (273+40) \times \left(\dfrac{1}{35}\right)^{\frac{1.67-1}{1.67}}$

$\qquad\qquad\qquad = 75.17\text{K} \ (75.17 - 273 = -200\text{℃})$

28 고발열량(HHV)와 저발열량(LHV)를 바르게 나타낸 것은?(단, n는 H_2O의 생성몰수, ΔHv는 물의 증발잠열이다.)

① $LHV = HHV + \Delta Hv$

② $LHV = HHV + n\Delta Hv$

③ $HHV = LHV + \Delta Hv$

④ $HHV = LHV + n\Delta Hv$

해설 • 고발열량 = 저발열량 + 물의 증발 잠열
• 저발열량 = 고발열량 − 물의 증발 잠열

29 기체동력 사이클 중 2개의 단열과정과 2개의 등압과정으로 이루어진 가스터빈의 이상적인 사이클은?

① 오토사이클(Otto cycle)

② 카르노사이클(Carnot cycle)

③ 사바테사이클(Sabathe cycle)

④ 브레이턴사이클(Brayton cycle)

해설 브레이턴 가스터빈 사이클

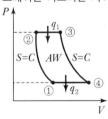

㉠ ① → ② : 단열압축
㉡ ③ → ④ : 단열팽창
㉢ ② → ③ : 정압가열
㉣ ④ → ① : 정압방열

열효율$(\eta_B) = \dfrac{A_w}{q_1} = 1 - \dfrac{q_2}{q_1}$

$\qquad\qquad = 1 - \dfrac{C_p(T_4 - T_1)}{C_p(T_3 - T_2)} = 1 - \dfrac{T_4 - T_1}{T_3 - T_2}$

30 가스가 노즐로부터 일정한 압력으로 분출하는 힘을 이용하여 연소에 필요한 공기를 흡인하고, 혼합관에서 혼합한 후 화염공에서 분출시켜 예혼합연소시키는 버너는?

① 분젠식

② 전 1차 공기식

③ 블라스트식

④ 적화식

해설 분젠식 버너 : 가스가 노즐로부터 일정한 압력으로 분출시 연소에 필요한 공기가 흡입되고 혼합관에서 가스와 공기가 혼합한 후 화염공에서 분출시켜 예 혼합연소가 발생한다(1차공기 40~70%, 2차공기 60~30%).

31 분진 폭발의 발생 조건으로 가장 거리가 먼 것은?

① 분진이 가연성이어야 한다.

② 분진 농도가 폭발범위 내에서는 폭발하지 않는다.

③ 분진이 화염을 전파할 수 있는 크기 분포를 가져야 한다.

④ 착화원, 가연물, 산소가 있어야 발생한다.

해설 분진폭발 : 유황, 플라스틱, 티타늄, 실리콘 등의 폭발이며 가연성 고체의 미분 또는 산화반응열이 큰 금속분말이 어떤 농도 이상으로 조연성 가스 중에 분산되어 있을 때 점화원에 의해 착화 폭발이 된다.

32 공기비가 작을 때 연소에 미치는 영향이 아닌 것은?

① 연소실 내의 연소온도가 저하한다.

② 미연소에 의한 열손실이 증가한다.

③ 불완전연소가 되어 매연발생이 심해진다.

④ 미연소 가스로 인한 폭발사고가 일어나기 쉽다.

해설 공기비가 크면 소요공기량이 많아져서 노 내의 온도가 저하하고 배기가스 열손실이 증가하며 그에 따라 연료소비량 또한 증가한다.

33 이상기체에서 등온과정의 설명으로 옳은 것은?

① 열의 출입이 없다.

② 부피의 변화가 없다.

③ 엔트로피 변화가 없다.

④ 내부에너지의 변화가 없다.

해설 이상기체 등온변화($P.V.T : T=C,\ dT=0$)
내부에너지 변화(du) $= C_v dT$에서 $dT=0$이므로
$\Delta u = U_2 - U_1 = 0$ $\therefore\ U_1 = U_2$
(내부에너지 변화가 없다.)

---

34 산소(O_2)의 기본특성에 대한 설명 중 틀린 것은?

① 오일과 혼합하면 산화력의 증가로 강력히 연소한다.

② 자신은 스스로 연소하는 가연성이다.

③ 순산소 중에서는 철, 알루미늄 등도 연소되며 금속산화물을 만든다.

④ 가연성 물질과 반응하여 폭발할 수 있다.

해설 산소(O_2)는 가연성가스 CH_4, C_3H_8, C_4H_{10}, C_2H_2, C_6H_6 등의 연소성을 도와주는 조연성 가스이다.

---

35 압력이 287kPa일 때 체적 $1m^3$의 기체질량이 2kg이었다. 이때 기체의 온도는 약 몇 ℃가 되는가?(단, 기체상수는 287J/kg · K이다.)

① 127

② 227

③ 447

④ 547

해설 $PV = GRT$, $T = \dfrac{PV}{GR}$, 287J = 0.287kJ

$\therefore\ T = \dfrac{287 \times 1}{2 \times 0.287} = 500K\ (500 - 273 = 227℃)$

---

36 다음 중 기체 연료의 연소 형태는?

① 표면연소

② 분해연소

③ 등심연소

④ 확산연소

해설 기체연료 연소 형태
ㄱ 확산연소
ㄴ 예혼합연소

---

37 다음 [보기]는 액체연료를 미립화시키는 방법을 설명한 것이다. 옳은 것을 모두 고른 것은?

> Ⓐ 연료를 노즐에서 고압으로 분출시키는 방법
> Ⓑ 고압의 정전기에 의해 액체를 분열시키는 방법
> Ⓒ 초음파에 의해 액체연료를 촉진시

① Ⓐ

② Ⓐ, Ⓑ

③ Ⓑ, Ⓒ

④ Ⓐ, Ⓑ, Ⓒ

해설 액체연료의 미립화방식(무화연소 방식)은 Ⓑ와 Ⓒ의 방법을 택한다. 또한 Ⓐ의 압력분사식을 이용하여도 된다(일명 유압분사식).

---

38 열역학 제 1법칙에 대하여 옳게 설명한 것은?

① 열평형에 관한 법칙이다.

② 이상기체에만 적용되는 법칙이다.

③ 클라시우스의 표현으로 정의되는 법칙이다.

④ 에너지 보존법칙 중 열과 일의 관계를 설명한 것이다.

해설 열역학 제1법칙

ㄱ 일의 열당량(A) $= \dfrac{1}{427}$ (kcal/kg · m)

ㄴ 열의 일당량(J) $= 427$(kg · m/sec)

ㄷ 엔탈피(H) = 내부에너지 + 유동에너지

---

39 오토사이클(Otto cycle)의 선도에서 정적가열 과정은?

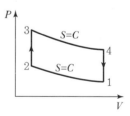

① 1 → 2

② 2 → 3

③ 3 → 4

④ 4 → 1

해설 오토사이클

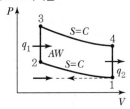

- ㉠ 1 → 2(단열압축)
- ㉡ 2 → 3(등적가열)
- ㉢ 3 → 4(단열팽창)
- ㉣ 4 → 1(등적방열)

40 고체연료에서 탄화도가 높은 경우에 대한 설명으로 틀린 것은?

① 수분이 감소한다.
② 발열량이 증가한다.
③ 착화온도가 낮아진다.
④ 연소속도가 느려진다.

해설 토탄 → 갈탄 → 반무연탄 → 무연탄(탄화도 생성)
탄화도가 높으면 착화온도가 높아진다.

SECTION 03 가스설비

41 가스용기 저장소의 충전용기는 항상 몇 ℃ 이하를 유지하여야 하는가?

① −10℃
② 0℃
③ 40℃
④ 60℃

해설 가스 용기 : 항상 40℃ 이하로 유지한다.

42 다음 [보기]에서 설명하는 암모니아 합성탑의 종류는?

- 합성탑에는 철계통의 촉매를 사용한다.
- 촉매층 온도는 약 500~600℃이다.
- 합성 압력은 약 300~400atm이다.

① 파우서법
② 하버 – 보시법
③ 클라우드법
④ 우데법

해설 암모니아 고압합성법
- ㉠ 60~100MPa에서 제조
- ㉡ 클라우드법, 카자레법 등
- ㉢ 정촉매 : Fe_3O_4
- ㉣ 부촉매 : Al_2O_3, CaO, K_2O 등

43 고압가스 제조 장치 재료에 대한 설명으로 틀린 것은?

① 상온 상압에서 건조 상태의 염소가스에 탄소강을 사용한다.
② 아세틸렌은 철, 니켈 등의 철족의 금속과 반응하여 금속 카르보닐을 생성한다.
③ 9% 니켈강은 액화 천연가스에 대하여 저온취성에 강하다.
④ 상온 상압에서 수증기가 포함된 탄산가스배관에 18 − 8 스테인리스강을 사용한다.

해설 아세틸렌 가스 금속접촉
- ㉠ $C_2H_2 + 2Cu(구리) \rightarrow Cu_2C_2 + H_2$
- ㉡ $C_2H_2 + 2Hg(수은) \rightarrow Hg_2C_2 + H_2$
- ㉢ $C_2H_2 + 2Ag(은) \rightarrow Ag_2C_2 + H_2$

44 부취제의 구비조건으로 틀린 것은?

① 배관을 부식하지 않을 것
② 토양에 대한 투과성이 클 것
③ 연소 후에도 냄새가 있을 것
④ 낮은 농도에서도 알 수 있을 것

해설 부취제
- ㉠ THT(석탄가스냄새)
- ㉡ TBM(양파 썩는 냄새)
- ㉢ DMS(마늘 냄새) − 연소 후에는 냄새가 제거될 것

45 가스미터의 성능에 대한 설명으로 옳은 것은?

① 사용공차의 허용치는 ±10% 범위이다.
② 막식 가스미터에서는 유량에 맥동성이 있으므로 선편(先偏)이 발생하기 쉽다.
③ 감도유량은 가스미터가 작동하는 최대유량을 말한다.
④ 공차는 기기공차와 사용공차가 있으며 클수록 좋다.

해설 막식 가스미터(다이어프램식)
㉠ 독립내기식
㉡ 클로버식

46 용기용 밸브는 가스 충전구의 형식에 따라 A형, B형, C형의 3종류가 있다. 가스 충전구가 암나사로 되어 있는 것은?

① A형　　　　　　② B형
③ A형, B형　　　　④ C형

해설 ㉠ A형 : 충전구 나사(숫나사)
㉡ B형 : 충전구 나사(암나사)
㉢ C형 : 충전구 나사가 없다.

47 유량계의 입구에 고정된 터빈형태의 가이드 바디(guide body)가 와류현상을 일으켜 발생한 고유의 주파수가 piezo sensor에 의해 검출 되어 유량을 적산하는 방법으로서 고점도 유량 측정에 적합한 가스미터는?

① vortex 가스미터
② Turbine 가스미터
③ Roots 가스미터
④ swirl 가스미터

해설 보택스 가스미터
㉠ 터빈형태 가이드 바디가 있다.
㉡ 와류현상을 이용한다.
㉢ 고유의 주파수를 이용하여 가스유량 적산
㉣ 고점도 유량 측정용이다.
㉤ 소용돌이 나선운동의 특성을 이용한 것

48 저압식 액화산소 분리장치에 대한 설명이 아닌 것은?

① 충동식 팽창 터빈을 채택하고 있다.
② 일정 주기가 되면 1조의 축냉기에서의 원료공기와 불순 질소류는 교체된다.
③ 순수한 산소는 축냉기 내부에 있는 사관에서 상온이 되어 채취된다.
④ 공기 중 탄산가스로 가성소다 용액(약 8%)에 흡수하여 제거된다.

해설 ㉠ 고압식에서 탄산가스(CO_2) 흡수제 : 고형 가성소다(8%), 실리카겔, 건조기 사용
㉡ 저압식 탄산가스 제거 : 탄산가스 흡착기 사용

49 가스조정기(Regulator)의 역할에 해당되는 것은?

① 용기 내 노의 역화를 방지한다.
② 가스를 정제하고 유량을 조절한다.
③ 공급되는 가스의 조성을 일정하게 한다.
④ 용기 내의 가스 압력과 관계없이 연소기에서 완전연소에 필요한 최적의 압력으로 감압한다.

해설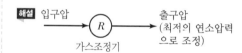

50 어느 가스탱크에 10℃, 0.5MPa의 공기 10kg이 채워져 있다. 온도가 37℃로 상승한 경우 탱크의 채적 변화가 없다면 공기의 압력 증가는 약 몇 kPa 인가?

① 48
② 148
③ 448
④ 548

해설 등적변화$\left(\dfrac{P_1}{T_1} = \dfrac{P_2}{T_2} = 일정\right)$, 0.5MPa = 500kPa

$P_2 = P_1 \times \dfrac{T_2}{T_1}$, 10 + 273 = 283K, 37 + 273 = 310K

∴ $\left[500 \times \left(\dfrac{310}{283}\right)\right] - 500 = 48$kPa(압력증가량)

51 양정 20m, 송수량 $3m^3/min$일 때 축동력 15PS를 필요로 하는 원심펌프의 효율은 약 몇 %인가?

① 59%

② 75%

③ 89%

④ 92%

해설 축동력펌프$(P_s) = \dfrac{rQH}{75 \times 60 \times \eta} = \dfrac{1,000 \times 3 \times 20}{75 \times 60 \times 7} = 15$

∴ 효율$(\eta) = \dfrac{1,000 \times 3 \times 20}{75 \times 60 \times 15} = 0.888(89\%)$

52 아세틸렌(C_2H_2)에 대한 설명으로 틀린 것은?

① 아세틸렌은 아세톤을 함유한 다공물질에 용해시켜 저장한다.

② 아세틸렌 제조방법으로는 크게 주수식과 흡수식 2가지 방법이 있다.

③ 순수한 아세틸렌은 에테르 향기가 나지만 불순물이 섞여 있으면 악취발생의 원인이 된다.

④ 아세틸렌의 고압건조기와 충전용 교체밸브사이의 배관, 충전용 지관에는 역화방지기를 설치한다.

해설 C_2H_2가스 3가지 제조법

㉠ 투입식(물 + 카바이트)

㉡ 주수식(카바이트 + 물)

㉢ 침지식(카바이트 + 소량씩 물 접촉)

53 액화천연가스(LNG)의 유출 시 발생되는 현상으로 가장 옳은 것은?

① 메탄가스의 비중은 상온에서는 공기보다 작지만 온도가 낮으면 공기보다 크게 되어 땅 위에 체류한다.

② 메탄가스의 비중은 공기보다 크므로 증발된 가스는 항상 땅 위에 체류한다.

③ 메탄가스의 비중은 상온에서는 공기보다 크지만 온도가 낮게 되면 공기보다 가볍게 되어 땅 위에 체류하는 일이 없다.

④ 메탄가스의 비중은 공기보다 작으므로 증발된 가스는 위쪽으로 확산되어 땅 위에 체류하는 일이 없다.

해설 LNG 주성분(메탄 : 분자량 16)

비중 $= \dfrac{16}{29(공기)} = 0.552$(누설 시 상부로 올라간다.)

• 단 온도가 낮아지면 밀도가 무거워 땅 위에 체류한다.

• 상온에서는 가스가 위쪽으로 확산하여 지상에 체류하는 일은 없다.

54 합성천연가스(SNG) 제조 시 나프타를 원료로 하는 메탄(CH_4)합성공정과 관련이 적은 설비는?

① 탈황장치

② 반응기

③ 수첨 분해탑

④ CO 변성로

해설 ㉠ SNG : 수분, 산소, 수소를 원료 탄화수소와 반응시켜 가스화하고 메탄합성, 탈탄산 등의 공정과 병용하여 천연가스의 성상과 일치시킨다.

㉡ CO 변성로 : 열처리로에 가압을 하기 위해 가스나 희석공기를 공급하여 침탄이나 탈탄을 하기 위한 기본 조건을 제공하는 것이 변성로이며 CO가스로 침탄하면 CO변성로가 된다.

55 고압가스 기화장치의 검사에 대한 설명 중 옳지 않은 것은?

① 온수가열 방식의 과열방지 성능은 그 온수의 온도가 80℃이다.

② 안전장치는 최고 허용압력 이하의 압력에서 작동하는 것으로 한다.

③ 기밀시험은 설계압력 이상의 압력으로 행하여 누출이 없어야 한다.

④ 내압시험은 물을 사용하여 상용압력의 2배 이상으로 행한다.

해설 기화장치 내압시험은 물로 하며 기밀시험의 경우 공기나 불연성 가스로 하여도 되나 내압시험은 물을 사용하는 것을 원칙으로 하며 상용압력의 1.5배 이상의 압력으로 한다(가스통과부분 및 온수, 증기 통과부분에 대하여 내압시험한다).

56 가스의 공업적 제조법에 대한 설명으로 옳은 것은?

① 메탄올은 일산화탄소와 수증기로부터 고압하에서 제조한다.

② 프레온 가스는 불화수소와 아세톤으로 제조한다.

③ 암모니아는 질소와 수소로부터 전기로에서 구리 촉매를 사용하여 저압에서 제조한다.

④ 포스겐은 일산화탄소와 염소로부터 제조한다.

해설 ㉠ 메탄올(CH_3OH) 제조

$$CO + 2H_2 \xrightarrow[20 \sim 30MPa]{250 \sim 450℃} (CH_3OH)$$

촉매(CuO, ZnO, Cr_2O_3)

㉡ 포스겐 : $CO + Cl_2$

㉢ 암모니아(NH_3) : 합성탑에서 제조

㉣ 프레온가스 : 불소, 염소, 수소로 제조

---

57 구리 및 구리합금을 고압장치의 재료로 사용하기에 가장 적당한 가스는?

① 아세틸렌　　　　② 황화수소

③ 암모니아　　　　④ 산소

해설 ㉠ 산소가스는 구리나 구리합금의 고압장치에 저장하여도 이상이 없다.

㉡ 암모니아는 구리와 착이온 반응을 일으킨다.

㉢ 아세틸렌가스는 구리와 치환폭발을 발생한다.

---

58 가스의 호환성 측정을 위하여 사용되는 웨버지수의 계산식을 옳게 나타낸 것은?(단, WI는 웨버지수, H_g는 가스의 발열량[kcal/m³], d는 가스의 비중이다.)

① $WI = \dfrac{H_g}{d}$　　　② $WI = \dfrac{H_g}{\sqrt{d}}$

③ $WI = \dfrac{d}{H_g}$　　　④ $WI = \sqrt{\dfrac{d}{H_g}}$

해설 ㉠ 도시가스 웨버지수 계산식(WI)

$$WI = \frac{H_g}{\sqrt{d}}$$

㉡ 연소속도지수(C_p)

$$= k \times \frac{1.0H_2 + 0.6(CO + C_mH_n) + 0.3CH_4}{\sqrt{d}}$$

---

59 접촉분해 공정으로 도시가스를 제조하는 공정에서 발열반응을 일으키는 온도로서 가장 적당한 것은? (단, 반응압력은 10기압이다.)

① 350℃ 이하　　　② 500℃ 이하

③ 750℃ 이하　　　④ 850℃ 이하

해설 도시가스 제조

㉠ 열분해 공정

㉡ 접촉분해공정(400~800℃) – 일반적으로 10기압에서는 500℃ 이하 사용

㉢ 부분연소 공정

㉣ 수첨분해 공정

㉤ 대체 천연가스

---

60 흡입밸브 압력이 6MPa인 3단 압축기가 있다. 각 단의 토출압력은?(단, 각 단의 압축비는 3이다.)

① 18, 54, 162MPa

② 12, 36, 108MPa

③ 4, 16, 64MPa

④ 3, 15, 63MPa

해설 ㉠ $\dfrac{P_2}{P_1} = 3 : 1$, $6 \times 3 = 18MPa(P_2)$

㉡ $\dfrac{P_3}{P_2} = 3 : 1$, $18 \times 3 = 54MPa(P_3)$

㉢ $\dfrac{P_4}{P_3} = 3 : 1$, $54 \times 3 = 162MPa(P_4)$

SECTION **04** 가스안전관리

61 산업통상자원부령으로 정하는 고압가스 관련 설비가 아닌 것은?

① 안전밸브　　　　② 세척설비

③ 기화장치　　　　④ 독성가스배관용 밸브

해설 관련설비 : ①, ③, ④항 외 압력용기, 자동차용가스, 자동주입기, 냉동설비, 특정고압가스용 실린더캐비닛, 자동차용 압축천연가스 완속충전설비, 액화석유가스용 용기, 잔류가스 회수장치 등이다.

62 차량에 고정된 탱크에서 저장탱크로 가스 이송작업 시의 기준에 대한 설명이 아닌 것은?

① 탱크의 설계압력 이상으로 가스를 충전하지 아니한다.
② LPG충전소 내에서는 동시에 2대 이상의 차량에 고정된 탱크에서 저장설비로 이송작업을 하지 아니한다.
③ 플로트식 액면계로 가스의 양을 측정 시에는 액면계 바로 위에 얼굴을 내밀고 조작하지 아니한다.
④ 이송전후에 밸브의 누출여부를 점검하고 개폐는 서서히 행한다.

해설 자동차 플로트식 액면계(부자식 액면계)로 가스양을 저장탱크로 이송작업 시 액면계를 바라보면서 그 양을 측정해가면서 이송시킨다.

63 LPG 용기 저장에 대한 설명으로 옳지 않은 것은?

① 용기보관실은 사무실과 구분하여 동일한 부지에 설치한다.
② 충전용기는 항상 40℃ 이하를 유지하여야 한다.
③ 용기보관실의 저장설비는 용기집합식으로 한다.
④ 내용적 30L 미만의 용기는 2단으로 쌓을 수 있다.

해설 LPG 가스 용기 저장실은 용기집합식이 아닌 개별용기(100kg 초과) 저장설비로 하는 것이 안전상 유리하다.

64 액화석유가스 집단공급 시설에서 배관을 차량이 통행하는 폭 10m의 도로 밑에 매설할 경우 몇 m 이상의 깊이를 유지하여야 하는가?

① 0.6m
② 1m
③ 1.2m
④ 1.5m

해설 폭 10m 이상(자동차 전용도로 지상)

지면
1.2m 이상 깊이 유지
지하매설관

65 저장탱크에 의한 액화석유가스 저장소의 이·충전 설비 정전기 제거 조치에 대한 설명으로 틀린 것은?

① 접지저항 총합이 100Ω 이하의 것은 정전기제거 조치를 하지 않아도 된다.
② 피뢰설비가 설치된 것의 접지 저항값이 50Ω 이하의 것은 정전기 제거조치를 하지 않아도 된다.
③ 접지접속선 단면적은 $5.5mm^2$ 이상의 것을 사용한다.
④ 충전용으로 사용하는 저장탱크 및 충전설비는 반드시 접지한다.

해설 ②항에서 접지저항값은 10Ω 이하로 하여도 된다(단, 피뢰설비 미부착시는 접지저항치는 총 100Ω 이하로 한다).

66 가스관련 사고의 원인으로 가장 많이 발생한 경우는?(단, 2017년 사고통계 기준이다.)

① 타공사
② 제품 노후, 고장
③ 사용자 취급부주의
④ 공급자 취급부주의

해설 가스 사고가 가장 빈번하게 발생하는 이유 : 사용자 취급부주의
• 사용자 취급부주의 이하 시설 미비, 제품 노후·고장, 고의 사고, 타공사, 공급자 취급부주의순이다.

67 가스 안전성평가기법에 대한 설명으로 틀린 것은?

① 체크리스트기법은 설비의 오류, 결함상태, 위험 상황 등을 목록화한 형태로 작성하여 경험적으로 비교함으로써 위험성을 정성적으로 파악하는 기법이다.
② 작업자실수 분석기법은 사고를 일으키는 장치의 이상이나 운전자 실수의 조합을 연역적으로 분석하는 정량적 기법이다.
③ 사건수 분석기법은 초기사건으로 알려진 특정한 장치의 이상이나 운전자의 실수로부터 발생되는 잠재적인 사고결과를 평가하는 정량적 기법이다.
④ 위험과 운전분석기법은 공정에 존재하는 위험 요소들과 공정의 효율을 떨어뜨릴 수 있는 운전상의 문제점을 찾아내어 그 원인을 제거하는 정성적 기법이다.

해설 ㉠ 작업자 실수분석(HEA) : 설비의 운전원, 정비보수원, 기술자 등의 작업에 영향을 미칠 만한 요소를 평가하여 그 실수의 원인을 파악하고 추적하여 정량적으로 실수의 상대적 순위를 결정하는 평가 방법
㉡ 결함수 분석(FTA) : 실수의 조합을 연역적으로 분석하는 정량적 안전성평가 방법

---

68 가연성가스이면서 독성가스인 것은?

① 산화에틸렌   ② 염소

③ 불소   ④ 프로판

해설 산화에틸렌(C_2H_4O)
㉠ 독성가스 50ppm(TWA 기준)
㉡ 가연성가스(3~80%)
㉢ 염소(독성가스), 불소(독성가스)
㉣ 프로판(가연성가스)

---

69 고압가스 충전용기(비독성)의 차량운반 시 "운반책임자"가 동승해야 하는 기준으로 틀린 것은?

① 압축 가연성 가스 – 용적 $300m^3$ 이상

② 압축 조연성 가스 – 용적 $600m^3$ 이상

③ 액화 가연성 가스 – 질량 3,000kg 이상

④ 액화 조연성 가스 – 질량 5,000kg 이상

해설 액화 조연성 가스 운반 책임자 동승기준 : 6,000(kg) 이상
• 단, ③항의 액화 가연성 가스 운반 시 에어졸 용기는 질량 2,000kg 이상이다.

---

70 저장탱크에 의한 액화석유가스 사용시설에서 저장설비, 감압설비의 외면으로부터 화기를 취급하는 장소와의 사이에는 몇 m 이상을 유지해야 하는가?

① 2m   ② 3m

③ 5m   ④ 8m

해설 액화석유가스(LPG) 화기와의 기준

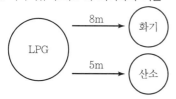

---

71 내용적이 50L 이상 125L 미만인 LPG용 용접용기의 스커트 통기 면적의 기준은?

① $100mm^2$ 이상   ② $300mm^2$ 이상

③ $500mm^2$ 이상   ④ $1,000mm^2$ 이상

해설 용기 스커트 통기면적(mm^2) 내용적 기준
㉠ 20L 이상~25L 미만(300 이상)
㉡ 25L 이상~50L 미만(500 이상)
㉢ 50L 이상~125L 미만(1,000 이상)

---

72 액화석유가스 저장탱크라 함은 액화석유가스를 저장하기 위하여 지상 및 지하에 고정 설치된 탱크를 말한다. 탱크의 저장능력은 얼마 이상인가?

① 1톤   ② 2톤

③ 3톤   ④ 5톤

해설 액화 석유가스 저장 탱크 기준 : 3톤 이상 저장 용량
• 소형저장탱크 : 저장능력 3톤 미만

---

73 신규검사 후 17년이 경과한 차량에 고정된 탱크의 법정 재검사 주기는?

① 1년마다   ② 2년마다

③ 3년마다   ④ 5년마다

해설 차량에 고정된 가스탱크 재검사 기준
㉠ 15년 미만 : 5년마다
㉡ 15년 이상~20년 미만 : 2년마다
㉢ 20년 이상 : 1년마다

---

74 품질유지 대상인 고압가스의 종류가 아닌 것은?

① 메탄

② 프로판

③ 프레온 22

④ 연료전지용으로 사용되는 수소가스

해설 메탄가스(도시가스)는 상용가스이다(유해성분측정, 열량측정, 압력측정, 연소성측정을 실시하는 가스이다).
• 품질유지대상 : 프레온냉매, 프로판, 연료전지용수소, 이소부탄 등

---

75 공기액화 분리기에 설치된 액화 산소통 내의 액화산소 5L 중 아세틸렌의 질량이 몇 mg을 넘을 때에는 그 공기액화 분리기의 운전을 중지하고 액화산소를 방출하여야 하는가?

① 5mg

② 50mg

③ 100mg

④ 500mg

해설 액화산소 5L 중 C_2H_2 질량이 5mg을 넘으면 그 공기액화 분리기의 운전을 중지하고 액화산소를 외부로 방출시킨다.

76 포스겐의 제독제로 가장 적당한 것은?

① 물, 가성소다수용액

② 물, 탄산소다수용액

③ 가성소다수용액, 소석회

④ 가성소다수용액, 탄산소다수용액

해설 포스겐($COCl_2$) 독성가스 제독제
ⓐ 가성소다 수용액 390kg
ⓑ 소석회 360kg

77 도시가스 사용시설에 대한 설명으로 틀린 것은?

① 배관이 움직이지 않도록 고정 부착하는 조치로 관경이 13mm 미만의 것은 1m마다, 13mm 이상 33mm 미만의 것은 2m마다, 33mm 이상은 3m마다 고정장치를 설치한다.

② 최고사용압력이 중압 이상인 노출배관은 원칙적으로 용접시공방법으로 접합한다.

③ 지상에 설치하는 배관은 배관의 부식 방지와 검사 및 보수를 위하여 지면으로부터 30cm 이상의 거리를 유지한다.

④ 철도의 횡단부 지하에는 지면으로부터 1m이상인 깊이에 매설하고 또한 강제의 케이싱을 사용하여 보호한다.

해설

철도부지의 가스배관
(지표면)

1.2m 이상 깊이 요함

배관 설치

78 액화석유가스 저장시설을 지하에 설치하는 경우에 대한 설명으로 틀린 것은?

① 저장탱크실의 벽면 두께는 30cm 이상의 철근콘크리트로 한다.

② 저장탱크 주위에는 손으로 만졌을 때 물이 손에서 흘러내리지 않는 상태의 모래를 채운다.

③ 저장탱크를 2개 이상 인접하여 설치하는 경우에는 상호 간에 0.5m 이상의 거리를 유지한다.

④ 저장탱크실 상부 윗면으로부터 저장탱크 상부까지의 깊이는 60cm 이상으로 한다.

해설

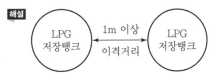

또는 저장탱크 2개의 합산지름 $\times \dfrac{1}{4}$ 이상 거리 요망

79 아세틸렌의 충전 작업에 대한 설명으로 옳은 것은?

① 충전 후 24시간 정치한다.

② 충전 중의 압력은 2.5MPa 이하로 한다.

③ 충전은 누출이 되기 전에 빠르게 하고, 2~3회 걸쳐서 한다.

④ 충전 후의 압력은 15℃에서 2.05MPa 이하로 한다.

해설 C_2H_2(아세틸렌 가스) 저장
ⓐ 충전 중의 압력 : 2.5MPa 이하
ⓑ 충전 후 압력 15℃에서 : 1.55MPa 이하($15.5kg/cm^2$)
ⓒ 충전 후 24시간 동안 정치 후에 사용
ⓓ 2.5MPa 압력 충전 시 분해 폭발방지로 희석제 첨가
ⓔ 충전은 2~3회 걸쳐 8시간 이상 천천히 충전할 것

80 액화석유가스 자동차에 고정된 용기충전시설에서 충전기의 시설기준에 대한 설명으로 옳은 것은?

① 배관이 캐노피 내부를 통과하는 경우에는 2개 이상의 점검구를 설치한다.

② 캐노피 내부의 배관으로서 점검이 곤란한 장소에 설치하는 배관은 플랜지접합으로 한다.

③ 충전기 주위에는 가스누출자동차단장치를 설치한다.

④ 충전기 상부에는 캐노피를 설치하고 그 면적은 공지면적의 2분의 1 이하로 한다.

해설 액화석유가스 자동차용 고정 용기 충전시설

충전기 상부에는 캐노피(닫집모양) 차양을 설치하고 그 면적은 공지면적의 $\frac{1}{2}$ 이하로 한다.

㉠ 배관이 캐노피 내부를 통과하는 경우에는 1개 이상의 점검구를 설치한다.

㉡ 캐노피 내부의 배관으로서 점검이 곤란한 장소에 설치하는 배관은 용접이음으로 한다.

㉢ 충전기 주위에는 충전에 필요한 장비 외에는 설치하지 아니한다(정전기 방지).

SECTION 05 가스계측

81 액주형 압력계의 일반적인 특징에 대한 설명으로 옳은 것은?

① 고장이 많다.

② 온도에 민감하다.

③ 구조가 복잡하다.

④ 액체와 유리관의 오염으로 인한 오차가 발생하지 않는다.

해설 액주식 압력계

㉠ 단관식

㉡ 유자관식

㉢ 경사관식

㉣ 2액마노미터

㉤ 플로트식 액주형

㉥ 액주형 압력계 – 대체적으로 온도에 민감하다.

82 4개의 실로 나누어진 습식가스미터의 드럼이 10회전 했을 때 통과유량이 100L였다면 각 실의 용량은 얼마인가?

① 1L

② 2.5L

③ 10L

④ 25L

해설 각 실의 용량 = $\dfrac{통과유량}{회전수 \times 4} = \dfrac{100L}{10 \times 4} = 2.5(L)$

83 편차의 크기에 단순 비례하여 조절 요소에 보내는 신호의 주기가 변하는 제어 동작은?

① on–off동작

② P동작

③ PI동작

④ PID동작

해설 비례동작 P(Proportional action)

입력인 편차에 대하여 조작량의 출력변화가 일정한 비례 관계가 있는 동작($Y = K_D \cdot \varepsilon$)

• Y(출력변화), K_D(비례정수), ε(편차)

84 LPG의 정량분석에서 흡광도의 원리를 이용한 가스 분석법은?

① 저온 분류법

② 질량 분석법

③ 적외선 흡수법

④ 가스크로마토그래피법

해설 적외선 흡수법

가스마다 적외선 흡수 스펙트럼의 차이를 이용하여 가스를 분석한다(단, N_2, O_2, H_2, Cl_2 등 2원자 분자 가스 또는 He, Ar 등의 대칭성 분자나 단원자 분자는 가스분석이 불가능하다).

85 제어회로에 사용되는 기본논리가 아닌 것은?

① OR
② NOT
③ AND
④ FOR

해설 시퀀스 제어 유접점 계전기의 기본 회로
논리적(AND), 논리합(OR), 논리부정(NOT),
기억(MEMORY), 지연(DELAY), NAND 등

86 냉동용 암모니아 탱크의 연결 부위에서 암모니아의 누출 여부를 확인하려 한다. 가장 적절한 방법은?

① 리트머스시험지로 청색으로 변하는가 확인한다.
② 초산용액을 발라 청색으로 변하는가 확인한다.
③ KI-전분지로 청갈색으로 변하는가 확인한다.
④ 염화팔라듐지로 흑색으로 변하는가 확인한다.

해설 암모니아 냉매 누설 확인
㉠ 냄새 측정
㉡ 적색의 리트머스 시험지 : 청색변화이면 누설
㉢ 유황초에 대면 흰 연기 발생하면 누설
㉣ 페놀프탈렌 시험지를 물에 적셔 누설개소에 대면 홍색변화이면 누설

87 강(steel)으로 만들어진 자(rule)로 길이를 잴 때 자가 온도의 영향을 받아 팽창, 수축함으로써 발생하는 오차를 무슨 오차라 하는가?

① 우연오차
② 계통적 오차
③ 과오에 의한 오차
④ 측정자의 부주의로 생기는 오차

해설 강으로 만든 자를 가지고 길이 측정 시 온도의 영향으로 팽창 수축의 발생 오차 : 계통적 오차(측정값에 어떤 일정한 영향을 주는 원인에 의하여 생기는 오차로서 평균치를 구하였으나 진실치와 차이가 생기는 오차)

88 열전대 사용상의 주의사항 중 오차의 종류는 열적 오차와 전기적인 오차로 구분할 수 있다. 다음 중 열적 오차에 해당되지 않는 것은?

① 삽입 전이의 영향
② 열 복사의 영향
③ 전자 유도의 영향
④ 열 저항 증가에 의한 영향

해설 • 열전대 오차
㉠ 열적오차(①, ②, ④항 등 오차)
㉡ 전기적 오차(③항 등의 오차)
• 열전대 온도계
㉠ R형(PR) : 백금−백금로듐(0~1,600℃)
㉡ K형(CA) : 크로멜−알루멜(0~1,200℃)
㉢ J형(IC) : 철−콘스탄탄(−200~800℃)
㉣ T형(CC) : 구리−콘스탄탄(−200~350℃)

89 오르자트(Orsat) 가스 분석기의 가스 분석 순서를 옳게 나타낸 것은?

① $CO_2 \rightarrow O_2 \rightarrow CO$
② $O_2 \rightarrow CO \rightarrow CO_2$
③ $O_2 \rightarrow CO_2 \rightarrow CO$
④ $CO \rightarrow CO_2 \rightarrow O_2$

해설 오르자트 가스분석기 측정 순서
$CO_2 \rightarrow O_2 \rightarrow CO$
• 흡수제를 사용해 가스를 분석한다.

90 수분흡수법에 의한 습도 측정에 사용되는 흡수제가 아닌 것은?

① 염화칼슘
② 황산
③ 오산화인
④ 과망간산칼륨

해설 수분흡수에 의한 습도 측정 흡수제
염화칼슘, 황산, 오산화인

91 가스미터에 다음과 같이 표시되어 있다. 이 표시가 의미하는 내용으로 옳은 것은?

> 0.5[L/rev], MAX 2.5[m³/h]

① 계량실 1주기 체적이 $0.5m^3$이고, 시간당 사용 최대 유량이 $2.5m^3$이다.
② 계량실 1주기 체적이 $0.5L$이고, 시간당 사용 최대 유량이 $2.5m^3$이다.
③ 계량실 전체 체적이 $0.5m^3$이고, 시간당 사용 최소 유량이 $2.5m^3$이다.
④ 계량실 전체 체적이 $0.5L$이고, 시간당 사용최소 유량이 $2.5m^3$이다.

해설 $0.5(L/rev)$: 계량실 1주기 체적값
$MAX\ 2.5(m^3/h)$: 시간당 최대 유량값

---

92 가스미터를 통과하는 동일량의 프로판 가스의 온도를 겨울에 0℃, 여름에 32℃로 유지한다고 했을 때 여름철 프로판 가스의 체적은 겨울철의 얼마 정도인가?(단, 여름철 프로판 가스의 체적 : V_1, 겨울철 프로판 가스의 체적 : V_2이다.)

① $V_1 = 0.80V_2$ ② $V_1 = 0.90V_2$
③ $V_1 = 1.12V_2$ ④ $V_1 = 1.22V_2$

해설 $V_1 = V_2 \times \dfrac{T_2}{T_1}$, $(0+273=273K,\ 32+273=305K)$

$\therefore\ V_1 = 1 \times \dfrac{305}{273} = 1.12(V_2)$

• 기체는 온도 1℃ 상승 시 용적이 $\left(\dfrac{1}{273}\right)$ 증가한다.

---

93 온도에 대한 설명으로 틀린 것은?

① 물의 삼중점(0.01℃)은 273.16K로 정의하였다.
② 온도는 일반적으로 온도변화에 따른 물질의 물리적 변화를 가지고 측정한다.
③ 기체온도계는 대표적인 2차 온도계이다.
④ 온도란 열 즉 에너지와는 다른 개념이다.

해설 ㉠ 기체나 액체의 온도 측정은 대표적인 1차 온도계
㉡ 열전대, 바이메탈 등의 고체형 온도계는 대표적인 2차 온도계

---

94 오르자트(Orsat) 가스 분석기의 특징으로 틀린 것은?

① 연속측정이 불가능하다.
② 구조가 간단하고 취급이 용이하다.
③ 수분을 포함한 습식배기 가스의 성분 분석이 용이하다.
④ 가스의 흡수에 따른 흡수제가 정해져 있다.

해설 • 화학적인 가스 분석계
  ㉠ 오르자트 가스 분석기
  ㉡ 자동화학식 가스분석기
  ㉢ 연소식(O_2)계
  ㉣ 미연소 가스 분석계(H_2, CO)
• 오르자트 분석기 흡수용액
  ㉠ KOH 30% 흡수량
  ㉡ 알칼리성 피로카롤 용액, 치아 황산소다, 황인 등
  ㉢ 암모니아성 염화 제1구리 용액

---

95 서미스터 등을 사용하고, 응답이 빠르고 저온도에서 중온도 범위 계측에 정도가 우수한 온도계는?

① 열전대 온도계
② 전기저항식 온도계
③ 바이메탈 온도계
④ 압력식 온도계

해설 저항온도계
㉠ 백금측온
㉡ 니켈측온
㉢ 구리측온
㉤ 서미스터측온(Ni+Mn+Co+Fe+Cu 혼압용)

---

96 주로 탄광 내 CH_4 가스의 농도를 측정하는 데 사용되는 방법은?

① 질량분석법
② 안전등형
③ 시험지법
④ 검지관법

해설 가연성가스 검출기
㉠ 안전등형 : CH_4 측정(탄광 내 메탄가스 분석)
㉡ 간섭계형 : CH_4 측정
㉢ 열선형

97 가스성분 중 탄화수소에 대하여 감응이 가장 좋은 검출기는?

① TCD   ② ECD

③ TGA   ④ FID

해설
- 가스크로마트그래피 기기 분석법
  - ㉠ FID(수소이온화 검출기)
  - ㉡ TCD(열전도도형 검출기)
  - ㉢ ECD(전자포획이온화 검출기)
- FID : 탄화수소에 감도최고, H_2, O_2, CO, CO_2, SO_2 등에는 감도측정이 없음

98 계측기의 기차(Instrument Error)에 대하여 가장 바르게 나타낸 것은?

① 계측기가 가지고 있는 고유의 오차

② 계측기의 측정값과 참값과의 차이

③ 계측기 검정 시 계량점에서 허용하는 최소 오차 한도

④ 계측기 사용 시 계량점에서 허용하는 최대오차 한도

해설 기차

계측기가 제작 당시부터 가지고 있는 고유의 오차

$$E = \frac{I-Q}{I} \times 100$$

여기서, E(기차), I(시험용미터의 지시량),
              Q(기준미터의 지시량)

99 모발습도계에 대한 설명으로 틀린 것은?

① 재현성이 좋다.

② 히스테리시스가 없다.

③ 구조가 간단하고 취급이 용이하다.

④ 한냉지역에서 사용하기가 편리하다.

해설 모발습도계 단점
- ㉠ 응답시간이 느리다.
- ㉡ 히스테리가 있다.
- ㉢ 정도가 좋지 않다.
- ㉣ 시도가 틀리기 쉽다.
- ㉤ 모발의 유효작용 기간이 2년이다.

100 응답이 빠르고 일반 기체에 부식되지 않는 장점을 가지며 급격한 압력변화를 측정하는 데 가장 적절한 압력계는?

① 피에조 전기압력계

② 아네로이드 압력계

③ 벨로우즈 압력계

④ 격막식 압력계

해설 피에조 전기압력계(압전기식 압력계)
- ㉠ 수정이나 전기석 또는 로셀염 등의 결정체의 특정 방향에 의해 압력을 가하면 기전력이 발생하고 발생한 전기량은 압력에 비례하는 것을 이용한 압력계이다(가스폭발이나 급격한 압력변화에 용이한 측정이 된다).
- ㉡ 응답이 빠르고 일반기체에는 부식되지 않는다.

SECTION 01 가스유체역학

01 매끄러운 원관에서 유량 Q, 관의 길이 L, 직경 D, 동점성계수 ν가 주어졌을 때 손실수두 h_f를 구하는 순서로 옳은 것은?(단, f는 마찰계수, Re는 Reynolds 수, V는 속도이다.)

① Moody 선도에서 f를 가정한 후 Re를 계산하고 h_f를 구한다.

② h_f를 가정하고 f를 구해 확인한 후 Moody 선도에서 Re로 검증한다.

③ Re를 계산하고 Moody 선도에서 f를 구한 후 h_f를 구한다.

④ Re를 가정하고 V를 계산하고 Moody 선도에서 f를 구한 후 h_f를 계산한다.

해설 ㉠ 관마찰계수$(f)=\dfrac{64}{\text{Re}}$, Re(레이놀즈수)$=\dfrac{\rho Vd}{\mu}$

$$=\dfrac{Vd}{\nu}=\dfrac{\text{유체평균속도}\times\text{관의 직경}}{\text{유체의 동점성 계수}}$$

㉡ 손실수두$(h_f)=f\cdot\dfrac{l}{d}\times\dfrac{V^2}{2g}$ (mH₂O)

02 베르누이 방정식에 관한 일반적인 설명으로 옳은 것은?

① 같은 유선상이 아니더라도 언제나 임의의 점에 대하여 적용된다.

② 주로 비정상류 상태의 흐름에 대하여 적용된다.

③ 유체의 마찰 효과를 고려한 식이다.

④ 압력수두, 속도수두, 위치수두의 합은 일정하다.

해설 Bernoulli's equation

$$\dfrac{P_1}{\gamma}+\dfrac{V_1^{\,2}}{2g}+Z_1=\dfrac{P_2}{\gamma}\times\dfrac{V_2^{\,2}}{2g}\times Z_2=H_L$$

㉠ 압력수두$\left(\dfrac{p}{\gamma}\right)$ ㉡ 속도수두$\left(\dfrac{V^2}{2g}\right)$

㉢ 위치수두(Z) ㉣ 전수두(H)

03 수직 충격파가 발생될 때 나타나는 현상은?

① 압력, 마하수, 엔트로피가 증가한다.

② 압력은 증가하고 엔트로피와 마하수는 감소한다.

③ 압력과 엔트로피가 증가하고 마하수는 감소한다.

④ 압력과 마하수는 증가하고 엔트로피는 감소한다.

해설 수직충격파(유동방향에 수직으로 생긴 충격파)

㉠ 압력, 엔트로피 증가

㉡ 마하수 감소

• 마하수(속도/음속), 초음속에서 아음속으로 변화하면 수직충격파 발생이 일어나며 압력, 밀도, 온도, 엔트로피 증가

04 어떤 비행체의 마하각을 측정하였더니 45°를 얻었다. 이 비행체가 날고 있는 대기 중에서 음파의 전파속도가 310m/s일 때 비행체의 속도는 얼마인가?

① 340.2m/s   ② 438.4m/s

③ 568.4m/s   ④ 338.9m/s

해설 비행체속도$=\dfrac{\text{음파속도}}{\sin 45°}=\dfrac{310}{0.707}=438.4$(m/s)

• $V=\dfrac{C}{\sin\cdot\mu}$ (m/s)

05 음속을 C, 물체의 속도를 V라고 할 때, Mach 수는?

① V/C ② V/C^2

③ C/V ④ C^2/V

해설 마하수$(M)=\dfrac{V}{C}$, 음속$(V)=\sqrt{kRT}$ (m/s)

(V가 C보다 작으면 아음속, V가 C보다 크면 초음속흐름)

06 펌프작용이 단속적이라서 맥동이 일어나기 쉬우므로 이를 완화하기 위하여 공기실을 필요로 하는 펌프는?

① 원심펌프   ② 기어펌프

③ 수격펌프   ④ 왕복펌프

해설 왕복동펌프

단속적 펌프작동(맥동방지로 공기실 설치 필요)

07 충격파와 에너지선에 대한 설명으로 옳은 것은?

① 충격파는 아음속 흐름에서 갑자기 초음속 흐름으로 변할 때에만 발생한다.

② 충격파가 발생하면 압력, 온도, 밀도 등이 연속적으로 변한다.

③ 에너지선은 수력구배선보다 속도수두만큼 위에 있다.

④ 에너지선은 항상 상향 기울기를 갖는다.

해설 충격파 에너지선
에너지선은 수력구배선보다 속도수두만큼 위에 있다.

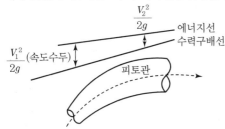

08 유체가 흐르는 배관 내에서 갑자기 밸브를 닫았더니 급격한 압력변화가 일어났다. 이때 발생할 수 있는 현상은?

① 공동 현상

② 서어징 현상

③ 워터해머 현상

④ 숫피닝 현상

해설 밸브차단(워터해머 발생)

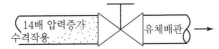

• 워터해머 현상(수격현상)
관 속을 충만하게 흐르고 있는 액체의 속도를 급격히 변화시키면 14배 정도의 충격이 발생한다.

09 내경 25mm인 원관 속을 평균유속 29.4m/min로 물이 흐르고 있다면 원관의 길이 20m에 대한 손실 수두는 약 몇 m가 되겠는가?(단, 관 마찰계수는 0.0125이다.)

① 0.123

② 0.250

③ 0.500

④ 1.225

해설 $h_L = \lambda \times \dfrac{L}{d} \times \dfrac{V^2}{2g}$

$= 0.0125 \times \dfrac{20}{0.025} \times \dfrac{\left(29.4 \times \dfrac{1}{60}\right)^2}{2 \times 9.8}$

$= 0.123(\text{m})$

10 그림과 같은 물 딱총 피스톤을 미는 단위면적당 힘의 세기가 $P[\text{N/m}^2]$일 때 물이 분출되는 속도 V는 몇 m/s인가?(단, 물의 밀도는 $\rho[\text{kg/m}^3]$이고, 피스톤의 속도와 손실은 무시한다.)

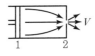

① $\sqrt{2P}$

② $\sqrt{\dfrac{2g}{\rho}}$

③ $\sqrt{\dfrac{2P}{g\rho}}$

④ $\sqrt{\dfrac{2P}{\rho}}$

해설 물의 음속$(V) = \sqrt{\dfrac{2P}{\rho}} = \sqrt{\dfrac{2 \times P(\text{N/m}^2)}{\rho(\text{kg/m}^3)}}$ (m/s)

• 베르누이 정리를 이용할 것

11 점도 6cP를 Pa·s로 환산하면 얼마인가?

① 0.0006

② 0.006

③ 0.06

④ 0.6

해설 점성계수(1Poise) = (100centipoise)
1(dyne·sec/cm²) = (1g/cm·sec)
1kg·f/m² = 9.8Ns/m² = 98dyne·s/cm²
　　　　 = 98P = 9,800cP(1Pa·s = 10P)

$\therefore 6\text{cP} = \dfrac{6}{100 \times 10} = 0.006\text{Pa·s}$

12 유선(stream line)에 대한 설명 중 잘못된 내용은?

① 유체흐름 내 모든 점에서 유체흐름의 속도벡터의 방향을 갖는 연속적인 가상곡선이다.

② 유체흐름 중의 한 입자가 지나간 궤적을 말한다.

③ x, y, z 방향에 대한 속도성분을 각각 u, v, w라고 할 때 유선의 미분방정식은 $\dfrac{dx}{u} = \dfrac{dy}{v} = \dfrac{dz}{w}$이다.

④ 정상유동에서 유선과 유적선은 일치한다.

해설 유선

유체흐름의 공간에서 어느 순간에 각 점에서의 속도방향과 접선방향이 일치하는 연속적인 가상곡선. 그 특징은 ①, ③, ④항이다.

13 U자관 마노미터를 사용하여 오리피스 유량계에 걸리는 압력차를 측정하였다. 오리피스를 통하여 흐르는 유체는 비중이 1인 물이고, 마노미터 속의 액체는 비중 13.6인 수은이다. 마노미터 읽음이 4cm일 때 오리피스에 걸리는 압력차는 약 몇 Pa인가?

① 2,470
② 4,940
③ 7,410
④ 9,880

해설 $1\text{atm}=1.0332\text{kg/cm}^2=101,325\text{N/m}^2=101,325\text{Pa}$
$\qquad=101.325\text{kPa}=76\text{cmHg}=10.33\text{mH}_2\text{O}$

$\theta = A \times \sqrt{2gh} = A \times \sqrt{2 \times 9.8\left(\dfrac{\gamma_0 - \gamma}{\gamma}\right)}$

$4\text{cmHg}=40\text{mmHg}$

$\therefore\ P_1 - P_2 = h(\gamma_0 - \gamma)$
$\qquad\quad = 40 \times 10^{-3} \times (13.6 - 1) \times 9,800$
$\qquad\quad = 4,940(\text{Pa})$

14 2차원 직각좌표계 $(x,\ y)$상에서 속도 포텐셜(ϕ, velocity potential)이 $\phi = U_x$로 주어지는 유동장이 있다. 이 유동장의 흐름함수(Ψ, stream function)에 대한 표현식으로 옳은 것은?(단, U는 상수이다.)

① $U(x+y)$
② $U(-x+y)$
③ Uy
④ $2Ux$

해설 속도 포텐셜(ϕ)= U_x 유동장, U(상수)
흐름함수 : U_y(2차원 직각좌표계 xy상)

15 큰 탱크에 정지하고 있던 압축성 유체가 등엔트로피 과정으로 수축 – 확대 노즐을 지나면서 노즐의 출구에서 초음속으로 흐른다. 다음 중 옳은 것을 모두 고른 것은?

> ㉮ 노즐의 수축 부분에서의 속도는 초음속이다.
> ㉯ 노즐의 목에서의 속도는 초음속이다.
> ㉰ 노즐의 확대 부분에서의 속도는 초음속이다.

① ㉮
② ㉯
③ ㉰
④ ㉯, ㉰

해설 • 수축확대노즐

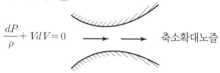

$\dfrac{dP}{\rho} + VdV = 0$ 　　　축소확대노즐

• 초음속흐름$(M>1)=\dfrac{dA}{dV}>0$

[속도가 증가하기 위해서는($dV>0$) 단면적은 증가 ($dA>0$)해야 한다.]

16 온도 20℃, 압력 5kgf/cm²인 이상기체 10cm³를 등온 조건에서 5cm³까지 압축시키면 압력은 약 몇 kgf/cm²인가?

① 2.5
② 5
③ 10
④ 20

해설 일정온도에서 기체의 체적은 압력에 반비례한다.

$\therefore\ P_2 = P_1 \times \dfrac{V_1}{V_2} = 5 \times \dfrac{10}{5} = 10(\text{kgf/cm}^2)$

17 압축성 계수 β를 온도 T, 압력 P, 부피 V의 함수로 옳게 나타낸 것은?

① $\beta = \dfrac{1}{V}\left(\dfrac{\partial V}{\partial P}\right)_T$
② $\beta = \dfrac{1}{P}\left(\dfrac{\partial P}{\partial V}\right)_T$
③ $\beta = -\dfrac{1}{P}\left(\dfrac{\partial P}{\partial V}\right)_T$
④ $\beta = -\dfrac{1}{V}\left(\dfrac{\partial V}{\partial P}\right)_T$

해설 압축성 계수$(\beta) = -\dfrac{1}{V}\left(\dfrac{\partial V}{\partial P}\right)_T$

• 압축성 계수 : 압력 변화에 의한 단위 체적의 변형 정도를 나타내는 계수

18 다음 무차원수의 물리적인 의미로 옳은 것은?

① Weber No. : $\dfrac{관성력}{표면장력\ 힘}$

② Euler No. : $\dfrac{관성력}{압력^2}$

③ Reynolds No. : $\dfrac{점성력}{관성력}$

④ Mach No. : $\dfrac{점성력}{관성력}$

해설 ① 웨버 No.=(관성력/표면장력 힘)
② 오일러 No.=(관성력/압력)
③ 레이놀즈 No.=(관성력/점성력)
④ 마하 No.=(속도/음파속도)

19 지름이 10cm인 파이프 안으로 비중이 0.8인 기름을 40kg/min의 질량유속으로 수송하면 파이프 안에서 기름이 흐르는 평균속도는 약 몇 m/min인가?

① 6.37   ② 17.46
③ 20.46   ④ 27.46

해설 단면적 $(A)=\dfrac{\pi}{4}d^2=\dfrac{3.14}{4}\times(0.1)^2=0.00785\text{m}^2$

유량 $(Q)=\dfrac{40\times10^{-3}}{0.8}=0.05\text{m}^3/\text{min}$

∴ 유속 $(V)=\dfrac{Q}{A}=\dfrac{0.05}{0.00785}=6.37(\text{m/min})$

20 지름이 0.1m인 관에 유체가 흐르고 있다. 임계 레이놀즈수가 2,100이고, 이에 대응하는 임계유속이 0.25m/s이다. 이 유체의 동점성계수는 약 몇 cm²/s인가?

① 0.095   ② 0.119
③ 0.354   ④ 0.454

해설 $Re=\dfrac{Vd}{\nu}=2,100=\dfrac{0.25\times10^2\times0.1\times10^2}{\nu}$

$\nu=\dfrac{0.25\times10^2\times0.1\times10^2}{2,100}=0.119(\text{cm}^2/\text{s})$

• 1Stokes(동점성계수)=1(cm²/s)=100cst
• 1(m²/sec)=1(Reynold)=10^4 Stokes

SECTION 02 연소공학

21 기체상태의 평형이동에 영향을 미치는 변수와 가장 거리가 먼 것은?

① 온도   ② 압력
③ pH   ④ 농도

해설 pH(수소이온농도지수)
산성, 알칼리를 나타내는 인자(pH 7 이상 : 알칼리, pH 7 미만 : 산성, pH 7 : 중성)

22 다음 [보기]에서 비등액체팽창증기폭발(BLEVE) 발생의 단계를 순서에 맞게 나열한 것은?

A. 탱크가 파열되고 그 내용물이 폭발적으로 증발한다.
B. 액체가 들어 있는 탱크의 주위에서 화재가 발생한다.
C. 화재로 인한 열에 의하여 탱크의 벽이 가열된다.
D. 화염이 열을 제거시킬 액은 없고 증기만 존재하는 탱크의 벽이나 천장(roof)에 도달하면, 화염과 접촉하는 부위의 금속의 온도는 상승하여 탱크는 구조적 강도를 잃게 된다.
E. 액위 이하의 탱크 벽은 액에 의하여 냉각되나, 액의 온도는 올라가고, 탱크 내의 압력이 증가한다.

① E−D−C−A−B   ② B−D−C−B−A
③ B−C−E−D−A   ④ B−C−D−E−A

해설 비등액체팽창증기폭발이란 가연성액체 저장탱크 주변에서 화재가 발생하여 기상부의 탱크가 국부적으로 가열되면 그 부분이 강도가 약해져 탱크가 파열된다. 이때 내부의 액체가 (액화가스) 급격하게 유출되어 fire ball(화구)를 형성하여 폭발하는 형태의 증기폭발이다(폭발단계의 순서는 B−C−E−D−A).

23 이상기체에 대한 설명으로 틀린 것은?

① 압축인자 $Z=1$이 된다.
② 상태 방정식 $PV=nRT$를 만족한다.
③ 비리얼 방정식에서 V가 무한대가 되는 것이다.
④ 내부에너지는 압력에 무관하고 단지 부피와 온도만의 함수이다.

이상기체의 내부에너지는 체적에는 무관하고 온도에 의해서만 결정된다.

24 엔탈피에 대한 설명 중 옳지 않은 것은?

① 열량을 일정한 온도로 나눈 값이다.
② 경로에 따라 변화하지 않는 상태함수이다.
③ 엔탈피의 측정에는 흐름열량계를 사용한다.
④ 내부에너지와 유동일(흐름일)의 합으로 나타낸다.

엔트로피변화$(\Delta S)=\dfrac{\text{열량}}{\text{일정한 온도}}(\text{kcal/kg}\cdot ℃)$

25 압력 0.2MPa, 온도 333K의 공기 2kg이 이상적인 폴리트로픽 과정으로 압축되어 압력 2MPa, 온도 523K로 변화하였을 때 그 과정에서의 일량은 약 몇 kJ인가?

① -447
② -547
③ -647
④ -667

폴리트로픽과정 압축(공업일)

$$W_t = -\int VdP = \frac{n(P_1V_1 - P_2V_2)}{n-1}$$

$$T_2 = T_1 \times \left(\frac{P_2}{P_1}\right)^{\frac{n-1}{n}} = \left(\frac{V_1}{V_2}\right)^{n-1}$$

공기 $2\text{kg} = 22.4 \times \dfrac{2}{29} = 1.54483(\text{m}^3)$

$$\left(\frac{523}{323}\right) = \left(\frac{2}{0.2}\right)^{\frac{n-1}{n}}$$

$$1 - \frac{1}{n} = \frac{\ln\left(\dfrac{523}{323}\right)}{\ln\left(\dfrac{2}{0.2}\right)} = 0.196$$

$n = 1.244$

일량$(W) = \dfrac{mR(T_2 - T_1)}{1-n}$

$\therefore\ W = \dfrac{2 \times 0.287(523-333)}{1-1.244} = -447(\text{kJ})$

26 기체연료의 연소속도에 대한 설명으로 틀린 것은?

① 보통의 탄화수소와 공기의 혼합기체 연소속도는 약 400~500cm/s 정도로 매우 빠른 편이다.
② 연소속도는 가연한계 내에서 혼합기체의 농도에 영향을 크게 받는다.
③ 연소속도는 메탄의 경우 당량비 농도 근처에서 최고가 된다.
④ 혼합기체의 초기온도가 올라갈수록 연소속도도 빨라진다.

보통의 탄화수소(C_nH_n)의 연소 시 연소속도는 약 400~1,000cm/s로 매우 빠른 편이다.

27 불활성화에 대한 설명으로 틀린 것은?

① 가연성 혼합가스 중의 산소농도를 최소산소농도(MOC) 이하로 낮게 하여 폭발을 방지하는 것이다.
② 일반적으로 실시되는 산소농도의 제어점은 최소산소농도(MOC)보다 약 4% 낮은 농도이다.
③ 이너트 가스로는 질소, 이산화탄소, 수증기가 사용된다.
④ 일반적으로 가스의 최소산소농도(MOC)는 보통 10% 정도이고 분진인 경우에는 1% 정도로 낮다.

각종 물질의 MOC
㉠ 탄화수소계와 가스 : 10% 정도
㉡ 분진 : 8% 정도

28 열기관의 효율을 길이의 비로 나타낼 수 있는 선도는?

① P−T선도
② T−S선도
③ H−S선도
④ P−V선도

H−S선도(엔탈피−엔트로피)에서 열기관의 효율을 길이의 비로 나타낼 수 있다.

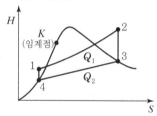

29 공기비가 클 경우 연소에 미치는 현상으로 가장 거리가 먼 것은?

① 연소실 내의 연소온도가 내려간다.
② 연소가스 중에 CO_2가 많아져 대기오염을 유발한다.
③ 연소가스 중에 SO_x가 많아져 저온 부식이 촉진된다.
④ 통풍력이 강하여 배기가스에 의한 열손실이 많아진다.

해설 공기비$(m) = \dfrac{\text{실제 공기량}}{\text{이론 공기량}}$(항상 1보다 크다)

공기비가 크면 소요공기량이 많아서 완전연소가 가능하나 노 내 온도가 떨어지고 질소산화물 발생, 배기가스 열 손실이 증가한다.

30 층류연소속도의 측정법이 아닌 것은?

① 분젠버너법
② 슬로트버너법
③ 다공버너법
④ 비누방울법

해설 층류연소속도의 측정법
㉠ 분젠버너법
㉡ 슬로트버너법
㉢ 비누방울법
㉣ 평면화염버너

31 오토사이클에 대한 일반적인 설명으로 틀린 것은?

① 열효율은 압축비에 대한 함수이다.
② 압축비가 커지면 열효율은 작아진다.
③ 열효율은 공기표준 사이클보다 낮다.
④ 이상연소에 의해 열효율은 크게 제한을 받는다.

해설 내연기관 Otto Cycle의 열효율은 압축비만의 함수이며 압축비가 커질수록 열효율이 증가한다.

32 집진효율이 가장 우수한 집진장치는?

① 여과 집진장치
② 세정 집진장치
③ 전기 집진장치
④ 원심력 집진장치

해설 집진효율(%)
㉠ 여과(백필터)
㉡ 세정식
㉢ 전기식(효율이 가장 우수하다.)
㉣ 원심식(사이클론식)

33 밀폐된 용기 내에 1atm, 37℃로 프로판과 산소의 비율이 2 : 8로 혼합되어 있으며 그것이 연소하여 아래와 같은 반응을 하고 화염온도는 3,000K이 되었다면 이 용기 내에 발생하는 압력은 약 몇 atm인가?

$$2C_3H_8 + 8O_2 \rightarrow 6H_2O + 4CO_2 + 2CO + 2H_2$$

① 13.5
② 15.5
③ 16.5
④ 19.5

해설 $P_1 V_1 = n_1 R_1 T_1 \rightarrow P_1 = n_1 T_1$
$P_2 V_2 = n_2 R_2 T_2 \rightarrow P_2 = n_2 T_2$
$(2+8 = 10,\ 6+4+2+2 = 14)$
$\therefore\ P_2 = \dfrac{P_1 n_2 T_2}{n_1 T_1} = \dfrac{1 \times 14 \times 3,000}{10 \times (273 + 27)} = 14\text{atm}$

34 어떤 물질이 0MPa(게이지압)에서 UFL(연소상한계)이 12.0(vol%)일 경우 7.0MPa(게이지압)에서는 UFL(vol%)이 약 얼마인가?

① 31
② 41
③ 50
④ 60

해설 ㉠ 압력이 증가하면 상방으로 UFL이 많이 넓어진다.
㉡ 산소농도가 증가하면 상방으로 UFL이 많이 넓어진다(대기압은 0.1MPa, U_o는 1atm, 25℃에서 연소상한계).
• 연소상한계 $= 4.2(\text{UFL/MPa}) = 4.2 \times 12 = 50(\%)$
또는 UFL $= U_o + 20.6(\log P + 1)$
$= 12.0 + 20.6 \times [\log(7 + 0.1) + 1] = 50(\%)$

35 열역학 제2법칙에 대한 설명이 아닌 것은?

① 엔트로피는 열의 흐름을 수반한다.
② 계의 엔트로피는 계가 열을 흡수하거나 방출해야만 변화한다.
③ 자발적인 과정이 일어날 때는 전체(계와 주위)의 엔트로피는 감소하지 않는다.
④ 계의 엔트로피는 증가할 수도 있고 감소할 수도 있다.

해설 열역학 제2법칙은 에너지변화의 방향성과 비가역성을 설명한다 하여 제2법칙의 특성은 ①, ③, ④항이다. 즉 어떤 과정이 일어날 수 있는가가 제시된다(엔트로피 : 과정의 변화 중에 출입하는 열량의 이용가치를 나타낸다).

36 내압방폭구조의 폭발등급 분류 중 가연성가스의 폭발등급 A에 해당하는 최대안전 틈새의 범위(mm)는?

① 0.9 이하
② 0.5 초과 0.9 미만
③ 0.5 이하
④ 0.9 이상

해설 내압방폭구조 폭발등급 가연성가스 폭발등급 최대 안전 틈새
㉠ A등급 : 0.9mm 이상
㉡ B등급 : 0.5mm~0.6mm 이하
㉢ C등급 : 0.5mm 미만

37 과잉공기계수가 1.3일 때 230Nm^{3}의 공기로 탄소(C) 약 몇 kg을 완전 연소시킬 수 있는가?

① 4.8kg
② 10.5kg
③ 19.9kg
④ 25.6kg

해설 $C+O_2 \rightarrow CO_2$
$12kg + 22.4Nm^3 \rightarrow 22.4Nm^3$

• 이론산소량 $= \dfrac{22.4}{12} = 1.867Nm^3/kg$

• 이론공기량 = 이론산소량 $\times \dfrac{1}{0.21}$

• 실제공기량 = 이론공기량×과잉공기계수
$= \dfrac{1.867}{0.21} \times 1.3 = 11.56Nm^3/kg$

∴ 연소량 $= \dfrac{230}{11.56} = 19.9(kg)$

38 연료와 공기를 미리 혼합시킨 후 연소시키는 것으로 고온의 화염면(반응면)이 형성되어 자력으로 전파되어 일어나는 연소형태는?

① 확산연소
② 분무연소
③ 예혼합연소
④ 증발연소

해설 기체연료의 연소방식
㉠ 확산연소방식
㉡ 예혼합연소방식(공기 + 연료의 사전 혼합)

39 체적이 0.8m^{3}인 용기 내에 분자량이 20인 이상기체 10kg이 들어 있다. 용기 내의 온도가 30℃라면 압력은 약 몇 MPa인가?

① 1.57
② 2.45
③ 3.37
④ 4.35

해설 이상기체 20분자량 용적(1kmol = 22.4m^3)
$\dfrac{10}{20} = 0.5kmol = 11.2m^3$

$11.2 \times \dfrac{T_2}{T_1} = 11.2 \times \dfrac{273+30}{273} = 12.4m^3$

∴ 압력$(P) = \dfrac{GRT}{V} = \dfrac{10 \times \dfrac{8.314}{20} \times (20+273)}{0.8 \times 1,000}$
$= 1.57MPa$

40 상온, 상압하에서 가연성가스의 폭발에 대한 일반적인 설명으로 틀린 것은?

① 폭발범위가 클수록 위험하다.
② 인화점이 높을수록 위험하다.
③ 연소속도가 클수록 위험하다.
④ 착화점이 높을수록 위험하다.

해설 인화점 : 불씨(점화원)에 의해 착화가 되는 최저온도(인화점이 낮은 가연성가스는 항상 폭발의 위험성이 내포한다.)

SECTION 03 가스설비

41 용기 속의 잔류가스를 배출시키려 할 때 다음 중 가장 적정한 방법은?

① 큰 통에 넣어 보관한다.
② 주위에 화기가 없으면 소화기를 준비할 필요가 없다.
③ 잔가스는 내압이 없으므로 밸브를 신속히 연다.
④ 통풍이 있는 옥외에서 실시하고, 조금씩 배출한다.

해설 용기 속의 잔류가스 배출 시에는 통풍이 있는 옥외에서 실시하고 조금씩 배출하여 공기와 희석시켜 연소농도 범위 이하로 한다.

42 토출량 $5m^3/min$, 전양정 30m, 비교회전수 90rpm · m^3/min · m인 3단 원심펌프의 회전수는 약 몇 rpm인가?

① 226
② 255
③ 326
④ 343

해설 비교회전도(비속도 = Ns)

$$Ns = \frac{N \cdot \sqrt{Q}}{\left(\frac{H}{n}\right)^{\frac{3}{4}}}, \quad 90 = \frac{N \cdot \sqrt{5}}{\left(\frac{30}{3}\right)^{\frac{3}{4}}}$$

$$\therefore \text{회전수}(N) = \frac{90 \times \left(\frac{30}{3}\right)^{\frac{3}{4}}}{\sqrt{5}} = 226\text{rpm}$$

43 헬륨가스의 기체상수는 약 몇 kJ/kg · K인가?

① 0.287
② 2
③ 28
④ 212

해설 기체상수$(R) = \frac{8.314}{\text{분자량}} = \frac{8.314}{4} = 2.0\text{kJ/kg} \cdot \text{K}$

44 하버 – 보시법에 의한 암모니아 합성 시 사용되는 촉매는 주 촉매로 산화철(Fe_3O_4)에 보조촉매를 사용한다. 보조촉매의 종류가 아닌 것은?

① K_2O
② MgO
③ Al_2O_3
④ MnO

해설 하버 – 보시법 NH_3 합성 시 사용하는 촉매
(정촉매 : Fe_3O_4, 부촉매 : Al_2O_3, Cao, K_2O)

45 부취제 주입방식 중 액체 주입식이 아닌 것은?

① 펌프 주입방식
② 적하 주입방식
③ 바이패스 증발식
④ 미터 연결 바이패스 방식

해설 증발식 부취설비(기체주입식)
㉠ 위크 증발식
㉡ 바이패스 증발식

46 정압기의 운전 특성 중 정상상태에서의 유량과 2차 압력과의 관계를 나타내는 것은?

① 정특성
② 동특성
③ 사용최대차압
④ 작동최소차압

해설 ㉠ 정특성 : 정상상태에 있어서의 유량과 2차 압력의 관계를 말한다.
㉡ 동특성 : 변동에 대한 응답속도 및 안정성 관계 특성
㉢ 사용최대차압 : 메인밸브 내 1차 압력과 2차 압력 간의 차 발생 시 실사용범위 안에서 최대로 된 차압
㉣ 작동최소차압 : 파일럿식 정압기 작동 불가 시, 1차 압력과 2차 압력 간 차압의 최솟값

47 펌프의 특성 곡선상 체절운전(체절양정)이란 무엇인가?

① 유량이 0일 때의 양정
② 유량이 최대일 때의 양정
③ 유량이 이론값일 때의 양정
④ 유량이 평균값일 때의 양정

해설 펌프의 특성 곡선상 체절운전 : 유량이 0일 때의 양정

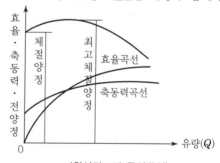

〈원심펌프의 특성곡선〉

48 배관의 전기방식 중 희생양극법에서 저전위 금속으로 주로 사용되는 것은?

① 철
② 구리
③ 칼슘
④ 마그네슘

해설 희생양극법 전기방식에서 저전위 금속인 지하매설 배관으로 Mg(마그네슘)을 접속한다.
• 희생양극법 : 지중 또는 수중에 설치된 양극금속과 매설배관 등을 전선으로 연결, 둘 사이의 전지작용에 의해 전기적 부식을 방지하는 방법

49 석유화학 공장 등에 설치되는 플레어 스택에서 역화 및 공기 등과의 혼합폭발을 방지하기 위하여 가스 종류 및 시설 구조에 따라 갖추어야 하는 것에 포함되지 않는 것은?

① Vacuum Breaker ② Flame Arrestor
③ Vapor Seal ④ Molecular Seal

해설 플레어 스택(Flare Stack)의 역화방지 장치는 다음 5가지를 사용한다.
㉠ 리퀴드 셀 ㉡ 프레임 어레스터
㉢ 베페셀 ㉣ 몰레큘러 셀
㉤ 퍼지가스 주입

50 가스화의 용이함을 나타내는 지수로서 C/H 비가 이용된다. 다음 중 C/H 비가 가장 낮은 것은?

① Propane ② Naphtha
③ Methane ④ LPG

해설 가스탄화수소 $\left(\dfrac{C}{H}\right)$

㉠ 프로판($C_3H_8=44$) : [$C(12\times 3=36)$, $H(1\times 8=8)$]
∴ $\dfrac{36}{8}=4.5$

㉡ 나프타(납사) : 5~6

㉢ 메탄($CH_4=16$) : [$C(1\times 12=12)$, $H(1\times 4=4)$]
∴ $\dfrac{12}{4}=3$

㉣ LPG(프로판, 부탄)($C_3H_8=44$) :
[$C(3\times 12=36)$, $H(1\times 8=8)$] ∴ $\dfrac{36}{8}=4.5$

51 LP가스 충전설비 중 압축기를 이용하는 방법의 특징이 아닌 것은?

① 잔류가스 회수가 가능하다.
② 베이퍼록 현상 우려가 있다.
③ 펌프에 비해 충전시간이 짧다.
④ 압축기 오일이 탱크에 들어가 드레인의 원인이 된다.

해설 LP가스 이송설비에서 펌프를 이용하는 방법에서는 베이퍼록(Vapor lock) 현상이 발생한다(베이퍼 록 : 저비점의 액화가스 이송 시 마찰열에 의해서 기화되는 현상).

52 도시가스 원료로서 나프타(Naphtha)가 갖추어야할 조건으로 틀린 것은?

① 황분이 적을 것
② 카본 석출이 적을 것
③ 탄화물성 경향이 클 것
④ 파라핀계 탄화수소가 많을 것

해설 나프타(Naphtha) : 원유의 상압 증류에 의해 생산되며 비점이 200℃ 이하의 유분이다(라이트나프타, 헤비나프타). 파라핀계, 나프텐계, 올레핀계, 방향족 분석치로 분류한다. 탄화수소비가 5~6이기 때문에 (C/H)비를 3으로 하는 개질 장치가 필요하다.

53 원심압축기의 특징이 아닌 것은?

① 설치면적이 적다. ② 압축이 단속적이다.
③ 용량조정이 어렵다. ④ 윤활유가 불필요하다.

해설 ㉠ 원심식압축기(터보형)는 압축이 연속적이다.
㉡ 왕복동식 압축기는 압축이 단속적이라 공기실을 설치한다.

54 펌프의 이상현상에 대한 설명 중 틀린 것은?

① 수격작용이란 유속이 급변하여 심한 압력변화를 갖게 되는 작용이다.
② 서징(surging)의 방지법으로 유량조정밸브를 펌프 송출 측 직후에 배치시킨다.
③ 캐비테이션 방지법으로 관경과 유속을 모두 크게 한다.
④ 베이퍼록은 저비점 액체를 이송시킬 때 입구 쪽에서 발생되는 액체비등 현상이다.

해설 펌프 캐비테이션(Cavitation : 공동) 현상을 방지하려면 흡입관경을 크게 하고 회전수를 줄인다. 또한 과속으로 유량이 증대하면 공동현상이 발생하므로 고온을 방지하고 유속을 크게 하지 말아야 한다.

55 압축기의 실린더를 냉각하는 이유로서 가장 거리가 먼 것은?

① 체적효율 증대 ② 압축효율 증대
③ 윤활기능 향상 ④ 토출량 감소

해설 압축기에서 암모니아 가스 등을 압축하면 토출가스 온도가 높다 하여 워터자켓으로 압축기 실린더를 냉각하여 토출량을 증가(체적효율 증대)시킨다.

56 2단 감압방식의 장점에 대한 설명이 아닌 것은?

① 공급압력이 안정적이다.
② 재액화에 대한 문제가 없다.
③ 배관 입상에 의한 압력손실을 보정할 수 있다.
④ 연소기구에 맞는 압력으로 공급이 가능하다.

해설 LPG 2단 감압방식으로 공급하면 액화가스가 기화 후에 재액화의 우려가 발생한다.

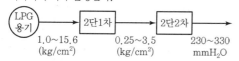

$$\underset{\substack{1.0\sim15.6 \\ (kg/cm^2)}}{\boxed{\text{LPG 용기}}} \rightarrow \underset{\substack{0.25\sim3.5 \\ (kg/cm^2)}}{\boxed{\text{2단1차}}} \rightarrow \underset{\substack{230\sim330 \\ mmH_2O}}{\boxed{\text{2단2차}}} \rightarrow$$

57 용기밸브의 충전구가 왼나사 구조인 것은?

① 브롬화메탄
② 암모니아
③ 산소
④ 에틸렌

해설 가연성가스에서 2가지 가스(브롬화메탄, 암모니아) 외 모든 가연성가스는 용기밸브의 충전구 나사가 왼나사이다.

58 LP가스의 일반적인 성질에 대한 설명 중 옳은 것은?

① 증발잠열이 작다.
② LP가스는 공기보다 가볍다.
③ 가압하거나 상압에서 냉각하면 쉽게 액화한다.
④ 주성분은 고급탄화수소의 화합물이다.

해설 LP가스(프로판＋부탄)는 비점이 프로판 −42℃, 부탄 −0.5℃이므로 가압하거나 상압에서 냉각하면 쉽게 액화가 가능한 액화석유가스이다(증발잠열이 92~102kcal/kg로 크고 비중이 1.53~2로 크다).

59 스테인리스강을 조직학적으로 구분하였을 때 이에 속하지 않는 것은?

① 오스테나이트계
② 보크사이트계
③ 페라이트계
④ 마텐자이트계

해설 스테인리스강

　㉠ 오스테나이트계(크롬 17~20%)
　㉡ 페라이트계(크롬 10.5~27%)
　㉢ 마텐자이트계(크롬 12~14%)

60 고압가스 장치 재료에 대한 설명으로 틀린 것은?

① 고압가스 장치에는 스테인리스강 또는 크롬강이 적당하다.
② 초저온 장치에는 구리, 알루미늄이 사용된다.
③ LPG 및 아세틸렌 용기 재료로는 Mn강을 주로 사용한다.
④ 산소, 수소 용기에는 Cr강이 적당하다.

해설 LPG, C_2H_2 용기재료 : 탄소강 사용(저압력용 용기에 사용)

SECTION 04 가스안전관리

61 가연성가스의 검지경보장치 중 방폭구조로 하지 않아도 되는 가연성가스는?

① 아세틸렌
② 프로판
③ 브롬화메탄
④ 에틸에테르

해설 가연성가스 중 2가지 가스(암모니아 가스, 브롬화메탄)만은 방폭구조로 하지 않아도 되는 가스이다.

62 역화방지장치를 설치하지 않아도 되는 곳은?

① 아세틸렌 충전용 지관
② 가연성가스를 압축하는 압축기와 오토크레이브 사이의 배관
③ 가연성가스를 압축하는 압축기와 충전용 주관과의 사이
④ 아세틸렌 고압건조기와 충전용 교체밸브 사이 배관

해설 ③항에서는 역화방지장치가 아닌 역류방지장치를 설치하여야 한다.

63 공기액화 분리기의 액화공기 탱크와 액화산소 증발기와의 사이에는 석유류, 유지류 그 밖의 탄화수소를 여과, 분리하기 위한 여과기를 설치해야 한다. 이때 1시간의 공기 압축량이 몇 m^3 이하의 것은 제외하는가?

① $100m^3$
② $1,000m^3$
③ $5,000m^3$
④ $10,000m^3$

해설

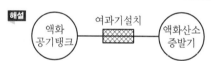

공기 압축량이 $1,000m^3/h$ 이하의 것에는 여과기가 불필요하다.

64 시안화수소(HCN) 가스의 취급 시 주의사항으로 가장 거리가 먼 것은?

① 금속부식주의
② 노출주의
③ 독성주의
④ 중합폭발주의

해설 시안화수소
㉠ 독성(10ppm)으로 누설주의(TLV기준)
㉡ 가연성(6~41%)이므로 노출주의
㉢ 수분에 의한 중합폭발, 산소에 의한 산화폭발

65 가스용기의 도색으로 옳지 않은 것은?(단, 의료용 가스 용기는 제외한다.)

① O_2 : 녹색
② H_2 : 주황색
③ C_2H_2 : 황색
④ 액화암모니아 : 회색

해설 액화암모니아 용기도색 : 백색

66 공기압축기의 내부 윤활유로 사용할 수 있는 것은?

① 잔류탄소의 질량이 전질량의 1% 이하이며 인화점이 200℃ 이상으로서 170℃에서 8시간 이상 교반하여 분해되지 않는 것
② 잔류탄소의 질량이 전질량의 1% 이하이며 인화점이 270℃ 이상으로서 170℃에서 12시간 이상 교반하여 분해되지 않는 것
③ 잔류탄소의 질량이 1% 초과 1.5% 이하이며 인화점이 200℃ 이상으로서 170℃에서 8시간 이상 교반하여 분해되지 않는 것
④ 잔류탄소의 질량이 1% 초과 1.5% 이하이며 인화점이 270℃ 이상으로서 170℃에서 12시간 이상 교반하여 분해되지 않는 것

해설 공기압축기 윤활유 조건
㉠ 잔류탄소 질량이 전질량의 1% 이하
㉡ 인화점은 200℃ 이상
㉢ 170℃의 온도에서 8시간 이상 교반해도 분해하지 아니할 것

67 다음 중 고유의 색깔을 가지는 가스는?

① 염소
② 황화수소
③ 암모니아
④ 산화에틸렌

해설 염소(Cl_2)가스 고유색깔 : 황록색(자극성이 강한 독성가스)

68 염소가스 운반 차량에 반드시 비치하지 않아도 되는 것은?

① 방독마스크
② 안전장갑
③ 제독제
④ 소화기

해설 염소가스는 맹독성가스이고 불연성가스이므로 소화기는 불필요하다(독성 제해제가 필요하다).

69 암모니아를 실내에서 사용할 경우 가스누출 검지경보장치의 경보농도는?

① 25ppm

② 50ppm

③ 100ppm

④ 200ppm

해설 가스누출검지경보기 경보농도 허용

㉠ 가연성가스 : 폭발한계의 $\frac{1}{4}$ 이하에서 경보농도

㉡ 실내의 암모니아 가스 : 50ppm으로 경보농도

70 이동식부탄연소기(카세트식)의 구조에 대한 설명으로 옳은 것은?

① 용기장착부 이외에 용기가 들어가는 구조이어야 한다.

② 연소기는 50% 이상 충전된 용기가 연결된 상태에서 어느 방향으로 기울여도 20° 이내에서는 넘어지지 아니 하여야 한다.

③ 연소기는 2가지 용도로 동시에 사용할 수 없는 구조로 한다.

④ 연소기에 용기를 연결할 때 용기 아랫부분을 스프링의 힘으로 직접 밀어서 연결하는 방법 또는 자석에 의하여 연결하는 방법이어야 한다.

해설 카세트식 이동식부탄연소기 구조는 2가지 용도로 동시에 사용이 불가능한 구조로 한다(단, 분리식의 경우에는 다만 용접용기를 연결하는 구조의 것은 그러하지 아니한다).

• 이동식부탄연소기는 그릴의 경우에는 상시 내부공간이 용이하게 확인되는 구조로 한다. 연소기는 15° 이내에는 넘어가지 않는 구조로 하고 스프링의 힘으로 직접 밀어서 연결하는 방식은 금기시하며 자석으로 연결하는 연소기는 비자성 용기를 사용할 수 없도록 표시한다.

71 액화석유가스 외의 액화가스를 충전하는 용기의 부속품을 표시하는 기호는?

① AG

② PG

③ LG

④ LPG

해설 ㉠ AG : 아세틸렌 가스

㉡ PG : 압축가스

㉢ LPG : 액화석유가스

72 고압가스의 운반기준에 대한 설명 중 틀린 것은?

① 차량 앞뒤에 경계표지를 할 것

② 충전탱크의 온도는 40℃ 이하를 유지할 것

③ 액화가스를 충전하는 탱크에는 그 내부에 방파판 등을 설치할 것

④ 2개 이상 탱크를 동일차량에 고정하여 운반하지 말 것

해설 탱크마다 탱크의 주밸브를 설치하거나 탱크 상호 간 또는 탱크와 차량과의 사이를 단단하게 부착하는 조치를 하는 경우에는 2개 이상의 탱크를 동일 차량에 고정하여 운반이 가능하다(다만, 2개 이상의 경우 탱크마다 주밸브 설치 및 충전관에는 안전밸브, 압력계, 긴급탈압밸브를 설치한다).

73 다음 중 가연성가스이지만 독성이 없는 가스는?

① NH_3

② CO

③ HCN

④ C_3H_6

해설 C_3H_6(프로필렌가스) : 가연성가스이며 폭발범위가 2~11.1%이다. 수소화하면 프로판가스가 되며 물을 부가시키면 이소프로필 알코올을 생성한다.

74 공급자의 안전점검 기준 및 방법과 관련하여 틀린 것은?

① 충전용기의 설치 위치

② 역류방지장치의 설치 여부

③ 가스 공급 시마다 점검 실시

④ 독성가스의 경우 흡수장치·제해장치 및 보호구 등에 대한 적합 여부

해설 역류방지장치의 설치 여부는 공급자가 아닌 검사기관에서 실시한다.

75 용기에 의한 액화석유가스 사용시설에 설치하는 기화장치에 대한 설명으로 틀린 것은?

① 최대 가스소비량 이상의 용량이 되는 기화장치를 설치한다.

② 기화장치의 출구배관에는 고무호스를 직접 연결하여 열차단이 되게 하는 조치를 한다.

③ 기화장치의 출구측 압력은 1MPa 미만이 되도록 하는 기능을 갖거나, 1MPa 미만에서 사용한다.

④ 용기는 그 외면으로부터 기화장치까지 3m 이상의 우회거리를 유지한다.

해설 • 기화장치
ㄱ 전열온수식
ㄴ 온수식
ㄷ 스팀식
ㄹ 전기스팀식
ㅁ 버너식
• 기화장치 구성요소
기화부, 자동제어부, 압력조정부
• 기화장치 출구배관
합성수지 호스나 금속관을 이용한다.

76 고압가스 충전용기 등의 적재, 취급, 하역 운반요령에 대한 설명으로 가장 옳은 것은?

① 교통량이 많은 장소에서는 엔진을 켜고 용기 하역 작업을 한다.

② 경사진 곳에서는 주차 브레이크를 걸어놓고 하역 작업을 한다.

③ 충전 용기를 적재한 차량은 제1종 보호시설과 10m 이상의 거리를 유지한다.

④ 차량의 고장 등으로 인하여 정차하는 경우는 적색 표지판 등을 설치하여 다른 차와의 충돌을 피하기 위한 조치를 한다.

해설 고압가스 충전용기 등의 적재 취급 하역 운반 요령의 운반기준은 ④항의 기준에 의한다(엔진을 끄고 경사지지 않은 곳, 제1종 보호시설과 15m 이상 떨어진 곳에서 하역작업이 필요하다).

77 고압가스 저장탱크에 아황산가스를 충전할 때 그 가스의 용량이 그 저장탱크 내용적의 몇 %를 초과하는 것을 방지하기 위한 과충전방지조치를 강구하여야 하는가?

① 80% ② 85%

③ 90% ④ 95%

해설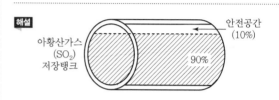

78 액화석유가스 고압설비를 기밀시험하려고 할 때 가장 부적당한 가스는?

① 산소 ② 공기

③ 이산화탄소 ④ 질소

해설 액화석유가스(LPG)는 가연성가스이므로 산소, 공기등의 조연성 가스로는 기밀시험을 하면 아니된다.

79 내용적이 3,000L인 차량에 고정된 탱크에 최고 충전압력 2.1MPa로 액화가스를 충전하고자 할 때 탱크의 저장능력은 얼마가 되는가?(단, 가스의 충전정수는 2.1MPa에서 2.35MPa이다.)

① 1,277kg ② 142kg

③ 705kg ④ 630kg

해설 저장능력$(W) = \dfrac{V}{C} = \dfrac{3,000}{2.35} = 1,277(\text{kg})$

80 가스사고를 사용처별로 구분했을 때 가장 빈도가 높은 곳은?

① 공장
② 주택
③ 공급시설
④ 식품접객업소

해설 사용처별 가스사고 빈도
주택에서의 가스취급 부주의로 사고 빈도가 높다.

SECTION 05 가스계측

81 산소(O_2)는 다른 가스에 비하여 강한 상자성체이므로 자장에 대하여 흡인되는 특성을 이용하여 분석하는 가스분석계는?

① 세라믹식 O_2계

② 자기식 O_2계

③ 연소식 O_2계

④ 밀도식 O_2계

해설 산소는 체적대자율($R \times 10^9$)이 매우 크다(+148). 상자성체이므로 자기식 O_2계로서 가스분석이 가능하다.

82 다음 중 연당지로 검지할 수 있는 가스는?

① $COCl_2$
② CO
③ H_2S
④ HCN

해설 ㉠ 포스겐 : 하리슨시험지
㉡ CO : 염화파라듐지
㉢ 황화수소 : 초산납시험지(연당지)
㉣ 시안화수소 : 초산벤젠지(질산구리벤젠지)

83 불꽃이온화검출기(FID)에 대한 설명 중 옳지 않은 것은?

① 감도가 아주 우수하다.

② FID에 의한 탄화수소의 상대 감도는 탄소수에 거의 반비례한다.

③ 구성요소로는 시료가스, 노즐, 컬렉터 전극, 증폭부, 농도 지시계 등이 있다.

④ 수소 불꽃 속에 탄화수소가 들어가면 불꽃의 전기 전도도가 증대하는 현상을 이용한 것이다.

해설 FID 구성 : 컬럼(분리관), 검출기, 기록계
㉠ 감도가 높고 탄화수소에서 감도가 최고이나 H_2, O_2, CO, CO_2, SO_2 등에는 감도가 없어서 측정불가
㉡ 구성요소 : 시료가스, 노즐, 컬렉터전극, 증폭부, 농도지시계 등
㉢ 탄화수소의 상대감도는 탄소수에 거의 비례한다.

84 경사관 압력계에서 P_1의 압력을 구하는 식은?(단, γ : 액체의 비중량, P_2 : 가는 관의 압력, θ : 경사각, X : 경사관 압력계의 눈금이다.)

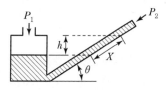

① $P_1 = P_2 / \sin\theta$
② $P_1 = P_2 \gamma \cos\theta$
③ $P_1 = P_2 + \gamma X \cos\theta$
④ $P_1 = P_2 + \gamma X \sin\theta$

해설 경사관식 압력계
절대압력(P_1) $= P_2 + \gamma x \sin\theta =$(대기압+게이지압력)
$x = \dfrac{h}{\sin\theta}$(경사관 압력계눈금)

85 부르동관 재질 중 일반적으로 저압에서 사용하지 않는 것은?

① 황동
② 청동
③ 인청동
④ 니켈강

해설 부르동관 재질
㉠ 고압 : 니켈강, 스테인리스강
㉡ 저압 : 황동, 청동, 인청동

86 구리-콘스탄탄 열전대의 (-)극에 주로 사용되는 금속은?

① $Ni-Al$
② $Cu-Ni$
③ $Mn-Si$
④ $Ni-Pt$

해설 T형 온도계(구리-콘스탄탄 열전대)
㉠ +측 : 구리
㉡ -측 : 콘스탄탄(구리 55%+니켈 45%)

87 압력계측 장치가 아닌 것은?

① 마노미터(Manometer)

② 벤투리미터(Venturi meter)

③ 부르동 게이지(Bourdon gauge)

④ 격막식 게이지(Diaphragm gauge)

해설 차압식유량계
ㄱ 벤투리미터
ㄴ 플로우노즐
ㄷ 오리피스

88 루트 가스미터의 고장에 대한 설명으로 틀린 것은?

① 부동 – 회전자는 회전하고 있으나, 미터의 지침이 움직이지 않는 고장
② 떨림 – 회전자 베어링의 마모에 의한 회전자 접촉 등에 의해 일어나는 고장
③ 기차불량 – 회전자 베어링의 마모에 의한 간격 증대 등에 의해 일어나는 고장
④ 불통 – 회전자의 회전이 정지하여 가스가 통과하지 못하는 고장

해설 떨림현상 원인 : 가스미터 출구 측의 압력변동이 심하여 가스의 연소상태를 불안정하게 하는 현상
②항의 내용은 떨림현상이 아닌 부동현상이다.

89 제어계 오차가 검출될 때 오차가 변화하는 속도에 비례하여 조작량을 가 · 감산하도록 하는 동작은?

① 미분동작   ② 적분동작
③ 온 – 오프동작   ④ 비례동작

해설 미분동작 D동작
조작량이 동작신호의 미분값 즉 편차의 변화속도에 비례하는 동작. 초기상태에서 큰 수정동작을 하며 단독사용보다는 비례동작 또는 비례적분동작과 결합하여 사용한다.

90 가스계량기의 설치장소에 대한 설명으로 틀린 것은?

① 화기와 습기에서 멀리 떨어지고 통풍이 양호한 위치
② 가능한 배관의 길이가 길고 꺾인 위치
③ 바닥으로부터 1.6m 이상 2.0m 이내에 수직, 수평으로 설치
④ 전기 공작물과 일정 거리 이상 떨어진 위치

해설 가스계량기는 가능한 가스배관길이가 짧고 꺾이지 않은 곳에 설치하여야 정확성이 우수하다.

91 다이어프램 압력계의 특징에 대한 설명 중 옳은 것은?

① 감도는 높으나 응답성이 좋지 않다.
② 부식성 유체의 측정이 불가능하다.
③ 미소한 압력을 측정하기 위한 압력계이다.
④ 과잉압력으로 파손되면 그 위험성은 커진다.

해설 Diaphragm 압력계는 탄성식이며 20~5,000mmH$_2$O의 미소한 압력을 측정하는 압력계로 사용된다.
감도가 다소 낮고 부식성 유체 측정은 가능하며 과잉압력으로 파손되면 사용이 불가능하다.

92 교통 신호등은 어떤 제어를 기본으로 하는가?

① 피드백 제어
② 시퀀스 제어
③ 캐스케이드 제어
④ 추종 제어

해설 교통신호, 승강기, 커피자판기, 전기밥솥, 세탁기 : 시퀀스 제어(정성적 제어)

93 다음 가스분석 방법 중 흡수분석법이 아닌 것은?

① 헴펠법
② 적정법
③ 오르자트법
④ 게겔법

해설 적정법 가스분석 : 화학분석법
[옥소(Ⅰ)적정법, 중화적정법, 킬레이트적정법]
• 가스에는 Ⅰ 적정법이 사용된다.

94 가스크로마토그래피에서 운반가스의 구비조건으로 옳지 않은 것은?

① 사용하는 검출기에 적합해야 한다.
② 순도가 높고 구입이 용이해야 한다.
③ 기체확산이 가능한 큰 것이어야 한다.
④ 시료와 반응성이 낮은 불활성 기체이어야 한다.

해설 운반가스(전개제) : 수소, 헬륨, 아르곤, 질소 등이며 기체확산을 최소로 할 수 있어야 한다.

95 안전등형 가스검출기에서 청색 불꽃의 길이로 농도를 알 수 있는 가스는?

① 수소
② 메탄
③ 프로판
④ 산소

해설 안전등형 가연성가스 검출기는 메탄가스의 청색 불꽃의 길이로서 농도가 표시된다(메탄 농도 1%에서 청색 불꽃 길이 7mm, 메탄 농도가 4.5%에서 청색 불꽃 길이가 47mm).

96 습한 공기 205kg 중 수증기가 35kg 포함되어 있다고 할 때 절대습도(kg/kg)는?(단, 공기와 수증기의 분자량은 각각 29, 18로 한다.)

① 0.106
② 0.128
③ 0.171
④ 0.206

해설 건조공기 = 205 - 35 = 170kg

∴ 절대습도(ϕ) = $\frac{35}{170}$ = 0.206(20.6%)

97 계측기의 감도에 대하여 바르게 나타낸 것은?

① $\frac{지시량의 변화}{측정량의 변화}$

② $\frac{측정량의 변화}{지시량의 변화}$

③ 지시량의 변화 - 측정량의 변화

④ 측정량의 변화 - 지시량의 변화

해설 ㉠ 오차율 = $\frac{측정값 - 참값}{측정값} \times 100(\%)$

㉡ 기차(E)

= $\frac{시험용미터의 지시량 - 기준미터의 지시량}{시험용미터의 지시량}$
$\times 100(\%)$

㉢ 감도 = $\frac{지시량의 변화}{측정량의 변화}$

98 회전수가 비교적 적기 때문에 일반적으로 100m³/h 이하의 소용량 가스계량에 적합하며 독립내기식과 그로바식으로 구분되는 가스미터는?

① 막식
② 루트미터
③ 로터리피스톤식
④ 습식

해설 가스미터
(1) 실측식
  ㉠ 건식
    : 막식(독립내기식, 그로바식)
    : 회전식(루트식, 로터리식, 오벌식)
  ㉡ 습식
(2) 추측식
  ㉠ 오리피스식
  ㉡ 선근차식
  ㉢ 터빈식

99 열전대 온도계의 특징에 대한 설명으로 틀린 것은?

① 냉접점이 있다.
② 보상 도선을 사용한다.
③ 원격 측정용으로 적합하다.
④ 접촉식 온도계 중 가장 낮은 온도에 사용된다.

해설 열전대 온도계 종류
  ㉠ R형(백금 - 백금로듐 = P - R 온도계) : 0℃~1,600℃
  ㉡ K형(크로멜 - 알루멜 = C - A 온도계) : -20℃~1,200℃
  ㉢ J형(철 - 콘스탄탄 = I - C 온도계) : -20℃~800℃
  ㉣ T형(구리 - 콘스탄탄 = C - C 온도계) : -200℃~350℃
    (접촉식 온도계 중 가장 고온 측정이 가능하다.)

100 점도의 차원은?(단, 차원기호는 M : 질량, L : 길이, T : 시간이다.)

① MLT^{-1}
② $ML^{-1}T^{-1}$
③ $M^{-1}LT^{-1}$
④ $M^{-1}L^{-1}T$

해설 차원
  ㉠ MLT계 : M(질량), L(길이), T(시간) : 절대단위
  ㉡ FLT계 : F(힘), L(길이), T(시간) : 공학단위계

점도차원 ─ ㉠ 절대점도 ─ SI단위계 : $ML^{-1}T^{-1}$
                    └ 공학단위계 : $FL^{-2}T$
           └ ㉡ 동점성 ─ SI단위계 : L^2T^{-1}
                    └ 공학단위계 : L^2T^{-1}

• Pa = N/m², N = kg · m/s²,
  Pa · s = (kg/m · s²)×s = kg/m · s
• 점도(μ) = 밀도×동점성계수 = kg/m · s

SECTION 01 가스유체역학

01 수면의 높이가 10m로 일정한 탱크의 바닥에 5mm의 구멍이 났을 경우 이 구멍을 통한 유체의 유속은 얼마인가?

① 14m/s   ② 19.6m/s

③ 98m/s   ④ 196m/s

해설 유속$(V) = \sqrt{2gh} = \sqrt{2 \times 9.8 \times 10} = 14 \text{m/s}$

02 수직으로 세워진 노즐에서 물이 10m/s의 속도로 뿜어 올려진다. 마찰손실을 포함한 모든 손실이 무시된다면 물은 약 몇 m 높이까지 올라갈 수 있는가?

① 5.1m   ② 10.4m

③ 15.6m   ④ 19.2m

해설 $V = \sqrt{2gh}$

$$\therefore \ 높이(h) = \frac{V^2}{2g} = \frac{10^2}{2 \times 9.8} = 5.1 \text{m}$$

03 이상기체가 초음속으로 단면적이 줄어드는 노즐로 유입되어 흐를 때 감소하는 것은?(단, 유동은 등엔트로피 유동이다.)

① 온도   ② 속도

③ 밀도   ④ 압력

해설 초음속 축소 노즐에서 속도 단면적은 감소하고, 압력 및 밀도는 증가한다.

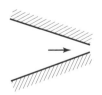

04 그림과 같은 확대 유로를 통하여 a 지점에서 b 지점으로 비압축성 유체가 흐른다. 정상상태에서 일어나는 현상에 대한 설명으로 옳은 것은?

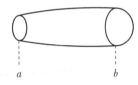

① a 지점에서의 평균속도가 b 지점에서의 평균속도보다 느리다.

② a 지점에서의 밀도가 b 지점에서의 밀도보다 크다.

③ a 지점에서의 질량플럭스(mass flux)가 b 지점에서의 질량플럭스보다 크다.

④ a 지점에서의 질량유량이 b 지점에서의 질량유량보다 크다.

해설 ㉠ b 지점의 단면적이 a 지점의 단면적보다 크다.
㉡ a 지점의 질량플럭스가 b 지점의 질량플럭스보다 크다.
㉢ 연속방정식에 의해 a 지점에서 질량유량과 b 지점에서 질량유량은 같다.

05 온도 27℃의 이산화탄소 3kg이 체적 0.30㎥의 용기에 가득 차 있을 때 용기 내의 압력(kgf/cm²)은?(단, 일반기체상수는 848kgf·m/kmol·K이고, 이산화탄소의 분자량은 44이다.)

① 5.79

② 24.3

③ 100

④ 270

해설 $PV = GRT$, $R(기체상수) = \dfrac{848}{분자량}$

$$P = \frac{GRT}{V} = \frac{3 \times \left(\dfrac{848}{44}\right) \times 300}{0.3}$$
$$= 57,818(\text{kgf/m}^2) = 5.79(\text{kg/cm}^2)$$

06 깊이 1,000m인 해저의 수압은 계기압력으로 몇 kgf/cm²인가?(단, 해수의 비중량은 1,025kgf/m³이다.)

① 100
② 102.5
③ 1,000
④ 1,025

해설 • 10mAq=1kgf/cm²
• H_2O 1m³=1,000kg(10^3kg)
∴ 수압$(P) = \gamma \cdot h = \dfrac{1,000 \times 1,025}{10^3 \times 10} = 102.5\text{kg/cm}^2$

07 다음의 펌프 종류 중에서 터보형이 아닌 것은?

① 원심식
② 축류식
③ 왕복식
④ 경사류식

해설 ㉠ 터보형 : 비용적식 펌프
㉡ 왕복식 : 용적식 펌프

08 레이놀즈수를 옳게 나타낸 것은?

① 점성력에 대한 관성력의 비
② 점성력에 대한 중력의 비
③ 탄성력에 대한 압력의 비
④ 표면장력에 대한 관성력의 비

해설 레이놀즈수$(Re) = \dfrac{\rho V d}{\mu} = \dfrac{Vd}{\nu}$
$=$관성력/점성력

09 두 개의 무한히 큰 수평 평판 사이에 유체가 채워져 있다. 아래 평판을 고정하고 위 평판을 V의 일정한 속도로 움직일 때 평판에는 τ의 전단응력이 발생한다. 평판 사이의 간격은 H이고, 평판 사이의 속도분포는 선형(Couette 유동)이라고 가정하여 유체의 점성계수 μ를 구하면?

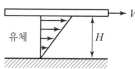

① $\dfrac{\tau V}{H}$
② $\dfrac{\tau H}{V}$
③ $\dfrac{VH}{\tau}$
④ $\dfrac{\tau V}{H^2}$

해설 전단응력$(\tau) = \dfrac{F}{A} = \dfrac{\text{힘}}{\text{평판넓이}} = \mu \dfrac{\text{속도}(V)}{\text{높이}(H)}$
∴ 점성계수$(\mu) = \dfrac{\tau H}{V} = \dfrac{\tau}{\left(\dfrac{du}{dy}\right)}$

$\dfrac{du}{dy}$: $h=y$인 지점에서 속도구배

10 유체의 흐름에 관한 다음 설명 중 옳은 것을 모두 나타낸 것은?

> ㉮ 유관은 어떤 폐곡선을 통과하는 여러 개의 유선으로 이루어지는 것을 뜻한다.
> ㉯ 유적선은 한 유체입자가 공간을 운동할 때 그 입자의 운동궤적이다.

① ㉮
② ㉯
③ ㉮, ㉯
④ 모두 틀림

해설 유체의 흐름 정의
㉮ : 유관에 대한 설명이다.
㉯ : 유적선에 대한 설명이다.

11 그림과 같이 60° 기울어진 4m × 8m의 수문이 A 지점에서 힌지(hinge)로 연결되어 있을 때, 이 수문에 작용하는 물에 의한 정수력의 크기는 약 몇 kN인가?

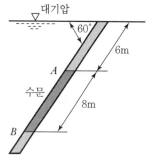

① 2.7
② 1,568
③ 2,716
④ 3,136

해설 정수력의 크기(F)
$\gamma_w = 1,000\text{kgf/m}^3 = 9,800\text{N/m}^3$
$F = \gamma h_c A = 9,800 \times (4+6)\sin 60° \times 4 \times 8$
$\fallingdotseq 2,716,000 = 2,716\text{(kN)}$

12 유체를 연속체로 가정할 수 있는 경우는?

① 유동시스템의 특성길이가 분자평균자유 행로에 비해 충분히 크고, 분자들 사이의 충돌시간은 충분히 짧은 경우

② 유동시스템의 특성길이가 분자평균자유 행로에 비해 충분히 작고, 분자들 사이의 충돌시간은 충분히 짧은 경우

③ 유동시스템의 특성길이가 분자평균자유 행로에 비해 충분히 크고, 분자들 사이의 충돌시간은 충분히 긴 경우

④ 유동시스템의 특성길이가 분자평균자유 행로에 비해 충분히 작고, 분자들 사이의 충돌시간은 충분히 긴 경우

해설 유체를 연속체로 가정할 수 있는 경우는 유동시스템의 특성길이가 분자평균자유행로에 비해 충분히 크고 분자들 사이의 충돌시간은 충분히 짧은 경우이다.

13 압력이 $1.4kgf/cm^2$ abs, 온도가 96℃인 공기가 속도 90m/s로 흐를 때, 정체온도(K)는 얼마인가?(단, 공기의 C_p = 0.24kcal/kg·K이다.)

① 397   ② 382

③ 373   ④ 369

해설 공기의 비열비 $k = (1.4)$

정체온도(T_0) $= T\left(1 + \dfrac{k-1}{2}M^2\right)$

· 마하수(M) $= \dfrac{V}{C}$

· 음속(C) $= \sqrt{kgRT} = \sqrt{1.4 \times 9.8 \times \dfrac{848}{29} \times 90}$

     $= 384.75m/s$

$M = \dfrac{90}{384.75} = 0.234$

∴ 정체온도(T_0) $= (273+96)\left[1 + \dfrac{1.4-1}{2}(0.234)^2\right]$

     $= 373K$

14 다음 유량계 중 용적형 유량계가 아닌 것은?

① 가스미터(gas meter)

② 오벌 유량계

③ 선회 피스톤형 유량계

④ 로터미터

해설 면적식 유량계 : 로터미터, 게이트식

15 비중이 0.9인 액체가 나타내는 압력이 $1.8kgf/cm^2$일 때 이것은 수두로 몇 m 높이에 해당하는가?

① 10   ② 20

③ 30   ④ 40

해설 H_2O $10mAq = 1kg/cm^2$

∴ 수두(H) $= \dfrac{1.8 \times 10}{0.9} = 20m$

16 절대압이 $2kgf/cm^2$이고 온도가 40℃인 이상기체 2kg이 가역과정으로 단열압축되어 절대압 $4kgf/cm^2$이 되었다. 최종온도는 약 몇 ℃인가?(단, 비열비 k는 1.4이다.)

① 43   ② 64

③ 85   ④ 109

해설 단열압축에서 $\dfrac{T_2}{T_1} = \left(\dfrac{P_2}{P_1}\right)^{\frac{k-1}{k}}$

∴ 최종온도(T_2) $= T_1 \times \left(\dfrac{P_2}{P_1}\right)^{\frac{k-1}{k}}$

     $= (273+40) \times \left(\dfrac{4}{2}\right)^{\frac{0.4}{1.4}}$

     $= 381.55(K) = 109(℃)$

17 내경이 0.0526m인 철관에 비압축성 유체가 9.085 m^3/h로 흐를 때의 평균유속은 약 몇 m/s인가?(단, 유체의 밀도는 $1,200kg/m^3$이다.)

① 1.16   ② 3.26

③ 4.68   ④ 11.6

해설 유속(V) $= \dfrac{Q}{A} = \dfrac{(9.085/3,600)}{\dfrac{3.14}{4} \times (0.0526)^2} = 1.16(m/s)$

※ 1시간 = 3,600초, 단면적(A) $= \dfrac{3.14}{4}(d^2)$

18 100PS는 약 몇 kW인가?

① 7.36

② 7.46

③ 73.6

④ 74.6

해설 1PS = 75kg · m/s, 1kW = 102kg · m/s

$\therefore 100 \times \dfrac{75}{102} = 73.6$PS

• 1PS = 735W = 0.735kW = 0.735 × 102kgf · m/s

= 75kgf · m/s

19 이상기체 속에서의 음속을 옳게 나타낸 식은?(단, ρ = 밀도, P = 압력, k = 비열비, $\overline{R}$ = 일반기체상수, M = 분자량이다.)

① $\sqrt{\dfrac{k}{\rho}}$

② $\sqrt{\dfrac{d\rho}{dP}}$

③ $\sqrt{\dfrac{\rho}{kP}}$

④ $\dfrac{\sqrt{k\overline{R}T}}{M}$

해설 마하수(M) $= \dfrac{V}{C} = \dfrac{V}{\sqrt{k\overline{R}T}}$

V(유속) $= \dfrac{C(음속)}{\sin\mu} = \sqrt{\dfrac{k\overline{R}T}{M}}$

20 중력에 대한 관성력의 상대적인 크기와 관련된 무차원의 수는 무엇인가?

① Reynolds 수

② Froude 수

③ 모세관 수

④ Weber 수

해설 ㉠ Reynolds 수 : 관성력/점성력(모든 유체의 유동)

㉡ Froude 수 : 관성력/중력(자유표면 유동)

㉢ Weber 수 : 관성력/표면장력(자유표면 유동)

SECTION **02** 연소공학

21 운전과 위험분석(HAZOP) 기법에서 변수의 양이나 질을 표현하는 간단한 용어는?

① Parameter

② Cause

③ Consequence

④ Guide Words

해설 Guide Words : HAZOP

기법에서 변수의 양이나 질을 표현하는 간단한 용어이다.

22 열역학 제2법칙을 잘못 설명한 것은?

① 열은 고온에서 저온으로 흐른다.

② 전체 우주의 엔트로피는 감소하는 법이 없다.

③ 일과 열은 전량 상호 변환할 수 있다.

④ 외부로부터 일을 받으면 저온에서 고온으로 열을 이동시킬 수 있다.

해설 ③항에서 일과 열이 상호 변환하는 것은 열역학 제1법칙이다. 제2법칙은 에너지 변환의 방향성을 명시한 것이다.

23 프로판 가스 44kg을 완전연소시키는 데 필요한 이론 공기량은 약 몇 Nm³인가?

① 460

② 530

③ 570

④ 610

해설 $C_3H_8 + 5O_2 \longrightarrow 3CO_2 + 4H_2O$

$44kg + 5 \times 22.4Nm^3$

$\therefore$ 이론공기량 = 이론산소량 $\times \dfrac{1}{0.21}$

$= (5 \times 22.4) \times \dfrac{1}{0.21} = 533Nm^3$

24 소화안전장치(화염감시장치)의 종류가 아닌 것은?

① 열전대식

② 플레임 로드식

③ 자외선 광전관식

④ 방사선식

해설 방사선식 : 화염감시장치가 아닌 액면계로 사용이 가능하다.

25 1atm, 15℃ 공기를 0.5atm까지 단열팽창시키면 그 때 온도는 몇 ℃인가?(단, 공기의 $C_p/C_v = 1.4$이다.)

① −18.7℃ 　　　② −20.5℃

③ −28.5℃ 　　　④ −36.7℃

해설 팽창 후 온도 $(T_2) = T_1 \times \left(\dfrac{P_2}{P_1}\right)^{\frac{k-1}{k}}$

$$= (15+273) \times \left(\dfrac{0.5}{1}\right)^{\frac{1.4-1}{1.4}}$$

$$= 236K = -36.7℃$$

26 연소 속도에 영향을 주는 요인으로서 가장 거리가 먼 것은?

① 산소와의 혼합비
② 반응계의 온도
③ 발열량
④ 촉매

해설 발열량은 연소의 온도 및 성분 등과 관계된다.

27 다음 중 연소의 3요소로만 옳게 나열된 것은?

① 공기비, 산소농도, 점화원
② 가연성 물질, 산소공급원, 점화원
③ 연료의 저열발열량, 공기비, 산소농도
④ 인화점, 활성화에너지, 산소농도

해설 연소의 3대 구비조건
　㉠ 가연성 연료 물질
　㉡ 산소공급원(공기 포함)
　㉢ 점화원(불씨)

28 다음 중 폭발범위의 하한값이 가장 낮은 것은?

① 메탄 　　　② 아세틸렌
③ 부탄 　　　④ 일산화탄소

해설 가연성가스 폭발범위(상한치 − 하한치)
　㉠ 메탄 : 15~5%
　㉡ 아세틸렌 : 81~2.5%
　㉢ 부탄 : 8.4~1.8%
　㉣ 일산화탄소 : 74~4%

29 어떤 과정이 가역적으로 되기 위한 조건은?

① 마찰로 인한 에너지 변화가 있다.
② 외계로부터 열을 흡수 또는 방출한다.
③ 작용 물체는 전 과정을 통하여 항상 평형이 이루어지지 않는다.
④ 외부조건에 미소한 변화가 생기면 어느 지점에서라도 역전시킬 수 있다.

해설 가역적 조건
외부조건에 미소한 변화가 생기면 어느 지점에서라도 역전시킬 수 있다. 즉, 과정을 여러 번 진행해도 결과가 동일하며 자연계에 아무런 변화도 남기지 않고 카르노사이클이나 노즐에서 팽창, 마찰 없는 관 내 흐름 등이 이에 속한다.

30 가연성가스와 공기를 혼합하였을 때 폭굉범위는 일반적으로 어떻게 되는가?

① 폭발범위와 동일한 값을 가진다.
② 가연성가스의 폭발상한계값보다 큰 값을 가진다.
③ 가연성가스의 폭발하한계값보다 작은 값을 가진다.
④ 가연성가스의 폭발하한계와 상한계값 사이에 존재한다.

해설 가연성가스 폭굉범위
가연성가스의 폭발하한계값과 상한계값 사이에 존재한다(공기나 산소 중에서).
　㉠ 아세틸렌가스 : 4.2~50%
　㉡ 수소 : 18.3~59%

31 프로판 20v%, 부탄 80v%인 혼합가스 1L가 완전 연소하는 데 필요한 산소는 약 몇 L인가?

① 3.0L
② 4.2L
③ 5.0L
④ 6.2L

해설 ㉠ 프로판 $= C_3H_8 + 5O_2 \rightarrow 3CO_2 + 4H_2O$
　㉡ 부탄 $= C_4H_{10} + 6.5O_2 \rightarrow 4CO_2 + 5H_2O$
∴ 산소요구량 $= (5 \times 0.2) + (6.5 \times 0.8) = 6.2L/L$

32 실제 기체가 완전 기체(ideal gas)에 가깝게 될 조건은?

① 압력이 높고, 온도가 낮을 때
② 압력, 온도가 모두 낮을 때
③ 압력이 낮고, 온도가 높을 때
④ 압력, 온도가 모두 높을 때

해설 실제 기체가 완전 기체에 근접하려면 압력이 낮고 온도가 높아야 한다.

33 어느 온도에서 $A(g) + B(g) \leftrightarrows C(g) + D(g)$와 같은 가역반응이 평형상태에 도달하여 D가 1/4mol 생성되었다. 이 반응의 평형상수는?(단, A와 B를 각각 1mol씩 반응시켰다.)

① $\dfrac{16}{9}$ 　　② $\dfrac{1}{3}$

③ $\dfrac{1}{9}$ 　　④ $\dfrac{1}{16}$

해설 반응속도 $V = K(A)(B)^3$
K(비례상수)
$$K = \frac{(C)^c (D)^d}{(A)^a (B)^b} \text{ (일정온도에서)}$$
$$\therefore \ \frac{\frac{1}{4} \times \frac{1}{4}}{\frac{3}{4} \times \frac{3}{4}} = \frac{\frac{1 \times 1}{4}}{\frac{3 \times 3}{4}} = \frac{4 \times 1 \times 1}{4 \times 3 \times 3} = 0.1111 = \frac{1}{9}$$

34 발열량이 24,000kcal/m³인 LPG 1m³에 공기 3m³을 혼합하여 희석하였을 때 혼합기체 1m³당 발열량은 몇 kcal인가?

① 5,000
② 6,000
③ 8,000
④ 16,000

해설 혼합기체 $= 1m^3 + 3m^3 = 4m^3$
$$\therefore \ \text{희석된 가스 발열량} = \frac{24,000}{4} = 6,000 \text{kcal/m}^3$$

35 다음은 정압연소 사이클의 대표적인 브레이턴 사이클(Brayton cycle)의 $T-S$선도이다. 이 그림에 대한 설명으로 옳지 않은 것은?

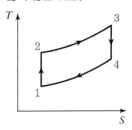

① 1−2의 과정은 가역단열압축 과정이다.
② 2−3의 과정은 가역정압가열 과정이다.
③ 3−4의 과정은 가역정압팽창 과정이다.
④ 4−1의 과정은 가역정압배기 과정이다.

해설 브레이턴 사이클은 2개의 단열과정과 2개의 정압과정으로 이루어졌으며 ③ → ④ 과정은 가역단열팽창 과정이다.

36 공기의 확산에 의하여 반응하는 연소가 아닌 것은?

① 표면연소   　　② 분해연소
③ 증발연소   　　④ 확산연소

해설 표면연소는 1차 건류된 연료만 해당된다(코크스, 숯, 목탄 등).

37 발열량에 대한 설명으로 틀린 것은?

① 연료의 발열량은 연료단위량이 완전 연소했을 때 발생한 열량이다.
② 발열량에는 고위발열량과 저위발열량이 있다.
③ 저위발열량은 고위발열량에서 수증기의 잠열을 뺀 발열량이다.
④ 발열량은 열량계로는 측정할 수 없어 계산식을 이용한다.

해설 ㉠ 발열량
　• 고위발열량
　• 저위발열량
㉡ 발열량계
　• 시그마식
　• 봄브식
　• 융커스식 유수형

38 연료에 고정탄소가 많이 함유되어 있을 때 발생되는 현상으로 옳은 것은?

① 매연 발생이 많다.

② 발열량이 높아진다.

③ 연소 효과가 나쁘다.

④ 열손실을 초래한다.

해설 연료비 $= \dfrac{\text{고정탄소}}{\text{휘발분}}$

석탄 고체연료에서 고정탄소가 많아지면 발열량이 증가한다.

$C + O_2 \rightarrow CO_2 + 8,100(\text{kcal/kg})$

39 폭발범위에 대한 설명으로 틀린 것은?

① 일반적으로 폭발범위는 고압일수록 넓다.

② 일산화탄소는 공기와 혼합 시 고압이 되면 폭발범위가 좁아진다.

③ 혼합가스의 폭발범위는 그 가스의 폭굉범위보다 좁다.

④ 상온에 비해 온도가 높을수록 폭발범위 넓다.

해설 ㉠ 아세틸렌
- 폭발범위 : 2.5~81%
- 폭굉범위 : 4.2~50%

㉡ 혼합가스의 폭발범위는 그 단일가스의 폭굉범위보다 크다.

40 298.15K, 0.1MPa 상태의 일산화탄소(CO)를 같은 온도의 이론 공기량으로 정상유동 과정으로 연소시킬 때 생성물의 단열화염 온도를 주어진 표를 이용하여 구하면 약 몇 K인가?(단, 이 조건에서 CO 및 CO_2의 생성엔탈피는 각각 $-110,529$kJ/kmol, $-393,522$ kJ/kmol이다.)

〈CO_2의 기준상태에서 각각의 온도까지 엔탈피 차〉

온도(K)	엔탈피 차(kJ/kmol)
4,800	266,500
5,000	279,295
5,200	292,123

① 4,835

② 5,058

③ 5,194

④ 5,293

해설 $CO + \dfrac{1}{2}O_2 \rightarrow CO_2 + Q$

$-110,529 = -393,522 + Q$

$\therefore Q = 393,522 - 110,529 = 282,993(\text{kJ/kmol})$

$5,000K : x : 5,200K$

$279,295 : 282,993 : 292,123$

$\therefore x(K)$

$= 5,000 + \dfrac{5,200-5,000}{292,123-279,295} \times (282,993-279,295)$

$= 5,058(K)$

※ 282,993은 표에서 5,000K와 5,200K 사이에 존재한다.

SECTION **03** 가스설비

41 기어펌프는 어느 형식의 펌프에 해당하는가?

① 축류펌프

② 원심펌프

③ 왕복식 펌프

④ 회전펌프

해설 ㉠ 회전식 펌프 : 나사펌프(스크루형), 베인펌프(편심), 기어펌프

㉡ 터보형 펌프 : 원심식, 사류식, 축류식

42 공기액화사이클 중 압축기에서 압축된 가스가 열교환기로 들어가 팽창기에서 일을 하면서 단열팽창하여 가스를 액화시키는 사이클은?

① 필립스의 액화사이클

② 캐스케이드 액화사이클

③ 클라우드의 액화사이클

④ 린데의 액화사이클

해설 클라우드 액화사이클 : 공기액화 저온사이클이며 팽창기에서 단열팽창을 이용하여 가스를 액화시킨다.

㉠ 필립스 액화사이클 : 소형으로 수소와 헬륨이 냉매로 쓰이며 2개의 피스톤이 팽창기와 압축기의 역할을 한다.

㉡ 캐스케이드 액화사이클 : 기체를 여러 대의 압축기에 통과시켜 각 기마다 비점이 점차 낮은 냉매를 통해 액화시킨다.

㉢ 린데 액화사이클 : 압축된 기체를 열교환기와 액화기에 통과시켜 액화시킨다.

43 탄소강에 자경성을 주며 이 성분을 다량으로 첨가한 강은 공기 중에서 냉각하여도 쉽게 오스테나이트 조직으로 된다. 이 성분은?

① Ni   ② Mn

③ Cr   ④ Si

해설 망간(Mn) : 탄소강에 자경성을 주며 Mn을 다량으로 첨가하면 공기 중에서 냉각하여도 오스테나이트 조직이 된다.
※ 오스테나이트 조직 : 담금질한 철강 조직의 하나로, 합금 원소가 녹아 들어가 면심입방정을 이루는 철강 및 합금강을 총칭해 오스테나이트라 한다.

44 배관이 열팽창 할 경우에 응력이 경감되도록 미리 늘어날 여유를 두는 것을 무엇이라 하는가?

① 루핑   ② 핫 멜팅

③ 콜드 스프링   ④ 팩레싱

해설 콜드 스프링 : 배관이 열팽창 할 경우에 응력이 경감되도록 미리 늘어날 여유를 두는 작업이다.

45 부탄가스 공급 또는 이송 시 가스 재액화 현상에 대한 대비가 필요한 방법(식)은?

① 공기 혼합 공급방식

② 액송 펌프를 이용한 이송법

③ 압축기를 이용한 이송법

④ 변성 가스 공급방식

해설 부탄가스는 비점이 높아서 이송 시 압축기를 이용하면 재액화 우려가 있다.

46 냉동능력에서 1RT를 kcal/h로 환산하면?

① 1,660kcal/h

② 3,320kcal/h

③ 39,840kcal/h

④ 79,680kcal/h

해설 냉동능력
㉠ 1RT : 3,320kcal/h
㉡ 1RT(흡수식) : 6,640kcal/h

47 터보 압축기에서 누출이 주로 생기는 부분에 해당되지 않는 것은?

① 임펠러 출구

② 다이어프램 부위

③ 밸런스 피스톤 부분

④ 축이 케이싱을 관통하는 부분

해설 임펠러 입구 및 비용적식 터보 압축기에서 가스가 누설되는 부위는 ②, ③, ④항이다.

48 접촉분해(수증기 개질)에서 카본 생성을 방지하는 방법으로 알맞은 것은?

① 고온, 고압, 고수증기

② 고온, 저압, 고수증기

③ 고온, 고압, 저수증기

④ 저온, 저압, 저수증기

해설 도시가스 제조 시 수증기 개질에서 카본 생성 방지로 고온, 저압의 고수증기를 사용한다.
$CH_4 \rightleftarrows 2H_2 + C$(카본), $2CO \rightleftarrows CO_2 + C$(카본)

49 고압가스 용접용기에 대한 내압검사 시 전증가량이 250mL일 때 이 용기가 내압시험에 합격하려면 영구증가량은 얼마 이하가 되어야 하는가?

① 12.5mL   ② 25.0mL

③ 37.5mL   ④ 50.0mL

해설 용기제조 시 내압시험에서 영구증가량이 10% 이하이면 합격이다.
• 영구증가량 = 전증가량 × 영구증가율
∴ $250 \times 0.1 = 25.0$(mL) 이하

50 전기방식시설의 유지관리를 위해 배관을 따라 전위 측정용 터미널을 설치할 때 얼마 이내의 간격으로 하는가?

① 50m 이내

② 100m 이내

③ 200m 이내

④ 300m 이내

해설 전기방식시설(희생양극법) 유지관리 전위측정용 터미널 간격

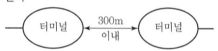

다만, 외부전원법이라면 500m 이내이다.

51 고무호스가 노후되어 직경 1mm의 구멍이 뚫려 280mmH$_2$O의 압력으로 LP가스가 대기 중으로 2시간 유출되었을 때 분출된 가스의 양은 약 몇 L인가? (단, 가스의 비중은 1.6이다.)

① 140L   ② 238L

③ 348L   ④ 672L

해설 가스누설 분출량(Q)

$$Q = 0.009D^2 \sqrt{\frac{h}{d}}$$

$$= \left(0.009 \times 1^2 \times \sqrt{\frac{280}{1.6}}\right) \times 2시간$$

$$= 0.238(\text{m}^3) = 238(\text{L})$$

52 용접결함 중 접합부의 일부분이 녹지 않아 간극이 생긴 현상은?

① 용입불량   ② 융합불량

③ 언더컷   ④ 슬러그

해설 용입불량

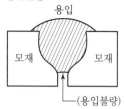

ㄱ 융합불량 : 용착금속 간 또는 모재와 용착금속 간에 융합이 되지 않은 상태

ㄴ 언더컷 : 용접선 끝부분에 홈이 파인 상태

ㄷ 슬러그 : 용착금속 표면 또는 그 내부에 녹은 피복제가 남아 있는 상태

53 분자량이 큰 탄화수소를 원료로 10,000kcal/Nm³ 정도의 고열량 가스를 제조하는 방법은?

① 부분연소 프로세스

② 사이클링식 접촉분해 프로세스

③ 수소화분해 프로세스

④ 열분해 프로세스

해설 열분해 프로세스 : 도시가스 제조 시 분자량이 큰 탄화수소를 원료로 하여 약 10,000kcal/Nm³ 정도의 고열량 가스를 제조하는 방법이다.

54 금속의 표면 결함을 탐지하는 데 주로 사용되는 비파괴검사법은?

① 초음파 탐상법   ② 방사선 투과시험법

③ 중성자 투과시험법   ④ 침투 탐상법

해설 침투 탐상법 : 금속의 표면 결함을 탐지하는 비파괴검사법 (자기검사가 용이하지 못한 비자성 재료의 검사법이다.)

55 도시가스설비에 대한 전기방식(防飾)의 방법이 아닌 것은?

① 희생양극법   ② 외부전원법

③ 배류법   ④ 압착전원법

해설 전기방식

ㄱ 희생양극법

ㄴ 외부전원법

ㄷ 배류법

ㄹ 선택배류법

ㅁ 강제배류법

56 압력조정기를 설치하는 주된 목적은?

① 유량 조절

② 발열량 조절

③ 가스의 유속 조절

④ 일정한 공급압력 유지

해설 압력조정기 역할 : 유출 압력을 조절하여 일정한 가스 공급 압력을 유지하고 가스 사용이 종료되면 차단을 한다.

57 저압배관의 관경 결정(Pole式) 시 고려할 조건이 아닌 것은?

① 유량　　　　　　② 배관길이

③ 중력가속도　　　④ 압력손실

해설 저압배관 관경 결정

$$K\sqrt{\frac{D^5 \cdot h}{S \cdot L}} \, , \;\; D^5 = \frac{Q^2 \cdot S \cdot L}{K^2 \cdot h}$$

여기서, S : 가스비중
　　　　 Q : 유량
　　　　 L : 배관길이
　　　　 h : 허용압력손실

58 LPG 압력조정기 중 1단 감압식 준저압 조정기의 조정압력은?

① 2.3~3.3kPa

② 2.55~3.3kPa

③ 57.0~83kPa

④ 5.0~30.0kPa 이내에서 제조자가 설정한 기준압력의 ±20%

해설 LPG 조정기 중 1단 감압식 준저압 조정기
　㉠ 입구압력 : 1~15.6kg/cm²(0.1~1.56MPa)
　㉡ 조정압력 : 5~30kPa 이내에서 제조자가 설정한 기준압력의 ±20%

59 PE배관의 매설 위치를 지상에서 탐지할 수 있는 로케팅와이어 전선의 굵기(mm²)로 맞는 것은?

① 3　　　　　　　② 4

③ 5　　　　　　　④ 6

해설 PE관(폴리에틸렌관)의 매설 위치를 지상에서 탐지할 수 있는 로케팅와이어 전선의 굵기는 6(mm²)이다.
• PE관 매설 시 지상에서 탐지할 수 있는 로케팅와이어나 탐지형 보호포 등을 설치해야 한다.

60 가스 중에 포화수분이 있거나 가스배관의 부식구멍 등에서 지하수가 침입 또는 공사 중에 물이 침입하는 경우를 대비해 관로의 저부에 설치하는 것은?

① 에어밸브　　　　② 수취기

③ 콕　　　　　　　④ 체크밸브

해설 수취기
도시가스 공급가스배관에서 지하수 침투 시 물이 침투하는 것을 방지하는 기기이다(관로의 낮은 부분에 설치하여 수분 제거). 물이 체류할 위험이 있는 배관에 설치해야 한다.

SECTION **04** 가스안전관리

61 아세틸렌을 2.5MPa의 압력으로 압축할 때에는 희석제를 첨가하여야 한다. 희석제로 적당하지 않은 것은?

① 일산화탄소　　　② 산소

③ 메탄　　　　　　④ 질소

해설 아세틸렌가스는 가연성 가스이고 공기, 산소는 조연성 가스이므로 희석제로 사용할 수 없다.
• CO, N₂, CH₄, C₂H₄ 가스사용이 가능하다.

62 충전질량 1,000kg 이상인 LPG 소형저장탱크 부근에 설치하여야 하는 분말소화기의 능력단위로 옳은 것은?

① BC용 B-10 이상　② BC용 B-12 이상

③ ABC용 B-10 이상　④ ABC용 B-12 이상

해설 1,000kg 이상인 경우 분말소화기 능력단위
　㉠ BC용, B-10(이상)
　㉡ ABC용, B-12(이상)

63 용기에 의한 액화석유가스 사용시설에서 용기집합설비의 설치기준으로 틀린 것은?

① 용기집합설비의 양단 마감 조치 시에는 캡 또는 플랜지로 마감한다.

② 용기를 3개 이상 집합하여 사용하는 경우에 용기집합장치로 설치한다.

③ 내용적 30L 미만인 용기로 LPG를 사용하는 경우 용기집합설비를 설치하지 않을 수 있다.

④ 용기와 소형저장탱크를 혼용 설치하는 경우에는 트윈호스로 마감한다.

해설 소형저장탱크에는 배관용 밸브로 마감하여야 하며 용기와 소형 저장탱크를 혼용 설치하면 위험하다.
※ 트윈호스 : 가스통 2개 연결호스

64 액화석유가스의 충전용기는 항상 몇 ℃ 이하로 유지하여야 하는가?

① 15℃   ② 25℃
③ 30℃   ④ 40℃

해설 가스저장 충전용기는 항상 40℃ 이하로 유지하여야 한다.

65 산소, 아세틸렌, 수소 제조 시 품질검사의 실시 횟수로 옳은 것은?

① 매시간   ② 6시간에 1회 이상
③ 1일 1회 이상   ④ 가스 제조 시마다

해설 ㉠ 품질검사 실시 횟수 : 1일 1회 이상
㉡ 검사 시 순도합격
• 산소 : 99.5% 이상   • 아세틸렌 : 98% 이상
• 수소 : 98.5% 이상

66 1일간 저장능력이 35,000m³인 일산화탄소 저장설비의 외면과 학교는 몇 m 이상의 안전거리를 유지하여야 하는가?

① 17m   ② 18m
③ 24m   ④ 27m

해설 3만m³ 초과~4만m³ 이하 시 안전거리
• 제1종 보호시설 : 27m 이상
• 제2종 보호시설 : 18m 이상

67 이동식 프로판 연소기용 용접용기에 액화석유가스를 충전하기 위한 압력 및 가스성분의 기준은?(단, 충전하는 가스의 압력은 40℃ 기준이다.)

① 1.52MPa 이하, 프로판 90mol% 이상
② 1.53MPa 이하, 프로판 90mol% 이상
③ 1.52MPa 이하, 프로판＋프로필렌 90mol% 이상
④ 1.53MPa 이하, 프로판＋프로필렌 90mol% 이상

해설 이동식 프로판 연소기용 용접용기의 기준
㉠ 압력기준 : 1.53MPa 이하
㉡ 농도가스성분 : 프로판 90mol% 이상

68 차량에 고정된 탱크 운반차량의 운반기준 중 다음 ( )에 옳은 것은?

> 가연성가스(액화석유가스를 제외한다.) 및 산소탱크의 내용적은 (Ⓐ) L, 독성가스(액화암모니아를 제외한다.) 탱크의 내용적은 (Ⓑ) L를 초과하지 않을 것

① Ⓐ 20,000, Ⓑ 15,000
② Ⓐ 20,000, Ⓑ 10,000
③ Ⓐ 18,000, Ⓑ 12,000
④ Ⓐ 16,000, Ⓑ 14,000

해설 차량에 고정된 탱크 운반차량 내용적기준
㉠ 산소 및 가연성가스 : 18,000L
㉡ 독성가스 : 12,000L(단, 암모니아는 제외한다.)

69 20kg(내용적 : 47L) 용기에 프로판이 2kg 들어 있을 때, 액체프로판의 중량은 약 얼마인가?(단, 프로판의 온도는 15℃이며, 15℃에서 포화액체 프로판 및 포화가스 프로판의 비용적은 각각 1.976cm³/g, 62cm³/g이다.)

① 1.08kg   ② 1.28kg
③ 1.48kg   ④ 1.68kg

해설 $47 \times \dfrac{2}{20} = 4.7(L)$

$1.976 \times (2-x) + 62 \times x = 23.5$

중량$(x) = \dfrac{47 - 1.976 \times 2}{62 - 1.976} = 0.717179(kg)$

∴ 액체프로판의 무게 $= 2 - 0.717179 = 1.28(kg)$

70 지름이 각각 5m와 7m인 LPG 지상저장탱크 사이에 유지해야 하는 최소 거리는 얼마인가?(단, 탱크 사이에는 물분무장치를 하지 않고 있다.)

① 1m   ② 2m
③ 3m   ④ 4m

해설

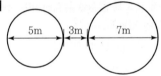

최소 이격거리＝탱크합산길이 $\times \dfrac{1}{4}$

$\therefore \ (5+7) \times \dfrac{1}{4} = 3\mathrm{m}$

71 아세틸렌을 용기에 충전할 때에는 미리 용기에 다공질물을 고루 채워야 하는데 이때 다공도는 몇 % 이상이어야 하는가?

① 62% 이상 ② 75% 이상
③ 92% 이상 ④ 95% 이상

해설 C_2H_2가스 다공도 : 75% 이상~92% 이하

72 가스용 염화비닐호스의 안지름 치수규격이 옳은 것은?

① 1종 : 6.3±0.7mm ② 2종 : 9.5±0.9mm
③ 3종 : 12.7±1.2mm ④ 4종 : 25.4±1.27mm

해설 염화비닐호스의 안지름 치수규격
㉠ 1종 : 6.3±0.7mm ㉡ 2종 : 9.5±0.7mm
㉢ 3종 : 12.7±0.7mm

73 가연성가스 제조소에서 화재의 원인이 될 수 있는 착화원이 모두 바르게 나열된 것은?

Ⓐ 정전기
Ⓑ 베릴륨 합금제 공구에 의한 충격
Ⓒ 안전증 방폭구조의 전기기기
Ⓓ 촉매의 접촉작용
Ⓔ 밸브의 급격한 조작

① Ⓐ, Ⓓ, Ⓔ ② Ⓐ, Ⓑ, Ⓒ
③ Ⓐ, Ⓒ, Ⓓ ④ Ⓑ, Ⓒ, Ⓔ

해설 ㉠ 착화원 : Ⓐ, Ⓓ, Ⓔ
㉡ 착화방지용 : Ⓑ, Ⓒ
• 베릴륨 합금제 공구 : 불꽃방지 방폭공구

74 가연성가스의 폭발범위가 적절하게 표기된 것은?

① 아세틸렌 : 2.5~81%
② 암모니아 : 16~35%
③ 메탄 : 1.8~8.4%
④ 프로판 : 2.1~11.0%

해설 폭발범위
㉠ 암모니아 : 15~28% ㉡ 메탄 : 5~15%
㉢ 프로판 : 2.1~9.5% ㉣ 부탄 : 1.8~8.4%

75 고압가스 냉동제조시설에서 냉동능력 20ton 이상의 냉동설비에 설치하는 압력계의 설치기준으로 틀린 것은?

① 압축기의 토출압력 및 흡입압력을 표시하는 압력계를 보기 쉬운 곳에 설치한다.
② 강제윤활방식인 경우에는 윤활압력을 표시하는 압력계를 설치한다.
③ 강제윤활방식인 것은 윤활유 압력에 대한 보호장치가 설치되어 있는 경우 압력계를 설치한다.
④ 발생기에는 냉매가스의 압력을 표시하는 계를 설치한다.

해설 냉동능력 20톤 이상인 강제윤활방식에서는 보호장치가 설치되지 않은 경우에 압력계를 설치한다.

76 저장시설로부터 차량에 고정된 탱크에 가스를 주입하는 작업을 할 경우 차량운전자는 작업기준을 준수하여 작업하여야 한다. 다음 중 틀린 것은?

① 차량이 앞뒤로 움직이지 않도록 차바퀴의 전후를 차바퀴 고정목 등으로 확실하게 고정시킨다.
② [이입작업 중(충전 중) 화기엄금]의 표시판이 눈에 잘 띄는 곳에 세워져 있는가를 확인한다.
③ 정전기제거용의 접지코드를 기지(基地)의 접지텝에 접속하여야 한다.
④ 운전자는 이입작업이 종료될 때까지 운전석에 위치하여 만일의 사태가 발생하였을 때 즉시 엔진을 정지할 수 있도록 대비하여야 한다.

해설 운전자는 이입작업이 시작되기 전에 엔진을 정지하고 이입작업이 원활하도록 한다.

77 고압가스 용기에 대한 설명으로 틀린 것은?

① 아세틸렌용기는 황색으로 도색하여야 한다.
② 압축가스를 충전하는 용기의 최고 충전압력은 TP로 표시한다.
③ 신규검사 후 경과연수가 20년 이상인 용접용기는 1년마다 재검사를 하여야 한다.
④ 독성가스 용기의 그림문자는 흰색 바탕에 검은색 해골모양으로 한다.

해설 ㉠ 최고 충전압력 : FT
ㄴ 내압시험압력 : TP

78 고압가스 일반제조시설에서 사업소 밖에 배관매몰 설치 시 다른 매설물과의 최소 이격거리를 바르게 나타낸 것은?

① 배관은 그 외면으로부터 지하의 다른 시설물과 0.5m 이상
② 독성가스의 배관은 수도시설로부터 100m 이상
③ 터널과는 5m 이상
④ 건축물과는 1.5m 이상

해설 배관매몰 설치 시 다른 매설물과의 최소 이격거리

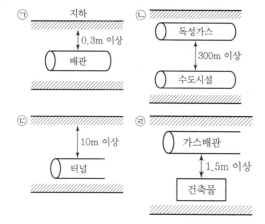

79 액화석유가스의 적절한 품질을 확보하기 위하여 정해진 품질기준에 맞도록 품질을 유지하여야 하는 자에 해당하지 않는 것은?

① 액화석유가스 충전사업자
② 액화석유가스 특정사용자
③ 액화석유가스 판매사업자
④ 액화석유가스 집단공급사업자

해설 액화석유가스의 품질유지관리자는 ①, ③, ④항의 사업자에 해당된다.

80 도시가스 배관용 볼밸브 제조의 시설 및 기술 기준으로 틀린 것은?

① 밸브의 오링과 패킹은 마모 등 이상이 없는 것으로 한다.
② 개폐용 핸들의 열림 방향은 시계 방향으로 한다.
③ 볼밸브는 핸들 끝에서 294.2N 이하의 힘을 가해서 90° 회전할 때 완전히 개폐하는 구조로 한다.
④ 나사식 밸브 양 끝의 나사축선에 대한 어긋남은 양 끝면의 나사 중심을 연결하는 직선에 대하여 끝면으로부터 300mm 거리에서 2.0mm를 초과하지 아니하는 것으로 한다.

해설 개폐용 핸들 휠의 열림 방향은 시계바늘 반대 방향으로 한다.

SECTION **05** 가스계측

81 다음 중 파라듐관 연소법과 관련이 없는 것은?

① 가스뷰렛 　　② 봉액
③ 촉매 　　④ 과염소산

해설 파라듐관 연소법
㉠ 정의 : H_2가스의 양을 산출하는 가스분석법이다.
ㄴ 부속장치 : 가스뷰렛, 파라듐관, 봉액기
※ 과염소산($HClO_4$) : 무색의 액체이며 대기압하에서 증류하면 분해되고 때로는 폭발하기도 한다. 물과 혼합하면 다량의 열을 발생시킨다(가장 강한산이다).

82 탄화수소 성분에 대하여 감도가 좋고, 노이즈가 적으며 사용이 편리한 장점이 있는 가스 검출기는?

① 접촉연소식
② 반도체식
③ 불꽃이온화식
④ 검지관식

해설 기기분석법에서 불꽃이온화 검출기(FID)
탄화수소가스에서 감도가 최고이나 H_2, O_2, CO, CO_2, SO_2 등에는 감도가 없어 측정할 수 없다.

83 천연가스의 성분이 메탄(CH_4) 85%, 에탄(C_2H_6) 13%, 프로판(C_3H_8) 2%일 때 이 천연가스의 총 발열량은 약 몇 kcal/m³인가?(단, 조성은 용량 백분율이며, 각 성분에 대한 총 발열량은 다음과 같다.)

성분	메탄	에탄	프로판
총 발열량 (kcal/m³)	9,520	16,850	24,160

① 10,766
② 12,741
③ 13,215
④ 14,621

해설 ㉠ 메탄 : $9,520 \times 0.85 = 8,092$
㉡ 에탄 : $16,850 \times 0.13 = 2,190.5$
㉢ 프로판 : $24,160 \times 0.02 = 483.2$
∴ 총 발열량 $= 8,092 + 2,190.5 + 483.2$
$= 10,766(\text{kcal/m}^3)$

84 검지가스와 누출 확인 시험지가 옳게 연결된 것은?

① 포스겐 – 하리슨씨시약
② 할로겐 – 염화제일구리 착염지
③ CO – KI 전분지
④ H_2S – 질산구리 벤젠지

해설 ㉠ 아세틸렌 : 염화제1동 착염지
㉡ CO : 염화파라듐지
㉢ H_2S : 연당지(초산납시험지)

85 가스미터의 크기 선정 시 1개의 가스기구가 가스미터 최대 통과량의 80%를 초과한 경우의 조치로서 가장 옳은 것은?

① 1등급 큰 미터를 선정한다.
② 1등급 적은 미터를 선정한다.
③ 상기 시 가스양 이상의 통과 능력을 가진 미터 중 최대의 미터를 선정한다.
④ 상기 시 가스양 이상의 통과 능력을 가진 미터 중 최소의 미터를 선정한다.

해설 가스미터기의 크기 선정
최대 가스소비량의 60%가 되도록 가스미터를 선정하고, 80% 초과 시에는 1등급 더 큰 미터기를 선정한다.

86 스프링식 저울의 경우 측정하고자 하는 물체의 무게가 작용하여 스프링의 변위가 생기고 이에 따라 바늘의 변위가 생겨 지시하는 양으로 물체의 무게를 알 수 있다. 이와 같은 측정방법은?

① 편위법
② 영위법
③ 치환법
④ 보상법

해설 ㉠ 편위법 : 스프링, 부르동관, 전류계 등
㉡ 영위법 : 천칭
㉢ 치환법 : 다이얼게이지

87 적분동작이 좋은 결과를 얻을 수 있는 경우가 아닌 것은?

① 측정지연 및 조절지연이 작은 경우
② 제어대상이 자기평형성을 가진 경우
③ 제어대상의 속응도(速應度)가 작은 경우
④ 전달지연과 불감시간(不感時間)이 작은 경우

해설 적분동작
잔류편차를 제거하는 동작으로, 제어동작의 속응도가 크고 ①, ②, ④항의 결과를 얻게 된다.
특성식(Y) $= K_1 \int e \, dt$

88 습도에 대한 설명으로 틀린 것은?

① 절대습도는 비습도라고도 하며 %로 나타낸다.
② 상대습도는 현재의 온도 상태에서 포함할 수 있는 포화수증기 최대량에 대한 현재 공기가 포함하고 있는 수증기의 양을 %로 표시한 것이다.
③ 이슬점은 상대습도가 100%일 때의 온도이며 노점온도라고도 한다.
④ 포화공기는 더 이상 수분을 포함할 수 없는 상태의 공기이다.

해설 습도단위
  ㉠ 절대습도 : kg/kg'(온도와 관계없이 일정하다.)
  ㉡ 상대습도 : %(온도에 따라 변한다.)
  ㉢ 비교습도 : %(습공기의 절대습도와 그 온도와 동일한 포화공기의 절대습도와의 비이다.)

89 탄광 내에서 CH_4 가스의 발생을 검출하는 데 가장 적당한 방법은?

① 시험지법
② 검지관법
③ 질량분석법
④ 안전등형 가연성가스 검출법

해설 가연성가스 검출기
  ㉠ 안전등형
  ㉡ 간섭계형
  ㉢ 열선형
  ㉣ 필라멘트(열선) 연소식

90 초저온 영역에서 사용될 수 있는 온도계로 가장 적당한 것은?

① 광전관식 온도계
② 백금 측온 저항체 온도계
③ 크로멜－알루멜 열전대 온도계
④ 백금－백금·로듐 열전대 온도계

해설 온도 측정범위
  ㉠ 광전관식 : 700~3,000℃
  ㉡ 백금 측온 전기저항식 : －200℃~500℃
  ㉢ 크로멜－알루멜 : －20℃~1,200℃
  ㉣ 백금－백금·로듐 : 600℃~1,600℃

91 경사각이 30°인 경사관식 압력계의 눈금을 읽었더니 50cm이었다. 이때 양단의 압력 차는 약 몇 kgf/cm^2인가?(단, 비중이 0.8인 기름을 사용하였다.)

① 0.02
② 0.2
③ 20
④ 200

해설 $P_1 - P_2 = \gamma x \sin\theta$
  압력차$(P) = 0.8 \times 10^3 \times 0.5 \times \sin \times 30° \times 10^{-4}$
  $= 0.02(kg/cm^2)$
  ※ $1kg/cm^2 = 10^4(kg/m^2)$

92 가스크로마토그래피의 구성장치가 아닌 것은?

① 분광부
② 유속조절기
③ 컬럼
④ 시료주입기

해설 가스크로마토그래피의 구성장치
분리관(컬럼), 기록계, 항온조, 유량조절기, 유속조절기, 시료주입기, 압력계 등

93 선팽창계수가 다른 2종의 금속을 결합시켜 온도 변화에 따라 굽히는 정도가 다른 특성을 이용한 온도계는?

① 유리제 온도계
② 바이메탈 온도계
③ 압력식 온도계
④ 전기저항식 온도계

해설 바이메탈 온도계 : 선팽창계수가 다른 2종의 금속을 결합시켜 －50~500℃ 온도를 측정하는 접촉식 온도계이다.

94 유리제 온도계 중 모세관 상부에 보조 구부를 설치하고 사용온도에 따라 수은량을 조절하여 미세한 온도차의 측정이 가능한 것은?

① 수은 온도계
② 알코올 온도계
③ 베크만 온도계
④ 유점 온도계

해설 베크만 온도계

수은 조절

95 제어량이 목푯값을 중심으로 일정한 폭의 상하 진동을 하게 되는 현상을 무엇이라고 하는가?

① 오프셋
② 오버슈트
③ 오버잇
④ 뱅뱅

해설 뱅뱅 : 제어량이 목푯값을 중심으로 일정한 폭의 상하 진동을 하게 되는 현상이다(일종의 온－오프동작 즉, 2위치 동작이다).

96 가스미터 설치장소 선정 시 유의사항으로 틀린 것은?

① 진동을 받지 않는 곳이어야 한다.
② 부착 및 교환 작업이 용이하여야 한다.
③ 직사일광에 노출되지 않는 곳이어야 한다.
④ 가능한 한 통풍이 잘되지 않는 곳이어야 한다.

해설 가스 누설을 대비하여 가스미터기는 가능한 한 통풍이 잘되는 곳에 설치한다.

97 2차 지연형 계측기에서 제동비를 ξ로 나타낼 때 대수감쇠율을 구하는 식은?

① $\dfrac{2\pi\xi}{\sqrt{1+\xi^2}}$
② $\dfrac{2\pi\xi}{\sqrt{1-\xi^2}}$
③ $\dfrac{2\pi\xi}{\sqrt{1+\xi}}$
④ $\dfrac{2\pi\xi}{\sqrt{1-\xi}}$

해설 제동비(감쇠계수)
㉠ 대수감쇠율 $=\dfrac{2\pi\xi}{\sqrt{1-\xi^2}}$
㉡ 감쇠비 $=\dfrac{\text{제2오버슈트}}{\text{최대오버슈트}}$
㉢ 제동계수(σ)가 1이면 임계진동

98 유체의 운동방정식(베르누이의 원리)을 적용하는 유량계는?

① 오벌기어식
② 로터리베인식
③ 터빈유량계
④ 오리피스식

해설 오리피스 차압식 유량계(베르누이의 원리 이용) 유량측정(Q)

$$Q = C \cdot A_2 \sqrt{2gH\left(\dfrac{\gamma_0}{\gamma}-1\right)}\ (\text{m}^3/\text{s})$$

99 크로마토그래피에서 분리도를 2배로 증가시키기 위한 컬럼의 단수(N)는?

① 단수(N)를 $\sqrt{2}$ 배 증가시킨다.
② 단수(N)를 2배 증가시킨다.
③ 단수(N)를 4배 증가시킨다.
④ 단수(N)를 8배 증가시킨다.

해설 분리도(R)
$$R = \dfrac{2(t_2-t_1)}{W_1+W_2}$$
여기서, t_1, t_2 : 1, 2번 성분의 보유시간
$\quad\quad\quad W_1$, W_2 : 1, 2번 성분의 피크 폭(mm)
이론단수(N) $= 16\times(\text{Tr}/\text{W})^2$

100 막식 가스미터에서 가스가 미터를 통과하지 않는 고장은?

① 부동
② 불통
③ 기차불량
④ 감도불량

해설 가스미터기 이상현상
㉠ 부동 : 가스미터기 지침이 작동하지 않는 것
㉡ 불통 : 가스가 가스미터기를 통과하지 못하는 것
㉢ 기차불량 : 계측기기 고유의 불량
㉣ 감도$=\dfrac{\text{지시량의 변화}}{\text{측정량의 변화}}$
감도가 좋으면 측정시간이 길어지고 측정범위가 좁아진다.

SECTION 01 가스유체역학

01 기체수송에 사용되는 기계들이 줄 수 있는 압력 차를 크기 순서대로 옳게 나타낸 것은?

① 팬(fan)<압축기<송풍기(blower)

② 송풍기(blower)<팬(fan)<압축기

③ 팬(fan)<송풍기(blower)<압축기

④ 송풍기(blower)<압축기<팬(fan)

해설 기체수송 압력차

압축기>팬>송풍기

㉠ 압축기 : 0.1MPa 이상(100kPa)

㉡ 팬 : 10kPa 미만

㉢ 송풍기 : 10kPa 이상~0.1MPa 미만

02 진공압력이 0.10kgf/cm²이고, 온도가 20℃인 기체가 계기압력 7kgf/cm²로 등온압축되었다. 이때 압축 전 체적(V_1)에 대한 압축 후의 체적(V_2)의 비는 얼마인가?(단, 대기압은 720mmHg이다.)

① 0.11

② 0.14

③ 0.98

④ 1.41

해설 $P_1 = 1.0332 \times \dfrac{720}{760} = 0.98$

$0.98 - 0.10 = 0.88(\text{kgf/cm}^2)$

$P_2 = 1.0332 \times \dfrac{720}{760} + 7 = 7.98(\text{kgf/cm}^2)$

$\therefore$ 체적비$\left(\dfrac{V_2}{V_1}\right) = \dfrac{P_1}{P_2} = \dfrac{0.88}{7.98} = 0.11(\text{배})$

03 압력 P_1에서 체적 V_1을 갖는 어떤 액체가 있다. 압력을 P_2로 변화시키고 체적이 V_2가 될 때, 압력 차이 $(P_2 - P_1)$를 구하면?(단, 액체의 체적탄성계수는 K로 일정하고 체적변화는 아주 작다.)

① $-K\left(1 - \dfrac{V_2}{V_1 - V_2}\right)$　② $K\left(1 - \dfrac{V_2}{V_1 - V_2}\right)$

③ $-K\left(1 - \dfrac{V_2}{V_1}\right)$　④ $K\left(1 - \dfrac{V_2}{V_1}\right)$

해설 $P_1 V_1 = P_2 V_2$

(액체의 체적탄성계수 K)

$\therefore P_2 - P_1 = K\left(1 - \dfrac{V_2}{V_1}\right)$

$K = -\dfrac{\Delta P}{\left(\dfrac{\Delta V}{V}\right)} = \dfrac{dP}{\left(\dfrac{dV}{V}\right)} = Pa$

$\therefore (P_2 - P_1) = K \times \left(\dfrac{V_1 - V_2}{V_1}\right) = K \times \left(1 - \dfrac{V_2}{V_1}\right)$

압축률의 역이 체적탄성계수이다.

04 그림과 같이 비중량이 γ_1, γ_2, γ_3인 세 가지의 유체로 채워진 마노미터에서 A 위치와 B 위치의 압력 차이 $(P_B - P_A)$는?

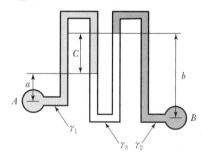

① $-a\gamma_1 - b\gamma_2 + c\gamma_3$　② $-a\gamma_1 + b\gamma_2 - c\gamma_3$

③ $a\gamma_1 - b\gamma_2 - c\gamma_3$　④ $a\gamma_1 - b\gamma_2 + c\gamma_3$

해설 마노미터 A와 B 위치의 압력 차이

$\therefore (P_B - P_A) = -a\gamma_1 + b\gamma_2 - c\gamma_3$

$P_A - a\gamma_1 = P_B - b\gamma_2 + c\gamma_3$

05 왕복펌프의 특징으로 옳지 않은 것은?

① 저속운전에 적합하다.

② 같은 유량을 내는 원심펌프에 비하면 일반적으로 대형이다.

③ 유량은 적어도 되지만 양정이 원심펌프로 미칠 수 없을 만큼 고압을 요구하는 경우는 왕복펌프가 적합하지 않다.

④ 왕복펌프는 양수작용에 따라 분류하면 단동식과 복동식 및 차동식으로 구분된다.

해설 ㉠ 양정이 요구되는 곳 : 왕복식 펌프(고압송출이 가능하지만 고압 시 액의 성질이나 패킹의 고장이 많다.)

㉡ 유량이 요구되는 곳 : 원심펌프

06 비중량이 $30kN/m^3$인 물체가 물속에서 줄(lope)에 매달려 있다. 줄의 장력이 4kN이라고 할 때 물속에 있는 이 물체의 체적은 얼마인가?

① $0.198m^3$ ② $0.218m^3$

③ $0.225m^3$ ④ $0.246m^3$

해설

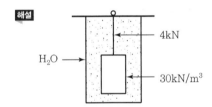

• $9.8kg \cdot m/s^2 = 9.8N$

• $9,800N/m^3 = 9.8kN/m^3$

∴ $30 \times V - 4 = 9.8 \times V$, $30V - 4 = 9.8V$, $30V - 9.8V = 4$

$V \times (30 - 9.8) = 4$

∴ $V = \dfrac{4}{30 - 9.8} = 0.198(m^3)$

07 내경 0.05m인 강관 속으로 공기가 흐르고 있다. 한쪽 단면에서의 온도는 293K, 압력은 4atm, 평균유속은 75m/s였다. 이 관의 하부에는 내경 0.08m의 강관이 접속되어 있는데, 이곳의 온도는 303K, 압력은 2atm 이라고 하면 이곳에서의 평균유속은 몇 m/s인가? (단, 공기는 이상기체이고 정상유동이라 간주한다.)

① 14.2 ② 60.6

③ 92.8 ④ 397.4

해설

• $A_1 = \dfrac{3.14}{4} \times (0.05)^2 = 0.0019625(m^2)$

• $A_2 = \dfrac{3.14}{4} \times (0.08)^2 = 0.005024(m^2)$

$Q_2 = \dfrac{4 \times (0.0019625 \times 75) \times 303}{2 \times 293} = 0.304 m^3/s$

∴ 유속$(V_2) = \dfrac{Q_2}{A_2} = \dfrac{0.304}{\dfrac{3.14}{4} \times (0.08)^2} = 60.6(m/s)$

08 그림과 같은 덕트에서의 유동이 아음속 유동일 때 속도 및 압력의 유동방향 변화를 옳게 나타낸 것은?

① 속도감소, 압력감소 ② 속도증가, 압력증가

③ 속도증가, 압력감소 ④ 속도감소, 압력증가

해설 확대노즐$(dA > 0, \ dV < 0)$

아음속 흐름$(M_a < 1)$

㉠ 속도감소$(dV < 0)$

㉡ 압력증가$(dP > 0)$

㉢ 밀도증가$(d\rho > 0)$

09 관 내 유체의 급격한 압력 강하에 따라 수중에서 기포가 분리되는 현상은?

① 공기바인딩 ② 감압화

③ 에어리프트 ④ 캐비테이션

해설 캐비테이션

관 내 유체의 급격한 압력강하에 따라 수중에서 기포가 분리되는 공동현상이다. 유수 중에 그 수온의 증기압력보다 낮은 부분이 생겨서 물이 증발을 일으킨다.

10 비중 0.9인 유체를 10ton/h의 속도로 20m 높이의 저장탱크에 수송한다. 지름이 일정한 관을 사용할 때 펌프가 유체에 가해 준 일은 몇 kgf · m/kg인가? (단, 마찰손실은 무시한다.)

① 10

② 20

③ 30

④ 40

해설 유량 $= 10 \times 10^3 \times 0.9 = 9,000(\text{kgf})$

∴ 가해 준 일량 $= \dfrac{20 \times 9,000}{9,000} = 20(\text{kgf} \cdot \text{m/kg})$

11 공기 속을 초음속으로 날아가는 물체의 마하각 (Machangle)이 35°일 때, 그 물체의 속도는 약 몇 m/s인가?(단, 음속은 340m/s이다.)

① 581

② 593

③ 696

④ 900

해설 유속 $(V) = \sqrt{kgRT}\,(\text{m/s})$

물체의 유속 $(V') = \dfrac{V}{\sin\mu} = \dfrac{340}{\sin 35°} = 593(\text{m/s})$

12 다음은 면적이 변하는 도관에서의 흐름에 관한 그림이다. 그림에 대한 설명으로 옳지 않은 것은?

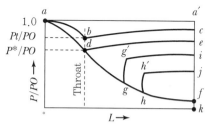

① d점에서의 압력비를 임계압력비라고 한다.

② gg' 및 hh'는 충격파를 나타낸다.

③ 선 abc상의 다른 모든 점에서의 흐름은 아음속이다.

④ 초음속인 경우 노즐의 확산부의 단면적이 증가하면 속도는 감소한다.

해설 초음속에서$(Ma > 1)$

dA : 증가(단면적), dV : 속도 증가(유속), dP : 감소(압력)

13 지름 5cm의 관 속을 15cm/s로 흐르던 물이 지름 10cm로 급격히 확대되는 관 속으로 흐른다. 이때 확대에 의한 마찰손실 계수는 얼마인가?

① 0.25

② 0.56

③ 0.65

④ 0.75

해설

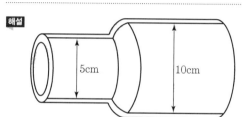

$h = f\dfrac{L}{d} \cdot \dfrac{V^2}{2g} = f \times \dfrac{0.10}{0.05} \times \dfrac{0.15^2}{2 \times 9.8}$

∴ $f = \left(1 - \dfrac{A_1}{A_2}\right)^2 = \left[1 - \left(\dfrac{5}{10}\right)^2\right]^2 = 0.56$

14 지름이 40mm인 공업용 강관에 20℃의 공기를 264m³/min로 수송할 때, 길이 200m에 대한 손실수두는 몇 cm인가?(단, Darcy−Weisbach 식의 관마찰계수는 0.1×10^{-3}이다.)

① 22

② 37

③ 51

④ 313

해설 유속 $= \dfrac{\text{유량}}{\text{단면적}}\,(\text{m/s})$

$= \dfrac{264 \times \dfrac{1}{60}}{\dfrac{3.14}{4} \times (0.4)^2} = 35.03(\text{m/s})$

손실수두 $(h) = 0.1 \times 10^{-3} \times \dfrac{200}{0.4} \times \dfrac{35.03^2}{2 \times 9.8}$

$= 3.13\text{m}(313\text{cm})$

15 다음 중 등엔트로피 과정은?

① 가역 단열 과정
② 비가역 등온 과정
③ 수축과 확대 과정
④ 마찰이 있는 가역적 과정

해설 등엔트로피 과정 : 가역 단열 과정이다.
• 비가역 단열 과정 : 엔트로피 증가

16 유체의 점성과 관련된 설명 중 잘못된 것은?

① poise는 점도의 단위이다.
② 점도란 흐름에 대한 저항력의 척도이다.
③ 동점성 계수는 점도/밀도와 같다.
④ 20℃에서 물의 점도는 1poise이다.

해설 물 20℃에서 점성계수 : 0.010046poise
(동점성계수 : 0.010064Stokes)

17 단면적이 변화하는 수평 관로에 밀도가 ρ인 이상유체가 흐르고 있다. 단면적이 A_1인 곳에서의 압력은 P_1, 단면적이 A_2인 곳에서의 압력은 P_2이다. $A_2 = \dfrac{A_1}{2}$이면 단면적이 A_2인 곳에서의 평균 유속은?

① $\sqrt{\dfrac{4(P_1 - P_2)}{3\rho}}$
② $\sqrt{\dfrac{4(P_1 - P_2)}{15\rho}}$
③ $\sqrt{\dfrac{8(P_1 - P_2)}{3\rho}}$
④ $\sqrt{\dfrac{8(P_1 - P_2)}{15\rho}}$

해설 밀도 : ρ
단면적 $A_1 = P_1$
단면적 $A_2 = P_2$

$A_2 = \dfrac{A_1}{2} \cdot \dfrac{\dfrac{3}{4}V_2^{\ 2}}{2g} = \sqrt{\dfrac{2g(P_1 - P_2)}{\dfrac{3}{4}\gamma}}$

A_2의 평균유속(C)

$\therefore\ C = \sqrt{\dfrac{8(P_1 - P_2)}{3\rho}}$

18 전단응력(shear stress)과 속도구배와의 관계를 나타낸 다음 그림에서 빙햄 플라스틱 유체(Bignham plastic fluid)를 나타내는 것은?

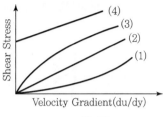

① (1)
② (2)
③ (3)
④ (4)

해설 • (4) 빙햄 플라스틱 유체(기름, 진흙, 페인트, 치약)
• (3) 실제 플라스틱 유체(펄프류)
• (2) 뉴턴물체(물)
• (1) 다일레이턴트 유체(아스팔트)

19 완전발달흐름(fully developed flow)에 대한 내용으로 옳은 것은?

① 속도분포가 축을 따라 변하지 않는 흐름
② 천이영역의 흐름
③ 완전난류의 흐름
④ 정상상태의 유체흐름

해설 완전발달흐름
속도분포가 축을 따라 변하지 않는 흐름이다. 즉, 원형 관 내를 유체가 흐르고 있을 때 경계층이 완전히 성장하여 일정한 속도분포를 유지하면서 흐르는 유체이다.

20 유체를 연속체로 취급할 수 있는 조건은?

① 유체가 순전히 외력에 의하여 연속적으로 운동을 한다.
② 항상 일정한 전단력을 가진다.
③ 비압축성이며 탄성계수가 적다.
④ 물체의 특성길이가 분자 간의 평균자유행로보다 훨씬 크다.

해설 연속체 : 물체의 길이가 분자 간의 평균자유행로보다 훨씬 크다. 즉, 분자 상호 간의 충돌시간이 짧아 분자운동의 특성이 보존되는 경우의 유체이다.

SECTION 02 연소공학

21 다음 그림은 카르노 사이클(Carnot cycle)의 과정을 도식으로 나타낸 것이다. 열효율 η를 나타내는 식은?

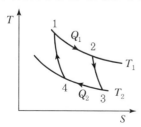

① $\eta = \dfrac{Q_1 - Q_2}{Q_1}$ ② $\eta = \dfrac{Q_2 - Q_1}{Q_1}$

③ $\eta = \dfrac{T_1}{T_1 - T_2}$ ④ $\eta = \dfrac{T_2 - T_1}{T_1}$

해설 카르노 사이클

열효율$(\eta) = \dfrac{Q_1 - Q_2}{Q_1} = \dfrac{T_1 - T_2}{T_1} = \dfrac{W}{Q_1}$

㉠ $1 \to 2$: 등온팽창   ㉡ $2 \to 3$: 단열팽창
㉢ $3 \to 4$: 등온압축   ㉣ $4 \to 1$: 단열압축

22 발열량이 21MJ/kg인 무연탄이 7%의 습분을 포함한다면 무연탄의 발열량은 약 몇 MJ/kg인가?

① 16.43   ② 17.85
③ 19.53   ④ 21.12

해설 무수베이스발열량 $= (1 - 0.07) \times 21 = 19.53$(MJ/kg)
$1MJ = 1{,}000kJ$

23 최소 점화에너지에 대한 설명으로 옳은 것은?

① 최소 점화에너지는 유속이 증가할수록 작아진다.
② 최소 점화에너지는 혼합기 온도가 상승함에 따라 작아진다.
③ 최소 점화에너지의 상승은 혼합기 온도 및 유속과는 무관하다.
④ 최소 점화에너지는 유속 20m/s까지는 점화에너지가 증가하지 않는다.

해설 방전에너지$(E) = \dfrac{1}{2}CV^2$

C(축전지전용량), V(불꽃전압)
㉠ 최소 점화에너지가 작을수록 위험하다.
㉡ 혼합기 온도가 상승하면 최소 점화에너지가 작아진다.

24 압력 엔탈피 선도에서 등엔트로피 선의 기울기는?

① 부피   ② 온도
③ 밀도   ④ 압력

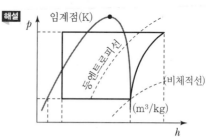

등엔트로피 선의 기울기는 부피와 관계된다.

25 줄 · 톰슨 효과를 참조하여 교축과정(throttling process)에서 생기는 현상과 관계없는 것은?

① 엔탈피 불변   ② 압력 강하
③ 온도 강하   ④ 엔트로피 불변

해설 줄-톰슨 효과(교축과정)에서 엔트로피는 증가한다(온도와 압력은 감소, 엔탈피는 일정).
※ 줄-톰슨 효과 : 압축가스를 좁은 배관을 통해 더 넓은 곳으로 분출시키면 압력이 낮아지면서 온도가 하강하는 현상

26 비중이 0.75인 휘발유(C_8H_{18}) 1L를 완전 연소시키는 데 필요한 이론산소량은 약 몇 L인가?

① 1,510   ② 1,842
③ 2,486   ④ 2,814

해설 $C_8H_{18} + \left(8 + \dfrac{18}{4}\right)O_2 \to 8H_2O + 9H_2O$

C_8H_{18}(분자량 : 114g), $114 : \left(8 + \dfrac{18}{4}\right) \times 22.4L$

$= 0.75 \times 1{,}000 \times x L$

$\therefore$ 산소량 $= \dfrac{0.75 \times 1{,}000 \times 12.5 \times 22.4}{114} = 1{,}842$(L)

27 1kmol의 일산화탄소와 2kmol의 산소로 충전된 용기가 있다. 연소 전 온도는 298K, 압력은 0.1MPa이고 연소 후 생성물은 냉각되어 1,300K로 되었다. 정상상태에서 완전 연소가 일어났다고 가정했을 때 열전달량은 약 몇 kJ인가?(단, 반응물 및 생성물의 총엔탈피는 각각 −110,529kJ, −293,338kJ이다.)

① −202,397 　　　　 ② −230,323
③ −340,238 　　　　 ④ −403,867

해설 $Q' = Q - \Delta h R T$
$\qquad = -293,338 - (-110,529 + 2 \times 8.314 \times 1,300)$
$\qquad = -204,425 \text{(kJ)}$
$OR = 8.314 \text{(kJ/kmol} \cdot \text{K)}$

28 기체가 168kJ의 열을 흡수하면서 동시에 외부로부터 20kJ의 일을 받으면 내부에너지의 변화는 약 몇 kJ인가?

① 20 　　　　 ② 148
③ 168 　　　　 ④ 188

해설 내부에너지 변화(증가량) = 168 + 20 = 188kJ
엔탈피 $(H) = U + A P_V$

29 열화학반응 시 온도 변화의 열전도 범위에 비해 속도 변화의 전도 범위가 크다는 것을 나타내는 무차원수는?

① 루이스 수(Lewis number)
② 러셀 수(Nesselt number)
③ 프란틀 수(Prandtl number)
④ 그라쇼프 수(Grashof number)

해설 ㉠ 프란틀 수$(Pr) = \dfrac{\mu C_p}{k}$ (열확산/열전도)

㉡ 그라쇼프 수$(Gr) = \dfrac{\beta \Delta T g L^3 \rho^2}{\mu^2}$ (부양력/점성력)

30 산소의 기체상수(R) 값은 약 얼마인가?

① 260J/kg · K 　　　　 ② 650J/kg · K
③ 910J/kg · K 　　　　 ④ 1,074J/kg · K

해설 산소분자량$(O_2 = 32)$
일반기체상수$(\overline{R}) = \dfrac{PV}{T} = \dfrac{101,300 \times 224}{273}$
$\qquad\qquad = 8,314 \text{(J/kmol} \cdot \text{K)}$
$\therefore O_2$의 $R = \dfrac{8,314}{32} = 260 \text{(J/kg} \cdot \text{K)}$

31 가연성가스의 폭발범위에 대한 설명으로 옳지 않은 것은?

① 일반적으로 압력이 높을수록 폭발범위가 넓어진다.
② 가연성 혼합가스의 폭발범위는 고압에서는 상압에 비해 훨씬 넓어진다.
③ 프로판과 공기의 혼합가스에 불연성가스를 첨가하는 경우 폭발범위는 넓어진다.
④ 수소와 공기의 혼합가스는 고온에 있어서는 폭발범위가 상온에 비해 훨씬 넓어진다.

해설 프로판가스(C_3H_8) 등 가연성가스에서 공기 외에 불연성가스를 첨가하는 경우 폭발범위가 좁아진다.

32 압력이 1기압이고 과열도가 10℃인 수증기의 엔탈피는 약 몇 kcal/kg인가?(단, 100℃의 물의 증발 잠열이 539kcal/kg이고, 물의 비열은 1kcal/kg · ℃, 수증기의 비열은 0.45kcal/kg · ℃, 기준 상태는 0℃와 1atm으로 한다.)

① 539 　　　　 ② 639
③ 643.5 　　　　 ④ 653.5

해설 • 포화수엔탈피 = 100 × 1 = 100kcal/kg
• 증기엔탈피 = 100 + 539 = 639kcal/kg
• 과열증기 = 10 × 0.45 = 4.5kcal/kg
∴ 총엔탈피(H) = 639 + 4.5 = 643.5kcal/kg

33 가스의 비열비$(k = C_p/C_v)$의 값은?

① 항상 1보다 크다.
② 항상 0보다 크다.
③ 항상 0이다.
④ 항상 1보다 작다.

해설 • 비열비(k) = 항상 1보다 크다.

• $k = \dfrac{C_p(정압비열)}{C_v(정적비열)}$

항상 정압비열이 정적비열보다 크다.

---

34 어떤 고체연료의 조성은 탄소 71%, 산소 10%, 수소 3.8%, 황 3%, 수분 3%, 기타 성분 9.2%로 되어 있다. 이 연료의 고위발열량(kcal/kg)은 얼마인가?

① 6,698   ② 6,782

③ 7,103   ④ 7,398

해설 고체, 액체 연료 고위발열량(Hh)

$\therefore Hh = 8,100\text{C} + 34,000\left(\text{H} - \dfrac{\text{O}}{8}\right) + 2,500\text{S}$

$= 8,100 \times 0.71 + 34,000 \times \left(0.038 - \dfrac{0.1}{8}\right)$

$\qquad + 2,500 \times 0.03$

$= 5,751 + 867 + 75 = 6,693(\text{kcal/kg})$

---

35 다음 중 대기오염 방지기기로 이용되는 것은?

① 링겔만

② 플레임로드

③ 레드우드

④ 스크러버

해설 ㉠ 링겔만 : 매연농도표

㉡ 플레임로드 : 화염검출기

㉢ 레드우드 : 점도계

㉣ 스크러버 : 가압수식 집진장치(오염방지)

• 가압수식 : 스크러버집진장치

---

36 가스 혼합물을 분석한 결과 N_2 70%, CO_2 15%, O_2 11%, CO 4%의 체적비를 얻었다. 이 혼합물은 10kPa, 20℃, 0.2㎥인 초기상태로부터 0.1㎥로 실린더 내에서 가역단열 압축할 때 최종 상태의 온도는 약 몇 K인가?(단, 이 혼합가스의 정적비열은 0.7157kJ/kg · K이다.)

① 300   ② 380

③ 460   ④ 540

해설 가역단열압축에서는 비열비(k)가 필요하다.

• 혼합가스 평균분자량($28 \times 0.7 + 44 \times 0.15 + 32 \times 0.11$ $+ 28 \times 0.04$) $= 30.84$

• 비열비(k) $= \dfrac{C_p}{C_v}$, $C_p = R + C_v$

$C_p(정압비열) = \dfrac{8.314}{30.84} + 0.7157 = 0.9853(\text{kJ/kg} \cdot \text{K})$

• 비열비(k) $= \dfrac{0.9853}{0.7157} = 1.38$

$\therefore$ 압축온도(T_2) $= T_1 \times \left(\dfrac{V_1}{V_2}\right)^{k-1}$

$= (273 + 20) \times \left(\dfrac{0.2}{0.1}\right)^{1.38-1}$

$= 381(\text{K})$

---

37 종합적 안전관리 대상자가 실시하는 가스안전성평가의 기준에서 정량적 위험성 평가기법에 해당하지 않는 것은?

① FTA(Fault Tree Analysis)

② ETA(Event Tree Analysis)

③ CCA(Cause Consequence Analysis)

④ HAZOP(Hazard and Operability Studies)

해설 ㉠ HAZOP 안전성평가 : 위험과 운전분석법으로서 정성적 안정성평가기법이다.

㉡ WHAT-IF법 : 정성적 안정성평가기법이다.

---

38 수소(H_2)의 기본특성에 대한 설명 중 틀린 것은?

① 가벼워서 확산하기 쉬우며 작은 틈새로 잘 발산한다.

② 고온, 고압에서 강재 등의 금속을 투과한다.

③ 산소 또는 공기와 혼합하여 격렬하게 폭발한다.

④ 생물체의 호흡에 필수적이며 연료의 연소에 필요하다.

해설 ㉠ 생물체의 호흡에 필수적인 기체는 산소(O_2)이다.

㉡ 가연성가스(폭발범위 : 4~75%)이다.

㉢ 분자량은 2이다(공기는 29).

• 연소에 필요한 기체는 산소인 조연성 가스이다.

34. ① 35. ④ 36. ② 37. ④ 38. ④ | ANSWER

39 다음 [보기]에서 설명하는 연소 형태로 가장 적절한 것은?

> • 연소실부하율을 높게 얻을 수 있다.
> • 연소실의 체적이나 길이가 짧아도 된다.
> • 화염면이 자력으로 전파되어 간다.
> • 버너에서 상류의 혼합기로 역화를 일으킬 염려가 있다.

① 증발연소
② 등심연소
③ 확산연소
④ 예혼합연소

해설 가스연소방식
㉠ 예혼합가스연소 : 역화의 위험이 따른다(연소실 부하율을 높게 한다).
㉡ 확산연소 : 역화의 위험이 없다.

40 탄소 1kg을 이론공기량으로 완전 연소시켰을 때 발생되는 연소가스양은 약 몇 Nm^3인가?

① 8.9
② 10.8
③ 11.2
④ 22.4

해설

$$\underset{12kg}{C} + \underset{22.4Nm^3}{O_2} \rightarrow \underset{22.4Nm^3}{CO_2}$$

CO_2가스양 $= 1.87Nm^3/kg$

질소 포함 연소가스양 $= \dfrac{1.87}{0.21} = 8.9Nm^3/kg$

SECTION 03 가스설비

41 냉동용 특정설비제조시설에서 발생기란 흡수식 냉동설비에 사용하는 발생기에 관계되는 설계온도가 몇 ℃를 넘는 열교환기 및 이들과 유사한 것을 말하는가?

① 105℃
② 150℃
③ 200℃
④ 250℃

해설 흡수식 냉동기 고온발생기 : 200℃ 정도까지 견딜 수 있게 설계한다.

42 아세틸렌에 대한 설명으로 틀린 것은?

① 반응성이 대단히 크고 분해 시 발열반응을 한다.
② 탄화칼슘에 물을 가하여 만든다.
③ 액체 아세틸렌보다 고체 아세틸렌이 안정하다.
④ 폭발범위가 넓은 가연성 기체이다.

해설 ㉠ 아세틸렌(C_2H_2) 연소반응(산화반응)
$$C_2H_2 + 2.5O_2 \rightarrow 2CO_2 + H_2O$$
㉡ 흡열하여 압축하면 분해폭발 발생
$$2C + H_2 \rightarrow C_2H_2 - 54.2(kcal)$$
$$C_2H_2 \xrightarrow{\text{압축}} 2C + H_2 + 54.2(kcal)$$

43 스프링 직동식과 비교한 파일럿식 정압기에 대한 설명으로 틀린 것은?

① 오프셋이 적다.
② 1차 압력 변화의 영향이 적다.
③ 로크업을 적게 할 수 있다.
④ 구조 및 신호계통이 단순하다.

해설 정압기 : 직동식은 신계계통이 단순하고, 파일럿식은 구조나 신호계통이 복잡하다.
• 파일럿식은 스프링 직동식 본체에 파일럿으로 구성되는 정압기이다.

44 이음매 없는 용기의 제조법 중 이음매 없는 강관을 재료로 사용하는 제조방식은?

① 웰딩식
② 만네스만식
③ 에르하르트식
④ 딥드로잉식

해설 이음매 없는 용기(무계목용기) : 심레스용기라고 하며 용기제조방식은 만네스만식, 에르하르트식, 딥드로잉식 사용(강관의 경우는 만네스만식 이용)

45 신규 용기의 내압시험 시 전증가량이 $100cm^3$이었다. 이 용기가 검사에 합격하려면 영구 증가량은 몇 cm^3 이하여야 하는가?

① 5
② 10
③ 15
④ 20

해설 내압시험 시 전증가량에서 항구증가량은 10% 이하이어야 합격이므로 전증가량 $100cm^3 \times 0.1 = 10cm^3$ 이하이어야 한다.

46 다음 금속재료에 대한 설명으로 틀린 것은?

① 강에 P(인)의 함유량이 많으면 신율, 충격치는 저하된다.

② 18% Cr, 8% Ni을 함유한 강을 18-8스테인리스강이라 한다.

③ 금속가공 중에 생긴 잔류응력을 제거할 때에는 열처리를 한다.

④ 구리와 주석의 합금은 황동이고, 아연의 합금은 청동이다.

해설 ⊙ 황동 : 구리+아연 합금
ⓒ 청동 : 구리+주석 합금

47 대체천연가스(SNG) 공정에 대한 설명으로 틀린 것은?

① 원료는 각종 탄화수소이다.

② 저온수증기 개질방식을 채택한다.

③ 천연가스를 대체할 수 있는 제조가스이다.

④ 메탄을 원료로 하여 공기 중에서 부분연소로 수소 및 일산화탄소의 주성분을 만드는 공정이다.

해설 대체천연가스 SNG 가스는 주성분이 H_2 및 CO가 아닌 메탄 (CH_4) 가스이다. 대체천연가스는 수분, 산소, 수소를 탄화수소와 반응시켜 제조한다.

48 부식방지 방법에 대한 설명으로 틀린 것은?

① 금속을 피복한다.

② 선택배류기를 접속시킨다.

③ 이종의 금속을 접촉시킨다.

④ 금속표면의 불균일을 없앤다.

해설 부식방지에는 이종의 금속접촉을 피하는 것이 좋다. 이종금속이 접촉되면 양 금속 간에 전지가 형성되어 이온용출로 부식이 촉진된다.

49 압력용기라 함은 그 내용물이 액화가스인 경우 35℃에서의 압력 또는 설계압력이 얼마 이상인 용기를 말하는가?

① 0.1MPa

② 0.2MPa

③ 1MPa

④ 2MPa

해설 압력용기는 액화가스의 경우 35℃에서 설계압력이 0.2MPa ($2kgf/cm^2$) 이하 용기이다(압축가스인 경우 1MPa 이상인 용기이다).

50 냄새가 나는 물질(부취제)에 대한 설명으로 틀린 것은?

① D.M.S는 토양투과성이 아주 우수하다.

② T.B.M은 충격(impact)에 가장 약하다.

③ T.B.M은 메르캅탄류 중에서 내산화성이 우수하다.

④ T.H.T의 LD_{50}은 6,400mg/kg 정도로 거의 무해하다.

해설 TBM(Tertiary Buthyl Mercaptan) 부취제는 양파 썩는 냄새, 취기가 가장 강하고, 토양에 대한 투과성이 우수하여 토양에 흡착되기가 어렵다.

51 펌프에서 송출압력과 송출유량 사이에 주기적인 변동이 일어나는 현상을 무엇이라 하는가?

① 공동 현상

② 수격 현상

③ 서징 현상

④ 캐비테이션 현상

해설 서징(Surging) 현상이란 펌프에서 송출압력과 송출유량 사이에 주기적인 변동이 일어나는 현상이다. 운동, 양정, 토출량이 규칙적으로 변동하며 압력계 지침이 일정 범위 내에서 움직인다.

52 다음 중 가스액화사이클이 아닌 것은?

① 린데사이클

② 클라우드사이클

③ 필립스사이클

④ 오토사이클

해설 오토사이클 : 내연기관사이클이다(공기표준기관사이클).
• ①, ②, ③항 외 캐피자사이클과 캐스케이드사이클도 가스액화사이클에 해당한다.

53 35℃에서 최고 충전압력이 15MPa로 충전된 산소용기의 안전밸브가 작동하기 시작하였다면 이때 산소용기 내의 온도는 약 몇 ℃인가?

① 137℃   ② 142℃

③ 150℃   ④ 165℃

해설 안전밸브 작동압력 : 내압시험 × $\frac{8}{10}$ 이하

내압시험 : 최고충전압력 × $\frac{5}{3}$ 배 = $15 \times \frac{5}{3}$ = 25(MPa)

안전밸브 작동압력 = $25 \times \frac{8}{10}$ = 20(MPa)

∴ 용기 내 온도 = $\left[(35 + 273) \times \frac{20}{15} \right] - 273$ = 137℃

54 중간매체 방식의 LNG 기화장치에서 중간 열매체로 사용되는 것은?

① 폐수   ② 프로판

③ 해수   ④ 온수

해설 액화천연가스 LNG(CH_4)의 기화장치에서 중간열매체는 프로판가스(C_3H_8), 펜탄(C_5H_{12}) 등이다.

55 고압가스 설비의 두께는 상용압력의 몇 배 이상의 압력에서 항복을 일으키지 않아야 하는가?

① 1.5배   ② 2배

③ 2.5배   ④ 3배

해설 고압가스 설비의 두께는 상용압력 2배 이상의 압력에서 항복을 일으키지 않아야 하며 상용압력에 견디는 충분한 강도를 갖춰야 한다.

56 다음 [보기]에서 설명하는 안전밸브의 종류는?

> • 구조가 간단하고, 취급이 용이하다.
> • 토출용량이 높아 압력상승이 급격하게 변하는 곳에 적당하다.
> • 밸브시트의 누출이 없다.
> • 슬러지 함유, 부식성 유체에도 사용이 가능하다.

① 가용전식   ② 중추식

③ 스프링식   ④ 파열판식

해설 파열판식 안전장치(박판식)

㉠ 주성분 : Al, Pb, 스테인리스강, 은, 모넬, 플라스틱

㉡ 1회용 안전장치이다.

㉢ 구조가 간단하고 밸브시트의 누출이 없다.

㉣ 부식성유체, 슬러지함유유체, 괴상물질을 함유한 유체에 적합하다.

57 고온 고압에서 수소가스 설비에 탄소강을 사용하면 수소취성을 일으키게 되므로 이것을 방지하기 위하여 첨가하는 금속 원소로 적당하지 않은 것은?

① 몰리브덴

② 크립톤

③ 텅스텐

④ 바나듐

해설 크립톤(Kr)은 희가스이며 불활성가스이므로 반응을 하지 않아서 취성과는 관계가 없다. Kr의 충전방전관 발광색은 녹자색이다.

• ①, ③, ④항 외 크롬(Cr)과 티타늄(Ti)도 수소취성을 방지하기 위하여 첨가하는 금속 원소이다.

58 고압식 액화산소 분리장치의 제조과정에 대한 설명으로 옳은 것은?

① 원료공기는 1.5~2.0MPa로 압축된다.

② 공기 중의 탄산가스는 실리카겔 등의 흡착제로 제거한다.

③ 공기압축기 내부윤활유를 광유로 하고 광유는 건조로에서 제거한다.

④ 액체질소와 액화공기는 상부 탑에 이송되나 이때 아세틸렌 흡착기에서 액체공기 중 아세틸렌과 탄화수소가 제거된다.

해설 ㉠ 실리카겔(SiO_2)은 산소의 건조제이다.

㉡ 원료공기는 압축압력이 15~20MPa로 압축된다.

㉢ 공기압축기에서 산소압축기의 내부윤활유는 물 또는 10% 이하의 묽은 글리세린 수가 사용된다.

59 펌프의 양수량이 $2m^3/min$이고 배관에서의 전 손실 수두가 5m인 펌프로 20m 위로 양수하고자 할 때 펌프의 축동력은 약 몇 kW인가?(단, 펌프의 효율은 0.87이다.)

① 7.4   ② 9.4

③ 11.4   ④ 13.4

해설 물펌프축동력$(kW) = \dfrac{\gamma QH}{102 \times 60 \times \eta}$

동력 $= \dfrac{1,000 \times 2 \times (20+5)}{102 \times 60 \times 0.87} = 9.4$

60 고압가스저장시설에서 가연성 가스설비를 수리할 때 가스설비 내를 대기압 이하까지 가스치환을 생략하여도 무방한 경우는?

① 가스설비의 내용적이 $3m^3$일 때

② 사람이 그 설비의 안에서 작업할 때

③ 화기를 사용하는 작업일 때

④ 가스켓의 교환 등 경미한 작업을 할 때

해설 가연성 가스설비의 가스설비 내를 수리할 때 가스설비 내를 대기압 이하까지 가스치환하여야 하는 경우는 ①, ②, ③항이고 ④항의 경우는 생략하여도 된다.
①항에서는 $1m^3$ 이하, 사람이 그 실비 밖에서 작업하거나 화기를 사용하지 않는 경우가 가스치환 생략대상이다.

SECTION **04** 가스안전관리

61 저장탱크에 의한 액화석유가스사용시설에서 배관설비 신축흡수조치 기준에 대한 설명으로 틀린 것은?

① 건축물에 노출하여 설치하는 배관의 분기관의 길이는 30cm 이상으로 한다.

② 분기관에는 90° 엘보 1개 이상을 포함하는 굴곡부를 설치한다.

③ 분기관이 창문을 관통하는 부분에 사용하는 보호관의 내경은 분기관 외경의 1.2배 이상으로 한다.

④ 11층 이상 20층 이하 건축물의 배관에는 1개소 이상의 곡관을 설치한다.

해설 입상관의 배관설비 신축흡수조치 기준 : ①항에서는 50cm 이상으로 하여야 한다.
20층 이상이면 2개소 이상의 곡관이 설치된다.

62 부취제 혼합설비의 이입작업 안전기준에 대한 설명으로 틀린 것은?

① 운반차량으로부터 저장탱크에 이입 시 보호의 및 보안경 등의 보호장비를 착용한 후 작업한다.

② 부취제가 누출될 수 있는 주변에는 방류둑을 설치한다.

③ 운반차량은 저장탱크의 외면과 3m 이상 이격거리를 유지한다.

④ 이입 작업 시에는 안전관리자가 상주하여 이를 확인한다.

해설 방류둑 설치 해당 가스
㉠ 산소저장탱크
㉡ 가연성가스 저장탱크
㉢ 독성가스 저장탱크

63 고압가스 특정제조시설에서 플레어스택의 설치위치 및 높이는 플레어스택 바로 밑의 지표면에 미치는 복사열이 몇 $kcal/m^2 \cdot h$ 이하로 되도록 하여야 하는가?

① 2,000

② 4,000

③ 6,000

④ 8,000

해설 플레어스택의 위치 및 높이 : 지표면에 미치는 복사열이 $4,000(kcal/m^2 \cdot h)$ 이하가 되도록 한다(출입이 통제된 지역은 제외).

64 저장탱크에 액화석유가스를 충전하려면 정전기를 제거한 후 저장탱크 내용적의 몇 %를 넘지 않도록 충전하여야 하는가?

① 80%   ② 85%

③ 90%   ④ 95%

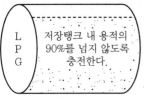

해설

저장탱크 내 용적의 90%를 넘지 않도록 충전한다.

L P G

65 2개 이상의 탱크를 동일 차량에 고정할 때의 기준으로 틀린 것은?

① 탱크의 주밸브는 1개만 설치한다.
② 충전관에는 긴급 탈압밸브를 설치한다.
③ 충전관에는 안전밸브, 압력계를 설치한다.
④ 탱크와 차량과의 사이를 단단하게 부착하는 조치를 한다.

해설 2개 이상의 탱크를 동일차량에 고정할 때는 탱크의 주밸브는 탱크마다 각각 설치하여 준다.
충전관에는 안전밸브, 압력계, 긴급탈압밸브 설치가 의무적이다.

66 지하에 설치하는 액화석유가스 저장탱크실 재료의 규격으로 옳은 것은?

① 설계강도 : 25MPa 이상
② 물-결합재비 : 25% 이하
③ 슬럼프(slump) : 50~150mm
④ 굵은 골재의 최대 치수 : 25mm

해설 LPG가스 저장탱크실 재료규격
㉠ 설계강도 : 21MPa 이상
㉡ 물-결합재비 : 50% 이하
㉢ 슬럼프 : 120~150mm
㉣ 공기량 : 4% 이하

67 독성가스 배관을 2중관으로 하여야 하는 독성가스가 아닌 것은?

① 포스겐
② 염소
③ 브롬화메탄
④ 산화에틸렌

해설 ㉠ 브롬화메탄가스 등은 2중관이 불필요하다.
㉡ 독성가스 중 이중관 해당가스 : 포스겐, 황화수소, 시안화수소, 아황산가스, 아세트알데하이드, 염소, 불소, 포스겐, 산화에틸렌, 암모니아, 염화메탄 등

68 고압가스용기의 보관장소에 용기를 보관할 경우의 준수할 사항 중 틀린 것은?

① 충전용기와 잔가스용기는 각각 구분하여 용기보관장소에 놓는다.
② 용기보관장소에는 계량기 등 작업에 필요한 물건 외에는 두지 아니한다.
③ 용기보관장소의 주위 2m 이내에는 화기 또는 인화성물질이나 발화성물질을 두지 아니한다.
④ 가연성가스 용기보관장소에는 비방폭형 손전등을 사용한다.

해설 가연성가스 용기보관장소에는 비방폭형이 아닌 방폭형 손전등을 사용한다.

69 다음 중 특정설비가 아닌 것은?

① 조정기
② 저장 탱크
③ 안전밸브
④ 긴급차단장치

해설 특정설비 : 안전밸브, 기화장치, 긴급차단장치, 역화방지장치, 압력용기, 자동차용가스자동주입기, 독성가스배관용밸브, 냉동설비, 특정고압가스용 실린더캐비닛, 자동차용 압축천연가스 완속충전설비, 액화석유가스용 용기잔류가스 회수장치

70 압축가스의 저장탱크 및 용기 저장능력의 산정식을 옳게 나타낸 것은?(단, Q : 설비의 저장능력$[m^3]$, P : 35℃에서의 최고충전압력$[MPa]$, V_1 : 설비의 내용적$[m^3]$이다.)

① $Q = \dfrac{(10P-1)}{V_1}$
② $Q = 1.5PV_1$
③ $Q = (1-P)V_1$
④ $Q = (10P+1)V_1$

해설 압축가스 저장탱크(용기 포함) 저장능력산정식은
$Q = (10P+1)V_1 (m^3)$

71 액화석유가스에 첨가하는 냄새가 나는 물질의 측정 방법이 아닌 것은?

① 오더미터법
② 엣지법
③ 주사기법
④ 냄새주머니법

> **해설** 액화석유가스의 냄새측정방법
> ㉠ 오더미터형(냄새측정기법)
> ㉡ 주사기법
> ㉢ 냄새주머니법
> ㉣ 무취실법

72 산소, 아세틸렌 및 수소가스를 제조할 경우의 품질검사 방법으로 옳지 않은 것은?

① 검사는 1일 1회 이상 가스제조장에서 실시한다.
② 검사는 안전관리부총괄자가 실시한다.
③ 액체산소를 기화시켜 용기에 충전하는 경우에는 품질검사를 아니할 수 있다.
④ 검사 결과는 안전관리부총괄자와 안전관리책임자가 함께 확인하고 서명 날인한다.

> **해설** 가스품질검사원 2명
> ㉠ 안전관리부총괄자(검사결과 서명날인자)
> ㉡ 안전관리책임자(검사책임자 및 서명날인 담당)

73 고압가스 운반차량에 대한 설명으로 틀린 것은?

① 액화가스를 충전하는 탱크에는 요동을 방지하기 위한 방파판 등을 설치한다.
② 허용농도가 200ppm 이하인 독성가스는 전용차량으로 운반한다.
③ 가스운반 중 누출 등 위해 우려가 있는 경우에는 소방서 및 경찰서에 신고한다.
④ 질소를 운반하는 차량에는 소화설비를 반드시 휴대하여야 한다.

> **해설** 질소(N_2)는 불연성가스이므로 소화설비가 불필요하다.

74 동절기에 습도가 낮은 날 아세틸렌 용기밸브를 급히 개방할 경우 발생할 가능성이 가장 높은 것은?

① 아세톤 증발
② 역화방지기 고장
③ 중합에 의한 폭발
④ 정전기에 의한 착화 위험

> **해설** 동절기에는 습도가 매우 낮고 건조하기 때문에 C_2H_2 용기 밸브 개방 시 서서히 하여 정전기에 의한 착화의 위험을 방지해야 한다.

75 일반도시가스사업자 시설의 정압기에 설치되는 안전밸브 분출부의 크기 기준으로 옳은 것은?

① 정압기 입구 측 압력이 0.5MPa 이상인 것은 50A 이상
② 정압기 입구 압력에 관계없이 80A 이상
③ 정압기 입구 측 압력이 0.5MPa 미만인 것으로서 설계유량이 1,000Nm^3/h 이상인 것은 32A 이상
④ 정압기 입구 측 압력이 0.5MPa 미만인 것으로서 설계유량이 1,000Nm^3/h 미만인 것은 32A 이상

> **해설** 정압기 안전밸브 분출부 크기
> ㉠ 입구 측 압력이 0.5MPa 이상 : 50A 이상
> ㉡ 입구 측 압력이 0.5MPa 미만 : 설계유량이 1,000 Nm^3/h 이상은 50A 이상, 1,000Nm^3/h 미만은 25A 이상

76 가연성 가스를 운반하는 차량의 고정된 탱크에 적재하여 운반하는 경우 비치하여야 하는 분말 소화제는?

① BC용, B-3 이상
② BC용, B-10 이상
③ ABC용, B-3 이상
④ ABC용, B-10 이상

> **해설** 소화설비
> ㉠ 가연성가스 : BC용 B-10 이상 또는 ABC용 B-12 이상
> ㉡ 산소 : BC용 B-8 이상 또는 ABC용 B-10 이상

77 장치 운전 중 고압반응기의 플랜지부에서 가연성 가스가 누출되기 시작했을 때 취해야 할 일반적인 대책으로 가장 적절하지 않은 것은?

① 화기 사용 금지
② 일상 점검 및 운전
③ 가스 공급의 즉시 정지
④ 장치 내를 불활성 가스로 치환

해설 일상 점검은 가스누출 등 긴급을 요하지 않을 때 일반적인 대책의 점검 시 한다.

78 다음 중 1종 보호시설이 아닌 것은?

① 주택
② 수용능력 300인 이상의 극장
③ 국보 제1호인 남대문
④ 호텔

해설 제2종 보호시설 : 주택이나 사람을 수용하는 건축물로 독립된 부분의 연면적이 $100m^2$ 이상~$1,000m^2$ 미만의 것
※ 고압가스 안전관리법 시행규칙[별표 2] – 보호시설(제2조제1항제23호 관련)
  1. 제1종 보호시설
    가. 학교·유치원·어린이집·놀이방·어린이놀이터·학원·병원(의원을 포함한다)·도서관·청소년수련시설·경로당·시장·공중목욕탕·호텔·여관·극장·교회 및 공회당(公會堂)
    나. 사람을 수용하는 건축물(가설건축물은 제외한다)로서 사실상 독립된 부분의 연면적이 1천m^2 이상인 것
    다. 예식장·장례식장 및 전시장, 그 밖에 이와 유사한 시설로서 300명 이상 수용할 수 있는 건축물
    라. 아동복지시설 또는 장애인복지시설로서 20명 이상 수용할 수 있는 건축물
    마. 「문화재보호법」에 따라 지정문화재로 지정된 건축물

79 폭발에 대한 설명으로 옳은 것은?

① 폭발은 급격한 압력의 발생 등으로 심한 음을 내며, 팽창하는 현상으로 화학적인 원인으로만 발생한다.
② 발화에는 전기불꽃, 마찰, 정전기 등의 외부 발화원이 반드시 필요하다.

③ 최소 발화에너지가 큰 혼합가스는 안전간격이 작다.
④ 아세틸렌, 산화에틸렌, 수소는 산소 중에서 폭굉을 발생하기 쉽다.

해설 ㉠ 폭발 : 물리적, 화학적, 중합 등의 폭발이 발생한다.
  ㉡ 발화원은 외부나 내부에 존재한다.
  ㉢ 최소 발화에너지가 큰 혼합 가스는 안전간격이 크다.
  • C_2H_2, C_2H_4O, H_2는 O_2 중에서 폭굉을 발생하기 쉽다.

80 내용적 40L의 고압용기에 0℃, 100기압의 산소가 충전되어 있다. 이 가스 4kg을 사용하였다면 전압력은 약 몇 기압(atm)이 되겠는가?

① 20
② 30
③ 40
④ 50

해설 산소(압축가스)
• 충전량 $= 40 \times 100 = 4,000(L)$
• 산소분자량 $= 32$(1mol당 32g)
• 몰수 $= \dfrac{4,000}{22.4} = 179$몰
  $179 \times 32 = 5,714g(5.71kg)$
  $\therefore \dfrac{5.71 - 4}{5.71} \times 100 = 30$기압

SECTION 05 | 가스계측

81 가스크로마토그램 분석결과 노르말헵탄의 피크높이가 12.0cm, 반높이선 나비가 0.48cm이고 벤젠의 피크높이가 9.0cm, 반높이선 나비가 0.62cm였다면 노르말헵탄의 농도는 얼마인가?

① 49.20%
② 50.79%
③ 56.47%
④ 77.42%

해설 • 노르말헵탄의 면적($0.48 \times 12 = 5.76cm^2$)
• 벤젠의 면적($0.62 \times 9 = 5.58cm^2$)
  $\therefore$ 헵탄의 농도 $= \dfrac{5.76}{5.76 + 5.58} \times 100 = 50.79(\%)$

82 온도 25℃ 습공기의 노점온도가 19℃일 때 공기의 상대습도는?(단, 포화 증기압 및 수증기 분압은 각각 23.76mmHg, 16.47mmHg이다.)

① 69% 　　　　　② 79%

③ 83% 　　　　　④ 89%

> **해설** 상대습도 $= \dfrac{\text{수증기분압}}{\text{포화증기압}} \times 100$
>
> 상대습도 $= \dfrac{16.47}{23.76} \times 100 = 69 (\%)$

83 헴펠식 분석법에서 흡수, 분리되는 성분이 아닌 것은?

① CO_2 　　　　　② H_2

③ C_mH_n 　　　　④ O_2

> **해설** • 헴펠식 분석법 측정가스
>
> $CO_2 \rightarrow C_mH_n \rightarrow O_2 \rightarrow CO$
>
> C_mH_n : 중탄화수소
>
> • 흡수제
>
> CO_2 : KOH 30% 수용액, C_mH_n : 발연황산,
>
> O_2 : 피로카롤용액, CO : 암모니아성 제1동 용액

84 가스미터의 필요 구비조건이 아닌 것은?

① 감도가 예민할 것

② 구조가 간단할 것

③ 소형이고 용량이 작을 것

④ 정확하게 계량할 수 있을 것

> **해설** 가스미터기는 일반적으로 소형이면서 용량이 커야 한다.

85 피스톤형 압력계 중 분동식 압력계에 사용되는 다음 액체 중 약 3,000kg/cm² 이상의 고압측정에 사용되는 것은?

① 모빌유 　　　　② 스핀들유

③ 피마자유 　　　④ 경유

> **해설** 사용액에 따른 압력(kgf/cm²)
>
> ㉠ 경유 : 40~100
>
> ㉡ 스핀들유 : 100~1,000
>
> ㉢ 피마자유 : 100~1,000
>
> ㉣ 모빌유 : 3,000

86 연소식 O_2계에서 산소측정용 촉매로 주로 사용되는 것은?

① 팔라듐 　　　　② 탄소

③ 구리 　　　　　④ 니켈

> **해설** 연소식 산소계 촉매의 종류
>
> ㉠ 팔라듐(산소측정용 촉매)
>
> ㉡ 팔라듐흑연
>
> ㉢ 백금실리카겔

87 가스미터의 종류별 특징을 연결한 것 중 옳지 않은 것은?

① 습식 가스미터 – 유량 측정이 정확하다.

② 막식 가스미터 – 소용량의 계량에 적합하고 가격이 저렴하다.

③ 루트미터 – 대용량의 가스측정에 쓰인다.

④ 오리피스미터 – 유량 측정이 정확하고 압력 손실도 거의 없고 내구성이 좋다.

> **해설** ㉠ 벤투리미터 : 내구성이 좋으며 정확도가 높다.
>
> ㉡ 오리피스미터 : 압력손실이 매우 크고 내구성이 적다(추량식 가스미터기).

88 가스의 폭발 등 급속한 압력 변화를 측정하거나 엔진의 지시계로 사용하는 압력계는?

① 피에조 전기압력계 　② 경사관식 압력계

③ 침종식 압력계 　　　④ 벨로스식 압력계

> **해설** 피에조 전기압력계 : 가스의 폭발 등 급속한 압력 변화를 측정하거나 엔진의 지시계로 사용한다(수정, 전기석, 롯셀염 이용).
>
> 특정 방향에 압력을 가하면 기전력이 발생하고 발생한 전기량은 압력에 비례한다는 것을 이용

89 다음 중 기본단위는?

① 에너지 　　　　② 물질량

③ 압력 　　　　　④ 주파수

> **해설** 기본단위 : 길이[m], 질량[kg], 물질량[mol], 시간[s], 전류[A], 온도[K], 광도[cd] 등 7가지

90 가스의 화학반응을 이용한 분석계는?

① 세라믹 O_2계
② 가스크로마토그래피
③ 오르자트 가스분석계
④ 용액전도율식 분석계

해설 ㉠ 오르자트, 헴펠식, 연소식 O_2계 등은 가스의 화학반응 가스분석계이다.
㉡ 화학식 가스분석계 : 연소열 이용, 용액흡수제 이용, 고체흡수제 이용

91 가스크로마토그램에서 A, B 두 성분의 보유시간은 각각 1분 50초와 2분 20초이고 피크 폭은 다 같이 30초였다. 이 경우 분리도는 얼마인가?

① 0.5
② 1.0
③ 1.5
④ 2.0

해설 분리도$(R) = \dfrac{2(t_2 - t_1)}{W_1 + W_2} = \dfrac{2(140 - 110)}{30 + 30} = 1.0$
1분 50초(110초), 2분 20초(140초)

92 막식 가스미터의 선정 시 고려해야 할 사항으로 가장 거리가 먼 것은?

① 사용 최대유량
② 감도유량
③ 사용가스의 종류
④ 설치 높이

해설 설치 높이는 지상 1.6~2m 사이에 설치하며 선택 고려사항이 아닌 현장 시공설비에 해당된다.

93 오프셋(잔류편차)이 있는 제어는?

① I 제어
② P 제어
③ D 제어
④ PID 제어

해설 ㉠ 비례동작 P동작 : 잔류편차 발생
㉡ 적분동작 I동작 : 잔류편차 제거
㉢ 미분동작 D동작 : 제어편차 변화 속도에 비례한 조작량을 낸다.

94 고온, 고압의 액체나 고점도의 부식성액체 저장탱크에 가장 적합한 간접식 액면계는?

① 유리관식
② 방사선식
③ 플로트식
④ 검척식

해설 방사선식 간접식 액면계 : 고온 고압이나 고점도, 부식성 액체의 저장탱크에 사용하는 액면계이다.

95 실온 22℃, 습도 45%, 기압 765mmHg인 공기의 증기 분압(Pw)은 약 몇 mmHg인가?[단, 공기의 가스 상수는 29.27kg · m/kg · K, 22℃에서 포화압력(P_s)은 18.66mmHg이다.]

① 4.1
② 8.4
③ 14.3
④ 16.7

해설 공기의 수증기분압 = 포화압력 × 습도
= 18.66 × 0.45 = 8.4(mmHg)

96 응답이 목푯값에 처음으로 도달하는 데 걸리는 시간을 나타내는 것은?

① 상승시간
② 응답시간
③ 시간지연
④ 오버슈트

해설 상승시간 : 응답이 목푯값에 처음으로 도달하는 데 걸리는 시간이다. 즉, 목푯값의 10%에서 90%까지에 도달하는 시간이다.
• 응답시간 : 요구되는 특정 오차 내에 도달하는 데 필요한 시간
• 지연시간 : 목푯값의 50%에 도달하는 데 필요한 시간
• 오버슈트 : 제어량의 응답에 계단변화가 도입된 후에 얻게 될 궁극적인 값을 초과하는 오차량

97 일반적인 열전대 온도계의 종류가 아닌 것은?

① 백금-백금 · 로듐
② 크로멜-알루멜
③ 철-콘스탄탄
④ 백금-알루멜

해설 열전대 온도계
㉠ R형(P-R) : 백금-백금로듐
㉡ K형(CA) : 크로멜-알루멜
㉢ J형(IC) : 철-콘스탄탄
㉣ T형(CC) : 구리-콘스탄탄

98 열전대 온도계의 작동 원리는?

① 열기전력　　　② 전기저항
③ 방사에너지　　　④ 압력팽창

- -

해설 열전대 온도계 : 열기전력 제베크효과 이용(열기전력은 전위차계를 이용하여 측정한다.)

99 제어계의 과도응답에 대한 설명으로 가장 옳은 것은?

① 입력신호에 대한 출력신호의 시간적 변화이다.
② 입력신호에 대한 출력신호가 목표치보다 크게 나타나는 것이다.
③ 입력신호에 대한 출력신호가 목표치보다 작게 나타나는 것이다.
④ 입력신호에 대한 출력신호가 과도하게 지연되어 나타나는 것이다.

- -

해설 과도응답 : 입력신호에 대한 출력신호의 시간적 변화이다.

100 적외선 가스분석기의 특징에 대한 설명으로 틀린 것은?

① 선택성이 우수하다.
② 연속분석이 가능하다.
③ 측정농도 범위가 넓다.
④ 대칭 2원자 분자의 분석에 적합하다.

- -

해설 적외선 분광분석법 : 쌍극자 모멘트를 갖지 않은 H_2, O_2, N_2, Cl_2 등의 2원자가스는 적외선을 흡수하지 못하므로 분석이 불가하다.
- 단원자분자인 He, Ne, Ar 등도 검출이 불가능하다.

SECTION 01 가스유체역학

01 이상기체에 대한 설명으로 옳은 것은?

① 포화상태에 있는 포화 증기를 뜻한다.

② 이상기체의 상태방정식을 만족시키는 기체이다.

③ 체적 탄성계수가 100인 기체이다.

④ 높은 압력하의 기체를 뜻한다.

해설 이상기체(理想氣體, ideal gas)의 특징

㉠ 분자 간 탄성 충돌 외에 다른 상호작용은 하지 않는 가상의 기체다.

㉡ 기체의 분자력, 크기 및 인력, 반발력이 무시되며 분자 간 위치에너지 또한 중요하지 않다.

㉢ 운동에너지는 절대 온도에 비례하며, 온도와 관계없이 비열비가 일정하다.

㉣ 이상기체의 상태방정식을 만족시킨다.

· $PV = nRT$

여기서, P＝압력, V＝부피, n＝mol수,

R＝기체상수, T＝온도

02 유체에 잠겨 있는 곡면에 작용하는 정수력의 수평분력에 대한 설명으로 옳은 것은?

① 연직면에 투영한 투영면의 압력 중심의 압력과 투영면을 곱한 값과 같다.

② 연직면에 투영한 투영면의 도심의 압력과 곡면의 면적을 곱한 값과 같다.

③ 수평면에 투영한 투영면에 작용하는 정수력과 같다.

④ 연직면에 투영한 투영면의 도심의 압력과 투영면의 면적을 곱한 값과 같다.

해설

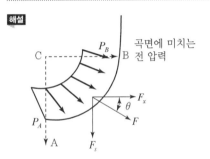

곡면에 미치는 전 압력

$F_H = F_{AC}, \ F_V = F_{BC} + W_{ABC}$

$F = \sqrt{F_H^2 + F_V^2}$

· $\theta = \tan^{-1} \dfrac{F_V}{F_H}$

· 유체에 잠겨 있는 곡면에 작용하는 정수력의 수평분력에 대한 것은 연직면에 투영한 투영면의 도심의 압력과 투영면의 면적을 곱한 값과 같다.

03 어떤 매끄러운 수평 원관에 유체가 흐를 때 완전 난류 유동(완전히 거친 난류유동) 영역이었고, 이때 손실수두가 10m이었다. 속도가 2배가 되면 손실수두는?

① 20m

② 40m

③ 80m

④ 160m

해설 마찰손실수도(H_1)＝$\lambda \times \dfrac{L}{d} \times \dfrac{V^2}{2g}$

속도수두＝$\dfrac{V^2}{2g} = \left(\dfrac{2}{1}\right)^2 = 4$

∴ 손실수두＝$4 \times 10 = 40$(m)

04 안지름이 10cm인 원관을 통해 1시간에 10m³의 물을 수송하려고 한다. 이때 물의 평균유속은 약 몇 m/s이어야 하는가?

① 0.0027

② 0.0354

③ 0.277

④ 0.354

해설 유량(Q)＝단면적(m²)×유속(m/s)

단면적(A)＝$\dfrac{\pi}{4} d^2 = \dfrac{3.14}{4} \times (0.1)^2 = 0.00785$(m²)

· 1시간＝3,600초

$\dfrac{10}{3,600} = 0.00278$(m³/s)

∴ 유속＝$\dfrac{0.00278}{0.00785} = 0.354$(m/s)

05 압축성 유체에 대한 설명 중 가장 올바른 것은?

① 가역과정 동안 마찰로 인한 손실이 일어난다.

② 이상기체의 음속은 온도의 함수이다.

③ 유체의 음속이 아음속(subsonic)일 때, Mach 수는 1보다 크다.

④ 온도가 일정할 때 이상기체의 압력은 밀도에 반비례한다.

해설 압축성 유체의 기본방정식은 연속방정식, 운동량방정식, 에너지방정식이다.

완전기체(이상기체)

음속은 절대온도(T)의 제곱근에 비례한다. 온도에 의한 음속$(C) = \sqrt{kgRT}$(m/s)

06 매끈한 직원관 속의 액체 흐름이 층류이고 관 내에서 최대속도가 4.2m/s로 흐를 때 평균속도는 약 몇 m/s인가?

① 4.2 　② 3.5

③ 2.1 　④ 1.75

해설 평균속도$(V) = \dfrac{V_{max}\,(최대속도)}{2}$

$\therefore V = \dfrac{4.2}{2} = 2.1$(m/s)

07 캐비테이션 발생에 따른 현상으로 가장 거리가 먼 것은?

① 소음과 진동 발생 　② 양정곡선의 상승

③ 효율곡선의 저하 　④ 깃의 침식

해설 캐비테이션(공동현상) 현상 : 유수 중에 그 수온의 증기압력보다 낮은 부분이 생기면 물이 증발을 일으키고 또 수중에 용해하고 있는 공기가 석출하여 적은 기포를 다수 발생시키는 현상

㉠ 소음·진동 발생 　㉡ 효율곡선의 저하

㉢ 깃의 침식 　㉣ 양수 불능

08 온도 20℃, 절대압력이 5kgf/cm²인 산소의 비체적은 몇 m³/kg인가?(단, 산소의 분자량은 32이고, 일반기체상수는 848kgf·m/kmol·K이다.)

① 0.551 　② 0.155

③ 0.515 　④ 0.605

해설 SI단위 비체적$= \dfrac{V}{m} = \dfrac{1}{\rho}$(m³/kg)

일반기체상수$(\overline{R}) = 8.314$(kJ/kmol·K)

산소밀도$= \dfrac{P}{RT} = \dfrac{5 \times 10^4}{\left(\dfrac{848}{32}\right) \times (20 + 273)}$

$= 6.4395$(kgf/m³)

$\therefore$ 비체적$= \left(\dfrac{1}{6.4395}\right) = 0.155$(m³/kg)

09 유체의 점성계수와 동점성계수에 관한 설명 중 옳은 것은?(단, M, L, T는 각각 질량, 길이, 시간을 나타낸다.)

① 상온에서의 공기의 점성계수는 물의 점성계수보다 크다.

② 점성계수의 차원은 $ML^{-1}T^{-1}$이다.

③ 동점성계수의 차원은 L^2T^{-2}이다.

④ 동점성계수의 단위에는 poise가 있다.

해설 ㉠ 점성계수단위 : Poise(1gr/cm·sec)

㉡ 점성계수차원(MLT) : $ML^{-1}T^{-1}$

㉢ 동점성계수차원 : L^2T^{-1}

㉣ 동점성계수 단위 : Stokes(1cm²/sec)

10 이상기체의 등온, 정압, 정적과정과 무관한 것은?

① $P_1V_1 = P_2V_2$

② $P_1/T_1 = P_2/T_2$

③ $V_1/T_1 = V_2/T_2$

④ $P_1V_1/T_1 = P_2(V_1 + V_2)/T_1$

해설 $\dfrac{P_1V_1}{T_1} = \dfrac{P_2V_2}{T_2}$

$V_2 = V_1 \times \dfrac{T_2}{T_1} \times \dfrac{P_1}{P_2}$

11 유체가 반지름 150mm, 길이가 500m인 주철관을 통하여 유속 2.5m/s로 흐를 때 마찰에 의한 손실수두는 몇 m인가?(단, 관마찰 계수 $f = 0.03$이다.)

① 5.47 　② 13.6

③ 15.9 　④ 31.9

해설 $H_L = \lambda \times \dfrac{L}{d} \times \dfrac{V^2}{2g}$ (반지름은 150, 지름은 300)

$$손실수두 = 0.03 \times \frac{500}{0.3} \times \frac{2.5^2}{2 \times 9.8}$$
$$= 0.03 \times 1,667 \times 0.3188$$
$$= 15.9(\mathrm{m})$$
$$\therefore 손실수두 = 15.9(\mathrm{m})$$

12 양정 25m, 송출량 $0.15\mathrm{m}^3$/min로 물을 송출하는 펌프가 있다. 효율 65%일 때 펌프의 축 동력은 몇 kW인가?

① 0.94   ② 0.83
③ 0.74   ④ 0.68

해설 축동력$(P) = \dfrac{\gamma \cdot Q \cdot H}{102 \times \eta} = \dfrac{1,000 \times \frac{0.15}{60} \times 25}{102 \times 0.65}$
$$= 0.94(\mathrm{kW})$$

13 일반적인 원관 내 유동에서 하임계 레이놀즈수에 가장 가까운 값은?

① 2,100   ② 4,000
③ 21,000   ④ 40,000

해설 ㉠ 하임계 레이놀즈수(Re) : 2,100
㉡ 상임계 레이놀즈수(Re) : 4,000

14 유체의 흐름상태에서 표면장력에 대한 관성력의 상대적인 크기를 나타내는 무차원의 수는?

① Reynolds수   ② Froude수
③ Euler수   ④ Weber수

해설 웨버수$(We) = \dfrac{\rho V^2 L}{\sigma}$
$$= (관성력/표면장력) = 자유표면흐름$$

15 20℃ 공기속을 1,000m/s로 비행하는 비행기의 주위 유동에서 정체 온도는 몇 ℃인가?(단, $K = 1.4$, $R = 287\mathrm{N} \cdot \mathrm{m/kg} \cdot \mathrm{K}$이며 등엔트로피 유동이다.)

① 518   ② 545
③ 574   ④ 598

해설 $T_o = T + \dfrac{K-1}{KR} \times \dfrac{V^2}{2}$

$$정체온도(T_o) = (273+20) + \frac{1.4-1}{1.4 \times 287} \times \frac{1,000^2}{2}$$
$$= 791\mathrm{K}(518℃)$$

16 그림과 같이 물을 사용하여 기체압력을 측정하는 경사마노미터에서 압력차$(P_1 - P_2)$는 몇 cmH₂O인가? (단, $\theta = 30°$, 면적 $A_1 \gg$ 면적 A_2이고, $R = 30$cm이다.)

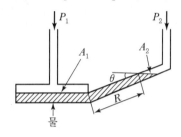

① 15   ② 30
③ 45   ④ 90

해설 경사관식 압력계
눈금 $\dfrac{1}{\sin\theta}$
$P_1 = P_2 + \gamma h, \ h = x \sin\theta$
$P_1 = P_2 + \gamma x \sin\theta$
(γ : 액비중, x : 눈금값, θ : 각도)
$\sin 30 = 0.5$
압력차$(P) = P_1 - P_2 = 30 \times 0.5 = 15\mathrm{cmH_2O}$

17 개수로 유동(open channel flow)에 관한 설명으로 옳지 않은 것은?

① 수력구배선은 자유표면과 일치한다.
② 에너지 선은 수면 위로 속도수두만큼 위에 있다.
③ 에너지 선의 높이가 유동방향으로 하강하는 것은 손실 때문이다.
④ 개수로에서 바닥면의 압력은 항상 일정하다.

해설 개수로
폐로로와 달리 자유표면(대기와 접하는 면)을 갖는 유로가 개수로이다.

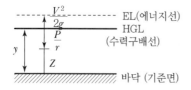

EL(에너지선)

HGL
(수력구배선)

바닥 (기준면)

18 물체의 주위의 유동과 관련하여 다음 중 옳은 내용을 모두 나타낸 것은?

> ㉮ 속도가 빠를수록 경계층 두께는 얇아진다.
> ㉯ 경계층 내부유동은 비점성유동으로 취급할 수 있다.
> ㉰ 동점성계수가 커질수록 경계층 두께는 두꺼워진다.

① ㉮   ② ㉮, ㉯
③ ㉮, ㉰   ④ ㉯, ㉰

해설 경계층
㉠ 실제 유체의 경우 경계층은 평판의 선단으로부터 성장할 것이다.
㉡ 경계층 밖에서는 속도(U_∞), 압력(P_∞)인 비압축성 유체의 흐름과 같게 될 것이다.
㉢ 경계층 안에서 속도는 벽면에서 0이고 경계에서는 U_∞가 될 것이다.
㉣ 물체 주위의 유동과 관련하여 ㉮, ㉰항은 모두 옳은 내용이다.

19 원심펌프에 대한 설명으로 옳지 않은 것은?

① 액체를 비교적 균일한 압력으로 수송할 수 있다.
② 토출 유동의 맥동이 적다.
③ 원심펌프 중 볼류트 펌프는 안내깃을 갖지 않는다.
④ 양정거리가 크고 수송량이 적을 때 사용된다.

해설 원심력에 의해 압송하며 액의 맥동이 없고 흡입 및 토출 밸브 또한 없다. 원심펌프 중 안내깃을 갖는 건 터빈 펌프이며, 원심식(비용적형) 펌프는 양정의 거리가 비교적 적고 수송량이 많을 때 사용한다. 서징 현상과 캐비테이션 현상이 비교적 발생하기 쉽다.

20 30℃인 공기 중에서의 음속은 몇 m/s인가?(단, 비열비는 1.4이고 기체상수는 287J/kg · K이다.)

① 216   ② 241
③ 307   ④ 349

해설 $V = \sqrt{KRT}$
$T = 30 + 273 = 303K$
$\therefore$ 음속(V) = $\sqrt{1.4 \times 287 \times 303} = 349(\text{m/s})$

SECTION 02   연소공학

21 다음 중 등엔트로피 과정은?

① 가역 단열과정
② 비가역 단열과정
③ Polytropic 과정
④ Joule-Thomson 과정

해설 등엔트로피 과정 : 가역 단열과정
• 비가역 단열과정에서는 엔트로피 증가

22 50℃, 30℃, 15℃인 3종류의 액체 A, B, C가 있다. A와 B를 같은 질량으로 혼합하였더니 40℃가 되었고, A와 C를 같은 질량으로 혼합하였더니 20℃가 되었다고 하면 B와 C를 같은 질량으로 혼합하면 온도는 약 몇 ℃가 되겠는가?

① 17.1
② 19.5
③ 20.5
④ 21.1

해설 평균온도(T_m)
$$T_m = \frac{G_1 C_1 t_1 + G_2 C_2 t_2}{G_1 C_1 + G_2 C_2}$$
A와 C 중 C의 비열
$$20 = \frac{(1 \times 1 \times 50) + (1 \times C \times 15)}{(1 \times 1) + (1 \times C)}$$
$C = 6$
$$\therefore T(혼합온도) = \frac{(1 \times 1 \times 30) + (1 \times 6 \times 15)}{(1 \times 1) + (1 \times 6)}$$
$$= 17.1(℃)$$

18. ③ 19. ④ 20. ④ 21. ① 22. ① **| ANSWER**

23 전실화재(Flashover)와 역화(Back Draft)에 대한 설명으로 틀린 것은?

① Flashover는 급격한 가연성가스의 착화로서 폭풍과 충격파를 동반한다.
② Flashover는 화재성장기(제1단계)에서 발생한다.
③ Back Draft는 최성기(제2단계)에서 발생한다.
④ Flashover는 열의 공급이 요인이다.

해설 전실화재 : 화재 발생 시 내부온도 상승으로 가스층에서 복사열에 의해 화재실 내부의 가연물 표면에 열을 가하게 되고 천장 주위 온도가 500~600℃ 정도가 되면서 바닥이 받는 복사열이 20~25kW/m² 정도가 되면 가연물의 열분해가 빠르게 일어나 가연성가스 충만으로 격렬하게 연소하는 현상

24 유독물질의 대기확산에 영향을 주게 되는 매개변수로서 가장 거리가 먼 것은?

① 토양의 종류
② 바람의 속도
③ 대기안정도
④ 누출지점의 높이

해설 토양의 종류와 유독물질의 대기확산에 영향을 주게 되는 매개변수와는 관련성이 없다.

25 어떤 계에서 42kJ을 공급했다. 만약 이 계가 외부에 대하여 17,000N · m의 일을 하였다면 내부에너지의 증가량은 약 몇 kJ인가?

① 25
② 50
③ 100
④ 200

해설 외부일 : 17,000N · m(17,000J)

$1kJ = 102kg · m/sec$

$1J = 1N × 1m = 1N · m$

42kJ → 내부 증가 42−17 =25kJ → 17,000J (17kJ)

26 폭발범위의 하한 값이 가장 큰 가스는?

① C_2H_4
② C_2H_2
③ C_2H_4O
④ H_2

해설 폭발범위
㉠ 에탄(C_2H_4) = 2.7~36%
㉡ 아세틸렌(C_2H_2) = 2.5~81%
㉢ 산화에틸렌(C_2H_4O) = 3~80%
㉣ 수소(H_2) = 4~75%

27 액체 연료의 연소 형태가 아닌 것은?

① 등심연소(wick combustion)
② 증발연소(vaporizing combustion)
③ 분무연소(spray combustion)
④ 확산연소(diffusive combustion)

해설 기체연료
확산연소, 예혼합연소(외부혼합, 내부혼합)

28 가스 화재 시 밸브 및 콕크를 잠그는 경우 어떤 소화 효과를 기대할 수 있는가?

① 질식소화
② 제거소화
③ 냉각소화
④ 억제소화

해설 콕크를 이용하여 가스공급을 차단하는 소화효과는 제거효과이다. 이는 연소의 3요소 중 가연물질을 화재가 발생한 장소에서 제거하여 소화시키는 방법이다.

29 저발열량이 41,860kJ/kg인 연료를 3kg 연소시켰을 때 연소가스의 열용량이 62.8kJ/℃였다면 이 때의 이론연소 온도는 약 몇 ℃인가?

① 1,000℃
② 2,000℃
③ 3,000℃
④ 4,000℃

해설 이론연소온도(T) $= \dfrac{총발열량}{연소가스열용량}$

$= \dfrac{41,860}{62.8} = 2,000(℃)$

30 CH_4, CO_2, H_2O의 생성열이 각각 75kJ/kmol, 394 kJ/kmol, 242kJ/kmol일 때 CH_4의 완전 연소 발열량은 약 몇 kJ인가?

① 803
② 786
③ 711
④ 636

해설 메탄(CH_4)

$CH_4 + 2O_2 \rightarrow CO_2 + 2H_2O$

$CO_2 : 394kJ/kmol$

$H_2O : 242kJ/kmol(2 \times 242 = 484)$

∴ 연소발열량 $= (394 + 484) - 75 = 803kJ$

---

31 연료가 완전연소할 때 이론상 필요한 공기량을 M_o (m^3), 실제로 사용한 공기량을 $M(m^3)$라 하면 과잉공기 백분율로 바르게 표시한 식은?

① $\dfrac{M}{M_o} \times 100$ ② $\dfrac{M_o}{M} \times 100$

③ $\dfrac{M - M_o}{M} \times 100$ ④ $\dfrac{M - M_o}{M_o} \times 100$

해설 과잉공기 = 실제공기 − 이론공기

$$과잉공기율 = \frac{실제공기 - 이론공기}{이론공기} \times 100(\%)$$

공기비(m) = 실제공기량/이론공기량

---

32 연소 반응 시 불꽃의 상태가 환원염으로 나타났다. 이때 환원염은 어떤 상태인가?

① 수소가 파란 불꽃을 내며 연소하는 화염

② 공기가 충분하여 완전 연소상태의 화염

③ 과잉의 산소를 내포하여 연소가스 중 산소를 포함한 상태의 화염

④ 산소의 부족으로 일산화탄소와 같은 미연분을 포함한 상태의 화염

해설 일산화탄소(CO) $= \dfrac{1}{2}O_2 + C$

(산소 부족 : 환원염 불꽃)

---

33 연료의 발화점(착화점)이 낮아지는 경우가 아닌 것은?

① 산소 농도가 높을수록

② 발열량이 높을수록

③ 분자구조가 단순할수록

④ 압력이 높을수록

해설 분자구조가 복잡하면 연료의 착화점이 낮아진다.

• ①, ②, ④항 외에 열전도율이 작을 때와 산소친화력이 클 때, 반응활성도가 클 때도 연료의 착화점이 찾아진다.

---

34 엔트로피의 증가에 대한 설명으로 옳은 것은?

① 비가역과정의 경우 계와 외계의 에너지의 총합은 일정하고, 엔트로피의 총합은 증가한다.

② 비가역과정의 경우 계와 외계의 에너지의 총합과 엔트로피의 총합이 함께 증가한다.

③ 비가역과정의 경우 물체의 엔트로피와 열원의 엔트로피의 합은 불변이다.

④ 비가역과정의 경우 계와 외계의 에너지의 총합과 엔트로피의 총합은 불변이다.

해설 엔트로피 : 단열과정은 등엔트로피 과정이다.

㉠ 엔트로피는 종량성질이며 비가역과정은 가역사이클보다 항상 엔트로피가 증가한다. 자연계의 엔트로피 총화는 극대치를 향하여 증가하고 있다.

㉡ 비가역과정의 경우 계와 외계의 에너지 총합은 일정하다.

---

35 도시가스의 조성을 조사해보니 부피조성으로 H_2 30%, CO 14%, CH_4 49%, CO_2 5%, O_2 2%를 얻었다. 이 도시가스를 연소시키기 위한 이론산소량 (Nm^3)은?

① 1.18 ② 2.18

③ 3.18 ④ 4.18

해설 ㉠ $H_2 + \dfrac{1}{2}O_2 \rightarrow H_2O$

㉡ $CO + \dfrac{1}{2}O_2 \rightarrow CO_2$

㉢ $CH_4 + 2O_2 \rightarrow CO_2 + 2H_2O$

요구산소량 $= (0.5 \times 0.3) + (0.5 \times 0.14) + (2 \times 0.49)$

$= 1.2(Nm^3)$

∴ 실제 요구산소량 $= 1.2 - (2/100) = 1.18(Nm^3)$

• 이론공기량 $= (1.18/0.21) = 5.62(Nm^3)$

---

36 오토(otto)사이클의 효율을 η_1, 디젤(diesel)사이클의 효율을 η_2, 사바테(Sabathe)사이클의 효율을 η_3이라 할 때 공급열량과 압축비가 같을 경우 효율의 크기는?

① $\eta_1 > \eta_2 > \eta_3$

② $\eta_1 > \eta_3 > \eta_2$

③ $\eta_2 > \eta_1 > \eta_3$

④ $\eta_2 > \eta_3 > \eta_1$

해설 내연기관사이클 열효율 크기
  ㉠ 압축비일정 : 오토>사바테>디젤
  ㉡ 최대압력일정 : 디젤>사바테>오토

37 파열물의 가열에 사용된 유효열량이 7,000 kcal/kg, 전입열량이 12,000kcal/kg일 때 열효율은 약 얼마 인가?

① 49.2%

② 58.3%

③ 67.4%

④ 76.5%

해설 열효율(η)= (유효열량/전입열량)×100(%)

∴ 열효율= $\frac{7,000}{12,000}×100 = 58.3(\%)$

38 열역학 제0법칙에 대하여 설명한 것은?

① 저온체에서 고온체로 아무 일도 없이 열을 전달할 수 없다.

② 절대온도 0에서 모든 완전 결정체의 절대 엔트로피의 값은 0이다.

③ 기계가 일을 하기 위해서는 반드시 다른 에너지를 소비해야 하고 어떤 에너지도 소비하지 않고 계속 일을 하는 기계는 존재하지 않는다.

④ 온도가 서로 다른 물체를 접촉시키면 높은 온도를 지닌 물체의 온도는 내려가고, 낮은 온도를 지닌 물체의 온도는 올라가서 두 물체의 온도 차이는 없어진다.

해설 • ①, ②, ③항은 열역학 제2법칙
  • ④항은 열역학 제1법칙

39 체적 2m³의 용기 내에서 압력 0.4MPa, 온도 50℃ 인 혼합기체의 체적분율이 메탄(CH_4) 35%, 수소 (H_2), 40%, 질소(N_2) 25%이다. 이 혼합기체의 질량 은 약 몇 kg인가?

① 2

② 3

③ 4

④ 5

해설 표준상태체적(Nm^3)

$$2×\frac{273}{273+50}×\frac{0.4}{0.1} = 6.7616(Nm^3)$$

• 메탄= $6.7616×0.35 = 2.36656(Nm^3)$
• 수소= $6.7616×0.4 = 2.70464(Nm^3)$
• 질소= $6.7616×0.25 = 1.6904(Nm^3)$
(분자량=메탄 16, 수소 2, 질소 28)
∴ 혼합기체질량

$$= \left[\left(2.36656×\frac{16}{22.4}\right)+\left(2.70464×\frac{2}{22.4}\right)\right.$$
$$\left.+\left(1.6904×\frac{28}{22.4}\right)\right] = 4(kg)$$

40 수증기와 CO의 몰 혼합물을 반응시켰을 때 1,000 ℃, 1기압에서의 평형조성이 CO, H_2O가 각각 28 mol%, H_2, CO_2가 각각 22mol%라 하면, 정압 평형 정수(K_P)는 약 얼마인가?

① 0.2

② 0.6

③ 0.9

④ 1.3

해설 $CO+H_2O → CO_2+H_2$

평형정수(K_p)= $\frac{[CO_2][H_2]}{[CO][H_2O]}$

$$= \frac{22×22}{28×28} = \frac{484}{784} = 0.6$$

SECTION **03** 가스설비

41 차단성능이 좋고 유량조정이 용이하나 압력손실이 커서 고압의 대구경 밸브에는 부적당한 밸브는?

① 글로브 밸브

② 플러그 밸브

③ 게이트 밸브

④ 버터플라이 밸브

해설 글로브 밸브
  ㉠ 유량조절이 용이하다.
  ㉡ 압력손실이 크다.
  ㉢ 대구경관에는 사용이 부적당하다.

42 배관에서 지름이 다른 강관을 연결하는 목적으로 주로 사용하는 것은?

① 티　　　　　② 플랜지
③ 엘보　　　　④ 리듀서

리듀서(줄임쇠)

㉠ 티 : 관을 도중에 분리하는 목적
㉡ 플랜지 : 관 분해 및 수리 목적
㉢ 엘보 : 배관 방향 전환 목적

43 석유정제공정의 상압증류 및 가솔린 생산을 위한 접촉개질 처리 등에서와 석유화학의 나프타 분해공정 중 에틸렌, 벤젠 등을 제조하는 공정에서 주로 생산되는 가스는?

① OFF 가스　　　② Cracking 가스
③ Reforming 가스　④ Topping 가스

해설 OFF 가스(업가스)
석유정제공업공정의 상압증류 및 가솔린생산을 위한 접촉개질 처리 등에서 또는 석유화학 나프타 분해공정에서 생산되는 가스

44 LNG 저장탱크에서 사용되는 잠액식 펌프의 윤활 및 냉각을 위해 주로 사용되는 것은?

① 물　　　　　② LNG
③ 그리스　　　④ 황산

해설 LNG
LNG(액화천연가스) 저장탱크에서 사용되는 잠액식 펌프의 윤활 및 냉각을 위해 사용된다.

45 도시가스 공급시설에 설치하는 공기보다 무거운 가스를 사용하는 지역정압기실 개구부와 RTU(Remote Terminal Unit) 박스는 얼마 이상의 거리를 유지하여야 하는가?

① 2m　　　　② 3m
③ 4.5m　　　④ 5.5m

해설

공기보다 무거운 지역정압기실	4.5m 이상 이격거리	RTU

46 회전펌프에 해당하는 것은?

① 플랜지 펌프　　② 피스톤 펌프
③ 기어 펌프　　　④ 다이어프램 펌프

해설 회전식 펌프
기어 펌프, 스크류 펌프, 베인 펌프 등

47 실린더 안지름 20cm, 피스톤행정 15cm, 매분회전수 300, 효율이 90%인 수평 1단 단동압축기가 있다. 지시평균 유효 압력을 0.2MPa로 하면 압축기에 필요한 전동기의 마력은 약 몇 PS인가?(단, 1MPa은 10kgf/cm²로 한다.)

① 6　　　　　② 7
③ 8　　　　　④ 9

해설 압축마력(PS)

$$PS = \frac{10^4 \times P_i \times V}{75 \times 60 \times \eta}$$

$$V(용적) = \left(\frac{3.14}{4} \times 0.2^2\right) \times 0.15 \times 300$$

$$\therefore 마력(PS) = \frac{10^4 \times \left(\frac{0.2}{1} \times 10\right) \times 1.413}{75 \times 60 \times 0.9} = 7(PS)$$

48 연소 시 발생할 수 있는 여러 문제 중 리프팅(lifting) 현상의 주된 원인은?

① 노즐의 축소
② 가스 압력의 감소
③ 1차 공기의 과소
④ 배기 불충분

해설 리프팅(선화현상)
염공(노즐)으로부터 가스유출속도가 연소속도보다 크게 되면 화염이 염공을 떠나서 화실 공간에서 연소하는 현상

49 가스보일러 물탱크의 수위를 다이어프램에 의해 압력 변화로 검출하여 전기접점에 의해 가스회로를 차단하는 안전장치는?

① 헛불방지장치
② 동결방지장치
③ 소화안전장치
④ 과열방지장치

해설 가스보일러 내에 물이 부족하면 과열되는데, 이를 방지하기 위하여 가스회로와 보일러 운전을 차단하는 장치가 헛불방지장치이다.

50 발열량이 13,000kcal/m³이고, 비중이 1.3, 공급압력이 200mmH₂O인 가스의 웨버지수는?

① 10,000
② 11,402
③ 13,000
④ 16,900

해설 웨버지수(WI) $= \dfrac{Hg}{\sqrt{d}} = \dfrac{13,000}{\sqrt{1.3}} = 11,402$

51 가스온수기에 반드시 부착하여야 할 안전장치가 아닌 것은?

① 소화안전장치
② 역풍방지장치
③ 전도안전장치
④ 정전안전장치

해설 전도안전장치는 가스난방기기에 구비한다.

52 정압기에 관한 특성 중 변동에 대한 응답속도 및 안정성의 관계를 나타내는 것은?

① 동특성
② 정특성
③ 작동 최대차압
④ 사용 최대차압

해설 정압기 동특성 : 변동에 대한 응답속도 및 안정성 관계 특성

53 찜질방의 가열로실의 구조에 대한 설명으로 틀린 것은?

① 가열로의 배기통은 금속 이외의 불연성재료로 단열조치를 한다.
② 가열로실과 찜질실 사이의 출입문은 유리재로 설치한다.
③ 가열로의 배기통 재료는 스테인리스를 사용한다.
④ 가열로의 배기통에는 댐퍼를 설치하지 아니한다.

해설 찜질방 가열로실과 찜질실 사이의 출입문은 철재물로 시공한다.

54 산소가 없어도 자기분해 폭발을 일으킬 수 있는 가스가 아닌 것은?

① C₂H₂
② N₂H₄
③ H₂
④ C₂H₄O

해설 수소는 산화폭발성 가스이다.
수소반응식 $= H_2 + \dfrac{1}{2}O_2 \rightarrow H_2O$

55 다기능 가스안전계량기(마이콤 미터)의 작동성능이 아닌 것은?

① 유량 차단성능
② 과열방지 차단성능
③ 압력저하 차단성능
④ 연속사용시간 차단성능

해설 ㉠ 다기능 가스안전계량기의 작동성능은 ①, ③, ④항이며 기타 증가유량차단기능, 미소유량등록기준, 미소누출검지기능이 필요하다.
㉡ ②항 과열방지 차단성능은 가스용 온수보일러에 설치한다.

56 나프타를 접촉분해법에서 개질온도를 705℃로 유지하고 개질압력을 1기압에서 10기압으로 점진적으로 가압할 때 가스의 조성 변화는?

① H₂와 CO₂가 감소하고 CH₄와 CO가 증가한다.
② H₂와 CO₂가 증가하고 CH₄와 CO가 감소한다.
③ H₂와 CO가 감소하고 CH₄와 CO₂가 증가한다.
④ H₂와 CO가 증가하고 CH₄와 CO₂가 감소한다.

해설 ㉠ 원유정제 → LPG → 휘발유 → 나프타 → 등유 → 경유 → 중유 → 모비루 → 아스팔트
㉡ 도시가스접촉분해공정 : 촉매를 사용하여 반응개질온도 400~800℃ 정도에서 나프타 탄화수소를 개질압력 1기압에서 10기압으로 점진적으로 변화시키면 가스는 H₂, CO가 감소하고 CH₄ 및 CO₂가 증가하는 공정이다.

57 도시가스 원료 중에 함유되어 있는 황을 제거하기 위한 건식탈황법의 탈황제로서 일반적으로 사용되는 것은?

① 탄산나트륨　　　② 산화철
③ 암모니아 수용액　　④ 염화암모늄

해설 도시가스 원료 중 황을 제거하는 건식탈황법의 탈황제는 일반적으로 산화철이다.
건식탈황법 : 황에 산화철(또는 산화아연 등)을 접촉시켜 금속황화물로 변화시킨 뒤 이를 실리카겔이나 활성탄, 몰러큘러시브 등을 사용해 흡착해 제거한다.

58 도시가스 저압 배관의 설계 시 관경을 결정하고자 할 때 사용되는 식은?

① Fan 식　　　　② Oliphant 식
③ Coxe 식　　　　④ Pole 식

해설 폴식 저압배관법 관경(D)
$$= K\sqrt{\frac{D^5 \cdot h}{S \cdot L}}, \ D^5 = \frac{Q^2 \cdot S \cdot L}{K^2 \cdot h}$$
$$관경(D) = D\sqrt[5]{\frac{Q^2 \times S \times L}{0.707^2 \times h}} \ (\text{cm})$$

59 LPG를 사용하는 식당에서 연소기의 최대가스소비량이 3.56kg/h이었다. 자동절체식 조정기를 사용하는 경우 20kg 용기를 최소 몇 개를 설치하여야 자연기화 방식으로 원활하게 사용할 수 있겠는가?(단, 20kg 용기 1개의 가스발생능력은 1.8kg/h이다.)

① 2개　　　　　② 4개
③ 6개　　　　　④ 8개

해설 3.56×2개열 $= 7.12(\text{kg})$
$$\therefore \ 용기개수 = \frac{7.12}{1.8} = 4(개)$$

60 1,000rpm으로 회전하는 펌프를 2,000rpm으로 변경하였다. 이 경우 펌프의 양정과 소요동력은 각각 얼마씩 변화하는가?

① 양정 : 2배, 소요동력 : 2배
② 양정 : 4배, 소요동력 : 2배

③ 양정 : 8배, 소요동력 : 4배
④ 양정 : 4배, 소요동력 : 8배

해설 펌프 : ㉠ 양정 $\left(\dfrac{N_2}{N_1}\right)^2$
　　　　㉡ 동력 $\left(\dfrac{N_2}{N_1}\right)^3$
$$\therefore \ 1 \times \left(\frac{2,000}{1,000}\right)^2 = 4배 \ 양정$$
$$1 \times \left(\frac{2,000}{1,000}\right)^3 = 8배 \ 동력$$

SECTION **04**　**가스안전관리**

---

61 아세틸렌의 임계압력으로 가장 가까운 것은?

① 3.5MPa　　　　② 5.0MPa
③ 6.2MPa　　　　④ 7.3MPa

해설 C_2H_2가스
㉠ 임계온도 36℃
㉡ 임계압력 61.6atm(6.2MPa)

62 가스 폭발에 대한 설명으로 틀린 것은?

① 폭발한계는 일반적으로 폭발성 분위기 중 폭발성 가스의 용적비로 표시된다.
② 발화온도는 폭발성가스와 공기 중 혼합가스의 온도를 높였을 때에 폭발을 일으킬 수 있는 최고의 온도이다.
③ 폭발한계는 가스의 종류에 따라 달라진다.
④ 폭발성 분위기란 폭발성 가스가 공기와 혼합하여 폭발한계 내에 있는 상태의 분위기를 뜻한다.

해설 발화온도
폭발성가스와 공기 중 혼합가스의 온도를 높였을 때에 폭발을 일으킬 수 있는 최저의 온도이다.

63 초저온가스용 용기제조 기술기준에 대한 설명으로 틀린 것은?

① 용기동판의 최대두께와 최소두께와의 차이는 평균두께의 10% 이하로 한다.

② "최고충전압력"은 상용압력 중 최고압력을 말한다.

③ 용기의 외조에 외조를 보호할 수 있는 플러그 또는 파열판 등의 압력방출장치를 설치한다.

④ 초저온용기는 오스테나이트계 스테인리스강 또는 티타늄합금으로 제조한다.

해설 ㉠ 초저온용기 : 섭씨 영하 50℃ 이하의 액화가스 충전용기로서 단열재로 피복하거나 냉동설비로 냉각하는 등의 방법으로 용기 내의 가스온도가 상용의 온도를 초과하지 아니하도록 한 용기이다.
㉡ 재료 : 오스테나이트계 스테인리스강, 알루미늄 합금

64 아세틸렌가스를 2.5MPa의 압력으로 압축할 때 첨가하는 희석제가 아닌 것은?

① 질소
② 메탄
③ 일산화탄소
④ 아세톤

해설 아세틸렌가스의 다공질에 충전하는 용제
아세톤$[(CH_2)_2CO]$, 디메틸 포름아미드$[HCON(CH_3)_2]$ 등이다.

65 가스난로를 사용하다가 부주의로 점화되지 않은 상태에서 콕을 전부 열었다. 이때 노즐로부터 분출되는 생 가스의 양은 약 몇 m^3/h인가?(단, 유량계수 : 0.8, 노즐지름 : 2.5mm, 가스압력 : 200mmH₂O, 가스비중 : 0.5로 한다.)

① 0.5m³/h
② 1.1m³/h
③ 1.5m³/h
④ 2.1m³/h

해설 LP가스$(Q) = 0.009 D^2 \sqrt{\dfrac{h}{d}}$

가스양$(Q) = 0.009 \times 2.5^2 \times \sqrt{\dfrac{200}{0.5}} = 1.1(m^3/h)$

66 증기가 전기스파크나 화염에 의해 분해폭발을 일으키는 가스는?

① 수소
② 프로판
③ LNG
④ 산화에틸렌

해설 산화에틸렌(C_2H_4O)
㉠ 산화폭발(폭발범위 : 3~80%)
㉡ 중합폭발(무수염화물, 산, 알칼리 등)
㉢ 분해폭발(화염, 전기스파크, 충격 등)

67 초저온용기에 대한 정의를 가장 바르게 나타낸 것은?

① 섭씨 영하 50℃ 이하의 액화가스를 충전하기 위한 용기로서 단열재를 씌우거나 냉동설비로 냉각시키는 등의 방법으로 용기 내의 가스온도가 상용온도를 초과하지 않도록 한 용기

② 액화가스를 충전하기 위한 용기로서 단열재로 피복하여 용기 내의 가스온도가 상용온도를 초과하지 않도록 한 용기

③ 대기압에서 비점이 0℃ 이하인 가스를 상용압력이 0.1MPa 이하의 액체 상태로 저장하기 위한 용기로서 단열재로 피복하여 가스온도가 상용온도를 초과하지 않도록 한 용기

④ 액화가스를 냉동설비로 냉각하여 용기 내의 가스의 온도가 섭씨 영하 70℃ 이하로 유지하도록 한 용기

해설 63번 문제 해설 참조

68 고압가스 저장시설에서 가연성가스 용기보관실과 독성가스의 용기보관실은 어떻게 설치하여야 하는가?

① 기준이 없다.
② 각각 구분하여 설치한다.
③ 하나의 저장실에 혼합 저장한다.
④ 저장실은 하나로 하되 용기는 구분 저장한다.

해설 고압가스저장시설

가연성가스 보관실	독성가스 보관실

각각 구분하여 저장설치

69 아세틸렌용 용접용기를 제조하고자 하는 자가 갖추어야 할 시설기준의 설비가 아닌 것은?

① 성형설비
② 세척설비
③ 필라멘트와인딩설비
④ 자동부식방지도장설비

해설 아세틸렌(C_2H_2)용 용접용기 제조설비
• 단조 및 성형설비
• 세척설비
• 자동부식방지 도장설비
• 넥크링 가공설비
• 용접설비 등

70 고압가스용 납붙임 또는 접합용기의 두께는 그 용기의 안전성을 확보하기 위하여 몇 mm 이상으로 하여야 하는가?

① 0.115
② 0.125
③ 0.215
④ 0.225

해설 고압가스용 납붙임용기 또는 집합용기 두께는 그 용기의 안정성 확보를 위해 0.125mm 이상으로 한다.

71 차량에 고정된 탱크로 가연성가스를 적재하여 운반할 때 휴대하여야 할 소화설비의 기준으로 옳은 것은?

① BC용, B-10 이상 분말소화제를 2개 이상 비치
② BC용, B-8 이상 분말소화제를 2개 이상 비치
③ ABC용, B-10 이상 포말소화제를 1개 이상 비치
④ ABC용, B-8 이상 포말소화제를 1개 이상 비치

해설 ㉠ 가연성가스(BC용, B-10 이상 또는 ABC용, B-12 이상 분말용 차량 좌우에 각각 1개 이상)
㉡ 산소가스(BC용, B-8 이상 또는 ABC용, B-10 이상 분말용을 차량 좌우에 각각 1개 이상)

72 냉동설비와 1일 냉동능력 1톤의 산정기준에 대한 연결이 바르게 된 것은?

① 원심식 압축기 사용 냉동설비–압축기의 원동기 정격출력 1.2kW
② 원심식 압축기 사용 냉동설비–발생기를 가열하는 1시간의 입열량 3,320kcal
③ 흡수식 냉동설비–압축기의 원동기 정격출력 2.4kW
④ 흡수식 냉동설비–발생기를 가열하는 1시간의 입열량 7,740kcal

해설 ㉠ ②항은 발생기가 아닌 압축기가 필요하다.
㉡ ③항에서는 6,640kcal의 능력으로서 ④항과 같이 발생기를 이용하여야 한다(흡수식은 압축기 대신 재생기가 필요하다).

73 액화석유가스를 차량에 고정된 내용적 V(L)인 탱크에 충전할 때 충전량 산정식은?[단, W : 저장능력(kg), P : 최고충전압력(MPa), d : 비중(kg/L), C : 가스의 종류에 따른 정수이다.]

① $W = \dfrac{V}{C}$ ② $W = C(V+1)$

③ $W = 0.9dV$ ④ $W = (10P+1)V$

해설 ㉠ 액화가스(W) $= \dfrac{V}{C}$(kg)
㉡ 액화가스 저장탱크(W) $= 0.9dV_2$ (kg)
㉢ 압축가스(Q) $= (10P+1)V_1$ (m³)

74 용기의 제조등록을 한 자가 수리할 수 있는 용기의 수리범위에 해당되는 것으로만 모두 짝지어진 것은?

> ㉠ 용기몸체의 용접
> ㉡ 용기부속품의 부품 교체
> ㉢ 초저온 용기의 단열재 교체

① ㉠ ② ㉠, ㉡
③ ㉡, ㉢ ④ ㉠, ㉡, ㉢

해설 용기제조자 수리자격 범위는 ㉠, ㉡, ㉢ 외에도 아세틸렌가스 용기 내의 다공질 교체, 용기의 스커트, 프로텍터 및 넥크링의 교체와 가공 등이 있다.

75 가연성가스 설비 내부에서 수리 또는 청소작업을 할 때에는 설비 내부의 가스농도가 폭발 하한계의 몇 % 이하가 될 때까지 치환하여야 하는가?

① 1 　　　　　② 5
③ 10 　　　　 ④ 25

해설 가연성가스 설비 내부에서 수리 또는 청소작업 시 설비 내부의 가스농도가 폭발하한계의 25% 이하가 될 때까지 치환하여야 한다.

76 고압가스용 용접용기의 내압시험방법 중 팽창측정시험의 경우 용기가 완전히 팽창한 후 적어도 얼마 이상의 시간을 유지하여야 하는가?

① 30초 　　　　② 1분
③ 3분 　　　　 ④ 5분

해설 고압가스용 용접용기의 내압시험 방법 중 팽창시험의 경우 용기가 완전히 팽창한 후 30초 이상 시간을 유지한 후 측정시험을 마친다.

77 LPG 용기 보관실의 바닥 면적이 $40m^2$라면 환기구의 최소 통풍가능 면적은?

① $10,000cm^2$ 　　② $11,000cm^2$
③ $12,000cm^2$ 　　④ $13,000cm^2$

해설 용기보관실 바닥면적 $1m^2$당 $300cm^2$ 환기구 면적
$\therefore 300 \times 40 = 12,000(cm^2)$

78 고압가스 제조장치의 내부에 작업원이 들어가 수리를 하고자 한다. 이때 가스 치환작업으로 가장 부적합한 경우는?

① 질소 제조장치에서 공기로 치환한 후 즉시 작업을 하였다.
② 아황산가스인 경우 불활성가스로 치환한 후 다시 공기로 치환하여 작업을 하였다.
③ 수소제조장치에서 불활성가스로 치환한 후 즉시 작업을 하였다.
④ 암모니아인 경우 불활성가스로 치환하고 다시 공기로 치환한 후 작업을 하였다.

해설 ㉠ 수소가스(가연성가스) 폭발범위는 4~70(%)이다.
㉡ 치환 : 수소제조장치 작업 → 불활성가스 치환 → 공기 치환 → 내부작업

79 의료용 산소용기의 도색 및 표시가 바르게 된 것은?

① 백색으로 도색 후 흑색 글씨로 산소라고 표시한다.
② 녹색으로 도색 후 백색 글씨로 산소라고 표시한다.
③ 백색으로 도색 후 녹색 글씨로 산소라고 표시한다.
④ 녹색으로 도색 후 흑색 글씨로 산소라고 표시한다.

해설 의료용 산소용기 도색 및 글씨
㉠ 도색 : 백색
㉡ 글씨 : 녹색

80 이동식 부탄연소기(220g 납붙임용기 삽입형)를 사용하는 음식점에서 부탄연소기의 본체보다 큰 주물불판을 사용하여 오랜 시간 조리를 하다가 폭발 사고가 일어났다. 사고의 원인으로 추정되는 것은?

① 가스 누출
② 납붙임 용기의 불량
③ 납붙임 용기의 오장착
④ 용기 내부의 압력 급상승

해설 부탄연소기보다 주물판이 너무 크면 부탄연소기가 과열되면서 용기 내부의 압력이 급상승하여 폭발사고가 발생한다.

SECTION 05 가스계측

81 22℃의 1기압 공기(밀도 $1.21kg/m^3$)가 덕트를 흐르고 있다. 피토관을 덕트 중심부에 설치하고 물을 봉액으로 한 U자관 마노미터의 눈금이 4.0cm이었다. 이 덕트 중심부의 유속은 약 몇 m/s인가?

① 25.5
② 30.8
③ 56.9
④ 97.4

해설 ㉠ 공기 밀도 : $1.21(kg/m^3)$
㉡ 물의 밀도 : $1,000(kg/m^3)$

$$유속(V) = \sqrt{2g\left(\frac{\gamma_o - \gamma}{\gamma}\right)h}$$
$$= \sqrt{2 \times 9.8\left(\frac{1,000 - 1.21}{1.21}\right) \times 0.04} = 25(m/s)$$

82 가스크로마토그래피에서 일반적으로 사용되지 않는 검출기(detector)는?

① TCD
② FID
③ ECD
④ RID

해설 기스크로마토그래피
TCD(열전도형), FID(수소염이온화), ECD(전자포획), FPD(염광광도형)

83 가스크로마토그래피(Gas Chromatography)에서 캐리어가스 유량이 5mL/s이고 기록지 속도가 3mm/s일 때 어떤 시료가스를 주입하니 지속용량이 250mL이었다. 이때 주입점에서 성분의 피크까지 거리는 약 몇 mm인가?

① 50
② 100
③ 150
④ 200

해설 $지속용량 = \dfrac{유량 \times 피크거리}{기록지\ 속도}$

$$250 = \frac{5 \times L}{3}$$

$$\therefore 피크까지\ 거리(L) = \frac{3 \times 250}{5} = 150(mm)$$

84 측정제어라고도 하며, 2개의 제어계를 조합하여 1차 제어장치가 제어량을 측정하여 제어 명령을 내리고, 2차 제어장치가 이 명령을 바탕으로 제어량을 조절하는 제어를 무엇이라 하는가?

① 정치(正値)제어
② 추종(追從)제어
③ 비율(比率)제어
④ 캐스케이드(Cascade)제어

해설 캐스케이드제어(측정제어)
2개의 제어계를 조합하여 1차 제어장치(제어량측정), 2차 제어장치(명령제어량조절)를 조절하는 조합제어계이다.

85 전력, 전류, 전압, 주파수 등을 제어량으로 하며 이것을 일정하게 유지하는 것을 목적으로 하는 제어 방식은?

① 자동조정
② 서보기구
③ 추치제어
④ 정치제어

해설 자동조정
전력, 전류, 전압, 주파수 등을 제어량으로 하며 이것을 일정하게 유지하는 것이 목적이다.

86 고속, 고압 및 레이놀즈수가 높은 경우에 사용하기 가장 적정한 유량계는?

① 벤투리미터
② 플로노즐
③ 오리피스미터
④ 피토관

해설 플로노즐 차압식 유량계
고속, 고압 및 레이놀즈수가 높은 경우에 사용하기 가장 적정한 유량계이다(소유량 유체의 측정에 적합하다).

87 배기가스 중 이산화탄소를 정량분석하고자 할 때 가장 적합한 방법은?

① 적정법
② 완만연소법
③ 중량법
④ 오르자트법

해설 오르자트법
CO_2, O_2, CO 등의 측정분석법(흡수분석법)

88 연소기기에 대한 배기가스 분석의 목적으로 가장 거리가 먼 것은?

① 연소상태를 파악하기 위하여
② 배기가스 조성을 알기 위하여
③ 열정산의 자료를 얻기 위하여
④ 시료가스 채취장치의 작동상태를 파악하기 위해

해설 배기가스의 분석목적은 ①, ②, ③항이며 기타 공기비 측정이 가능하다.

89 습식가스미터는 어떤 형태에 해당하는가?

① 오벌형   ② 드럼형
③ 다이어프램형   ④ 로터리 피스톤형

해설 ㉠ 습식가스미터(기준습식가스미터)의 형태는 드럼형이다.
㉡ 오벌형, 다이어프램형, 로터리 피스톤형 등은 건식가스미터기이다.

90 액면측정장치가 아닌 것은?

① 유리관식 액면계   ② 임펠러식 액면계
③ 부자식 액면계   ④ 퍼지식 액면계

해설 유량계
임펠러식 유속식 유량계, 피토관식 유속식 유량계

91 가스크로마토그래피로 가스를 분석할 때 사용하는 캐리어 가스로서 가장 부적당한 것은?

① H_2 ② CO_2
③ N_2 ④ Ar

해설 기기분석법(가스크로마토그래피법)
㉠ 캐리어가스 : 수소(H_2), 헬륨(He), 아르곤(Ar), 질소(N_2)
㉡ 3대 구성요소 : 분리관, 검출기, 기록계

92 열전대 온도계에서 열전대의 구비 조건이 아닌 것은?

① 재생도가 높고 가공이 용이할 것
② 열기전력이 크고 온도상승에 따라 연속적으로 상승할 것

③ 내열성이 크고 고온가스에 대한 내식성이 좋을 것
④ 전기저항 및 온도계수, 열전도율이 클 것

해설 열전대 온도계에서 열전대는 전기저항, 온도계수, 열전도율이 적어야 한다.

93 습식가스미터의 수면이 너무 낮을 때 발생하는 현상은?

① 가스가 그냥 지나친다.
② 밸브의 마모가 심해진다.
③ 가스가 유입되지 않는다.
④ 드럼의 회전이 원활하지 못하다.

해설 습식가스미터기의 수면이 적정 수위가 되지 못하고 너무 저하되면 가스가 그냥 지나쳐서 오차가 발생한다.

94 우연오차에 대한 설명으로 옳은 것은?

① 원인 규명이 명확하다.
② 완전한 제거가 가능하다.
③ 산포에 의해 일어나는 오차를 말한다.
④ 정, 부의 오차가 다른 분포상태를 가진다.

해설 우연오차
원인을 알 수가 없는 산포에 의해 일어나는 오차이다.

95 내경 10cm인 관속으로 유체가 흐를 때 피토관의 마노미터 수주가 40cm이었다면 이때의 유량은 약 몇 m^3/s인가?

① 2.2×10^{-3} ② 2.2×10^{-2}
③ 0.22   ④ 2.2

해설 유량(Q)= 단면적×유속
단면적(A) $= \dfrac{3.14}{4} \times d^2 = \dfrac{3.14}{4} \times (0.1)^2$
$= 0.00785(m^2)$
유속(V)$= \sqrt{2 \times 9.8 \times 0.4}$, $\sqrt{2gh}$
유속(V)$= 2.8(m/s)$
∴ 유량(Q)$= 0.00785 \times 2.8 = 0.02198(m^3/s)$
$≒ 2.2 \times 10^{-2}(m^3/s)$

96 램버트–비어의 법칙을 이용한 것으로 미량분석에 유용한 화학분석법은?

① 중화적정법　　② 중량법
③ 분광광도법　　④ 요오드적정법

해설 중화적정법
램버트–비어의 법칙을 이용한 미량분석 가스분석계이다(화학분석적정법 : 옥소적정법, 중화적정법, 킬레이트적정법).

97 10^{-12}은 계량단위의 접두어로 무엇인가?

① 아토(atto)　　② 젭토(zepto)
③ 펨토(femto)　　④ 피코(pico)

해설 접두어
㉠ 10^{12} : T(테라)
㉡ 10^{-12} : P(피코)

98 전자유량계는 어떤 유체의 측정에 유용한가?

① 순수한 물　　② 과열된 증기
③ 도전성 유체　　④ 비전도성 유체

해설 전자유량계
도전성유체의 유량측정(패러데이의 전자유도법칙에 의해 관 내에 흐르는 방향과 직각으로 자장을 형성시킨다.)

99 다음의 특징을 가지는 액면계는?

- 설치, 보수가 용이하다.
- 온도, 압력 등의 사용범위가 넓다.
- 액체 및 분체에 사용이 가능하다.
- 대상 물질의 유전율 변화에 따라 오차가 발생한다.

① 압력식　　② 플로트식
③ 정전용량식　　④ 부력식

해설 정전용량식 액면계
측정물의 자기장(유전율)을 이용하여 탱크 안에 전극을 넣고 액유 변화에 의한 전극과 탱크 사이의 정전용량 변화로 측정하는 유량계

100 가스미터의 구비 조건으로 가장 거리가 먼 것은?

① 기계오차의 조정이 쉬울 것
② 소형이며 계량 용량이 클 것
③ 감도는 적으나 정밀성이 높을 것
④ 사용가스량을 정확하게 지시할 수 있을 것

해설 가스미터기는 감도가 크고 정밀성이나 정도가 높을 것

SECTION 01 가스유체역학

01 200℃의 공기가 흐를 때 정압이 200kPa, 동압이 1kPa이면 공기의 속도(m/s)는?(단, 공기의 기체상수는 287J/kg · K이다.)

① 23.9   ② 36.9

③ 42.5   ④ 52.6

해설 $V = \sqrt{KRT\left(\dfrac{P}{\gamma}\right)} = \sqrt{1.4 \times 0.287 \times 473 \times \left(\dfrac{200+1}{29}\right)}$

$= 36\text{m/s}$

• 공기분자량 : 29

• 공기비열비 : 1.4

02 밀도 1.2kg/m³의 기체가 직경 10cm인 관속을 20 m/s로 흐르고 있다. 관의 마찰계수가 0.02라면 1m 당 압력손실은 약 몇 Pa인가?

① 24   ② 36

③ 48   ④ 54

해설 손실수두$(h_L) = f\dfrac{l}{d} \times \dfrac{V^2}{2g} \times \rho$

$= 0.02 \times \dfrac{1}{0.1} \times \dfrac{20^2}{2 \times 9.8} \times 1.2$

$= 4.8979\text{mmAq}$

$1\text{atm} = 101,325\text{Pa} = 10.332 \times 10^3 \text{mmH}_2\text{O}$

$\therefore\ 101,325 \times \dfrac{4.8979}{10.332 \times 10^3} = 48\text{Pa}$

03 반지름 200mm, 높이 250mm인 실리더 내에 20kg의 유체가 차 있다. 유체의 밀도는 약 몇 kg/m³인가?

① 6.366   ② 63.66

③ 636.6   ④ 6366

해설 V(용적) = 단면적 × 높이 = $\dfrac{3.14}{4} \times (0.4)^2 \times 0.25$

d(지름) = 20 + 20 = 40mm

밀도$(\rho) = \dfrac{m}{V} = \dfrac{20}{\dfrac{3.14}{4} \times 0.4^2 \times 0.25} = 636.6\text{kg/m}^3$

04 물이 내경 2cm인 원형관을 평균유속 5cm/s로 흐르고 있다. 같은 유량이 내경 1cm인 관을 흐르면 평균유속은?

① $\dfrac{1}{2}$만큼 감소

② 2배로 증가

③ 4배로 증가

④ 변함없다.

해설 $V_A = \dfrac{\pi}{4}d^2$, $V_B = \dfrac{\pi}{4}d^2$

(관의 직경이 작아지면 유속 증가)

유속 $= \left[\dfrac{3.14 \times (2)^2}{4} \middle/ \dfrac{3.14 \times (1)^2}{4}\right] = 4$배로 증가

05 압축성 유체가 그림과 같이 확산기를 통해 흐를 때 속도와 압력은 어떻게 되겠는가?(단, Ma는 마하수이다.)

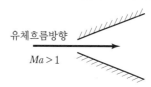

① 속도 증가, 압력 감소

② 속도 감소, 압력 증가

③ 속도 감소, 압력 불변

④ 속도 불변, 압력 증가

해설 $Ma > 1$(초음속흐름)

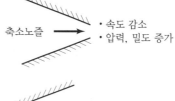

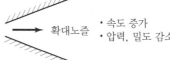

06 수직충격파는 다음 중 어떤 과정에 가장 가까운가?

① 비가역 과정
② 등엔트로피 과정
③ 가역 과정
④ 등압 및 등엔탈피 과정

해설 충격파
　ㄱ 수직충격파 : 유동방향에 수직으로 생긴 충격파(비가역 과정)
　ㄴ 경사충격파 : 유동방향에 경사진 충격파

07 왕복 펌프 중 산, 알칼리액을 수송하는 데 사용되는 펌프는?

① 격막 펌프　　② 기어 펌프
③ 플랜지 펌프　　④ 피스톤 펌프

해설 왕복 펌프에는 피스톤 펌프, 플랜지 펌프, 격막 펌프가 있으며, 격막 펌프는 특수약액이나 진흙탕과 모래 등 불순물이 다량 함유된 유체를 수송하는 데 사용된다. 격막 펌프는 다이어프램 펌프라고도 한다.

08 다음 중 대기압을 측정하는 계기는?

① 수은기압계　　② 오리피스미터
③ 로터미터　　④ 둑(weir)

해설 ㄱ 대기압 측정 : 수은기압계
　ㄴ 유량 측정 : 오리피스, 로터미터, 둑(위어) 등

09 체적효율을 η_v, 피스톤 단면적을 $A[\text{m}^2]$, 행정을 S [m], 회전수를 $n[\text{rpm}]$이라 할 때 실제 송출량 Q [m³/s]를 구하는 식은?

① $Q = \dfrac{ASn}{60\eta_v}$　　② $Q = \eta_v \dfrac{ASn}{60}$

③ $Q = \dfrac{AS\pi n}{60\eta_v}$　　④ $Q = \eta_v \dfrac{AS\pi n}{60}$

해설 • 1초당 송출량 $= \dfrac{ASn}{60}$

• 1초당 실제 송출량 $= \eta_v \times \dfrac{ASn}{60}$

유량(Q) = 단면적 × 행정(m³/s)

10 아음속 등엔트로피 흐름의 확대노즐에서의 변화로 옳은 것은?

① 압력 및 밀도는 감소한다.
② 속도 및 밀도는 증가한다.
③ 속도는 증가하고, 밀도는 감소한다.
④ 압력은 증가하고, 속도는 감소한다.

해설 아음속 흐름(Ma < 1)
　ㄱ 확대노즐 : 속도 감소, 압력, 밀도 증가
　ㄴ 축소노즐 : 속도 증가, 압력, 밀도 감소

11 다음 그림에서와 같이 관 속으로 물이 흐르고 있다. A점과 B점에서의 유속은 몇 m/s인가?

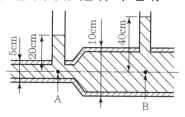

① $u_A = 2.045,\ u_B = 1.022$
② $u_A = 2.045,\ u_B = 0.511$
③ $u_A = 7.919,\ u_B = 1.980$
④ $u_A = 3.960,\ u_B = 1.980$

해설 베르누이식 $\dfrac{P_A}{\gamma} + \dfrac{u_A{}^2}{2g} + Z_A = \dfrac{P_B}{\gamma} + \dfrac{u_B{}^2}{2g} + Z_B$

A지점, B지점의 압력
$P = \gamma h = P_A = 1,000 \times 0.2 = 200 \text{kgf/m}^2$
$P_B = 1,000 \times 0.4 = 400 \text{kgf/m}^2$
$Z_A = Z_B = 0,\ u_A = 4u_B$ 이므로

$\dfrac{200}{1,000} + \dfrac{16u_B{}^2}{2g} = \dfrac{480}{1,000} + \dfrac{u_B{}^2}{2g}$

$\therefore\ u_B = 0.511\text{m/s},\ u_A = 4u_B = 4 \times 0.511 = 2.045\text{m/s}$

12 안지름 80cm인 관 속을 동점성계수 4stokes인 유체가 4m/s의 평균속도로 흐른다. 이때 흐름의 종류는?

① 층류
② 난류
③ 플러그 흐름
④ 천이영역 흐름

해설 동점성계수$(\nu) = \dfrac{\mu}{\sigma}$ (m²/s), 1stokes = 1(cm²/s)이다.

$$\mu = \nu \cdot \rho = 4 \times 10^{-4}, \quad Re = \frac{\rho VD}{\mu} = \frac{VD}{\nu}$$

단면적 $= \dfrac{3.14}{4} \times (0.4)^2 = 0.1256\text{m}^2$

$$\therefore \ Re = \frac{4 \times 0.8}{4 \times 10^{-4}} = 8,000, \ \text{난류}(2,320\text{보다 크면})$$

13 압축률이 5×10^{-5}cm²/kgf인 물속에서의 음속은 몇 m/s인가?

① 1,400 ② 1,500
③ 1,600 ④ 1,700

해설 압축률(C)

$$= \sqrt{\frac{K}{\rho}} = \sqrt{\frac{1}{\beta\rho}} = \sqrt{\frac{10^4}{102 \times (5 \times 10^{-5})}} = 1,400\text{m/s}$$

14 다음 중 기체수송에 사용되는 기계로 가장 거리가 먼 것은?

① 팬 ② 송풍기
③ 압축기 ④ 펌프

해설 펌프
액체수송용(액화가스, 물, 오일 등)

15 원관 중의 흐름이 층류일 경우 유량이 반경의 4제곱과 압력기울기 $(P_1 - P_2)/L$에 비례하고 점도에 반비례한다는 법칙은?

① Hagen – Poiseuille 법칙
② Reynolds 법칙
③ Newton 법칙
④ Fourier 법칙

해설 하겐 – 푸아죄유 법칙
원관 내 흐름이 층류일 경우 유량이 반경의 4제곱과 압력기울기(층류흐름에만 적용) $\dfrac{(P_1 - P_2)}{L}$ 에 비례하고 점도에 반비례하는 법칙이다.

16 프란틀의 혼합길이(Prandtl mixing length)에 대한 설명으로 옳지 않은 것은?

① 난류유동에 관련된다.
② 전단응력과 밀접한 관련이 있다.
③ 벽면에서는 0이다.
④ 항상 일정한 값을 갖는다.

해설 프란틀$(Pr) = \dfrac{\mu c_p}{k}$, (열확산/열전도) = 열대류

혼합거리 l과 속도구배$\left(\dfrac{du}{dy}\right)$로 나타낸다.

$\therefore \ l = ky$이므로 벽$(y = 0)$에서 $l = 0$이다.

17 그림과 같이 물이 흐르는 관에 U자 수은관을 설치하고, A지점과 B지점 사이의 수은 높이차(h)를 측정하였더니 0.7m이었다. 이때 A점과 B점 사이의 압력차는 약 몇 kPa인가?(단, 수은의 비중은 13.6이다.)

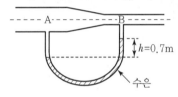

① 8.64 ② 9.33
③ 86.4 ④ 93.3

해설 ㉠ $P_1 = P_2 = \dfrac{(13.6 - 1) \times 1,000 \times 0.7}{10,332\text{mmH}_2\text{O}} \times 101.325\text{kPa}$

$= 86.4\text{kPa}$

㉡ $P_x + 9,800 \times 1 \times 0.7 = P_y + 9,800 \times 13.6 \times 0.7$

$\therefore \ P_x - P_y = (9,800 \times 13.6 \times 0.7) - (9,800 \times 1 \times 0.7)$

$= 86,400\text{Pa} = 86.4\text{kPa}$

※ 물의 비중 = 1(1,000kg/m³)

18 실험실의 풍동에서 20℃의 공기로 실험을 할 때 마하각이 30℃이면 풍속은 몇 m/s가 되는가?(단, 공기의 비열비는 1.4이다.)

① 278
② 364
③ 512
④ 686

해설 공기음속$(C) = \sqrt{kRT}$
$$= \sqrt{1.4 \times 287 \times (20 + 273)} = 343.1 \text{m/s}$$
$$\sin a = \frac{C}{V}, \quad V = \frac{C}{\sin a} = \frac{343.1}{\sin 30} = 686 \text{m/s}$$
여기서, k : 공기의 비열비(1.4)
$$R : 기체상수(287\text{J/kg} \cdot \text{K})$$

19 SI 기본단위에 해당하지 않는 것은?

① kg ② m

③ W ④ K

해설 ㉠ 기본단위 : m, kg, s, A, mol, K, cd
㉡ 동력의 SI : W, kg, m^2/s^2

20 안지름이 20cm의 관에 평균속도 20m/s로 물이 흐르고 있다. 이때 유량은 얼마인가?

① $0.628 \text{m}^3/\text{s}$ ② $6.280 \text{m}^3/\text{s}$

③ $2.512 \text{m}^3/\text{s}$ ④ $0.251 \text{m}^3/\text{s}$

해설 유량$(Q) = $ 단면적 × 유속
$$= \frac{3.14}{4} \times (0.2)^2 \times 20 = 0.628 \text{m}^3/\text{s}$$

SECTION 02 연소공학

21 기체연료를 미리 공기와 혼합시켜 놓고, 점화해서 연소하는 것으로 연소실 부하율을 높게 얻을 수 있는 연소방식은?

① 확산연소 ② 예혼합연소

③ 증발연소 ④ 분해연소

해설 예혼합연소

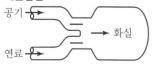

22 기체연료의 연소형태에 해당하는 것은?

① 확산연소, 증발연소

② 예혼합연소, 증발연소

③ 예혼합연소, 확산연소

④ 예혼합연소, 분해연소

해설 기체연료의 연소형태
㉠ 확산연소(불완전연소 발생)
㉡ 예혼합연소(역화발생 주의)

23 저위발열량 93,766kJ/Sm^3의 C_3H_8을 공기비 1.2로 연소시킬 때의 이론연소온도는 약 몇 K인가?(단, 배기가스의 평균비열은 1.653kJ/$\text{Sm}^3 \cdot$ K이고 다른 조건은 무시한다.)

① 1,735 ② 1,856

③ 1,919 ④ 2,083

해설 연소반응식 : $C_3H_8 + 5O_2 \rightarrow 3CO_2 + 4H_2O$
연소가스량$(G_o) = (1.2 - 0.21) \times \dfrac{5}{0.21} + (3 + 4)$
$$= 30.57 \text{Nm}^3/\text{Nm}^3$$
$$\therefore \ t_o = \frac{H_L}{G_o \times C_p} = \frac{93,766}{30.57 \times 1.653} = 1,856\text{℃}$$

24 확산연소에 대한 설명으로 옳지 않은 것은?

① 조작이 용이하다.

② 연소 부하율이 크다.

③ 역화의 위험성이 적다.

④ 화염의 안정범위가 넓다.

해설 예혼합기체연소 : 연소의 부하율이 크다.
(저압버너, 고압버너, 송풍버너 등을 이용한다.)

25 공기비가 클 경우 연소에 미치는 영향이 아닌 것은?

① 연소실 온도가 낮아진다.

② 배기가스에 의한 열손실이 커진다.

③ 연소가스 중의 질소산화물이 증가한다.

④ 불완전연소에 의한 매연의 발생이 증가한다.

해설 $C + O_2 \rightarrow CO_2$

$C + 1/2O_2 \rightarrow CO$

공기비가 크면 완전연소가 가능하고 매연 발생이 감소하지만 지나치면 배기가스량이 많아져서 노내온도 저하, 배기가스 열손실이 발생한다.

26 사고를 일으키는 장치의 이상이나 운전자의 실수의 조합을 연역적으로 분석하는 정량적인 위험성평가방법은?

① 결함수 분석법(FTA)

② 사건수 분석법(ETA)

③ 위험과 운전 분석법(HAZOP)

④ 작업자 실수 분석법(HEA)

해설 결함수 분석법(FTA : Fault Tree Analysis)
정량적 위험성평가방법으로, 사고를 일으키는 장치의 이상이나 운전자의 실수의 조합을 연역적으로 분석한다.

27 분진폭발의 위험성을 방지하기 위한 조건으로 틀린 것은?

① 환기장치는 공동 집진기를 사용한다.

② 분진이 발생하는 곳에 습식 스크러버를 설치한다.

③ 분진 취급 공정을 습식으로 운영한다.

④ 정기적으로 분진 퇴적물을 제거한다.

해설 ㉠ 분진폭발을 방지하기 위하여 환기장치는 단독 집진기를 사용하여야 한다.
㉡ 분진폭발 : 입자의 크기, 형상 등에 영향을 받는다.
㉢ 분진의 종류 : 티탄, 알루미늄, 마그네슘, 아연 등

28 돌턴(Dalton)의 분압법칙에 대하여 옳게 표현한 것은?

① 혼합기체의 온도는 일정하다.

② 혼합기체의 체적은 각 성분의 체적의 합과 같다.

③ 혼합기체의 기체상수는 각 성분의 기체상수의 합과 같다.

④ 혼합기체의 압력은 각 성분(기체)의 분압의 합과 같다.

해설 ㉠ 돌턴의 분압법칙 : 혼합기체의 압력은 각 성분 기체의 분압의 합과 같다.
㉡ 분압 = 전압 × $\dfrac{\text{성분부피}}{\text{전 부피}}$

29 다음 중 공기와 혼합기체를 만들었을 때 최대 연소속도가 가장 빠른 기체연료는?

① 아세틸렌

② 메틸알코올

③ 톨루엔

④ 등유

해설 ㉠ 기체의 확산속도는 분자량 또는 밀도의 제곱근에 반비례한다.
㉡ 분자량이 작은 기체는 확산속도가 크다.
㉢ 분자량(아세틸렌 : 26, 메틸알코올 : 32, 톨루엔 : 92, 등유 : 108~216),
※ 연소속도에 영향을 주는 인자는 기체의 확산 및 산소와의 혼합이다.

30 프로판가스 $1m^3$를 완전연소시키는 데 필요한 이론 공기량은 약 몇 m^3인가?(단, 산소는 공기 중에 20%를 함유한다.)

① 10

② 15

③ 20

④ 25

해설 연소반응식 $= C_3H_8 + 5O_2 \rightarrow 3CO_2 + 4H_2O$

이론공기량 = 이론산소량 × $\dfrac{1}{\text{산소량}}$

$= 5 \times \dfrac{1}{0.2} = 25m^3$

31 제1종 영구기관을 바르게 표현한 것은?

① 외부로부터 에너지원을 공급받지 않고 영구히 일을 할 수 있는 기관

② 공급된 에너지보다 더 많은 에너지를 낼 수 있는 기관

③ 지금까지 개발된 기관 중에서 효율이 가장 좋은 기관

④ 열역학 제2법칙에 위배되는 기관

제1종 영구기관
외부로부터 에너지원을 공급받지 않고 영구히 일을 할 수 있는 기관을 말한다. 즉, 입력보다 출력이 더 큰 기관이며, 열효율이 100% 이상인 기관으로 열역학 제1법칙에 위배되는 기관이다.

32 프로판가스의 연소과정에서 발생한 열량은 50,232 MJ/kg이었다. 연소 시 발생한 수증기의 잠열이 8,372MJ/kg이면 프로판가스의 저발열량 기준 연소효율은 약 몇 %인가?(단, 연소에 사용된 프로판가스의 저발열량은 46,046MJ/kg이다.)

① 87 　　　　　　 ② 91
③ 93 　　　　　　 ④ 96

해설 연소용 저위발열량=46,046MJ/kg
발열 연소과정열량=50,232MJ/kg
$$\therefore \text{연소효율} = \frac{46,046}{50,232} \times 100 = 91\%$$

33 난류 예혼합화염과 층류 예혼합화염에 대한 특징을 설명한 것으로 옳지 않은 것은?

① 난류 예혼합화염의 연소속도는 층류 예혼합화염의 수배 내지 수십 배에 달한다.
② 난류 예혼합화염의 두께는 수 밀리미터에서 수십 밀리미터에 달하는 경우가 있다.
③ 난류 예혼합화염은 층류 예혼합화염에 비하여 화염의 휘도가 낮다.
④ 난류 예혼합화염의 경우 그 배후에 다량의 미연소분이 잔존한다.

해설 ㉠ 기체연료의 예혼합연소(층류, 난류 예혼합)
㉡ 난류예혼합연소
　①, ②, ④항의 특징 외에도 화염의 휘도가 높다.

34 인화(Pilot ignition)에 대한 설명으로 틀린 것은?

① 점화원이 있는 조건하에서 점화되어 연소를 시작하는 것이다.
② 물체가 착화원 없이 불이 붙어 연소하는 것을 말한다.

③ 연소를 시작하는 가장 낮은 온도를 인화점(Flash point)이라 한다.
④ 인화점은 공기 중에서 가연성 액체의 액면 가까이 생기는 가연성 증기가 작은 불꽃에 의하여 연소될 때의 가연성 물체의 최저 온도이다.

해설 인화점
가연성 물질이 공기 중에서 점화원(착화원)에 의하여 연소가 가능한 최저의 온도로서 위험성의 척도이다.
• ②항은 발화점(발화온도)에 대한 설명이다.

35 오토사이클의 열효율을 나타낸 식은?(단, η는 열효율, r는 압축비, k는 비열비이다.)

① $\eta = 1 - \left(\dfrac{1}{r}\right)^{k+1}$ 　　 ② $\eta = 1 - \left(\dfrac{1}{r}\right)^{k}$

③ $\eta = 1 - \dfrac{1}{r}$ 　　　　 ④ $\eta = 1 - \left(\dfrac{1}{r}\right)^{k-1}$

해설 Otto cycle
가솔린기관, 즉 전기점화기관의 기본사이클

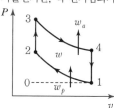

㉠ 0 → 1 : 흡입과정　　㉡ 1 → 2 : 압축과정
㉢ 2 → 3 : 등적과정(폭발)　㉣ 3 → 4 : 단열팽창
㉤ 4 → 1 : 등적방열　　㉥ 1 → 0 : 배기과정

열효율$(\eta_0) = 1 - \left(\dfrac{1}{\varepsilon}\right)^{k-1}$

36 Fire ball에 의한 피해로 가장 거리가 먼 것은?

① 공기팽창에 의한 피해
② 탱크파열에 의한 피해
③ 폭풍압에 의한 피해
④ 복사열에 의한 피해

해설 ㉠ Fire ball : 공처럼 둥근 불덩어리, 고열가스에서 나타나는 반짝반짝 빛나는 화구체이다.
㉡ 피해사항 : 공기팽창, 폭풍압, 복사열 등에 의한 피해가 발생한다.

37 다음 중 차원이 같은 것끼리 나열된 것은?

㉮ 열전도율	㉯ 점성계수
㉰ 저항계수	㉱ 확산계수
㉲ 열전달률	㉳ 동점성계수

① ㉮, ㉯   ② ㉰, ㉲

③ ㉱, ㉳   ④ ㉲, ㉳

해설 ㉠ 확산계수(열확산계수) 차원 : $L^2/\theta = L^2/T$
㉡ 동점성계수 차원 : $L^2 T^{-1} = L^2 T^{-2}$(SI단위, 공학단위)

38. C_3H_8을 공기와 혼합하여 완전연소시킬 때 혼합기체 중 C_3H_8의 최대농도는 약 얼마인가?(단, 공기 중 산소는 20.9%이다.)

① 3vol%   ② 4vol%

③ 5vol%   ④ 6vol%

해설 $C_3H_8 + 5O_2 \rightarrow 3CO_2 + 4H_2O$
연소가스량$(G_o) = (1-0.21)A_o + CO_2 + H_2O$
이론공기량$(A_o) = 이론산소량 \times \dfrac{1}{공기\ 중\ 산소}$
$$= 5 \times \dfrac{1}{0.209} = 23.934 \mathrm{Nm^3/Nm^3}$$
$G_o = (1-0.21) \times 23.934 + (3+4) = 2.5 \mathrm{Nm^3/Nm^3}$
$\therefore \dfrac{1}{25} \times 100 = 4\%$

39 최대안전틈새의 범위가 가장 작은 가연성가스의 폭발등급은?

① A   ② B

③ C   ④ D

해설 ㉠ 본질안전방폭구조
  • A등급 : 0.9mm 이상
  • B등급 : 0.5mm 초과 0.9mm 미만
  • C등급 : 0.5mm 이하
㉡ 내압방폭구조
  • A등급 : 0.8mm 초과
  • B등급 : 0.45mm 이상 0.8mm 이하
  • C등급 : 0.45mm 미만

40 분자량이 30인 어떤 가스의 정압비열이 0.75kJ/kg · K이라고 가정할 때 이 가스의 비열비(k)는 약 얼마인가?

① 0.28   ② 0.47

③ 1.59   ④ 2.38

해설 $R = \dfrac{8.314}{M} = \dfrac{8.314}{30} = 0.277 \mathrm{kJ/kg \cdot K}$
비열비(k) $= \dfrac{C_p}{C_v}$ 여기서, $C_v =$정적비열
$C_v = C_p - R = 0.75 - 0.277 = 0.473 \mathrm{kJ/kg \cdot K}$
$\therefore\ k = \dfrac{0.75}{0.473} = 1.59$

SECTION **03** 가스설비

41. 다음 그림은 어떤 종류의 압축기인가?

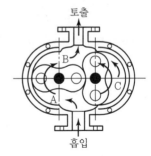

① 가동날개식   ② 루트식

③ 플런저식   ④ 나사식

해설 루트식 압축기 : 2개의 회전자가 반대 방향으로 회전하면서 기체를 압송함

42 수소에 대한 설명으로 틀린 것은?

① 암모니아 합성의 원료로 사용된다.

② 열전달률이 작고 열에 불안정하다.

③ 염소와의 혼합기체에 일광을 쬐면 폭발한다.

④ 모든 가스 중 가장 가벼워 확산속도도 가장 빠르다.

해설 수소(H_2)가스는 그 특징은 ①, ③, ④항 및 열전도율이 대단히 크고 열에 대해 안정하다.

43 가스조정기 중 2단 감압식 조정기의 장점이 아닌 것은?

① 조정기의 개수가 적어도 된다.
② 연소기구에 적합한 압력으로 공급할 수 있다.
③ 배관의 관경을 비교적 작게 할 수 있다.
④ 입상배관에 의한 압력강하를 보정할 수 있다.

해설 2단 감압식 조정기
조정기의 수가 많아서 검사방법이 복잡하다.

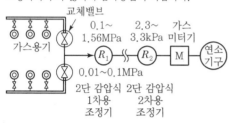

44 다음 수치를 가진 고압가스용 용접용기의 동판 두께는 약 몇 mm인가?

- 최고충전압력 : 15MPa
- 동체의 내경 : 200mm
- 재료의 허용응력 : 150N/mm²
- 용접효율 : 100
- 부식여유 두께 : 고려하지 않음

① 6.6
② 8.6
③ 10.6
④ 12.6

해설 $t = \dfrac{PD}{2S\eta - 1.2P} + C$

$= \dfrac{15 \times 200}{2 \times 150 \times 1 - 1.2 \times 15} + 0$

$= \dfrac{3,000}{300 - 18} = 10.6\text{mm}$

45 인장시험방법에 해당하는 것은?

① 올센법
② 샤르피법
③ 아이조드법
④ 파우더법

해설 Olsen법
유압식(올센법) 인장시험방법이며, 유압식 만능시험기에는 암슬러형, 발드윈형, 모블페더하프형, 시마즈형, 인스트론형 등이 있고 현장에서는 암슬러형, 인스트론형이 많이 쓰인다.

46 대기압에서 1.5MPa · g까지 2단 압축기로 압축하는 경우 압축동력을 최소로 하기 위해서는 중간압력을 얼마로 하는 것이 좋은가?

① 0.2MPa · g
② 0.3MPa · g
③ 0.5MPa · g
④ 0.75MPa · g

해설 중간압력 $P_0(\text{kg/cm}^2\text{a}) = \sqrt{P_1 \times P_2}$
대기압 : 0.1MPa
$= \sqrt{0.1 \times (1.5 + 0.1)} = 0.4\text{MPa} \cdot \text{a}$
$\therefore 0.4 - 0.1 = 0.3\text{MPa} \cdot \text{g}$

47 가연성 가스로서 폭발범위가 넓은 것부터 좁은 것의 순으로 바르게 나열된 것은?

① 아세틸렌 – 수소 – 일산화탄소 – 산화에틸렌
② 아세틸렌 – 산화에틸렌 – 수소 – 일산화탄소
③ 아세틸렌 – 수소 – 산화에틸렌 – 일산화탄소
④ 아세틸렌 – 일산화탄소 – 수소 – 산화에틸렌

해설 가스의 폭발범위
㉠ 아세틸렌 : 2.5~81%   ㉡ 수소 : 4~74%
㉢ 산화에틸렌 : 3~80%   ㉣ 일산화탄소 : 12.5~74%

48 접촉분해 프로세스에서 다음 반응식에 의해 카본이 생성될 때 카본생성을 방지하는 방법은?

$$CH_4 \rightleftarrows 2H_2 + C$$

① 반응온도를 낮게, 반응압력을 높게 한다.
② 반응온도를 높게, 반응압력을 낮게 한다.
③ 반응온도와 반응압력을 모두 낮게 한다.
④ 반응온도와 반응압력을 모두 높게 한다.

해설 카본생성
$CH_4 \rightleftarrows C + 2H_2$, $2CO \rightleftarrows CO_2 + C$(카본)
카본생성방지 : 반응온도는 낮게, 반응압력은 높게

49 왕복식 압축기의 특징이 아닌 것은?

① 용적형이다.
② 압축효율이 높다.
③ 용량조정의 범위가 넓다.
④ 점검이 쉽고 설치면적이 작다.

> **해설** 왕복동 용접식 압축기
> 형태가 크고 무거우며 설치면적이 크다. 또한 접촉부가 많아서 보수가 까다롭다.

50 금속재료에 대한 설명으로 옳은 것으로만 짝지어진 것은?

> ㉠ 염소는 상온에서 건조하여도 연강을 침식시킨다.
> ㉡ 고온, 고압의 수소는 강에 대하여 탈탄작용을 한다.
> ㉢ 암모니아는 동, 동합금에 대하여 심한 부식성이 있다.

① ㉠
② ㉠, ㉡
③ ㉡, ㉢
④ ㉠, ㉡, ㉢

> **해설** 염소(Cl_2)가스는 수분과 반응하여 염산을 생성하고 강제를 부식시킨다(건조한 상태에서는 연강을 침식시키지 않는다).
> $H_2O + Cl_2 \rightarrow HCl + HClO$(차아염소산)
> $Fe + 2HCl \rightarrow FeCl_2 + H_2$

51 압력용기에 해당하는 것은?

① 설계압력(MPa)과 내용적(m^3)을 곱한 수치가 0.05인 용기
② 완충기 및 완충장치에 속하는 용기와 자동차에어백용 가스충전용기
③ 압력에 관계없이 안지름, 폭, 길이 또는 단면의 지름이 100mm인 용기
④ 펌프, 압축장치 및 축압기의 본체와 그 본체와 분리되지 아니하는 일체형 용기

> **해설** 설계압력과 내용적을 곱한 수치가 0.04 이상(초과)인 용기는 제1종 압력용기이다.

52 천연가스에 첨가하는 부취제의 성분으로 적합하지 않은 것은?

① THT(Tetra Hydro Thiophene)
② TBM(Tertiary Butyl Mercaptan)
③ DMS(Dimethyl Sulfide)
④ DMDS(Dimethyl Disulfide)

> **해설** 부취제의 종류
> ㉠ THT(석탄가스 냄새) : 취기는 보통이며 토양에 대한 투과성은 보통이다.
> ㉡ TBM(양파 썩는 냄새) : 취기가 가장 강하고 토양에 대한 투과성이 크다.
> ㉢ DMS(마늘 냄새) : 취기가 가장 약하고 토양에 대한 투과성은 가장 크다.

53 지하매설물 탐사방법 중 주로 가스배관을 탐사하는 기법으로 전도체에 전기가 흐르면 도체 주변에 자장이 형성되는 원리를 이용한 탐사법은?

① 전자유도탐사법
② 레이더탐사법
③ 음파탐사법
④ 전기탐사법

> **해설** 전자유도탐사법
> 지하의 매설물(주로 가스배관)의 탐사방법이며 전도체에 전기가 흐르면 도체 주변에 자장이 형성되는 원리를 이용한다.

54 고압가스의 상태에 따른 분류가 아닌 것은?

① 압축가스
② 용해가스
③ 액화가스
④ 혼합가스

> **해설** 고압가스의 상태에 따른 분류
> ㉠ 압축가스 : H_2, CH_4 등
> ㉡ 용해가스 : C_2H_2
> ㉢ 액화가스 : LPG, 염소, 암모니아 등

55 LP가스 장치에서 자동교체식 조정기를 사용할 경우의 장점에 해당되지 않는 것은?

① 잔액이 거의 없어질 때까지 소비된다.

② 용기교환주기의 폭을 좁힐 수 있어, 가스발생량이 적어진다.

③ 전체 용기 수량이 수동교체식의 경우보다 적어도 된다.

④ 가스소비 시의 압력변동이 적다.

해설 LP가스 자동교체식(일체형, 분리형)
용기의 교환주기의 폭을 크게 할 수 있어서 가스발생량이 풍부하다(잔액의 가스가 거의 없어질 때까지 소비가 가능한 장점이 있다).

56 용해 아세틸렌가스 정제장치는 어떤 가스를 주로 흡수·제거하기 위하여 설치하는가?

① CO_2, SO_2

② H_2S, PH_3

③ H_2O, SiH_4

④ NH_3, $COCl_2$

해설 용해 C_2H_2 가스의 정제장치는 H_2S, PH_3, NH_3, N_2, O_2, SH_4, CH_4 등의 불순물을 제거한다.

57 고압가스 용기의 재료에 사용되는 강의 성분 중 탄소, 인, 황의 함유량은 제한되어 있다. 이에 대한 설명으로 옳은 것은?

① 황은 적열취성의 원인이 된다.

② 인(P)은 될수록 많은 것이 좋다.

③ 탄소량이 증가하면 인장강도와 충격치가 감소한다.

④ 탄소량이 많으면 인장강도는 감소하고 충격치는 증가한다.

해설 ㉠ 인(P) 증가 : 연신율 감소, 경도, 인장강도 증가, 상온·저온취성의 원인
㉡ 탄소량 증가 : 경도, 항복점, 비열, 취성, 전기저항 증가, 강도 및 경도 증가
㉢ 황(S) : 적열취성의 원인

58 액화프로판 15L를 대기 중에 방출하였을 경우 약 몇 L의 기체가 되는가?(단, 액화프로판의 액 밀도는 0.5kg/L이다.)

① 300L

② 750L

③ 1,500L

④ 3,800L

해설 C_3H_8 분자량 44, 22.4m^3
$15 \times 0.5 = 7.5$kg(7,500g)
$\dfrac{7,500g}{44g} = 171$몰, 1몰 $= 22.4$L
$\therefore 171 \times 22.4 = 3,830$L

59 LNG Bunkering이란?

① LNG를 지하시설에 저장하는 기술 및 설비

② LNG 운반선에서 LNG 인수기지로 급유하는 기술 및 설비

③ LNG 인수기지에서 가스홀더로 이송하는 기술 및 설비

④ LNG를 해상 선박에 급유하는 기술 및 설비

해설 LNG Bunkering
액화천연가스 LNG를 해상 선박에 급유하는 기술 및 설비이다.

60 염소가스(Cl_2) 고압용기의 지름을 4배, 재료의 강도를 2배로 하면 용기의 두께는 얼마가 되는가?

① 0.5

② 1배

③ 2배

④ 4배

해설 염소용기의 두께 계산
$t = \dfrac{P \cdot D}{200S} = \dfrac{4}{2} = 2$
여기서, P : 최고충전압력
D : 지름(내경)
S : 인장강도

SECTION 04 가스안전관리

61 가연성이면서 독성가스가 아닌 것은?

① 염화메탄   ② 산화프로필렌

③ 벤젠   ④ 시안화수소

해설 ㉠ 산화에틸렌(C_2H_4O)
- 가연성가스 : 3~80%(폭발범위)
- 독성가스 : 허용농도(TWA기준) 50ppm
㉡ 프로필렌(C_3H_6)
가연성가스이며 폭발범위가 2~11.1%이다.
㉢ 산화프로필렌(C_3H_8O) : 고리에테르의 하나, 무색의 액체로 에테르와 비슷한 냄새가 난다.

62 독성가스인 염소 500kg을 운반할 때 보호구를 차량의 승무원수에 상당한 수량을 휴대하여야 한다. 다음 중 휴대하지 않아도 되는 보호구는?

① 방독마스크   ② 공기호흡기

③ 보호의   ④ 보호장갑

해설 염소의 제독제에는 가성소다 수용액, 탄산소다수용액, 소석회 등이 있다(염소 등 독성가스는 1000kg 이상의 경우에만 공기호흡기가 필요하다).

63 액화석유가스 저장탱크 지하 설치 시의 시설기준으로 틀린 것은?

① 저장탱크 주위 빈 공간에는 세립분을 포함한 마른 모래를 채운다.

② 저장탱크를 2개 이상 인접하여 설치하는 경우에는 상호 간에 1m 이상의 거리를 유지한다.

③ 점검구는 저장능력이 20톤 초과인 경우에는 2개소로 한다.

④ 검지관은 직경 40A 이상으로 4개소 이상 설치한다.

해설 저장탱크 주위에는 손으로 만졌을 때 물이 손에서 흘러내리지 않는 상태의 모래를 채운다.

64 가스난방기는 상용압력의 1.5배 이상의 압력으로 실시하는 기밀시험에서 가스차단밸브를 통한 누출량이 얼마 이하기 되어야 하는가?

① 30mL/h   ② 50mL/h

③ 70mL/h   ④ 90mL/h

해설 가스난방기의 기밀시험
상용압력의 1.5배 이상의 압력으로 기밀시험 시 가스차단밸브를 통한 가스누출량이 70mL/h 이하이면 합격이다.

65 고압가스특정제조시설의 내부반응 감시장치에 속하지 않는 것은?

① 온도감시장치   ② 압력감시장치

③ 유량감시장치   ④ 농도감시장치

해설 고압가스특정제조시설의 내부반응 감시장치
㉠ 온도감시장치
㉡ 압력감시장치
㉢ 유량감시장치

66 액화석유가스 저장탱크에 설치하는 폭발방지장치와 관련이 없는 것은?

① 비드

② 후프링

③ 방파판

④ 다공성 알루미늄 박판

해설 액화석유가스 저장탱크 폭발방지장치
㉠ 후프링
㉡ 방파판
㉢ 다공성 알루미늄 박판
※ 비드(bead) : 용접형상

67 가스도매사업자의 공급관에 대한 설명으로 맞는 것은?

① 정압기지에서 대량 수요자의 가스사용시설까지 이르는 배관

② 인수기지 부지경계에서 정압기까지 이르는 배관

③ 인수기지 내에 설치되어 있는 배관

④ 대량 수요자 부지 내에 설치된 배관

해설 가스도매사업자 공급관

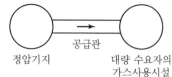

68 액화석유가스용 강제용기 스커트의 재료를 고압가스 용기용 강판 및 강대 SG 295 이상의 재료로 제조하는 경우에는 내용적이 25L 이상, 50L 미만인 용기는 스커트의 두께를 얼마 이상으로 할 수 있는가?

① 2mm
② 3mm
③ 3.6mm
④ 5mm

해설 내용적에 따른 스커트재료(SG 295 이상 재료)두께
㉠ 20L 이상~25L 미만 : 3mm 이상
㉡ 25L 이상~50L 미만 : 3.6mm 이상
㉢ 50L 이상~125L 미만 : 5mm 이상

69 가연성가스가 폭발할 위험이 있는 농도에 도달할 우려가 있는 장소로서 "2종 장소"에 해당되지 않는 것은?

① 상용의 상태에서 가연성가스의 농도가 연속해서 폭발하한계 이상으로 되는 장소
② 밀폐된 용기가 그 용기의 사고로 인해 파손될 경우에만 가스가 누출할 위험이 있는 장소
③ 환기장치에 이상이나 사고가 발생한 경우에 가연성가스가 체류하여 위험하게 될 우려가 있는 장소
④ 1종 장소의 주변에서 위험한 농도의 가연성가스가 종종 침입할 우려가 있는 장소

해설 ①항은 제0종 장소에 해당한다.

70 고정식 압축도시가스 자동차 충전시설에서 가스누출검지경보장치의 검지경보장치 설치수량의 기준으로 틀린 것은?

① 펌프 주변에 1개 이상
② 압축가스설비 주변에 1개
③ 충전설비 내부에 1개 이상
④ 배관접속부마다 10m 이내에 1개

해설 고정식 압축도시가스 자동차 충전시설에서 가스누출검지경보장치의 검지경보장치 설치수량 기준은 ①, ③, ④항에 따른다.

71 가연성 가스의 제조설비 중 전기설비가 방폭성능구조를 갖추지 아니하여도 되는 가연성 가스는?

① 암모니아
② 아세틸렌
③ 염화에탄
④ 아크릴알데히드

해설 방폭성능구조가 필요 없는 가스
암모니아, 브롬화메탄

72 특정설비에 설치하는 플랜지이음매로 허브플랜지를 사용하지 않아도 되는 것은?

① 설계압력이 2.5MPa인 특정설비
② 설계압력이 3.0MPa인 특정설비
③ 설계압력이 2.0MPa이고 플랜지의 호칭 내경이 260mm인 특정설비
④ 설계압력이 1.0MPa이고 플랜지의 호칭 내경이 300mm인 특정설비

해설 ㉠ 특정설비 허브플랜지가 필요한 것 : ①, ②, ③항의 특정설비에 따른다.
㉡ 허브플랜지(SOH : Slip-On Hub Flange) : 낮은 허브를 가진 플랜지이다.

73 고압가스 특정제조시설에서 준내화구조 액화가스 저장탱크 온도상승방지설비 설치와 관련한 물분무살수장치 설치기준으로 적합한 것은?

① 표면적이 $1m^2$당 2.5L/분 이상
② 표면적이 $1m^2$당 3.5L/분 이상
③ 표면적이 $1m^2$당 5L/분 이상
④ 표면적이 $1m^2$당 8L/분 이상

해설 고압가스 특정제조시설에서 준내화구조 액화가스 저장탱크 온도상승방지용 물분무살수장치 설치기준
㉠ 내화구조 : $1m^2$당 5L/분 이상
㉡ 준내화구조 : $1m^2$당 2.5L/분 이상

74 고압가스용 안전밸브 구조의 기준으로 틀린 것은?

① 안전밸브는 그 일부가 파손되었을 때 분출되지 않는 구조로 한다.
② 스프링의 조정나사는 자유로이 헐거워지지 않는 구조로 한다.
③ 안전밸브는 압력을 마음대로 조정할 수 없도록 봉인할 수 있는 구조로 한다.
④ 가연성 또는 독성 가스용의 안전밸브는 개방형을 사용하지 않는다.

해설 고압가스용 안전밸브의 구조는 항상 어떠한 기준에서도 설정압력을 벗어나면 분출이 가능한 구조이어야 한다.

75 용기의 도색 및 표시에 대한 설명으로 틀린 것은?

① 가연성가스 용기는 빨간색 테두리에 검은색 불꽃모양으로 표시한다.
② 내용적 2L 미만의 용기는 제조자가 정하는 바에 의한다.
③ 독성가스 용기는 빨간색 테두리에 검은색 해골모양으로 표시한다.
④ 선박용 LPG 용기는 용기의 하단부에 2cm의 백색 띠를 한 줄로 표시한다.

해설 용기도색 구분(액화석유가스용)
㉠ 액화석유가스 : 회색
㉡ 선박용 : 용기 상단부에 폭 2cm의 백색 띠를 두 줄로 표시한다.

76 고압가스설비 중 플레어스택의 설치높이는 플레어스택 바로 밑의 지표면에 미치는 복사열이 얼마 이하로 되도록 하여야 하는가?

① $2,000kcal/m^2 \cdot h$
② $3,000kcal/m^2 \cdot h$
③ $4,000kcal/m^2 \cdot h$
④ $5,000kcal/m^2 \cdot h$

해설 플레어스택 설치높이
지표면에 미치는 복사열이 $4,000kcal/m^2 \cdot h$ 이하가 되도록 할 것(단 $4,000kcal/m^2 \cdot h$를 초과하는 경우로서 출입이 통제된 지역은 예외이다.)

77 고압가스제조시설 사업소에서 안전관리자가 상주하는 현장사무소 상호 간에 설치하는 통신설비가 아닌 것은?

① 인터폰　　　　② 페이징설비
③ 휴대용 확성기　④ 구내방송설비

해설 안전관리자 상주 현장사무소의 통신설비
①, ②, ④항 외에도 구내전화가 필요하다.
※ 휴대용 확성기는 사업소 내 전체 통신설비 기준이다.

78 불화수소에 대한 설명으로 틀린 것은?

① 강산이다.　　　② 황색 기체이다.
③ 불연성 기체이다.　④ 자극적 냄새가 난다.

해설 불화수소(HF)
허용농도가 TLV-TWA 기준으로 3ppm인 맹독성 가스로서 증기는 극히 유독하다.
(불소 : 담황색, 포스겐 : 담황록색, 염소 : 황록색)

79 액화 조연성 가스를 차량에 적재운반하려고 한다. 운반책임자를 동승시켜야 할 기준은?

① 1,000kg 이상　　② 3,000kg 이상
③ 6,000kg 이상　　④ 12,000kg 이상

해설 운반책임자 동승기준

가스의 종류		기준(이상)
압축가스 (기체)	가연성 가스	$300m^3$
	독성 가스	$100m^3$
	조연성 가스	$600m^3$
액화가스	가연성 가스	3,000kg
	독성 가스	1,000kg
	조연성 가스	6,000kg

80 고압가스 운반 중에 사고가 발생한 경우의 응급조치의 기준으로 틀린 것은?

① 부근의 화기를 없앤다.
② 독성 가스가 누출된 경우에는 가스를 제독한다.
③ 비상연락망에 따라 관계업소에 원조를 의뢰한다.
④ 착화된 경우 용기파열 등의 위험이 있다고 인정될 때는 소화한다.

해설 고압가스 운반 중 사고발생 시 응급조치

착화된 경우 용기파열 등의 위험이 있다고 인정되면 즉시 소방서 등에 신고한다.

SECTION 05 가스계측

81 단위계의 종류가 아닌 것은?

① 절대단위계

② 실제단위계

③ 중력단위계

④ 공학단위계

해설 단위계

㉠ 절대단위계(CGS 단위계)

㉡ 중력단위계(공학단위계)

㉢ 국제단위계(SI 단위계)

82 $5kgf/cm^2$는 약 mAq인가?

① 0.5

② 5

③ 50

④ 500

해설 $1(kgf/cm^2) = 10mAq(수두압)$

$\therefore 10 \times 5 = 50mAq$

83 열팽창계수가 다른 두 금속을 붙여서 온도에 따라 휘어지는 정도의 차이로 온도를 측정하는 온도계는?

① 저항온도계

② 바이메탈온도계

③ 열전대온도계

④ 광고온계

해설 바이메탈온도계

열팽창계수가 다른 금속을 붙여서 온도에 따라 휘어지는 정도의 차이로 온도를 측정한다. 고체팽창식 온도계이며 사용범위는 $-50℃ \sim 500℃$ 정도이다. 황동, 인바, 모넬메탈, 니켈강 등을 이용한다.

84 온도 계측기에 대한 설명으로 틀린 것은?

① 기체 온도계는 대표적인 1차 온도계이다.

② 접촉식의 온도계측에는 열팽창, 전기저항 변화 및 열기전력 등을 이용한다.

③ 비접촉식 온도계는 방사온도계, 광온도계, 바이메탈 온도계 등이 있다.

④ 유리온도계는 수은을 봉입한 것과 유기성 액체를 봉입한 것 등으로 구분한다.

해설 ㉠ 접촉식 온도계 : 바이메탈온도계

㉡ 비접촉식 온도계 : 광고온도계, 방사온도계, 적외선온도계, 광전관식 온도계 등

85 20℃에서 어떤 액체의 밀도를 측정하였다. 측정용기의 무게가 11.6125g, 증류수를 채웠을 때가 13.1682g, 시료 용액을 채웠을 때가 12.8749g이라면 이 시료 액체의 밀도는 약 몇 g/cm^3인가?(단, 20℃에서 물의 밀도는 $0.99823g/cm^3$이다.)

① 0.791

② 0.801

③ 0.810

④ 0.820

해설 $G_1 = 13.1682 - 11.6125 = 2.0432(g)$

$G_2 = 12.8749 - 11.6125 = 1.2624(g)$

$V = 0.99823(g/cm^3)$

$\therefore 밀도(\rho) = \dfrac{G_2 - G_1}{V} = \dfrac{\left(\dfrac{1.2624}{2.0432}\right)}{0.99823} = 0.81 g/cm^3$

86 시험지에 의한 가스검지법 중 시험지별 검지가스가 바르지 않게 연결된 것은?

① 연당지 – HCN

② KI전분지 – NO_2

③ 염화파라듐지 – CO

④ 염화제일동 착염지 – C_2H_2

해설 연당지 : 황화수소(H_2S)

87 물체의 탄성 변위량을 이용한 압력계가 아닌 것은?

① 부르동관 압력계 ② 벨로스 압력계

③ 다이어프램 압력계 ④ 링밸런스식 압력계

해설 링밸런스식 압력계
- 환산천평식 압력계로서 액주식 압력계이다.
- 측정범위는 25~3,000mmH$_2$O이다.
- 봉입액은 기름이나 수은을 사용한다.

88 자동조절계의 제어동작에 대한 설명으로 틀린 것은?

① 비례동작에 의한 조작신호의 변화를 적분동작만으로 일어나는 데 필요한 시간을 적분시간이라고 한다.

② 조작신호가 동작신호의 미분값에 비례하는 것을 레이트 동작(Rate action)이라고 한다.

③ 매분당 미분동작에 의한 변화를 비례동작에 의한 변화로 나눈 값을 리셋률이라고 한다.

④ 미분동작에 의한 조작신호의 변화가 비례동작에 의한 변화와 같아질 때까지의 시간을 미분시간이라고 한다.

해설 리셋률$\left(\dfrac{1}{T_i} \right)$

매분당 I동작(적분동작)에 의한 변화를 P동작(비례동작)에 의한 변화로 나눈값과 같다.

89 가스미터에 대한 설명 중 틀린 것은?

① 습식 가스미터는 측정이 정확하다.

② 다이어프램식 가스미터는 일반 가정용 측정에 적당하다.

③ 루트미터는 회전자식으로 고속회전이 가능하다.

④ 오리피스미터는 압력손실이 없어 가스량 측정이 정확하다.

해설 오리피스가스미터기
추측식이고 압력손실이 큰 가스미터기이며, 가스계량의 측정이 정확하지 않다.
※ 추측식(추량식) 가스미터 : 오리피스식, 터빈식, 선근차식, 벤투리식

90 가스계량기의 설치장소에 대한 설명으로 틀린 것은?

① 습도가 낮은 곳에 부착한다.

② 진동이 적은 장소에 설치한다.

③ 화기와 2m 이상 떨어진 곳에 설치한다.

④ 바닥으로부터 2.5m 이상에 수직 및 수평으로 설치한다.

해설 바닥에서 1.5m 이상 안전한 위치에 수평으로 가스미터기를 설치한다.
※ 실측식 가스미터기
- 건식 : 막식, 회전식
- 습식

91 다음 막식 가스미터의 고장에 대한 설명을 옳게 나열한 것은?

> ㉮ 부동 – 가스가 미터를 통과하나 지침이 움직이지 않는 고장
> ㉯ 누설 – 계량막 밸브와 밸브시트 사이, 패킹부 등에서의 누설이 원인

① ㉮ ② ㉯

③ ㉮, ㉯ ④ 모두 틀림

해설 가스미터기 가스누설 원인
- 패킹재료의 열화(내부누설)
- 납땜접합부의 파손 및 케이스의 부식(외부누설)
※ ㉯의 내용은 감도불량의 원인이다.

92 열전대온도계에 적용되는 원리(효과)가 아닌 것은?

① 제베크효과

② 틴들효과

③ 톰슨효과

④ 펠티에효과

해설 틴들효과(Tyndall Phenomenon)
빛의 파장과 같은 정도 또는 그것보다 더 큰 미립자가 분산되어 있을 때 빛을 조사하면 광선이 통로에 떠 있는 미립자에 산란되기 때문에 옆 방향에서 보면 통로가 밝게 나타나는 현상의 효과

---

93 물리적 가스분석계 중 가스의 상자성(常磁性)체에 있어서 자장에 대해 흡인되는 성질을 이용한 것은?

① SO_2 가스계
② O_2 가스계
③ CO_2 가스계
④ 기체 크로마토그래피

해설 가스분석자기식(O_2)계
자장을 가진 측정실 내에서 시료가스 중의 산소(O_2)에 자기풍을 일으켜 이것을 검출하여 자화율이 큰 O_2 기체를 분석한다(O_2 가스는 상자성체이다).

94 오프셋(Off – set)이 발생하기 때문에 부하변화가 작은 프로세스에 주로 적용되는 제어동작은?

① 미분동작
② 비례동작
③ 적분동작
④ 뱅뱅동작

해설 자동제어 연속동작
㉠ 비례동작(P동작) : 오프셋(잔류편차)이 발생하는 동작이다.
㉡ 적분동작(I동작) : 제어량에 편차가 생겼을 때 편차의 적분차를 가감하여 조작단의 이동속도가 비례하는 동작으로 오프셋이 남지 않는다.
㉢ 미분동작(D동작) : 제어편차 변화속도에 비례한 조작량을 내는 동작이다.

95 오르자트법에 의한 기체분석에서 O_2의 흡수제로 주로 사용되는 것은?

① KOH 용액
② 암모니아성 $CuCl_2$ 용액
③ 알칼리성 피로카롤 용액
④ H_2SO_4 산성 $FeSO_4$ 용액

해설 ①항은 CO_2 분석, ②항은 CO 분석, ④항은 암모니아 가스 분석

96 밀도와 비중에 대한 설명으로 틀린 것은?

① 밀도는 단위체적당 물질의 질량으로 정의한다.
② 비중은 두 물질의 밀도비로서 무차원수이다.
③ 표준물질인 순수한 물은 0℃, 1기압에서 비중이 1이다.
④ 밀도의 단위는 $N \cdot s^2/m^4$이다.

해설 순수한 물의 비중 1은 4℃, 1기압에서의 비중값이다(1kg/ $l \cdot 4℃$).

97 열전도도검출기의 측정 시 주의사항으로 옳지 않은 것은?

① 운반기체 흐름속도에 민감하므로 흐름속도를 일정하게 유지한다.
② 필라멘트에 전류를 공급하기 전에 일정량의 운반기체를 먼저 흘려보낸다.
③ 감도를 위해 필라멘트와 검출실 내벽온도를 적정하게 유지한다.
④ 운반기체의 흐름속도가 클수록 감도가 증가하므로, 높은 흐름속도를 유지한다.

해설 가스크로마토그래피 TCD
TCD(열전도도형 검출기)는 분석 시 응답속도가 느리고 캐리어가스와 시료성분가스의 열전도차를 금속 필라멘트의 저항변화도 가스를 분석하며 일반적으로 가장 널리 사용된다.
①, ②, ③항 외에도 캐리어(전개제), 즉 운반기체 (Ar, He, H_2, N_2 등)의 이용으로 흡착력의 차이에 따라 시료 각성분이 분리되고 흡착력이 강할수록 이동속도가 느리다.

98 정오차(Static error)에 대하여 바르게 나타낸 것은?

① 측정의 전력에 따라 동일 측정량에 대한 지시값에 차가 생기는 현상
② 측정량이 변동될 때 어느 순간에 지시값과 참값에 차가 생기는 현상
③ 측정량이 변동하지 않을 때의 계측기의 오차
④ 입력 신호변화에 대해 출력신호가 즉시 따라가지 못하는 현상

해설 정오차
측정량이 변동하지 않을 때의 계측기의 오차이다.
㉠ 오차 = (측정값 − 참값)/(측정값)
㉡ 감도 = $\dfrac{지시량의\ 변화}{측정량의\ 변화}$

99 패러데이(Faraday)법칙의 원리를 이용한 기기분석 방법은?

① 전기량법　　　② 질량분석법

③ 저온정밀 증류법　④ 적외선 분광광도법

해설 전자식 유량계

패러데이의 전자유도법칙에 의해 관 내에 흐르는 유체에 유체가 흐르는 방향과 직각으로 자장을 형성시키고 자장과 유체가 흐르는 방향과 직각 방향으로 전극을 설치하여 주면 기전력이 발생되는데, 이때 기전력을 측정하여 유량을 측정한다.

100 기체크로마토그래피의 분리관에 사용되는 충전 담체에 대한 설명으로 틀린 것은?

① 화학적으로 활성을 띠는 물질이 좋다.

② 큰 표면적을 가진 미세한 분말이 좋다.

③ 입자크기가 균등하면 분리작용이 좋다.

④ 충전하기 전에 비휘발성 액체로 피복한다.

해설 기기분석법인 기체크로마토그래피의 분리관(Column)의 담체(Support)

시료 및 고정상 액체에 대하여 반응을 규조토, 내화벽돌, 유리, 석영, 합성수지 등을 이용한다.

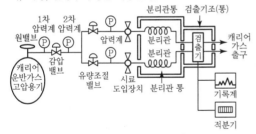

[Gas chromatography]

SECTION 01 가스유체역학

01 다음 중 포텐셜 흐름(Potential flow)이 될 수 있는 것은?

① 고체 벽에 인접한 유체층에서의 흐름
② 회전 흐름
③ 마찰이 없는 흐름
④ 파이프 내 완전발달 유동

해설 포텐셜 흐름
유체의 압력이 물체의 앞쪽에서 커졌다가 중앙으로 갈수록 점점 작아지고 다시 뒤쪽으로 갈수록 커져 물체 뒤쪽의 앞쪽과 같은 크기가 되는 흐름이다(점성효과가 없는 이상화된 유체의 흐름, 즉 완전유체이다. 어느 곳에서도 와류가 발생하지 않는 비회전운동 또는 위치운동이라는 흐름이다).

02 100℃, 2기압의 어떤 이상기체의 밀도는 200℃, 1기압일 때의 몇 배인가?

① 0.39
② 1
③ 2
④ 2.54

해설 밀도$(\rho) = \dfrac{질량}{체적} = \dfrac{m}{V} = (\mathrm{kg/m^3})$, $\gamma = \dfrac{P}{RT}$

$\therefore \gamma(\rho) = \left[\left(\dfrac{2 \times 10^4}{100 + 273}\right) \middle/ \left(\dfrac{1 \times 10^4}{200 + 273}\right)\right] = 2.54$배

※ 1기압은 약 $10^4(\mathrm{kg/m^2})$이다.

03 다음 중 동점성계수의 단위를 옳게 나타낸 것은?

① $\mathrm{kg/m^2}$
② $\mathrm{kg/m \cdot s}$
③ $\mathrm{m^2/s}$
④ $\mathrm{m^2/kg}$

해설 ㉠ 점성계수의 단위 : $\mathrm{kg/m \cdot s = g/cm \cdot sec}$
㉡ 동점성계수의 단위 : $\mathrm{m^2/sec,\ cm^2/sec}$
※ 동점성계수 단위는 Stokes, $1\mathrm{Stokes} = 1\mathrm{cm^2/sec}$

04 베르누이 방정식을 실제 유체에 적용할 때 보정해 주기 위해 도입하는 항이 아닌 것은?

① W_p(펌프일)
② h_f(마찰손실)
③ ΔP(압력차)
④ W_t(터빈일)

해설 베르누이 방정식을 실제 유체에 적용하는 경우 보정항
펌프일, 마찰손실, 터빈일

$$\left(\dfrac{P_1}{\gamma} + \dfrac{V_1^2}{2g} + Z_1 = \dfrac{P_2}{\gamma} + \dfrac{V_2^2}{2g} + Z_2 + h_L\right)$$

여기서, $\dfrac{P}{\gamma}$: 압력수두

$\dfrac{V^2}{2g}$: 속도수두

Z : 위치수두

h_L : 손실수두

H : 전수두

05 중량 10,000kgf의 비행기가 270km/h의 속도로 수평 비행할 때 동력은?[단, 양력(L)과 항력(D)의 비 $L/D = 5$이다.]

① 1,400PS
② 2,000PS
③ 2,600PS
④ 3,000PS

해설 ㉠ 항력(D) : 유동속도와 같은 방향의 저항력
㉡ 양력(L) : 날개에 각도를 주면 상단 윗부분을 흐르는 공기는 가속되고 부압이 걸리므로 이 압력차에 의해 날개에 양력이 생긴다.

㉢ 동력 $= \left(\dfrac{DV}{75}\right) = \dfrac{10,000}{75} \times \left(\dfrac{270 \times 10^3}{3,600}\right) \times \dfrac{1}{5}$
  $= 2,000\mathrm{PS}$

06 비중 0.8, 점도 2Poise인 기름에 대해 내경 42mm인 관에서의 유동이 층류일 때 최대가능속도는 몇 m/s인가?(단, 임계레이놀즈수 = 2,100이다.)

① 12.5
② 14.5
③ 19.8
④ 23.5

해설 $Re = \dfrac{r \cdot D \cdot V}{\mu} = \dfrac{0.8 \times 4.2 \times V}{2 \times 10^{-2}} = 2,100$

$V = \dfrac{2 \times 10^{-2} \times 2,100}{0.8 \times 4.2} = 12.5(\text{m/s})$

- $1\text{Poise} = 1\text{g/cm} \cdot \text{sec} = \dfrac{1}{100}\text{CP}$
- 비중량 $0.8 = 800\text{kg/m}^3$

07 물이 평균속도 4.5m/s로 안지름 100mm인 관을 흐르고 있다. 이 관의 길이 20m에서 손실된 헤드를 실험적으로 측정하였더니 4.8m였다. 관마찰계수는?

① 0.0116　　　　② 0.0232
③ 0.0464　　　　④ 0.2280

해설 $\dfrac{\Delta P}{\gamma} = h_L = f\dfrac{l}{d} \cdot \dfrac{V^2}{2g}$

$f = \dfrac{20}{\left(\dfrac{100}{10^3}\right)} \times \dfrac{4.5^2}{2 \times 9.8} = 4.8\text{mH}_2\text{O}$

$\therefore$ 관마찰계수$(f) = \dfrac{4.8}{\left(\dfrac{20}{0.1}\right) \times \left(\dfrac{4.5^2}{2 \times 9.8}\right)} = 0.0232$

08 압축성 유체가 축소 – 확대노즐의 확대부에서 초음속으로 흐를 때, 다음 중 확대부에서 감소하는 것을 옳게 나타낸 것은?(단, 이상기체의 등엔트로피 흐름이라고 가정한다.)

① 속도, 온도
② 속도, 밀도
③ 압력, 속도
④ 압력, 밀도

해설 초음속 흐름

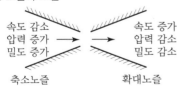

속도 감소　　　　　속도 증가
압력 증가　→　　　압력 감소
밀도 증가　　　　　밀도 감소

축소노즐　　　　확대노즐

※ 아음속 흐름
　㉠ 축소노즐 : 속도 증가, 압력·밀도 감소
　㉡ 확대노즐 : 속도 감소, 압력·밀도 증가

09 유체의 흐름에서 유선이란 무엇인가?

① 유체흐름의 모든 점에서 접선 방향이 그 점의 속도방향과 일치하는 연속적인 선
② 유체흐름의 모든 점에서 속도벡터에 평행하지 않는 선
③ 유체흐름의 모든 점에서 속도벡터에 수직한 선
④ 유체흐름의 모든 점에서 유동단면의 중심을 연결한 선

해설 유선(Streamline)
유체흐름의 공간에서 어느 순간에 각 점에서의 속도방향과 접선방향이 일치하는 연속적인 가상곡선을 말한다. 정상류에서는 유선이 시간에 관계없이 공간에 고정되며 유적선, 즉 하나의 유체입자가 지나간 자취와 일치한다.

10 비중이 0.9인 액체가 탱크에 있다. 이때 나타난 압력은 절대압으로 2kgf/cm²이다. 이것을 수두(Head)로 환산하면 몇 m인가?

① 22.2　　　　② 18
③ 15　　　　　④ 12.5

해설 비중량$(\gamma) = 0.9 = 900\text{kg/m}^3$

$1\text{kgf/cm}^2 = 10\text{mAq}$

$\therefore$ 수두$(H) = \dfrac{P}{\gamma} = \dfrac{10 \times 2}{0.9} = 22.2(\text{mAq})$

11 다음 압축성 흐름 중 정체온도가 변할 수 있는 것은?

① 등엔트로피 팽창과정인 경우
② 단면이 일정한 도관에서 단열마찰흐름인 경우
③ 단면이 일정한 도관에서 등온마찰흐름인 경우
④ 수직 충격파 전후 유동의 경우

해설 ㉠ 임계온도$(T) = T_o(\text{정체온도}) \times \left(\dfrac{2}{K+1}\right)$
　㉡ 정체온도 : 단면이 일정한 도관에서 등온마찰흐름인 경우 압축성 흐름 중 정체온도가 변할 수 있는 경우이다.

12 기체 수송장치 중 일반적으로 상승압력이 가장 높은 것은?

① 팬　　　　　② 송풍기
③ 압축기　　　④ 진공펌프

해설 ㉠ 압축기는 팬이나 송풍기보다 압력이 높다.
（팬＜송풍기＜압축기）
（송풍기 : 팬, 블로어）
㉡ 진공펌프 : 부압

13 완전 난류구역에 있는 거친 관에서의 관마찰계수는?

① 레이놀즈수와 상대조도의 함수이다.

② 상대조도의 함수이다.

③ 레이놀즈수의 함수이다.

④ 레이놀즈수, 상대조도 모두와 무관하다.

해설 ㉠ 레이놀즈수$(Re) = \dfrac{\rho Vd}{\mu} = \dfrac{Vd}{\nu}$

여기서, ρ : 유체밀도
V : 유체평균속도
d : 관의 직경
μ : 점성계수
ν : 동점성계수

㉡ 난류 : 유체입자에서 난동을 일으키면서 무질서하게 흐르는 흐름이다. 관의 마찰계수는 레이놀즈수와 상대조도의 함수이다.

14 Hagen – Poiseuille 식이 적용되는 관 내 층류유동에서 최대속도 V_{max} ＝6cm/s일 때 평균속도 V_{avg} 는 몇 cm/s인가?

① 2 　　　　② 3

③ 4 　　　　④ 5

해설 하겐－푸아죄유 평균속도(V_{avg})

$V = \dfrac{Q}{A} = \dfrac{\text{유량}}{\text{면적}}$

최대속도와 평균속도의 관계비

$\left(\dfrac{V}{U_{max}}\right) = \dfrac{1}{2} = \dfrac{V_{max}}{2}$

$\therefore \dfrac{6}{2} = 3(\text{cm/s})$

15 전양정 30m, 송출량 7.5m³/min, 펌프의 효율 0.8인 펌프의 수동력은 약 몇 kW인가?(단, 물의 밀도는 1,000kg/m³이다.)

① 29.4 　　　　② 36.8

③ 42.8 　　　　④ 46.8

해설 수동력＝$\dfrac{\gamma QH}{102 \times 60} = \dfrac{1,000 \times 7.5 \times 30}{102 \times 60} = 36.8\text{kW}$

※ 물의 비중량 : 1,000kg/m²
1kW＝102kg · m/s, 1min＝60초

16 운동 부분과 고정 부분이 밀착되어 있어서 배출공간에서부터 흡입공간으로의 역류가 최소화되며, 경질 윤활유와 같은 유체수송에 적합하고 배출압력을 200atm 이상 얻을 수 있는 펌프는?

① 왕복펌프 　　　　② 회전펌프

③ 원심펌프 　　　　④ 격막펌프

해설 용적식 펌프

㉠ 왕복식 : 피스톤펌프, 플린저펌프, 다이어프램펌프

㉡ 회전식 : 기어펌프, 나사펌프, 베인펌프

※ 회전펌프 : 경질 윤활유와 같은 유체수송용으로 배출압력이 고압이다.

17 30cmHg인 진공압력은 절대압력으로 몇 kgf/cm²인가?(단, 대기압은 표준대기압이다.)

① 0.160 　　　　② 0.545

③ 0.625 　　　　④ 0.840

해설 절대압력

• 계기압＋1.033kg/cm²(대기압)

• 대기압－진공압＝76－30＝46cmHg

$\therefore 1.033 \times \dfrac{46}{76} = 0.625(\text{kgf/cm}^2)$

18 수직충격파가 발생할 때 나타나는 현상으로 옳은 것은?

① 마하수가 감소하고 압력과 엔트로피도 감소한다.

② 마하수가 감소하고 압력과 엔트로피는 증가한다.

③ 마하수가 증가하고 압력과 엔트로피는 감소한다.

④ 마하수가 증가하고 압력과 엔트로피도 증가한다.

해설 수직충격파

유동방향에 수직으로 생긴 충격파(비가역과정이다.)

㉠ 충격파 : 초음속흐름이 급작스럽게 아음속으로 변할 때 그 흐름에 불연속면이 생기는데 이 불연속면을 말한다.

㉡ 수직충격파는 비가역과정이므로 마하수가 감소하고 엔트로피가 증가한다.

19 정적비열이 $1,000 \text{J/kg} \cdot \text{K}$이고, 정압비열이 $1,200$ $\text{J/kg} \cdot \text{K}$인 이상기체가 압력 200kPa에서 등엔트로피 과정으로 압력이 400kPa로 바뀐다면, 바뀐 후의 밀도는 원래 밀도의 몇 배가 되는가?

① 1.41 ② 1.64

③ 1.78 ④ 2

해설

- 밀도$(\rho) = \dfrac{m}{V} = \dfrac{\text{kg}}{\text{m}^3} = \dfrac{\text{kgf} \cdot \text{s}^2}{\text{m}^4}$

  $= \dfrac{P}{R \cdot T}, \ K(\text{비열비})$

- 물의 밀도$(\rho) = \dfrac{\gamma}{g} = \dfrac{1,000}{9.81}$

  $= 102 \text{kgf} \cdot \text{s}^2/\text{m}^4 (\text{중력단위})$

$\dfrac{T_2}{T_1} = \left(\dfrac{P_2}{P_1}\right)^{\frac{K-1}{K}}, \ K = \dfrac{C_p}{C_v} = \dfrac{1,200}{1,000} = 1.2$

$T_1 \times \left(\dfrac{P_2}{P_1}\right)^{\frac{K-1}{K}} = T_1 \times \left(\dfrac{400}{200}\right)^{\frac{1.2-1}{1.2}} = 1.122 T_1$

$\therefore$ 밀도(ρ)비 $= \dfrac{P_2 R_1 T_1}{P_1 R_2 T_2} = \dfrac{400 \text{kPa} \times T_1}{200 \text{kPa} \times 1.122 T_1}$

$= 1.78253(\text{배})$

20 다음 중 음속(Sonic Velocity) a의 정의는?(단, g : 중력가속도, ρ : 밀도, P : 압력, s : 엔트로피이다.)

① $a = \sqrt{\left(\dfrac{dP}{d\rho}\right)_s}$ ② $a = \sqrt{\left(\dfrac{dP}{d\rho}\right)_s / \rho}$

③ $a = \sqrt{g\left(\dfrac{dP}{d\rho}\right)_s}$ ④ $a = \sqrt{\left(\dfrac{dP}{d\rho}\right)_s / g}$

해설 음속$(a) = \sqrt{\left(\dfrac{dP}{d\rho}\right)_s} = \sqrt{KRT}$

$= \sqrt{\dfrac{E}{\rho}} = \sqrt{\dfrac{1}{\rho B}} = \sqrt{\dfrac{KP}{\rho}} (\text{m/s})$

여기서, P : 절대압력

ρ : 밀도

T : 절대온도

R : 기체상수

E : 체적탄성계수

K : 비열비

SECTION 02 연소공학

21 체적이 2m^3인 일정 용기 안에서 압력 200kPa, 온도 0℃의 공기가 들어 있다. 이 공기를 40℃까지 가열하는 데 필요한 열량은 약 몇 kJ인가?(단, 공기의 R은 $287 \text{J/kg} \cdot \text{K}$이고, C_v는 $718 \text{J/kg} \cdot \text{K}$이다.)

① 47

② 147

③ 247

④ 347

해설 정압비열$(C_p) = C_v + R = 718 + 287 = 1,005 (\text{J/kg} \cdot \text{K})$

공기 $1 \text{kmol} = 22.4 \text{m}^3 = 29 \text{kg}\left(2 \times \dfrac{29}{22.4} = 2.59 \text{kg}\right)$

$Q = mC_v(T_2 - T_1) = \dfrac{P_1 V_1}{RT_1} C_v T_1 \left[\left(\dfrac{T_2}{T_1}\right) - 1\right]$

$= \dfrac{P_1 V_1}{R} C_v \left[\left(\dfrac{P_2}{P_1} - 1\right)\right]$

$= \dfrac{200 \times 2}{0.287} \times 0.718 \times \left[\left(\dfrac{230}{200} - 1\right)\right] \fallingdotseq 147(\text{kJ})$

$\therefore P_2 = P_1 \times \left(\dfrac{T_2}{T_1}\right) = 200 \times \left(\dfrac{40 + 273}{0 + 273}\right) = 230 \text{Pa}$

22 이론연소가스량을 올바르게 설명한 것은?

① 단위량의 연료를 포함한 이론혼합기가 완전 반응을 하였을 때 발생하는 산소량

② 단위량의 연료를 포함한 이론혼합기가 불완전 반응을 하였을 때 발생하는 산소량

③ 단위량의 연료를 포함한 이론혼합기가 완전 반응을 하였을 때 발생하는 연소가스량

④ 단위량의 연료를 포함한 이론혼합기가 불완전 반응을 하였을 때 발생하는 연소가스량

해설 이론연소가스량(G_{ow})

단위량의 연료를 포함하여 이론혼합기가 완전반응하였을 때 발생하는 연소가스량$(\text{Nm}^3/\text{kg}, \ \text{Nm}^3/\text{Nm}^3)$. 수증기가 포함된 경우 이론습연소가스량, 포함되지 않은 경우 이론건연소가스량이라 한다.

---

23 연소에 대한 설명 중 옳지 않은 것은?

① 연료가 한번 착화하면 고온으로 되어 빠른 속도로 연소한다.

② 환원반응이란 공기의 과잉 상태에서 생기는 것으로 이때의 화염을 환원염이라 한다.

③ 고체, 액체 연료는 고온의 가스분위기 중에서 먼저 가스화가 일어난다.

④ 연소에 있어서는 산화 반응뿐만 아니라 열분해 반응도 일어난다.

해설 환원반응

공기의 양이 부족한 상태에서 생기는 화염상태의 반응이다(물질의 변환이 일어나면서 물질을 구성하는 원소들의 산화수가 변한다. 산화수가 증가하면 산화, 산화수가 감소하면 환원이다). 광석으로부터 금속을 추출하는 일 등이다.

24 공기 1kg이 100℃인 상태에서 일정 체적하에서 300℃의 상태로 변했을 때 엔트로피의 변화량은 약 몇 J/kg · K인가?(단, 공기의 C_v는 717J/kg · K 이다.)

① 108

② 208

③ 308

④ 408

해설 $\Delta S = \dfrac{\delta Q}{T} = \dfrac{mC_v\Delta T}{T} = mC_v\ln\dfrac{T_2}{T_1}$

$\therefore \; \Delta S = 1\times717\times\ln\dfrac{300+273}{100+273} = 308(\text{J/kg} \cdot \text{K})$

25 혼합기체의 연소범위가 완전히 없어져 버리는 첨가 기체의 농도를 피크농도라 하는데 이에 대한 설명으로 잘못된 것은?

① 질소(N_2)의 피크농도는 약 37vol%이다.

② 이산화탄소(CO_2)의 피크농도는 약 23vol%이다.

③ 피크농도는 비열이 작을수록 작아진다.

④ 피크농도는 열전달률이 클수록 작아진다.

해설 피크농도

비열이 클수록, 열전달률이 클수록 작아진다.

26 연소기에서 발생할 수 있는 역화를 방지하는 방법에 대한 설명 중 옳지 않은 것은?

① 연료분출구를 적게 한다.

② 버너의 온도를 높게 유지한다.

③ 연료의 분출속도를 크게 한다.

④ 1차 공기를 착화범위보다 적게 한다.

해설 역화방지

버너의 온도는 낮게, 화실의 온도는 높게, 투입하는 공기량은 풍부하게 하여야 방지가 된다.

$C + \dfrac{1}{2}O_2 \rightarrow CO_2$

※역화 현상은 버너가 과열되거나 콕이 충분히 열리지 않았을 때, 노즐의 구멍이 지나치게 클 때, 가스의 공급 압력이 낮아졌을 때 또는 연소속도가 분출속도보다 빠를 때 발생한다.

27 그림은 층류예혼합화염의 구조도이다. 온도곡선의 변곡점인 T_i를 무엇이라 하는가?

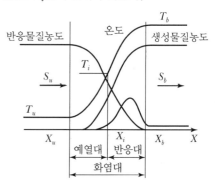

[층류 예혼합 화염의 구조]

① 착화온도

② 반전온도

③ 화염평균온도

④ 예혼합화염온도

해설 층류예혼합화염의 구조

㉠ T_i : 착화온도

㉡ T_b : 단열화염온도

㉢ T_u : 미연혼합기온도

28 반응기 속에 1kg의 기체가 있고 기체를 반응기 속에 압축시키는 데 $1,500 kgf \cdot m$의 일을 하였다. 이때 5kcal의 열량이 용기 밖으로 방출했다면 기체 1kg당 내부에너지 변화량은 약 몇 kcal인가?

① 1.3   ② 1.5

③ 1.7   ④ 1.9

해설 일량(A) $= 1,500 kgf \cdot m$

일의 열당량$\left(\dfrac{1}{427} kcal/kg \cdot m\right)$

$1,500 \times \dfrac{1}{427} = 3.5(kcal)$

∴ 내부에너지 변화량 $= 5 - 3.5 = 1.5 kcal$

29 Flash fire에 대한 설명으로 옳은 것은?

① 느린 폭연으로 중대한 과압이 발생하지 않는 가스운에서 발생한다.

② 고압의 증기압 물질을 가진 용기가 고장으로 인해 액체의 flashing에 의해 발생된다.

③ 누출된 물질이 연료라면 BLEVE는 매우 큰 화구가 뒤따른다.

④ Flash fire는 공정지역 또는 offshore 모듈에서는 발생할 수 없다.

해설 플래시 파이어(Flash fire)

타오르는 불꽃이며, 느린 폭연으로 중대한 과압이 발생하지 않는 가스운에서 발생한다.

30 중유의 경우 저발열량과 고발열량의 차이는 중유 1kg당 얼마나 되는가?[단, h : 중유 1kg당 함유된 수소의 중량(kg), W : 중유 1kg당 함유된 수분의 중량(kg)이다.]

① $600(9h + W)$ ② $600(9W + h)$

③ $539(9h + W)$ ④ $539(9W + h)$

해설 고위발열량(H_h) $=$ 저위발열량(H_l) $+ 600(9H + W)$

※ 물의 기화열 : $600 kcal/kg$, $480 kcal/m^3$

$H_2 + \dfrac{1}{2}O_2 \rightarrow H_2O$

$(2kg + 16kg \rightarrow 18kg = 1kg + 8kg \rightarrow 9kg)$

31 효율이 가장 좋은 이상사이클로서 다른 기관의 효율을 비교하는데 표준이 되는 사이클은?

① 재열사이클   ② 재생사이클

③ 냉동사이클   ④ 카르노 사이클

해설 카르노 사이클(Carnot Cycle)

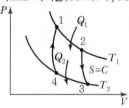

㉠ 1 → 2(등온팽창)
㉡ 2 → 3(단열팽창)
㉢ 3 → 4(등온압축)
㉣ 4 → 1(단열압축)

열기관의 이상적인 사이클이며 효율이 가장 높다.

32 다음 가스 중 연소의 상한과 하한의 범위가 가장 넓은 것은?

① 산화에틸렌   ② 수소

③ 일산화탄소   ④ 암모니아

해설 가연성 가스의 폭발범위(연소범위)

㉠ 산화에틸렌(C_2H_4O) : 3~80%
㉡ 수소(H_2) : 4~74%
㉢ 일산화탄소(CO) : 12.5~74%
㉣ 암모니아(NH_3) : 15~28%

33 층류예혼합화염과 비교한 난류예혼합화염의 특징에 대한 설명으로 옳은 것은?

① 화염의 두께가 얇다.

② 화염의 밝기가 어둡다.

③ 연소 속도가 현저하게 늦다.

④ 화염의 배후에 다량의 미연소분이 존재한다.

해설 난류예혼합화염

화염의 배후에 다량의 미연소분이 존재한다. 화염의 두께는 두껍고 밝기가 밝으며, 연소속도가 층류예혼합화염의 수십 배다.

34 프로판(C_3H_8)의 연소반응식은 다음과 같다. 프로판(C_3H_8)의 화학양론계수는?

$$C_3H_8 + 5O_2 \rightarrow 3CO_2 + 4H_2O$$

① 1　　　　　　　② 1/5

③ 6/7　　　　　　④ -1

해설 화학양론계수

화학양론식에서 각 화학종의 계수를 나타내는 것으로 일반적으로 mol 수로 나타낸다.

$$\underbrace{C_3H_8 + 5O_2}_{\text{반응물}(-)} \rightarrow \underbrace{3CO_2 + 4H_2O}_{\text{연소생성물}(+)}$$

∴ 화학양론계수

　　[$C_3H_8(-1)$, $5O_2(-5)$, $3CO_2(+3)$, $4H_2O(+4)$]

35 100kPa, 20℃ 상태인 배기가스 0.3m³를 분석한 결과 N_2 70%, CO_2 15%, O_2 11%, CO 4%의 체적률을 얻었을 때 이 혼합가스를 150℃인 상태로 정적가열 할 때 필요한 열전달량은 약 몇 kJ인가?(단, N_2, CO_2, O_2, CO의 정적비열[kJ/kg · K]은 각각 0.7448, 0.6529, 0.6618, 0.7445이다.)

① 35　　　　　　　② 39

③ 41　　　　　　　④ 43

해설 $T = (20+273 = 293K, \ 150+273 = 423K)$

$P_2 = P_1 \times \dfrac{T_2}{T_1} = 100 \times \dfrac{423}{293} = 145\text{kPa}$

평균비열 $= \left(\dfrac{0.7448 + 0.6529 + 0.6618 + 0.7445}{4} \right)$
　　　　　　$= 0.7$

평균질량 $= \dfrac{28 \times 0.7 + 44 \times 0.15 + 32 \times 0.11 + 28 \times 0.04}{4}$
　　　　　　$= 0.4$

∴ 열전달량(Q) $= 0.4 \times 0.7(150 - 20) = 36(\text{kJ})$

36 연소온도를 높이는 방법이 아닌 것은?

① 발열량이 높은 연료사용

② 완전연소

③ 연소속도를 천천히 할 것

④ 연료 또는 공기를 예열

해설 연소온도를 높이려면 연소속도를 증가시켜야 한다.

37 미분탄 연소의 특징에 대한 설명으로 틀린 것은?

① 가스화 속도가 빠르고 연소실의 공간을 유효하게 이용할 수 있다.

② 화격자연소보다 낮은 공기비로써 높은 연소효율을 얻을 수 있다.

③ 명료한 화염이 형성되지 않고 화염이 연소실 전체에 퍼진다.

④ 연료완료시간은 표면연소속도에 의해 결정된다.

해설 미분탄 연소

미분탄은 작은 미립자의 고체연료이다.

38 탄갱(炭坑)에서 주로 발생하는 폭발사고의 형태는?

① 분진폭발　　　　② 증기폭발

③ 분해폭발　　　　④ 혼합위험에 의한 폭발

해설 광산의 탄갱에서 주로 발생하는 폭발 : 분진폭발. 석탄가루가 부유하다 점화원에 의해 폭발할 가능성이 높다.

39 기체연료의 연소특성에 대해 바르게 설명한 것은?

① 예혼합연소는 미리 공기와 연료가 충분히 혼합된 상태에서 연소하므로 별도의 확산과정이 필요하지 않다.

② 확산연소는 예혼합연소에 비해 조작이 상대적으로 어렵다.

③ 확산연소의 역화 위험성은 예혼합연소보다 크다.

④ 가연성 기체와 산화제의 확산에 의해 화염을 유지하는 것을 예혼합연소라 한다.

해설 기체연료의 연소

㉠ 확산연소 : 공기의 부족에 우려한다.

㉡ 예혼합연소

　• 역화에 주의한다.

　• 연료가 연료가스와 공기를 충분히 혼합된 상태에서 연소하므로 별도의 확산과정이 불필요하다.

40 프로판과 부탄의 체적비가 40 : 60인 혼합가스 $10m^3$를 완전연소하는 데 필요한 이론공기량은 약 몇 m^3인가?(단, 공기의 체적비는 산소 : 질소 = 21 : 79이다.)

① 96   ② 181
③ 206   ④ 281

해설 프로판(C_3H_8), 부탄(C_4H_{10})

$C_3H_8 + 5O_2 \rightarrow 3CO_2 + 4H_2O$

$C_4H_{10} + 6.5O_2 \rightarrow 4CO_2 + 5H_2O$

이론공기량(A_o) = 이론산소량(O_o) $\times \dfrac{1}{0.21}$

$\therefore \ A_o = \dfrac{5 \times 0.4 + 6.5 \times 0.6}{0.21} = 28.1(m^3/m^3)$

$28.1 \times 10 = 281(m^3)$

SECTION 03 가스설비

41 이상적인 냉동사이클의 기본 사이클은?

① 카르노 사이클   ② 랭킨 사이클
③ 역카르노 사이클   ④ 브레이튼 사이클

해설 이상적인 냉동사이클(역카르노 사이클)

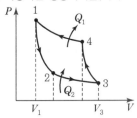

단열팽창 → 등온팽창 → 단열압축 → 등온압축
※ 역브레이튼 사이클 : 공기냉동사이클

42 고압가스시설에서 전기방식시설의 유지관리를 위하여 T/B를 반드시 설치해야 하는 곳이 아닌 것은?

① 강재보호관 부분의 배관과 강재보호관
② 배관과 철근콘크리트 구조물 사이
③ 다른 금속구조물과 근접교차 부분
④ 직류전철 횡단부 주위

해설 T/B(전위측정용 터미널)
배관과 철근콘크리트 구조물 사이에 설치한다.

43 LP가스 탱크로리에서 하역작업 종료 후 처리할 작업 순서로 가장 옳은 것은?

> Ⓐ 호스를 제거한다.
> Ⓑ 밸브에 캡을 부착한다.
> Ⓒ 어스선(접지선)을 제거한다.
> Ⓓ 차량 및 설비의 각 밸브를 잠근다.

① Ⓓ → Ⓐ → Ⓑ → Ⓒ
② Ⓓ → Ⓐ → Ⓒ → Ⓑ
③ Ⓐ → Ⓑ → Ⓒ → Ⓓ
④ Ⓒ → Ⓐ → Ⓑ → Ⓓ

해설 LP가스 탱크로리 하역작업 종료 후 처리해야 할 작업순서는 Ⓓ → Ⓐ → Ⓑ → Ⓒ를 따른다.

44 불꽃의 주위, 특히 불꽃의 기저부에 대한 공기의 움직임이 세지면 불꽃이 노즐에 정착하지 않고 떨어지게 되어 꺼지는 현상은?

① 블로우 오프(Blow-off)
② 백 파이어(Back-fire)
③ 리프트(Lift)
④ 불완전연소

해설 블로우 오프 현상
불꽃의 주위, 특히 불꽃의 기저부에 대한 공기의 움직임이 세지면 불꽃이 노즐에 정착하지 않고 떨어지게 되어 불꽃이 꺼지는 현상이며 선화하고도 한다.
※ 백 파이어 : 역화현상

45 벽에 설치하여 가스를 사용할 때에만 퀵 커플러로 연결하여 난로와 같은 이동식 연소기에 사용할 수 있는 구조로 되어 있는 콕은?

① 호스콕
② 상자콕
③ 휴즈콕
④ 노즐콕

해설 상자콕

벽에 설치하여 가스를 사용할 때에만 퀵 커플러로 연결하여 난로와 같은 이동식 연소기에 사용할 수 있는 구조의 콕이다.

46 회전펌프의 특징에 대한 설명으로 옳지 않은 것은?

① 회전운동을 하는 회전체와 케이싱으로 구성된다.
② 점성이 큰 액체의 이송에 적합하다.
③ 토출액의 맥동이 다른 펌프보다 크다.
④ 고압유체 펌프로 널리 사용된다.

해설 회전식 펌프

용적형 펌프이며 기어식, 나사식, 베인식 펌프가 있다. 흡입·토출밸브가 없고 연속회전이므로 토출액의 맥동이 적다. 기타 ①, ②, ④항의 특징이 있다.

47 수소취성에 대한 설명으로 가장 옳은 것은?

① 탄소강은 수소취성을 일으키지 않는다.
② 수소는 환원성가스로 상온에서도 부식을 일으킨다.
③ 수소는 고온, 고압하에서 철과 화합하며 이것이 수소취성의 원인이 된다.
④ 수소는 고온, 고압에서 강중의 탄소와 화합하여 메탄을 생성하며 이것이 수소취성의 원인이 된다.

해설 수소취성

수소(H_2)가스는 고온, 고압에서 강제용기 중의 탄소성분(C)과 반응하여 탈탄하고 용기의 강도를 급격히 약화시키는 수소취성이 발생한다.
$Fe_3C + 2H_2 \rightarrow CH_4 + 3Fe$(수소취성)

48 도시가스 지하매설에 사용되는 배관으로 가장 적합한 것은?

① 폴리에틸렌 피복강관
② 압력배관용 탄소강관
③ 연료가스 배관용 탄소강관
④ 배관용 아크용접 탄소강관

해설 폴리에틸렌(PE) 피복강관

도시가스 지하매설에 사용하는 배관이다.

• 그 외 폴리에틸렌 피복강관(PLP관)과 분말용착식 폴리에틸렌 피복강관도 지하매설 배관으로 적절하다.

49 다음 초저온액화가스 중 액체 1L가 기화되었을 때 부피가 가장 큰 가스는?

① 산소
② 질소
③ 헬륨
④ 이산화탄소

해설 산소는 액화가스가 기화하면 약 800배 증가한 부피로 나타난다.

50 펌프 임펠러의 형상을 나타내는 척도인 비속도(비교회전도)의 단위는?

① rpm · m³/min · m
② rpm · m³/min
③ rpm · kgf/min · m
④ rpm · kgf/min

해설 펌프 임펠러 형상을 나타내는 척도인 비교회전도(N_s)

$$N_s = \frac{N\sqrt{Q}}{H^{\frac{3}{4}}} (\text{rpm} \cdot \text{m}^3/\text{min} \cdot \text{m})$$

여기서, N : 임펠러 회전속도(rpm)
　　　　H : 양정(m)
　　　　Q : 토출량(m^3/min)

51 입구에 사용 측과 예비 측의 용기가 각각 접속되어 있어 사용 측의 압력이 낮아지는 경우 예비 측 용기로부터 가스가 공급되는 조정기는?

① 자동교체식 조정기
② 1단식 감압식 조정기
③ 1단식 감압용 저압 조정기
④ 1단식 감압용 준저압 조정기

해설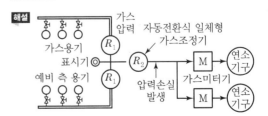

52 단열을 한 배관 중에 작은 구멍을 내고 이 관에 압력이 있는 유체를 흐르게 하면 유체가 작은 구멍을 통할 때 유체의 압력이 하강함과 동시에 온도가 변화하는 현상을 무엇이라고 하는가?

① 토리첼리 효과   ② 줄−톰슨 효과

③ 베르누이 효과   ④ 도플러 효과

해설 **줄−톰슨(Joule−Thomson) 효과**
단열배관에 구멍을 내고 유체를 흘려보내면 유체가 작은 구멍을 통할 때 유체의 압력이 하강하고 동시에 온도가 하강한다는 효과이다.

53 진한 황산은 어느 가스압축기의 윤활유로 사용되는가?

① 산소   ② 아세틸렌

③ 염소   ④ 수소

해설 **압축기 윤활유**
㉠ 산소압축기 : 물
㉡ 아세틸렌압축기 : 양질의 광유
㉢ 수소압축기 : 양질의 광유
㉣ 염소압축기 : 진한황산

54 부탄가스 30kg을 충전하기 위해 필요한 용기의 최소 부피는 약 몇 L인가?(단, 충전상수는 2.05이고, 액비중은 0.5이다.)

① 60   ② 61.5

③ 120   ④ 123

해설 가스부피(V) = 가스질량×충전상수
$$= 30 \times 2.05 = 61.5(L)$$

55 5L들이 용기에 9기압의 기체가 들어 있다. 또 다른 10L들이 용기에 6기압의 같은 기체가 들어 있다. 이 용기를 연결하여 양쪽의 기체가 서로 섞여 평형에 도달하였을 때 기체의 압력은 약 몇 기압이 되는가?

① 6.5기압   ② 7.0기압

③ 7.5기압   ④ 8.0기압

해설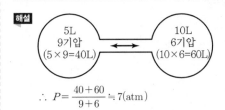

$$\therefore P = \frac{40+60}{9+6} \fallingdotseq 7(\text{atm})$$

56 일반 도시가스 공급시설의 최고 사용압력이 고압, 중압인 가스홀더에 대한 안전조치 사항이 아닌 것은?

① 가스방출장치를 설치한다.

② 맨홀이나 검사구를 설치한다.

③ 응축액을 외부로 뽑을 수 있는 장치를 설치한다.

④ 관의 입구와 출구에는 온도나 압력의 변화에 따른 신축을 흡수하는 조치를 한다.

해설 도시가스 공급시설의 최고사용압력이 고압이나 중압인 가스홀더에는 안전밸브를 설치한다.
(중압 : 0.1MPa 이상~1MPa 미만, 고압 : 1MPa 이상)

57 용기밸브의 구성이 아닌 것은?

① 스템   ② O링

③ 퓨즈   ④ 밸브시트

해설 **밸브의 구조**
㉠ 패킹식
㉡ 백 시트식
㉢ O링식
㉣ 다이어프램식

58 "응력(stress)과 스트레인(strain)은 변형이 적은 범위에서는 비례관계에 있다."는 법칙은?

① Euler의 법칙   ② Wein의 법칙

③ Hooke의 법칙   ④ Trouton의 법칙

해설 **후크의 법칙**
응력과 스트레인은 변형이 적은 범위 내에서 비례관계에 있다. 스프링과 같은 탄성 있는 물체가 외부의 힘에 의해 변형됐을 때의 복원력의 크기와 변형의 정도가 가지는 관계를 나타낸다. 급격한 압력변화에 사용이 용이하다.

59 액셜 플로우(Axial Flow)식 정압기에 특징에 대한 설명으로 틀린 것은?

① 변칙 unloading 형이다.
② 정특성, 동특성 모두 좋다.
③ 저차압이 될수록 특성이 좋다.
④ 아주 간단한 작동방식을 가지고 있다.

해설 액셜 플로우식 정압기
고차압이 될수록 특성이 양호하다.

60 압력조정기의 구성부품이 아닌 것은?

① 다이어프램　　② 스프링
③ 밸브　　　　　④ 피스톤

해설 ①, ②, ③항 외 커버, 조정나사, 캡, 로드, 안전밸브, 안전장치용 스프링, 접속금구, 레버 등으로 구성되어 있다.

SECTION **04** 가스안전관리

61 고압가스안전관리법의 적용을 받는 고압가스의 종류 및 범위에 대한 내용 중 옳은 것은?(단, 압력은 게이지압력이다.)

① 상용의 온도에서 압력이 1MPa 이상이 되는 압축가스로서 실제로 그 압력이 1MPa 이상이 되는 것 또는 섭씨 25도의 온도에서 압력이 1MPa 이상이 되는 압축가스
② 섭씨 35도의 온도에서 압력이 1Pa을 초과하는 아세틸렌가스
③ 상용의 온도에서 압력이 0.1MPa 이상이 되는 액화가스로서 실제로 그 압력이 0.1MPa 이상이 되는 것 또는 압력이 0.1MPa이 되는 액화가스
④ 섭씨 35도의 온도에서 압력이 0Pa을 초과하는 액화시안화수소

해설 고압가스 정의
㉠ ①항은 압축가스의 고압가스이다.
㉡ 아세틸렌가스 : 15℃의 온도에서 압력이 0Pa을 초과하는 것

㉢ 액화가스 : 0.2MPa 이상, 35℃ 이하인 액화가스
㉣ 35℃의 온도에서 압력이 0Pa을 초과하는 액화가스 중 액화시안화수소, 액화브롬화메탄, 액화산화에틸렌 가스

62 도시가스 사용시설에 사용하는 배관재료 선정기준에 대한 설명으로 틀린 것은?

① 배관의 재료는 배관 내의 가스흐름이 원활한 것으로 한다.
② 배관의 재료는 내부의 가스압력과 외부로부터의 하중 및 충격하중 등에 견디는 강도를 갖는 것으로 한다.
③ 배관의 재료는 배관의 접합이 용이하고 가스의 누출을 방지할 수 있는 것으로 한다.
④ 배관의 재료는 절단, 가공을 어렵게 하여 임의로 고칠 수 없도록 한다.

해설 도시가스 배관재료는 비상사태 시 응급복구를 대비하여 절단이나 가공이 용이한 것을 채택한다.

63 LPG 저장설비를 설치 시 실시하는 지반조사에 대한 설명으로 틀린 것은?

① 1차 지반조사방법은 이너팅을 실시하는 깃을 원칙으로 한다.
② 표준관입시험은 N값을 구하는 방법이다.
③ 배인(Vane)시험은 최대 토크 또는 모멘트를 구하는 방법이다.
④ 평판재하시험은 항복하중 및 극한하중을 구하는 방법이다.

해설 LPG 가스설비 기초에서 지반조사 시 제1차 지반조사는 당해 장소에서 과거의 부등침하 등의 실적조사, 보링 등의 방법에 의하여 실시한다. 기타 ②, ③, ④항 등을 고려한다.

64 정전기를 억제하기 위한 방법이 아닌 것은?

① 습도를 높여 준다.
② 접지(Grounding)한다.
③ 접촉 전위차가 큰 재료를 선택한다.
④ 정전기의 중화 및 전기가 잘 통하는 물질을 사용한다.

해설 정전기를 억제하기 위해서는 접촉 전위차가 작은 재료를 선택하여야 한다.

65 품질유지 대상인 고압가스의 종류에 해당하지 않는 것은?

① 이소부탄

② 암모니아

③ 프로판

④ 연료전지용으로 사용되는 수소가스

해설 시행규칙 별표 26에서 규정하는 품질유지대상가스
㉠ 냉매프레온가스 일부
㉡ 프로판
㉢ 이소부탄
㉣ 연료전지용 수소가스

66 다음 가스가 공기 중에 누출되고 있다고 할 경우 가장 빨리 폭발할 수 있는 가스는?(단, 점화원 및 주위환경 등 모든 조건은 동일하다고 가정한다.)

① CH_4 ② C_3H_8

③ C_4H_{10} ④ H_2

해설 가연성가스가 폭발범위 하한값이 낮은 가스일수록 폭발이 빨리 일어난다.
㉠ 메탄(CH_4) : 5~15%
㉡ 프로판(C_3H_8) : 2.1~9.5%
㉢ 부탄(C_4H_{10}) : 1.8~8.4%
㉣ 수소(H_2) : 4~75%

67 안전관리상 동일 차량으로 적재 운반할 수 없는 것은?

① 질소와 수소

② 산소와 암모니아

③ 염소와 아세틸렌

④ LPG와 염소

해설 안전관리상 동일 차량에 적재가 불가능한 가스
㉠ 염소－아세틸렌
㉡ 염소－수소
㉢ 염소－암모니아

68 가연성 가스설비의 재치환 작업 시 공기로 재치환한 결과를 산소측정기로 측정하여 산소의 농도가 몇 %가 확인될 때까지 공기로 반복하여 치환하여야 하는가?

① 18~22%

② 20~28%

③ 22~35%

④ 23~42%

해설 가연성가스설비의 재치환 작업 시 공기로 재치환 결과 산소 농도가 18~22%가 확인될 때까지 공기로 반복하여 치환하여야 한다.
※ 가스의 치환 및 재치환 : 설비 수리 시 내부의 가스를 미리 불활성가스나 물 등 반응하지 않는 가스 또는 액체로 치환하는 것을 의미한다. 치환 작업에 사용한 가스나 액체는 공기로 재치환해야 하며, 수리 중 산소의 농도를 수시로 확인해야 한다.

69 액화석유가스 저장시설에서 긴급차단장치의 차단조작기구는 해당 저장탱크로부터 몇 m 이상 떨어진 곳에 설치하여야 하는가?

① 2m   ② 3m

③ 5m   ④ 8m

해설
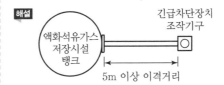

70 저장탱크에 의한 액화석유가스(LPG) 저장소의 저장설비는 그 외면으로부터 화기를 취급하는 장소까지 몇 m 이상의 우회거리를 두어야 하는가?

① 2m   ② 5m

③ 8m   ④ 10m

해설

71 지하에 설치하는 액화석유가스 저장탱크의 재료인 레디믹스트 콘크리트의 규격으로 틀린 것은?

① 굵은 골재의 최대치수 : 25mm
② 설계강도 : 21MPa 이상
③ 슬럼프(slump) : 120~150mm
④ 물－결합재비 : 83% 이하

해설 액화석유가스 레디믹스트 콘크리트 항목 및 규격에서 ①, ②, ③항 및 물－시멘트비는 50% 이하, 공기량은 4% 이하로 유지한다.

72 수소의 일반적 성질에 대한 설명으로 틀린 것은?

① 열에 대하여 안정하다.
② 가스 중 비중이 가장 작다.
③ 무색, 무미, 무취의 기체이다.
④ 가벼워서 기체 중 확산속도가 가장 느리다.

해설 수소
㉠ 수소가스는 분자수가 적고 폭발범위가 넓으며 확산속도가 1.8km/s로 대단히 크다. 폭굉속도가 1,400~3,500 m/s에 달한다.

㉡ 확산속도 : $\dfrac{U_2}{U_1} = \sqrt{\dfrac{M_1}{M_2}} = \dfrac{t_1}{t_2}$

수소와 산소라면 $\sqrt{\dfrac{32}{2}} \times U_{O_2} \to 4U_O$, 수소가 산소보다 4배나 빠르다.

73 고압가스 특정제조시설에서 분출원인이 화재인 경우 안전밸브의 축적압력은 안전밸브의 수량과 관계없이 최고허용압력의 몇 % 이하로 하여야 하는가?

① 105%
② 110%
③ 116%
④ 121%

해설 고압가스 특정제조시설
분출원인이 화재인 경우 안전밸브의 축적압력은 안전밸브 수량과 관계없이 최고허용압력의 121% 이하로 한다.
※ 분출원인이 화재가 아닌 경우, 안전밸브 1개일 때 최고허용압력의 110% 이하, 2개 이상일 때 116% 이하이다.

74 고압가스를 차량에 적재하여 운반하는 때에 운반책임자를 동승시키지 않아도 되는 것은?

① 수소 400m³
② 산소 400m³
③ 액화석유가스 3,500kg
④ 암모니아 3,500kg

해설 산소(압축가스)
조연성 가스이므로 600m³ 이상(6,000kg)일 경우에만 운반책임자 동승이 필요하다.
※ 운반책임자 동승 기준
　㉠ 독성 고압가스
　　• 압축가스 : 100만분의 200 이하 시 10m³ 이상, 100만분의 200 초과 시 100m³ 이상
　　• 액화가스 : 100만분의 200 이하 시 100kg 이상, 100만분의 5,000 이하 시 1,000kg 이상
　㉡ 비독성 고압가스
　　• 압축가스 : 가연성 300m³ 이상, 조연성 600m³ 이상
　　• 액화가스 : 가연성 3,000kg 이상(단, 에어졸 용기 2,000kg 이상), 조연성 6,000kg 이상

75 니켈(Ni) 금속을 포함하고 있는 촉매를 사용하는 공정에서 주로 발생할 수 있는 맹독성 가스는?

① 산화니켈(NiO)
② 니켈카르보닐[Ni(CO)₄]
③ 니켈클로라이드(NiCl₂)
④ 니켈염(Nickel salt)

해설 일산화탄소(CO)가스는 100℃ 이상에서 니켈(Ni)과 반응하여 니켈카르보닐을 생성한다.
반응식 : $Ni + CO \to Ni(CO)_4$ (니켈카르보닐)

76 특정설비인 고압가스용 기화장치 제조설비에서 반드시 갖추지 않아도 되는 제조설비는?

① 성형설비　　　　② 단조설비
③ 용접설비　　　　④ 제관설비

해설 ㉠ 특정설비 : 안전밸브, 긴급차단장치, 기화장치, 독성가스배관용 밸브, 자동차용 가스 자동주입기, 역화방지기, 압력용기, 특정고압가스용 실린더캐비닛, 자동차용 압축천연가스 완속충전설비, 액화석유가스용 용기 잔류가스 회수장치

ⓛ 특정설비제조시설 기화장치용 제조설비 : 성형설비, 용접설비, 제관설비 등

77 고압가스 충전용기를 운반할 때의 기준으로 틀린 것은?

① 충전용기와 등유는 동일 차량에 적재하여 운반하지 않는다.

② 충전량이 30kg 이하이고, 용기 수가 2개를 초과하지 않는 경우에는 오토바이에 적재하여 운반할 수 있다.

③ 충전용기 운반차량은 "위험고압가스"라는 경계표시를 하여야 한다.

④ 충전용기 운반차량에는 운반기준 위반행위를 신고할 수 있도록 안내물을 부착하여야 한다.

[해설] ② 충전량이 20kg 이하인 경우에만 오토바이에 적재운반이 가능하다.

78 내용적이 3,000L인 용기에 액화암모니아를 저장하려고 한다. 용기의 저장능력은 약 몇 kg인가?(단, 액화암모니아 정수는 1.86이다.)

① 1,613

② 2,324

③ 2,796

④ 5,580

[해설] 용기의 저장능력(W) = $\dfrac{V}{C}$ = $\dfrac{3,000}{1.86}$ = 1,613(kg)

79 산화에틸렌의 저장탱크에는 45℃에서 그 내부가스의 압력이 몇 MPa 이상이 되도록 질소가스를 충전하여야 하는가?

① 0.1   ② 0.3

③ 0.4   ④ 1

[해설] 산화에틸렌(C_2H_4O) 충전(45℃ 이하 충전)

45℃, 0.4MPa 이상
질소, 탄산가스 충전 치환

80 고압가스 특정제조시설에서 하천 또는 수로를 횡단하여 배관을 매설할 경우 2중관으로 하여야 하는 가스는?

① 염소   ② 암모니아

③ 염화메탄   ④ 산화에틸렌

[해설] 독성가스의 하천이나 수로횡단 시 배관의 2중관이 필요한 가스

포스겐, 황화수소, 시안화수소, 아황산가스, 아크릴알데히드, 염소, 불소

SECTION **05** 가스계측

81 접촉식 온도계에 대한 설명으로 틀린 것은?

① 열전대 온도계는 열전대로서 서미스터를 사용하여 온도를 측정한다.

② 저항 온도계의 경우 측정회로로서 일반적으로 휘스톤브리지가 채택되고 있다.

③ 압력식 온도계는 감온부, 도압부, 감압부로 구성되어 있다.

④ 봉상온도계에서 측정오차를 최소화하려면 가급적 온도계 전체를 측정하는 물체에 접촉시키는 것이 좋다.

[해설] 서미스터(Thermistor : 저항식 온도계)

금속산화물(Ni, Co, Mn, Fe, Cu)의 분말을 혼합소결시킨 반도체로서 저항식 온도계이다.

사용온도는 약 -100~300℃이다.

82 계량계측기기는 정확·정밀하여야 한다. 이를 확보하기 위한 제도 중 계량법상 강제규정이 아닌 것은?

① 검정   ② 정기검사

③ 수시검사   ④ 비교검사

[해설] 계량법상 강제규정

㉠ 검정   ㉡ 정기검사

㉢ 수시검사   ㉣ 재검정

---

83 탄화수소에 대한 감도는 좋으나 H_2O, CO_2에 대하여는 감응하지 않는 검출기는?

① 불꽃이온화검출기(FID)

② 열전도도검출기(TCD)

③ 전자포획검출기(ECD)

④ 불꽃광도법검출기(FPD)

해설 FID(수소이온화검출기) 기기분석법(가스크로마토그래피법)

탄화수소(C_mH_n)에서는 감도가 좋으나 H_2, O_2, CO, CO_2, SO_2 등에서는 감응이 없다.

84 가스 성분에 대하여 일반적으로 적용하는 화학분석법이 옳게 짝지어진 것은?

① 황화수소 – 요오드적정법

② 수분 – 중화적정법

③ 암모니아 – 기체크로마토그래피법

④ 나프탈렌 – 흡수평량법

해설 황화수소(H_2S) : $H_2S + I_2 \rightarrow 2HI + S$

㉠ 요오드적정법(I_2)
- 직접법
- 간접법

㉡ 화학분석법
- 적정법(H_2S 정량)
- 중량법(H_2S 정량, CS_2 정량, SO_2 정량)
- 흡광광도법(미량분석법)

85 다음 계측기기와 관련된 내용을 짝지은 것 중 틀린 것은?

① 열전대 온도계 – 제베크효과

② 모발 습도계 – 히스테리시스

③ 차압식 유량계 – 베르누이식의 적용

④ 초음파 유량계 – 램버트 비어의 법칙

해설 램버트 – 비어법(화학적 가스 분석법)은 미량의 가스분석에 사용된다. 초음파 유량계는 도플러 효과를 이용한다.

86 시험용 미터인 루트 가스미터로 측정한 유량이 $5m^3/h$이다. 기준용 가스미터로 측정한 유량이 $4.75\ m^3/h$라면 이 가스미터의 기차는 약 몇 %인가?

① 2.5%

② 3%

③ 5%

④ 10%

해설 기차 $= 5 - 4.75 = 0.25(m^3/h)$

기차 $= \dfrac{0.25}{5} \times 100 = 5(\%)$

87 계측기의 선정 시 고려사항으로 가장 거리가 먼 것은?

① 정확도와 정밀도

② 감도

③ 견고성 및 내구성

④ 지시방식

해설 계측기기 선정 시 고려사항

㉠ 정확도 및 정밀도　　㉡ 감도

㉢ 견고성 및 내구성　　㉣ 설치 장소 및 주변 여건

㉤ 특정 대상 및 사용 조건

88 적외선 가스분석기에서 분석 가능한 기체는?

① Cl_2

② SO_2

③ N_2

④ O_2

해설 적외선 가스분석계

2원자 분자가스인 O_2, N_2, Cl_2, H_2 등의 가스검색은 불가능하다.

※ 2원자 가스는 적외선에 대하여 고유한 흡수 스펙트럼을 가지지 못하기 때문에 가스분석이 불가능하다.

89 게겔(Gockel)법에 의한 저급탄화수소 분석 시 분석가스와 흡수액이 옳게 짝지어진 것은?

① 프로필렌 – 황산

② 에틸렌 – 옥소수은 칼륨용액

③ 아세틸렌 – 알칼리성 피로카롤 용액

④ 이산화탄소 – 암모니아성 염화제1구리 용액

해설 게겔법(흡수분석법)으로 측정이 가능한 가스흡수액

CO_2, C_2H_2, C_3H_6, C_2H_4, O_2, CO 등

㉠ 에틸렌(C_2H_4) : 취소수

㉡ 아세틸렌(C_2H_2) : 옥소수은 칼륨용액

㉢ 이산화탄소(CO_2) : 33% KOH 용액

90 액화산소 등을 저장하는 초저온 저장탱크의 액면 측정용으로 가장 적합한 액면계는?

① 직관식
② 부자식
③ 차압식
④ 기포식

해설 차압식
초저온 저장탱크의 액면측정용 액면계

91 막식 가스미터의 부동현상에 대한 설명으로 가장 옳은 것은?

① 가스가 누출되고 있는 고장이다.
② 가스가 미터를 통과하지 못하는 고장이다.
③ 가스가 미터를 통과하지만 지침이 움직이지 않는 고장이다.
④ 가스가 통과할 때 미터가 이상음을 내는 고장이다.

해설 부동
가스가 미터기를 통과하지만 계량막 파손 때문에 미터기의 지침이 움직이지 않는 고장이다.
②항의 내용은 불통에 해당한다.

92 건조공기 120kg에 6kg의 수증기를 포함한 습공기가 있다. 온도가 49℃이고, 전체 압력이 750mmHg일 때의 비교습도는 약 얼마인가?(단, 49℃에서의 포화수증기압은 89mmHg이고 공기의 분자량은 29로 한다.)

① 30%
② 40%
③ 50%
④ 60%

해설 비교습도
$\dfrac{6}{120} = 0.05 \text{kg/kg} \cdot \text{DA}$

포화공기 절대습도 $= 0.622 \times \dfrac{P_w}{P - P_w}$

$\qquad\qquad = 0.622 \times \dfrac{89}{760 - 89} = 0.0825 \text{kg/kg}'$

$\therefore$ 비교습도$(\phi) = \dfrac{x}{x_s} \times 100 = \dfrac{0.05}{0.0825} \times 100$

$\qquad\qquad = 60.60(\%)$

93 두 금속의 열팽창계수의 차이를 이용한 온도계는?

① 서미스터 온도계
② 베크만 온도계
③ 바이메탈 온도계
④ 광고 온도계

해설 바이메탈 온도계
두 금속의 열팽창계수의 차이를 이용해 온도의 변화에 따라 구부러지는 정도를 측정하는 접촉식 온도계이다.

황동
인바

94 소형가스미터의 경우 가스사용량이 가스미터 용량의 몇 % 정도가 되도록 선정하는 것이 가장 바람직한가?

① 40%
② 60%
③ 80%
④ 100%

해설 소형가스미터
가스사용량이 가스미터기 용량의 60% 정도가 되도록 선정한다.

95 액주식 압력계에 해당하는 것은?

① 벨로스 압력계
② 분동식 압력계
③ 침종식 압력계
④ 링밸런스식 압력계

해설 액주식 압력계
㉠ 링밸런스식 압력계
㉡ 알코올, 수은 온도계
㉢ 경사관식 압력계

96 기체 크로마토그래피를 통하여 가장 먼저 피크가 나타나는 물질은?

① 메탄
② 에탄
③ 이소부탄
④ 노르말부탄

해설
[가스크로마토그램]

97 기체크로마토그래피에 의해 가스의 조성을 알고 있을 때에는 계산에 의해서 그 비중을 알 수 있다. 이때 비중계산과의 관계가 가장 먼 인자는?

① 성분의 함량비
② 분자량
③ 수분
④ 증발온도

해설 가스의 조성에서 비중계산 인자
성분의 함량비, 분자량, 수분 등

98 도시가스사용시설에서 최고사용압력이 0.1MPa 미만인 도시가스 공급관을 설치하고, 내용적을 계산하였더니 8m³였다. 전기식 다이어프램형 압력계로 기밀시험을 할 경우 최소 유지시간은 얼마인가?

① 4분 ② 10분
③ 24분 ④ 40분

해설 전기식

최고사용압력	내용적(m³)	기밀유지시간(분)
0.1MPa 미만의 저압	1 미만	4
	1 이상~10 미만	40
	10 이상~300 미만	4× V(분), 단, 240분을 초과하는 경우에는 240분

99 가스공급용 저장탱크의 가스저장량을 일정하게 유지하기 위하여 탱크내부의 압력을 측정하고 측정된 압력과 설정압력(목표압력)을 비교하여 탱크에 유입되는 가스의 양을 조절하는 자동제어계가 있다. 탱크내부의 압력을 측정하는 동작은 다음 중 어디에 해당하는가?

① 비교 ② 판단
③ 조작 ④ 검출

해설 검출
저장탱크에서 내부압력을 측정하고 설정압력과 비교하여 탱크에 유입되는 가스의 양을 조절하는 자동제어계에서 탱크내부의 압력을 측정하는 것을 말한다.
(검출 → 비교 → 판단 → 조작)

100 열전대 온도계의 특징에 대한 설명으로 틀린 것은?

① 원격 측정이 가능하다.
② 고온의 측정에 적합하다.
③ 보상도선에 의한 오차가 발생할 수 있다.
④ 장기간 사용하여도 재질이 변하지 않는다.

해설 열전대온도계는 장기간 사용하면 계기의 경년변화 및 열전대의 열화에 의한 오차가 생긴다.
(J형 : 철-콘스탄탄, K형 : 크로멜알루멜, T형 : 구리-콘스탄탄, R형 : 백금-백금로듐)

〈열전대 종류〉

종류	약호	사용금속		최고 사용온도	특성
		+ 극	− 극		
백금-백금로듐 (R형)	PR	Pt 87% Rh 13%	백금 Pt 100%	0℃ ~ 1,600℃	① 고온측정에 적당하다. ② 내열도가 높다. ③ 열기전력이 적다. ④ 산화성 분위기에 강하다. ⑤ 환원성 분위기에 약하다.
크로멜 알루멜 (K형)	CA	Ni 90% Cr 10%	알루멜 Ni 94% Al 3% Mn 2% Si 1%	0℃ ~ 1,200℃	① 열기전력이 크다. ② 항공기·발동기등의 온도측정용이다. ③ 환원성 분위기에 강하다. ④ 열기전력이 직선적이다.
순구리 콘스탄탄 (T형)	CC	Cu 100%	콘스탄탄 Cu 55% Ni 45%	−200℃ ~ 350℃	① 수분에 의한 부식에 강하다. ② 특히 저온용으로 사용된다. ③ 300℃ 이상이면 산화되기 쉽다.
철 콘스탄탄 (J형)	IC	Fe 100%	콘스탄탄 Cu 55% Ni 45%	−200℃ ~ 800℃	① 산화분위기에 약하다. ② 열기전력이 가장 크다. ③ 환원성 분위기에 강하다.

2020년 4회 가스기사

SECTION 01 가스유체역학

01 레이놀즈수가 10^6이고 상대조도가 0.005인 원관의 마찰계수 f는 0.03이다. 이 원관에 부차손실계수가 6.6인 글로브 밸브를 설치하였을 때, 이 밸브의 등가길이(또는 상당길이)는 관 지름의 몇 배인가?

① 25
② 55
③ 220
④ 440

해설 밸브의 상당길이는 관지름의 $L_e = \dfrac{KV}{f}\left(\dfrac{6.6}{0.03} = 220배\right)$이다.

※ 관의 상당길이(L_e) $= K \cdot \dfrac{V^2}{2g} = f \times \dfrac{l}{d} \times \dfrac{V^2}{2g}$

- K : 밸브나 이음에서 부차적 손실계수 값
- 상대조도 : 관수로에서 관벽의 절대조도(상당조도)와 관의 직경과의 비이다.
- 부차손실수두 : 속도제곱에 비례한다.

02 압축성 유체의 기계적 에너지 수지식에서 고려하지 않는 것은?

① 내부에너지
② 위치에너지
③ 엔트로피
④ 엔탈피

해설 압축성 유체의 에너지 방정식

$$_1q_2 + h_1 + \dfrac{V_1^2}{2} + gZ_1 = h_2 + \dfrac{V_2^2}{2} + gZ_2 + {_1}W_2$$

$Z_1 = Z_2$이며 일과 열의 주고 받음이 없는 경우

$h_1 + \dfrac{V_1^2}{2} = h_2 + \dfrac{V_2^2}{2}$ 가 된다.

03 압축성 이상기체(Compressible ideal gas)의 운동을 지배하는 기본 방정식이 아닌 것은?

① 에너지방정식
② 연속방정식
③ 차원방정식
④ 운동량방정식

해설 압축성 이상기체의 운동지배 기본 방정식은 ①, ②, ④항을 기본으로 하고 이에 더해 기체의 상태방정식을 함께 고려하여야 한다.

04 LPG 이송 시 탱크로리 상부를 가압하여 액을 저장탱크로 이송시킬 때 사용되는 동력장치는 무엇인가?

① 원심펌프
② 압축기
③ 기어펌프
④ 송풍기

해설

05 마하수는 어느 힘의 비를 사용하여 정의되는가?

① 점성력과 관성력
② 관성력과 압축성 힘
③ 중력과 압축성 힘
④ 관성력과 압력

해설 마하수(M) $= \dfrac{V}{C} = \dfrac{속도}{음속} = \dfrac{V}{\sqrt{kRT}}$ (압축성 흐름)

마하수는 관성력과 압축성의 힘의 비를 이용한다.

06 수은 – 물 마노미터로 압력차를 측정하였더니 50 cmHg였다. 이 압력차를 mH₂O로 표시하면 약 얼마인가?

① 0.5
② 5.0
③ 6.8
④ 7.3

해설 $1\text{atm} = 101.325\text{kPa} = 1.033\text{kg/cm}^2 = 76\text{cmHg}$
$= 10.33\text{mH}_2\text{O}$

$\therefore\ 10.33 \times \dfrac{50}{76} = 6.8(\text{mH}_2\text{O})$

07 산소와 질소의 체적비가 1 : 4인 조성의 공기가 있다. 표준상태(0℃, 1기압)에서의 밀도는 약 몇 kg/m^3인가?

① 0.54
② 0.96
③ 1.29
④ 1.51

산소의 분자량 : 32, 질소의 분자량 : 28

$$밀도(\rho) = \frac{질량}{체적} = \frac{(32 \times 1) + (28 \times 4)}{22.4} = 1.29 kg/m^3$$

※ $1 kmol = 22.4 m^3$(기체의 분자량 값의 체적)

08 다음 단위 간의 관계가 옳은 것은?

① $1N = 9.8 kg \cdot m/s^2$

② $1J = 9.8 kg \cdot m^2/s^2$

③ $1W = 1 kg \cdot m^2/s^3$

④ $1Pa = 10^5 kg/m \cdot s^2$

$1kgf \times 1m = 1kgf \cdot m = 9.8N \cdot m = 9.8J$, $1Pa = 1N/m^2$
$1J = 1N \cdot m = 10^7 erg$, $1kgf \cdot m/s = 9.8J/s = 9.8W$
$1W = 1J/s$, $1kW = 102kgf \cdot m/s = 1,000W$,
$1W = 1kg \cdot m^2/s^3$

09 송풍기의 공기 유량이 $3m^3/s$일 때, 흡입 쪽의 전압이 110kPa, 출구 쪽의 정압이 115kPa이고 속도가 30m/s이다. 송풍기에 공급하여야 하는 축동력은 얼마인가?(단, 공기의 밀도는 $1.2kg/m^3$이고, 송풍기의 전효율은 0.8이다.)

① 10.45kW   ② 13.99kW

③ 16.62kW   ④ 20.78kW

축동력$(P) = \dfrac{Z \cdot Q}{102 \times \eta}$, 공기량 $= 3(m^3/s)$

$1W = 1J/s = 1kW = 1kJ/s$

송풍기출구전압$(P_3) =$ 출구정압$(P_2) +$ 출구동압(P_2)

$$= P_2 + \left(\frac{V^2}{2} \times \rho \right)$$

$$= 115 + \left(\frac{30^2}{2} \times 1.2 \times 10^{-3} \right)$$

$$= 115.54 kPa$$

∴ 축동력$(kW) = \dfrac{Z \times Q}{\eta}$

$$= \frac{(115.54 - 110) \times 3}{0.8} = 20.78 kW$$

10 평판에서 발생하는 층류 경계층의 두께는 평판선단으로부터의 거리 x와 어떤 관계가 있는가?

① x에 반비례한다.

② $x^{\frac{1}{2}}$에 반비례한다.

③ $x^{\frac{1}{2}}$에 비례한다.

④ $x^{\frac{1}{3}}$에 비례한다.

평판에서 층류 경계층 두께(δ)와 선단에서부터 거리(x)와의

관계 $= \dfrac{\delta}{x} = \dfrac{5}{Rex^{\frac{1}{2}}}$

※ 난류의 경우 $= \dfrac{\delta}{x} = \dfrac{0.376}{Rex^{\frac{1}{5}}}$

11 관 내의 압축성 유체의 경우 단면적 A와 마하수 M, 속도 V 사이에 다음과 같은 관계가 성립한다고 한다. 마하수가 2일 때 속도를 0.2% 감소시키기 위해서는 단면적을 몇 % 변화시켜야 하는가?

$$dA/A = (M^2 - 1) \times dV/V$$

① 0.6% 증가   ② 0.6% 감소

③ 0.4% 증가   ④ 0.4% 감소

마하수 M, 유속 V, 단면적 A

마하수$(M) = \dfrac{V}{C} = \dfrac{V}{\sqrt{kRT}}$, $\sin\alpha = \dfrac{C}{V}$, α(마하각)

$\dfrac{dA}{A} = \dfrac{(M^2 - 1) \times dV}{V}$(마하수는 음속에 반비례한다.)

$\dfrac{dV}{V} = \dfrac{dA}{A}(M^2 - 1) = 3\dfrac{dV}{V}$

$\dfrac{dA}{A} = 3 \times (-0.2) = -0.6\%$(감소)

또는

$\dfrac{dA}{A} = (M^2 - 1) \times \dfrac{dV}{V} = (2^2 - 1) \times 0.2 = 0.6\%$(감소)

12 정체온도 T_s, 임계온도 T_c, 비열비를 k라 할 때 이들의 관계를 옳게 나타낸 것은?

① $\dfrac{T_c}{T_s} = \left(\dfrac{2}{k+1}\right)^{k-1}$ ② $\dfrac{T_c}{T_s} = \left(\dfrac{1}{k-1}\right)^{k-1}$

③ $\dfrac{T_c}{T_s} = \dfrac{2}{k+1}$ ④ $\dfrac{T_c}{T_s} = \dfrac{2}{k-1}$

해설 임계조건

$$\dfrac{T_c}{T_s} = \dfrac{2}{k+1} = 0.833$$

여기서, T_s : 정체온도
　　　　T_c : 임계온도
　　　　k : 비열비

13 유체 속에 잠긴 경사면에 작용하는 정수력의 작용점은?

① 면의 도심보다 위에 있다.
② 면의 도심에 있다.
③ 면의 도심보다 아래에 있다.
④ 면의 도심과는 상관없다.

해설 유체 속에 잠긴 경사면에 작용하는 정수력의 작용점
면의 도심 중심보다 아래에 있다(면의 중심에서의 압력과 면적과의 곱과 같다).

14 관 속을 충만하게 흐르고 있는 액체의 속도를 급격히 변화시키면 어떤 현상이 일어나는가?

① 수격현상　　　　② 서징 현상
③ 캐비테이션 현상　　④ 펌프효율 향상 현상

해설 수격현상(워터해머 현상)
관 속을 충만하게 흐르고 있는 액체의 속도를 급격히 변화시키면 14배 정도의 큰 충격이 발생한다.

15 점성력에 대한 관성력의 상대적인 비를 나타내는 무차원의 수는?

① Reynolds수　　　② Froude수
③ 모세관수　　　　④ Weber수

해설 ㉠ 레이놀즈수(항상 적용) : $\dfrac{관성력}{점성력}$

㉡ 프루드수(자유표면흐름) : $\dfrac{관성력}{중력}$

㉢ 웨버수(자유표면흐름) : $\dfrac{관성력}{표면장력}$

16 직각좌표계에 적용되는 가장 일반적인 연속방정식은 다음과 같이 주어진다. 다음 중 정상상태(Steady state)의 유동에 적용되는 연속방정식은?

$$\dfrac{\partial\rho}{\partial t} + \dfrac{\partial(\rho u)}{\partial x} + \dfrac{\partial(\rho v)}{\partial y} + \dfrac{\partial(\rho w)}{\partial z} = 0$$

① $\dfrac{\partial\rho}{\partial t} + \dfrac{\partial(\rho u)}{\partial x} + \dfrac{\partial(\rho v)}{\partial y} + \dfrac{\partial(\rho w)}{\partial z} = 0$

② $\dfrac{\partial(\rho u)}{\partial x} + \dfrac{\partial(\rho v)}{\partial y} + \dfrac{\partial(\rho w)}{\partial z} = 0$

③ $\dfrac{\partial u}{\partial x} + \dfrac{\partial v}{\partial y} + \dfrac{\partial w}{\partial z} = 0$

④ $\dfrac{\partial\rho}{\partial t} + \rho\dfrac{\partial u}{\partial x} + \rho\dfrac{\partial v}{\partial y} + \rho\dfrac{\partial w}{\partial z} = 0$

해설 연속방정식(직각좌표계의 3차원 연속방정식)
미소체적요소에 연속방정식 적용

$$\underbrace{\dfrac{\partial(\rho u)}{\partial x} + \dfrac{\partial(\rho v)}{\partial y} + \dfrac{\partial(\rho w)}{\partial z}}_{정상유동} + \dfrac{\partial\rho}{\partial t} = 0$$

17 수압기에서 피스톤의 지름이 각각 20cm와 10cm이다. 작은 피스톤에 1kgf의 하중을 가하면 큰 피스톤에는 몇 kgf의 하중이 가해지는가?

① 1　　　　　　　② 2
③ 4　　　　　　　④ 8

해설 20cm 단면적 $(A) = \dfrac{\pi}{4}d^2 = \dfrac{3.14}{4} \times 20^2 = 314\text{cm}^2$

10cm 단면적 $(A) = \dfrac{\pi}{4}d^2 = \dfrac{3.4}{4} \times 10^2 = 78.5\text{cm}^2$

$\therefore\ 1 \times \dfrac{314}{78.5} = 4\text{kgf}$

18 축동력을 L, 기계의 손실을 동력을 L_m이라고 할 때 기계효율 η_m을 옳게 나타낸 것은?

① $\eta_m = \dfrac{L - L_m}{L_m}$

② $\eta_m = \dfrac{L - L_m}{L}$

③ $\eta_m = \dfrac{L_m - L}{L}$

④ $\eta_m = \dfrac{L_m - L}{L_m}$

해설 기계효율$(\eta_m) = \dfrac{\text{실제 소요동력}}{\text{축동력}}\% = \dfrac{L - L_m}{L}\%$

19 뉴턴의 점성법칙과 관련 있는 변수가 아닌 것은?

① 전단응력　　② 압력
③ 점성계수　　④ 속도기울기

해설 뉴턴의 점성법칙

전단응력$(\tau) = \mu\dfrac{du}{dy} = $ 점성계수 $\times \left($속도구배 $\dfrac{du}{dy}\right)$

㉠ 점성계수 단위 : $1\text{Poise} = 1\text{dyne} \cdot \text{s/cm}^2 = 1\text{g/cm} \cdot \text{s}$
㉡ 동점성계수 단위 : $1\text{Stokes} = 1\text{cm}^2/\text{s} = \text{m}^2/\text{s}$

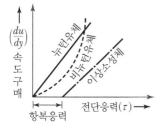

20 다음 중 에너지의 단위는?

① dyn(dyne)
② N(Newton)
③ J(Joule)
④ W(Watt)

해설 에너지 단위(일의 단위) : $J(1N \cdot m)$
- ①항은 힘의 CGS 단위로 $g \cdot cm/s^2$
- ②항은 힘의 단위로 $kg \cdot m/s^2$
- ④항은 동력의 단위로 J/s

SECTION **02**　연소공학

21 15℃, 50atm인 산소 실린더의 밸브를 순간적으로 열어 내부압력을 25atm까지 단열팽창시키고 닫았다면 나중 온도는 약 몇 ℃가 되는가?(단, 산소의 비열비는 1.4이다.)

① -28.5℃　　② -36.8℃
③ -78.1℃　　④ -157.5℃

해설 단열팽창(T_2)

$$T_2 = T_1 \times \left(\dfrac{P_2}{P_1}\right)^{\frac{k-1}{k}}$$

$$= (15 + 273) \times \left(\dfrac{25}{50}\right)^{\frac{1.4-1}{1.4}}$$

$$= 236\text{K}$$

$$= -36.7\text{℃}$$

22 폭발억제 장치의 구성이 아닌 것은?

① 폭발검출기구　　② 활성제
③ 살포기구　　　　④ 제어기구

해설 활성제는 폭발을 증가시키는 데 사용된다.
※ 폭발억제(Explosion Suppression) : 폭발 시작 단계를 알아내어, 원료 공급을 차단하거나 소화해 더 큰 폭발을 진압하는 것

23 초기사건으로 알려진 특정한 장치의 이상이나 운전자의 실수로부터 발생되는 잠재적인 사고결과를 평가하는 정량적 안전성 평가기법은?

① 사건수 분석(ETA)
② 결함수 분석(FTA)
③ 원인결과 분석(CCA)
④ 위험과 운전 분석(HAZOP)

해설 ETA(사건수 분석)
초기사건으로 알려진 특정한 장치의 이상이나 운전자의 실수로부터 발생되는 잠재적인 사고결과를 평가하는 정량적 안전성 평가기법이다.

---

24 발열량 10,500kcal/kg인 어떤 원료 2kg을 2분 동안 완전 연소시켰을 때 발생한 열량을 모두 동력으로 변환시키면 약 몇 kW인가?

① 735
② 935
③ 1,103
④ 1,303

> **해설** 1kWh=860kcal, 1시간=60분
> $$\frac{10,500 \times 2}{860} \times \frac{60}{2} = 733 \text{kW}$$

25 프로판과 부탄이 혼합된 경우로서 부탄의 함유량이 많아지면 발열량은?

① 커진다.
② 줄어든다.
③ 일정하다.
④ 커지다가 줄어든다.

> **해설** 발열량
> ㉠ 프로판 : 24,370kcal/Nm^3
> ㉡ 부탄 : 32,010kcal/Nm^3

26 가연물의 구비조건이 아닌 것은?

① 반응열이 클 것
② 표면적이 클 것
③ 열전도도가 클 것
④ 산소와 친화력이 클 것

> **해설** 가연물 조건
> ㉠ 열전도도가 작을 것
> ㉡ 반응열이 클 것
> ㉢ 산소와 친화력이 클 것
> ㉣ 표면적이 클 것
> ㉤ 활성화 에너지가 작을 것

27 액체연료의 연소용 공기 공급방식에서 2차 공기란 어떤 공기를 말하는가?

① 연료를 분사시키기 위해 필요한 공기
② 완전연소에 필요한 부족한 공기를 보충하는 공기
③ 연료를 안개처럼 만들어 연소를 돕는 공기
④ 연소된 가스를 굴뚝으로 보내기 위해 고압, 송풍하는 공기

> **해설** ㉠ 1차 공기 : 점화용 공기
> ㉡ 2차 공기 : 완전연소에 필요한 부족한 공기를 보충하는 공기

28 TNT 당량은 어떤 물질이 폭발할 때 방출하는 에너지와 동일한 에너지를 방출하는 TNT의 질량을 말한다. LPG 1톤이 폭발할 때 방출하는 에너지는 TNT 당량으로 약 몇 kg인가?(단, 폭발한 LPG의 발열량은 15,000kcal/kg이며, LPG의 폭발계수는 0.1, TNT가 폭발 시 방출하는 당량에너지는 1,125kcal/kg이다.)

① 133
② 1,333
③ 2,333
④ 4,333

> **해설** LPG 1톤 폭발 시 TNT 당량(1톤=1,000kg)
> $$\therefore \text{당량} = \frac{(15,000 \times 1,000) \times 0.1}{1,125} = 1,333 \text{kg}$$

29 질소 10kg이 일정 압력상태에서 체적이 1.5m^{3}에서 0.3m^{3}로 감소될 때까지 냉각되었을 때 질소의 엔트로피 변화량의 크기는 약 몇 kJ/K인가?(단, C_P는 14kJ/kg·K으로 한다.)

① 25
② 125
③ 225
④ 325

> **해설** 엔트로피 변화량(ΔS) $= G \times C_P$
> $$= 10 \times 14 \times \ln\left(\frac{15}{0.3}\right) = 225 \text{kJ/K}$$

30 Van der waals식 $\left(P + \frac{an^2}{V^2}\right)(V - nb) = nRT$에 대한 설명으로 틀린 것은?

① a의 단위는 atm·L^2/mol^{2}이다.
② b의 단위는 L/mol이다.
③ a의 값은 기체분자가 서로 어떻게 강하게 끌어당기는가를 나타낸 값이다.
④ a는 부피에 대한 보정항의 비례상수이다.

> **해설** 기체 n몰에서 실제기체(반데르발스 법칙)
> ㉠ a : [L·atm/mol^2]
> ㉡ b : [L/mol] 기체 자신이 차지하는 부피
> ㉢ $\left(\frac{a}{V^2}\right)$: 기체분자 간의 인력

31 연료와 공기 혼합물에서 최대 연소속도가 되기 위한 조건은?

① 연료와 양론혼합물이 같은 양일 때

② 연료가 양론혼합물보다 약간 적을 때

③ 연료가 양론혼합물보다 약간 많을 때

④ 연료가 양론혼합물보다 아주 많을 때

해설 ㉠ 최대 연소속도 조건 : 연료가 양론혼합물보다 약간 많을 때

㉡ 양론혼합물 : 연료와 산소의 이론적인 혼합비율

㉢ 화학양론비(C_{st})

$$= \frac{연료의\ 몰수}{연료의\ 몰수 + 공기의\ 몰수} \times 100(완전연소)$$

32 다음은 간단한 수증기사이클을 나타낸 그림이다. 여기서 랭킨(Rankine) 사이클의 경로를 옳게 나타낸 것은?

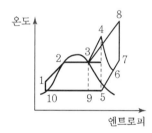

① $1 \rightarrow 2 \rightarrow 3 \rightarrow 9 \rightarrow 10 \rightarrow 1$

② $1 \rightarrow 2 \rightarrow 3 \rightarrow 4 \rightarrow 5 \rightarrow 9 \rightarrow 10 \rightarrow 1$

③ $1 \rightarrow 2 \rightarrow 3 \rightarrow 4 \rightarrow 6 \rightarrow 5 \rightarrow 9 \rightarrow 10 \rightarrow 1$

④ $1 \rightarrow 2 \rightarrow 3 \rightarrow 8 \rightarrow 7 \rightarrow 5 \rightarrow 9 \rightarrow 10 \rightarrow 1$

해설 랭킨 사이클(열병합 원동기 사이클)

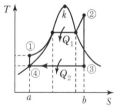

㉠ ④ → ① 단열압축, 정적압축(급수펌프)

㉡ ① → ② 정압가열(보일러)

㉢ ② → ③ 단열팽창(터빈)

㉣ ③ → ④ 정압방열(복수기)

33 충격파가 반응 매질 속으로 음속보다 느린 속도로 이동할 때를 무엇이라 하는가?

① 폭굉

② 폭연

③ 폭음

④ 정상연소

해설 ㉠ 연소속도 : $10m/s$ 이하

㉡ 폭연속도 : $340m/s$ 이하(음속 이하)

㉢ 폭굉 : $340m/s$ 초과($1,000 \sim 3,500m/s$)

34 방폭에 대한 설명으로 틀린 것은?

① 분진폭발은 연소시간이 길고 발생에너지가 크기 때문에 파괴력과 연소 정도가 크다는 특징이 있다.

② 분해폭발을 일으키는 가스에 비활성기체를 혼합하는 이유는 화염온도를 낮추고 화염 전파능력을 소멸시키기 위함이다.

③ 방폭대책은 크게 예방, 긴급대책으로 나누어진다.

④ 분진을 다루는 압력을 대기압보다 낮게 하는 것도 분진대책 중 하나이다.

해설 방폭대책

㉠ 예방대책

㉡ 국한대책

㉢ 소화대책

㉣ 피난대책

35 프로판가스 $1Sm^3$를 완전연소시켰을 때의 건조연소가스량은 약 몇 Sm^3인가?(단, 공기 중의 산소는 $21v\%$이다.)

① 10

② 16

③ 22

④ 30

해설 프로판가스(C_3H_8)

$$C_3H_8 + 5O_2 \rightarrow 3CO_2 + 4H_2O$$

• 이론공기량

$$(A_o) = O_o \times \frac{1}{0.21} = 5 \times \frac{1}{0.21} = 24(Nm^3/Nm^3)$$

• 이론건조연소가스량

$$(G_{od}) = (1 - 0.21)A_o + CO_2$$
$$= 0.79 \times 24 + 3 = 22Nm^3/Nm^3$$

※ $\left[C_mH_n + \left(m + \frac{n}{4} \right)O_2 \rightarrow mCO_2 + \frac{n}{2}H_2O \right]$

36 공기가 산소 20v%, 질소 80v%의 혼합기체라고 가정할 때 표준상태(0℃, 101.325kPa)에서 공기의 기체상수는 약 몇 kJ/kg · K인가?

① 0.269

② 0.279

③ 0.289

④ 0.299

해설 공기의 기체상수(R)

$$= \frac{R}{M} = \frac{8.314}{\text{분자량}} = \frac{8.314}{28.8} = 0.28\text{kJ/kg} \cdot \text{K}$$

$(32 \times 0.2) + (28 \times 0.8) = 28.8$(공기 평균분자량)

※ 일반가스상수($\overline{R}$)

$$\frac{101.325 \times 22.4}{273.15} = 8.314\text{kJ/kmol} \cdot \text{K}$$

37 열역학 특성식으로 $P_1 V_1^n = P_2 V_2^n$이 있다. 이때 n값에 따른 상태변화를 옳게 나타낸 것은?(단, k는 비열비이다.)

① $n = 0$: 등온

② $n = 1$: 단열

③ $n = \pm \infty$: 정적

④ $n = k$: 등압

해설
- n(정압변화) : 0
- n(등온변화) : 1
- n(단열변화) : K
- n(정적변화) : ∞

38 표준상태에서 고발열량과 저발열량의 차는 얼마인가?

① 9,700cal/gmol

② 539cal/gmol

③ 619cal/g

④ 80cal/g

해설 $H_2 + \frac{1}{2}O_2 + \rightarrow H_2O$, $C + O_2 \rightarrow CO_2$(9,700kcal/kg)

$2\text{kg} + 16\text{kg} \rightarrow 18\text{kg}$

$1\text{kg} + 8\text{kg} \rightarrow 9\text{kg}$

H_2O 1kg당 증발열 600kcal/kg = 480kcal/m³

H_2O 1gmol = 18g = 22.4L

※ 고위발열량(H_h) = 9,700 + 600 = 10,300kcal/kg

39 기체연료의 확산연소에 대한 설명으로 틀린 것은?

① 연료와 공기가 혼합하면서 연소한다.

② 일반적으로 확산과정은 확산에 의한 혼합속도가 연소속도를 지배한다.

③ 혼합에 시간이 걸리며 화염이 길게 늘어난다.

④ 연소기 내부에서 연료와 공기의 혼합비가 변하지 않고 연소된다.

해설 확산연소는 연소기 내부에서 연료와 공기의 혼합비가 변하고 예혼합연소는 연료와 공기의 혼합비가 변하지 않는다.

40 연료의 구비조건이 아닌 것은?

① 저장 및 운반이 편리할 것

② 점화 및 연소가 용이할 것

③ 연소가스 발생량이 많을 것

④ 단위 용적당 발열량이 높을 것

해설 연료는 연소 후 연소가스 발생량이 많아지면 배기가스 현열에 의한 열손실이 가중된다.

SECTION 03 가스설비

41 터보(turbo)압축기의 특징에 대한 설명으로 틀린 것은?

① 고속 회전이 가능하다.

② 작은 설치 면적에 비해 유량이 크다.

③ 케이싱 내부를 급유해야 하므로 기름의 혼입에 주의해야 한다.

④ 용량조정 범위가 비교적 좁다.

해설 터보형(원심식) 압축기

윤활유가 불필요하므로 가스에 기름의 혼입이 적다. 단, 운전 중 서징 현상에 주의하여야 하고 용량 조정 범위가 70~100%이므로 비교적 좁다(일종의 비용적형이다).

42 호칭지름이 동일한 외경의 강관에 있어서 스케줄 번호가 다음과 같을 때 두께가 가장 두꺼운 것은?

① XXS
② XS
③ Sch 20
④ Sch 40

해설 관의 두께설정 원칙
㉠ 미국표준협회(ASA)
㉡ ASME와 ASTM의 STD, XS, XXS 제작자가 설정한 크기 방법
㉢ API의 표준규격
※ STD-XE(중량계표시법) : X, XX, XS, XXS, XE

43 과류차단 안전기구가 부착된 것으로서 가스유로를 볼로 개폐하고 배관과 호스 또는 배관과 커플러를 연결하는 구조의 콕은?

① 호스콕
② 퓨즈콕
③ 상자콕
④ 노즐콕

해설 퓨즈콕
과류차단 안전기구가 부착된 콕이다. 가스의 유로를 볼로 개폐하고 배관과 호스 또는 배관과 커플러를 연결하는 구조의 콕이다.

44 저온장치에 사용되는 진공단열법의 종류가 아닌 것은?

① 고진공단열법
② 다층진공단열법
③ 분말진공단열법
④ 다공단층진공단열법

해설 -50℃ 이하 저온장치 진공단열법
㉠ 고진공단열법
㉡ 다층진공단열법
㉢ 분말진공단열법

45 교반형 오토클레이브의 장점에 해당되지 않는 것은?

① 가스누출의 우려가 없다.
② 기액반응으로 기체를 계속 유통시킬 수 있다.
③ 교반효과는 진탕형에 비하여 더 좋다.
④ 특수 라이닝을 하지 않아도 된다.

해설 교반형
• 교반축의 스터핑 박스에서 가스누설의 가능성이 많다.
• 교반식의 교반효과를 크게 하려면 전자교반기나 고속교반기 등이 적합하다.

46 원심펌프의 특징에 대한 설명으로 틀린 것은?

① 저양정에 적합하다.
② 펌프에 충분히 액을 채워야 한다.
③ 원심력에 의하여 액체를 이송한다.
④ 용량에 비하여 설치면적이 작고 소형이다.

해설 원심식 터보형 펌프
㉠ 고양정을 얻기 위하여 단수를 가감할 수 있다.
㉡ 고양정, 저점도의 액체 수송에 적당하다.
㉢ 대용량에 적당하다.

47 가스폭발 위험성에 대한 설명으로 틀린 것은?

① 아세틸렌은 공기가 공존하지 않아도 폭발 위험성이 있다.
② 일산화탄소는 공기가 공존하여도 폭발 위험성이 없다.
③ 액화석유가스가 누출되면 낮은 곳으로 모여 폭발 위험성이 있다.
④ 가연성의 고체 미분이 공기 중에 부유 시 분진폭발의 위험성이 있다.

해설 가연성 일산화탄소(CO) 가스

$$CO + \frac{1}{2}O_2 \rightarrow CO_2$$

폭발범위 : 12.5~74%(폭발성 가스)

48 LPG 공급방식에서 강제기화방식의 특징이 아닌 것은?

① 기화량을 가감할 수 있다.
② 설치 면적이 작아도 된다.
③ 한냉 시에는 연속적인 가스공급이 어렵다.
④ 공급 가스의 조성을 일정하게 유지할 수 있다.

해설 기화기 이용(강제기화)
ㄱ 생가스 공급방식
ㄴ 공기혼합 공급방식
ㄷ 변성가스 공급방식
※ 한냉 시 연속적인 가스공급이 용이하다.

49 최대지름이 10m인 가연성가스 저장탱크 2기가 상호 인접하여 있을 때 탱크 간에 유지하여야 할 거리는?

① 1m ② 2m
③ 5m ④ 10m

해설
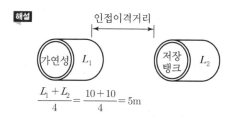

$$\frac{L_1 + L_2}{4} = \frac{10 + 10}{4} = 5m$$

50 탄소강에서 생기는 취성(메짐)의 종류가 아닌 것은?

① 적열취성 ② 뜨림취성
③ 청열취성 ④ 상온취성

해설 탄소강의 취성
ㄱ 적열취성 : 800℃
ㄴ 청열취성 : 200~300℃
ㄷ 상온취성

51 LPG와 나프타를 원료로 한 대체천연가스(SNG) 프로세스의 공정에 속하지 않는 것은?

① 수소화탈황공정
② 저온수증기개질공정
③ 열분해공정
④ 메탄합성공정

해설 도시가스 열분해 공정
원유, 중유, 나프타를 분해하여 10,000kcal/Nm³ 정도의 가스를 제조하는 공정이다(고열량가스 제조공법이다).

52 LP가스 1단 감압식 저압조정기의 입구 압력은?

① 0.025MPa~0.35MPa
② 0.025MPa~1.56MPa
③ 0.07MPa~0.35MPa
④ 0.07MPa~1.56MPa

해설
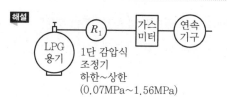

53 토양의 금속부식을 확인하기 위해 시험편을 이용하여 실험하였다. 이에 대한 설명으로 틀린 것은?

① 전기저항이 낮은 토양 중의 부식속도는 빠르다.
② 배수가 불량한 점토 중의 부식속도는 빠르다.
③ 염기성 세균이 번식하는 토양 중의 부식속도는 빠르다.
④ 통기성이 좋은 토양에서 부식속도는 점차 빨라진다.

해설 통기성이 좋은 토양에서 부식속도는 점차 저하된다.

54 가스배관의 접합시공방법 중 원칙적으로 규정된 접합시공방법은?

① 기계적 접합
② 나사 접합
③ 플랜지 접합
④ 용접 접합

해설 가스배관 접합은 원칙적으로 가연성이나 독성가스의 누설을 방지하기 위하여 용접접합이 기준이다.

55 탱크로리에서 저장탱크로 LP가스를 압축기에 의해 이송하는 방법의 특징으로 틀린 것은?

① 펌프에 비해 이송시간이 짧다.
② 잔가스 회수가 용이하다.
③ 균압관을 설치해야 한다.
④ 저온에서 부탄이 재액화될 우려가 있다.

해설 균압관 설치는 액 펌프에 의한 이송방법에 필요하다.

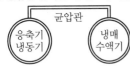

56 아세틸렌(C_2H_2)에 대한 설명으로 틀린 것은?

① 동과 직접 접촉하여 폭발성의 아세틸라이드를 만든다.

② 비점과 융점이 비슷하여 고체 아세틸렌은 융해한다.

③ 아세틸렌가스의 충전제로 규조토, 목탄 등의 다공성 물질을 사용한다.

④ 흡열 화합물이므로 압축하면 분해폭발 할 수 있다.

해설 아세틸렌(C_2H_2)가스
㉠ 액체아세틸렌 : 불안정
㉡ 고체아세틸렌 : 안정
㉢ 비점(-84℃), 융점(-81℃)이 비슷하여 고체 C_2H_2는 승화한다.
㉣ 구리, 은, 수은 등의 금속과 접촉하면 직접 반응하여 폭발성 아세틸라이드를 생성한다.

57 LPG 기화장치 중 열교환기에 LPG를 송입하여 여기에서 기화된 가스를 LPG용 조정기에 의하여 감압하는 방식은?

① 가온감압방식
② 자연기화방식
③ 감압가온방식
④ 대기온이용방식

해설 기화기
㉠ 작동원리에 의한 분류 : 가온감압방식, 감압가온방식
㉡ 가열방법에 의한 분류 : 대기온이용방식, 간접가열방식
㉢ 구성형식에 의한 분류 : 단관식, 다관식, 사관식, 열관식
※ 가온감압방식 : 온수열교환기에 LPG를 기화시킨 후 조정기로 감압하는 기화기이다.

58 수소에 대한 설명으로 틀린 것은?

① 압축가스로 취급된다.

② 충전구의 나사는 왼나사이다.

③ 용접용기에 충전하여 사용한다.

④ 용기의 도색은 주황색이다.

해설 수소가스는 비점이 -252℃로 액화가 어려워 압축가스로 저장하므로 용접용기가 아닌 무계목용기에 충전하여 저장한다.

59 기포펌프로서 유량이 $0.5m^3/min$인 물을 흡수면보다 50m 높은 곳으로 양수하고자 한다. 축동력이 15PS 소요되었다고 할 때 펌프의 효율은 약 몇 %인가?

① 32
② 37
③ 42
④ 47

해설 펌프축동력$(PS) = \dfrac{\gamma QH}{75 \times 60 \times \eta}$

$15 = \dfrac{1,000 \times 0.5 \times 50}{75 \times 60 \times \eta}$

$\therefore \eta = \dfrac{1,000 \times 0.5 \times 50}{75 \times 60 \times 15} = 0.37(37\%)$

※ 물 $1m^3 = 1,000kg$

60 어떤 연소기구에 접속된 고무관이 노후화되어 0.6 mm의 구멍이 뚫려 $280mmH_2O$의 압력으로 LP가스가 5시간 누출되었을 경우 가스 분출량은 약 몇 L인가?(단, LP가스의 비중은 1.7이다.)

① 52
② 104
③ 208
④ 416

해설 노즐의 LP가스 분출량 계산

$Q = 0.009D^2\sqrt{\dfrac{P}{d}} = 0.009 \times 0.6^2 \times \sqrt{\dfrac{280}{1.7}} \times 5$

$= 0.00324 \times 12.833 \times 5$

$= 0.208m^3 (208L)$

SECTION 04 가스안전관리

61 가스사고를 원인별로 분류했을 때 가장 많은 비율을 차지하는 사고 원인은?

① 제품 노후(고장)

② 시설 미비

③ 고의 사고

④ 사용자 취급 부주의

> **해설** 가스사고 원인의 가장 큰 비율은 사용자의 취급 부주의이며 사용처로는 주택이 가장 높다.

62 산업재해 발생 및 그 위험요인에 대하여 짝지어진 것 중 틀린 것은?

① 화재, 폭발－가연성, 폭발성 물질
② 중독－독성가스, 유독물질
③ 난청－누전, 배선 불량
④ 화상, 동상－고온, 저온물질

> **해설** 난청
> 귀로 소리를 잘 듣지 못하는 어려움이다.

63 고압가스용 안전밸브 중 공칭 밸브의 크기가 80A일 때 최소 내압시험 유지시간은?

① 60초   ② 180초
③ 300초   ④ 540초

> **해설** 고압가스 안전밸브 최소 내압시험 유지시간
>
> 〈안전밸브 몸통 내압시험 시간〉
>
> | 공칭밸브크기 | 최소시험유지시간(단위 : 초) |
> |---|---|
> | 50A 이하 | 15 |
> | 65A 이상~200A 이하 | 60 |
> | 250A 이상 | 180 |

64 고압가스용 저장탱크 및 압력용기(설계압력 20.6 MPa 이하) 제조에 대한 내압시험압력 계산식
$$\left[P_t = \mu P \left(\frac{\sigma_t}{\sigma_d} \right) \right]$$
에서 계수 μ의 값은?

① 설계압력의 1.25배   ② 설계압력의 1.3배
③ 설계압력의 1.5배   ④ 설계압력의 2.0배

> **해설** 내압시험압력 계산식(P_t)
>
> $$P_t = \mu P \left(\frac{\sigma_t}{\sigma_d} \right)$$
>
> • μ(설계압력의 1.3배), P(압력), $\frac{\sigma_t}{\sigma_d}$(두께, 내경비)
>
> ※ μ(20.6MPa 초과~98MPa 이하 : 1.25배)

65 차량에 고정된 탱크의 안전운행기준으로 운행을 완료하고 점검하여야 할 사항이 아닌 것은?

① 밸브의 이완상태
② 부속품 등의 볼트 연결상태
③ 자동차 운행등록허가증 확인
④ 경계표지 및 휴대품 등의 손상유무

> **해설** 차량에 고정된 탱크 운행 시 휴대하는 서류철에 차량운행일지가 필요하고 차량등록증을 갖춰야 한다.

66 고압가스를 차량에 적재·운반할 때 몇 km 이상의 거리를 운행하는 경우에 중간에 충분한 휴식을 취한 후 운행하여야 하는가?

① 100   ② 200
③ 300   ④ 400

> **해설**
>
>
>
> 자동차 이송

67 다음 [보기]에서 임계온도가 0℃에서 40℃ 사이인 것으로만 나열된 것은?

㉠ 산소	㉡ 이산화탄소
㉢ 프로판	㉣ 에틸렌

① ㉠, ㉡   ② ㉡, ㉢
③ ㉡, ㉣   ④ ㉢, ㉣

> **해설** 임계온도가 0~40℃인 것
> ㉠ 산소 : −118.4℃   ㉡ 이산화탄소 : 31℃
> ㉢ 프로판 : 96.8℃   ㉣ 에틸렌 : 9.9℃
> ㉤ 부탄 : 152℃

68 독성가스 냉매를 사용하는 압축기 설치장소에는 냉매누출 시 체류하지 않도록 환기구를 설치하여야 한다. 냉동능력 1ton당 환기구 설치면적 기준은?

① $0.05m^2$ 이상   ② $0.1m^2$ 이상
③ $0.15m^2$ 이상   ④ $0.2m^2$ 이상

해설 독성가스 냉매 사용 압축기 설치장소에서 냉매가스누출 시 환기구 면적 기준
냉동능력 1ton당 환기구 면적은 $0.05m^2$ 이상이다.

69 시안화수소의 안전성에 대한 설명으로 틀린 것은?

① 순도 98% 이상으로서 착색된 것은 60일을 경과할 수 있다.

② 안정제로는 아황산, 황산 등을 사용한다.

③ 맹독성가스이므로 흡수장치나 재해방지장치를 설치한다.

④ 1일 1회 이상 질산구리벤젠지로 누출을 검지한다.

해설 시안화수소(HCN)는 순도가 98% 이상으로 착색되지 않은 것만 충전 후 60일이 경과하여도 다른 용기에 옮겨 충전하지 않아도 된다.

70 고압가스 제조설비의 기밀시험이나 시운전 시 가압용 고압가스로 부적당한 것은?

① 질소
② 아르곤
③ 공기
④ 수소

해설 수소(가연성가스), 산소(조연성 가스) 등의 가스는 고압가스 제조설비의 기밀시험이나 시운전 시 가압용 고압가스로는 사용이 부적당하다.

71 도시가스 사용시설에 설치되는 정압기의 분해점검 주기는?

① 6개월에 1회 이상

② 1년에 1회 이상

③ 2년에 1회 이상

④ 설치 후 3년까지는 1회 이상, 그 이후에는 4년에 1회 이상

해설 도시가스 사용시설 정압기 분해점검 시기
㉠ 설치 후 3년까지는 1회 이상
㉡ 그 이후에는 4년에 1회 이상

72 차량에 고정된 후부취출식 저장탱크에 의하여 고압가스를 이송하려 한다. 저장탱크 주밸브 및 긴급차단장치에 속하는 밸브와 차량의 뒷범퍼와의 수평거리가 몇 cm 이상 떨어지도록 차량에 고정시켜야 하는가?

① 20
② 30
③ 40
④ 60

해설

40cm 이상 이격거리(후부취출식이 아니면 30cm 이상 이격거리)

73 일반도시가스사업 제조소에서 도시가스 지하매설 배관에 사용되는 폴리에틸렌관의 최고사용압력은?

① 0.1MPa 이하
② 0.4MPa 이하
③ 1MPa 이하
④ 4MPa 이하

해설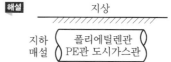

(최고사용압력 : 0.4MPa 이하)

74 아세틸렌을 용기에 충전한 후 압력이 몇 ℃에서 몇 MPa 이하가 되도록 정치하여야 하는가?

① 15℃에서 2.5MPa
② 35℃에서 2.5MPa
③ 15℃에서 1.5MPa
④ 35℃에서 1.5MPa

해설 아세틸렌(C_2H_2) 가스 용기충전
15℃에서 1.5MPa 이하에서 충전한다(온도에 관계없이는 2.5MPa 이하).

75 다음 특정설비 중 재검사 대상에 해당하는 것은?

① 평저형 저온저장탱크

② 대기식 기화장치

③ 저장탱크에 부착된 안전밸브

④ 고압가스용 실린더 캐비닛

해설 특정설비
- ㉠ 저장탱크
- ㉡ 차량용 고정탱크
- ㉢ 압력용기
- ㉣ 독성가스배관용 밸브
- ㉤ 냉동설비(압축기, 응축기, 증발기 등)
- ㉥ 긴급차단장치
- ㉦ 안전밸브
- ①, ②, ④항 특정설비는 재검사대상에서 제외된다.

76 가스 저장탱크 상호 간에 유지하여야 하는 최소한의 거리는?

① 60cm
② 1m
③ 2m
④ 3m

해설

77 도시가스시설에서 가스사고가 발생한 경우 사고의 종류별 통보방법과 통보기한의 기준으로 틀린 것은?

① 사람이 사망한 사고 : 속보(즉시), 상보(사고발생 후 20일 이내)
② 사람이 부상당하거나 중독된 사고 : 속보(즉시), 상보(사고발생 후 15일 이내)
③ 가스누출에 의한 폭발 또는 화재사고(사람이 사망·부상·중독된 사고 제외) : 속보(즉시)
④ LNG 인수기지의 LNG 저장탱크에서 가스가 누출된 사고(사람이 사망·부상·중독되거나 폭발·화재사고 등 제외) : 속보(즉시)

해설 도시가스사업법 시행규칙 별표 17에 의거하여 ②항은 사고발생 후 10일 이내 통보하여야 한다.

78 지상에 설치하는 저장탱크 주위에 방류둑을 설치하지 않아도 되는 경우는?

① 저장능력 10톤의 염소탱크
② 저장능력 2,000톤의 액화산소탱크
③ 저장능력 1,000톤의 부탄탱크
④ 저장능력 5,000톤의 액화질소탱크

해설 질소(N₂)가스는 불연성가스, 무독성가스로서 저장탱크 주위에 방류둑이 불필요하다.

79 가스누출경보 및 자동차단장치의 기능에 대한 설명으로 틀린 것은?

① 독성가스의 경보농도는 TLV-TWA 기준농도 이하로 한다.
② 경보농도 설정치는 독성가스용에서는 ±30% 이하로 한다.
③ 가연성가스경보기는 모든 가스에 감응하는 구조로 한다.
④ 검지에서 발신까지 걸리는 시간은 경보농도의 1.6배 농도에서 보통 30초 이내로 한다.

해설 ㉠ 경보농도 설정치 : 가연성가스는 ±25%
㉡ 가연성가스는 지시계의 눈금은 0~폭발하한계 값(단, 독성가스는 기준농도의 3배값)
㉢ 가연성가스의 감응농도 : 폭발하한계의 $\frac{1}{4}$ 이하

80 가스안전성 평가기준에서 정한 정량적인 위험성 평가기법이 아닌 것은?

① 결함수 분석
② 위험과 운전 분석
③ 작업자 실수 분석
④ 원인-결과 분석

해설 정성적 안전성 평가기법
- ㉠ 체크리스트
- ㉡ 사고예상 질문 분석(WHAT-IF)
- ㉢ 위험과 운전 분석(HAZOP)

SECTION **05** 가스계측

81 1차 지연형 계측기의 스텝응답에서 전 변화의 80% 까지 변화하는 데 걸리는 시간은 시정수의 얼마인가?

① 0.8배   ② 1.6배
③ 2.0배   ④ 2.8배

해설 걸리는 시간 스텝응답$(Y) = 1 - e^{\frac{-t}{T}}$

여기서, t : 시간
T : 시정수

$0.8 = 1 - e^{\frac{-t}{T}}$

T(시정수) : 스텝응답의 전 변화의 63.2%로 변화하는 데 필요한 시간이다.

$y_T - y_o = (x_o - y_o)(1 - e^{\frac{-t}{T}}$ 에서$)$,

$1 - e^{-n} = 0.8$, $e^{-n} = 0.2$

$-n = \log_e 0.2 = 2.3 \log_{0.2}$

응답이 최초로 희망값의 50%까지 도달하는 데 필요한 시간을 지연시간이라 한다.

$\therefore \dfrac{80}{50} = 1.6$배

82 가스미터의 특징에 대한 설명으로 옳은 것은?

① 막식 가스미터는 비교적 값이 싸고 용량에 비하여 설치면적이 작은 장점이 있다.
② 루트미터는 대유량의 가스측정에 적합하고 설치면적이 작고, 대수용가에 사용한다.
③ 습식 가스미터는 사용 중에 기차의 변동이 큰 단점이 있다.
④ 습식 가스미터는 계량이 정확하고 설치면적이 작은 장점이 있다.

해설 가스미터기
㉠ 막식 : 설치면적이 크다.
㉡ 루트식 : 대용량 가스미터기이다.
㉢ 습식 : 사용 중 기차의 변동이 크지 않다. 단, 설치면적이 크다.

83 오프셋을 제거하고, 리셋시간도 단축되는 제어방식으로서 쓸모없는 시간이나 전달느림이 있는 경우에도 사이클링을 일으키지 않아 넓은 범위의 특성프로세스에 적용할 수 있는 제어는?

① 비례적분미분 제어기
② 비례미분 제어기
③ 비례적분 제어기
④ 비례 제어기

해설 PID 동작(비례적분미분 제어) 특성
㉠ 오프셋 편차를 제거한다.
㉡ 리셋시간을 단축한다.
㉢ 사이클링을 일으키지 않는다.
㉣ 넓은 범위의 특성 프로세스에 적용된다.

84 제어량의 응답에 계단변화가 도입된 후에 얻게 될 궁극적인 값을 얼마나 초과하게 되는가를 나타내는 척도를 무엇이라 하는가?

① 상승시간(Rise time)
② 응답시간(Response time)
③ 오버슈트(Over shoot)
④ 진동주기(Period of oscillation)

해설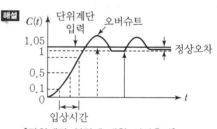
[단위계단 입력에 대한 시간응답]

85 막식 가스미터의 부동현상에 대한 설명으로 가장 옳은 것은?

① 가스가 미터를 통과하지만 지침이 움직이지 않는 고장
② 가스가 미터를 통과하지 못하는 고장
③ 가스가 누출되고 있는 고장
④ 가스가 통과될 때 미터가 이상음을 내는 고장

해설 가스미터기 이상현상
- ①항 : 부동
- ②항 : 불통
- ③항 : 가스미터기 누설
- ④항 : 가스미터기 진동 소음

86 다음 열전대 중 사용온도 범위가 가장 좁은 것은?

① PR ② CA
③ IC ④ CC

해설 열전대 온도계
- ㉠ T형(CC) : $-180 \sim 350℃$
- ㉡ J형(IC) : $-20 \sim 800℃$
- ㉢ K형(CA) : $-20 \sim 1,200℃$
- ㉣ R형(PR) : $0 \sim 1,600℃$

87 캐리어가스의 유량이 60mL/min이고, 기록지의 속도가 3cm/min일 때 어떤 성분시료를 주입하였더니 주입점에서 성분피크까지의 길이가 15cm였다. 지속용량은 약 몇 mL인가?

① 100 ② 200
③ 300 ④ 400

해설 지속유량(지속용량) $= \dfrac{유량 \times 피크길이}{기록지 \ 속도}$

$= \dfrac{60 \times 15}{3} = 300mL$

88 전기저항식 습도계와 저항온도계식 건습구 습도계의 공통적인 특징으로 가장 옳은 것은?

① 정도가 좋다.
② 물이 필요하다.
③ 고습도에서 장기간 방치가 가능하다.
④ 연속기록, 원격측정, 자동제어에 이용된다.

해설 습도계
- ㉠ 저항온도계식 건습구 습도계 : 연속기록, 원격측정, 자동제어 가능
- ㉡ 전기저항식 습도계 : 연속기록, 원격측정, 자동제어용

89 적외선 분광분석법에 대한 설명으로 틀린 것은?

① 적외선을 흡수하기 위해서는 쌍극자모멘트의 알짜변화를 일으켜야 한다.
② 고체, 액체, 기체상의 시료를 모두 측정할 수 있다.
③ 열 검출기와 광자 검출기가 주로 사용된다.
④ 적외선분광기기로 사용되는 물질은 적외선에 잘 흡수되는 석영을 주로 사용한다.

해설 적외선 분광분석 가스분석법(기기분석법) 특성
- ㉠ 2원자 분자인 H_2, O_2, N_2, Cl_2 등은 분석이 불가능하다 (적외선 흡수가 불가능하다).
- ㉡ 흡광계수의 변화를 막기 위해 전체 압력을 일정하게 해야 하며 기타 특성은 ①, ②, ③항 등이다.

90 연료 가스의 헴펠식(Hempel) 분석방법에 대한 설명으로 틀린 것은?

① 중탄화수소, 산소, 일산화탄소, 이산화탄소 등의 성분을 분석한다.
② 흡수법과 연소법을 조합한 분석방법이다.
③ 흡수 순서는 일산화탄소, 이산화탄소, 중탄화수소, 산소의 순이다.
④ 질소성분은 흡수되지 않은 나머지로 각 성분의 용량 %의 합을 100에서 뺀 값이다.

해설 헴펠식 가스분석(흡수분석법) 가스측정 순서
$CO_2 \rightarrow C_m H_n \rightarrow O_2 \rightarrow CO$
(이산화탄소, 중탄화수소, 산소, 일산화탄소의 순)

91 액주형 압력계 사용 시 유의해야 할 사항이 아닌 것은?

① 액체의 점도가 클 것
② 경계면이 명확한 액체일 것
③ 온도에 따른 액체의 밀도 변화가 적을 것
④ 모세관 현상에 의한 액주의 변화가 없을 것

해설 액주형 압력계
- ㉠ 유자관식
- ㉡ 단관식
- ㉢ 경사관식
- ㉣ 환산천평식(링 밸런스식)
- ※ 액주형 압력계 액주(수은, 수주)는 점도나 팽창계수가 작아야 오차가 작아진다.

92 습식 가스미터의 특징에 대한 설명으로 틀린 것은?

① 계량이 정확하다.

② 설치공간이 크게 요구된다.

③ 사용 중에 기차(器差)의 변동이 크다.

④ 사용 중에 수위조정 등의 관리가 필요하다.

해설

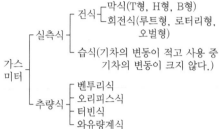

93 마이크로파식 레벨측정기의 특징에 대한 설명 중 틀린 것은?

① 초음파식보다 정도(精度)가 낮다.

② 진공용기에서의 측정이 가능하다.

③ 측정면에 비접촉으로 측정할 수 있다.

④ 고온, 고압의 환경에서도 사용이 가능하다.

해설 마이크로파식 레벨측정기
전파 중 하나인 마이크로파를 안테나를 통해 송신하고 측정 대상면에서 반사되어 오는 것을 수신한다. 초음파식보다는 정도가 높다.

94 채취된 가스를 분석기 내부의 성분 흡수제에 흡수시켜 체적변화를 측정하는 가스분석 방법은?

① 오르자트 분석법

② 적외선 흡수법

③ 불꽃이온화 분석법

④ 화학발광 분석법

해설 흡수식 가스분석계(흡수제 사용분석)
㉠ 오르자트법
㉡ 헴펠법
㉢ 게젤법

95 독성가스나 가연성가스 저장소에서 가스누출로 인한 폭발 및 가스중독을 방지하기 위하여 현장에서 누출여부를 확인하는 방법으로 가장 거리가 먼 것은?

① 검지관법

② 시험지법

③ 가연성가스검출기법

④ 기체크로마토그래피법

해설 기체크로마토그래피법
가스분석(기기분석법)계이다.
• 종류
㉠ TCD : 열전도형 검출기
㉡ FID : 수소이온화 검출기
㉢ ECD : 전자포획이온화 검출기

96 다음 중 간접계측방법에 해당되는 것은?

① 압력을 분동식 압력계로 측정

② 질량을 천칭으로 측정

③ 길이를 줄자로 측정

④ 압력을 부르동관 압력계로 측정

해설 탄성식 2차 압력계(간접계측식)
㉠ 부르동관 압력계
㉡ 벨로스식 압력계
㉢ 다이어프램식(격막식) 압력계

97 기체크로마토그래피의 주된 측정 원리는?

① 흡착　　　　② 증류

③ 추출　　　　④ 결정화

해설 Gas chromatography 기기분석법 흡착제(고정상)의 종류
활성탄, 실리카겔, 활성알루미나

98 다음 압력계 중 압력측정범위가 가장 큰 것은?

① U자형 압력계

② 링밸런스식 압력계

③ 부르동관 압력계

④ 분동식 압력계

해설 압력측정기 측정압력
　　 ㉠ 액주식 U자형 : 10~200mmH$_2$O
　　 ㉡ 링밸런스식 : 25~3,000mmH$_2$O
　　 ㉢ 부르동관식 : 1.0~1,000kg/cm^2
　　 ㉣ 분동식 : 40~3,000kg/cm^2

99 다음 중 1차 압력계는?

① 부르동관 압력계
② U자 마노미터
③ 전기저항 압력계
④ 벨로스 압력계

해설 1차 압력계
액주식 압력계(U자식, 경사관식 등)

100 차압식 유량계로 유량을 측정하였더니 오리피스 전·후의 차압이 1,936mmH$_2$O일 때 유량은 22 m^3/h였다. 차압이 1,024mmH$_2$O이면 유량은 약 몇 m^3/h가 되는가?

① 6　　　　　　　 ② 12
③ 16　　　　　　 ④ 18

해설 차압식 : 유량은 차압의 평방근에 비례한다.

$$\therefore \ Q_2 = \sqrt{\frac{\Delta P_2}{\Delta P_1}} \times Q_1 = \sqrt{\frac{1,024}{1,936}} \times 22 = 16 \mathrm{m}^3/\mathrm{h}$$

SECTION 01 가스유체역학

01 2kgf은 몇 N인가?

① 2
② 4.9
③ 9.8
④ 19.6

[해설] $F = ma$ ← Newton의 제2법칙

$1kg \times 9.8 m/s^2 = 9.8N$

$F = \dfrac{mg}{g_c} = \dfrac{1kg \times 9.8 m/s^2}{g_c} = 1kgf$

$\therefore g_c(중력상수) = \dfrac{9.8 kg \cdot m/s^2}{1 kgf}$

$\qquad\qquad\qquad = 9.8 (kg \cdot m/kgf \cdot s^2)$

$\therefore 9.8 \times 2 = 19.6N$

02 2차원 직각좌표계(x, y)상에서 속도 포텐셜$(\phi,$ Velocity Potential)이 $\phi = U_x$로 주어지는 유동장이 있다. 이 유동장의 흐름함수$(\psi,$ Stream Function)에 대한 표현식으로 옳은 것은?(단, U는 상수이다.)

① $U(x+y)$
② $U(-x+y)$
③ Uy
④ $2Ux$

[해설] 2차원 직각좌표계(x, y)상에서 $\phi = U_x$로 주어질 시 y방향에도 영향을 받으므로 유동장의 흐름함수에 대한 표현식 $(\psi) = Uy$

03 펌프작용이 단속적이라서 맥동이 일어나기 쉬우므로 이를 완화하기 위하여 공기실을 필요로 하는 펌프는?

① 원심펌프
② 기어펌프
③ 수격펌프
④ 왕복펌프

[해설] 왕복펌프(단속펌프)
단속적이라서 맥동이 일어나는 것은 왕복펌프뿐이므로, 이를 완화하기 위하여 공기실이 필요하다.

04 매끄러운 원관에서 유량 Q, 관의 길이 L, 직경 D, 동점성계수 ν가 주어졌을 때 손실수두 h_f를 구하는 순서로 옳은 것은?(단, f는 마찰계수, Re는 Reynolds 수, V는 속도이다.)

① Moody 선도에서 f를 가정한 후 Re를 계산하고 h_f를 구한다.
② h_f를 가정하고 f를 구해 확인한 후 Moody 선도에서 Re로 검증한다.
③ Re를 계산하고 Moody 선도에서 f를 구한 후 h_f를 구한다.
④ Re를 가정하고 V를 계산하고 Moody 선도에서 f를 구한 후 h_f를 계산한다.

[해설] 손실수두$(h_L) = f \cdot \dfrac{l}{d} \cdot \dfrac{V^2}{2g}$

레이놀즈수$(Re) = \dfrac{\rho Vd}{\mu} = \dfrac{Vd}{\nu}$

$f(관마찰계수) = 0.3164 Re^{-\frac{1}{4}}$

$\therefore$ Moody $= \dfrac{1}{\sqrt{f}} = -0.86 \ln \left(\dfrac{\dfrac{l}{d}}{3.7} + \dfrac{2.51}{Re\sqrt{f}} \right)$

이 식을 이용한 선도를 Moody 선도라고 한다.

05 내경이 300mm, 길이가 300m인 관을 통하여 유체가 평균유속 3m/s로 흐를 때 압력손실수두는 몇 m인가?(단, Darcy – Weisbach 식에서의 관마찰계수는 0.03이다.)

① 12.6
② 13.8
③ 14.9
④ 15.6

[해설] $h_L = f \cdot \dfrac{l}{d} \cdot \dfrac{V^2}{2g}$ (달시방정식)

$\qquad = 0.03 \times \dfrac{300}{0.3} \times \dfrac{3^2}{2 \times 9.8} = 13.8m$

06 압력 0.1MPa, 온도 20℃에서 공기 밀도는 몇 kg/m³인가?(단, 공기의 기체상수는 287J/kg · K 이다.)

① 1.189   ② 1.314

③ 0.1288   ④ 0.6756

해설 밀도$(\rho) = \dfrac{G(질량)}{V(체적)}$(kg/m³), $PV = GRT$

$\rho = \dfrac{PV}{RT} = \dfrac{0.1 \times 10^3 \times 1}{287 \times 10^{-3} \times (20 + 273)} = 1.189 \text{kg/m}^3$

• $0.1\text{MPa} = 1\text{kgf/cm}^2 = 100\text{kPa}$, $1\text{MP} = 10^6\text{Pa}$

07 동점도의 단위로 옳은 것은?

① m/s²   ② m/s

③ m²/s   ④ m²/kg · s²

해설 점도(Poise) : 1dyne · sec/cm²

$1\text{g/cm} \cdot \text{sec} = \text{N} \cdot \text{sec/m}^2$

동점도(Stokes) $= 1\text{cm}^2/\text{sec} = \text{m}^2/\text{sec} = \dfrac{점성}{밀도}\left(\dfrac{\mu}{\rho}\right)$

08 공기를 이상기체로 가정하였을 때 25℃에서 공기의 음속은 몇 m/s인가?(단, 비열비 k=1.4, 기체상수 R=29.27kgf · m/kg · K이다.)

① 342   ② 346

③ 425   ④ 456

해설 음속

$(C) = \sqrt{kgRT}$

$= \sqrt{1.4 \times 9.8 \times 29.27 \times (25 + 27)} = 346\text{m/s}$

09 지름 8cm인 원관 속을 동점성계수가 1.5×10^{-6} m²/s인 물이 0.002m³/s의 유량으로 흐르고 있다. 이때 레이놀즈수는 약 얼마인가?

① 20,000   ② 21,221

③ 21,731   ④ 22,333

해설 유속

$(V) = \dfrac{Q}{A} = \dfrac{0.002}{\dfrac{3.14}{4} \times (0.08)^2} = \dfrac{0.002}{0.005024} = 0.40\text{m/s}$

$\therefore Re = \dfrac{Vd}{\nu} = \dfrac{0.40 \times \left(8 \times \dfrac{1}{100}\right)}{1.5 \times 10^{-6}} \fallingdotseq 21,221$

10 20℃, 1.03kgf/cm²abs의 공기가 단열가역 압축되어 50%의 체적 감소가 생겼다. 압축 후의 온도는? (단, 기체상수 R은 29.27kgf · m/kg · K이며 C_P/C_V=1.4이다.)

① 42℃   ② 68℃

③ 83℃   ④ 114℃

해설 단열압축

$\dfrac{T_2}{T_1} = \dfrac{V_2}{V_1}$, $T_2 = T_1 \times \left(\dfrac{P_2}{P_1}\right)^{\frac{k-1}{k}} = T_1 \times \left(\dfrac{V_1}{V_2}\right)^{k-1}$

$T_2 = (20 + 273) \times \left(\dfrac{1}{0.5}\right)^{1.4-1} = 387\text{K}(114℃)$

$\text{K} = 20 + 273 = 293\text{K}$,

• 체적($V_1 = 1\text{m}^3$, $V_2 = 0.5\text{m}^3$)

11 마찰계수와 마찰저항에 대한 설명으로 옳지 않은 것은?

① 관마찰계수는 레이놀즈수와 상대조도의 함수로 나타낸다.

② 평판상의 층류흐름에서 점성에 의한 마찰계수는 레이놀즈수의 제곱근에 비례한다.

③ 원관에서의 층류운동에서 마찰저항은 유체의 점성계수에 비례한다.

④ 원관에서의 완전난류운동에서 마찰저항은 평균 유속의 제곱에 비례한다.

해설 ㉠ 마찰계수$(f) = \dfrac{64}{Re}$

㉡ 무디선도 : 레이놀즈수(Re)와 관의 마찰계수의 관계 표시

㉢ $Re = \dfrac{\rho Vd}{\mu} = \dfrac{밀도 \times 유속 \times 관경}{점성계수}$

12 [그림]과 같이 윗변과 아랫변이 각각 a, b이고 높이가 H인 사다리꼴형 평면 수문이 수로에 수직으로 설치되어 있다. 비중량 γ인 물의 압력에 의해 수문이 받는 전체 힘은?

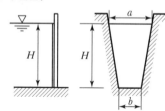

① $\dfrac{\gamma H^2(a-2b)}{6}$ ② $\dfrac{\gamma H^2(a-2b)}{3}$

③ $\dfrac{\gamma H^2(a+2b)}{6}$ ④ $\dfrac{\gamma H^2(a+2b)}{3}$

해설 수문이 받는 전체 힘(F)

$$F = \gamma \times \left(\frac{H}{3} \times \frac{a+2b}{a+b} \right) \times \left[\frac{(a+b) \times H}{2} \right]$$

∴ 사다리꼴 평면 수문이 수직으로 설치 시 받는 전체 힘

$$= \frac{\gamma H^2(a+2b)}{6}$$

13 내경이 10cm인 원관 속을 비중 0.85인 액체가 10cm/s의 속도로 흐르고 있다. 액체의 점도가 5cP라면 이 유동의 레이놀즈수는?

① 1,400 ② 1,700

③ 2,100 ④ 2,300

해설 1Poise(점도) = 1dyne · sec/cm²

레이놀즈수(Re) $= \dfrac{Vd}{\nu} = \dfrac{\rho Vd}{\mu} = \dfrac{\gamma Vd}{\mu g}$

∴ $Re = \dfrac{0.85 \times 10 \times 10}{5 \times 10^{2}} = 1,700$

• 1P = 100cP

14 다음 중 압축성 유체의 1차원 유동에서 수직충격파 구간을 지나는 기체 성질의 변화로 옳은 것은?

① 속도, 압력, 밀도가 증가한다.

② 속도, 온도, 밀도가 증가한다.

③ 압력, 밀도, 온도가 증가한다.

④ 압력, 밀도, 운동량 플럭스가 증가한다.

해설 수직충격파

㉠ 유동방향에 수직으로 생긴 충격파이며 비가역과정이다.

㉡ 초음속에서 갑자기 아음속으로 변할 때 수직충격파가 발생하며 이때 압력, 밀도, 온도, 엔트로피가 증가한다.

15 대기의 온도가 일정하다고 가정할 때 공중에 높이 떠 있는 고무풍선이 차지하는 부피(a)와 그 풍선이 땅에 내렸을 때의 부피(b)를 옳게 비교한 것은?

① a는 b보다 크다. ② a와 b는 같다.

③ a는 b보다 작다. ④ 비교할 수 없다.

해설 높은 공중은 대기압이 지표면보다 낮다. 온도가 일정할 때 일정량의 기체가 차지하는 부피는 압력에 반비례한다. 그러므로 공중에 높이 떠 있는 고무풍선의 부피는 그 풍선이 땅에 내려앉을 때보다 크다.

16 안지름이 20cm인 원관 속을 비중이 0.83인 유체가 층류(Laminar Flow)로 흐를 때 관 중심에서의 유속이 48cm/s라면 관벽에서 7cm 떨어진 지점에서의 유체 속도는(cm/s)는?

① 25.52 ② 34.68

③ 43.68 ④ 46.92

해설 유속(V)

$= V_{\max} \left[1 - \left(\dfrac{\gamma}{\gamma_o} \right)^2 \right]$

$= 48\text{cm/s} \times \left[1 - \left(\dfrac{3}{10} \right)^2 \right]$

$= 43.68(\text{cm/s})$

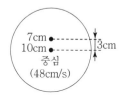

17 베르누이 방정식에 관한 일반적인 설명으로 옳은 것은?

① 같은 유선상이 아니더라도 언제나 임의의 점에 대하여 적용된다.

② 주로 비정상류 상태의 흐름에 대하여 적용된다.

③ 유체의 마찰효과를 고려한 식이다.

④ 압력수두, 속도수두, 위치수두의 합은 유선을 따라 일정하다.

해설 베르누이 방정식

$$\frac{P_1}{r} + \frac{V_1^2}{2g} + Z_1 = \frac{P_2}{r} + \frac{V_2^2}{2g} + Z_2 = H$$

(압력 (속도 (위치
수두) + 수두) + 수두)

18 다음 중 원심 송풍기가 아닌 것은?

① 프로펠러 송풍기

② 다익 송풍기

③ 레이디얼 송풍기

④ 익형(Airfoil) 송풍기

해설 축류형 송풍기

㉠ 프로펠러형

㉡ 디스크형

19 일반적으로 원관 내부 유동에서 층류만이 일어날 수 있는 레이놀즈수(Reynolds Number)의 영역은?

① 2,100 이상

② 2,100 이하

③ 21,000 이상

④ 21,000 이하

해설 Re

㉠ 2,100 이하

㉡ $2,100 < Re < 4,000$(천이구역)

㉢ $Re > 4,000$(난류)

20 수평 원관 내에서의 유체흐름을 설명하는 Hagen – Poiseuille 식을 얻기 위해 필요한 가정이 아닌 것은?

① 완전히 발달된 흐름

② 정상상태 흐름

③ 층류

④ 포텐셜 흐름

해설 포텐셜 흐름
점성이 없는 완전유체의 흐름이다.

SECTION 02 연소공학

21 연료의 일반적인 연소형태가 아닌 것은?

① 예혼합연소

② 확산연소

③ 잠열연소

④ 증발연소

해설 연소방식

㉠ 기체연료
  • 확산연소
  • 예혼합연소

㉡ 액체연료
  • 증발연소
  • 무화연소

㉢ 고체연료
  화격자연소, 미분탄연소, 유동층연소

22 연소에서 공기비가 적을 때의 현상이 아닌 것은?

① 매연의 발생이 심해진다.

② 미연소에 의한 열손실이 증가한다.

③ 배출가스 중에 NO_2의 발생이 증가한다.

④ 미연소 가스에 의한 역화의 위험성이 증가한다.

해설 연료의 연소 시 공기비가 적으면 질소(N_2) 공급량이 감소하여 질소산화물(NO_2)이 감소한다.

23 이상기체 10kg을 240K만큼 온도를 상승시키는 데 필요한 열량이 정압인 경우와 정적인 경우에 그 차가 415kJ이었다. 이 기체의 가스상수는 약 몇 kJ/kg · K인가?

① 0.173

② 0.287

③ 0.381

④ 0.423

해설 $PV = GRT$
여기서, G : 10kg
　　　　T : 240K

$$R = \frac{415}{10} \times \frac{1}{240} = 0.173\text{kJ/kg} \cdot \text{K}$$

24 다음과 같은 조성을 갖는 혼합가스의 분자량은?[단, 혼합가스의 체적비는 CO_2(13.1%), O_2(7.7%), N_2(79.2%)이다.]

① 27.81   ② 28.94

③ 29.67   ④ 30.41

해설 기체의 분자량

$CO_2 = 44$, $O_2 = 32$, $N_2 = 28$

∴ 혼합가스 분자량

     $= (44 \times 0.131) + (32 \times 0.077) + (28 \times 0.792)$

     $= 30.41$

25 다음은 Air $-$ Standard Otto Cycle의 P $-$ V Diagram 이다. 이 Cycle의 효율(η)을 옳게 나타낸 것은?(단, 정적열용량은 일정하다.)

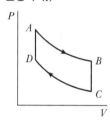

① $\eta = 1 - \left(\dfrac{T_B - T_C}{T_A - T_D} \right)$

② $\eta = 1 - \left(\dfrac{T_D - T_C}{T_A - T_B} \right)$

③ $\eta = 1 - \left(\dfrac{T_A - T_D}{T_B - T_C} \right)$

④ $\eta = 1 - \left(\dfrac{T_A - T_B}{T_D - T_C} \right)$

해설 오토사이클(내연기관사이클)

㉠ C→D : 단열압축

㉡ D→A : 정적연소

㉢ A→B : 단열팽창

㉣ B→C : 정적방열

효율(η) $= 1 - \left(\dfrac{T_B - T_C}{T_A - T_D} \right) = 1 - \left(\dfrac{1}{\varepsilon} \right)^{k-1}$

• 압축비(ε) $= \left(\dfrac{V_1}{V_2} \right)$

26 가스폭발의 용어 중 DID의 정의에 대하여 가장 올바르게 나타낸 것은?

① 격렬한 폭발이 완만한 연소로 넘어갈 때까지의 시간

② 어느 온도에서 가열하기 시작하여 발화에 이르기까지의 시간

③ 폭발등급을 나타내는 것으로서 가연성 물질의 위험성 척도

④ 최초의 완만한 연소에서 격렬한 폭굉으로 발전할 때까지의 거리

해설 가스폭굉유도거리(DID)

최초의 완만한 연소에서 격렬한 폭굉(1,000~3,500m/s)으로 발전할 때까지의 거리 또는 시간을 뜻한다.

27 1kWh의 열당량은?

① 860kcal

② 632kcal

③ 427kcal

④ 376kcal

해설 $P = \dfrac{W}{S}$ (J/s = watt) , $1W = 1(J/s)$

$1kW = 1,000J/s(W) = 860kcal/h = 102kgf \cdot m/sec$

     $= 3,600kJ/h$

• $1kWh = 1kW \times 1hr = 860kcal$

28 위험장소 분류 중 상용의 상태에서 가연성가스가 체류해 위험하게 될 우려가 있는 장소, 정비·보수 또는 누출 등으로 인하여 종종 가연성가스가 체류하여 위험하게 될 우려가 있는 장소는?

① 제0종 위험장소

② 제1종 위험장소

③ 제2종 위험장소

④ 제3종 위험장소

해설 제1종 위험장소

상용의 상태에서 가연성가스가 체류해 위험하게 될 우려가 있는 장소, 정비·보수 또는 누출 등으로 인하여 종종 가연성가스가 체류하여 위험하게 될 우려가 있는 장소이다.

29 공기와 연료의 혼합기체 표시에 대한 설명 중 옳은 것은?

① 공기비(Excess Air Ratio)는 연공비의 역수와 같다.

② 당량비(Equivalence Ratio)는 실제의 연공비와 이론연공비의 비로 정의된다.

③ 연공비(Fuel Air Ratio)라 함은 가연혼합기 중의 공기와 연료의 질량비로 정의된다.

④ 공연비(Air Fuel Ratio)라 함은 가연혼합기 중의 연료와 공기의 질량비로 정의된다.

해설 ㉠ 당량비$\left(=\dfrac{실제연공비}{이론연공비}\right)$

$\underline{C_3H_8 + 5O_2} \rightarrow 3CO_2 + 4H_2O$

 1 : 5의 당량비 산소(112L)

㉡ 등가비(ϕ, 공연비의 역수)

$$= \dfrac{\dfrac{실제연료량}{산화제}}{\dfrac{완전연소를 위한 이상적인 연료량}{산화제}}$$

㉢ 연공비$\left(\dfrac{연료질량}{공기질량}\right) = \dfrac{F}{A}$

㉣ 공기비$= \dfrac{실제공기}{이론공기} = \dfrac{1}{등가비}$

㉤ 공연비(이론공연비)$= \dfrac{이론공기량}{사용된 연료} = \dfrac{A}{F}$

30 메탄가스 $1Nm^3$를 완전연소시키는 데 필요한 이론공기량은 약 몇 Nm^3인가?

① $2.0Nm^3$ ② $4.0Nm^3$

③ $4.76Nm^3$ ④ $9.5Nm^3$

해설 $CH_4 + 2O_2 \rightarrow CO_2 + 2H_2O$

이론공기량$(A_o) = $ 이론산소량 $\times \dfrac{100}{21}$

$= 2 \times \dfrac{1}{0.21} = 9.52 Nm^3/Nm^3$

31 전실 화재(Flash Over)의 방지대책으로 가장 거리가 먼 것은?

① 천장의 불연화   ② 폭발력의 억제

③ 가연물량의 제한   ④ 화원의 억제

해설 전실 화재

건축물의 실내에서 화재 발생 시 발화로부터 화재가 서서히 진행하다가 어느 정도 시간이 경과함에 따라 대류와 복사현상에 의해 일정공간 안에 열과 가연성가스가 축적되고 발화온도에 이르게 되어 일순간에 폭발적으로 전체가 화염에 휩싸이는 화재현상이다.

32 이상기체의 구비조건이 아닌 것은?

① 내부에너지는 온도와 무관하여 체적에 의해서만 결정된다.

② 아보가드로의 법칙을 따른다.

③ 분자의 충돌은 완전탄성체로 이루어진다.

④ 비열비는 온도에 관계없이 일정하다.

해설 이상기체

내부에너지는 체적에는 무관하며 온도에 의해서만 결정된다.

33 상온, 상압하에서 가연성가스의 폭발에 대한 일반적인 설명 중 틀린 것은?

① 폭발범위가 클수록 위험하다.

② 인화점이 높을수록 위험하다.

③ 연소속도가 클수록 위험하다.

④ 착화점이 높을수록 안전하다.

해설 불씨에 의해 점화되는 최저의 온도가 인화점이며 인화점이 높은 가스는 폭발의 위험성이 적다.

34 옥탄(g)의 연소엔탈피는 반응물 중의 수증기가 응축되어 물이 되었을 때 $25°C$에서 $-48,220kJ/kg$이다. 이 상태에서 옥탄(g)의 저위발열량은 약 몇 kJ/kg인가?(단, $25°C$ 물의 증발엔탈피$[h_{fg}]$는 2441.8 kJ/kg이다.)

① $40,750$ ② $42,320$

③ $44,750$ ④ $45,778$

해설 옥탄$(C_8H_{18}) + 12.5O_2 \rightarrow 8CO_2 + 9H_2O$

고위발열량$(Hh) = 48,220kJ/kg$

옥탄분자량$= 12 \times 8 + 1 \times 18 = 114$

저위발열량$(H_L) = Hh - Wg$

$$= 48,220 - \left(\frac{1 \times 9 \times 18}{114} \times 2,441.8\right)$$

$$= 44,750 \text{kJ/kg}$$

- H_2O분자량 : 18

35 다음 중 연소의 3요소를 옳게 나열한 것은?

① 가연물, 빛, 열
② 가연물, 공기, 산소
③ 가연물, 산소, 점화원
④ 가연물, 질소, 단열압축

해설 연소의 3요소
㉠ 가연물(연료)
㉡ 산소(공기공급원)
㉢ 점화원(불씨)

36 열역학 및 연소에서 사용되는 상수와 그 값이 틀린 것은?

① 열의 일상당량 : 4,186J/kcal
② 일반 기체상수 : 8,314J/kmol · K
③ 공기의 기체상수 : 287J/kg · K
④ 0℃에서의 물의 증발잠열 : 539kJ/kg

해설 ㉠ 100℃ 물의 증발잠열 : 539kcal/kg(2,252kJ/kg)
㉡ 0℃ 물의 증발잠열 : 600kcal/kg(2,511.6kJ/kg)

37 분자량이 30인 어떤 가스의 정압비열이 0.516kJ/ kg · K이라고 가정할 때 이 가스의 비열비 k 는 약 얼마인가?

① 1.0
② 1.4
③ 1.8
④ 2.2

해설 비열비$(k) = \dfrac{\text{정압비열}}{\text{정적비열}}$

가스상수$(R) = \dfrac{8.314}{30} = 0.277 \text{kJ/kg} \cdot \text{K}$

정적비열$(C_V) = C_D - R$

$$= 0.516 - 0.277 = 0.239 \text{kJ/kg}$$

$\therefore K = \dfrac{0.516}{0.239} \fallingdotseq 2.2$

38 다음 반응 중 폭굉(Detonation) 속도가 가장 빠른 것은?

① $2H_2 + O_2$
② $CH_4 + 2O_2$
③ $C_3H_8 + 3O_2$
④ $C_3H_8 + 6O_2$

해설 폭굉유도거리에서 폭굉속도가 빠른 것은 정상연소속도가 큰 혼합가스이다.
산소, 공기 중 가스의 폭굉범위
㉠ C_2H_2 : 4.2~50%
㉡ H_2 : 18.3~59%
㉢ NH_3 : 산소 중 25.4~75%
㉣ C_3H_8 : 산소 중 2.5~42.5%
㉤ H_2 : 산소 중 15~90%
분자량이 작은 수소(H_2 : 2)는 연소 시 확산속도가 빠르다.

39 다음 확산화염의 여러 가지 형태 중 대향분류(對向噴流) 확산화염에 해당하는 것은?

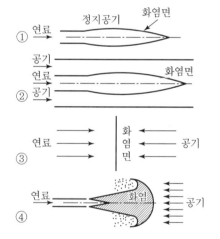

해설 확산화염
① 자유분류 확산화염
② 동측류 확산화염
③ 대향류 확산화염
④ 대향분류 확산화염

40 액체 프로판이 298K, 0.1MPa에서 이론공기를 이용하여 연소하고 있을 때 고발열량은 약 몇 MJ/kg인가?(단, 연료의 증발엔탈피는 370kJ/kg이고, 기체 상태의 생성엔탈피는 각각 C_3H_8 : 103,909kJ/kmol, CO_2 : 393,757kJ/kmol, 액체 및 기체상태 H_2O는 각각 : 286,010kJ/kmol, 241,971kJ/kmol이다.)

① 44 　　② 46
③ 50 　　④ 2,205

> **해설** $C_3H_8 + 5O_2 \rightarrow 3CO_2 + 4H_2O + Q$
> 프로판의 생성엔탈피(Q) : 103,909kJ/kmol
> $$\frac{(3 \times 393,757) + (241,971 \times 4) - 103,909}{44 \times 10^3} = 47MJ/kg$$
> • $-103,909 = (-393,757 \times 3) + (-286,010 \times 4) + Q$
> ∴ 고위발열량
> $$Hh = \frac{(393,757 \times 3) + (286,010 \times 4) - 103,909}{44 \times 10^3}$$
> $$\fallingdotseq 50MJ/kg$$
> • C_3H_8 분자량 : 44, $1MJ = 10^3kJ$

SECTION **03** 가스설비

41 다음 [그림]이 보여주는 관이음재의 명칭은?

① 소켓 　　② 니플
③ 부싱 　　④ 캡

> **해설** 니플
> 나사산이 양쪽에서 외부로 돌출된 부속이다. 지름이 동일한 관을 연결할 때 사용된다.

42 결정조직이 거친 것을 미세화하여 조직을 균일하게 하고 조직의 변형을 제거하기 위하여 균일하게 가열한 후 공기 중에서 냉각하는 열처리 방법은?

① 퀜칭 　　② 노멀라이징
③ 어닐링 　　④ 템퍼링

> **해설** 노멀라이징(Normalizing)
> 금속의 결정조직이 거친 것을 미세화하여 조직을 균일하게 하고 조직의 변형을 제거하기 위해 균일한 가열 후에 공기 중에서 서서히 냉각처리하는 것이다. 일명 소준이라고 한다(불림열처리).

43 고압가스 제조 장치의 재료에 대한 설명으로 틀린 것은?

① 상온, 건조 상태의 염소가스에는 보통강을 사용한다.
② 암모니아, 아세틸렌의 배관 재료에는 구리를 사용한다.
③ 저온에서 사용되는 비철금속 재료는 동, 니켈강을 사용한다.
④ 암모니아 합성탑 내부의 재료에는 18-8 스테인리스강을 사용한다.

> **해설** ㉠ NH_3(암모니아)는 구리(Cu), 아연(Zn), 은(Ag), 알루미늄(Al), 코발트(Co) 등과 반응하여 착이온을 형성한다.
> ㉡ $C_2H_2 + 2Cu \rightarrow Cu_2C_2 + H_2$
> • Cu_2C_2 : 동아세틸라이트에 의해 화합폭발

44 가스액화분리장치의 구성기기 중 왕복동식 팽창기의 특징에 대한 설명으로 틀린 것은?

① 고압식 액체산소분리장치, 수소액화장치, 헬륨액화기 등에 사용된다.
② 흡입압력은 저압에서 고압(20MPa)까지 범위가 넓다.
③ 팽창기의 효율은 85~90%로 높다.
④ 처리 가스량이 1,000m³/h 이상의 대량이면 다기통이 된다.

> **해설** 가스액화분리장치의 냉각기(열교환기), 팽창기를 이용하여 고압의 공기 등을 액화시킨다.
> ㉠ 팽창기(왕복동형, 터빈형)
> ㉡ 가스액화분리장치에서 왕복동식 팽창기 효율은 60~65% 정도이다.

45 자동절체식 조정기를 사용할 때의 장점에 해당하지 않는 것은?

① 잔류액이 거의 없어질 때까지 가스를 소비할 수 있다.

② 전체 용기의 개수가 수동절체식보다 적게 소요된다.

③ 용기교환 주기를 길게 할 수 있다.

④ 일체형을 사용하면 다단 감압식보다 배관의 압력 손실을 크게 해도 된다.

해설 2단 감압자동절체식에서 분리형을 사용하면 다단 감압식보다 압력손실을 크게 해도 된다.

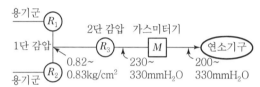

46 피스톤 행정용량이 $0.00248m^3$, 회전수가 175rpm 인 압축기로 1시간에 토출구로 92kg/h의 가스가 통과하고 있을 때 가스의 토출효율은 약 몇 %인가?(단, 토출가스 1kg을 흡입한 상태로 환산한 체적은 $0.189m^3$이다.)

① 66.8　　　　　② 70.2

③ 76.8　　　　　④ 82.2

해설 분당 압축기 피스톤 행정량$(m^3/min) = 0.00248 \times 175$

$$= 0.434m^3/min$$

시간당 토출가스량$(Q) = 92 \times 0.189 = 17.388m^3/h$

$\therefore$ 토출효율$(\eta) = \dfrac{17.388}{0.434 \times 60min/h} \times 100 = 66.8\%$

47 도시가스사업법에서 정의한 가스를 제조하여 배관을 통하여 공급하는 도시가스가 아닌 것은?

① 석유가스　　　　② 나프타부생가스

③ 석탄가스　　　　④ 바이오가스

해설 석탄가스

석탄을 1,000~1,300℃에서 건류하여 얻는 생성가스이다 (수소 50%, 메탄 30%, CO 등 기타 20%). 발열량은 4,000 ~5,000kcal/m³이며, 석탄 1톤에서 약 300~400m³ 가스가 발생하고, 도시가스로 이용하나 배관공급은 제외한다.

48 수소화염 또는 산소·아세틸렌 화염을 사용하는 시설 중 분기되는 각각의 배관에 반드시 설치해야 하는 장치는?

① 역류방지장치　　　② 역화방지장치

③ 긴급이송장치　　　④ 긴급차단장치

해설 ㉠ 역화방지장치 설치 장소 : 수소화염, 산소-아세틸렌 화염을 사용하는 시설의 분기되는 각각의 배관에 설치

㉡ 역류방지장치 설치 장소 : 독성가스와 감압설비, 그 가스의 반응설비 간의 배관

49 가스 액화 사이클의 종류가 아닌 것은?

① 클라우드식　　　② 필립스식

③ 클라시우스식　　④ 린데식

해설 클라시우스식(열역학법칙)

열역학 제2법칙에서 열전달은 저온에서 고온으로 움직이지 않는다.

50 왕복식 압축기의 연속적인 용량제어 방법으로 가장 거리가 먼 것은?

① 바이패스 밸브에 의한 조정

② 회전수를 변경하는 방법

③ 흡입 주밸브를 폐쇄하는 방법

④ 베인 컨트롤에 의한 방법

해설 왕복식이 아닌 터보형 압축기 용량제어는 베인 컨트롤(깃 각도조정법)에 의한 방법이 이상적이다.

51 적화식 버너의 특징으로 틀린 것은?

① 불완전연소가 되기 쉽다.

② 고온을 얻기 힘들다.

③ 넓은 연소실이 필요하다.

④ 1차 공기를 취할 때 역화 우려가 있다.

해설 적화식 연소방식은 2차 공기만 100% 사용하고 1차 공기는 전혀 사용하지 않는다. 화염은 약간 적색이며, 길이는 길고 온도는 약 900℃이다. 현재는 잘 사용하지 않는 연소방식이다.

52 도시가스 배관에서 가스 공급이 불량하게 되는 원인으로 가장 거리가 먼 것은?

① 배관의 파손
② Terminal Box의 불량
③ 정압기의 고장 또는 능력부족
④ 배관 내의 물 고임, 녹으로 인한 폐쇄

해설 전위측정용 터미널박스(전기방식용) : 지하도시가스 매설 배관용

53 고압가스의 분출 시 정전기가 가장 발생하기 쉬운 경우는?

① 다성분의 혼합가스인 경우
② 가스의 분자량이 작은 경우
③ 가스가 건조할 경우
④ 가스 중에 액체나 고체의 미립자가 섞여 있는 경우

해설 고압가스 분출 시 정전기 발생원인
가스 중에 액체나 고체의 미립자가 섞여 있는 경우, 마찰에 의한 분출대전으로 정전기가 생기기 쉽다.

54 1호당 1일 평균 가스소비량이 1.44kg/day이고 소비자 호수가 50호라면 피크 시 평균 가스소비량은? (단, 피크 시 평균 가스소비율은 17%이다.)

① 10.18kg/h
② 12.24kg/h
③ 13.42kg/h
④ 14.36kg/h

해설 피크 시 평균 가스소비량(G)
G = 1호당 가스소비량 × 소비자 호수
　　　× 피크 시 가스평균소비율
= 1.44 × 50 × 0.17 = 12.24kg/h

55 전기방식법 중 외부전원법의 특징이 아닌 것은?

① 전압, 전류의 조정이 용이하다.
② 전식에 대해서도 방식이 가능하다.
③ 효과범위가 넓다.
④ 다른 매설 금속체에 장해가 없다.

해설 전기방식법 중 외부전원법
땅속에 매설한 애노드에 강제전압을 가하여 피방식 금속체를 캐소드하여 방식하는 방법이다. 전원에는 일반의 교류를 정류기로 직류로 변환하여 사용한다. 단점은 전류나 전압이 클 때는 다른 금속물 구조물에 대한 간섭을 고려해야 한다.

56 고압가스 탱크의 수리를 위하여 내부가스를 배출하고 불활성가스로 치환하여 다시 공기로 치환하였다. 내부의 가스를 분석한 결과 탱크 안에서 용접작업을 해도 되는 경우는?

① 산소 20%
② 질소 85%
③ 수소 5%
④ 일산화탄소 4,000ppm

해설 고압가스 탱크 수리기준
공기 치환 후에 산소가 18~21%로 분석될 경우 고압가스 탱크 내부에서 용접작업이 가능하다.

57 성능계수가 3.2인 냉동기가 10ton의 냉동을 위하여 공급하여야 할 동력은 약 몇 kW인가?

① 8
② 12
③ 16
④ 20

해설 성능계수(COP)
$$= \frac{\text{냉동기 효과}}{\text{압축기 일의 열당량}} = \frac{10 \times 3,320}{860 \times 3.2} = 12\text{kW}$$
• 냉동기 1톤(RT) : 3,320kcal, 1kW = 860kcal

58 LPG를 이용한 가스 공급방식이 아닌 것은?

① 변성혼입방식
② 공기혼합방식
③ 직접혼입방식
④ 가압혼입방식

해설 LPG 가스 공급방식
㉠ 변성혼입방식 : LPG의 성질을 변형하여 공급
㉡ 공기혼합방식 : 기화된 LPG에 공기를 혼합하여 공급
㉢ 직접혼입방식 : 도시가스에 기화한 LPG를 공급

59 가스의 연소기구가 아닌 것은?

① 피셔식 버너
② 적화식 버너
③ 분젠식 버너
④ 전1차공기식 버너

60 용기내장형 액화석유가스 난방기용 용접용기에서 최고충전압력이란 몇 MPa를 말하는가?

① 1.25MPa   ② 1.5MPa

③ 2MPa   ④ 2.6MPa

해설 용기내장형 액화석유가스 난방기용 용접용기의 최고충전압력은 1.5MPa(15kg/cm²)이다.
- 내압시험압력은 2.6MPa, 기밀시험압력은 1.5MPa이다.

SECTION 04 가스안전관리

61 고압가스 충전용기를 차량에 적재 운반할 때의 기준으로 틀린 것은?

① 충돌을 예방하기 위하여 고무링을 씌운다.

② 모든 충전용기는 적재함에 넣어 세워서 적재한다.

③ 충격을 방지하기 위하여 완충판 등을 갖추고 사용한다.

④ 독성가스 중 가연성가스와 조연성 가스는 동일 차량 적재함에 운반하지 않는다.

해설 고압가스 충전용기를 차량에 적재 운반하는 경우 압축가스일 때는 그 형태 및 운반차량의 구조상 세워서 적재하기 곤란한 때에는 적재함 높이 이내로 눕혀서 적재가 가능하다.

62 아세틸렌을 용기에 충전할 때에는 미리 용기에 다공질물을 고루 채워야 하는데, 이때 다공질물의 다공도 상한값은?

① 72% 미만   ② 85% 미만

③ 92% 미만   ④ 98% 미만

해설 C_2H_2 다공질의 다공도(분해폭발방지용)
- ㉠ 하한값 : 75% 이상
- ㉡ 상한값 : 92% 미만

63 액화산소 저장탱크의 저장능력이 2,000m³일 때 방류둑의 용량은 얼마 이상으로 하여야 하는가?

① 1,200m³   ② 1,800m³

③ 2,000m³   ④ 2,200m³

해설 액화산소 저장탱크 방류둑의 용량
저장능력 상당용적의 60% 이상
∴ 2,000×0.6=1,200m³ 이상

64 초저온 용기의 신규 검사 시 다른 용접용기 검사 항목과 달리 특별히 시험하여야 하는 검사 항목은?

① 압궤시험   ② 인장시험

③ 굽힘시험   ④ 단열성능시험

해설 초저온 용기는 −50℃ 이하의 가스용기이므로 다른 용접용기 검사 항목에서 특별히 단열성능시험을 추가하여야 한다.

65 압력을 가하거나 온도를 낮추면 가장 쉽게 액화하는 가스는?

① 산소   ② 천연가스

③ 질소   ④ 프로판

해설 프로판가스의 비점은 −42.1℃로 상온에서 0.7MPa 이상 가압하거나 −42.1℃ 이하로 냉각시키면 쉽게 액화가 가능하다.

66 액화석유가스용 소형저장탱크의 설치장소 기준으로 틀린 것은?

① 지상설치식으로 한다.

② 액화석유가스가 누출된 경우 체류하지 않도록 통풍이 잘 되는 장소에 설치한다.

③ 전용탱크실로 하여 옥외에 설치한다.

④ 건축물이나 사람이 통행하는 구조물의 하부에 설치하지 아니한다.

해설 액화석유가스용 소형저장탱크
ⓙ 3톤 미만의 탱크이다.
ⓛ 지상이나 지하에 고정설치한다.

67 염소와 동일 차량에 적재하여 운반하여도 무방한 것은?

① 산소   ② 아세틸렌

③ 암모니아   ④ 수소

해설 염소는 독성가스이며 산소와 동일 차량에 적재하여 운반이 가능하다. 다만, 염소와는 C_2H_2, NH_3, H_2 가스용기와는 동일 차량에 적재하여 운반하지 아니한다.

68 폭발 상한값은 수소, 폭발 하한값은 암모니아와 가장 유사한 가스는?

① 에탄   ② 일산화탄소

③ 산화프로필렌   ④ 메틸아민

해설 폭발범위
ⓙ 수소 : 4~74%
ⓛ CO : 12.5~74%
ⓔ 암모니아 : 15~28%

69 도시가스사업법에서 요구하는 전문교육 대상자가 아닌 것은?

① 도시가스사업자의 안전관리책임자

② 특정가스사용시설의 안전관리책임자

③ 도시가스사업자의 안전점검원

④ 도시가스사업자의 사용시설점검원

해설 도시가스사업자의 사용시설점검원은 일반교육대상자이다.

70 독성가스 배관용 밸브 제조의 기준 중 고압가스안전관리법의 적용대상 밸브 종류가 아닌 것은?

① 니들밸브

② 게이트밸브

③ 체크밸브

④ 볼밸브

해설 니들밸브 사용용도
Needle Valve이며 압력상승에 따른 배관 및 가압설비의 보호를 위한 밸브의 종류이다. 바늘 모양의 부품이 내장되어서 니들이라고 한다. 펌프 등 물 사용 배관에 석션(Suction : 흡입) 피스톤이 있고 펌프 등 액의 양을 조절한다.

71 용기에 의한 액화석유가스저장소에서 액화석유가스의 충전용기 보관실에 설치하는 환기구의 통풍가능 면적의 합계는 바닥면적 $1m^2$마다 몇 cm^2 이상이어야 하는가?

① $250cm^2$ ② $300cm^2$

③ $400cm^2$ ④ $650cm^2$

해설 액화석유가스 충전용기의 보관실 환기구 면적은 바닥면적 $1m^2$ 당 통풍구는 $300cm^2$ 이상이어야 한다. 1개소 환기구의 면적은 $2,400cm^2$ 이하로 한다.

72 저장탱크에 가스를 충전할 때 저장탱크 내용적의 90%를 넘지 않도록 충전해야 하는 이유는?

① 액의 요동을 방지하기 위하여

② 충격을 흡수하기 위하여

③ 온도에 따른 액 팽창이 현저히 커지므로 안전공간을 유지하기 위하여

④ 추가로 충전할 때를 대비하기 위하여

해설
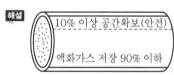
10% 이상 공간확보(안전)
액화가스 저장 90% 이하
(온도에 따른 액화가스 팽창을 방지하기 위하여)

73 독성가스를 차량으로 운반할 때에는 보호장비를 비치하여야 한다. 압축가스의 용적이 몇 m^3 이상일 때 공기호흡기를 갖추어야 하는가?

① $50m^3$ ② $100m^3$

③ $500m^3$ ④ $1,000m^3$

해설 독성가스 차량운반기준에서 압축가스 용적이 $100m^3$ 이상이면 반드시 공기호흡기를 갖추어야 한다(압축가스는 산소 등 비점이 매우 낮은 가스이다).

74 가스안전 위험성 평가기법 중 정량적 평가에 해당되는 것은?

① 체크리스트기법
② 위험과 운전 분석기법
③ 작업자실수 분석기법
④ 사고예상질문 분석기법

해설 정량적 평가기법
㉠ 작업자실수 분석(HEA)
㉡ 결함수 분석(FTA)
㉢ 사건수 분석(ETA)
㉣ 원인결과 분석(CCA)

75 고압가스 특정제조시설에서 에어졸 제조의 기준으로 틀린 것은?

① 에어졸 제조는 그 성분 배합비 및 1일에 제조하는 최대수량을 정하고 이를 준수한다.
② 금속제의 용기는 그 두께가 0.125mm 이상이고 내용물로 인한 부식을 방지할 수 있는 조치를 한다.
③ 용기는 40℃에서 용기 안의 가스압력의 1.2배의 압력을 가할 때 파열되지 않는 것으로 한다.
④ 내용적이 100cm^{3}를 초과하는 용기는 그 용기의 제조자 명칭 또는 기호가 표시되어 있는 것으로 한다.

해설 에어졸 제조기준
용기는 50℃에서 용기 내에 압력을 가하여도 변형되지 아니하고 50℃에서 용기 안의 가스압력의 1.8배 압력을 가할 시 파열되지 아니할 것

76 일반도시가스공급시설에 설치된 압력조정기는 매 6개월에 1회 이상 안전점검을 실시한다. 압력조정기의 점검기준으로 틀린 것은?

① 입구압력을 측정하고 입구압력이 명판에 표시된 입구압력 범위 이내인지 여부
② 격납상자 내부에 설치된 압력조정기는 격납상자의 견고한 고정 여부
③ 조정기의 몸체와 연결부의 가스누출 유무
④ 필터 또는 스트레이너의 청소 및 손상 유무

해설 ①항의 경우 압력조정기는 출구압력이 명판에 표시된 범위 이내인지 점검한다.
압력조정기
㉠ 공급시설 압력조정기는 6개월에 1회 이상 점검(필터는 2년에 1회 이상)
㉡ 사용시설 압력조정기는 1년에 1회 이상 점검 (필터는 3년에 1회 이상)

77 용기에 의한 액화석유가스 저장소의 저장설비 설치기준으로 틀린 것은?

① 용기보관실 설치 시 저장설비는 용기집합식으로 하지 아니한다.
② 용기보관실은 사무실과 구분하여 동일한 부지에 설치한다.
③ 실외저장소 설치 시 충전용기와 잔가스용기의 보관장소는 1.5m 이상의 거리를 두어 구분하여 보관한다.
④ 실외저장소 설치 시 바닥에서부터 2m 이내에 배수시설이 있을 경우에는 방수재료로 이중으로 덮는다.

해설 액화석유가스 저장소의 저장설비 설치기준에서 실외저장소 설치 시 그 기준은 ①, ②, ③항에 따르고 바닥에서부터 2m 이상 떨어진 위치에 배수시설이 있을 경우에는 방수재료로 이중으로 덮는다.

78 불화수소(HF) 가스를 물에 흡수시킨 물질을 저장하는 용기로 사용하기에 가장 부적절한 것은?

① 납용기
② 유리용기
③ 강용기
④ 스테인리스용기

해설 불화수소
유리를 부식시키므로 유리용기에 저장하지 못 한다(납그릇, 베크라이트 용기, 폴리에틸렌 병 등에 보관하여야 한다).
• 맹독성가스허용농도 : TLV − TWA 기준 3ppm

79 고압가스용 용접용기의 반타원체형 경판의 두께 계산식은 다음과 같다. m을 올바르게 설명한 것은?

$$t = \frac{PDV}{2S\eta - 0.2P} + C 에서 \ V는 \ \frac{2+m^2}{6} 이다.$$

① 동체의 내경과 외경비
② 강판 중앙단곡부의 내경과 경판둘레의 단곡부 내경비
③ 반타원체형 내면의 장축부와 단축부의 길이비
④ 경판 내경과 경판 장축부의 길이비

반타원체형 용접용기

$$V = \frac{2+m^2}{6}$$

• 반타원체형 내면의 장축부와 단축부의 길이비이다.

80 일반 용기의 도색이 잘못 연결된 것은?

① 액화염소 – 갈색
② 아세틸렌 – 황색
③ 액화탄산가스 – 회색
④ 액화암모니아 – 백색

해설 ㉠ 의료용 액화탄산가스 용기 도색 : 회색
㉡ 일반용 액화탄산가스 용기 도색 : 청색

SECTION 05 가스계측

81 다음 중 측온 저항체의 종류가 아닌 것은?

① Hg
② Ni
③ Cu
④ Pt

해설 수은(Hg)은 액주식 압력계에 사용된다(온도계로도 사용).

82 기체크로마토그래피법의 검출기에 대한 설명으로 옳은 것은?

① 불꽃이온화 검출기는 감도가 낮다.
② 전자포획 검출기는 선형 감응범위가 아주 우수하다.
③ 열전도도 검출기는 유기 및 무기화학종에 모두 감응하고 용질이 파괴되지 않는다.
④ 불꽃광도 검출기는 모든 물질에 적용된다.

해설 기체크로마토그래피법(기기분석, 가스분석법)
㉠ 열전도형 검출기(TCD) : 유기 및 무기화학종에 대하여 모두 감응한다(용질이 파괴되지 않는다).
㉡ 불꽃이온화 검출기(수소염이온화검출기, FID) : 감지 감도가 가장 높다.
㉢ 전자포획 이온화검출기(ECD) : 유기할로겐화합물, 니트로화합물, 유기금속화합물을 선택적으로 검출한다.

83 다음 [보기]에서 설명하는 가스미터는?

• 설치공간을 적게 차지한다.
• 대용량의 가스측정에 적당하다.
• 설치 후 유지관리가 필요하다.
• 가스의 압력이 높아도 사용이 가능하다.

① 막식가스미터
② 루트미터
③ 습식가스미터
④ 오리피스미터

해설 루트미터
㉠ 대용량의 가스측정에 적당하다($100 \sim 5,000 \text{m}^3/\text{h}$).
㉡ 설치 스페이스가 적다.
㉢ 스트레이너 설치 및 설치 후 유지관리가 필요하다.
㉣ 맥동 현상이 없다.
㉤ $0.5\text{m}^3/\text{h}$ 이하 용량의 경우 부동 우려가 있다.
㉥ 구조가 복잡하다.
㉦ 중압가스 계량이 가능하다.

84 내경 70mm의 배관으로 어떤 양의 물을 보냈더니 배관 내 유속이 3m/s이었다. 같은 양의 물을 내경 50mm의 배관으로 보내면 배관 내 유속은 약 몇 m/s가 되는가?

① 2.56
② 3.67
③ 4.20
④ 5.88

해설 유량(Q)=단면적(A)×유속(m/s)=(m³/s)

$\bigcirc$ $V \cdot A = \dfrac{\pi}{4}d^2 = \dfrac{3.14}{4} \times (0.07)^2 \times 3$

$= 0.0115395\text{m}^3/\text{s}$

$\bigcirc$ $V \cdot A = \dfrac{\pi}{4}d^2 = \dfrac{3.14}{4} \times (0.05)^2 \times 3$

$= 0.0019625\text{m}^3/\text{s}$

$\therefore$ 유속$(V) = \dfrac{0.0115395}{0.0019625} = 5.88\text{m/s}$

85 용량범위가 1.5~200m³/h로 일반 수용가에 널리 사용되는 가스미터는?

① 루트미터　　　　② 습식가스미터
③ 델터미터　　　　④ 막식가스미터

해설 가스미터 용량
$\bigcirc$ 루트식 : 100~5,000m³/h
$\bigcirc$ 습식 : 0.2~3,000m³/h
$\bigcirc$ 막식 : 1.5~200m³/h

86 다음 [보기]에서 설명하는 열전대 온도계(Thermo Electric Thermometer)의 종류는?

> • 기전력 특성이 우수하다.
> • 환원성 분위기에 강하나 수분을 포함한 산화성 분위기에는 약하다.
> • 값이 비교적 저렴하다.
> • 수소와 일산화탄소 등에 사용이 가능하다.

① 백금－백금ㆍ로듐
② 크로멜－알루멜
③ 철－콘스탄탄
④ 구리－콘스탄탄

해설 열전대 종류

종류		금속	측정범위	특징
R	P－R	백금－백금ㆍ로듐	0~1,600℃	환원성에 약하다.
K	C－A	크로멜－알루멜	0~1,200℃	기전력이 직선적이다.
J	I－C	철－콘스탄탄	－200~800℃	열기전력이 높다. (우수함)
T	C－C	구리－콘스탄탄	－200~350℃	열기전력이 크다.

87 진동이 일어나는 장치의 진동을 억제하는 데 가장 효과적인 제어동작은?

① 뱅뱅동작　　　　② 비례동작
③ 적분동작　　　　④ 미분동작

해설 연속동작
$\bigcirc$ P(비례동작) : 잔류편차(옵셋) 발생
$\bigcirc$ I(적분동작) : 잔류편차 제거, 진동하는 경향이 있다.
$\bigcirc$ D(미분동작) : 진동억제 효과, 비례동작과 함께 사용

88 변화되는 목표치를 측정하면서 제어량을 목표치에 맞추는 자동제어 방식이 아닌 것은?

① 추종제어　　　　② 비율제어
③ 프로그램제어　　④ 정치제어

해설 제어방법에 의한 분류
$\bigcirc$ 정치제어(목표치가 일정하다.)
$\bigcirc$ 추치제어
　• 추종제어　• 비율제어　• 프로그램제어
$\bigcirc$ 캐스케이드제어

89 스프링식 저울에 물체의 무게가 작용되어 스프링의 변위가 생기고 이에 따라 바늘의 변위가 생겨 물체의 무게를 지시하는 눈금으로 무게를 측정하는 방법을 무엇이라 하는가?

① 영위법　　　　　② 치환법
③ 편위법　　　　　④ 보상법

해설 $\bigcirc$ 스프링식 저울 : 편위법 이용, 부르동관 압력계
$\bigcirc$ 천칭 : 영위법
$\bigcirc$ 다이얼게이지 : 치환법

90 막식가스미터에서 발생할 수 있는 고장의 형태 중 가스미터에 감도유량을 흘렸을 때, 미터 지침의 시도(示度)에 변화가 나타나지 않는 고장을 의미하는 것은?

① 감도불량　　　　② 부동
③ 불통　　　　　　④ 기차불량

266

해설 ㉠ 감도불량 : 가스미터에 감도유량가스를 흘려 보냈으나 미터 지침의 시도에 변화가 불량
㉡ 부동 : 가스는 미터통과, 지침은 작동불량
㉢ 불통 : 가스가 가스미터기를 통과하지 못함
㉣ 기차불량 : 기차가 변화하여 계량법에 사용공차가 ±4%를 넘어서는 오차 발생

91 화학분석법 중 요오드(I)적정법은 주로 어떤 가스를 정량하는 데 사용되는가?

① 일산화탄소
② 아황산가스
③ 황화수소
④ 메탄

해설 용액도전율식 측정가스
황화수소(H_2S)의 반응액은 요오드용액(I용액)으로 분석한다.
$H_2S + I_2 \rightarrow 2HI + S$

92 측정치가 일정하지 않고 분포 현상을 일으키는 흩어짐(Dispersion)이 원인이 되는 오차는?

① 개인오차 ② 환경오차
③ 이론오차 ④ 우연오차

해설 우연오차(흩어짐오차)
㉠ 원인을 알 수가 없는 오차이다.
㉡ 오차
• 과오에 의한 오차
• 우연오차
• 계통적 오차(계기오차, 환경오차, 개인오차, 이론오차)

93 부르동(Bourdon)관압력계에 대한 설명으로 틀린 것은?

① 높은 압력은 측정할 수 있지만 정도는 좋지 않다.
② 고압용 부르동관의 재질은 니켈강이 사용된다.
③ 탄성을 이용하는 압력계이다.
④ 부르동관의 선단은 압력이 상승하면 수축되고, 낮아지면 팽창한다.

해설 부르동관압력계(2차압력계)
탄성을 이용한 압력계(0~300MPa 측정)로서 부르동곡관에 압력이 상승하면 반지름이 증대하고 압력이 낮아지면 수축하는 원리를 이용(저압용 : 황동, 인청동, 청동 / 고압용 : 니켈강, 스테인리스강)

94 수소의 품질검사에 이용되는 분석방법은?

① 오르자트법
② 산화연소법
③ 인화법
④ 파라듐블랙에 의한 흡수법

해설 가스품질검사 시약
㉠ 산소 : 동 암모니아 시약(오르자트법 사용)
㉡ 아세틸렌 : 발연황산 시약(오르자트법, 브롬 시약 뷰렛법 사용)
㉢ 수소 : 피로카롤용액 또는 하이드로설파이드 시약(오르자트법 사용)

95 상대습도가 30%이고, 압력과 온도가 각각 1.1bar, 75℃인 습공기가 100m³/h로 공정에 유입될 때 몰습도(mol H_2O/mol Dry Air)는?(단, 75℃에서 포화수증기압은 289mmHg이다.)

① 0.017 ② 0.117
③ 0.129 ④ 0.317

해설 수증기 분압 $= \Psi \cdot P_s = 0.3 \times 289 = 86.7$mmHg
습공기전압
$P = \dfrac{1.1\text{bar}}{1.01325\text{bar (atm)}} \times 760 = 825$mmHg
$\therefore$ 몰습도 $= \dfrac{P_w}{P - P_w} = \dfrac{86.7}{825.067 - 86.7}$
$= 0.117$(mol · H_2O/mol · Dry Air)

96 다음 중 액면 측정 방법이 아닌 것은?

① 플로트식 ② 압력식
③ 정전용량식 ④ 박막식

해설 박막식(격막식) : 압력계 중 저압용으로 사용을 한다(측정범위 : 20~5,000mmH₂O).

97 다음 가스분석 방법 중 성질이 다른 하나는?

① 자동화학식   ② 열전도율법
③ 밀도법   ④ 기체크로마토그래피법

해설 자동화학식 가스분석계는 화학적인 가스분석계이다. ②, ③항은 물리적인 가스분석법이고 ④항은 기기분석법이다. 또한 물리적인 가스분석법에 해당된다.

98 제베크(Seebeck)효과의 원리를 이용한 온도계는?

① 열전대 온도계   ② 서미스터 온도계
③ 팽창식 온도계   ④ 광전관 온도계

해설 제베크효과의 원리를 이용한 접촉식 온도계는 열전대 온도계이다.

※ 제베크효과 : 2종류의 금속선을 접합한 뒤 2개의 접점에 각기 다른 열을 부여하면 회로에 접점의 온도에 비례한 전류가 흐른다.

99 머무른 시간 407초, 길이 12.2m인 칼럼에서의 띠너비를 바닥에서 측정하였을 때 13초이었다. 이때 단높이는 몇 mm인가?

① 0.58   ② 0.68
③ 0.78   ④ 0.88

해설 이론단높이$(\text{HETP}) = \dfrac{L}{N} = \dfrac{\text{길이}}{\text{이론단수}}$

이론단수$(N) = 16 \times \left(\dfrac{T_r}{W}\right)^2 = 16 \times \left(\dfrac{407}{13}\right)^2$

$\qquad\quad = 15,683$

$\therefore \ \text{HETP} = \dfrac{12.2\text{m} \times 10^3/\text{m}}{15,683} = 0.78\text{mm}$

100 헴펠식 가스분석법에서 흡수·분리되지 않는 성분은?

① 이산화탄소   ② 수소
③ 중탄화수소   ④ 산소

해설 헴펠식(흡수분석법)으로 연료가스의 성분을 분석하는 대상

㉠ CO_2
㉡ $C_m H_n$(중탄화수소)
㉢ O_2
㉣ CO

2021 년 2 회 가스기사

SECTION 01 가스유체역학

01 다음과 같은 일반적인 베르누이의 정리에 적용되는 조건이 아닌 것은?

$$\frac{P}{\rho g}+\frac{V^2}{2g}+Z=\text{constant}$$

① 정상상태의 흐름이다.
② 마찰이 없는 흐름이다.
③ 직선관에서만의 흐름이다.
④ 같은 유선상에 있는 흐름이다.

해설 베르누이 방정식
$$\frac{P}{\rho g}+\frac{V^2}{2g}+Z=H=C(\text{일정})$$
$$=\frac{P_1}{\gamma}+\frac{V_1^2}{2g}+Z_1=\frac{P_2}{\gamma}+\frac{V_2^2}{2g}+Z_2=H(\text{전수두})$$
(압력수두 + 속도수두 + 위치수두 = 전수두)
곡관에서의 흐름도 베르누이의 정리가 적용된다.

02 압력계의 눈금이 1.2MPa을 나타내고 있으며 대기압이 720mmHg일 때 절대압력은 몇 kPa인가?

① 720
② 1,200
③ 1,296
④ 1,301

해설 $1\text{MPa}=10\text{kgf/cm}^2,\ 1.2\times10=12\text{kgf/cm}^2$
$1\text{atm}=760\text{mmHg}=101.325\text{kPa}$
$$101.325\times\frac{720}{760}=96\text{kPa}$$
$1\text{kgf/cm}^2=100\text{kPa}$
$\therefore\ \text{abs}=(100\times12)+96=1,296\text{kPa}$

03 냇물을 건널 때 안전을 위하여 일반적으로 물의 폭이 넓은 곳으로 건너간다. 그 이유는 폭이 넓은 곳에서는 유속이 느리기 때문이다. 이는 다음 중 어느 원리와 가장 관계가 깊은가?

① 연속방정식
② 운동량방정식
③ 베르누이의 방정식
④ 오일러의 운동방정식

해설

백사장
유속이 느리다 냇물 유속이 빠르다

연속방정식 : $\rho_1\,V_1\,A_1=\rho_2\,V_2\,A_2$

04 수차의 효율을 η, 수차의 실제 출력을 $L[\text{PS}]$, 수량을 $Q[\text{m}^3/\text{s}]$라 할 때, 유효낙차 $H\,[\text{m}]$를 구하는 식은?

① $H=\dfrac{L}{13.3\eta Q}[\text{m}]$

② $H=\dfrac{QL}{13.3\eta}[\text{m}]$

③ $H=\dfrac{L\eta}{13.3Q}[\text{m}]$

④ $H=\dfrac{\eta}{L\times13.3Q}[\text{m}]$

해설 수차의 유효낙차$(H)=\dfrac{L}{13.3\eta Q}[\text{m}]$

출력(L) ㉠ $13.3\eta QH[\text{PS}]$
　　　　㉡ $9.8\eta QH[\text{kW}]$

05 펌프의 회전수를 $n[\text{rpm}]$, 유량을 $Q[\text{m}^3/\text{min}]$, 양정을 $H[\text{m}]$라 할 때 펌프의 비교회전도 n_s를 구하는 식은?

① $n_s=nQ^{\frac{1}{2}}H^{-\frac{3}{4}}$

② $n_s=nQ^{-\frac{1}{2}}H^{\frac{3}{4}}$

③ $n_s=nQ^{-\frac{1}{2}}H^{-\frac{3}{4}}$

④ $n_s=nQ^{\frac{1}{2}}H^{\frac{3}{4}}$

해설 42번 문제 해설 참고
펌프의 비교회전도$(n_s)=nQ^{\frac{1}{2}}H^{-\frac{3}{4}}$

ANSWER | 1. ③ 2. ③ 3. ① 4. ① 5. ①

269

06 원관 내 유체의 흐름에 대한 설명 중 틀린 것은?

① 일반적으로 층류는 레이놀즈수가 약 2,100 이하인 흐름이다.

② 일반적으로 난류는 레이놀즈수가 약 4,000 이상인 흐름이다.

③ 일반적으로 관 중심부의 유속은 평균유속보다 빠르다.

④ 일반적으로 최대속도에 대한 평균속도의 비는 난류가 층류보다 작다.

해설 수평원관에서 최대속도와 평균속도와의 관계비

$$\left(\frac{V}{U_{max}} = \frac{1}{2}\right)$$

• 수평원관에서 층류흐름은, 유량은 직경의 4승에 비례한다.

• 레이놀즈수(Re)는 층류와 난류를 구별하는 척도이다.

$$Re = \frac{\rho V D}{\mu} = \frac{V D}{\nu}$$

$Re < 2,100$: 층류, $2,100 < Re < 4,000$: 천이구역

$Re < 4,000$: 난류

• 일반적으로 최대속도에 대한 평균속도의 비는 난류가 층류보다 크다.

07 내경이 2.5×10^{-3}m인 원관에 0.3m/s의 평균 속도로 유체가 흐를 때 유량은 약 몇 m³/s인가?

① 1.06×10^{-6}

② 1.47×10^{-6}

③ 2.47×10^{-6}

④ 5.23×10^{-6}

해설 단면적$(A) = \frac{\pi}{4}d^2 = \frac{3.14}{4} \times (2.5 \times 10^{-3})$

유량$(Q) = \frac{3.14}{4} \times (2.5 \times 10^{-3}) = 0.00000147 \text{m}^3/\text{s}$

08 간격이 좁은 2개의 연직 평판을 물속에 세웠을 때 모세관현상의 관계식으로 맞는 것은?(단, 두 개의 연직 평판의 간격 : t, 표면장력 : σ, 접촉각 : β, 물의 비중량 : γ, 액면의 상승높이 : h_c이다.)

① $h_c = \frac{4\sigma\cos\beta}{\gamma t}$

② $h_c = \frac{4\sigma\sin\beta}{\gamma t}$

③ $h_c = \frac{2\sigma\cos\beta}{\gamma t}$

④ $h_c = \frac{2\sigma\sin\beta}{\gamma t}$

해설 모세관현상에 따른 액면의 상승높이(h_c)

$$h_c = \frac{2\sigma\cos\beta}{\gamma t}$$

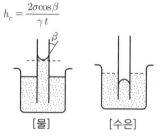

[물]   [수은]

09 원관을 통하여 계량수조에 10분 동안 2,000kg의 물을 이송한다. 원관의 내경을 500mm로 할 때 평균유속은 약 몇 m/s인가?(단, 물의 비중은 1.0이다.)

① 0.27

② 0.027

③ 0.17

④ 0.017

해설 유속$(V) = \frac{\text{유량(m}^3/\text{s)}}{\text{단면적(m}^2)}$, 단면적$(A) = \frac{\pi}{4}d^2$

$$\therefore V = 1.0 \times \frac{\frac{2,000 \times 10^{-3}}{10 \times 60}}{\frac{\pi}{4} \times (0.5)^2} = \frac{0.00333}{0.19625} = 0.17 \text{m/s}$$

10 표준대기에 개방된 탱크에 물이 채워져 있다. 수면에서 2m 깊이의 지점에서 받는 절대압력은 몇 kgf/cm²인가?

① 0.03

② 1.033

③ 1.23

④ 1.92

해설 $10\text{mAq} = 1\text{kgf/cm}^2$, 표준대기압 $= 1.033\text{kgf/cm}^2$

$$\therefore \left(1 \times \frac{2}{10}\right) + 1.033 = 1.23\text{kgf/cm}^2\text{abs}$$

11 수직충격파가 발생할 때 나타나는 현상은?

① 압력, 마하수, 엔트로피가 증가한다.

② 압력은 증가하고, 엔트로피와 마하수는 감소한다.

③ 압력과 엔트로피는 증가하고 마하수는 감소한다.

④ 압력과 마하수는 증가하고 엔트로피는 감소한다.

해설 수직충격파
초음속에서 갑자기 아음속으로 변하면 수직충격파가 생긴다. 이때 압력, 밀도, 온도, 엔트로피는 증가하고 속도는 감소한다.

12 구가 유체 속을 자유낙하할 때 받는 항력 F가 점성계수 μ, 지름 D, 속도 V의 함수로 주어진다. 이 물리량들 사이의 관계식을 무차원으로 나타내고자 할 때 차원해석에 의하면 몇 개의 무차원수로 나타낼 수 있는가?

① 1   ② 2
③ 3   ④ 4

해설 점성계수($FL^{-2}T$), 속도(LT^{-1})
차원(길이 L, 질량 M, 시간 T)
LMT계(절대단위계) : 길이 L, 질량 M, 시간 T
LFT계(공학단위계) : 길이 L, 힘 F, 시간 T
차원해석 단위 중 g · kg이 있으면 F
단위 중에 cm나 m가 있으면 L
단위 중에 sec, min이 있으면 T
점성계수(μ)=g/cm · s(CGS 절대단위),
              g · s/cm^2(MKS 공학단위계)
무차원수=물리량수−기본차원수=4−3=1

13 단면적이 변하는 관로를 비압축성 유체가 흐르고 있다. 지름이 15cm인 단면에서의 평균속도가 4m/s이면 지름이 20cm인 단면에서의 평균속도는 몇 m/s인가?

① 1.05   ② 1.25
③ 2.05   ④ 2.25

해설 평균속도$(V)=\dfrac{A^1}{A^2}\times V=\dfrac{0.15^2}{0.2^2}\times 4=2.25\text{m/s}$

14 강관 속을 물이 흐를 때 넓이 250cm^{2}에 걸리는 전단력이 2N이라면 전단응력은 몇 kg/m · s^{2}인가?

① 0.4   ② 0.8
③ 40   ④ 80

해설 전단응력$(\tau)=\dfrac{du}{dy}\cdot\mu$
1뉴턴(N) $=1\text{kg}\cdot\text{m/s}^2$
1kgf $=9.8\text{N}$
$\therefore\ \tau=\dfrac{F}{A}=\dfrac{2}{250\times 10^{-4}}=80\text{kg/m}\cdot\text{s}^2$
※ $250\text{cm}^2\times 10^{-4}=(\text{m}^2)$

15 전양정 15m, 송출량 0.02m^3/s, 효율 85%인 펌프로 물을 수송할 때 축동력은 몇 마력인가?

① 2.8PS
② 3.5PS
③ 4.7PS
④ 5.4PS

해설 $\text{PS}=\dfrac{\gamma QH}{75\times\eta}=\dfrac{1{,}000\times 0.02\times 15}{75\times 0.85}=4.70\text{PS}$
물의 비중량(1,000kg/m^3)

16 어떤 유체의 운동문제에 8개의 변수가 관계되어 있다. 이 8개의 변수에 포함되는 기본 차원이 질량 M, 길이 L, 시간 T일 때 π 정리로서 차원해석을 한다면 몇 개의 독립적인 무차량 π 를 얻을 수 있는가?

① 3개   ② 5개
③ 8개   ④ 11개

해설 무차원수=물리량수−기본차원수(3)
            =8−3=5개

17 다음 [그림]은 회전수가 일정한 경우 펌프의 특성곡선이다. 효율곡선에 해당하는 것은?

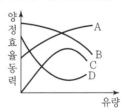

① A   ② B
③ C   ④ D

해설 펌프의 특성곡선

18 [그림]과 같이 비중이 0.85인 기름과 물이 층을 이루며 뚜껑이 열린 용기에 채워져 있다. 물의 가장 낮은 밑바닥에서 받는 게이지압력은 얼마인가?(단, 물의 밀도는 1,000kg/m³이다.)

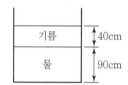

① 3.33kPa   ② 7.45kPa
③ 10.8kPa   ④ 12.2kPa

해설 ㉠ 물 $1mAq = 0.1kgf/cm^2 = 10kPa$
㉡ 물 $90cm = 0.9m = 10 \times 0.9 = 9kPa$
∴ $atg = 9 + (40 \times 10^{-2} \times 0.85 \times 10) = 12.4kPa$

19 다음 중 압력이 100kPa이고 온도가 30℃인 질소 ($R = 0.26kJ/kg \cdot K$)의 밀도(kg/m³)는?

① 1.02   ② 1.27
③ 1.42   ④ 1.64

해설 $PV = GRT$
$G(\rho) = \dfrac{PV}{RT} = \dfrac{100 \times 1}{0.26 \times (30 + 273)} = 1.27kg/m^3$

20 온도 20℃의 이상기체가 수평으로 놓인 관 내부를 흐르고 있다. 유동 중에 놓인 작은 물체의 코에서의 정체온도(Stagnation Temperature)가 $T_s = 40℃$이면 관에서의 기체 속도(m/s)는?(단, 기체의 정압비열 $C_p = 1,040J/(kg \cdot K)$이고, 등엔트로피 유동이라고 가정한다.)

① 204   ② 217
③ 237   ④ 253

해설 정체온도$(T_s) = T + \dfrac{k-1}{kR} \cdot \dfrac{V^2}{V}$

이상기체를 공기로 보고
정적비열$(C_v) = C_p - R$ 공기분자량 29
$1,040 - \dfrac{8,314}{29} = 75J/kg \cdot K$

$k = \dfrac{C_p}{C_v} = \dfrac{1,040}{753} = 1.38114$

$T_2 - T_1 = \dfrac{k-1}{kR} \times \dfrac{V^2}{2}$, $V = \sqrt{\dfrac{2kR(T_2 - T_1)}{k-1}}$

∴ $V = \sqrt{\dfrac{2 \times 1.38114 \times \dfrac{8,314}{29} \times (0 - 20)}{1.38114 - 1}}$

     $= 204m/s$

일반기체상수$(R) = 8.314kJ/kg \cdot kmol$

SECTION 02 연소공학

21 다음 [보기]에서 설명하는 가스폭발 위험성 평가기법은?

> • 사상의 안전도를 사용하여 시스템의 안전도를 나타내는 모델이다.
> • 귀납적이기는 하나 정량적 분석기법이다.
> • 재해의 확대요인 분석에 적합하다.

① FHA(Fault Hazard Analysis)
② JSA(Job Safety Analysis)
③ EVP(Extreme Value Projection)
④ ETA(Event Tree Analysis)

해설 ETA(사건수분석기법)는 정량적 안전성 평가기법으로, 사고를 일으키는 장치의 이상이나 운전사 실수의 조합을 연역적으로 분석하는 기법

22 랭킨사이클의 과정으로 알맞은 것은?

① 정압가열 → 단열팽창 → 정압방열 → 단열압축
② 정압가열 → 단열압축 → 정압방열 → 단열팽창
③ 등온팽창 → 단열팽창 → 등온압축 → 단열압축
④ 등온팽창 → 단열압축 → 등온압축 → 단열팽창

해설 랭킨사이클

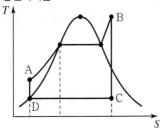

- ㉠ A → B : 정압가열
- ㉡ B → C : 가역단열팽창
- ㉢ C → D : 등온방열(정압)
- ㉣ D → A : 단열압축

23 에틸렌(Ethylene) $1Sm^3$를 완전연소시키는 데 필요한 공기의 양은 약 몇 Sm^3인가?(단, 공기 중의 산소 및 질소의 함량은 21v%, 79v%이다.)

① 9.5
② 11.9
③ 14.3
④ 19.0

해설 C_2H_4(에틸렌가스)

$C_2H_4 + 3O_2 \rightarrow 2CO_2 + 3H_2O$

공기의 양$(A_o) = $ 산소량 $\times \dfrac{1}{0.21}$

$= 3 \times \dfrac{1}{0.21} = 14.3Sm^3/Sm^3$

24 가스의 연소속도에 영향을 미치는 인자에 대한 설명 중 틀린 것은?

① 연소속도는 일반적으로 이론혼합비보다 약간 과 농한 혼합비에서 최대가 된다.
② 층류의 연소속도는 초기온도의 상승에 따라 증가 한다.
③ 연소속도의 압력의존성이 매우 커 고압에서 급격 한 연소가 일어난다.
④ 이산화탄소를 첨가하면 연소범위가 좁아진다.

해설 ㉠ 가연성가스는 고압에서 폭발범위가 넓어진다(단, CO가 스는 제외).
㉡ 연소속도의 인자 : 가스의 성분, 공기와의 혼합비율, 혼합 가스의 온도, 압력 등에 따라 달라진다. 일반적으로 온도 가 높아질수록, 압력이 높을수록 연소속도는 빨라진다.

25 418.6kJ/kg의 내부에너지를 갖는 20℃의 공기 10kg이 탱크 안에 들어 있다. 공기의 내부에너지가 502.3kJ/kg으로 증가할 때까지 가열하였을 경우 이 때의 열량 변화는 약 몇 kJ인가?

① 775
② 793
③ 837
④ 893

해설 열량변화(Q)

$Q = (502.3 - 418.6) \times 10 = 837kJ$

26 프로판 $1Sm^3$를 공기과잉률 1.2로 완전연소시켰을 때 발생하는 건연소가스량은 약 몇 Sm^3인가?

① 28.8
② 26.6
③ 24.5
④ 21.1

해설 실제 건연소가스량$(G_d) = (m - 0.21)A_o + CO_2$

연소반응

$C_3H_8 + 5O_2 \rightarrow 3CO_2 + 4H_2O$

이론공기량$(A_o) = $ 산소량 $\times \dfrac{1}{0.21}$

$= 5 \times \dfrac{1}{0.21} = 23.81m^3/s$

$\therefore\ G_d = (1.2 - 0.21) \times 23.81 + 3 = 26.6Sm^3/Sm^3$

27 다음 중 증기원동기의 가장 기본이 되는 동력사이클은?

① 사바테(Sabathe)사이클
② 랭킨(Rankine)사이클
③ 디젤(Diesel)사이클
④ 오토(Otto)사이클

해설 22번 문제 해설 참고
랭킨사이클 = 증기원동기사이클

28 가연물이 되기 쉬운 조건이 아닌 것은?

① 열전도율이 작다.
② 활성화에너지가 크다.
③ 산소와 친화력이 크다.
④ 가연물의 표면적이 크다.

해설 가연물은 활성화에너지가 작아야 한다.

29 순수한 물질에서 압력을 일정하게 유지하면서 엔트로피를 증가시킬 때 엔탈피는 어떻게 되는가?

① 증가한다.
② 감소한다.
③ 변함없다.
④ 경우에 따라 다르다.

> **해설** 순수물질
> 압력이 일정할 때 엔트로피가 증가하면 엔탈피도 증가한다.

30 다음 중 가역과정은 어느 것인가?

① Carnot 순환
② 연료의 완전연소
③ 관 내의 유체 흐름
④ 실린더 내에서의 급격한 팽창

> **해설** 카르노사이클(가역과정)
>
>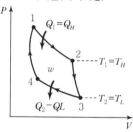
>
> ㉠ 1→2(등온팽창)
> ㉡ 2→3(단열팽창)
> ㉢ 3→4(등온압축)
> ㉣ 4→1(단열압축)

31 임계압력을 가장 잘 정의한 것은?

① 액체가 증발하기 시작할 때의 압력을 말한다.
② 액체가 비등점에 도달했을 때의 압력을 말한다.
③ 액체, 기체, 고체가 공존할 수 있는 최소압력을 말한다.
④ 임계온도에서 기체를 액화시키는 데 필요한 최저의 압력을 말한다.

> **해설** 임계점
> ㉠ 임계온도 : 기체를 액화시키는 데 필요한 최고온도
> ㉡ 임계압력 : 기체를 액화시키는 데 필요한 최저압력

32 최소산소농도(MOC)와 이너팅(Inerting)에 대한 설명으로 틀린 것은?

① LFL(연소하한계)은 공기 중의 산소량을 기준으로 한다.
② 화염을 전파하기 위해서는 최소한의 산소농도가 요구된다.
③ 폭발 및 화재는 연료 농도에 관계없이 산소의 농도를 감소시킴으로써 방지할 수 있다.
④ MOC값은 연소방정식 중 산소의 양론계수와 LFL(연소하한계)의 곱을 이용하여 추산할 수 있다.

> **해설** ㉠ 최소산소농도(MOC) : 공기와 연료 중의 산소 Vol(%)로 구한다.
> ㉡ 이너팅 : 산소의 농도를 최소산소농도 이하로 낮추는 작업 즉, 불활성화를 말한다. 일명 퍼지(Purge)라고 한다.
> ㉢ MOC＝폭발범위하한치(LEL)×산소양론계수(Z)
> $$= \frac{연료몰수}{(연료몰수 \times 공기몰수)} \times \left(\frac{산소몰수}{연료몰수} \right)$$

33 파라핀계 탄화수소의 탄소수 증가에 따른 일반적인 성질 변화로 옳지 않은 것은?

① 인화점이 높아진다.
② 착화점이 높아진다.
③ 연소범위가 좁아진다.
④ 발열량($kcal/m^3$)이 커진다.

> **해설** 탄화수소
> 파라핀계 탄화수소(포화)로, $C_nH_{2n}+2$이며 CH_4, C_2H_6, C_3H_8, C_4H_{10} 등이다. 화학적으로 안정하여 연료로 사용한다. 탄소(C)가 증가하면 착화점이 낮아진다.

34 어느 카르노사이클이 103℃와 −23℃에서 작동되고 있을 때 열펌프의 성적계수는 약 얼마인가?

① 3.5　　　　② 3
③ 2　　　　　④ 0.5

> **해설** 카르노사이클의 열효율$(\eta_c) = 1 - \frac{T_2}{T_1} = 1 - \frac{Q_2}{Q_1}$
> 열펌프(히트펌프)의 성적계수(COP)
> ＝냉동기 성적계수＋1
> $103 + 273 = 376K$, $-23 + 273 = 250K$
> ∴ $COP = \frac{253}{376 - 253} + 1 = 3$

35 표면연소에 대하여 가장 옳게 설명한 것은?

① 오일이 표면에서 연소하는 상태

② 고체연료가 화염을 길게 내면서 연소하는 상태

③ 화염의 외부 표면에 산소가 접촉하여 연소하는 상태

④ 적열된 코크스 또는 숯의 표면에 산소가 접촉하여 연소하는 상태

해설 표면연소 : 목탄, 숯, 코크스(1차 건류된 물질의 연소)

36 자연상태의 물질을 어떤 과정(Process)을 통해 화학적으로 변형시킨 상태의 연료를 2차연료라고 한다. 다음 중 2차연료에 해당하는 것은?

① 석탄 　　　　　② 원유

③ 천연가스 　　　④ LPG

해설 ㉠ 2차연료 : LPG, 도시가스, 휘발유, 등유, 목탄 등

㉡ 1차연료 : 석유, NG(천연가스), 목재 등

37 다음 [보기]에서 열역학에 대한 설명으로 옳은 것을 모두 나열한 것은?

> ㉮ 기체에 기계적 일을 가하여 단열압축시키면 일은 내부에너지로 기체 내에 축적되어 온도가 상승한다.
> ㉯ 엔트로피는 가역이면 항상 증가하고, 비가역이면 항상 감소한다.
> ㉰ 가스를 등온팽창시키면 내부에너지의 변화는 없다.

① ㉮ 　　　　　② ㉯

③ ㉮, ㉰ 　　　④ ㉯, ㉰

해설 가스의 등온팽창

㉠ 열의 방출

㉡ 내부에너지와 엔탈피의 변화가 없다.

㉢ 가열량($_1Q_2$)$= A_1 W_2 = A W_t$(공업일)

　• 가역과정 : 엔트로피의 변화가 없음

　• 비가역과정 : 비가역과정이면 엔트로피는 항상 증가

38 폭발위험예방원칙으로 고려하여야 할 사항에 대한 설명으로 틀린 것은?

① 비일상적 유지관리활동은 별도의 안전관리시스템에 따라 수행되므로 폭발위험장소를 구분하는 때에는 일상적인 유지관리활동만을 고려하여 수행한다.

② 가연성가스를 취급하는 시설을 설계하거나 운전절차서를 작성하는 때에는 0종 장소 또는 1종 장소의 수와 범위가 최대가 되도록 한다.

③ 폭발성가스 분위기가 존재할 가능성이 있는 경우에는 점화원 주위에서 폭발성가스 분위기가 형성될 가능성 또는 점화원을 제거한다.

④ 공정설비가 비정상적으로 운전되는 경우에도 대기로 누출되는 가연성가스의 양이 최소화되도록 한다.

해설 가연성가스를 취급하는 시설을 설계하거나 운전절차서 작성 시에는 위험장소 제1종 장소, 제2종 장소, 0종 장소의 수와 범위가 최소가 되도록 하여야 안전하다.

39 연소범위에 대한 일반적인 설명으로 틀린 것은?

① 압력이 높아지면 연소범위는 넓어진다.

② 온도가 올라가면 연소범위는 넓어진다.

③ 산소농도가 증가하면 연소범위는 넓어진다.

④ 불활성가스의 양이 증가하면 연소범위는 넓어진다.

해설 Ar, N_2, CO_2 등 불활성가스의 양이 감소하면 연소범위가 넓어진다.

40 증기운폭발(VCE)의 특성에 대한 설명 중 틀린 것은?

① 증기운의 크기가 증가하면 점화확률이 커진다.

② 증기운에 의한 재해는 폭발보다는 화재가 일반적이다.

③ 폭발효율이 커서 연소에너지의 대부분이 폭풍파로 전환된다.

④ 누출된 가연성증기가 양론비에 가까운 조성의 가연성 혼합기체를 형성하면 폭굉의 가능성이 높아진다.

해설 증기운폭발(VCE)

- ㉠ V(Vapor)
- ㉡ C(Cloud)
- ㉢ E(Explosion)

증기운폭발이란 대기 중에 대량의 가연성가스나 액체가 유출되어 그것으로부터 발생하는 증기가 대기 중의 공기와 혼합하여 폭발성인 증기운(Vapor Cloud)을 형성하고 이때 착화원에 의하여 화구형태로 착화폭발하는 것이다. 일명 개방계 증기운폭발(UVCE)이다.
③항의 경우 폭풍파보다는 화재발생이 일반적이다.

SECTION 03 가스설비

41 용기용 밸브는 가스 충전구의 형식에 따라 A형, B형, C형의 3종류가 있다. 가스 충전구가 암나사로 되어 있는 것은?

① A형
② B형
③ A형, B형
④ C형

해설 가스 충전구 나사

- ㉠ A형 : 숫나사
- ㉡ B형 : 암나사
- ㉢ C형 : 나사가 없다.

(왼나사 : 가연성, 오른나사 : 불연성, 조연성)

42 비교회전도(비속도, n_s)가 가장 적은 펌프는?

① 축류펌프
② 터빈펌프
③ 볼류트펌프
④ 사류펌프

해설 펌프 비교회전도(n_s)

㉠ 단수가 없는 경우(n_s) $= \dfrac{n \cdot \sqrt{Q}}{H^{3/4}}$

㉡ 단수가 있는 경우(n_s) $= \dfrac{n \cdot \sqrt{Q}}{\left(\dfrac{H}{n}\right)^{3/4}}$

• 터빈펌프는 단수가 있어 n_s가 적다.

43 고압가스 제조시설의 플레어스택에서 처리가스의 액체성분을 제거하기 위한 설비는?

① Knock-out Drum
② Seal Drum
③ Flame Arrestor
④ Pilot Burner

해설 플레어스택에서 처리가스의 액체 제거설비는 Knock-out Drum이다.

44 고압가스 제조장치의 재료에 대한 설명으로 틀린 것은?

① 상온, 상압의 건조상태 염소가스에는 탄소강을 사용한다.
② 아세틸렌은 철, 니켈 등의 철족 금속과 반응하여 금속 카르보닐을 생성한다.
③ 9% 니켈강은 액화 천연가스에 대하여 저온취성에 강하다.
④ 상온, 상압의 수증기가 포함된 탄산가스 배관에는 18-8 스테인리스강을 사용한다.

해설 아세틸렌은 구리, 수은, 은과 반응하여 금속에세틸라이드를 생성한다.

㉠ 구리 : $C_2H_2 + 2Cu \rightarrow Cu_2C_2 + H_2$
㉡ 수은 : $C_2H_2 + 2Hg \rightarrow Hg_2C_2 + H_2$
㉢ 은 : $C_2H_2 + 2Ag \rightarrow Ag_2C_2 + H_2$

45 흡입구경이 100mm, 송출구경이 90mm인 원심펌프의 올바른 표시는?

① 100×90 원심펌프
② 90×100 원심펌프
③ 100-90 원심펌프
④ 90-100 원심펌프

해설

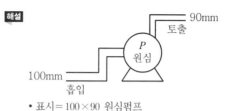

• 표시= 100×90 원심펌프

46 저압배관에서의 압력손실 원인으로 가장 거리가 먼 것은?

① 마찰저항에 의한 손실

② 배관의 입상에 의한 손실

③ 밸브 및 엘보 등 배관 부속품에 의한 손실

④ 압력계, 유량계 등 계측기 불량에 의한 손실

해설 가스압력계에서는 압력손실이 없다.

저압배관 관경$(Q) = K\sqrt{\dfrac{D^5 \times h}{S \times L}}$

• h = 허용압력손실

47 액화석유가스를 사용하고 있던 가스레인지를 도시가스로 전환하려고 한다. 다음 조건으로 도시가스를 사용할 경우 노즐 구경은 약 몇 mm인가?

• LPG 총발열량(H_1) : 24,000kcal/m^3
• LNG 총발열량(H_2) : 6,000kcal/m^3
• LPG 공기에 대한 비중(d_1) : 1.55
• LNG 공기에 대한 비중(d_2) : 0.65
• LPG 사용압력(P_1) : 2.8kPa
• LNG 사용압력(P_2) : 1.0kPa
• LPG를 사용하고 있을 때의 노즐구경(D_1) : 0.3mm

① 0.2
② 0.4
③ 0.5
④ 0.6

해설 노즐 지름(D_2)

$$D_2 = D_1 \times \sqrt{\dfrac{WI_1 \sqrt{P_1}}{WI_2 \sqrt{P_2}}}$$

$$= 0.3 \times \sqrt{\dfrac{\dfrac{24,000}{\sqrt{1.55}} \times \sqrt{2.8}}{\dfrac{6,000}{\sqrt{0.65}} \times \sqrt{1.0}}}$$

$$= 0.6\text{mm}$$

48 고압가스의 이음매 없는 용기 밸브의 부착부 나사의 치수 측정방법은?

① 링게이지로 측정한다.

② 평형수준기로 측정한다.

③ 플러그게이지로 측정한다.

④ 버니어캘리퍼스로 측정한다.

해설 이음매 없는 용기밸브 나사의 치수 측정 : 플러그게이지로 측정

㉠ 링게이지 : 공작물의 치수가 어떤 한계 내에 들어있는가를 점검할 때 사용

㉡ 평형수준기 : 수평면에 대한 경사를 조정한다(기포관을 사용한다).

㉢ 버니어캘리퍼스 : 길이나 높이 등 기계류의 치수를 정밀하게 측정하는 자의 일종

49 이음매 없는 용기와 용접용기의 비교 설명으로 틀린 것은?

① 이음매가 없으면 고압에서 견딜 수 있다.

② 용접용기는 용접으로 인하여 고가이다.

③ 만네스만식, 에르하르트식 등이 이음매 없는 용기의 제조법이다.

④ 용접용기는 두께공차가 적다.

해설 이음매 없는 용기(고압용기)는 제작이 까다로워 가격이 고가이다(LPG 등의 용접용기는 저압용기이다).

50 LNG, 액화산소, 액화질소 저장탱크설비에 사용되는 단열재의 구비조건에 해당되지 않는 것은?

① 밀도가 클 것

② 열전도도가 작을 것

③ 불연성 또는 난연성일 것

④ 화학적으로 안정되고 반응성이 적을 것

해설 단열재, 보온재는 다공질층이어서 밀도가 작아야 한다.

51 압축기의 윤활유에 대한 설명으로 틀린 것은?

① 공기압축기에는 양질의 광유가 사용된다.

② 산소압축기에는 물 또는 15% 이상의 글리세린수가 사용된다.

③ 염소압축기에는 진한 황산이 사용된다.

④ 염화메탄의 압축기에는 화이트유가 사용된다.

해설 산소(O_2) 압축기용 윤활유

㉠ 물

㉡ 10% 이하의 묽은 글리세린수

52 액화석유가스의 경고성 냄새가 나는 물질(부취제)의 비율은 공기 중 용량으로 얼마의 상태에서 감지할 수 있도록 혼합하여야 하는가?

① 1/100
② 1/200
③ 1/500
④ 1/1,000

해설 부취제 감지량은 가스용량의 $\frac{1}{1,000}$ 이다.

부취제 종류
㉠ THT : 석탄가스 냄새
㉡ TBM : 양파썩는 냄새
㉢ DMS : 마늘 냄새

53 배관용 강관 중 압력배관용 탄소강관의 기호는?

① SPPH
② SPPS
③ SPH
④ SPHH

해설 ㉠ SPPH : 고압배관용
㉡ SPPS : 압력배관용
㉢ SPP : 배관용 탄소강관
㉣ SPHT : 고온배관용 탄소강관
㉤ SPA : 배관용 합금강관
㉥ STS : 스테인리스강관
㉦ SPW : 배관용 아크용접탄소강관
㉧ STH : 보일러열교환기용 탄소강관

54 LP가스의 일반적 특성에 대한 설명으로 틀린 것은?

① 증발잠열이 크다.
② 물에 대한 용해성이 크다.
③ LP가스는 공기보다 무겁다.
④ 액상의 LP가스는 물보다 가볍다.

해설 LP가스는 천연고무에 용해된다. 따라서 실리콘고무제의 누설방지 패킹제가 필요하다.
㉠ 암모니아가스는 물에 대한 용해도가 크다.
㉡ LP가스는 물보다 가벼워서 물 위에 뜬다.

55 중압식 공기분리장치에서 겔 또는 몰리큘라-시브 (Molecular Sieve)에 의하여 주로 제거할 수 있는 가스는?

① 아세틸렌
② 염소
③ 이산화탄소
④ 암모니아

해설 CO$_2$ 제거제
㉠ 몰리큘라시브
㉡ 가성소다(NaOH)

56 저온장치용 재료로서 가장 부적당한 것은?

① 구리
② 니켈강
③ 알루미늄합금
④ 탄소강

해설 탄소강은 저온이 되면 취성이 발생하여 사용이 불가능하다.

57 펌프의 서징(Surging)현상을 바르게 설명한 것은?

① 유체가 배관 속을 흐르고 있을 때 부분적으로 증기가 발생하는 현상
② 펌프 내의 온도변화에 따라 유체가 성분의 변화를 일으켜 펌프에 장애가 생기는 현상
③ 배관을 흐르고 있는 액체의 속도를 급격하여 변화시키면 액체에 심한 압력변화가 생기는 현상
④ 송출압력과 송출유량 사이에 주기적인 변동이 일어나는 현상

해설 서징현상
펌프운전 시 주기적인 한숨 쉬는 소리가 발생하는 것으로 송출압력과 송출유량 사이에 주기적인 변동이 일어나는 현상

58 끓는점이 약 −162℃로서 초저온 저장설비가 필요하며 관리가 다소 복잡한 도시가스의 연료는?

① SNG
② LNG
③ LPG
④ 나프타

해설 액화천연가스(LNG)
㉠ 액화온도 : −162℃
㉡ 액화 시 부피 축소 정도 : $\frac{1}{600}$
㉢ 탱크는 초저온 저장설비 필요
㉣ CH$_4$가스를 액화시킨 가스
㉤ 도시가스로 사용한다.

59 TP(내압시험압력)가 25MPa인 압축가스(질소)용기의 최고충전압력과 안전밸브 작동압력이 옳게 짝지어진 것은?

① 20MPa, 15MPa
② 15MPa, 20MPa
③ 20MPa, 25MPa
④ 25MPa, 20MPa

해설 압축내압시험 및 안전밸브 작동압력

㉠ 최고충전압력의 $\dfrac{3}{5} = 25 \times \dfrac{3}{5} = 15$MPa

㉡ 내압시험의 $\dfrac{8}{10}$ 이하 $= 25 \times \dfrac{8}{10} = 20$MPa

60 도시가스설비 중 압송기의 종류가 아닌 것은?

① 터보형
② 회전형
③ 피스톤형
④ 막식형

해설 막식형 : 다이어프램식 가스미터기이다(실측식 가스미터기).

SECTION 04 가스안전관리

61 고압가스용 가스히트펌프 제조 시 사용하는 재료의 허용전단응력은 설계온도에서 허용 인장응력 값의 몇 %로 하여야 하는가?

① 80%
② 90%
③ 110%
④ 120%

해설 가스히트펌프 : 제조 시 재료의 허용전단응력은 설계온도에서 허용인장응력 값의 80%로 한다(KGS AA112).

62 고압가스 운반차량에 설치하는 다공성 벌집형 알루미늄합금박판(폭발방지제)의 기준은?

① 두께는 84mm 이상으로 하고, 2~3% 압축하여 설치한다.
② 두께는 84mm 이상으로 하고, 3~4% 압축하여 설치한다.
③ 두께는 114mm 이상으로 하고, 2~3% 압축하여 설치한다.
④ 두께는 114mm 이상으로 하고, 3~4% 압축하여 설치한다.

해설 고압가스 운반차량에 설치하는 다공성 벌집형 알루미늄합금박판 : 폭발방지제로 사용하며 두께는 114mm 이상으로 하고 압축하여 설치한다.

63 자동차 용기 충전시설에서 충전기 상부에는 닫집모양의 캐노피를 설치하고 그 면적은 공지면적의 얼마로 하는가?

① $\dfrac{1}{2}$ 이하   ② $\dfrac{1}{2}$ 이상

③ $\dfrac{1}{3}$ 이하   ④ $\dfrac{1}{3}$ 이상

해설 자동차용기 충전시설의 공지면적

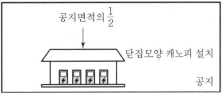

64 최고충전압력의 정의로서 틀린 것은?

① 압축가스 충전용기(아세틸렌가스 제외)의 경우 35℃에서 용기에 충전할 수 있는 가스의 압력 중 최고압력
② 초저온용기의 경우 상용압력 중 최고압력
③ 아세틸렌가스 충전용기의 경우 25℃에서 용기에 충전할 수 있는 가스의 압력 중 최고압력
④ 저온용기 외의 용기로서 액화가스를 충전하는 용기의 경우 내압시험 압력의 3/5배의 압력

해설 아세틸렌가스의 최고충전압력 : 15℃에서 용기에 충전할 수 있는 가스의 압력 중 최고압력

---

65 가연성가스가 대기 중으로 누출되어 공기와 적절히 혼합합된 후 점화가 되어 폭발하는 가스사고의 유형으로, 주로 폭발압력에 의해 구조물이나 인체에 피해를 주며, 대구지하철공사장의 폭발사고를 예로 들 수 있는 폭발형태는?

① BLEVE(Boiling Liquid Expanding Vapor Explosion)
② 증기운폭발(Vapor Cloud Explosion)
③ 분해폭발(Decomposition Explosion)
④ 분진폭발(Dust Explosion)

해설 증기운폭발
가연성가스가 대기 중으로 누출되어 공기와 적절히 혼합된 후 점화가 되어 폭발하는 가스사고의 유형이다(일명 UVCE 폭발).

---

66 저장탱크에 의한 LPG 사용시설에서 실시하는 기밀시험에 대한 설명으로 틀린 것은?

① 상용압력 이상의 기체 입력으로 실시한다.
② 지하매설배관은 3년마다 기밀시험을 실시한다.
③ 기밀시험에 필요한 조치는 안전관리총괄자가 한다.
④ 가스누출검지기로 시험하여 누출이 검지되지 않은 경우 합격으로 한다.

해설 LPG 사용시설의 기밀시험
안전관리책임자가 필요한 조치를 한다.

---

67 내용적이 100L인 LPG용 용접용기의 스커트 통기면적 기준은?

① 100mm² 이상   ② 300mm² 이상
③ 500mm² 이상   ④ 1,000mm² 이상

해설 LPG 용기 내용적의 용접용기 스커트 통기면적 기준
㉠ 20L 이상~25L 미만 : 300mm² 이상
㉡ 25L 이상~50L 미만 : 500mm² 이상
㉢ 50L 이상~125L 미만 : 1,000mm² 이상

---

68 고압가스 제조 시 산소 중 프로판가스의 용량이 전체 용량의 몇 % 이상인 경우 압축을 하지 않는가?

① 1%   ② 2%
③ 3%   ④ 4%

해설 산소 중 가연성가스 용량이 전 용량의 4% 이상이면 압축을 금지한다(단, C_2H_2, C_2H_4, H_2는 제외).
※ 산소 중 C_2H_2, C_2H_4, H_2의 용량 합계가 전 용량의 2% 이상일 시 압축을 금지한다.

---

69 지하에 설치하는 지역정압기에는 시설의 조작을 안전하고 확실하게 하기 위하여 안전조작에 필요한 장소의 조도는 몇 럭스 이상이 되도록 설치하여야 하는가?

① 100럭스   ② 150럭스
③ 200럭스   ④ 250럭스

해설 지하 설치 지역정압기의 안전 조작에 필요한 장소 조도 : 150럭스 이상

---

70 동·암모니아 시약을 사용한 오르자트법에서 산소의 순도는 몇 % 이상이어야 하는가?

① 98%   ② 98.5%
③ 99%   ④ 99.5%

해설 ㉠ 산소 : 99.5% 이상
㉡ 아세틸렌 : 98% 이상
㉢ 수소 : 98.5% 이상

---

71 고압가스설비를 이음쇠에 의하여 접속할 때에는 상용압력이 몇 MPa 이상이 되는 곳의 나사는 나사게이지로 검사한 것이어야 하는가?

① 9.8MPa 이상
② 12.8MPa 이상
③ 19.6MPa 이상
④ 23.6MPa 이상

해설 고압가스설비의 이음쇠 접속
상용압력이 19.6MPa 이상이 되는 곳 나사는 나사게이지로 검사하여야 한다. 또한 이음새 밸브류를 나사로 조일 시 하중이 지나치게 걸리지 않게 주의한다.

72 염소가스의 제독제로 적당하지 않은 것은?

① 가성소다수용액　　② 탄산소다수용액
③ 소석회　　　　　　④ 물

해설 제독제
　㉠ 가성소다수용액 : 염소, 포스겐, 시안화수소, 아황산가스 등
　㉡ 탄산소다수용액 : 염소, 황화수소, 아황산가스 등
　㉢ 소석회 : 염소, 포스겐
　㉣ 물 : 아황산가스, 암모니아, 산화에틸렌, 염화메탄

73 고압가스 저장탱크를 지하에 설치 시 저장탱크실에 사용하는 레디믹스콘크리트의 설계강도 범위의 상한값은?

① 20.6MPa　　　② 21.6MPa
③ 22.5MPa　　　④ 23.5MPa

해설 고압가스의 지하 설치 시 저장탱크실의 레디믹스콘크리트 설계강도 상한값 : 23.5MPa(21~23.5MPa이 범위)

74 금속플렉시블 호스 제조자가 갖추지 않아도 되는 검사설비는?

① 염수분무시험설비　　② 출구압력측정시험설비
③ 내압시험설비　　　　④ 내구시험설비

해설 금속플렉시블 호스 제조사가 갖추어야 할 검사설비
①, ③, ④항 설비 외에도 치수측정설비, 기밀시험설비, 유량측정설비, 비틀림시험 장치, 굽힘시험장치, 충격시험기, 재열시험설비, 냉열시험설비, 난연성시험설비, 내부응력부식균열시험설비 등을 갖추어야 한다.

75 액화석유가스의 용기충전 기준 중 로딩암을 실내에 설치하는 경우 환기구 면적의 합계기준은?

① 바닥면적의 3% 이상
② 바닥면적의 4% 이상
③ 바닥면적의 5% 이상
④ 바닥면적의 6% 이상

해설 로딩암을 실내에 설치하는 경우 환기구 면적은 바닥면적의 6% 이상이어야 한다.

※ 로딩암 : 충전 시설 건축물 외부에 설치하는 것으로, 차량에 고정된 탱크로부터 가스를 이입할 수 있도록 설치하는 것. 다만 건축물 내부에 설치할 시에는 바닥면에 접하여 환기구를 2방향 이상 설치해야 한다.

76 도시가스제조소의 가스누출통보설비로서 가스경보기검지부의 설치장소로 옳은 것은?

① 증기, 물방울, 기름 섞인 연기 등의 접촉부위
② 주위의 온도 또는 복사열에 의한 열이 40℃ 이하가 되는 곳
③ 설비 등에 가려져 누출가스의 유통이 원활하지 못한 곳
④ 차량 또는 작업 등으로 인한 파손 우려가 있는 곳

해설 도시가스제조소의 가스누출통보설비로서 가스경보기검지부의 설치장소
주위의 온도 또는 복사열에 의한 열이 40℃ 이하가 되는 곳에 설치한다.

77 독성가스의 운반기준으로 틀린 것은?

① 독성가스 중 가연성가스와 조연성 가스는 동일차량 적재함에 운반하지 아니한다.
② 차량의 앞뒤에 붉은 글씨로 "위험고압가스", "독성가스"라는 경계표시를 한다.
③ 허용농도가 100만분의 200 이하인 압축독성가스 $10m^3$ 이상을 운반할 때는 운반책임자를 동승시켜야 한다.
④ 허용농도가 100만분의 200 이하인 액화독성가스를 10kg 이상 운반할 때는 운반책임자를 동승시켜야 한다.

해설 독성허용농도$\left(\dfrac{200}{100만}\right)$ 이하 운반기준(운반책임자 동승기준)
㉠ 독성액화가스 : 100kg 이상
㉡ 독성압축가스 : $10m^3$ 이상

78 다음 중 발화원이 될 수 없는 것은?

① 단열압축　　　　② 액체의 감압
③ 액체의 유동　　　④ 가스의 분출

해설 액화가스에서 액체를 감압하면 발화가 방지된다(압력이 저하된다).

79 100kPa의 대기압하에서 용기 속 기체의 진공압력이 15kPa이었다. 이 용기 속 기체의 절대압력은 몇 kPa인가?

① 85   ② 90

③ 95   ④ 115

해설 절대압력
게이지압력 + 대기압
대기압 − 진공압력
∴ 100 − 15 = 85kPa

80 다음 ( ) 안에 순서대로 들어갈 알맞은 수치는?

> 초저온용기의 충격시험은 3개의 시험편 온도를 섭씨 ( )℃ 이하로 하여 그 충격치의 최저가 ( )J/cm² 이상이고 평균 ( )J/cm² 이상인 경우를 적합한 것으로 한다.

① −100, 10, 20   ② −100, 20, 30

③ −150, 10, 20   ④ −150, 20, 30

해설 초저온 용기 충격시험 기준
㉠ 온도 : −150℃ 이하
㉡ 충격치 최저가 : $20J/cm^2(2kg \cdot m/cm^2)$
㉢ 충격치 평균값 : $30J/cm^2(3kg \cdot m/cm^2)$

SECTION 05 가스계측

81 다음은 기체크로마토그래피의 크로마토그램이다. t, t_1, t_2는 무엇을 나타내는가?

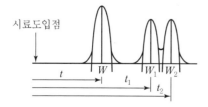

① 이론단수
② 체류시간
③ 분리관의 효율
④ 피크의 좌우 변곡점 길이

해설 ㉠ t, t_1, t_2 : 가스시료의 체류시간
㉡ W : 바탕선의 길이
㉢ 이론단수 계산$(N) = 16 \times \left(\dfrac{T_r}{W}\right)^2$
㉣ 이론단 높이(HETP) = $\dfrac{L}{N}$
㉤ 분리도 계산$(R) = \dfrac{2(t_2 - t_1)}{W_1 + W_2}$

82 기체 크로마토그래피 분석법에서 자유전자의 포착성질을 이용하여 전자 친화력이 있는 화합물에만 감응하는 원리를 적용하여 환경물질분석에 널리 이용하는 검출기는?

① TCD   ② FPD

③ ECD   ④ FID

해설 ㉠ ECD : 전자포획이온화 검출기
㉡ FID : 수소염이온화 검출기
㉢ FPD : 염광광도형 검출기
㉣ FTD : 알칼리성 이온화 검출기

83 다음 중 가장 저온에서 연속하여 사용할 수 있는 열전대 온도계 형식은?

① T형   ② R형

③ S형   ④ L형

해설 열전대
㉠ T형(동−콘스탄탄) : −200~350℃
㉡ R형(백금−백금로듐) : 0~1,600℃
㉢ J형(철−콘스탄탄) : −20~800℃
㉣ K형(크로멜−알루멜) : −20~1,200℃

84 직접 체적유량을 측정하는 적산유량계로서 정도(精度)가 높고 고점도의 유체에 적합한 유량계는?

① 용적식 유량계   ② 유속식 유량계

③ 전자식 유량계   ④ 면적식 유량계

[해설] 용적식 유량계(적산유량계) : 오벌기어식, 루트식, 로터리 피스톤식, 회전원판형, 가스미터기

---

85 절대습도(Absolute Humidity)를 가장 바르게 나타낸 것은?

① 습공기 중에 함유되어 있는 건공기 1kg에 대한 수증기의 중량

② 습공기 중에 함유되어 있는 습공기 $1m^3$에 대한 수증기의 체적

③ 기체의 절대온도와 그것과 같은 온도에서의 수증기로 포화된 기체의 습도비

④ 존재하는 수증기의 압력과 그것과 같은 온도에서의 포화수증기압과의 비

[해설] 절대습도$(x) = \dfrac{G_w}{G_o} = \dfrac{G_w}{G - G_w}(kg/kgDA)$

여기서, G_w(수증기중량)

$\quad\quad G_o$(건공기중량)

$\quad\quad G$(습공기 전중량)

• ① : 절대습도

  ④ : 상대습도

---

86 가스계량기는 실측식과 추량식으로 분류된다. 다음 중 실측식이 아닌 것은?

① 건식   ② 회전식

③ 습식   ④ 벤투리식

[해설]
- 실측식
  - 건식 : 독립내기식, 그로바식
  - 회전식 : 루츠식, 오벌식, 로터리피스톤식
  - 습식
- 추량식(간접식) : 터빈형, 오리피스식, 벤투리식, 델타식

---

87 압력센서인 스트레인게이지의 응용원리는?

① 전압의 변화   ② 저항의 변화

③ 금속선의 무게 변화   ④ 금속선의 온도 변화

[해설] 스트레인게이지(금속산화물)

전기의 저항 변화를 이용한 압력계(응답속도가 빠르고 초고압이나 특수목적에 사용)

---

88 반도체식 가스누출검지기의 특징에 대한 설명으로 옳은 것은?

① 안정성은 떨어지지만 수명이 길다.

② 가연성가스 이외의 가스는 검지할 수 없다.

③ 소형·경량화가 가능하며 응답속도가 빠르다.

④ 미량가스에 대한 출력이 낮으므로 감도는 좋지 않다.

[해설] ㉠ 가연성가스 검출기

• 간섭계형 : 가스의 굴절률 차 이용

• 열선형 : 열전도식, 연소식

㉡ 반도체식 가스누출검지기 : 소형. 경량화 가능하며 응답속도가 빠르다.

---

89 비례제어기로 60~80℃ 범위로 온도를 제어하고자 한다. 목푯값이 일정한 값으로 고정된 상태에서 측정된 온도가 73~76℃로 변할 때 비례대역은 약 몇 % 인가?

① 10%   ② 15%

③ 20%   ④ 25%

[해설] $80 - 60 = 20℃$

$76 - 73 = 3℃$

$\therefore \dfrac{3}{20} \times 100 = 15\%$

---

90 원형 오리피스를 수면에서 10m인 곳에 설치하여 매 분 $0.6m^3$의 물을 분출시킬 때 유량계수가 0.6인 오리피스의 지름은 약 몇 cm인가?

① 2.9   ② 3.9

③ 4.9   ④ 5.9

[해설] 유속$(V) = \sqrt{2gh} = \sqrt{2 \times 9.8 \times 10} = 14m/s$

유량$(Q) = \dfrac{0.6m^3/min}{60s/min} = 0.01m^3/s$

$\therefore d = \sqrt{\dfrac{4Q}{\pi VC}} = \sqrt{\dfrac{4 \times 0.01}{3.14 \times 14 \times 0.6}}$

$\quad\quad = 0.039m = 3.9cm$

---

91 오르자트 가스분석기의 구성이 아닌 것은?

① 칼럼　　　　　② 뷰렛
③ 피펫　　　　　④ 수준병

해설 기기분석법(가스크로마토그래프)에서 칼럼(분리관), 캐리어(전개제)가스는 Ar, He, H_2, N_2 등이다.
종류는 FID, TCD, ECD 등이 있다.

92 습식가스미터에 대한 설명으로 틀린 것은?

① 계량이 정확하다.
② 설치공간이 크다.
③ 일반 가정용에 주로 사용한다.
④ 수위조정 등 관리가 필요하다.

해설 습식가스미터(실측식)는 기준기 즉 연구실 실험용 가스미터이다.
㉠ 계량이 정확하다.
㉡ 사용 중 기차의 변동이 거의 없다.
㉢ 사용 중 수위의 조정이 필요하다.
㉣ 설치 스페이스가 필요하다.
㉤ 0.2~3,000㎥/h 용량이다.

93 국제표준규격에서 다루고 있는 파이프(Pipe) 안에 삽입되는 차압 1차 장치(Primary Device)에 속하지 않는 것은?

① Nozzle(노즐)
② Thermo Well(서모 웰)
③ Venturi Nozzle(벤투리 노즐)
④ Orifice Plate(오리피스 플레이트)

해설 국제표준규격 파이프 안에 삽입하는 차압 1차 장치 :
①, ③, ④항 장치
• 서모 웰 기능 : 온도, 열량 측정기능

94 피토관은 측정이 간단하지만 사용방법에 따라 오차가 발생하기 쉬우므로 주의가 필요하다. 이에 대한 설명으로 틀린 것은?

① 5m/s 이하인 기체에는 적용하기 곤란하다.
② 흐름에 대하여 충분한 강도를 가져야 한다.

③ 피토관 앞에는 관지름 2배 이상의 직관길이를 필요로 한다.
④ 피토관 두부를 흐름의 방향에 대하여 평행으로 붙인다.

해설 피토관 : 정압관과 수면차(동압력)를 이용하여 관 전면의 유속을 측정한다($V = \sqrt{2gh}$).

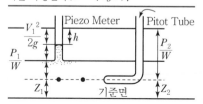

95 가스미터가 규정된 사용공차를 초과할 때의 고장을 무엇이라 하는가?

① 부동　　　　　② 불통
③ 기차불량　　　④ 감도불량

해설 기차불량
규정된 사용공차를 초과할 때의 고장이다.
㉠ 부동 : 회전자는 회전하나 지침이 작동하지 않는 고장
㉡ 불통 : 회전자의 회전이 정지하여 가스가 통과하지 못하는 고장으로 회전자 베어링의 마모, 민지, Seal 등의 이물질 부착이 원인이다.
㉢ 감도불량 : 가스미터기에서 가스유량 시 감도를 느끼지 못하여 유량측정이 불량함

96 순간적으로, 무한대의 입력에 대한 변동하는 출력을 의미하는 응답은?

① 스텝응답　　　② 직선응답
③ 정현응답　　　④ 충격응답

해설 충격응답
순간적으로, 무한대의 입력에 대한 변동하는 출력을 의미한다.
㉠ 스텝응답 : 입력신호가 어떤 일정한 값에서 다른 일정한 값으로 갑자기 변화되었을 경우에 반응을 의미한다.
㉡ 정현응답 : 어떤 계통의 초기상태가 0일 때 정현파 입력에 대한 출력시간의 응답신호이다.

97 석유제품에 주로 사용하는 비중 표시방법은?

① Alcohol도   ② API도

③ Baume도   ④ Twaddell도

> **해설** 석유제품 비중 표시법 : API(American Petroleum Institute)도
>
> $$\therefore \ \frac{141.5}{\text{비중}(60°F/60°F)} - 131.5$$

98 초산납 10g을 물 90mL로 용해하여 만드는 시험지와 그 검지가스가 바르게 연결된 것은?

① 염화파라듐지 $-H_2S$

② 염화파라듐지 $-CO$

③ 연당지 $-H_2S$

④ 연당지 $-CO$

> **해설** ㉠ H_2S(황화수소) : 연당지(초산납 시험지)
> ㉡ CO(일산화탄소) : 염화파라듐지
> ㉢ Cl_2(염소) : KI 전분지
> ㉣ $COCl_2$(포스겐) : 해리슨 시험지

99 헴펠식 가스분석법에서 수소나 메탄은 어떤 방법으로 성분을 분석하는가?

① 흡수법   ② 연소법

③ 분해법   ④ 증류법

> **해설** 흡수법인 헴펠식 가스분석에서 H_2, CH_4 등 가연성가스의 성분분석은 연소법을 이용한다.
>
> | 가스성분 | 흡수액 |
> |---|---|
> | CO_2 | 33% KOH 용액 |
> | C_mH_n | 발연황산 |
> | O_2 | 알칼리성 피로카롤용액 |
> | CO | 암모니아성 염화제1동용액 |

100 다음 중 열선식 유량계에 해당하는 것은?

① 델타식

② 애뉼바식

③ 스웰식

④ 토마스식

> **해설** ㉠ 와류식 유량계
> - 델타유량계
> - 스와르메타 유량계
> - 카르만 유량계
> ㉡ 열선식 유량계
> - 토마스식 미터
> - 미풍계
> - Thermal식
> ㉢ 초음파식 유량계(도플러식 유량계)
> - 싱 어라운드법
> - 위상차법
> - 시간차법

SECTION 01 　가스유체역학

01 직경이 10cm인 90° 엘보에 계기압력 2kgf/cm²의 물이 3m/s로 흘러 들어온다. 엘보를 고정시키는 데 필요한 x방향의 힘은 약 몇 kgf인가?

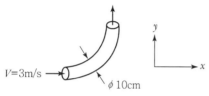

① 157 　　　　　② 164
③ 171 　　　　　④ 179

해설 물의 유량$(Q) = A \times V$

$A = \dfrac{\pi}{4}d^2 = \dfrac{3.14}{4} \times (0.1)^2 = 0.00785\text{m}^2$

∴ 물의 유량$(Q) = 0.00785 \times 3 = 0.02355\text{m}^3/\text{s}$

물의 밀도$(\rho) = 1,000\text{kg/m}^2 = 1,000\text{Ns}^2/\text{m}^4$
$\qquad\qquad = 102\text{kgf} \cdot \text{s}^2/\text{m}^4$

$EF_x = \rho(V_{x2} - V_{x1}),\ V_{x2} = 0,\ V_{x1} - 3\text{m/s}$

$EF_x = P_1 A_1 - R_x = \dfrac{1,000}{9.8}\left(\dfrac{\pi}{4} \times 0.1^2 \times 3\right)(0-3)$

힘$(R_x) = 2 \times \dfrac{\pi \times 10^2}{4} + \dfrac{1,000}{9.8}\left(\dfrac{\pi}{4} \times 0.1^2 \times 3\right) \times 3$
$\qquad = 164\text{kgf}$

$P_x = \rho Q(V_{2x} - V_{1x})$
$\qquad = 102 \times 0.02355(-90\cos 90 - 90)$

---

02 유체의 흐름에 대한 설명 중 옳은 것을 모두 나타내면?

> ㉮ 난류전단응력은 레이놀즈응력으로 표시할 수 있다.
> ㉯ 박리가 일어나는 경계로부터 후류가 형성된다.
> ㉰ 유체와 고체벽 사이에는 전단응력이 작용하지 않는다.

① ㉮ 　　　　　② ㉮, ㉯
③ ㉮, ㉯ 　　　　④ ㉮, ㉯, ㉰

해설 유체의 흐름
　㉠ 난류전단응력 : 레이놀즈응력으로 표시 가능

㉡ 박리현상(Separation) 박리가 일어나는 경계로부터 후류가 형성된다.

㉢ 파이프 등에서 유체가 흐름에 따라 벽에서 전단응력이 발생한다.

---

03 수면의 높이차가 20m인 매우 큰 두 저수지 사이에 분당 60m³로 펌프가 물을 아래에서 위로 이송하고 있다. 이때 전체 손실수두는 5m이다. 펌프의 효율이 0.9일 때 펌프에 공급해 주어야 하는 동력은 얼마인가?

① 163.3kW 　　　② 220.5kW
③ 245.0kW 　　　④ 272.2kW

해설 펌프 수동력(P)

$P = \dfrac{1,000 \times Q \times H}{102 \times \eta}$

$\quad = \dfrac{1,000 \times \left(\dfrac{60}{60}\right) \times (20+5)}{102 \times 0.9} = 272.2\text{kW}$

---

04 다음과 같은 베르누이 방정식이 적용되는 조건을 모두 나열한 것은?

> $$\dfrac{P}{\gamma} + \dfrac{V^2}{2g} + Z = \text{일정}$$
>
> ㉮ 정상상태의 흐름 　　㉯ 이상유체의 흐름
> ㉰ 압축성유체의 흐름 　㉱ 동일 유선상의 유체

① ㉮, ㉯, ㉱ 　　　② ㉯, ㉱
③ ㉮, ㉰ 　　　　④ ㉯, ㉰, ㉱

해설 ㉠ 베르누이 방정식

　$\dfrac{P}{\gamma}$(압력수두), $\dfrac{V^2}{2g}$(속도수두),

　Z(위치수두), H(전수두)

㉡ 베르누이 방정식이 적용 가능한 것
　• 정상류
　• 무마찰
　• 비압축성
　• 동일 유선상

---

05 실린더 내에 압축된 액체가 압력 100MPa에서는 0.5m³의 부피를 가지며, 압력 101MPa에서는 0.495m³의 부피를 갖는다. 이 액체의 체적탄성계수는 약 몇 MPa인가?

① 1   ② 10

③ 100   ④ 1,000

해설 체적탄성계수

압축률 β의 역이다.

$$K = \frac{1}{\beta}$$

$$= \frac{dV}{\dfrac{dV}{V_1}}$$

$$= \frac{100}{\dfrac{0.495}{0.5}}$$

$$\fallingdotseq 100\text{MPa}$$

06 두 평판 사이에 유체가 있을 때 이동평판을 일정한 속도 u로 운동시키는 데 필요한 힘 F에 대한 설명으로 틀린 것은?

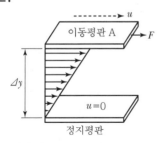

① 평판의 면적이 클수록 크다.

② 이동속도 u가 클수록 크다.

③ 두 평판의 간격 Δy가 클수록 크다.

④ 평판 사이에 점도가 큰 유체가 존재할수록 크다.

해설 뉴턴의 점성법칙

정지평판과 이동평판의 평행한 사이에 유체가 있을 때 이동평판을 움직이면 평판에 가해진 F(힘)은 유체와 접촉된 A(평판면적)와 u(속도)에 비례하고 두 평판 사이의 거리 (Δd)에 반비례한다.

• 평판 사이에 점도가 큰 유체가 존재할수록 필요한 힘은 커진다.

• 전단응력$(\tau) = \mu \dfrac{du}{\Delta y}$

07 동점도(Kinematic Viscosity) ν가 4Stokes인 유체가 안지름 10cm인 관 속을 80cm/s의 평균속도로 흐를 때 이 유체의 흐름에 해당하는 것은?

① 플러그흐름   ② 층류

③ 전이영역의 흐름   ④ 난류

해설 레이놀즈수$(Re) = \dfrac{\rho DV}{\mu} = \dfrac{DV}{\nu}$

$\therefore Re = \dfrac{10 \times 80}{4} = \dfrac{800}{4} = 200$ (2,100보다 작으므로 층류이다.)

08 압축성 이상기체의 흐름에 대한 설명으로 옳은 것은?

① 무마찰, 등온흐름이면 압력과 부피의 곱은 일정하다.

② 무마찰, 단열흐름이면 압력과 온도의 곱은 일정하다.

③ 무마찰, 단열흐름이면 엔트로피는 증가한다.

④ 무마찰, 등온흐름이면 정체온도는 일정하다.

해설 압축성 유체(압축성 이상기체)

㉠ 단면이 일정한 배관에서 등온마찰은 비단열적이다.

㉡ 마하수는 유체의 속도와 음속의 비로 나눈다.

㉢ 무마찰, 등온흐름이면 압력과 부피의 곱은 일정하다.

09 다음 중 1cP(centiPoise)를 옳게 나타낸 것은 어느 것인가?

① $10\text{kg} \cdot \text{m}^2/\text{s}$ ② $10^{-2}\text{dyne} \cdot \text{cm}^2/\text{s}$

③ $1\text{N}/\text{cm} \cdot \text{s}$ ④ $10^{-2}\text{dyne} \cdot \text{s}/\text{cm}^2$

해설 $1\text{cP} = \dfrac{1}{100}\text{P} = 0.01\text{P}$

$\text{P}(푸아즈) = \text{g}/\text{cm} \cdot \text{s} = 0.1\text{kg}/\text{m} \cdot \text{s} = 0.1\text{Pa} \cdot \text{S}$

$= \text{dyne} \cdot \text{sec}/\text{cm}^2$

10 등엔트로피 과정하에서 완전기체 중의 음속을 옳게 나타낸 것은?(단, E는 체적탄성계수, R은 기체상수, T는 기체의 절대온도, P는 압력, k는 비열비이다.)

① $\sqrt{PE}$ ② $\sqrt{kRT}$

③ RT ④ PT

해설 SI 등엔트로피 과정 완전기체 중의 음속(V)

$$V = \sqrt{kRT}\,(\text{m/s})$$

11 공기가 79vol% N_2와 21vol% O_2로 이루어진 이상기체 혼합물이라 할 때 25℃, 750mmHg에서 밀도는 약 몇 kg/m³인가?

① 1.16
② 1.42
③ 1.56
④ 2.26

해설 1atm = 760mmHg, $V_2 = V_1 \times \dfrac{T_2}{T_1} \times \dfrac{P_1}{P_2}$

공기의 질량
분자량 N : 28, 산소 : 21을 이용하여,
$\quad\quad = 28 \times 0.79 + 32 \times 0.21 = 28.84\text{kg}$

부피 $= 22.4 \times \dfrac{273 + 25}{273} \times \dfrac{760}{750} = 24.777$

$\therefore$ 밀도$(\rho) = \dfrac{28.84}{24.777} = 1.16\text{kg/m}^3$

12 [그림]은 수축노즐을 갖고 있는 고압용기에서 기체가 분출될 때 질량유량($\dot{m}$)과 배압(P_b)과 용기내부압력(P_r)의 비의 관계를 도시한 것이다. 다음 중 질식된 (Choking) 상태만 모은 것은?

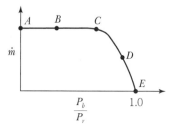

① A, E
② B, D
③ D, E
④ A, B

해설 수축노즐
㉠ $A-B$: 분출밸브가 폐쇄되어 고압용기가 질식상태인 밀봉(밀폐)이 유지된다.
㉡ C : 분출밸브가 개방으로 고압용기의 기체가 분출된다.
㉢ E : 분출압력과 내부압력이 같아진다.

13 지름이 20cm인 원형관이 한 변의 길이가 20cm인 정사각형 단면을 가진 덕트와 연결되어 있다. 원형관에서 물의 평균속도가 2m/s일 때, 덕트에서 물의 평균속도는 얼마인가?

① 0.78m/s
② 1m/s
③ 1.57m/s
④ 2m/s

해설

단면적$(A) = \dfrac{\pi}{4} d^2$ 단면적$(A) =$ 가로×세로

$\therefore 2 \times \dfrac{\dfrac{\pi}{4} \times (0.2)^2}{0.2 \times 0.2} = 1.57\text{m/s}$

14 지름 1cm의 원통관에 5℃의 물이 흐르고 있다. 평균속도가 1.2m/s일 때 이 흐름에 해당하는 것은?(단, 5℃ 물의 동점성계수 ν는 $1.788 \times 10^{-6}\text{m}^2$/s이다.)

① 천이구간
② 층류
③ 포텐셜유동
④ 난류

해설 $Re = \dfrac{\rho V d}{\mu} = \dfrac{Vd}{\nu} = \dfrac{1 \times 10^{-2} \times 1.2}{1.788 \times 10^{-6}} = 6,711$

(Re값이 2,320 이상이므로 난류이다.)

15 다음 중 원형관에서 완전난류 유동일 때 손실수두는?

① 속도수두에 비례한다.
② 속도수두에 반비례한다.
③ 속도수두에 관계없으며, 관의 지름에 비례한다.
④ 속도에 비례하고, 관의 길이에 반비례한다.

해설 마찰손실수두$(H) = f\dfrac{l}{d} \times \dfrac{V^2}{2g}$

여기서, l : 관의 길이, $2g$: 2×9.8
$\quad\quad\quad d$: 관의 지름, V : 속도
• 층류 : 원형관에서 점성계수에 반비례한다.

16 펌프의 흡입부 압력이 유체의 증기압보다 낮을 때 유체 내부에서 기포가 발생하는 현상을 무엇이라고 하는가?

① 캐비테이션
② 이온화현상
③ 서징현상
④ 에어바인딩

해설 캐비테이션
펌프의 흡입부 압력이 유체의 증기압보다 낮을 때 유체 내부에서 기포가 발생하는 현상이다.

17 구형입자가 유체 속으로 자유낙하할 때의 현상으로 틀린 것은?(단, μ는 점성계수, d는 구의 지름, U는 속도이다.)

① 속도가 매우 느릴 때 항력(Drag Force)은 $3\pi\mu dU$이다.
② 입자에 작용하는 힘을 중력, 항력, 부력으로 구분할 수 있다.
③ 항력계수(C_D)는 레이놀즈수가 증가할수록 커진다.
④ 종말속도는 가속도가 감소하여 일정한 속도에 도달한 것이다.

해설
구형
입자

㉠ 난류유동 : 일반적으로 전단응력은 층류유동에서보다 크다.
㉡ 레이놀즈수는 점성과 반비례하므로 유속과 직경이 일정할 때 Re가 크면 점성 영향이 적다는 뜻이다.

$D = C_D \dfrac{\rho A V^2}{2}$ 에서 항력계수,

$C_p = \dfrac{2D}{\rho A V^2} = \dfrac{24}{Re}$

∴ 항력계수는 레이놀즈수(Re)가 증가할수록 작아진다.

18 관 내를 흐르고 있는 액체의 유속이 급격히 감소할 때, 일어날 수 있는 현상은?

① 수격현상
② 서징현상
③ 캐비테이션
④ 수직충격파

해설 수격현상(워터해머)
수격현상은 관 내를 흐르고 있는 액체의 유속이 급속히 감소할 때 일어날 수 있는 현상으로 큰 압력 변화가 발생한다.

19 다음은 축소–확대노즐을 통해 흐르는 등엔트로피흐름에서 노즐거리에 대한 압력분포곡선이다. 노즐출구에서의 압력을 낮출 때 노즐목에서 처음으로 음속흐름(Sonic Flow)이 일어나기 시작하는 선을 나타낸 것은?

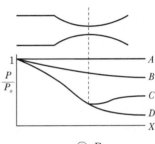

① A
② B
③ C
④ D

해설 축소노즐–확대노즐
㉠ $C-D$: 충격변화발생
㉡ 노즐출구에서의 압력을 낮출 때 노즐목에서 처음 음속흐름이 발생(등엔트로피흐름)

목 ——→ 축소–확대노즐

아음속(M<1)→음속(M=1)→초음속(M>1)

20 다음 중 뉴턴의 점성법칙과 관련성이 가장 먼 것은?

① 전단응력
② 점성계수
③ 비중
④ 속도구배

해설 ㉠ 점성법칙
$1\text{Poise} = 1\text{dyne} \cdot \text{s/cm}^2 = 1\text{g/cm} \cdot \text{s}$
㉡ 뉴턴의 점성법칙
전단응력$(\tau) = \mu\dfrac{du}{dy} = $ 점성계수$\times\dfrac{du}{dy}$

21 공기흐름이 난류일 때 가스연료의 연소현상에 대한 설명으로 옳은 것은?

① 화염이 뚜렷하게 나타난다.
② 연소가 양호하여 화염이 짧아진다.
③ 불완전연소에 의해 열효율이 감소한다.
④ 화염이 길어지면서 완전연소가 일어난다.

해설 공기흐름이 난류 시 가스연료의 연소현상
㉠ 연소가 양호하여 화염이 짧아진다.
㉡ 화염이 짧아지며 완전연소가 가능하다.
㉢ 화염이 흐트러진다.

22 다음 중 연소 시 실제로 사용된 공기량을 이론적으로 필요한 공기량으로 나눈 것을 무엇이라 하는가?

① 공기비   ② 당량비
③ 혼합비   ④ 연료비

해설 공기비(과잉공기계수)$= \dfrac{실제공기량(A)}{이론공기량(A_o)}$

(공기비는 항상 1보다 크다.)

23 다음 중 연소온도를 높이는 방법으로 가장 거리가 먼 것은?

① 연료 또는 공기를 예열한다.
② 발열량이 높은 연료를 사용한다.
③ 연소용 공기의 산소농도를 높인다.
④ 복사전열을 줄이기 위해 연소속도를 늦춘다.

해설 ㉠ 연소실 연소온도를 높이기 위하여 연소속도를 빠르게 한다.
㉡ 복사절연을 줄이기 위해 단열재를 사용한다.

24 메탄 80v%, 에탄 15v%, 프로판 4v%, 부탄 1v%인 혼합가스의 공기 중 폭발하한계값은 약 몇 %인가? (단, 각 성분의 하한계값은 메탄 5%, 에탄 3%, 프로판 2.1%, 부탄 1.8%이다.)

① 2.3   ② 4.3
③ 6.3   ④ 8.3

해설 폭발하한계값

$$\frac{100}{L} = \frac{100}{\dfrac{V_1}{L_1}+\dfrac{V_2}{L_2}+\dfrac{V_3}{L_3}+\dfrac{V_4}{L_4}}$$

$$= \frac{100}{\dfrac{80}{5}+\dfrac{15}{3}+\dfrac{4}{2.1}+\dfrac{1}{1.8}}$$

$$= \frac{100}{23.46} = 4.3(\%)$$

25 다음 중 가역단열과정에 해당하는 것은?

① 정온과정
② 정적과정
③ 등엔탈피과정
④ 등엔트로피과정

해설 가역단열과정
압축기 등이나 이상기체에서 등엔트로피과정

26 가로 4m, 세로 4.5m, 높이 2.5m인 공간에 아세틸렌이 누출되고 있을 때 표준상태에서 약 몇 kg이 누출되면 폭발이 가능한가?

① 1.3   ② 1.0
③ 0.7   ④ 0.4

해설 $C_2H_2 + 2.5\% \rightarrow 2CO_2 + H_2O$, $C_2H_2\ 1kmol = 22.4m^3$
$V = 4 \times 4.5 \times 2.5 = 45m^3$
$G = \dfrac{45}{22.4} \times 26 = 53kg$
아세틸렌의 폭발범위 : 2.5~81%
$\therefore$ 폭발 가능 질량 $= 53 \times \dfrac{2.5}{100} = 1.3kg$

27 다음 중 Diesel Cycle의 효율이 좋아지기 위한 조건은?[단, 압축비를 ε, 단절비(Cut – Off Ratio)를 σ라 한다.]

① ε과 σ가 클수록
② ε이 크고 σ가 작을수록
③ ε이 크고 σ가 일정할수록
④ ε이 일정하고, σ가 클수록

해설 디젤사이클

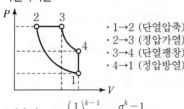

· 1→2 (단열압축)
· 2→3 (정압가열)
· 3→4 (단열팽창)
· 4→1 (정압방열)

효율$(\eta_d) = 1 - \left(\frac{1}{\varepsilon}\right)^{k-1} \times \frac{\sigma^k - 1}{k(\sigma - 1)}$

∴ 디젤사이클은 ε이 크고 σ가 작을수록 효율이 높아진다.

28 가장 미세한 입자까지 집진할 수 있는 집진장치는?

① 사이클론   ② 중력집진기
③ 여과집진기   ④ 스크러버

해설 집진장치에 따른 집진 가능한 입자크기
① 사이클론식(원심식) : $10 \sim 20 \mu m$
② 중력식(건식) : $20 \mu m$
③ 여과식(건식) : $0.1 \sim 20 \mu m$
④ 스크러버식(세정식) : $1 \sim 5 \mu m$

29 메탄가스 $1m^3$를 완전연소시키는 데 필요한 공기량
은 약 몇 Sm^3인가?(단, 공기 중 산소는 21%이다.)

① 6.3   ② 7.5
③ 9.5   ④ 12.5

해설 메탄(CH_4)

$CH_4 + 2O_2 \rightarrow CO_2 + 2H_2O$

$C + O_2 \rightarrow CO_2, \ H_2 + \frac{1}{2}O_2 \rightarrow H_2O$

이론공기량(A_o) = 이론산소량$(O_o) \times \frac{1}{0.21}$

$= 2 \times \frac{1}{0.21} = 9.5 Sm^3$

30 흑체의 온도가 20℃에서 100℃로 되었다면 방사하
는 복사에너지는 몇 배가 되는가?

① 1.6   ② 2.0
③ 2.3   ④ 2.6

해설 복사에너지는 절대온도 4승에 비례한다.
$K = 20 + 273 = 293, \ 100 + 273 = 373K$

$\therefore \left(\frac{T_2}{T_1}\right)^4 = \left(\frac{373}{293}\right)^4 = 2.6$배

31 지구온난화를 유발하는 6대 온실가스가 아닌 것은?

① 이산화탄소   ② 메탄
③ 염화불화탄소   ④ 이산화질소

해설 ㉠ 지구온난화 6대 온실가스
· CO_2(이산화탄소)
· CH_4(메탄)
· N_2O(아산화질소)
· PFC_S(과불화탄소)
· HFC_S(수소불화탄소)
· SF_6(육불화황)
㉡ 규제대상
· CFC_S(염불화탄소)
· H_2O(수증기)
㉢ 간접온실가스
· 질소산화물(NO_X)
· 황산화물(SO_X)
· 일산화탄소(CO)
· 비메탄계 휘발성 유기화합물(NMVOC)

32 산소(O_2)의 기본특성에 대한 설명 중 틀린 것은?

① 오일과 혼합하면 산화력의 증가로 강력히 연소한다.
② 자신은 스스로 연소하는 가연성이다.
③ 순산소 중에서는 철, 알루미늄 등도 연소되며 금
속산화물을 만든다.
④ 가연성 물질과 반응하여 폭발할 수 있다.

해설 산소
자신은 스스로 연소하는 가연성가스가 아니고 가연성가스
의 연소를 돕는 조연성(지연성)가스이다(18~22% 이내에
연소가 된다).

33 과잉공기량이 지나치게 많을 때 나타나는 현상으로
틀린 것은?

① 연소실 온도 저하
② 연료소비량 증가
③ 배기가스 온도의 상승
④ 배기가스에 의한 열손실 증가

연료의 연소 시 과잉공기량이 지나치게 많으면 노 내 온도 저하, 배기가스 온도의 하강이 발생한다.

34 다음 중 Propane가스의 연소에 의한 발열량이 11,780kcal/kg이고 연소할 때 발생한 수증기의 잠열이 1,900kcal/kg이라면 Propane가스의 연소효율은 약 몇 %인가?(단, 진발열량은 11,500kcal/kg이다.)

① 66　　　　　② 76
③ 86　　　　　④ 96

연소이용열$(Q) = 11,780 - 1,900 = 9,880$kcal/kg

∴ 연소효율$(\eta) = \dfrac{실제이용열}{공급열} \times 100$

$\qquad = \dfrac{9,880}{11,500} \times 100 = 86\%$

35 다음 중 혼합기체의 특성에 대한 설명으로 틀린 것은?

① 압력비와 몰비는 같다.
② 몰비는 질량비와 같다.
③ 분압은 전압에 부피분율을 곱한 값이다.
④ 분압은 전압에 어느 성분의 몰분율을 곱한 값이다.

물질의 몰당질량은 서로 다르다.
　㉠ 공기 1mol = 22.4L = 29g
　㉡ 산소 1mol = 22.4L = 32g
　㉢ 질소 1mol = 22.4L = 28g

36 "혼합가스의 압력은 각 기체가 단독으로 확산할 때의 분압의 합과 같다."라는 것은 누구의 법칙인가?

① Boyle – Charles의 법칙
② Dalton의 법칙
③ Graham의 법칙
④ Avogadro의 법칙

돌턴(Dalton)의 분압법칙
혼합가스의 압력은 각 기체가 단독으로 확산할 때의 분압의 합과 같다.

37 이상기체에 대한 설명으로 틀린 것은?

① 보일 · 샤를의 법칙을 만족한다.
② 아보가드로의 법칙에 따른다.
③ 비열비$\left(k = \dfrac{C_P}{C_V}\right)$는 온도에 관계없이 일정하다.
④ 내부에너지는 체적과 관계있고 온도와는 무관하다.

이상기체의 특성은 ①, ②, ③항 외에도 내부에너지는 체적에는 무관하며 온도에 의해서만 결정된다. 기타 기체의 분자력과 크기도 무시되며 분자 간의 충돌은 완전탄성체이다.

38 다음 중 착화온도가 가장 낮은 물질은?

① 목탄
② 무연탄
③ 수소
④ 메탄

연료의 착화온도(℃)
① 목탄 : 320~460
② 무연탄 : 350~500
③ 수소 : 530
④ 메탄 : 645
(실험실에 따라서 차이가 많이 난다.)

39 분진폭발의 발생조건으로 가장 거리가 먼 것은?

① 분진이 가연성이어야 한다.
② 분진농도가 폭발범위 내에서는 폭발하지 않는다.
③ 분진이 화염을 전파할 수 있는 크기분포를 가져야 한다.
④ 착화원, 가연물, 산소가 있어야 발생한다.

분진
　㉠ 금속분 : Mg, Al, Fe분 등
　㉡ 가연성분진 : 소맥분, 전분, 합성수지류, 황, 코코아, 리그닌, 고무분말, 석탄분
　　• 분진농도가 폭발범위 내에서는 폭발 가능하다.

40 연소범위에 대한 설명으로 옳은 것은?

① N_2를 가연성가스에 혼합하면 연소범위는 넓어진다.

② CO_2를 가연성가스에 혼합하면 연소범위가 넓어진다.

③ 가연성가스는 온도가 일정하고 압력이 내려가면 연소범위가 넓어진다.

④ 가연성가스는 온도가 일정하고 압력이 올라가면 연소범위가 넓어진다.

해설 ㉠ ①, ②항 가연성가스는 온도가 높아지면 폭발범위가 넓어진다. 불활성가스나 CO_2, N_2 등 불연성가스가 공기와 혼합하면 연소범위(폭발범위)가 좁아진다.
㉡ ③항 가연성가스는 온도가 일정한 가운데 압력이 올라가면 연소범위가 넓어진다.

SECTION 03 가스설비

41 분젠식 버너의 구성이 아닌 것은?

① 블라스트　　② 노즐

③ 댐퍼　　　　④ 혼합관

해설 블라스트버너(Blast Burner)
연소에 필요한 공기량을 전량 혼합하여 노즐에서 분출시키는 연소버너이다. 고압버너와 블라스트버너로 분류하며 블라스트란 공기에 의해 폭발시키는 것이다.

42 공동주택에 압력조정기를 설치할 경우 설치기준으로 맞는 것은?

① 공동주택 등에 공급되는 가스압력이 중압 이상으로서 전세대수가 200세대 미만인 경우 설치할 수 있다.

② 공동주택 등에 공급되는 가스압력이 저압으로서 전세대수가 250세대 미만인 경우 설치할 수 있다.

③ 공동주택 등에 공급되는 가스압력이 중압 이상으로서 전세대수가 300세대 미만인 경우 설치할 수 있다.

④ 공동주택 등에 공급되는 가스압력이 저압으로서 전세대수가 350세대 미만인 경우 설치할 수 있다.

해설 공동주택에 압력조정기를 설치할 수 있는 조건
㉠ 가스압력이 저압이라면 전세대수가 250세대 미만인 경우 설치할 수 있다.
㉡ 가스압력이 중압 이상이라면 전세대수가 150세대 미만인 경우 설치할 수 있다.

43 AFV식 정압기의 작동상황에 대한 설명으로 옳은 것은?

① 가스사용량이 증가하면 파일럿밸브의 열림이 감소한다.

② 가스사용량이 증가하면 구동압력은 저하한다.

③ 가스사용량이 감소하면 2차 압력이 감소한다.

④ 가스사용량이 감소하면 고무슬리브의 개도는 증대된다.

해설 액시얼 – 플로식 정압기(AFV식 정압기)
가스사용량이 증가하면 구동압력이 저하한다.
주다이어프램과 메인밸브를 고무슬리브 1개로 공용하는 매우 콤팩트한 정압기이다. 변칙 언로딩형으로 정특성, 동특성이 양호하며 고차압이 될수록 특성이 양호해진다.

44 압력 2MPa 이하의 고압가스 배관설비로서 곡관을 사용하기가 곤란한 경우 가장 적정한 신축이음매는?

① 벨로스형 신축이음매

② 루프형 신축이음매

③ 슬리브형 신축이음매

④ 스위블형 신축이음매

해설
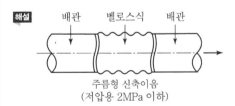
주름형 신축이음
(저압용 2MPa 이하)

45 탄소강이 약 200~300℃에서 인장강도는 커지나 연신율이 갑자기 감소하여 취약하게 되는 성질을 무엇이라 하는가?

① 적열취성　　② 청열취성

③ 상온취성　　④ 수소취성

청열취성
탄소강이 약 $200 \sim 300℃$에서 인장강도는 커지나 연신율이 감소하여 취약하게 되는 성질이다[다만, 인(P)의 성분은 상온취성 제공].

46 도시가스의 제조공정 중 부분연소법의 원리를 바르게 설명한 것은?

① 메탄에서 원유까지의 탄화수소를 원료로 하여 산소 또는 공기 및 수증기를 이용하여 메탄, 수소, 일산화탄소, 이산화탄소로 변환시키는 방법이다.

② 메탄을 원료로 사용하는 방법으로 산소 또는 공기 및 수증기를 이용하여 수소, 일산화탄소만을 제조하는 방법이다.

③ 에탄만을 원료로 하여 산소 또는 공기 및 수증기를 이용하여 메탄만을 생성시키는 방법이다.

④ 코크스만을 사용하여 산소 또는 공기 및 수증기를 이용하여 수소와 일산화탄소만을 제조하는 방법이다.

해설 도시가스의 부분연소법
탄화수소의 분해에 필요한 열을 노 내에 산소 또는 공기를 흡입시킨 후 원료의 일부를 연소시켜 연속적으로 가스를 만드는 공정이다. 일반적으로 산소, 수증기 능을 이용하여 탄화수소를 메탄, 수소, CO, CO_2 등으로 변환시키는 것이다.

47 발열량 $5,000\text{kcal/m}^3$, 비중 0.61, 공급표준압력 $100\text{mmH}_2\text{O}$인 가스에서 발열량 $11,000\text{kcal/m}^3$, 비중 0.66, 공급표준압력 $200\text{mmH}_2\text{O}$인 천연가스로 변경할 경우 노즐변경률은 얼마인가?

① 0.49   ② 0.58
③ 0.71   ④ 0.82

해설
$$\frac{D_2}{D_1} = \sqrt{\frac{WI_1\sqrt{P_1}}{WI_2\sqrt{P_2}}}$$
$$= \sqrt{\frac{\dfrac{5,000}{\sqrt{0.61}}\sqrt{100}}{\dfrac{11,000}{\sqrt{0.66}}\sqrt{200}}} = 0.58$$

48 액화천연가스(메탄기준)를 도시가스 원료로 사용할 때 액화천연가스의 특징을 바르게 설명한 것은?

① C/H 질량비가 3이고 기화설비가 필요하다.

② C/H 질량비가 4이고 기화설비가 필요 없다.

③ C/H 질량비가 3이고 가스제조 및 정제설비가 필요하다.

④ C/H 질량비가 4이고 개질설비가 필요하다.

해설 메탄(CH_4), (C 원자량 12, 수소원자량 $1 \times 4 = 4$, 분자량 $12 + 4 = 16$)
$$\text{탄화수소비}\left(\frac{C}{H}\right) = \frac{12 \times 1}{4} = 3$$
• 사용 시 기화설비가 필요하다.

49 용기밸브의 구성이 아닌 것은?

① 스템   ② O링
③ 스핀들   ④ 행거

해설 행거
천장에서 관을 메다는 장치이다.

50 LPG수송관의 이음부분에 사용할 수 있는 패킹재료로 가장 적합한 것은?

① 목재   ② 천연고무
③ 납   ④ 실리콘고무

해설 액화석유가스(LPG)의 이음부에 사용이 가능한 패킹재료로 실리콘고무를 사용한다.

51 다음 중 아세틸렌 압축 시 분해폭발의 위험을 줄이기 위한 반응장치는?

① 겔로그반응장치
② I.G반응장치
③ 파우서반응장치
④ 레페반응장치

해설 아세틸렌가스 압축 시 레페반응장치는 질소 49% 또는 CO_2가 42%일 때 분해폭발을 방지한다.
• 분해폭발 : $C_2H_2 \rightarrow 2C + H_2 + 54.2\text{kcal}$

52 다음 중 화염에서 백 – 파이어(Back – Fire)가 가장 발생하기 쉬운 원인은?

① 버너의 과열
② 가스의 과량공급
③ 가스압력의 상승
④ 1차 공기량의 감소

해설 백 – 파이어(역화)의 원인
버너의 과열, 염공의 확대, 노즐구멍의 확대, 콕이 충분하게 개방되지 않은 경우, 가스공급압력의 저하

53 공기액화분리장치의 폭발방지대책으로 옳지 않은 것은?

① 장치 내에 여과기를 설치한다.
② 유분리기는 설치해서는 안 된다.
③ 흡입구 부근에서 아세틸렌용접은 하지 않는다.
④ 압축기의 윤활유는 양질유를 사용한다.

해설 공기액화분리장치(저온장치)의 폭발방지대책으로는 ①, ③, ④항 외에도 오일유분리기를 설치해야 한다.

54 LP가스 판매사업 용기보관실의 면적은?

① 9m² 이상
② 10m² 이상
③ 12m² 이상
④ 19m² 이상

해설 LP가스 판매사업 용기보관실의 면적
19m² 이상(사무실 면적은 9m² 이상이다.)

55 전기방식법 중 효과범위가 넓고, 전압, 전류의 조정이 쉬우며, 장거리배관에는 설치개수가 적어지는 장점이 있으나, 초기투자가 많은 단점이 있는 방법은?

① 희생양극법
② 외부전원법
③ 선택배류법
④ 강제배류법

해설 외부전원법
㉠ 전기방식이며 효과범위가 넓다.
㉡ 전압, 전류의 조정이 쉽다.
㉢ 장거리배관에는 설치개수가 적어진다.
㉣ 초기투자가 많은 단점이 있다.

56 양정 20m, 송수량 3m³/min일 때 축동력 15PS를 필요로 하는 원심펌프의 효율은 약 몇 %인가?

① 59%
② 75%
③ 89%
④ 92%

해설
$$PS = \frac{\gamma \times Q \times H}{75 \times 60 \times \eta}$$
$$= \frac{1,000 \times 3 \times 20}{75 \times 60 \times \eta}$$
$$= 15$$
$$\therefore \eta = \frac{1,000 \times 3 \times 20}{75 \times 60 \times 15}$$
$$= 0.89(= 89\%)$$

57 토출량이 5m³/min이고, 펌프송출구의 안지름이 30cm일 때 유속은 약 몇 m/s인가?

① 0.8
② 1.2
③ 1.6
④ 2.0

해설 토출량(Q) = 단면적 × 유속
단면적(A) = $\frac{\pi}{4} d^2$
$$\therefore 유속(V) = \frac{Q}{A}$$
$$= \frac{5}{\frac{\pi}{4} \times (0.3)^2 \times 60}$$
$$= \frac{5}{4.239}$$
$$\fallingdotseq 1.2 m/s$$

58 연소방식 중 급배기방식에 의한 분류로서 연소에 필요한 공기를 실내에서 취하고, 연소 후 배기가스는 배기통으로 옥외로 방출하는 형식은?

① 노출식
② 개방식
③ 반밀폐식
④ 밀폐식

해설
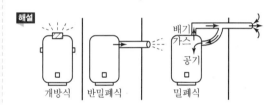
개방식　반밀폐식　밀폐식

59 탄소강에 소량씩 함유하고 있는 원소의 영향에 대한 설명으로 틀린 것은?

① 인(P)은 상온에서 충격치를 떨어뜨려 상온메짐의 원인이 된다.
② 규소(Si)는 경도는 증가시키나 단접성은 감소시킨다.
③ 구리(Cu)는 인장강도와 탄성계수를 높이나 내식성은 감소시킨다.
④ 황(S)은 Mn과 결합하여 MnS를 만들고 남은 것이 있으면 FeS를 만들어 고온메짐의 원인이 된다.

해설 구리(동)
㉠ 전성, 연성이 풍부하다.
㉡ 가공성, 내식성이 좋다.
㉢ 고압장치의 재료로 사용한다.
• 인장강도 증가는 탄소(C)에 의해 영향을 받는다.

60 액화천연가스 중 가장 많이 함유되어 있는 것은?

① 메탄　　　② 에탄
③ 프로판　　④ 일산화탄소

해설 ㉠ 액화천연가스 성분 : 메탄(CH_4), 에탄(C_2H_6)
㉡ 액화석유가스 성분 : 프로판(C_3H_8), 부탄(C_4H_{10})
• LNG에서는 메탄의 성분이 대부분을 차지한다.

SECTION 04　가스안전관리

61 고압가스 충전용기 운반 시 동일차량에 적재하여 운반할 수 있는 것은?

① 염소와 아세틸렌
② 염소와 암모니아
③ 염소와 질소
④ 염소와 수소

해설 동일차량 충전용기 운반금지용 가스

염소가스 ┬ 아세틸렌가스
　　　　├ 암모니아가스
　　　　└ 수소가스

62 고온, 고압하의 수소에서는 수소원자가 발생하여 금속조직으로 침투하면 Carbon이 결합하여 CH_4 등의 Gas가 생성되어 용기가 파열하는 원인이 될 수 있는 현상은?

① 금속조직에서 탄소의 추출
② 금속조직에서 아연의 추출
③ 금속조직에서 구리의 추출
④ 금속조직에서 스테인리스강의 추출

해설 수소취성(170℃, 250atm)
$Fe_3C + 2H_2 \rightarrow CH_4 + 3Fe$
• 수소취성 방지용 금속 : Cr, Ti, V, W, Nb

63 다음 중 고압가스 저장탱크의 실내설치기준으로 틀린 것은?

① 가연성가스 저장탱크실에는 가스누출검지 경보장치를 설치한다.
② 저장탱크실은 각각 구분하여 설치하고 자연환기시설을 갖춘다.
③ 저장탱크에 설치한 안전밸브는 지상 5m 이상의 높이에 방출구가 있는 가스방출관을 설치한다.
④ 저장탱크의 정상부와 저장탱크실 천장과의 거리는 60cm 이상으로 한다.

해설 ②항에서는 자연환기시설이 아닌 강제통풍시설의 설치가 필요하다.

64 다음 중 고압가스 냉동제조설비의 냉매설비에 설치하는 자동제어장치의 설치기준으로 틀린 것은?

① 압축기의 고압 측 압력이 상용압력을 초과하는 때에 압축기의 운전을 정지하는 고압차단장치를 설치한다.
② 개방형 압축기에서 저압 측 압력이 상용압력보다 이상 저하할 때 압축기의 운전을 정지하는 저압차단장치를 설치한다.
③ 압축기를 구동하는 동력장치에 과열방지 장치를 설치한다.
④ 셀형 액체냉각기에 동결방지장치를 설치한다.

해설 냉매설비의 자동제어장치는 ②, ③, ④항 외에도 과부하보호장치, 냉각수단수보호장치, 전열기과열방지장치 등이 필요하다. 그러나 ①항의 고압차단스위치는 해당되지 않는다.

---

65 독성고압가스의 배관 중 2중관의 외층관내경은 내층관 외경의 몇 배 이상을 표준으로 하여야 하는가?

① 1.2배   ② 1.25배

③ 1.5배   ④ 2.0배

해설 독성고압가스의 배관

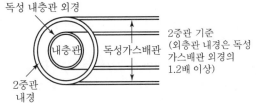

---

66 다음 중 정전기 발생에 대한 설명으로 옳지 않은 것은?

① 물질의 표면상태가 원활하면 발생이 적어진다.
② 물질표면이 기름 등에 의해 오염되었을 때는 산화, 부식에 의해 정전기가 발생할 수 있다.
③ 정전기의 발생은 처음 접촉, 분리가 일어났을 때 최대가 된다.
④ 분리속도가 빠를수록 정전기의 발생량은 적어진다.

해설 정전기의 발생원인은 ①, ②, ③항 외 분리속도가 빠를수록 정전기의 발생량은 많아진다.

---

67 염소가스의 제독제가 아닌 것은?

① 가성소다수용액
② 물
③ 탄산소다수용액
④ 소석회

해설 염소가스의 제독제는 ①, ③, ④항 등이며 다량의 물을 제독제로 사용하는 독성가스는 아황산가스, 암모니아, 산화에틸렌, 염화메탄 등이다.

---

68 도시가스시설의 완성검사 대상에 해당하지 않는 것은?

① 가스사용량의 증가로 특정가스 사용시설로 전환되는 가스사용시설 변경공사
② 특정가스 사용시설로서 호칭지름 50mm의 강관을 25m 교체하는 변경공사
③ 특정가스 사용시설의 압력조정기를 증설하는 변경공사
④ 특정가스 사용시설에서 배관변경을 수반하지 않고 월사용예정량 550m³를 이설하는 변경공사

해설 ④항에서는 550m³가 아닌 500m³ 이상 이설하는 변경공사는 도시가스 사용시설의 완성검사 대상에 해당된다.

---

69 시안화수소(HCN)를 용기에 충전할 경우에 대한 설명으로 옳지 않은 것은?

① 순도는 98% 이상으로 한다.
② 아황산가스 또는 황산 등의 안정제를 첨가한다.
③ 충전한 용기는 충전 후 12시간 이상 정치한다.
④ 일정시간 정치한 후 1일 1회 이상 질산구리벤젠 등의 시험지로 누출을 검사한다.

해설 HCN가스 취급 시에는 ①, ②, ④항 외에도 충전한 용기는 60일이 경과하기 전에 새로운 안정제를 첨가하여 재충전하여야 한다. 다만 순도가 98% 이상이라면 제외한다.
㉠ TLV – TWA 기준 독성허용농도 : 10ppm
㉡ 가연성 폭발범위 : 6～41%
㉢ 2% 이상의 수분이 혼입되면 중합폭발이 일어난다.

---

70 용기에 의한 액화석유가스 사용시설에서 기화장치의 설치기준에 대한 설명으로 틀린 것은?

① 기화장치의 출구 측 압력은 1MPa 미만이 되도록 하는 기능을 갖거나, 1MPa 미만에서 사용한다.
② 용기는 그 외면으로부터 기화장치까지 3m 이상의 우회거리를 유지한다.
③ 기화장치의 출구배관에는 고무호스를 직접 연결하지 아니한다.
④ 기화장치의 설치장소에는 배수구나 집수구로 통하는 도랑을 설치한다.

해설 ④항의 구조에서는 물을 쉽게 빼낼 수 있는 드레인밸브를 설치하여야 하며 도랑설치는 해당되지 않는다.

---

71 안전관리규정의 작성기준에서 다음 [보기] 중 종합적 안전관리규정에 포함되어야 할 항목을 모두 나열한 것은?

㉮ 경영이념	㉯ 안전관리투자
㉰ 안전관리목표	㉱ 안전문화

① ㉮, ㉯, ㉰   ② ㉮, ㉯, ㉱

③ ㉮, ㉰, ㉱   ④ ㉮, ㉯, ㉰, ㉱

해설 고압가스 안전관리법 시행규칙 별표 15〈개정 2022.1.21.〉
안전관리규정의 작성요령(제17조 관련) 2. 가의 1)~4)항
1) 경영이념   2) 안전관리목표
3) 안전관리투자   4) 안전문화

---

72 액화가스의 저장탱크 압력이 이상 상승하였을 때 조치사항으로 옳지 않은 것은?

① 방출밸브를 열어 가스를 방출시킨다.
② 살수장치를 작동시켜 저장탱크를 냉각시킨다.
③ 액이입펌프를 정지시킨다.
④ 출구 측의 긴급차단밸브를 작동시킨다.

해설 액화가스의 저장탱크

---

73 내용적이 59L인 LPG 용기에 프로판을 충전할 때 최대 충전량은 약 몇 kg으로 하면 되는가?(단, 프로판의 정수는 2.35이다.)

① 20kg   ② 25kg
③ 30kg   ④ 35kg

해설 LPG 용기 최대 충전량(W)

$$W = \frac{V}{C} = \frac{59}{2.35} = 25.1\text{kg}$$

---

74 고압가스 용기보관장소의 주위 몇 m 이내에는 화기 또는 인화성 물질이나, 발화성 물질을 두지 않아야 하는가?

① 1m   ② 2m
③ 5m   ④ 8m

해설

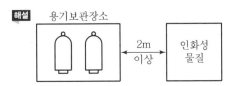

---

75 가스누출 경보차단장치의 성능시험방법으로 틀린 것은?

① 가스를 검지한 상태에서 연속경보를 울린 후 30초 이내에 가스를 차단하는 것으로 한다.
② 교류전원을 사용하는 차단장치는 전압이 정격전압의 90% 이상 110% 이하일 때 사용에 지장이 없는 것으로 한다.
③ 내한성능에서 제어부는 −25℃ 이하에서 1시간 이상 유지한 후 5분 이내에 작동시험을 실시하여 이상이 없어야 한다.
④ 전자밸브식 차단부는 35kPa 이상의 압력으로 기밀시험을 실시하여 외부누출이 없어야 한다.

해설 가스누출 경보차단장치의 성능시험은 ①, ②, ④항 외에도
㉠ 전자밸브식 차단부 수압시험 : 1분간 0.3MPa 수압으로 내압시험
㉡ 내열성능시험 : 제어부는 40℃(상대습도 90% 이상) 1시간 이상 유지 후 10분 이내 작동시험 실시
㉢ 내한성능시험 : −10℃ 이하(상대습도 90% 이상)에서 1시간 이상 유지한 후 10분 이내 작동시험 실시. 또한 차단부에 사용하는 금속 이외의 수지 등은 −25℃에서 각각 24시간 방치한 후 지장이 있는 변형 등이 없을 것

---

76 다음 중 매몰형 폴리에틸렌 볼밸브의 사용압력기준은?

① 0.4MPa 이하   ② 0.6MPa 이하
③ 0.8MPa 이하   ④ 1MPa 이하

해설 가스용 PE관 지하매몰형의 사용압력기준
최고사용압력 0.4MPa 이하로 사용하여야 한다(볼배브 등).

---

77 고압가스를 운반하는 차량의 경계표지 크기는 어떻게 정하는가?

① 직사각형인 경우, 가로 치수는 차체 폭의 20% 이상, 세로 치수는 가로 치수의 30% 이상, 정사각형의 경우는 그 면적을 400cm^2 이상으로 한다.

② 직사각형인 경우, 가로 치수는 차체 폭의 30% 이상, 세로 치수는 가로 치수의 20% 이상, 정사각형의 경우는 그 면적을 400cm^2 이상으로 한다.

③ 직사각형인 경우, 가로 치수는 차체 폭의 20% 이상, 세로 치수는 가로 치수의 30% 이상, 정사각형의 경우는 그 면적을 600cm^2 이상으로 한다.

④ 직사각형인 경우, 가로 치수는 차체 폭의 30% 이상, 세로 치수는 가로 치수의 20% 이상, 정사각형의 경우는 그 면적을 600cm^2 이상으로 한다.

 해설

| 위험고압가스
(경계표지 크기) | 직사각형 |

㉠ 직사각형 : 가로 치수(차체 폭의 30% 이상, 세로 치수는 가로 치수의 20% 이상)

㉡ 정사각형 : 면적 600cm^2 이상

78 고압가스제조시설에서 아세틸렌을 충전하기 위한 설비 중 충전용 지관에는 탄소함유량이 얼마 이하인 강을 사용하여야 하는가?

① 0.1%　　　　② 0.2%

③ 0.33%　　　　④ 0.5%

해설 C_2H_2 가스충전용 지관의 배관

탄소함량 0.1% 이하 탄소강 사용

79 CO 15v%, H$_2$ 30v%, CH$_4$ 55v%인 가연성 혼합가스의 공기 중 폭발하한계는 약 몇 v%인가?(단, 각 가스의 폭발하한계는 CO 12.5v%, H$_2$ 4.0v%, CH$_4$ 5.3v%이다.)

① 5.2　　　　② 5.8

③ 6.4　　　　④ 7.0

해설 가연성가스의 폭발하한계(L) = $\dfrac{100}{L}$

$$= \cfrac{100}{\dfrac{V_1}{L_1} + \dfrac{V_2}{L_2} + \dfrac{V_3}{L_3}}$$

$$\therefore \ \cfrac{100}{\dfrac{15}{12.5} + \dfrac{30}{4} + \dfrac{55}{5.3}} = \dfrac{100}{19.077} = 5.24$$

80 액화석유가스용 차량에 고정된 저장탱크 외벽이 화염에 의하여 국부적으로 가열될 경우를 대비하여 폭발방지장치를 설치한다. 이때 재료로 사용되는 금속은?

① 아연　　　　② 알루미늄

③ 주철　　　　④ 스테인리스

해설

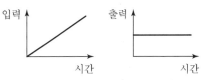

알루미늄 : 외벽의 화염에 의한 국부 가열 대비 폭발방지장치 금속

액화석유가스 차량의 고정탱크

SECTION 05 가스계측

81 베크만온도계는 어떤 종류의 온도계에 해당하는가?

① 바이메탈온도계　　② 유리온도계

③ 저항온도계　　　　④ 열전대온도계

해설 베크만온도계(수은온도계 계량형)

㉠ 초정밀 측정용 유리제 온도계이다.

㉡ 0.01℃까지 측정이 가능하다.

㉢ 온도계 눈금의 시차에 주의한다.

82 입력과 출력이 [그림]과 같을 때 제어동작은?

① 비례동작　　　　② 미분동작

③ 적분동작　　　　④ 비례적분동작

해설 미분동작 D동작 : $Y = K_D \dfrac{dy}{dt}$

여기서, $Y =$ 조작량
$K_D =$ 비례정수

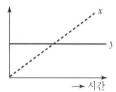

83. 기체크로마토그래피에서 사용하는 캐리어가스(Carrier Gas)에 대한 설명으로 옳은 것은?

① 가격이 저렴한 공기를 사용해도 무방하다.
② 검출기의 종류에 관계없이 구입이 용이한 것을 사용한다.
③ 주입된 시료를 칼럼과 검출기로 이동시켜주는 운반기체 역할을 한다.
④ 캐리어가스는 산소, 질소, 아르곤 등이 주로 사용된다.

해설 크로마토그래피
ⓐ 캐리어가스 : 가스분석 시 주입된 시료를 칼럼과 검출기로 이동시켜 주는 운반기체이다(캐리어가스 : H_2, He, Ar, N_2).
ⓑ 칼럼(분리관), 검출기, 기록계는 3대 구성요소이다.

84. 경사각(θ)이 30°인 경사관식 압력계의 눈금(x)을 읽었더니 60cm가 상승하였다. 이때 양단의 차압($P_1 - P_2$)은 약 몇 kgf/cm²인가?(단, 액체의 비중은 0.8인 기름이다.)

① 0.001
② 0.014
③ 0.024
④ 0.034

해설 경사관식 압력계

$P_2 = P_1 + \gamma x \sin\theta$, $x = \dfrac{h}{\sin\theta}$

$P_1 - P_2 = \gamma x \sin\theta$
$= 0.8 \times 1,000 \times 0.6 \times \sin 30° \times 10^{-4}$
$= 0.024 \text{kgf/cm}^2$

85. 어느 수용가에 설치되어 있는 가스미터의 기차를 측정하기 위하여 기준기로 지시량을 측정하였더니 150m³를 나타내었다. 그 결과 기차가 4%로 계산되었다면 이 가스미터의 지시량은 몇 m³인가?

① 149.96m³
② 150m³
③ 156m³
④ 156.25m³

해설 4% 오차 $= 150 \times 0.04 = 6\text{m}^3$

$\therefore$ 가스미터 지시량 $= \dfrac{150}{(1 - 0.04)} = 156.25\text{m}^3$

86. 차압식 유량계에서 교축 상류 및 하류의 압력이 각각 P_1, P_2일 때 체적유량이 Q_1이라 한다. 다음 중 압력이 2배 증가하면 유량 Q는 얼마가 되는가?

① $2Q_1$
② $\sqrt{2}\,Q_1$
③ $\dfrac{1}{2}Q_1$
④ $\dfrac{Q_1}{\sqrt{2}}$

해설 $Q_2 = \sqrt{2}$, Q_1(압력 2배 증가 차압식 유량계)
• $Q_1 = A\sqrt{2gh}$, $Q_2 = A\sqrt{2g2h} = A\sqrt{2gh} \times \sqrt{2}$
차압식(유량은 차압의 평방근에 비례한다.)

87. 기체크로마토그래피의 분석방법은 어떤 성질을 이용한 것인가?

① 비열의 차이
② 비중의 차이
③ 연소성의 차이
④ 이동속도의 차이

해설 기체크로마토그래피의 가스분석 원리
시료 가스를 삽입하면 가스별 이동속도에 따라 분리가 일어나면서, 해당 가스의 성분을 각기 측정할 수 있게 된다.

88. 태엽의 힘으로 통풍하는 통풍형 건습구 습도계로서 휴대가 편리하고 필요풍속이 약 3m/s인 습도계는?

① 아스만습도계
② 모발습도계
③ 간이건습구습도계
④ Dewcel식 노점계

해설 통풍형 건습구습도계(Assman 습도계)
통풍풍속이 2.5~3m/s이다. 휴대용이며 팬을 돌려 바람을 흡입하여 사용하며 물이 필요하고 구조가 간편하며 취급이 간단하다.

89 막식가스미터에서 크랭크축이 녹슬거나 밸브와 밸브 시트가 타르나 수분 등에 의해 접착 또는 고착되어 가스가 미터를 통과하지 않는 고장의 형태는?

① 부동
② 기어불량
③ 떨림
④ 불통

해설

부동 : 회전자는 회전, 지침작동불능
불통 : 가스가 통과하지 못함
(회전자 정지, 이물질 부착)
기차불량 : 사용공차 초과

90 소형 가스미터(15호 이하)의 크기는 1개의 가스기구가 당해 가스미터에서 최대 통과량의 얼마를 통과할 때 한 등급 큰 계량기를 선택하는 것이 가장 적당한가?

① 90%
② 80%
③ 70%
④ 60%

해설 가스미터기 1호(1m^3/h용)
15호 × 1 = 15m^3/h 이하용
최대통과량 80% 이상이면 한 등급 큰 계량기 선택

91 기체크로마토그래피의 조작과정이 다음과 같을 때 조작순서가 가장 올바르게 나열된 것은 어느 것인가?

⑦ 크로마토그래피 조정
⑭ 표준가스도입
⑮ 성분 확인
⑯ 크로마토그래피 안정성 확인
⑰ 피크면적 계산
⑱ 시료가스 도입

① ⑦ - ⑯ - ⑭ - ⑱ - ⑮ - ⑰
② ⑦ - ⑭ - ⑮ - ⑯ - ⑰ - ⑱
③ ⑯ - ⑦ - ⑱ - ⑭ - ⑮ - ⑰
④ ⑦ - ⑭ - ⑯ - ⑮ - ⑱ - ⑰

해설 기체크로마토그래피의 가스분석계 조작순서는 ①항에 따른다.

92 산소(O_2)는 다른 가스에 비하여 강한 상자성체이므로 자장에 대하여 흡인되는 특성을 이용하여 분석하는 가스분석계는?

① 세라믹식 O_2계
② 자기식 O_2계
③ 연소식 O_2계
④ 밀도식 O_2계

해설 자기식 O_2계
일반적인 가스는 반자성체이지만 산소는 자장에 흡인되는 강력한 상자성체인 점을 이용한 산소분석가스분석계이다.

93 측정자 자신의 산포 및 관측자의 오차와 시차 등 산포에 의하여 발생하는 오차는?

① 이론오차
② 개인오차
③ 환경오차
④ 우연오차

해설 측정오차
㉠ 계통적 오차 : 고유오차, 개인오차, 이론오차, 계기오차, 환경오차
㉡ 우연오차 : 측정자에 의한 산포
㉢ 과오오차

94 부르동관 압력계를 용도로 구분할 때 사용하는 기호로 내진(耐震)형에 해당하는 것은?

① M
② H
③ V
④ C

해설 내진형 부르동관 압력계 기호 : V(KS B 5305)

95 다음 중 되먹임제어와 비교한 시퀀스제어의 특성으로 틀린 것은?

① 정성적 제어
② 디지털신호
③ 열린 회로
④ 비교제어

해설 정량적 피드백 자동제어 비교기

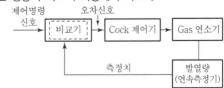

제어명령
신호 → 비교기 → Cock 제어기 → Gas 연소기
오차신호
측정치
발열량
(연속측정기)

96 용액에 시료가스를 흡수시키면 측정성분에 따라 도전율이 변하는 것을 이용한 용액도전율식 분석계에서 측정가스와 그 반응용액이 틀린 것은?

① $CO_2 - NaOH$ 용액
② $SO_2 - CH_3COOH$ 용액
③ $Cl_2 - AgNO_3$ 용액
④ $NH_3 - H_2SO_4$ 용액

해설 용액도전율식 미량가스농도분석계
ㄱ SO_2(아황산가스 분석용액)
$$SO_2 + H_2O_2 \rightarrow H_2SO_4$$
용액
ㄴ 황화수소
$$H_2S + I_2 \rightarrow 2HI + S$$
용액

97 다음 [보기]에서 설명하는 가장 적합한 압력계는?

- 정도가 아주 좋다.
- 자동계측이나 제어가 용이하다.
- 장치가 비교적 소형이므로 가볍다.
- 기록장치와의 조합이 용이하다.

① 전기식 압력계
② 부르동관식 압력계
③ 벨로스식 압력계
④ 다이어프램식 압력계

해설 전기식 압력계
ㄱ 정도가 아주 좋다.
ㄴ 자동계측이나 제어가 용이하다.
ㄷ 장치가 비교적 소형이고 가볍다.
ㄹ 기록장치와의 조합이 용이하다.

98 서미스터(Thermistor)저항체 온도계의 특징에 대한 설명으로 옳은 것은?

① 온도계수가 적으며 균일성이 좋다.
② 저항변화가 적으며 재현성이 좋다.
③ 온도상승에 따라 저항치가 감소한다.
④ 수분 흡수 시에도 오차가 발생하지 않는다.

해설 전기저항식 서미스터온도계
ㄱ 서미스터 재료 : 니켈, 코발트, 망간, 철, 구리 등
ㄴ 금속산화물의 반도체이며 응답이 빠르다.
ㄷ 전기저항온도에 따라 저항치가 크다.
ㄹ 측정범위는 $-100℃ \sim 300℃$ 정도이다.

99 염소가스를 검출하는 검출시험지에 대한 설명으로 옳은 것은?

① 연당지를 사용하며 염소가스와 접촉하면 흑색으로 변한다.
② KI-녹말종이를 사용하며 염소가스와 접촉하면 청색으로 변한다.
③ 해리슨씨 시약을 사용하며 염소가스와 접촉하면 심등색으로 변한다.
④ 리트머스시험지를 사용하며 염소가스와 접촉하면 청색으로 변한다.

해설 염소(Cl_2)가스 검출시험지
KI-전분지(요오드칼륨시험지)를 사용하고 가스가 누설되면 시험지가 청색으로 변한다.
ㄱ 초산벤젠지 : 시안화수소 검지
ㄴ 연당지 : 황화수소 검지
ㄷ 적색리트머스시험지 : 암모니아가스 검지
ㄹ 해리슨시험지 : 포스겐가스 검지

100 다음 [보기]에서 자동제어의 일반적인 동작순서를 바르게 나열한 것은?

㉮ 목푯값으로 이미 정한 물리량과 비교한다.
㉯ 조작량을 조작기에서 증감한다.
㉰ 결과에 따른 편차가 있으면 판단하여 조절한다.
㉱ 제어 대상을 계측기를 사용하여 검출한다.

① ㉱ → ㉮ → ㉰ → ㉯
② ㉱ → ㉯ → ㉮ → ㉰
③ ㉯ → ㉮ → ㉱ → ㉰
④ ㉯ → ㉮ → ㉰ → ㉱

해설 자동제어 측정순서
검출 → 비교 → 판단 → 조작

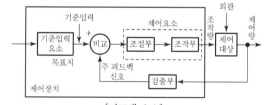
[피드백 요소]

SECTION 01 가스유체역학

01 관 내부에서 유체가 흐를 때 흐름이 완전난류라면 수두손실은 어떻게 되겠는가?

① 대략적으로 속도의 제곱에 반비례한다.
② 4대략적으로 직경의 제곱에 반비례하고 속도에 정비례한다.
③ 대략적으로 속도의 제곱에 비례한다.
④ 대략적으로 속도에 정비례한다.

해설 완전난류 수두손실은 대략적으로 속도의 제곱에 비례한다. 층류($Re < 2,100$), 천이구역 ($2,100 < Re < 4,000$), 난류 ($Re > 4,000$)

02 다음 중 정상유동과 관계있는 식은? (단, V = 속도 벡터, s = 임의방향좌표, t = 시간이다.)

① $\dfrac{\partial V}{\partial t} = 0$ 　　② $\dfrac{\partial V}{\partial s} \neq 0$

③ $\dfrac{\partial V}{\partial t} \neq 0$ 　　④ $\dfrac{\partial V}{\partial s} = 0$

해설 정상유동
유체의 특성이 한 점에서 시간에 따라 변화하지 않는 흐름 $\left(\dfrac{\partial V}{\partial t} = 0\right)$ 이다. 정상유동을 하는 유체의 어느 한 점에서의 속도가 $V(\text{m/s})$ 이면 속도 V 는 시간이 경과하여도 크기나 방향이 모두 변하지 않는다.

03 물이 23m/s의 속도로 노즐에서 수직상방으로 분사될 때 손실을 무시하면 약 몇 m까지 물이 상승하는가?

① 13 　　② 20
③ 27 　　④ 54

해설 $H = \dfrac{V^2}{2g} = \dfrac{23 \times 23}{2 \times 9.8} = 27(\text{m})$

04 기체가 0.1kg/s로 직경 40cm인 관 내부를 등온으로 흐를 때 압력이 30kgf/m²abs, $R = 20$kgf · m/ kg · K, $T = 27$℃라면 평균속도는 몇 m/s인가?

① 5.6 　　② 67.2
③ 98.7 　　④ 159.2

해설 단면적$(A) = \dfrac{\pi}{4}d^2 = \dfrac{3.14}{4} \times (0.4)^2 = 0.1256(\text{m}^2)$

40cm ── 0.1(kg/s) ，$V = \dfrac{G}{rA}$，

$r = \dfrac{P}{RT}$(비중량)$= \dfrac{30 \times 10^4}{20 \times 303} = 4.95 \times 10^{-3} (\text{kgf/m}^3)$

$\therefore V = \dfrac{0.1}{4.95 \times 10^{-3} \times \left(\dfrac{3.14}{4} \times 0.4^2\right)} = 160(\text{m/s})$

• 단면적$(A) = \dfrac{\pi}{4}d^2(\text{m}^2)$, $T = 27 + 273 = 303(\text{K})$

05 내경 0.0526m인 철관 내를 점도가 0.01kg/m · s 이고 밀도가 1,200kg/m³인 액체가 1.16m/s의 평균속도로 흐를 때 Reynolds수는 약 얼마인가?

① 36.61 　　② 3661
③ 732.2 　　④ 7322

해설 $Re = (\rho V d / \mu) = 1,200 \times 1.16 \times 0.0526/0.01 = 7,322$

06 어떤 유체의 비중량이 20kN/m³이고 점성계수가 0.1N · s/m²이다. 동점성계수는 m²/s 단위로 얼마인가?

① 2.0×10^{-2}
② 4.9×10^{-2}
③ 2.0×10^{-5}
④ 4.9×10^{-5}

해설 $\nu = \dfrac{\mu}{\rho} = \dfrac{g\mu}{r} = \dfrac{9.81 \times 0.01}{20 \times 10^3} = 0.0000049(4.9 \times 10^{-5})$

07 성능이 동일한 n대의 펌프를 서로 병렬로 연결하고 원래와 같은 양정에서 작동시킬 때 유체의 토출량은?

① $\dfrac{1}{n}$로 감소한다.   ② n배로 증가한다.

③ 원래와 동일하다.   ④ $\dfrac{1}{2n}$로 감소한다.

해설 펌프의 병렬연결(유량 증가, 양정 일정)

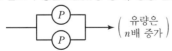

$\left(\begin{array}{c}\text{유량은}\\ n\text{배 증가}\end{array}\right)$

08 직각좌표계상에서 Euler 기술법으로 유동을 기술할 때 $F = \nabla \cdot \vec{V}$, $G = \nabla \cdot (\rho \vec{V})$ 로 정의되는 두 함수에 대한 설명 중 틀린것은?(단, $\vec{V}$는 유체의 속도, ρ는 유체의 밀도를 나타낸다.)

① 밀도가 일정한 유체의 정상유동(Steady Flow)에서는 $F = 0$이다.
② 압축성(Compressible) 유체의 정상유동(Steady Flow)에서는 $G = 0$이다.
③ 밀도가 일정한 유체의 비정상유동(Unsteady Flow)에서는 $F \neq 0$이다.
④ 압축성(Compressible) 유체의 비정상유동(Unsteady Flow)에서는 $G \neq 0$이다.

해설 오일러방정식
- 유체입자는 유선에 따라 흐른다.
- 유체는 마찰이 없다(점성력 = 0).
- 정상 유동이다.

- 정상류에서는 $\dfrac{\partial V}{\partial t} = 0$ 이다.

- 정상 비균속도 유동은 $\dfrac{\partial g}{\partial t} = 0$, $\dfrac{\partial \rho}{\partial t} \neq 0$

- 균속도 유동은 $\dfrac{\partial g}{\partial s} = 0$, $\dfrac{\partial \rho}{\partial T} \neq 0$

※ g(속도벡터), ρ(밀도)

09 하수 슬러리(Slurry)와 같이 일정한 온도와 압력 조건에서 임계 전단응력 이상이 되어야만 흐르는 유체는?

① 뉴턴유체(Newtonian Fluid)
② 팽창유체(Dilatant Fluid)
③ 빙햄가소성유체(Bingham Plastics Fluid)
④ 의가소성유체(Pseudoplastic Fluid)

해설 Newton의 점성법칙

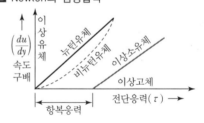

10 1차원 유동에서 수직충격파가 발생하게 되면 어떻게 되는가?

① 속도, 압력, 밀도가 증가한다.
② 압력, 밀도, 온도가 증가한다.
③ 속도, 온도, 밀도가 증가한다.
④ 압력은 감소하고 엔트로피가 일정하게 된다.

해설 수직충격파
유동방향에 수직으로 생긴 충격파 압력, 밀도, 온도, 엔트로피가 증가. 속도는 감소

11 유체 수송장치의 캐비테이션 방지 대책으로 옳은 것은?

① 펌프의 설치 위치를 높인다.
② 펌프의 회전수를 크게 한다.
③ 흡입관 지름을 크게 한다.
④ 양흡입을 단흡입으로 바꾼다.

해설 캐비테이션(공동현상) 방지법
③항 외에도 펌프설치 위치를 낮추고 펌프의 회전수를 적게 하고 흡입은 양흡입 펌프를 설치한다.

12 내경 5cm 파이프 내에서 비압축성 유체의 평균유속이 5m/s이면 내경을 2.5cm로 축소하였을 때의 평균유속은?

① 5m/s
② 10m/s
③ 20m/s
④ 50m/s

해설

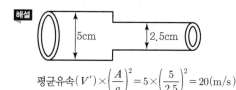

$$\text{평균유속}(V') \times \left(\frac{A}{a}\right)^2 = 5 \times \left(\frac{5}{2.5}\right)^2 = 20(\text{m/s})$$

13 잠겨 있는 물체에 작용하는 부력은 물체가 밀어낸 액체의 무게와 같다고 하는 원리(법칙)와 관련 있는 것은?

① 뉴턴의 점성법칙 ② 아르키메데스 원리
③ 하겐－포와젤 원리 ④ 맥레오드 원리

해설 아르키메데스 원리 : 잠겨 있는 물체에 작용하는 부력은 물체가 밀어낸 액체의 무게와 같다는 원리

14 온도 $T_0 = 300\text{K}$, Mach 수 $M = 0.8$인 1차원 공기유동의 정체온도(Stagnation Temperature)는 약 몇 K인가? (단, 공기는 이상기체이며, 등엔트로피 유동이고 비열비 k는 1.4이다.)

① 324 ② 338
③ 346 ④ 364

해설 정체온도(SI) $T_0 = T + \frac{K-1}{KR} \cdot \frac{V^2}{2}$

$$= T\left(1 + \frac{K-1}{2}M^2\right) = 300 \times \left[1 + \frac{1.4-1}{2} \times (0.8)^2\right] = 338\text{K}$$

15 질량보존의 법칙을 유체유동에 적용한 방정식은?

① 오일러 방정식 ② 달시 방정식
③ 운동량 방정식 ④ 연속 방정식

해설 연속방정식
질량보존의 법칙을 유체유동에 적용한 법칙이다.

16 100kPa, 25℃에 있는 이상기체를 등엔트로피 과정으로 135kPa까지 압축하였다. 압축 후의 온도는 약 몇 ℃인가?(단, 이 기체의 정압비열 C_p는 1.213kJ/kg·K 이고 정적비열 C_v는 0.821kJ/kg·K이다.)

① 45.5 ② 55.5
③ 65.5 ④ 75.5

해설 비열비$(K) = \frac{C_p}{C_v} = \frac{1.213}{0.821} = 1.47746$

$$T_2 = T_1 \times \left(\frac{V_1}{V_2}\right)^{K-1} = \left(\frac{P_2}{P_1}\right)^{\frac{K-1}{K}}$$

$$= (273 + 25) \times \left(\frac{135}{100}\right)^{\frac{0.4776}{1.4476}} = 339\text{K}(55℃)$$

17 이상기체에서 정압비열을 C_p, 정적비열을 C_v로 표시할 때 비엔탈피의 변화 dh는 어떻게 표시되는가?

① $dh = C_p dT$ ② $dh = C_v dT$

③ $dh = \frac{C_p}{C_v} dT$ ④ $dh = (C_p - C_v)dT$

해설 비엔탈피 변화$(dh) = C_p dT$

18 지름이 0.1m인 관에 유체가 흐르고 있다. 임계 레이놀즈수가 2,100이고, 이에 대응하는 임계유속이 0.25 m/s이다. 이 유체의 동점성 계수는 약 몇 cm^2/s인가?

① 0.095 ② 0.119
③ 0.354 ④ 0.454

해설 동점성계수$(\nu) = \frac{\mu}{\rho}$, 레이놀즈수$(Re) = \frac{\rho V d}{\mu}$

$$Re = \frac{VD}{\nu}, \ 2,100 = \frac{0.25 \times 0.1}{\nu}$$

$$\nu = \frac{0.25 \times 0.1 \times 10^4}{2,100} = 0.119(\text{m}^2/\text{s})$$

• $1\text{m}^2 = 10^4(\text{cm}^2)$

19 그림에서와 같이 파이프 내로 비압축성 유체가 층류로 흐르고 있다. A점에서의 유속이 1m/s라면 R점에서의 유속은 몇 m/s인가?(단, 관의 직경은 10cm이다.)

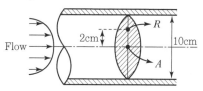

① 0.36 ② 0.60
③ 0.84 ④ 1.00

해설 유속$(V) = 1 - \left(\dfrac{r}{r_o}\right)^2 = 1 - \left(\dfrac{2}{5}\right)^2 = 0.84$

$\therefore \ V = 1 \times 0.84 = 0.84 (\text{m/s})$

- 10cm의 A점은 5cm

20 공기 중의 음속 C는 $C^2 = \left(\dfrac{\partial P}{\partial \rho}\right)_s$ 로 주어진다. 이때 음속과 온도의 관계는?(단, T는 주위 공기의 절대온도이다.)

① $C \propto \sqrt{T}$

② $C \propto T^2$

③ $C \propto T^3$

④ $C \propto \dfrac{1}{T}$

해설 공기 중 음속과 온도의 관계

음속$(C) = \sqrt{kgRT} = C \propto \sqrt{T}$

SECTION 02 연소공학

21 위험장소의 등급분류 중 2종 장소에 해당하지 않는 것은?

① 밀폐된 설비 안에 밀봉된 가연성가스가 그 설비의 사고로 인하여 파손되거나 오조작의 경우에만 누출할 위험이 있는 장소

② 확실한 기계적 환기조치에 따라 가연성가스가 체류하지 아니하도록 되어 있으나 환기장치에 이상이나 사고가 발생한 경우에는 가연성가스가 체류하여 위험하게 될 우려가 있는 장소

③ 상용상태에서 가연성가스가 체류하여 위험하게 될 우려가 있는 장소, 정비보수 또는 누출 등으로 인하여 종종 가연성가스가 체류하여 위험하게 될 우려가 있는 장소

④ 인접한 실내에서 위험한 농도의 가연성가스가 종종 침입할 우려가 있는 장소

해설 위험장소 등급분류

㉠ ①항, ②항, ④항 : 제2종 장소

㉡ ③항 : 제1종 장소

22 연소에 의한 고온체의 색깔이 가장 고온인 것은?

① 휘적색

② 황적색

③ 휘백색

④ 백적색

해설 ㉠ 휘백색 : 1,500℃

㉡ 백적색 : 1,300℃

㉢ 황적색 : 950℃

㉣ 휘적색 : 900℃

23 교축과정에서 변하지 않은 열역학 특성치는?

① 압력

② 내부에너지

③ 엔탈피

④ 엔트로피

해설 교축(Throttling)

㉠ 압력강하

㉡ 엔트로피 증가

㉢ 등엔탈피

㉣ 습증기가 교축과정을 거치면 건도 증가

㉤ 비가역현상

24 연소반응이 완료되지 않아 연소가스 중에 반응의 중간생성물이 들어있는 현상을 무엇이라 하는가?

① 열해리

② 순반응

③ 역화반응

④ 연쇄분자반응

해설 열해리

연소반응이 완료되지 않아 연소가스 중에 반응의 중간생성물이 들어있는 현상

25 도시가스의 조성을 조사해 보니 부피조성으로 H_2 35%, CO 24%, CH_4 13%, N_2 20%, O_2 8%이었다. 이 도시가스 $1Sm^3$를 완전연소시키기 위하여 필요한 이론공기량은 약 몇 Sm^3인가?

① 1.3

② 2.3

③ 3.3

④ 4.3

해설 가연성가스(H_2, CO, CH_4)

$H_2 + 0.5O_2 \rightarrow H_2O$

$CO + 0.5O_2 \rightarrow CO_2$

$CH_4 + 2O_2 \rightarrow CO_2 + 2H_2O$

$$이론공기량(A_o) = 이론산소량(D_o) \times \frac{1}{0.21}$$

$$\frac{(0.5 \times 0.35 + 0.5 \times 0.24 + 2 \times 0.13) - 0.08}{0.21}$$

$$= 2.3(\mathrm{Sm^3/Sm^3})$$

26 프로판가스에 대한 최소산소농도값(MOC)를 추산하면 얼마인가?(단, C_3H_8의 폭발하한치는 2.1v%이다.)

① 8.5%
② 9.5%
③ 10.5%
④ 11.5%

해설 $C_3H_8 + 5O_2 \rightarrow 3CO_2 + 4H_2O$

27 125℃, 10atm에서 압축계수(Z)가 0.98일 때 $NH_3(g)$ 34kg의 부피는 약 몇 Sm^3인가? (단, N의 원자량 14, H의 원자량은 1이다.)

① 2.8
② 4.3
③ 6.4
④ 8.5

해설 NH_3(암모니아)분자량 $= 17(17kg = 22.4Nm^3)$

28 2개의 단열과정과 2개의 정압과정으로 이루어진 가스 터빈의 이상 사이클은?

① 에릭슨 사이클
② 브레이튼 사이클
③ 스털링 사이클
④ 아트킨슨 사이클

해설 가스터빈 Brayton Cycle
㉠ $1 \rightarrow 2$ (가역단열압축)
㉡ $2 \rightarrow 3$ (가역정압가열)
㉢ $3 \rightarrow 4$ (가역단열팽창)
㉣ $4 \rightarrow 1$ (가역정압배기)

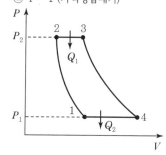

29 착화온도에 대한 설명 중 틀린 것은?

① 압력이 높을수록 낮아진다.
② 발열량이 클수록 낮아진다.
③ 산소량이 증가할수록 낮아진다.
④ 반응활성도가 클수록 높아진다.

해설 반응활성도가 클수록 착화온도는 낮아진다.

30 고발열량(高發熱量)과 저발열량(低發熱量)의 값이 가장 가까운 연료는?

① LPG
② 가솔린
③ 메탄
④ 목탄

해설 연료 중 H_2, 수분이 없으면 수증기의 증발열이 발생하지 않는다. 목탄(숯 등)은 수소나 수분이 없으면 고위, 저위발열량이 같다.

31 다음 중 BLEVE와 관련이 없는 것은?

① Bomb
② Liquid
③ Expanding
④ Vapor

해설 ㉠ BLEVE : 비등액체팽창 증기폭발(블레비)
㉡ Bomb : 공 모양의 폭탄

32 메탄가스 $1m^3$를 완전 연소시키는 데 필요한 공기량은 약 몇 Sm^3인가?(단, 공기 중 산소는 20% 함유되어 있다.)

① 5
② 10
③ 15
④ 20

해설 $CH_4 + 2O_2 \rightarrow CO_2 + 2H_2O$

$$이론공기량(A_o) = 0_o \times \frac{1}{0.2}$$

$$= 2 \times \frac{1}{0.2} = 10(\mathrm{Sm^3/Sm^3})$$

33 기체상수 R의 단위가 J/mol · K일 때의 값은?

① 8.314
② 1.987
③ 848
④ 0.082

34 정적비열이 0.682kcal/kmol · ℃인 어떤 가스의 정압비열은 약 몇 kcal/kmol · ℃인가?

① 1.3
② 1.4
③ 2.7
④ 2.9

해설 $C_p - C_v = R$, $C_p = \frac{k}{k-1}R$, $C_v = \frac{1}{k-1}R$

$C_p = C_v + R = 0.682 + 1.987 \fallingdotseq 2.7 \ (\text{kcal/kmol} \cdot ℃)$

※ 가스상수(R) = 8.314kJ/kmol · K
= 1.987kcal/kmol · K
= 0.082l · atm/mol · K

35 가스가 노즐로부터 일정한 압력으로 분출하는 힘을 이용하여 연소에 필요한 공기를 흡인하고, 혼합관에서 혼합한 후 화염공에서 분출시켜 예혼합연소시키는 버너는?

① 분젠식
② 전 1차 공기식
③ 블라스트식
④ 적화식

해설 분젠식
가스가 노즐로부터 일정한 압력으로 분출하는 힘을 이용하여 연소에 필요한 공기를 흡인하고 혼합관에서 혼합한 후 화염공에서 분출시켜 예혼합 연소시키는 버너

36 최소점화에너지(MIE)의 값이 수소와 가장 가까운 가연성 기체는?

① 메탄
② 부탄
③ 암모니아
④ 이황화탄소

해설 공기 중 최소점화에너지(MIE)
㉠ 수소 : 0.019(10^{-2}J)
㉡ 부탄 : 0.38(10^{-2}J)
㉢ 메탄 : 0.28(10^{-2}J)
㉣ 이황화탄소 : 0.015(10^{-2}J)
㉤ 암모니아 : 0.77(10^{-2}J)

37 이상기체에 대한 설명으로 틀린 것은?

① 기체의 분자력과 크기가 무시된다.
② 저온으로 하면 액화된다.
③ 절대온도 0도에서 기체로서의 부피는 0으로 된다.
④ 보일-샤를의 법칙이나 이상기체상태방정식을 만족한다.

해설 이상기체는 고압, 저온 시에는 액화하지 않는다(단, 실제기체는 응고한다).

38 실제기체가 이상기체 상태방정식을 만족할 수 있는 조건이 아닌 것은?

① 압력이 높을수록
② 분자량이 작을수록
③ 온도가 높을수록
④ 비체적이 클수록

해설 압력이 낮을수록 실제기체가 이상기체 상태방정식을 만족할 수 있다.

39 공기 1kg을 일정한 압력하에서 20℃에서 200℃까지 가열할 때 엔트로피 변화는 약 몇 kJ/K인가?(단, C_p는 1kJ/kg · K이다.)

① 0.28
② 0.38
③ 0.48
④ 0.62

해설 엔트로피 변화(ΔS) = $\frac{SQ}{T}$

$$\Delta S_2 - \Delta S_1 = GC_p \int_{T_1}^{T_2} \cdot \frac{dT}{T} = 1 \times 1 \times \ln\left(\frac{200 + 273}{20 + 273}\right)$$
$$= 0.48 (\text{kJ/K})$$

40 프로판을 연소할 때 이론단열 불꽃온도가 가장 높을 때는?

① 20%의 과잉공기로 연소하였을 때
② 100%의 과잉공기로 연소하였을 때
③ 이론량의 공기로 연소하였을 때
④ 이론량의 순수산소로 연소하였을 때

해설 완전연소 $C_3H_8 + 5O_2 \rightarrow 3CO_2 + 4H_2O$
이론산소량(5Nm^3/Nm^3),

이론공기량 = $5 \times \frac{1}{0.21} = 23.81 (\text{Nm}^3/\text{Nm}^3)$

SECTION 03 가스설비

41 저온장치에 사용되는 팽창기에 대한 설명으로 틀린 것은?

① 왕복동식은 팽창비가 40 정도로 커서 팽창기의 효율이 우수하다.

② 고압식 액체산소 분리장치, 헬륨 액화기 등에 사용된다.

③ 처리가스량이 1,000m³/h 이상이 되면 다기통이 된다.

④ 기통 내의 윤활에 오일이 사용되므로 오일 제거에 유의하여야 한다.

해설 기체의 액화(팽창기 이용, 줄－톰슨 효과 이용)
㉠ 압축된 기체 → 단열팽창(팽창밸브 자유팽창)
㉡ 팽창기 : 왕복동형, 터빈형(액화방법)
㉢ 줄－톰슨 효과 이용(자유팽창법)

42 LP가스 설비 중 강제기화기 사용 시의 장점에 대한 설명으로 가장 거리가 먼 것은?

① 설치장소가 적게 소요된다.

② 한냉 시에도 충분히 기화된다.

③ 공급가스 조성이 일정하다.

④ 용기압력을 가감, 조절할 수 있다.

해설 LP가스 기화장치구성
기화부, 제어부, 조압부
(기화량의 가감이나 조정이 용이하다.)
• 용기의 압력과는 기화기와 부관하다.

43 수소의 공업적 제법이 아닌 것은?

① 수성가스법

② 석유 분해법

③ 천연가스 분해법

④ 공기액화 분리법

해설 공기액화 분리법에서 얻을 수 있는 기체
산소, 아르곤, 질소 등

44 액화가스의 기화기 중 액화가스와 해수 및 하천수 등을 열교환시켜 기화하는 형식은?

① Air Fin식

② 직화가열식

③ Open Rack식

④ Submerged Combustion식

해설 ㉠ 오픈－랙식 기화기
액화가스의 기화기 중 액화가스와 바닷물(해수), 하천수 등으로 열교환시켜 기화하는 형식이다.
㉡ 서브머지드법(Submerged)
피크로드용으로 액 중 버너사용

45 원심압축기의 특징이 아닌 것은?

① 설치면적이 적다.

② 압축이 단속적이다.

③ 용량조정이 어렵다.

④ 윤활유가 불필요하다.

해설 비용적형 터보형 압축기(연속식 압축기)
㉠ 원심식
㉡ 축류식
㉢ 혼류식

46 가스시설의 전기방식 공사 시 매설배관 주위에 기준전극을 매설하는 경우 기준전극은 배관으로부터 얼마 이내에 설치하여야 하는가?

① 30cm
② 50cm
③ 60cm
④ 100cm

해설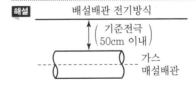

47 다음 [보기]에서 설명하는 가스는?

> • 자극성 냄새를 가진 무색의 기체로서 물에 잘 녹는다.
> • 가압, 냉각에 의해 액화가 용이하다.
> • 공업적 제법으로는 클라우드법, 카자레법이 있다.

① 암모니아   ② 염소
③ 일산화탄소   ④ 황화수소

해설 암모니아 제조법 고압합성법
클로드법, 카자레법
• 물에 800배 정도로 잘 녹는다.
• 가연성이며 독성가스이다.
• 가압, 냉각에 의해 액화가 용이하다.

48 독성가스 배관용 밸브의 압력구분을 호칭하기 위한 표시가 아닌 것은?

① Class   ② S
③ PN   ④ K

해설 독성가스 배관용 밸브의 압력구분 호칭 표시
Class, PN, K, MPa

49 송출 유량(Q)이 $0.3m^3/min$, 양정(H)이 16m, 비교회전도(N_s)가 110일 때 펌프의 회전속도(N)는 약 몇 rpm인가?

① 1507   ② 1607
③ 1707   ④ 1807

해설 $N_s = \dfrac{N \times \sqrt{Q}}{H^{\frac{3}{4}}}$, $110 = \dfrac{N \times \sqrt{0.3}}{16^{\frac{3}{4}}}$

$N = \dfrac{N_s \times H^{\frac{3}{4}}}{\sqrt{Q}} = 110 \times \dfrac{16^{\frac{3}{4}}}{\sqrt{0.3}} = 1,607(\text{rpm})$

50 고압가스저장설비에서 수소와 산소가 동일한 조건에서 대기 중에 누출되었다면 확산속도는 어떻게 되겠는가?

① 수소가 산소보다 2배 빠르다.
② 수소가 산소보다 4배 빠르다.
③ 수소가 산소보다 8배 빠르다.
④ 수소가 산소보다 16배 빠르다.

해설 그레이엄의 기체 확산속도 $\left(\dfrac{u_1}{u_2}\right)$

$\dfrac{u_1}{u_2} = \sqrt{\dfrac{M_2}{M_1}} = \sqrt{\dfrac{d_2}{d_1}} = \sqrt{\dfrac{3}{32}} = \sqrt{\dfrac{1}{16}} = \dfrac{1}{4}$

∴ $H_2 : O_2 = 4 : 1$
• (분자량 $O_2 : 32$, $H_2 : 2$)

51 압축기에 사용되는 윤활유의 구비조건으로 옳은 것은?

① 인화점과 응고점이 높을 것
② 정제도가 낮아 잔류탄소가 증발해서 줄어드는 양이 많을 것
③ 점도가 적당하고 항유화성이 적을 것
④ 열안정성이 좋아 쉽게 열분해하지 않을 것

해설 압축기용 오일은 열에 대한 안정성이 좋아 쉽게 열분해하지 않아야 한다.

52 액화석유가스용 용기잔류가스 회수장치의 구성이 아닌 것은?

① 열교환기   ② 압축기
③ 연소설비   ④ 질소퍼지장치

해설 액화석유가스용(LPG용) 용기 내 잔류가스 회수장치 구성
압축기, 연소설비, 질소퍼지장치 등
• 열교환기는 기화기에 필요하다.

53 어느 용기에 액체를 넣어 밀폐하고 압력을 가해주면 액체의 비등점은 어떻게 되는가?

① 상승한다.   ② 저하한다.
③ 변하지 않는다.   ④ 이 조건으로 알 수 없다.

해설 유체는 압력을 가하면 비등점(끓는점)이 상승한다.
물[1atm(100℃), 5atm(151℃), 10atm(181℃)]

54 흡입밸브 압력이 $0.8MPa \cdot g$인 3단 압축기의 최종단의 토출압력은 약 몇 $MPa \cdot g$인가?(단, 압축비는 3이며, 1MPa은 $10kg/cm^2$로 한다.)

① 16.1   ② 21.6
③ 24.2   ④ 28.7

해설 3단 압축기의 경우
- 1단 P_1 : $a \times P_1 = 3 \times 0.9 = 2.7$MPa · a $= 2.6$MPa · g
  $(2.7 - 0.1 = 2.6$MPa · g$)$
- 2단 P_2 : $a \times P_2 = 3 \times 2.7 = 8.1$MPa · a $= 8$MPa · g
  $(8.1 - 0.1 = 8$MPa · g$)$
- 3단 P_3 : $a \times P_3 = 3 \times 8.1 = 24.3$MPa · a $= 24.2$MPa · g
  $(24.3 - 0.1 = 24.2$MPa · g$)$
- 표준대기압 $= 0.1$MPa(게이지압력 $+ 0.1 =$ 절대압력)

55 가스홀더의 기능에 대한 설명으로 가장 거리가 먼 것은?

① 가스수요의 시간적 변동에 대하여 제조 가스량을 안정되게 공급하고 남는 가스를 저장한다.

② 정전, 배관공사 등의 공사로 가스공급의 일시 중단 시 공급량을 계속 확보한다.

③ 조성이 다른 제조가스를 저장, 혼합하여 성분, 열량 등을 일정하게 한다.

④ 소비지역에서 먼 곳에 설치하여 사용 피크 시 배관의 수송량을 증대한다.

해설 도시가스 홀더의 특징은 ①, ②, ③항의 각 지역에 홀더를 설치하여 피크 시에 각 지구의 공급을 가스홀더에 의해 공급함과 동시에 배관의 수송효율을 올린다.

56 LP가스 고압장치가 상용압력이 2.5MPa일 경우 안전밸브의 최고작동압력은?

① 2.5MPa ② 3.0MPa
③ 3.75MPa ④ 5.0MPa

해설 안전밸브의 최고동작압력(P)

$P = ($상용압력 $\times 1.5$배$) \times \dfrac{8}{10} = (2.5 \times 1.5) \times \dfrac{8}{10}$
$\quad = 3$(MPa)

57 지하에 매설하는 배관의 이음방법으로 가장 부적합한 것은?

① 링조인트 적합 ② 용접 접합
③ 전기융착 접합 ④ 열융착 접합

해설 링조인트 접합
지상배관에 설치하여 가스누설을 검지할 수 있다.
- 용기밸브 구조분류 : 패킹식, O링식

58 압축기에 사용하는 윤활유와 사용가스의 연결로 부적당한 것은?

① 수소 : 순광물성 기름
② 산소 : 디젤엔진유
③ 아세틸렌 : 양질의 광유
④ LPG : 식물성유

해설 ㉠ 산소압축기 윤활유
- 물
- 10% 이하 묽은 글리세린수
㉡ 염소압축기 : 진한 황산

59 배관의 전기방식 중 희생양극법의 장점이 아닌 것은?

① 전류조절이 쉽다.
② 과방식의 우려가 없다.
③ 단거리의 파이프라인에는 저렴하다.
④ 다른 매설금속체로의 장애(간섭)가 거의 없다.

해설 희생양극법(유전양극법)의 특징은 ②, ③, ④항이며 전위경사가 적은 장소 또는 발생하는 전류가 작기 때문에 도복장의 저항이 큰 대상에 적합하다.

60 안전밸브의 선정절차에서 가장 먼저 검토하여야 하는 것은?

① 기타 밸브구동기 선정
② 해당 메이커의 자료 확인
③ 밸브 용량계수 값 확인
④ 통과 유체 확인

해설 안전밸브 선정 시 가장 먼저 검토하여야 할 내용은 안전밸브를 통과하는 유체의 종류이다.

61 액화가연성가스 접합용기를 차량에 적재하여 운반할 때 몇 kg 이상일 때 운반책임자를 동승시켜야 하는가?

① 1,000kg　　　　② 2,000kg
③ 3,000kg　　　　④ 6,000kg

해설 운반책임자(액화가연성가스 접합용기의 경우) 동승기준
가연성의 경우 3,000kg 이상(액화가스용) 운반자 동승이 필요하나 접합용기의 경우 2,000kg 이상이면 운반책임자가 동승한다(납 붙임 용기도 접합용기와 동일).

62 고압가스 특정제조시설의 긴급용 벤트스택 방출구는 작업원이 항시 통행하는 장소로부터 몇 m 이상 떨어진 곳에 설치하는가?

① 5m　　　　② 10m
③ 15m　　　　④ 20m

해설
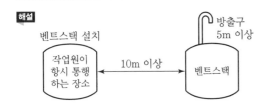

63 산화에틸렌에 대한 설명으로 틀린 것은?

① 배관으로 수송할 경우에는 2중관으로 한다.
② 제독제로서 다량의 물을 비치한다.
③ 저장탱크에는 45℃에서 그 내부가스의 압력이 0.4MPa 이상이 되도록 탄산가스를 충전한다.
④ 용기에 충전하는 때에는 미리 그 내부가스를 아황산 등의 산으로 치환하여 안정화시킨다.

해설 산화에틸렌가스
(C_2H_4O) 가연성, 독성가스, 치환가스
• 치환가스 : N_2, CO_2 등
※ 아황산(SO_2), 황산치환 적용 : 시안화수소(HCN)기체

64 공기보다 무거워 누출 시 체류하기 쉬운 가스가 아닌 것은?

① 산소　　　　② 염소
③ 암모니아　　④ 프로판

해설 공기의 분자량보다 가벼우면 체류하지 않는다.

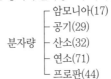
분자량 ┬ 암모니아(17)
　　　 ├ 공기(29)
　　　 ├ 산소(32)
　　　 ├ 연소(71)
　　　 └ 프로판(44)

65 방폭전기기기 설치에 사용되는 정션박스(Junction Box), 풀 박스(Pull Box)는 어떤 방폭구조로 하여야 하는가?

① 압력방폭구조(p)　　② 내압방폭구조(d)
③ 유입방폭구조(o)　　④ 특수방폭구조(s)

해설 방폭전기기기의 정션 박스, 풀 박스 방폭구조 :
내압방폭구조

• 개별 기기를 보호하는 방식으로, 전자기기의 성능 조건을 유지하기에 적합한 방폭구조이다.

66 불소가스에 대한 설명으로 옳은 것은?

① 무색의 가스이다.
② 냄새가 없다.
③ 강산화제이다.
④ 물과 반응하지 않는다.

해설
불소(F_2)가스 ┬ 자극성 유독성 담황색 기체
　　　　　　 ├ 거의 모든 원소와 화합한다.
　　　　　　 ├ 냉압소에서 수소와 격렬하게 폭발한다.
　　　　　　 └ 물과 반응한다.

67 냉동기의 제품성능의 기준으로 틀린 것은?

① 주름관을 사용한 방진조치

② 냉매설비 중 돌출부위에 대한 적절한 방호조치

③ 냉매가스가 누출될 우려가 있는 부분에 대한 부식 방지 조치

④ 냉매설비 중 냉매가스가 누출될 우려가 있는 곳에 차단밸브 설치

해설 냉동기에서 냉매설비 중 냉매가스가 누출될 우려가 있는 곳에서는 누설검지기나 경보장치를 설치해야 한다.

68 액화석유가스자동차에 고정된 탱크 충전시설 중 저장설비는 그 외면으로부터 사업소 경계와의 거리 이상을 유지하여야 한다. 저장능력과 사업소 경계와의 거리의 기준이 바르게 연결한 것은?

① 10톤 이하 – 20m

② 10톤 초과 20톤 이하 – 22m

③ 20톤 초과 30톤 이하 – 30m

④ 30톤 초과 40톤 이하 – 32m

해설 사업소 경계와의 거리
ㄱ 10톤 이하 : 24m
ㄴ 10톤 초과~20톤 이하 : 27m
ㄷ 30톤 초과~40톤 이하 : 33m
ㄹ 200톤 초과 : 39m

69 탱크주밸브, 긴급차단장치에 속하는 밸브 그 밖의 중요한 부속품이 돌출된 저장탱크는 그 부속품을 차량의 좌측면이 아닌 곳에 설치한 단단한 조작상자 내에 설치한다. 이 경우 조작상자와 차량의 뒷범퍼와의 수평거리는 얼마 이상 이격하여야 하는가?

① 20cm ② 30cm

③ 40cm ④ 50cm

해설

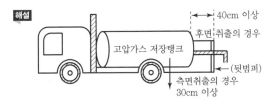

• 조작상자와 차량의 뒷범퍼와의 수평거리는 20cm 이상

70 고압가스 일반제조시설에서 긴급차단장치를 반드시 설치하지 않아도 되는 설비는?

① 염소가스 정체량이 40톤인 고압가스 설비

② 연소열량이 5×10^7인 고압가스 설비

③ 특수 반응설비

④ 산소가스 정체량이 150톤인 고압가스 설비

해설 연소설비 연소열량이 5×10^7kcal(50,000,000kcal)인 고압가스 설비는 긴급차단 장치가 불필요하다.

71 긴급이송설비에 부속된 처리설비는 이송되는 설비 내의 내용물을 안전하게 처리하여야 한다. 처리방법으로 옳은 것은?

① 플레어스택에서 배출시킨다.

② 안전한 장소에 설치되어 있는 저장탱크에 임시 이송한다.

③ 밴트스택에서 연소시킨다.

④ 독성가스는 제독 후 사용한다.

해설 가스 긴급 이송설비 부속 처리설비 이송설비 → 가스가 안전한 장소에 설치되어 있는 저장탱크에 임시 이송저장한다.

72 고압가스 냉동기 제조의 시설에서 냉매가스가 통하는 부분의 설계압력 설정에 대한 설명으로 틀린 것은?

① 보통의 운전상태에서 응축온도가 65℃를 초과하는 냉동설비는 그 응축온도에 대한 포화증기 압력을 그 냉동설비의 고압부 설계압력으로 한다.

② 냉매설비의 저압부가 항상 저온으로 유지되고 또한 냉매가스의 압력이 0.4MPa 이하인 경우에는 그 저압부의 설계압력을 0.8MPa로 할 수 있다.

③ 보통의 상태에서 내부가 대기압 이하로 되는 부분에는 압력이 0.1MPa을 외압으로 하여 걸리는 설계압력으로 한다.

④ 냉매설비의 주위 온도가 항상 40℃를 초과하는 냉매설비 등의 저압부 설계압력은 그 주위 온도의 최고온도에서의 냉매가스의 평균압력 이상으로 한다.

해설 냉매설비

항상 40℃를 초과하는 냉동설비 등의 저압부설계 압력은 그 주위 온도의 최고온도에 있어서 냉매가스의 포화압력 이상으로 한다.

73 충전용기 적재에 관한 기준으로 옳은 것은?

① 충전용기를 적재한 차량은 제1종 보호시설과 15m 이상 떨어진 곳에 주차하여야 한다.
② 충전량이 15kg 이하이고 적재수가 2개를 초과하지 아니한 LPG는 이륜차에 적재하여 운반할 수 있다.
③ 용량 15kg의 LPG 충전용기는 2단으로 적재하여 운반할 수 있다.
④ 운반차량 뒷면에는 두께가 3mm 이상, 폭 50mm 이상의 범퍼를 설치한다.

해설 LPG 적재충전용기

㉠ 20kg 이하이고 적재수가 2개를 초과하지 말 것(오토바이에 충전용기 2개 이하는 운반이 가능하다.)
㉡ 충전 용기는 항상 40℃ 이하를 유지하여야 한다.

74 가스보일러에 의한 가스 사고를 예방하기 위한 방법이 아닌 것은?

① 가스보일러는 전용보일러실에 설치한다.
② 가스보일러의 배기통은 한국가스안전공사의 성능인증을 받은 것을 사용한다.
③ 가스보일러는 가스보일러 시공자가 설치한다.
④ 가스보일러의 배기톱은 풍압대 내에 설치한다.

해설

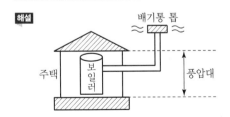

75 고압가스 용기 및 차량에 고정된 탱크 충전시설에 설치하는 제독설비의 기준으로 틀린 것은?

① 가압식, 동력식 등에 따라 작동하는 수도직결식의 제독제 살포장치 또는 살수장치를 설치한다.
② 물(중화제)인 중화조를 주위 온도가 4℃ 미만인 동결 우려가 있는 장소에 설치 시 동결방지장치를 설치한다.
③ 물(중화제) 중화조에는 자동급수장치를 설치한다.
④ 살수장치는 정전 등에 의해 전자밸브가 작동하지 않을 경우에 대비하여 수동 바이패스 배관을 추가로 설치한다.

해설 제독설비

가압식, 동력식 등에 의하여 작동하는 제독제 살포장치 또는 살수장치의 기능이 있어야 한다.

76 액화가스 충전용기의 내용적을 V(L), 저장능력을 W(kg), 가스의 종류에 따르는 정수를 C로 했을 때 이에 대한 설명으로 틀린 것은?

① 프로판의 C 값은 2.35이다.
② 액화가스와 압축가스가 섞여 있을 경우에는 액화가스 10kg을 1m^{3}으로 본다.
③ 용기의 어깨에 C 값이 각인되어 있다.
④ 열대지방과 한대지방의 C 값은 다를 수 있다.

해설 ㉠ 용기용 밸브 각인사항 ― A형 : 충전구 나사 숫나사
　　　　　　　　　　　　　 ― B형 : 충전구 나사 암나사
　　　　　　　　　　　　　 ― C형 : 충전구 나사가 없는것
㉡ 액화가스 충전용기의 내용적에서 C 값은 가스종류에 따른 값으로 한다. 액화부탄(2.05), 액화산소(1.04), 액화염소(0.80)

77 일반도시가스사업 예비 정압기에 설치되는 긴급차단장치의 설정압력은?

① 3.2kPa 이하　　　　② 3.6kPa 이하
③ 4.0kPa 이하　　　　④ 4.4kPa 이하

해설 일반도시가스 사업에서 예비정압기 긴급차단장치 설정압력 : 4.4kPa 이하

78 소형저장탱크에 의한 액화석유가스 사용시설에서 벌크로리 측의 호스어셈블리에 의한 충전 시 충전작업자는 길이 몇 m 이상의 충전호스를 사용하여 충전하는 경우에 별도의 충전보조원에게 충전작업 중 충전호스를 감시하게 하여야 하는가?

① 5m   ② 8m
③ 10m   ④ 20m

해설
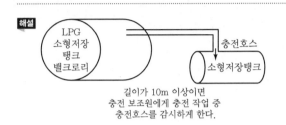

길이가 10m 이상이면
충전 보조원에게 충전 작업 중
충전호스를 감시하게 한다.

79 가스 제조 시 첨가하는 냄새가 나는 물질(부취제)에 대한 설명으로 옳지 않은 것은?

① 독성이 없을 것
② 극히 낮은 농도에서도 냄새가 확인될 수 있을 것
③ 가스관이나 Gas Meter에 흡착될 수 있을 것
④ 배관 내의 상용온도에서 응축하지 않고 배관을 부식시키지 않을 것

해설 도시가스 부취제(냄새나는 물질)는 가스배관이나 가스미터에 흡착되지 않아야 한다.

80 다음 [보기]에서 가스용 퀵카플러에 대한 설명으로 옳은 것으로 모두 나열된 것은?

ⓐ 퀵카플러는 사용형태에 따라 호스 접속형과 호스엔드 접속형으로 구분한다.
ⓑ 4.2kPa 이상의 압력으로 기밀시험을 하였을 때 가스누출이 없어야 한다.
ⓒ 탈착조작은 분당 10~20회의 속도로 6,000회 실시한 후 작동시험에서 이상이 없어야 한다.

① ⓐ   ② ⓐ, ⓑ
③ ⓑ, ⓒ   ④ ⓐ, ⓑ, ⓒ

해설 ⓐ 가스용 퀵카플러 기준은 ⓐ, ⓑ, ⓒ 전 항의 기준이 필요하다.
ⓑ 퀵카플러(Quick Coupler)

SECTION 05 가스계측

81 대기압이 750mmHg일 때 탱크 내의 기체압력이 게이지압으로 $1.98kg/cm^2$이었다. 탱크 내 기체의 절대압력은 약 몇 kg/cm^2인가?(단, 1기압은 1.0336 kg/cm^2이다.)

① 1   ② 2
③ 3   ④ 4

해설 절대압력(abs) = 게이지 압력 + 대기압 = 1.98 + 1.0336
= 3.01kgf/cm^2

82 질소용 Mass Flow Controller에 헬륨을 사용하였다. 예측 가능한 결과는?

① 질량유량에는 변화가 있으나 부피 유량에는 변화가 없다.
② 지시계는 변화가 없으나 부피유량은 증가한다.
③ 입구압력을 약간 낮춰 주면 동일한 유량을 얻을 수 있다.
④ 변화를 예측할 수 없다.

해설 질소(N_2)용 매스 플로 컨트롤러에 헬륨(He)을 사용한다면 지시계는 변화가 없으나 부피유량(L)은 증가하는 예측이 가능하다.

83 측정방법에 따른 액면계의 분류 중 간접법이 아닌 것은?

① 음향을 이용하는 방법
② 방사선을 이용하는 방법
③ 압력계, 차압계를 이용하는 방법
④ 플로트에 의한 방법

해설 플로트식 = 부자식, 검척식, 유리관식 : 직접식 액면계

84 가스시료 분석에 널리 사용되는 기체 크로마토그래피(Gas Chromatography)의 원리는?

① 이온화   ② 흡착 치환
③ 확산 유출   ④ 열전도

85 60°F에서 100°F까지 온도를 제어하는 데 비례제어기가 사용된다. 측정온도가 71°F에서 75°F로 변할 때 출력압력이 3psi에서 5psi까지 도달하도록 조정된다. 비례대(%)는?

① 5% ② 10%

③ 15% ④ 20%

86 계량의 기준이 되는 기본단위가 아닌 것은?

① 길이 ② 온도

③ 면적 ④ 광도

87 기체 크로마토그래피의 구성이 아닌 것은?

① 캐리어 가스 ② 검출기

③ 분광기 ④ 컬럼

88 적외선 가스분석계로 분석하기가 가장 어려운 가스는?

① H_2O ② N_2

③ HF ④ CO

89 용적식 유량계에 해당되지 않는 것은?

① 로터미터

② Oval식 유량계

③ 루트 유량계

④ 로터리 피스톤식 유량계

90 시정수(Time Constant)가 5초인 1차 지연형 계측기의 스텝 응답(Step Response)에서 전변화의 95%까지 변화하는 데 걸리는 시간은?

① 10초 ② 15초

③ 20초 ④ 30초

91 가연성가스 검출기로 주로 사용되지 않는 것은?

① 중화적정형

② 안전등형

③ 간섭계형

④ 열선형

92 다음 [보기]에서 설명하는 가스미터는?

> • 계량이 정확하고 사용 중 기차(器差)의 변동이 거의 없다.
> • 설치공간이 크고 수위 조절 등의 관리가 필요하다.

① 막식가스미터 ② 습식가스미터
③ 루트(Roots)미터 ④ 벤투리미터

해설 습식가스미터는 정확한 가스계량이 가능하나 현장 실용적이 아닌 실험연구용이며 설치공간이 크고 수위조절 등의 관리가 필요한 가스미터기이다.

93 열전대 온도계 중 측정범위가 가장 넓은 것은?

① 백금－백금 · 로듐
② 구리－콘스탄탄
③ 철－콘스탄탄
④ 크로멜－알루멜

해설 열전대 온도계
• 백금－백금 · 로듐(R형) : 0~1,600℃
• 크로멜－알루멜(K형) : 0~1,200℃
• 철－콘스탄탄(J형) : －200~800℃
• 구리－콘스탄탄(T형) : －200~350℃

94 연소가스 중 CO와 H_2의 분석에 사용되는 가스 분석계는?

① 탄산가스계 ② 질소가스계
③ 미연소가스계 ④ 수소가스계

해설 미연소가스분석계
일산화탄소, 수소가스의 분석에 사용, 일명 연소분석법이라고 하며 분별연소법이다.

95 최대 유량이 $10m^3/h$ 이하인 가스미터의 검정 · 재검정 유효기간으로 옳은 것은?

① 3년, 3년 ② 3년, 5년
③ 5년, 3년 ④ 5년, 5년

해설 최대유량 $10(m^3/h)$이하 : 5년(기타는 8년)
재검정 유효기간 : 5년

96 방사선식 액면계에 대한 설명으로 틀린 것은?

① 방사선원은 코발트 60(^{60}Co)이 사용된다.
② 종류로는 조사식, 투과식, 가반식이 있다.
③ 방사선 선원을 탱크 상부에 설치한다.
④ 고온, 고압 또는 내부에 측정자를 넣을 수 없는 경우에 사용된다.

해설 방사선식 액면계(γ선식 액면계) 방사선 선원 부착위치
㉠ 플로트식(액면계 내부 유체액면의 중앙)
㉡ 투과식(액면계 내부 최하부)
㉢ 추종식(액면계 내부 액면의 측면)

97 저압용의 부르동관 압력계 재질로 옳은 것은?

① 니켈강 ② 특수강
③ 인발강관 ④ 황동

해설 부르동관 압력계
• 저압용 : 황동, 청동, 인청동
• 고압용 : 니켈강, 특수강

98 게겔법에서 C_3H_6를 분석하기 위한 흡수액으로 사용되는 것은?

① 33% KOH 용액
② 알칼리성 피로카롤 용액
③ 암모니아성 염화 제1구리 용액
④ 87% H_2SO_4

해설 흡수분석 게겔법 가스분석 수순
$CO_2 \rightarrow C_2H_2 \rightarrow$ 프로필렌 $\rightarrow$ 노르말부틸렌 $\rightarrow$ 에틸렌 $\rightarrow$ $O_2 \rightarrow CO$
• 프로필렌, 노르말부탄 : 87% 황산(H_2SO_4)

99 제어동작에 대한 설명으로 옳은 것은?

① 비례동작은 제어오차가 변화하는 속도에 비례하는 동작이다.
② 미분동작은 편차에 비례한다.
③ 적분동작은 오프셋을 제거할 수 있다.
④ 미분동작은 오버슈트가 많고 응답이 느리다.

①항 : 미분동작
②항 : 비례동작 : 편차에 비례한다
④항 : 미분동작은 진동이 제어되어 빨리 안정된다

100 루트식 가스미터는 적은 유량 시 작동하지 않을 우려
가 있는데 보통 얼마 이하일 때 이러한 현상이 나타나
는가?

① $0.5\text{m}^3/\text{h}$ ② $2\text{m}^3/\text{h}$

③ $5\text{m}^3/\text{h}$ ④ $10\text{m}^3/\text{h}$

- 시간당 가스미터 가스량이 0.5m^3 이하이면 유량이 너무
적어서 미터기가 작동하지 않는다.

SECTION 01 가스유체역학

01 관로의 유동에서 여러 가지 손실수두를 나타낸 것으로 틀린 것은?(단, f : 마찰계수, d : 관의 지름, $\left(\dfrac{V^2}{2g}\right)$: 속도 수두, $\left(\dfrac{V_1^2}{2g}\right)$: 입구관 속도 수두, $\left(\dfrac{V_2^2}{2g}\right)$: 출구관 속도 수두, R_h : 수력반지름, L : 관의 길이, A : 관의 단면적, C_c : 단면적 축소계수이다.)

① 원형관 속의 손실수두 : $h_L = f\dfrac{L}{d}\dfrac{V^2}{2g}$

② 비원형관 속의 손실수두 : $h_L = f\dfrac{4R_h}{L}\dfrac{V^2}{2g}$

③ 돌연 확대관 손실수두 : $h_L = \left(1 - \dfrac{A_1}{A_2}\right)^2\dfrac{V_1^2}{2g}$

④ 돌연 축소관 손실수두 : $h_L = \left(\dfrac{1}{C_c} - 1\right)^2\dfrac{V_2^2}{2g}$

해설 손실수두

비원형관의 경우(h_L)$= f \times \dfrac{l}{d} \times \dfrac{V^2}{2g}$
$\qquad\qquad = f \times \dfrac{l}{4Rh} \times \dfrac{V^2}{2g}$ (Rh : 수력반경)

- 비원형단면의 레이놀즈수와 손실수두는 수력 반경 Rh =(유동단면적/접수길이)=A/P로 구한다.
- 접수길이 : 유체와 고체가 접하고 있는 길이

02 980cSt의 동점도(Kinematic Viscosity)는 몇 m^2/s 인가?

① 10^{-4} ② 9.8×10^{-4}
③ 1   ④ 9.8

해설 동점성계수(γ)$= \dfrac{\mu}{0} =$(점성계수/밀도)$= cm^2/s$

동점성계수 단위(Stokes) : $1cm^2/s$, m^2/sec
$1m^2 = 10^4 cm^2$, $1cSt = 0.01st$(Stokes)
$\therefore \dfrac{980 \times 0.01}{10^4} = 9.8 \times 10^{-4}(m^2/s)$

03 다음 중 실제유체와 이상유체에 모두 적용되는 것은?

① 뉴턴의 점성법칙
② 압축성
③ 점착조건(No Slip Condition)
④ 에너지 보존의 법칙

해설 실제기체, 이상기체 모두 에너지 보존의 법칙에 적용된다.

04 진공압력이 $0.10kgf/cm^2$이고, 온도가 20℃인 기체가 계기압력 $7kgf/cm^2$로 등온압축되었다. 이때 압축 전 체적(V_1)에 대한 압축 후의 체적(V_2)의 비는 얼마인가?(단, 대기압은 720mmHg이다.)

① 0.11   ② 0.14
③ 0.98   ④ 1.41

해설 등온압축 $T = T_1 = T_2 = C$, $PV = P_1 V_1 = P_2 V_2$,
$\left(\dfrac{P_2}{P_1} = \dfrac{V_1}{V_2}\right)$, $Q = GRT\ln\dfrac{V_2}{V_1}$,
대기압(atm)$= 1.0332 \times \dfrac{720}{760} = 0.9788 kgf/cm^2$
등온압축 후 압축비$= \dfrac{0.9332}{7 + 0.9788} = 0.11$

05 안지름 100mm인 관 속을 압력 $5kgf/cm^2$, 온도 15℃인 공기가 2kg/s로 흐를 때 평균 유속은?(단, 공기의 기체상수는 $29.27 kgf \cdot m/kg \cdot K$이다.)

① 4.28m/s   ② 5.81m/s
③ 42.9m/s   ④ 55.8m/s

해설 안지름 단면적(A)$= \dfrac{\pi}{4}d^2 = \dfrac{3.14}{4} \times (0.1)^2$
$\qquad\qquad\qquad\quad = 0.00785(m^2)$

- 공기=$22.4 m^3/kmol = 29kg$
- $V = \sqrt{KRT}$, (공기 $R = 287 Nm/kg \cdot K$)
- $5kgf/cm^2 = 5 \times 10^3 = 5,000Pa$,
$\qquad\qquad = 5 \times 10^4 = 5,000 kg/m^2$
$\therefore$ 유속(v)$= \dfrac{mRT}{AP} = \dfrac{2 \times 29.27 \times (15 + 288)}{0.00785(5 \times 10^4)} = 42.9 m/s$

06 표면장력계수의 차원을 옳게 나타낸 것은?(단, M은 질량, L은 길이, T는 시간의 차원이다.)

① MLT^{-2} 　② MT^{-2}

③ LT^{-1} 　④ $ML^{-1}T^{-2}$

해설 표면장력(σ), $P = \dfrac{4\sigma}{d}$, $\sigma = P \cdot d$(표면장력)

- $FLT = FL^{-2}L = FL^{-1}$(F : 힘)
- $MLT = MT^{-2}$

07 초음속 흐름이 갑자기 아음속 흐름으로 변할 때 얇은 불연속 면의 충격파가 생긴다. 이 불연속 면에서의 변화로 옳은 것은?

① 압력은 감소하고 밀도는 증가한다.

② 압력은 증가하고 밀도는 감소한다.

③ 온도와 엔트로피가 증가한다.

④ 온도와 엔트로피가 감소한다.

해설 아음속 : 속도(V)가 음속(C)보다 작다.

초음속 : 속도(V)가 음속(C)보다 크다.

- 불연속면(충격파)이 발생하면 압력, 밀도, 온도, 엔트로피 증가. 다만 속도는 감소한다.

08 비중이 0.887인 원유가 관의 단면적이 $0.0022m^2$인 관에서 체적 유량이 $10.0m^3/h$ 일 때 관의 단위 면적당 질량유량$(kg/m^2 \cdot s)$은?

① 1,120 　② 1,220

③ 1,320 　④ 1,420

해설 $10.0 \times 0.887 \times 10^3 = 8,870$(kg/h), 1시간=3,600초

$\dfrac{8,870}{0.0022} = 4,031,818$(kg/m² · h)

∴ $\dfrac{4,031,818}{3,600} = 1,120$(kg/m²s)

09 온도 27℃의 이산화탄소 3kg이 체적 $0.30m^3$의 용기에 가득 차 있을 때 용기 내의 압력(kgf/cm^2)은? (단, 일반기체상수는 $848kgf \cdot m/kmol \cdot K$이고, 이산화탄소의 분자량은 44이다.)

① 5.79 　② 24.3

③ 100 　④ 270

해설 CO_2기체상수$(R) = \dfrac{848}{44} = 19.27 kg \cdot m/kg \cdot K$

$PV = GRT$, $P = \dfrac{GRT}{V}$, $1m^2 = 10^4 cm^2$

∴ $P = \dfrac{3 \times 19.27 \times (27+273)}{0.30 \times 10^4} = 5.79$(kgf/cm²)

10 물이나 다른 액체를 넣은 타원형 용기를 회전하고 그 용적변화를 이용하여 기체를 수송하는 장치로 유독성 가스를 수송하는 데 적합한 것은?

① 로베(Lobe) 펌프 　② 터보(Turbo) 압축기

③ 내쉬(Nash) 펌프 　④ 팬(Fan)

해설 내쉬 펌프

물이나 다른 액체를 넣은 타원형 용기를 회전하고 그 용적변화를 이용하여 기체를 수송하는 장치이며 유독성 가스를 수송한다.

11 내경이 0.0526m인 철관에 비압축성 유체가 9.085 m^2/h로 흐를 때의 평균유속은 약 몇 m/s 인가?(단, 유체의 밀도는 $1,200kg/m^3$이다.)

① 1.16 　② 3.26

③ 4.68 　④ 11.6

해설 유속$(V) = \dfrac{유량(\theta)}{단면적(A)}$, 단면적$(A) = \dfrac{\pi}{4}d^2$

1시간=3,600s

$A = \dfrac{3.14}{4} \times 0.0526^2 = 0.00217$(m²)

∴ 유속$= \dfrac{9.085}{0.00217 \times 3600} = 1.16$(m/s)

12 어떤 유체의 액면 아래 10m인 지점의 계기 압력이 $2.16kgf/cm^2$일 때 이 액체의 비중량은 몇 kgf/m^3 인가?

① 2,160 　② 216

③ 21.6 　④ 0.216

해설 비중량$(\gamma) = \dfrac{w}{v}$, $10^4 cm^2$, $\gamma = \dfrac{2.16 \times 10^4}{10}$

$= 2,160$(kgf/m³)

13 뉴턴 유체(Newtonian Fluid)가 원관 내를 완전발달 된 층류 흐름으로 흐르고 있다. 관 내의 평균속도 V 와 최대속도 U_{max}의 비 $\dfrac{V}{U_{max}}$는?

① 2
② 1
③ 0.5
④ 0.1

해설 뉴턴 유체 최대속도와 평균속도와의 관계비

$\dfrac{V}{U_{max}} = \dfrac{1}{2}$, (평균속도 V, 최대속도 U_{max})

14 수직 충격파(Normal Shock Wave)에 대한 설명 중 옳지 않은 것은?

① 수직 충격파는 아음속 유동에서 초음속 유동으로 바뀌어 갈 때 발생한다.
② 충격파를 가로지르는 유동은 등엔트로피 과정이 아니다.
③ 수직 충격파 발생 직후의 유동조건은 h−s 선도로 나타낼 수 있다.
④ 1차원 유동에서 일어날 수 있는 충격파는 수직 충격파뿐이다.

해설 수직 충격파
초음속에서 아음속으로 변화할 때 발생한다.

15 지름 4cm인 매끈한 관에 동점성계수가 1.57×10^{-5} m²/s인 공기가 0.7m/s의 속도로 흐르고, 관의 길이 가 70m이다. 이에 대한 손실수두는 몇 m인가?

① 1.27
② 1.37
③ 1.47
④ 1.57

해설 손실수두$(h_l) = f \times \dfrac{l}{d} \times \dfrac{V^2}{2g}$, $g = 9.8 \text{m/s}^2$

레이놀즈수$(Re) = \dfrac{4 \times 10^{-2} \times 0.7}{1.57 \times 10^{-5}} = 1,784$

$f = \dfrac{64}{R} = \dfrac{64}{1,784} = 0.0358$

$\therefore h_l = 0.0358 \times \dfrac{70}{0.04} \times \dfrac{0.7^2}{2 \times 9.8} = 1.57\text{(m)}$

16 도플러효과(Doppler Effect)를 이용한 유량계는?

① 에뉴바 유량계
② 초음파 유량계
③ 오벌 유량계
④ 열선 유량계

해설 초음파 유량계
도플러효과 이용 유량계(싱어라운드법, 위상차법, 시간차 법) 3가지가 있으며 압력손실이 없고 비전도성의 액체유량 측정이 가능하며 대유량의 측정에 적합하다.

17 압축성 유체의 유속계산에 사용되는 Mach수의 표현 으로 옳은 것은?

① $\dfrac{\text{음속}}{\text{유체의 속도}}$
② $\dfrac{\text{유체의 속도}}{\text{음속}}$
③ (음속)²
④ 유체의 속도×음속

해설 마하수$(M) = \dfrac{\text{유체의 속도}}{\text{음속}} = \dfrac{V}{C}$

18 지름이 3m 원형 기름 탱크의 지붕이 평평하고 수평 이다. 대기압이 1atm일 때 대기가 지붕에 미치는 힘 은 몇 kgf인가?

① 7.3×10^2
② 7.3×10^3
③ 7.3×10^4
④ 7.3×10^5

해설 단면적$(A) = \dfrac{\pi}{4}d^2 = \dfrac{3.14}{4} \times 3^2 = 7.065(\text{m}^2)$

$1\text{atm} = 1.0332 \text{kgf/cm}^2 = 10,332 \text{kgf/m}^2$

$\therefore 7.065 \times 10,332 = 73,000 \text{kgf}(7.3 \times 10^4)$

19 온도 20℃, 압력 5kgf/cm²인 이상기체 10cm³를 등 온 조건에서 5cm³까지 압축하면 압력은 약 몇 kgf/ cm²인가?

① 2.5
② 5
③ 10
④ 20

해설 압축 후의 압력 $= \dfrac{P_2}{P_1} = \dfrac{V_2}{V_1}$, $V_2 = V_1 \times \dfrac{P_2}{P_1}$

$\therefore P_2 = P_1 \times \dfrac{V_1}{V_2} = 5 \times \dfrac{10}{5} = 10 \text{kgf/cm}^2$

20 기계효율을 η_m, 수력효율을 η_h, 체적효율을 η_v라 할 때 펌프의 총효율은?

① $\dfrac{\eta_m \times \eta_h}{\eta_v}$　　② $\dfrac{\eta_m \times \eta_v}{\eta_h}$

③ $\eta_m \times \eta_h \times \eta_v$　　④ $\dfrac{\eta_v \times \eta_h}{\eta_m}$

해설 펌프의 총효율(η) = 기계효율 × 수력효율 × 체적효율

SECTION 02 연소공학

21 카르노 사이클에서 열효율과 열량, 온도와의 관계가 옳은 것은?(단, $Q_1 > Q_2$, $T_1 > T_2$)

① $\eta = \dfrac{Q_1 - Q_2}{Q_1} = \dfrac{T_1 - T_2}{T_1}$

② $\eta = \dfrac{Q_1 - Q_2}{Q_2} = \dfrac{T_1 - T_2}{T_2}$

③ $\eta = \dfrac{Q_1}{Q_1 - Q_2} = \dfrac{T_2}{T_1 - T_2}$

④ $\eta = \dfrac{Q_2}{Q_1 - Q_2} = \dfrac{T_1}{T_1 - T_2}$

해설 카르노 사이클 열효율

$$(\eta_c) = \frac{Aw}{\theta_1} = 1 - \frac{Q_2}{Q_1}$$

$$= 1 - \frac{T_2}{T_1} = \frac{Q_1 - Q_2}{Q_1} = \frac{T_1 - T_2}{T_1}$$

22 기체 연소 시 소염현상의 원인이 아닌 것은?

① 산소농도가 증가할 경우
② 가연성 기체, 산화제가 화염 반응대에서 공급이 불충분할 경우
③ 가연성가스가 연소범위를 벗어날 경우
④ 가연성가스에 불활성기체가 포함될 경우

해설 소염현상
불꽃이 없어지는 현상이며 산소농도가 증가하면 기체연료의 연소 시 연소상태가 활성화된다.

23 층류 예혼합화염과 비교한 난류 예혼합화염의 특징에 대한 설명으로 틀린 것은?

① 연소속도가 빨라진다.
② 화염의 두께가 두꺼워진다.
③ 휘도가 높아진다.
④ 화염의 배후에 미연소분이 남지 않는다.

해설 ㉠ 가스연료 연소방법
　• 확산연소방식
　• 예혼합 연소방식(불완전연소, 역화의 원인, 미연소분 발생)
㉡ 연소흐름
　• 층류흐름
　• 난류흐름

24 과잉공기가 너무 많은 경우의 현상이 아닌 것은?

① 열효율을 감소시킨다.
② 연소온도가 증가한다.
③ 배기가스의 열손실을 증대시킨다.
④ 연소가스량이 증가하여 통풍을 저해한다.

해설 과잉공기가 너무 많으면 노 내 온도 저하 발생, 연소온도가 감소한다. 이론공기량의 연소 시 연소온도가 증가한다(과잉공기 = 실제공기 − 이론공기).

25 수소(H_2, 폭발범위 : 4.0~75v%)의 위험도는?

① 0.95　　② 17.75
③ 18.75　　④ 71

해설 위험도(H) = $\dfrac{U - L}{L} = \dfrac{75 - 4.0}{4.0} = 17.75$

26 확산연소에 대한 설명으로 틀린 것은?

① 확산연소 과정은 연료와 산화제의 혼합속도에 의존한다.
② 연료와 산화제의 경계면이 생겨 서로 반대측 면에서 경계면으로 연료와 산화제가 확산해 온다.
③ 가스라이터의 연소는 전형적인 기체연료의 확산화염이다.
④ 연료와 산화제가 적당 비율로 혼합되어 가연혼합기를 통과할 때 확산화염이 나타난다.

---

20. ③ 21. ① 22. ① 23. ④ 24. ② 25. ② 26. ④ **| ANSWER**

해설 가스연료 ┌ 확산연소
└ 예혼합연소

• 확산연소는 연료와 산화제가 혼합속도에 의존한다.

27 −5℃ 얼음 10g을 16℃의 물로 만드는 데 필요한 열량은 약 몇 kJ인가?(단, 얼음의 비열은 2.1J/g · K, 융해열은 335J/g, 물의 비열은 4.2J/g · K 이다.)

① 3.4
② 4.2
③ 5.2
④ 6.4

해설 소요열량$(Q) = G \times C_p \times \Delta t$, $1kJ = 10^3 J$
• 얼음 −5℃ → 얼음 0℃, 얼음 0℃ → 물 0℃,
  물 0℃ → 16℃
융해열 $= 10 \times 2.1 \times [0-(-5)] = 105(J)$
잠열 $= 10 \times 335 = 3,350(J)$
물의 현열 $= 10 \times 4.2 \times (16-0) = 672(J)$
∴ $Q = 105 + 3,350 + 672 = 4,127J \fallingdotseq 4.2(kJ)$

28 이산화탄소의 기체상수(R) 값과 가장 가까운 기체는?

① 프로판
② 수소
③ 산소
④ 질소

해설 기체상수$(R) = \dfrac{8.314(kJ/kmol \cdot K)}{M(분자량)}$

R ┌ $CO_2 = \dfrac{8.314}{44} = 0.189(kJ/kg \cdot K)$
└ $C_3H_8 = \dfrac{8.314}{44} = 0.189(kJ/kg \cdot K)$

• CO_2, 프로판 분자량 : 44

29 증기의 성질에 대한 설명으로 틀린 것은?

① 증기의 압력이 높아지면 엔탈피가 커진다.
② 증기의 압력이 높아지면 현열이 커진다.
③ 증기의 압력이 높아지면 포화 온도가 높아진다.
④ 증기의 압력이 높아지면 증발열이 커진다.

해설 증기는 압력이 상승하면 엔탈피, 현열, 포화 온도가 상승하나 증발열(kJ/kg)은 감소한다.

30 산화염과 환원염에 대한 설명으로 가장 옳은 것은?

① 산화염은 이론공기량으로 완전연소시켰을 때의 화염을 말한다.
② 산화염은 공기비를 아주 크게 하여 연소가스 중 산소가 포함된 화염을 말한다.
③ 환원염은 이론공기량으로 완전연소시켰을 때의 화염을 말한다.
④ 환원염은 공기비를 아주 크게 하여 연소가스 중 산소가 포함된 화염을 말한다.

해설 • 산화염 : 실제공기량으로, 완전연소 시의 화염
• 환원열 : 이론공기량이 부족한 상태의 화염(공기비 부족)
(일산화탄소 등이 혼합되어 있다.)

31 본질안전 방폭구조의 정의로 옳은 것은?

① 가연성가스에 점화를 방지할 수 있다는 것이 시험 그 밖의 방법으로 확인된 구조
② 정상 시 및 사고 시에 발생하는 전기불꽃, 고온부로 인하여 가연성가스가 점화되지 않는 것이 점화시험 그 밖의 방법에 의해 확인된 구조
③ 정상 운전 중에 전기불꽃 및 고온이 생겨서는 안되는 부분에 점화가 생기는 것을 방지하도록 구조상 및 온도상승에 대비하여 특별히 안전성을 높이는 구조
④ 용기 내부에서 가연성가스의 폭발이 일어났을 때 용기가 압력에 본질적으로 견디고 외부의 폭발성가스에 인화할 우려가 없도록 한 구조

해설 본질안전 방폭구조
정전 및 사고 시에 발생하는 전기 불꽃, 아크 또는 고온부에 의하여 가연성가스가 점화되지 아니하는 것이 점화시험, 기타 방법에 의하여 확인된 구조이다.

32 천연가스의 비중측정 방법은?

① 분젠실링법
② Soap Bubble 법
③ 라이트법
④ 윤켈스법

해설 기체연료의 비중 시험 ┌ 분젠실링법(비중계 이용)
└ 라이트법(비중종을 사용)

• 윤켈스법 : 기체연료의 발열량 측정법

33 비열에 대한 설명으로 옳지 않은 것은?

① 정압비열은 정적비열보다 항상 크다.

② 물질의 비열은 물질의 종류와 온도에 따라 달라진다.

③ 비열비가 큰 물질일수록 압축 후의 온도가 더 높다.

④ 물은 비열이 작아 공기보다 온도를 증가시키기 어렵고 열용량도 적다.

> **해설** • 물은 비열(4.2kJ/kg · K)이 높아서 온도를 높이기가 어렵다.
> • 물의 열용량＝(물의 중량×물의 비열) 열용량이 크다 (kJ/K).

34 고발열량과 저발열량의 값이 다르게 되는 것은 다음 중 주로 어떤 성분 때문인가?

① C　　　　　　② H

③ O　　　　　　④ S

> **해설** $H_2 + \frac{1}{2} O_2 \rightarrow H_2O$ ⎡ m^3 (480kcal/kg)
> ⎣ kg (600kcal/kg)
> • 고위발열량 − 저위발열량 : H_2O의 증발열(수증기 응축열)

35 폭굉(Detonation)에 대한 설명으로 가장 옳은 것은?

① 가연성기체와 공기가 혼합하는 경우에 넓은 공간에서 주로 발생한다.

② 화재로의 파급효과가 적다.

③ 에너지 방출속도는 물질전달속도의 영향을 받는다.

④ 연소파를 수반하고 난류확산의 영향을 받는다.

> **해설** 폭굉 화염전파 속도 : 1~3.5km/s(연소 시보다 압력이 2배 정도 높다.)
> 화재로서의 파급효과가 매우크다. 특징은 ①, ③, ④항이며 기타 점화원의 에너지가 강할수록, 압력이 높을수록 폭굉 유도거리가 짧아진다.

36 불활성화 방법 중 용기의 한 개구부로 불활성가스를 주입하고 다른 개구부로부터 대기 또는 스크레버로 혼합가스를 방출하는 퍼지방법은?

① 진공퍼지　　　　② 압력퍼지

③ 스위프퍼지　　　　④ 사이폰퍼지

> **해설** 스위프퍼지
> 불활성화 방법이며 용기의 한 개구부로 불활성가스를 주입하고 다른 개구부로부터 대기 또는 스크레버로 혼합가스를 방출하는 치환(퍼지)

37 이상기체와 실제기체에 대한 설명으로 틀린 것은?

① 이상기체는 기체 분자 간 인력이나 반발력이 작용하지 않는다고 가정한 가상적인 기체이다.

② 실제기체는 실제로 존재하는 모든 기체로 이상기체 상태방정식이 그대로 적용되지 않는다.

③ 이상기체는 저장용기의 벽에 충돌하여도 탄성을 잃지 않는다.

④ 이상기체 상태방정식은 실제기체에서는 높은 온도, 높은 압력에서 잘 적용된다.

> **해설** 이상기체는 고압, 저온 시는 액화되거나 응고하지 않는다. 실제기체가 이상기체에 가까워지려면 압력을 낮추고 온도를 높이면 된다(저압, 고온).

38 고체연료의 고정층을 만들고 공기를 통하여 연소시키는 방법은?

① 화격자 연소

② 유동층 연소

③ 미분탄 연소

④ 훈연 연소

> **해설** 화격자연소
> 석탄, 고체연료 등의 고체연료의 고정층을 만들고 공기를 통하여 연소시키는 방법이다.
> • 고체연료의 연소방식 ⎡ 화격자 연소
> ⎢ 미분탄 연소
> ⎣ 유동층 연소

39 연소범위는 다음 중 무엇에 의해 주로 결정되는가?

① 온도, 부피　　　　② 부피, 비중

③ 온도, 압력　　　　④ 압력, 비중

> **해설** 연료의 연소범위 결정요인 : 온도나 압력에 의해 결정된다.

40 부탄(C_4H_{10}) $2Sm^3$를 완전 연소시키기 위하여 약 몇 Sm^3의 산소가 필요한가?

① 5.8 ② 8.9
③ 10.8 ④ 13.0

해설 부탄가스(C_4H_{10}) $+ 6.5O_2 \rightarrow 4CO_2 + 5H_2O$
$1m^3 + 6.5m^3 \rightarrow 4m^3 + 5m^3$
$2m^3 + (6.5 \times 2) \rightarrow 8m^3 + 10m^3$

SECTION 03 가스설비

41 브롬화메틸 30톤(T=110℃), 펩탄 50톤(T=120℃), 시안화수소 20톤(T=100℃)이 저장되어 있는 고압가스 특정제조시설의 안전구역 내 고압가스 설비의 연소열량은 약 몇 kcal인가?(단, T는 상용온도를 말한다.)

〈상용온도에 따른 K의 수치〉

상용 온도(℃)	40 이상 70 미만	70 이상 100 미만	100 이상 130 미만	130 이상 160 미만
브롬화 메틸	12,000	23,000	32,000	42,000
펩탄	84,000	240,000	401,000	550,000
시안화 수소	59,000	124,000	178,000	255,000

① 6.2×10^7 ② 5.2×10^7
③ 4.9×10^6 ④ 2.5×10^6

해설 브롬화메틸(110℃) : 32,000kcal
펩탄(120℃) : 401,000kcal
시안화수소(100℃) : 178,000kcal
$\dfrac{(32,000 \times 30) + (401,000 \times 50) + (178,000 \times 20)}{30 + 50 + 20}$
$\fallingdotseq 250,000$kcal/ton(2.5×10^6kcal)

42 왕복식 압축기에서 체적효율에 영향을 주는 요소로서 가장 거리가 먼 것은?

① 클리어런스 ② 냉각
③ 토출밸브 ④ 가스 누설

해설 압축기 → 토출밸브 → 응축기
(토출밸브는 압축가스를 응축기로 공급하는 밸브이다.)

43 온도 T_2 저온체에서 흡수한 열량을 q_2, 온도 T_1인 고온체에서 버린 열량을 q_1이라할 때 냉동기의 성능 계수는?

① $\dfrac{q_1 - q_2}{q_1}$ ② $\dfrac{q_2}{q_1 - q_2}$
③ $\dfrac{T_1 - T_2}{T_1}$ ④ $\dfrac{T_1}{T_1 - T_2}$

해설 성적계수(COP) $= \dfrac{냉동력}{이론적 소요동력} = \dfrac{Q_2}{Q_1 - Q_2}$
실제성적계수(COP') $= COP \times$ 압축효율 $\times$ 기계효율

44 액화석유가스충전사업자는 액화석유가스를 자동차에 고정된 용기에 충전하는 경우에 허용오차를 벗어나 정량을 미달되게 공급해서는 아니 된다. 이때, 허용오차의 기준은?

① 0.5% ② 1%
③ 1.5% ④ 2%

해설 자동차용 LPG 용기충전 시 허용오차 1.5% 미달되게 공급해서는 아니 된다.

45 매몰 용접형 가스용 볼밸브 중 퍼지관을 부착하지 아니한 구조의 볼밸브는?

① 짧은 몸통형
② 일체형 긴 몸통형
③ 용접형 긴 몸통형
④ 소코렛(Sokolet)식 긴 몸통형

해설 매몰 용접형 가스용 볼밸브 중 퍼지관을 부착하지 아니한 볼밸브 : 짧은 몸통형 구조

46 아세틸렌 제조설비에서 제조공정 순서로서 옳은 것은?

① 가스청정기 → 수분제거기 → 유분제거기 → 저장탱크 → 충전장치

② 가스발생로 → 쿨러 → 가스청정기 → 압축기 → 충전장치

③ 가스반응로 → 압축기 → 가스청정기 → 역화방지기 → 충전장치

④ 가스발생로 → 압축기 → 쿨러 → 건조기 → 역화방지기 → 충전장치

해설 가스발생로 ┌ 주수식 ┐
　　　　　　 ├ 침지식 ┤ → 쿨러 → 가스청정기
　　　　　　 └ 투입식 ┘
　　　　　　 → 압축기 → 충전장치

47 차량에 고정된 탱크의 저장능력을 구하는 식은?(단, V : 내용적, P : 최고 충전압력, C : 가스종류에 따른 정수, d : 상용온도에서의 액비중이다.)

① $10PV$

② $(10P+1)V$

③ $\dfrac{V}{C}$

④ $0.9dV$

해설 저장능력(차량용)$=\dfrac{V}{C}$ (kg)

저장능력$(Q)=(P+1)V_1$ (m³)

저장능력$(W)=0.9dV_2$ (kg)

• V_1, V_2 (내용적 : m³)

48 수소를 공업적으로 제조하는 방법이 아닌것은?

① 수전해법　　　② 수성가스법

③ LPG분해법　　④ 석유 분해법

해설 수소가스 제조법

① 실험적제법

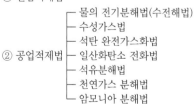

49 펌프의 특성 곡선상 체절운전(체절양정)이란 무엇인가?

① 유량이 0일 때의 양정

② 유량이 최대일 때의 양정

③ 유량이 이론값일 때의 양정

④ 유량이 평균값일 때의 양정

해설 펌프의 체질양정 : 유량이 0일 때 양정이다.

50 고압으로 수송하기 위해 압송기가 필요한 프로세스는?

① 사이클링식 접촉분해 프로세스

② 수소화 분해 프로세스

③ 대체천연가스 프로세스

④ 저온 수증기개질 프로세스

해설 사이클링식 접촉분해 프로세스
도시가스 원료의 송입방법 분류이며 기타 연속식, 배치식이 있다(사이클링식은 공급압력을 높여주는 압송기가 필요하다).

51 부식방지 방법에 대한 설명으로 틀린 것은?

① 금속을 피복한다.

② 선택배류기를 접속시킨다.

③ 이종의 금속을 접촉시킨다.

④ 금속표면의 불균일을 없앤다.

해설 부식을 방지하려면 이종 간의 금속의 접촉을 피하여 설비한다.

52 가스렌지의 열효율을 측정하기 위하여 주전자에 순수 1,000g을 넣고 10분간 가열하였더니 처음 15℃인 물의 온도가 70℃가 되었다. 이 가스렌지의 열효율은 약 몇 %인가?(단, 물의 비열은 1kcal/kg · ℃, 가스 사용량은 0.008m³, 가스 발열량은 13,000kcal/m³이며, 온도 및 압력에 대한 보정치는 고려하지 않는다.)

① 38　　　　　② 43

③ 48　　　　　④ 53

해설 • 물의 현열$(Q_1)=1,000g \times 1kcal/kg℃ \times (70-15)℃$
$=55,000(kcal)=55(kcal)$

• 가스공급열$(Q_2)=0.008 \times 13,000=104(kcal)$

※ 가스레인지 효율$(\eta)=\dfrac{55}{104} \times 100=53(\%)$

53 도시가스에 냄새가 나는 부취제를 첨가하는데, 공기 중 혼합비율의 용량으로 얼마의 상태에서 감지할 수 있도록 첨가하고 있는가?

① 1/1,000   ② 1/2,000
③ 1/3,000   ④ 1/5,000

해설 도시가스 부취제 공급량 : 도시가스 양의 $\dfrac{1}{1,000}$ 정도 혼입

• 부취제 ┬ THT(석탄가스 냄새)
├ TBM(양파 썩는 냄새)
└ DMS(마늘 냄새)

54 다음 [보기]에서 설명하는 합금원소는?

• 담금질 깊이를 깊게 한다.
• 크리프 저항과 내식성을 증가시킨다.
• 뜨임 메짐을 방지한다.

① Cr   ② Si
③ Mo   ④ Ni

해설 몰리브덴(Mo)
특수강의 열처리를 위한 재료이며 뜨임 취성방지, 고온에서 인장강도 및 경도증가, 담금질 깊이를 깊게 하고 크리프 저항과 내식성 증가

55 피셔(Fisher)식 정압기에 대한 설명으로 틀린 것은?

① 파일롯 로딩형 정압기와 작동원리가 같다.
② 사용량이 증가하면 2차 압력이 상승하고 구동 압력은 저하한다.
③ 정특성 및 동특성이 양호하고 비교적 간단하다.
④ 닫힘 방향의 응답성을 향상시킨 것이다.

해설 정압기 ┬ 피셔식(로딩형)
├ 엑셀-플로우식(변칙로딩형)
└ 레이놀드식(언-로드형)
①, ②, ④항은 피셔식 정압기 특성이다.

56 다기능 가스안전계량기(마이콤 메타)의 작동성능이 아닌 것은?

① 유량 차단성능
② 과열 차단성능
③ 압력저하 차단성능
④ 연속사용시간 차단성능

해설 다기능 가스안전계량기 작동성능은 ①, ③, ④항이다. 기타 증가유량차단기능, 미소누출 검지기능, 미소사용유량 등록 기능 등이 있다.

57 수소 압축가스 설비란 압축기로부터 압축된 수소가스를 저장하기 위한 것으로서 설계압력이 얼마를 초과하는 압력용기를 말하는가?

① 9.8MPa   ② 41MPa
③ 49MPa   ④ 98MPa

해설 수소 압축가스 설비에서 수소가스 저장 설계압력용기 : $41MPa(410kgf/cm^2)$ 초과 용기가 필요하다.

58 시동하기 전에 프라이밍이 필요한 펌프는?

① 터빈펌프   ② 기어펌프
③ 플런저펌프   ④ 피스톤펌프

해설 프라이밍(공기배출기능)이 필요한 펌프
원심식 펌프 ┬ 볼류트 펌프
└ 터빈 펌프

59 다음 금속재료에 대한 설명으로 틀린 것은?

① 강에 P(인)의 함유량이 많으면 신율, 충격치는 저하된다.
② 18% Cr, 8% Ni을 함유한 강을 18-8스테인리스 강이라 한다.
③ 금속가공 중에 생긴 잔류응력을 제거할 때에는 열처리를 한다.
④ 구리와 주석의 합금은 황동이고, 구리와 아연의 합금은 청동이다.

해설 금속재료
- 황동 : 구리+아연
- 청동 : 구리+주석
- 함석 : 철+아연
- 양철 : 철+주석

60 염화수소(HCl)에 대한 설명으로 틀린 것은?

① 폐가스는 대량의 물로 처리한다.
② 누출된 가스는 암모니아수로 알 수 있다.
③ 황색의 자극성 냄새를 갖는 가연성 기체이다.
④ 건조 상태에서는 금속을 거의 부식시키지 않는다.

해설 염화수소(독성가스)
㉠ 허용농도 5ppm 맹독성가스(TLV−TWA 기준)
㉡ 자극성 냄새이며 무색의 불연성 기체
㉢ 암모니아와 접촉하면 염화암모늄 흰 연기 발생
  $HCl + NH_3 \rightarrow NH_4Cl$(흰 연기)

SECTION **04** 가스안전관리

61 가스의 종류와 용기 도색의 구분이 잘못된 것은?

① 액화암모니아 : 백색
② 액화염소 : 갈색
③ 헬륨(의료용) : 자색
④ 질소(의료용) : 흑색

해설 의료용 헬륨 : 용기 도색(갈색)

62 가스시설과 관련하여 사람이 사망한 사고 발생 시 규정상 도시가스사업자는 한국가스안전공사에 사고발생 후 얼마 이내에 서면으로 통보하여야 하는가?

① 즉시   ② 7일 이내
③ 10일 이내   ④ 20일 이내

해설 가스시설에서 사람이 사망한 사고 신고기간 : 20일 이내에 한국가스안전공사에 서면 통보

63 독성가스 운반차량의 뒷면에 완충장치로 설치하는 범퍼의 설치 기준은?

① 두께 3mm 이상, 폭 100mm 이상
② 두께 3mm 이상, 폭 200mm 이상
③ 두께 5mm 이상, 폭 100mm 이상
④ 두께 5mm 이상, 폭 200mm 이상

해설 독성가스 운반차량 뒷면 완충장치로 설치하는 범퍼의 설치 기준 : 두께 5mm 이상, 폭 100mm 이상

64 특수고압가스가 아닌 것은?

① 디실란   ② 삼불화인
③ 포스겐   ④ 액화알진

해설 ㉠ 특수고압가스 종류 : 압축모노실란, 압축디보레인, 액화알진, 포스핀, 세렌화수소, 게르만, 디실란 등
㉡ 포스겐 : 독성가스

65 저장탱크에 의한 LPG 저장소에서 액화석유가스 저장탱크의 저장능력은 몇 ℃에서의 액 비중을 기준으로 계산하는가?

① 0℃   ② 4℃
③ 15℃   ④ 40℃

해설 LPG 저장탱크 저장소 저장탱크 저장능력 액비중 기준온도 : 40℃

66 안전관리 수준평가의 분야별 평가항목이 아닌 것은?

① 안전사고
② 비상사태 대비
③ 안전교육 훈련 및 홍보
④ 안전관리 리더십 및 조직

해설 도시가스 시행규칙 별표7−2
②, ③, ④항은 안전관리 평가수준 항목
기타 가스사고, 운영관리, 시설관리 등이다.

67 산소 제조 및 충전의 기준에 대한 설명으로 틀린 것은?

① 공기액화분리장치기에 설치된 액화산소통 안의 액화산소 5L 중 탄화수소의 탄소질량이 500mg 이상이면 액화산소를 방출한다.

② 용기와 밸브 사이에는 가연성 패킹을 사용하지 않는다.

③ 피로카롤 시약을 사용한 오르자트법 시험 결과 순도가 99% 이상이어야 한다.

④ 밀폐형의 수전해조에는 액면계와 자동급수장치를 설치한다.

> **해설** 가스품질검사
> ┌ 산소 : 동암모니아 시약(순도 99.5% 이상)
> ├ 아세틸렌 : 발연황산시약(순도 98% 이상)
> └ 수소 : 피로카롤 시약(순도 98.5% 이상)

68 에틸렌에 대한 설명으로 틀린 것은?

① 3중 결합을 가지므로 첨가반응을 일으킨다.

② 물에는 거의 용해되지 않지만 알코올, 에테르에는 용해된다.

③ 방향을 가지는 무색의 가연성 가스이다.

④ 가장 간단한 올레핀계 탄화수소이다.

> **해설** 에틸렌(C_2H_4)의 특징은 ②, ③, ④항이다.
> • 폭발범위 2.7~36% 가연성 가스이다.
> • 가장 간단한 올레핀계 탄화수소가스이다.
> • 2중 결합을 가지므로 각종 부가반응을 일으킨다.

69 액화석유가스를 용기에 의하여 가스소비자에게 공급할 때의 기준으로 옳지 않은 것은?

① 공급설비를 가스공급자의 부담으로 설치한 경우 최초의 안전공급 계약기간은 주택은 2년 이상으로 한다.

② 다른 가스공급자와 안전공급계약이 체결된 가스소비자에게는 액화석유가스를 공급할 수 없다.

③ 안전공급계약을 체결한 가스공급자는 가스소비자에게 지체 없이 소비설비 안전점검표를 발급하여야 한다.

④ 동일 건축물 내 여러 가스소비자에게 하나의 공급설비로 액화석유가스를 공급하는 가스공급자는 그 가스 소비자의 대표자와 안전공급계약을 체결할 수 있다.

> **해설** 액화석유가스(LPG)를 용기에 의해 가스소비자에게 공급시 다른 가스공급자와 안전공급계약이 체결된 가스소비자에게도 LPG 공급이 가능하다.

70 가스안전사고 원인을 정확히 분석하여야 하는 가장 주된 이유는?

① 산재보험금 처리

② 사고의 책임소재 명확화

③ 부당한 보상금의 지급 방지

④ 사고에 대한 정확한 예방대책 수립

> **해설** 가스안전사고 원인 분석의 목적은 사고에 대한 정확한 예방대책 수립이다.

71 지상에 설치하는 액화석유가스의 저장탱크 안전밸브에 가스방출관을 설치하고자 한다. 저장탱크의 정상부가 지상에서 8m일 경우 방출구의 높이는 지면에서 몇 m 이상이어야 하는가?

① 8 　　　　　　② 10

③ 12 　　　　　④ 14

> **해설**
>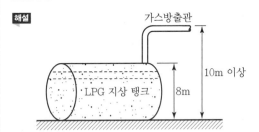

72 독성가스 충전용기 운반 시 설치하는 경계표시는 차량구조상 정사각형으로 표시할 경우 그 면적을 몇 cm^2 이상으로 하여야 하는가?

① 300 　　　　② 400

③ 500 　　　　④ 600

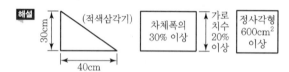

해설

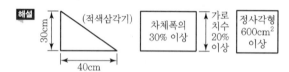

73 고압가스 저장시설에서 사업소 밖의 지역에 고압의 독성가스 배관을 노출하여 설치하는 경우 학교와 안전 확보를 위하여 필요한 유지거리의 기준은?

① 40m ② 45m

③ 72m ④ 100m

해설 학교 : 제1종 보호시설구역

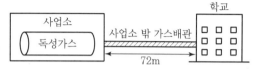

74 납붙임 용기 또는 접합 용기에 고압가스를 충전하여 차량에 적재할 때에는 용기의 이탈을 막을 수 있도록 어떠한 조치를 취하여야 하는가?

① 용기에 고무링을 씌운다.

② 목재 칸막이를 한다.

③ 보호망을 적재함 위에 씌운다.

④ 용기 사이에 패킹을 한다.

해설

납붙임 용기, 접합용기 차량 충전

(보호망을 적재함에 씌운다.)

75 액화석유가스 용기용 밸브의 기밀시험에 사용되는 기체로서 가장 부적당한 것은?

① 헬륨 ② 암모니아

③ 질소 ④ 공기

해설 암모니아(NH_3) 가스는 독성, 가연성 가스이므로 기밀시험용 기체로서는 부적당하다.

76 내용적이 50L인 아세틸렌 용기의 다공도가 75% 이상, 80% 미만일 때 디메틸포름아미드의 최대 충전량은?

① 36.3% 이하 ② 37.8% 이하

③ 38.7% 이하 ④ 40.3% 이하

해설 10L 초과 아세틸렌 용기 다공질에 다공도 범위는 75~92% 미만이며 용제는 아세톤[$(CH_3)_2CO$], 디메틸 포름아미드 [$HCON(CH_3)_2$]를 사용한다.
• 다공도(90~92% 이하 : 43.7% 이하, 85~90% 미만 : 42.8% 이하, 80~85% 미만 : 40.3% 이하, 75~80% 미만 : 37.8% 이하)

77 액화석유가스 저장탱크를 지상에 설치하는 경우 저장능력이 몇 톤 이상일 때 방류둑을 설치해야 하는가?

① 1,000 ② 2,000

③ 3,000 ④ 5,000

해설 액화석유가스 가연성가스 저장능력 : 1,000톤 이상이면 방류둑 설치가 필요하다.

78 고압가스 제조시설에서 초고압이란?

① 압력을 받는 금속부의 온도가 −50℃ 이상 350℃ 이하인 고압가스 설비의 상용압력 19.6MPa를 말한다.

② 압력을 받는 금속부의 온도가 −50℃ 이상 350℃ 이하인 고압가스 설비의 상용압력 98MPa를 말한다.

③ 압력을 받는 금속부의 온도가 −50℃ 이상 450℃ 이하인 고압가스 설비의 상용압력 19.6MPa를 말한다.

④ 압력을 받는 금속부의 온도가 −50℃ 이상 450℃ 이하인 고압가스 설비의 상용압력 98MPa를 말한다.

해설 고압가스 제조시설 초고압 기준 : 금속부위 온도가 −50℃ 이상~350℃ 이하에서 설비의 상용압력 98MP(980kgf/cm²)

79 고압가스 충전시설에서 2개 이상의 저장탱크에 설치하는 집합 방류둑의 용량이 [보기]와 같을 때 칸막이로 분리된 방류둑의 용량(m³)은?

- 집합 방류둑의 총용량 : 1,000m³
- 각 저장탱크별 저장탱크 상당용적 : 300m³
- 집합 방류둑 안에 설치된 저장탱크의 저장능력 상당능력 총합 : 800m³

① 300
② 325
③ 350
④ 375

80 액화석유가스 사용시설에 설치되는 조정압력 3.3kPa 이하인 조정기의 안전장치 작동정지 압력의 기준은?

① 7kPa
② 5.6~8.4kPa
③ 5.04~8.4kPa
④ 9.9kPa

해설

$$3.3\text{kPa 이하} \begin{cases} \text{작동표준압력:7kPa} \\ \text{작동개시압력:5.6~8.4kPa} \\ \text{작동정지압력:5.04~8.4kPa} \end{cases}$$

SECTION 05 가스계측

81 물이 흐르고 있는 관 속에 피토관(Pitot Tube)을 수은이 든 U자 관에 연결하여 전압과 정압을 측정하였더니 75mm의 액면 차이가 생겼다. 피토관 위치에서의 유속은 약 몇 m/s인가?

① 3.1
② 3.5
③ 3.9
④ 4.3

해설

$$\text{유속}(V) = \sqrt{2gh\left(\frac{r_0}{r} - 1\right)}$$

$$= \sqrt{2 \times 9.8 \times \left(\frac{75}{10^3}\right) \times \left(\frac{13.6}{1} - 1\right)} = 4.3(\text{m/s})$$

- 수은의 밀도 : 13.6
  물의 밀도 : 1, 75mmHg=0.075mHg

82 램버트–비어의 법칙을 이용한 것으로 미량 분석에 유용한 화학 분석법은?

① 적정법
② GC법
③ 분광광도법
④ ICP법

해설 분광광도법
램버트–비어의 법칙을 이용한 미량의 가스분석법이며 구성은 광원부, 파장선택부, 시료부, 측정부이다.

83 오르자트 가스분석 장치로 가스를 측정할 때의 순서로 옳은 것은?

① 산소 → 일산화탄소 → 이산화탄소
② 이산화탄소 → 산소 → 일산화탄소
③ 이산화탄소 → 일산화탄소 → 산소
④ 일산화탄소 → 산소 → 이산화탄소

해설

$$\text{오르자트} \atop \text{가스분석장치} \begin{cases} CO_2 : \text{KOH 33\% 용액} \\ O_2 : \text{알칼리성 피로카롤 용액} \\ CO : \text{암모니아성 염화제1동 용액} \end{cases}$$

84 가스계량기의 설치에 대한 설명으로 옳은 것은?

① 가스계량기는 화기와 1m 이상의 우회거리를 유지한다.
② 설치높이는 바닥으로부터 계량기 지시장치의 중심까지 1.6m 이상 2.0m 이내에 수직 · 수평으로 설치한다.
③ 보호상자 내에 설치할 경우 바닥으로부터 1.6m 이상 2.0m 이내에 수직 · 수평으로 설치한다.
④ 사람이 거처하는 곳에 설치할 경우에는 격납상자에 설치한다.

해설

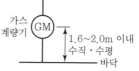

- 보호상자 내는 우회거리가 필요없다.

85 연소기기에 대한 배기가스 분석의 목적으로 가장 거리가 먼 것은?

① 연소상태를 파악하기 위하여
② 배기가스 조성을 알기 위해서
③ 열정산의 자료를 얻기 위하여
④ 시료가스 채취장치의 작동상태를 파악하기 위해

해설 연소기 배기가스 분석목적은 ①, ②, ③항 외에도 공기비가 파악되고 CO_2, CO, O_2 의 검출이 가능하다.

86 액체의 정압과 공기 압력을 비교하여 액면의 높이를 측정하는 액면계는?

① 기포관식 액면계　② 차동변압식 액면계
③ 정전용량식 액면계　④ 공진식 액면계

해설 기포관식 액면계(간접식)
액체의 높이와 공기압력을 비교하여 액면의 높이가 측정된다. 비교적 측정이 가능하고 모든 액체의 액면 측정이 가능하다.

87 압력 계측기기 중 직접 압력을 측정하는 1차 압력계에 해당하는 것은?

① 부르동관 압력계　② 벨로우즈 압력계
③ 액주식 압력계　④ 전지저항 압력계

해설 직접압력(저압용)을 측정하는 1차 압력계는 액주식 압력계(마노미터, U자관 등)이다.

88 루트(Roots)가스미터의 특징에 해당되지 않는 것은?

① 여과기 설치가 필요하다.
② 설치면적이 크다.
③ 대유량 가스측정에 적합하다.
④ 중압가스의 계량이 가능하다.

해설 루트식 가스미터기(실측 회전식)는 대용량 측정용이며 설치 스페이스가 작다.
• 습식은 설치스페이스가 크고 막식미터기도 이와 같다.

89 가스미터의 구비조건으로 거리가 먼 것은?

① 소형으로 용량이 작을 것
② 기차의 변화가 없을 것
③ 감도가 예민할 것
④ 구조가 간단할 것

해설 가스미터기는 소형이면서 용량이 커야 한다.

90 온도가 21℃에서 상대습도 60%의 공기를 압력은 변화하지 않고 온도를 22.5℃로 할 때, 공기의 상대습도는 약 얼마인가?

온도(℃)	물의 포화증기압(mmHg)
20	16.54
21	17.23
22	19.12
23	20.41

① 52.30%　② 53.63%
③ 54.13%　④ 55.95%

해설
• 21℃ 60% 수증기분압 $= 17.23 \times 0.6 = 10.338$ mmHg
• 22.5℃에서 물의 포화수증기압

$$= 19.12 + \frac{22.5 - 22}{\left(\frac{23 - 22}{20.41 - 19.12}\right)} = 19.12 + \frac{0.5}{\left(\frac{1}{1.29}\right)}$$

$$= 19.765 \text{(mmHg)}$$

∴ 22.5℃에서 상대습도$(\phi) = \dfrac{10.338}{19.765} \times 100 = 52.3(\%)$

91 잔류편차(off-set)가 없고 응답상태가 빠른 조절 동작을 위하여 사용하는 제어방식은?

① 비례(P)동작
② 비례적분(PI)동작
③ 비례미분(PD)동작
④ 비례적분미분(PID)동작

해설 PID연속동작 ─┌ 잔류편차 제거
　　　　　　　　　└ 응압상태가 빠르다

92 NO_x를 분석하기 위한 화학발광검지기는 Carrier가스가 고온으로 유지된 반응관 내에 시료를 주입시키면, 시료 중의 질소화합물은 열분해된 후 O_2 가스에 의해 산화되어 NO 상태로 된다. 생성된 NO Gas를 무슨 가스와 반응시켜 화학발광을 일으키는가?

① H_2　　　　　　② O_2
③ O_3　　　　　　④ N_2

해설 NO_x(질소산화물) 화학발광 검지기
캐리어가스가 고온에서 N_2 화합물은 열분해되어 산소가스에 의해 NO가 되고 생성된 NO가스는 오존(O_3)과 화학발광을 일으킨다.

93 액체산소, 액체질소 등과 같이 초저온 저장탱크에 주로 사용되는 액면계는?

① 마그네틱 액면계　　② 햄프슨식 액면계
③ 벨로우즈식 액면계　④ 슬립튜브식 액면계

해설 햄프슨식 액면계
액체산소, 액체질소 등 비점이 낮은 초저온 저장탱크에 사용한다. 일명 차압식 액면계이며 자동 액면제어장치에 유용하다.

94 1차 제어장치가 제어량을 측정하고 2차 조절계의 목푯값을 설정하는 것으로서 외란의 영향이나 낭비시간 지연이 큰 프로세서에 적용되는 제어방식은?

① 캐스케이드제어　　② 정치제어
③ 추치제어　　　　　④ 비율제어

해설 캐스케이드제어
1차 조절계, 2차 조절계의 겸용제어이다. 출력 측에 낭비시간이나 지연이 큰 프로세스용이다.

제어방식 ─┬─ 정치제어
　　　　　├─ 추치제어
　　　　　└─ 캐스케이드제어

95 광고온계의 특징에 대한 설명으로 틀린 것은?

① 비접촉식으로는 아주 정확하다.
② 약 3,000℃ 까지 측정이 가능하다.
③ 방사온도계에 비해 방사율에 의한 보정량이 적다.
④ 측정 시 사람의 손이 필요 없어 개인오차가 적다.

해설 광고온도계는 단점이 사람의 손이 필요하고 오차가 커서 여러 번 반복하여 평균치를 내어야 정밀도가 우수하다.

96 0℃에서 저항이 120Ω이고 저항온도계수가 0.0025인 저항온도계를 어떤 로 안에 삽입하였을 때 저항이 216Ω이 되었다면 로 안의 온도는 약 몇 ℃ 인가?

① 125　　　　　② 200
③ 320　　　　　④ 534

해설 온도$(t) = \dfrac{R - R_o}{R_o \times a} = \dfrac{216 - 120}{120 \times 0.0025} = \dfrac{96}{0.3} = 320(℃)$

97 기체 크로마토그래피에서 사용되는 캐리어가스에 대한 설명으로 틀린 것은?

① 헬륨, 질소가 주로 사용된다.
② 시료분자의 확산을 가능한 크게 하여 분리도가 높게 한다.
③ 시료에 대하여 불활성이어야 한다.
④ 사용하는 검출기에 적합하여야 한다.

해설 캐리어가스
수소(H_2), 헬륨(He), 아르곤(Ar), 질소(N_2) 이며 시료의 확산을 최소로 할 수가 있어야 한다. 기체 크로마토 그래피구성은 분리관, 검출기, 기록계 등이다.

98 기체 크로마토그래피에 사용되는 모세관 컬럼 중 모세관 내부를 규조토와 같은 고체지지체 물질로 얇은 막으로 입히고 그 위에 액체 정지상이 흡착되어 있는 것은?

① FSOT　　　　　② 충전컬럼
③ WCOT　　　　　④ SCOT

해설 SCOT(모세관 컬럼) 분리관에서 모세관 내부를 규조토와 같은 고체지지체 물질로 얇은 막으로 입히고 그 위에 액체 정지상이 흡착된다.

99 벤젠, 톨루엔, 메탄의 혼합물을 기체 크로마토그래피에 주입하였다. 머무름이 없는 메탄은 42초에 뾰족한 피크를 보이고 벤젠은 251초, 톨루엔은 335초에 용리하였다. 두 용질의 상대 머무름은 약 얼마인가?

① 1.1 　　　　② 1.2
③ 1.3 　　　　④ 1.4

해설 ㉠ 지속유량 $= \dfrac{\text{유량} \times \text{피크길이}}{\text{기록지속도}}$

㉡ 이론단수 $= 16 \times \left(\dfrac{T_r}{w}\right)^2$

㉢ 분리도 $= \dfrac{2(t_2 - t_1)}{w_1 + w_2}$

㉣ 이론단높이 $= \dfrac{L}{N}$

㉤ 캐리어가스 유속 $= \dfrac{\text{지속유량}}{\text{지속시간}}$

$251 - 42 = 209$
$335 - 42 = 293$

∴ 용질의 상대 머무름 $= \dfrac{293}{209} = 1.40$

100 10^{15}를 의미하는 계량단위 접두어는?

① 요타 　　　　② 제타
③ 엑사 　　　　④ 페타

해설 ① 요타(yotta) : 10^{24}
② 제타(zetta) : 10^{21}
③ 엑사(exa) : 10^{18}
④ 페타(peta) : 10^{15}

가스기사 필기 과년도 문제풀이 7개년
ENGINEER GAS

01 회
실전점검!
CBT 실전모의고사

수험번호 :
수험자명 :

제한 시간 : 2시간 30분
남은 시간 :

글자 크기 ⊖ 100% Ⓜ 150% ⊕ 200%　화면 배치　전체 문제 수 :
안 푼 문제 수 :

답안 표기란

1	① ② ③ ④
2	① ② ③ ④
3	① ② ③ ④
4	① ② ③ ④
5	① ② ③ ④
6	① ② ③ ④
7	① ② ③ ④
8	① ② ③ ④
9	① ② ③ ④
10	① ② ③ ④
11	① ② ③ ④
12	① ② ③ ④
13	① ② ③ ④
14	① ② ③ ④
15	① ② ③ ④
16	① ② ③ ④
17	① ② ③ ④
18	① ② ③ ④
19	① ② ③ ④
20	① ② ③ ④
21	① ② ③ ④
22	① ② ③ ④
23	① ② ③ ④
24	① ② ③ ④
25	① ② ③ ④
26	① ② ③ ④
27	① ② ③ ④
28	① ② ③ ④
29	① ② ③ ④
30	① ② ③ ④

1과목　가스유체역학

01 성능이 동일한 n대의 펌프를 서로 병렬로 연결하고 원래와 같은 양정에서 작동시킬 때 유체의 토출량은?

① $\dfrac{1}{n}$로 감소한다.

② n배로 증가한다.

③ 원래와 동일하다.

④ $\dfrac{1}{2n}$로 감소한다.

02 안지름 250mm인 관이 안지름 400mm인 관으로 급확대되어 있을 때 유량 230L/s가 흐르면 손실수두는?

① 0.117m

② 0.217m

③ 0.317m

④ 0.416m

03 안지름 D인 실린더 속에 물이 가득 채워져 있고, 바깥지름 $0.8D$인 피스톤이 0.1m/s의 속도로 주입되고 있다. 이때 실린더와 피스톤 사이로 역류하는 물의 평균속도는 약 몇 m/s인가?

① 0.178

② 0.213

③ 0.313

④ 0.413

04 지름 50mm, 길이 800m인 매끈한 수평파이프를 통하여 매분 135L의 기름이 흐르고 있을 때, 파이프 양 끝단의 압력 차이는 몇 kgf/cm² 인가?(단, 기름의 비중은 0.92이고 점성계수는 0.56poise이다.)

① 0.19

② 0.94

③ 6.7

④ 58.49

계산기　　　다음 ▶　　　안 푼 문제　답안 제출

01 회 실전점검!
CBT 실전모의고사

수험번호 :

수험자명 :

제한 시간 : 2시간 30분
남은 시간 :

글자
크기 100% 150% 200%

화면
배치

전체 문제 수 :
안 푼 문제 수 :

답안 표기란

1	① ② ③ ④
2	① ② ③ ④
3	① ② ③ ④
4	① ② ③ ④
5	① ② ③ ④
6	① ② ③ ④
7	① ② ③ ④
8	① ② ③ ④
9	① ② ③ ④
10	① ② ③ ④
11	① ② ③ ④
12	① ② ③ ④
13	① ② ③ ④
14	① ② ③ ④
15	① ② ③ ④
16	① ② ③ ④
17	① ② ③ ④
18	① ② ③ ④
19	① ② ③ ④
20	① ② ③ ④
21	① ② ③ ④
22	① ② ③ ④
23	① ② ③ ④
24	① ② ③ ④
25	① ② ③ ④
26	① ② ③ ④
27	① ② ③ ④
28	① ② ③ ④
29	① ② ③ ④
30	① ② ③ ④

05 압력 P_1에서 체적 V_1을 갖는 어떤 액체가 있다. 압력을 P_2로 변화시키고 체적이 V_2가 될 때, 압력 차이(P_2-P_1)를 구하면?(단, 액체의 체적탄성계수는 K이다.)

① $-K\left(1-\dfrac{V_2}{V_1-V_2}\right)$

② $K\left(1-\dfrac{V_2}{V_1-V_2}\right)$

③ $-K\left(1-\dfrac{V_2}{V_1}\right)$

④ $K\left(1-\dfrac{V_2}{V_1}\right)$

06 정압비열 $C_p = 0.2\,\text{kcal/kg} \cdot \text{K}$, 비열비 $k = 1.33$인 기체의 기체상수 R은 몇 kcal/kg · K인가?

① 0.04

② 0.05

③ 0.06

④ 0.07

07 980cSt의 동점도(Kinematic Viscosity)는 몇 m^2/s 인가?

① 10^{-4}

② 9.8×10^{-4}

③ 1

④ 9.8

08 유체를 연속체로 취급할 수 있는 조건은?

① 유체가 순전히 외력에 의하여 연속적으로 운동을 한다.

② 항상 일정한 전단력을 가진다.

③ 비압축성이며 탄성계수가 적다.

④ 물체의 특성길이가 분자 간의 평균자유행로보다 훨씬 크다.

09 압력의 차원을 절대단위계로 옳게 나타낸 것은?

① MLT^{-2}

② ML^{-1}T^2

③ $\text{ML}^{-2}\text{T}^{-2}$

④ $\text{ML}^{-1}\text{T}^{-2}$

계산기

다음 ▶

안 푼 문제

답안 제출

실전점검!
01 CBT 실전모의고사

수험번호 :
수험자명 :

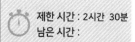
제한 시간 : 2시간 30분
남은 시간 :

글자
크기
100%
150%
200%

화면
배치

전체 문제 수 :
안 푼 문제 수 :

답안 표기란

1	①	②	③	④
2	①	②	③	④
3	①	②	③	④
4	①	②	③	④
5	①	②	③	④
6	①	②	③	④
7	①	②	③	④
8	①	②	③	④
9	①	②	③	④
10	①	②	③	④
11	①	②	③	④
12	①	②	③	④
13	①	②	③	④
14	①	②	③	④
15	①	②	③	④
16	①	②	③	④
17	①	②	③	④
18	①	②	③	④
19	①	②	③	④
20	①	②	③	④
21	①	②	③	④
22	①	②	③	④
23	①	②	③	④
24	①	②	③	④
25	①	②	③	④
26	①	②	③	④
27	①	②	③	④
28	①	②	③	④
29	①	②	③	④
30	①	②	③	④

10 한 변의 길이가 a인 정삼각형의 단면을 갖는 파이프 내로 유체가 흐른다. 이 파이프의 수력반경(Hydraulicradius)은?

① $\dfrac{\sqrt{3}}{4}a$

② $\dfrac{\sqrt{3}}{8}a$

③ $\dfrac{\sqrt{3}}{12}a$

④ $\dfrac{\sqrt{3}}{16}a$

11 부력에 대한 설명 중 틀린 것은?

① 부력은 유체에 잠겨 있을 때 물체에 대하여 수직 위로 작용한다.

② 부력의 중심을 부심이라 하고 유체의 잠긴 체적의 중심이다.

③ 부력의 크기는 물체 유체 속에 잠긴 체적에 해당하는 유체의 무게와 같다.

④ 물체가 액체 위에 떠 있을 때는 부력이 수직 아래로 작용한다.

12 유선(Stream Line)에 대한 설명 중 가장 거리가 먼 내용은?

① 유체흐름 내 모든 점에서 유체흐름의 속도벡터의 방향을 갖는 연속적인 가상곡선이다.

② 유체흐름 중의 한 입자가 지나간 궤적을 말한다. 즉, 유선을 가로지르는 흐름에 관한 것이다.

③ x, y, z 방향에 대한 속도성분을 각각 u, v, w라고 할 때 유선의 미분방정식은 $\dfrac{dx}{u} = \dfrac{dy}{v} = \dfrac{dz}{w}$ 이다.

④ 정상유동에서 유선과 유적선은 일치한다.

13 원관 내 흐름이 층류일 경우 유량이 반경의 4제곱과 압력기울기 $\dfrac{(P_1 - P_2)}{L}$에 비례하고 점도에 반비례한다는 법칙은?

① Hagen–Poiseuille 법칙

② Reynolds 법칙

③ Newton 법칙

④ Fourier 법칙

계산기   다음 ▶   안 푼 문제   답안 제출

01 회

실전점검!
CBT 실전모의고사

수험번호 :

수험자명 :

제한 시간 : 2시간 30분
남은 시간 :

글자
크기
100%
150%
200%

화면
배치

전체 문제 수 :
안 푼 문제 수 :

14 다음 중 증기의 분류로 액체를 수송하는 펌프는?

① 피스톤펌프
② 제트펌프
③ 기어펌프
④ 수격펌프

15 다음 중 원심식 송풍기가 아닌 것은?

① 프로펠러 송풍기
② 다익 송풍기
③ 레이디얼 송풍기
④ 익형(Airfoil) 송풍기

16 유체역학에서 다음과 같은 베르누이 방정식이 적용되는 조건이 아닌 것은?

$$\frac{P}{r} + \frac{V^2}{2g} + Z = 일정$$

① 적용되는 임의의 두 점은 같은 유선상에 있다.
② 정상상태의 흐름이다.
③ 마찰이 없는 흐름이다.
④ 유체흐름 중 내부에너지 손실이 있는 흐름이다.

17 절대압력 $2kgf/cm^2$, 온도 25℃인 산소의 비중량은 몇 N/m^3인가?(단, 산소의 기체상수는 260J/kg · K이다.)

① 12.8
② 16.4
③ 24.8
④ 42.5

18 측정기기에 대한 설명으로 옳지 않은 것은?

① Piezometer : 탱크나 관 속의 작은 유압을 측정하는 액주계
② Micromanometer : 작은 압력차를 측정할 수 있는 압력계
③ Mercury Barometer : 물을 이용하여 대기 절대압력을 측정하는 장치
④ Inclined-tube Manometer : 액주를 경사시켜 계측의 감도를 높이는 압력계

계산기

다음 ▶

안 푼 문제

답안 제출

01회 실전점검!
CBT 실전모의고사

수험번호 :

수험자명 :

제한 시간 : 2시간 30분
남은 시간 :

글자
크기 100% 150% 200%

화면
배치

전체 문제 수 :
안 푼 문제 수 :

답안 표기란

1	① ② ③ ④
2	① ② ③ ④
3	① ② ③ ④
4	① ② ③ ④
5	① ② ③ ④
6	① ② ③ ④
7	① ② ③ ④
8	① ② ③ ④
9	① ② ③ ④
10	① ② ③ ④
11	① ② ③ ④
12	① ② ③ ④
13	① ② ③ ④
14	① ② ③ ④
15	① ② ③ ④
16	① ② ③ ④
17	① ② ③ ④
18	① ② ③ ④
19	① ② ③ ④
20	① ② ③ ④
21	① ② ③ ④
22	① ② ③ ④
23	① ② ③ ④
24	① ② ③ ④
25	① ② ③ ④
26	① ② ③ ④
27	① ② ③ ④
28	① ② ③ ④
29	① ② ③ ④
30	① ② ③ ④

19 10℃의 산소가 속도 50m/s로 분출되고 있다. 이때의 마하(Mach) 수는?(단, 산소의 기체상수 R은 $260m^2/s^2 \cdot K$이고 비열비 k는 1.4이다.)

① 0.16

② 0.50

③ 0.83

④ 1.00

20 LPG 이송 시 탱크로리 상부를 가압하여 액을 저장탱크로 이송시킬 때 사용되는 동력장치는 무엇인가?

① 원심펌프

② 압축기

③ 기어펌프

④ 송풍기

계산기

다음 ▶

안 푼 문제

답안 제출

01 회 실전점검! CBT 실전모의고사

수험번호 :

수험자명 :

글자 크기 100% 150% 200%

화면 배치

전체 문제 수 :
안 푼 문제 수 :

답안 표기란

1	① ② ③ ④
2	① ② ③ ④
3	① ② ③ ④
4	① ② ③ ④
5	① ② ③ ④
6	① ② ③ ④
7	① ② ③ ④
8	① ② ③ ④
9	① ② ③ ④
10	① ② ③ ④
11	① ② ③ ④
12	① ② ③ ④
13	① ② ③ ④
14	① ② ③ ④
15	① ② ③ ④
16	① ② ③ ④
17	① ② ③ ④
18	① ② ③ ④
19	① ② ③ ④
20	① ② ③ ④
21	① ② ③ ④
22	① ② ③ ④
23	① ② ③ ④
24	① ② ③ ④
25	① ② ③ ④
26	① ② ③ ④
27	① ② ③ ④
28	① ② ③ ④
29	① ② ③ ④
30	① ② ③ ④

2과목 연소공학

21 몰리에(Mollier) 선도에 대한 설명으로 옳은 것은?

① 압력과 엔탈피의 관계선도이다. ② 온도와 엔탈피의 관계선도이다.

③ 온도와 엔트로피의 관계선도이다. ④ 엔탈피와 엔트로피의 관계선도이다.

22 다음 중 이론공기량(Nm^3/kg)이 가장 적게 필요한 연료는?

① 역청탄 ② 코크스

③ 고로가스 ④ LPG

23 이상기체의 엔탈피 불변과정은?

① 가역 단열과정 ② 비가역 단열과정

③ 교축과정 ④ 등압과정

24 기체동력 사이클 중 2개의 단열과정과 2개의 등압과정으로 이루어진 가스터빈의 이상적인 사이클은?

① 카르노사이클(Carnot Cycle) ② 사바테사이클(Sabathe Cycle)

③ 오토사이클(Otto Cycle) ④ 브레이턴사이클(Brayton Cycle)

25 프로판가스의 연소과정에서 발생한 열량은 50,232 MJ/kg이었다. 연소 시 발생한 수증기의 잠열이 8,372 MJ/kg이면 프로판가스의 저발열량 기준 연소효율은 약 몇 %인가?(단, 연소에 사용된 프로판가스의 저발열량은 46,046MJ/kg이다.)

① 87 ② 91

③ 93 ④ 96

계산기 다음 ▶ 안 푼 문제 답안 제출

실전점검!
CBT 실전모의고사

01 회

수험번호 :

수험자명 :

제한 시간 : 2시간 30분
남은 시간 :

글자
크기 100% 150% 200%

화면
배치

전체 문제 수 :
안 푼 문제 수 :

26 202.65kPa, 25℃의 공기를 10.1325kPa으로 단열팽창시키면 온도는 약 몇 K인가?(단, 공기의 비열비는 1.4로 한다.)

① 126   ② 154

③ 168   ④ 176

27 충격파가 반응매질 속으로 음속보다 느린 속도로 이동할 때를 무엇이라 하는가?

① 폭굉   ② 폭연

③ 폭음   ④ 정상연소

28 프로판 연소 시 이론단열 불꽃온도가 가장 높을 때는?

① 20% 과잉공기로 연소하였을 때   ② 50% 과잉공기로 연소하였을 때

③ 이론량의 공기로 연소하였을 때   ④ 이론량의 순수산소로 연소하였을 때

29 1kg의 기체가 압력 50kPa, 체적 $2.5m^3$의 상태에서 압력 1.2MPa, 체적 $0.2m^3$의 상태로 변화하였다. 이 과정에서 내부에너지가 일정하다면, 엔탈피의 변화량은 약 몇 kJ인가?

① 100   ② 105

③ 110   ④ 115

30 과잉공기계수가 1.3일 때 $230Nm^3$의 공기로 탄소(C) 약 몇 kg을 완전 연소시킬 수 있는가?

① 4.8kg   ② 10.5kg

③ 19.9kg   ④ 25.6kg

1	①	②	③	④
2	①	②	③	④
3	①	②	③	④
4	①	②	③	④
5	①	②	③	④
6	①	②	③	④
7	①	②	③	④
8	①	②	③	④
9	①	②	③	④
10	①	②	③	④
11	①	②	③	④
12	①	②	③	④
13	①	②	③	④
14	①	②	③	④
15	①	②	③	④
16	①	②	③	④
17	①	②	③	④
18	①	②	③	④
19	①	②	③	④
20	①	②	③	④
21	①	②	③	④
22	①	②	③	④
23	①	②	③	④
24	①	②	③	④
25	①	②	③	④
26	①	②	③	④
27	①	②	③	④
28	①	②	③	④
29	①	②	③	④
30	①	②	③	④

계산기   다음 ▶   안 푼 문제   답안 제출

실전점검!
01회 CBT 실전모의고사

수험번호 :

수험자명 :

제한 시간 : 2시간 30분
남은 시간 :

글자 크기 100% 150% 200%

화면 배치

전체 문제 수 :
안 푼 문제 수 :

답안 표기란

31	①	②	③	④
32	①	②	③	④
33	①	②	③	④
34	①	②	③	④
35	①	②	③	④
36	①	②	③	④
37	①	②	③	④
38	①	②	③	④
39	①	②	③	④
40	①	②	③	④
41	①	②	③	④
42	①	②	③	④
43	①	②	③	④
44	①	②	③	④
45	①	②	③	④
46	①	②	③	④
47	①	②	③	④
48	①	②	③	④
49	①	②	③	④
50	①	②	③	④
51	①	②	③	④
52	①	②	③	④
53	①	②	③	④
54	①	②	③	④
55	①	②	③	④
56	①	②	③	④
57	①	②	③	④
58	①	②	③	④
59	①	②	③	④
60	①	②	③	④

31 방폭성능을 가진 전기기기 중 정상 및 사고(단선, 단락, 지락 등) 시에 발생하는 전기불꽃·아크 또는 고온부로 인하여 가연성 가스가 점화되지 않는 것이 점화시험, 기타 방법에 의하여 확인된 구조를 무엇이라고 하는가?

① 안전증방폭구조
② 본질안전방폭구조
③ 내압방폭구조
④ 압력방폭구조

32 다음 [보기]에서 설명하는 연소 형태로 가장 적절한 것은?

- 연소실부하율을 높게 얻을 수 있다.
- 연소실의 체적이나 길이가 짧아도 된다.
- 화염면이 자력으로 전파되어 간다.
- 버너에서 상류의 혼합기로 역화를 일으킬 염려가 있다.

① 증발연소
② 등심연소
③ 확산연소
④ 예혼합연소

33 다음 중 단위 질량당 방출되는 화학적 에너지인 연소열(kJ/g)이 가장 낮은 것은?

① 메탄
② 프로판
③ 일산화탄소
④ 에탄올

34 다음 중 비등액체팽창증기폭발(BLEVE ; Boiling Liquid Expansion Vapor Explosion)의 발생조건과 무관한 것은?

① 가연성 액체가 개방계 내에 존재하여야 한다.
② 주위에 화재 등이 발생하여 내용물이 비점 이상으로 가열되어야 한다.
③ 입열에 의해 탱크 내압이 설계압력 이상으로 상승하여야 한다.
④ 탱크의 파열이나 균열에 의해 내용물이 대기 중으로 급격히 방출하여야 한다.

계산기
다음 ▶
안 푼 문제
답안 제출

01회 실전점검!
CBT 실전모의고사

수험번호 :
수험자명 :

제한 시간 : 2시간 30분
남은 시간 :

글자
크기 100% 150% 200%
화면
배치

전체 문제 수 :
안 푼 문제 수 :

답안 표기란

31	①	②	③	④
32	①	②	③	④
33	①	②	③	④
34	①	②	③	④
35	①	②	③	④
36	①	②	③	④
37	①	②	③	④
38	①	②	③	④
39	①	②	③	④
40	①	②	③	④
41	①	②	③	④
42	①	②	③	④
43	①	②	③	④
44	①	②	③	④
45	①	②	③	④
46	①	②	③	④
47	①	②	③	④
48	①	②	③	④
49	①	②	③	④
50	①	②	③	④
51	①	②	③	④
52	①	②	③	④
53	①	②	③	④
54	①	②	③	④
55	①	②	③	④
56	①	②	③	④
57	①	②	③	④
58	①	②	③	④
59	①	②	③	④
60	①	②	③	④

35 메탄을 이론공기로 연소시켰을 때 생성물 중 질소의 분압은 약 몇 MPa인가?(단, 메탄과 공기는 0.1 MPa, 25℃에서 공급되고 생성물의 압력은 0.1MPa이고, H_2O 는 기체 상태로 존재한다.)

① 0.0315
② 0.0493
③ 0.0603
④ 0.0715

36 분진이 폭발하기 위하여 가져야 하는 특성으로 틀린 것은?

① 입자들은 일정 크기 이하이어야 한다.
② 부유된 입자의 농도가 어떤 한계 사이에 있어야 한다.
③ 부유된 분진은 반드시 금속이어야 한다.
④ 부유된 분진은 거의 균일하여야 한다.

37 이상기체와 실제기체에 대한 설명으로 틀린 것은?

① 이상기체는 기체 분자 간 인력이나 반발력이 작용하지 않는다고 가정한 가상적인 기체이다.
② 실제기체는 실제로 존재하는 모든 기체로 이상기체 상태방정식이 그대로 적용되지 않는다.
③ 이상기체는 저장용기의 벽에 충돌하여도 탄성을 잃지 않는다.
④ 이상기체 상태방정식은 실제기체에서는 높은 온도, 높은 압력에서 잘 적용된다.

38 다음 [보기]에서 열역학에 대한 설명으로 옳은 것을 모두 나열한 것은?

㉮ 기체에 기계적 일을 가하여 단열 압축시키면 일은 내부에너지로 기체 내에 축적되어 온도가 상승한다.
㉯ 엔트로피는 가역이면 항상 증가하고, 비가역이면 항상 감소한다.
㉰ 가스를 등온팽창시키면 내부에너지의 변화는 없다.

① ㉮
② ㉯
③ ㉮, ㉰
④ ㉯, ㉰

계산기
다음 ▶
안 푼 문제
답안 제출

실전점검!

01회

CBT 실전모의고사

수험번호 :

수험자명 :

제한 시간 : 2시간 30분
남은 시간 :

글자
크기 100% 150% 200%

화면
배치

전체 문제 수 :
안 푼 문제 수 :

답안 표기란

39 다음 확산화염의 여러 가지 형태 중 대향분류(對向噴流) 확산화염에 해당하는 것은?

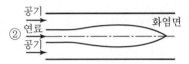

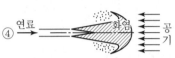

40 가스버너의 연소 중 화염이 꺼지는 현상과 거리가 먼 것은?

① 공기량의 변동이 크다.

② 공기연료비가 정상범위를 벗어났다.

③ 연료 공급라인이 불안정하다.

④ 점화에너지가 부족하다.

31	①	②	③	④
32	①	②	③	④
33	①	②	③	④
34	①	②	③	④
35	①	②	③	④
36	①	②	③	④
37	①	②	③	④
38	①	②	③	④
39	①	②	③	④
40	①	②	③	④
41	①	②	③	④
42	①	②	③	④
43	①	②	③	④
44	①	②	③	④
45	①	②	③	④
46	①	②	③	④
47	①	②	③	④
48	①	②	③	④
49	①	②	③	④
50	①	②	③	④
51	①	②	③	④
52	①	②	③	④
53	①	②	③	④
54	①	②	③	④
55	①	②	③	④
56	①	②	③	④
57	①	②	③	④
58	①	②	③	④
59	①	②	③	④
60	①	②	③	④

계산기

다음 ▶

안 푼 문제

답안 제출

실전점검!
01 회 CBT 실전모의고사

수험번호:
수험자명:

제한 시간 : 2시간 30분
남은 시간 :

글자 크기 100% 150% 200%　화면 배치

전체 문제 수 :
안 푼 문제 수 :

3과목　가스설비

41 공기 중 폭발하한계의 값이 가장 작은 것은?

① 수소　　　　　　　　② 암모니아
③ 에틸렌　　　　　　　④ 프로판

42 수소가스의 용기에 의한 공급방법으로 가장 적절한 것은?

① 수소용기 → 압력계 → 압력조정기 → 압력계 → 안전밸브 → 차단밸브
② 수소용기 → 체크밸브 → 차단밸브 → 압력계 → 압력조정기 → 압력계
③ 수소용기 → 압력조정기 → 압력계 → 차단밸브 → 압력계 → 안전밸브
④ 수소용기 → 안전밸브 → 압력계 → 압력조정기 → 체크밸브 → 압력계

43 LNG 탱크 중 저온수축을 흡수하는 구조를 가진 금속박판을 사용한 탱크는?

① 금속제 멤브레인 탱크　　　② 프레스트래스트 콘크리트제 탱크
③ 동결식 반지하 탱크　　　　④ 금속제 2중 구조 탱크

44 신규 용기에 대하여 팽창측정시험을 하였더니 전증가량이 100mL였다. 이 용기가 검사에 합격하려면 항구증가량은 몇 mL 이하여야 하는가?

① 5　　　　　　　　　② 10
③ 15　　　　　　　　　④ 20

45 왕복식 압축기에서 체적효율에 영향을 주는 요소로서 가장 거리가 먼 것은?

① 압축비　　　　　　　② 냉각
③ 토출밸브　　　　　　④ 가스 누설

31	①	②	③	④
32	①	②	③	④
33	①	②	③	④
34	①	②	③	④
35	①	②	③	④
36	①	②	③	④
37	①	②	③	④
38	①	②	③	④
39	①	②	③	④
40	①	②	③	④
41	①	②	③	④
42	①	②	③	④
43	①	②	③	④
44	①	②	③	④
45	①	②	③	④
46	①	②	③	④
47	①	②	③	④
48	①	②	③	④
49	①	②	③	④
50	①	②	③	④
51	①	②	③	④
52	①	②	③	④
53	①	②	③	④
54	①	②	③	④
55	①	②	③	④
56	①	②	③	④
57	①	②	③	④
58	①	②	③	④
59	①	②	③	④
60	①	②	③	④

계산기　　　　다음 ▶　　　　안 푼 문제　답안 제출

01 회 실전점검!
CBT 실전모의고사

수험번호 :

수험자명 :

제한 시간 : 2시간 30분
남은 시간 :

글자 크기 100% 150% 200%

화면 배치

전체 문제 수 :
안 푼 문제 수 :

답안 표기란

31	①	②	③	④
32	①	②	③	④
33	①	②	③	④
34	①	②	③	④
35	①	②	③	④
36	①	②	③	④
37	①	②	③	④
38	①	②	③	④
39	①	②	③	④
40	①	②	③	④
41	①	②	③	④
42	①	②	③	④
43	①	②	③	④
44	①	②	③	④
45	①	②	③	④
46	①	②	③	④
47	①	②	③	④
48	①	②	③	④
49	①	②	③	④
50	①	②	③	④
51	①	②	③	④
52	①	②	③	④
53	①	②	③	④
54	①	②	③	④
55	①	②	③	④
56	①	②	③	④
57	①	②	③	④
58	①	②	③	④
59	①	②	③	④
60	①	②	③	④

46 가스조정기 중 2단 감압식 조정기의 장점이 아닌 것은?

① 조정기의 개수가 적어도 된다.

② 연소기구에 적합한 압력으로 공급할 수 있다.

③ 배관의 관경을 비교적 작게 할 수 있다.

④ 입상배관에 의한 압력강하를 보정할 수 있다.

47 LP가스 소비설비에서 용기 개수 결정 시 고려할 사항으로 가장 거리가 먼 것은?

① 피크(Peak) 시의 기온　　② 소비자 가구 수

③ 1가구당 1일의 평균 가스소비량　　④ 감압방식의 결정

48 중압식 공기분리장치에서 겔 또는 몰레큘러 – 시브(Moleculer Sieve)에 의하여 제거할 수 있는 가스는?

① 아세틸렌　　② 염소

③ 이산화탄소　　④ 이산화황

49 합성천연가스(SNG) 제조 시 납사를 원료로 하는 메탄합성 공정과 관련이 적은 설비는?

① 탈황장치　　② 반응기

③ 수첨분해탑　　④ CO 변성로

50 액화프로판 500kg을 내용적 60L의 용기에 충전하려면 몇 개의 용기가 필요한가?

① 5개　　② 10개

③ 15개　　④ 20개

계산기　　다음 ▶　　안 푼 문제　　답안 제출

01회 실전점검!
CBT 실전모의고사

수험번호 :

수험자명 :

⏱ 제한 시간 : 2시간 30분
남은 시간 :

글자
크기 100% 150% 200%   화면
배치

전체 문제 수 :
안 푼 문제 수 :

51 용기용 밸브는 가스 충전구의 형식에 따라 A형, B형, C형의 3종류가 있다. 가스 충전구가 암나사로 되어 있는 것은?

① A형

② B형

③ A, B형

④ C형

52 LPG 사용시설의 설계 시 유의사항으로 가장 적절하지 않은 것은?

① 사용 목적에 합당한 기능을 가지고 사용상 안전할 것

② 취급이 용이하고 사용에 편리할 것

③ 모양에 관계없이 관련 시설과의 조화가 되어 있을 것

④ 구조가 간단하고 시공이 용이할 것

53 다음 중 저온장치용 재료로서 가장 부적당한 것은?

① 구리

② 니켈강

③ 알루미늄합금

④ 탄소강

54 고압가스 제조장치의 재료에 대한 설명으로 틀린 것은?

① 상온 건조 상태의 염소가스에 대하여는 보통강을 사용해도 된다.

② 암모니아, 아세틸렌의 배관 재료에는 구리재를 사용해도 된다.

③ 저온에서는 고탄소강보다 저탄소강이 사용된다.

④ 암모니아 합성탑 내부의 재료에는 18-8 스테인리스강을 사용한다.

55 LP가스 고압장치의 상용압력이 25MPa일 경우 안전밸브의 최고작동압력은?

① 25MPa

② 30MPa

③ 37.5MPa

④ 50MPa

31	① ② ③ ④
32	① ② ③ ④
33	① ② ③ ④
34	① ② ③ ④
35	① ② ③ ④
36	① ② ③ ④
37	① ② ③ ④
38	① ② ③ ④
39	① ② ③ ④
40	① ② ③ ④
41	① ② ③ ④
42	① ② ③ ④
43	① ② ③ ④
44	① ② ③ ④
45	① ② ③ ④
46	① ② ③ ④
47	① ② ③ ④
48	① ② ③ ④
49	① ② ③ ④
50	① ② ③ ④
51	① ② ③ ④
52	① ② ③ ④
53	① ② ③ ④
54	① ② ③ ④
55	① ② ③ ④
56	① ② ③ ④
57	① ② ③ ④
58	① ② ③ ④
59	① ② ③ ④
60	① ② ③ ④

🖩 계산기   다음 ▶   🖐 안 푼 문제   📋 답안 제출

실전점검!
CBT 실전모의고사

01 회

수험번호 :
수험자명 :

제한 시간 : 2시간 30분
남은 시간 :

글자
크기
100%
150%
200%

화면
배치

전체 문제 수 :
안 푼 문제 수 :

답안 표기란

31	①	②	③	④
32	①	②	③	④
33	①	②	③	④
34	①	②	③	④
35	①	②	③	④
36	①	②	③	④
37	①	②	③	④
38	①	②	③	④
39	①	②	③	④
40	①	②	③	④
41	①	②	③	④
42	①	②	③	④
43	①	②	③	④
44	①	②	③	④
45	①	②	③	④
46	①	②	③	④
47	①	②	③	④
48	①	②	③	④
49	①	②	③	④
50	①	②	③	④
51	①	②	③	④
52	①	②	③	④
53	①	②	③	④
54	①	②	③	④
55	①	②	③	④
56	①	②	③	④
57	①	②	③	④
58	①	②	③	④
59	①	②	③	④
60	①	②	③	④

56 액화가스의 기화기 중 액화가스와 해수 및 하천수 등을 열교환시켜 기화하는 형식은?

① Open Rack식
② 직화가열식
③ Air Fin식
④ Submerged Combustion식

57 내용적 120L의 LP가스 용기에 50kg의 프로판을 충전하였다. 이 용기 내부가 액으로 충만될 때의 온도를 그림에서 구한 것은?

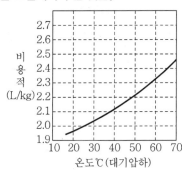

비용적 (L/kg)

온도℃(대기압하)

① 37℃
② 47℃
③ 57℃
④ 67℃

58 도시가스 지하매설에 사용되는 배관으로 가장 적합한 것은?

① 폴리에틸렌 피복강관
② 압력배관용 탄소강관
③ 연료가스 배관용 탄소강관
④ 배관용 아크용접 탄소강관

계산기
다음 ▶
안 푼 문제
답안 제출

01 실전점검!
CBT 실전모의고사

수험번호 :

수험자명 :

제한 시간 : 2시간 30분
남은 시간 :

글자
크기 100% 150% 200%

화면
배치

전체 문제 수 :
안 푼 문제 수 :

	답안 표기란			
31	①	②	③	④
32	①	②	③	④
33	①	②	③	④
34	①	②	③	④
35	①	②	③	④
36	①	②	③	④
37	①	②	③	④
38	①	②	③	④
39	①	②	③	④
40	①	②	③	④
41	①	②	③	④
42	①	②	③	④
43	①	②	③	④
44	①	②	③	④
45	①	②	③	④
46	①	②	③	④
47	①	②	③	④
48	①	②	③	④
49	①	②	③	④
50	①	②	③	④
51	①	②	③	④
52	①	②	③	④
53	①	②	③	④
54	①	②	③	④
55	①	②	③	④
56	①	②	③	④
57	①	②	③	④
58	①	②	③	④
59	①	②	③	④
60	①	②	③	④

59 액화천연가스(메탄 기준)를 도시가스 원료로 사용할 때 액화천연가스의 특징을 옳게 설명한 것은?

① 천연가스의 C/H 질량비가 3이고 기화설비가 필요하다.
② 천연가스의 C/H 질량비가 4이고 기화설비가 필요 없다.
③ 천연가스의 C/H 질량비가 3이고 가스제조 및 정제설비가 필요하다.
④ 천연가스의 C/H 질량비가 4이고 개질설비가 필요하다.

60 공기액화분리장치의 복정류탑에 대한 설명으로 옳지 않은 것은?

① 정류판에서 정류된 산소는 위로 올라가고 질소가 많은 액은 하부 증류드럼에 고인다.
② 상부에 상부 정류탑, 중앙부에 산소응축기, 하부에 하부 정류탑과 증류드럼으로 구성된다.
③ 산소가 많은 액이나 질소가 많은 액 모두 팽창밸브를 통하여 상압으로 감압된 다음 상부 정류탑으로 이송한다.
④ 하부탑은 약 5기압, 상부탑은 약 0.5기압의 압력에서 정류된다.

계산기   다음 ▶   안 푼 문제   답안 제출

01 회 실전점검!
CBT 실전모의고사

수험번호 :

수험자명 :

제한 시간 : 2시간 30분
남은 시간 :

글자 크기 100% 150% 200% 화면 배치

전체 문제 수 :
안 푼 문제 수 :

4과목 가스안전관리

61 고압가스 충전용기의 운반에 관한 기준으로 틀린 것은?

① 경계표지는 붉은 글씨로 「위험고압가스」라 표시한다.

② 밸브가 돌출한 충전용기는 프로텍터 또는 캡을 부착하여 운반한다.

③ 염소와 아세틸렌, 암모니아 또는 수소를 동일차량에 적재 운반한다.

④ 충전용기는 항상 40℃ 이하를 유지하여 운반한다.

62 액화석유가스용 강제용기 스커트의 재료를 KS D 2553 SG 295 이상의 재료로 제조하는 경우에는 내용적이 25L 이상, 50L 미만인 용기는 스커트의 두께를 얼마 이상으로 할 수 있는가?

① 2mm

② 3mm

③ 3.6mm

④ 5mm

63 고압가스의 일반적인 성질에 대한 설명으로 틀린 것은?

① 산소는 가연물과 접촉하지 않으면 폭발하지 않는다.

② 철은 염소와 연속적으로 화합할 수 있다.

③ 아세틸렌은 공기 또는 산소가 혼합하지 않으면 폭발하지 않는다.

④ 수소는 고온 고압에서 강재의 탄소와 반응하여 수소취성을 일으킨다.

64 다음 중 용기 부속품의 표시로 틀린 것은?

① 질량 : W

② 내압시험압력 : TP

③ 최고충전압력 : DP

④ 내용적 : V

답안 표기란

61	① ② ③ ④
62	① ② ③ ④
63	① ② ③ ④
64	① ② ③ ④
65	① ② ③ ④
66	① ② ③ ④
67	① ② ③ ④
68	① ② ③ ④
69	① ② ③ ④
70	① ② ③ ④
71	① ② ③ ④
72	① ② ③ ④
73	① ② ③ ④
74	① ② ③ ④
75	① ② ③ ④
76	① ② ③ ④
77	① ② ③ ④
78	① ② ③ ④
79	① ② ③ ④
80	① ② ③ ④
81	① ② ③ ④
82	① ② ③ ④
83	① ② ③ ④
84	① ② ③ ④
85	① ② ③ ④
86	① ② ③ ④
87	① ② ③ ④
88	① ② ③ ④
89	① ② ③ ④
90	① ② ③ ④

계산기   다음 ▶   안 푼 문제   답안 제출

01 회 실전점검!
CBT 실전모의고사

수험번호 :

수험자명 :

제한 시간 : 2시간 30분
남은 시간 :

글자 크기 100% 150% 200%　　화면 배치

전체 문제 수 :
안 푼 문제 수 :

답안 표기란

61	① ② ③ ④
62	① ② ③ ④
63	① ② ③ ④
64	① ② ③ ④
65	① ② ③ ④
66	① ② ③ ④
67	① ② ③ ④
68	① ② ③ ④
69	① ② ③ ④
70	① ② ③ ④
71	① ② ③ ④
72	① ② ③ ④
73	① ② ③ ④
74	① ② ③ ④
75	① ② ③ ④
76	① ② ③ ④
77	① ② ③ ④
78	① ② ③ ④
79	① ② ③ ④
80	① ② ③ ④
81	① ② ③ ④
82	① ② ③ ④
83	① ② ③ ④
84	① ② ③ ④
85	① ② ③ ④
86	① ② ③ ④
87	① ② ③ ④
88	① ② ③ ④
89	① ② ③ ④
90	① ② ③ ④

65 액화석유가스 저장탱크라 함은 액화석유가스를 저장하기 위하여 지상 및 지하에 고정 설치된 탱크를 말한다. 탱크의 저장능력이 얼마 이상인 탱크를 말하는가?

① 1톤
② 2톤
③ 3톤
④ 5톤

66 2단 감압식 1차용 조정기의 최대폐쇄압력은 얼마인가?

① 3.5kPa 이하
② 50kPa 이하
③ 95kPa 이하
④ 조정압력의 1.25배 이하

67 아세틸렌 용기의 내용적이 10L 이하이고, 다공성 물질의 다공도가 75% 이상, 80% 미만일 때 디메틸포름아미드의 최대충전량은?

① 36.3% 이하
② 38.7% 이하
③ 41.1% 이하
④ 43.5% 이하

68 염소, 포스겐 등 액화독성가스의 누출에 대비하여 응급조치로 휴대하여야 하는 제독제는?

① 소석회
② 물
③ 암모니아수
④ 아세톤

69 용기검사에 합격한 가연성 가스 및 독성가스의 도색표시가 잘못 짝지어진 것은?

① 수소 : 주황색
② 액화염소 : 갈색
③ 아세틸렌 : 회색
④ 액화암모니아 : 백색

계산기　　　　다음 ▶　　　안 푼 문제　　답안 제출

실전점검!
01회
CBT 실전모의고사

수험번호 :

수험자명 :

제한 시간 : 2시간 30분
남은 시간 :

글자 크기 100% 150% 200% 화면 배치 전체 문제 수 : 안 푼 문제 수 :

답안 표기란				
61	①	②	③	④
62	①	②	③	④
63	①	②	③	④
64	①	②	③	④
65	①	②	③	④
66	①	②	③	④
67	①	②	③	④
68	①	②	③	④
69	①	②	③	④
70	①	②	③	④
71	①	②	③	④
72	①	②	③	④
73	①	②	③	④
74	①	②	③	④
75	①	②	③	④
76	①	②	③	④
77	①	②	③	④
78	①	②	③	④
79	①	②	③	④
80	①	②	③	④
81	①	②	③	④
82	①	②	③	④
83	①	②	③	④
84	①	②	③	④
85	①	②	③	④
86	①	②	③	④
87	①	②	③	④
88	①	②	③	④
89	①	②	③	④
90	①	②	③	④

70 가스누출 경보차단장치의 성능시험방법으로 틀린 것은?

① 경보차단장치는 가스를 검지한 상태에서 연속경보를 울린 후 30초 이내에 가스를 차단하는 것으로 한다.

② 교류전원을 사용하는 경보차단장치는 전압이 정격전압의 90% 이상 110% 이하일 때 사용에 지장이 없는 것으로 한다.

③ 내한시험 시 제어부는 $-25℃$ 이하에서 1시간 이상 유지한 후 5분 이내에 작동시험을 실시하여 이상이 없어야 한다.

④ 전자밸브식 차단부는 35kPa 이상의 압력으로 기밀시험을 실시하여 외부누출이 없어야 한다.

71 특정고압가스사용시설에서 사용되는 경보기 정밀도의 경우 설정치에 대하여 독성가스용은 얼마 이하이어야 하는가?

① ±1%

② ±5%

③ ±25%

④ ±30%

72 반밀폐 연소형 기구의 급배기 시 배기통 톱과 가연물은 얼마 이상의 거리를 유지하여야 하는가?(단, 방열판이 설치되지 않았다.)

① 15cm

② 30cm

③ 50cm

④ 60cm

73 하천 또는 수로를 횡단하여 배관을 매설할 경우 2중관으로 하여야 하는 가스는?

① 염소

② 수소

③ 아세틸렌

④ 산소

계산기 다음 ▶ 안 푼 문제 답안 제출

01회 실전점검!
CBT 실전모의고사

수험번호 :

수험자명 :

제한 시간 : 2시간 30분
남은 시간 :

글자
크기 🔍 100% Ⓜ 150% 🔍 200%

화면
배치

전체 문제 수 :
안 푼 문제 수 :

답안 표기란

61	① ② ③ ④
62	① ② ③ ④
63	① ② ③ ④
64	① ② ③ ④
65	① ② ③ ④
66	① ② ③ ④
67	① ② ③ ④
68	① ② ③ ④
69	① ② ③ ④
70	① ② ③ ④
71	① ② ③ ④
72	① ② ③ ④
73	① ② ③ ④
74	① ② ③ ④
75	① ② ③ ④
76	① ② ③ ④
77	① ② ③ ④
78	① ② ③ ④
79	① ② ③ ④
80	① ② ③ ④
81	① ② ③ ④
82	① ② ③ ④
83	① ② ③ ④
84	① ② ③ ④
85	① ② ③ ④
86	① ② ③ ④
87	① ② ③ ④
88	① ② ③ ④
89	① ② ③ ④
90	① ② ③ ④

74 가스용 폴리에틸렌 배관의 열융착이음에 대한 설명으로 옳지 않은 것은?

① 비드(Bead)는 좌우대칭형으로 둥글고 균일하게 형성되어 있어야 한다.

② 비드의 표면은 매끄럽고 청결하여야 한다.

③ 접합 면의 비드와 비드 사이의 경계 부위는 배관의 외면보다 낮게 형성되어야 한다.

④ 이음부의 연결오차는 배관 두께의 10% 이하이어야 한다.

75 액화석유가스의 충전용기 보관실에 설치하는 자연환기설비 중 외기에 면하여 설치하는 환기구 1개의 면적은 얼마 이하로 하여야 하는가?

① $1,800cm^2$

② $2,000cm^2$

③ $2,400cm^2$

④ $3,000cm^2$

76 가연성 가스 설비 내의 수리 시 설비 내의 산소농도는 몇 %를 유지하여야 하는가?

① 15~18%

② 13~21%

③ 18~22%

④ 23% 이상

77 고압가스 제조설비의 기밀시험이나 시운전 시 가압용 고압가스로 사용할 수 없는 것은?

① 질소

② 아르곤

③ 공기

④ 수소

78 도시가스 사용시설에 대한 가스시설 설치방법으로 가장 적당한 것은?

① 개방형 연소기를 설치한 실에는 배기통을 설치한다.

② 반밀폐형 연소기는 환풍기 또는 환기구를 설치한다.

③ 가스보일러 전용보일러실에는 석유통을 보관할 수 있다.

④ 밀폐식 가스보일러는 전용보일러실에 설치하지 아니할 수 있다.

🖩 계산기

다음 ▶

🗂 안 푼 문제

🖹 답안 제출

실전점검!

CBT 실전모의고사

수험번호 :
수험자명 :

제한 시간 : 2시간 30분
남은 시간 :

글자
크기 100% 150% 200%

화면
배치

전체 문제 수 :
안 푼 문제 수 :

79 액화석유가스 용기 저장소의 바닥면적이 25m²라 할 때 적당한 강제환기설비의 통풍 능력은?

① 2.5m³/min 이상
② 12.5m³/min 이상
③ 25.0m³/min 이상
④ 50.0m³/min 이상

80 차량에 고정된 탱크에서 저장탱크로 가스 이송작업 시의 기준에 대한 설명이 아닌 것은?

① 탱크의 설계압력 이상으로 가스를 충전하지 아니한다.
② 플로트식 액면계로 가스의 양을 측정할 경우에는 액면계 바로 위에 얼굴을 내밀고 조작하지 아니한다.
③ LPG충전소 내에서는 동시에 2대 이상의 차량에 고정된 탱크에서 저장설비로 이송작업을 하지 아니한다.
④ 이송 전후 밸브의 누출 여부를 확인하고 개폐는 서서히 행한다.

61	① ② ③ ④
62	① ② ③ ④
63	① ② ③ ④
64	① ② ③ ④
65	① ② ③ ④
66	① ② ③ ④
67	① ② ③ ④
68	① ② ③ ④
69	① ② ③ ④
70	① ② ③ ④
71	① ② ③ ④
72	① ② ③ ④
73	① ② ③ ④
74	① ② ③ ④
75	① ② ③ ④
76	① ② ③ ④
77	① ② ③ ④
78	① ② ③ ④
79	① ② ③ ④
80	① ② ③ ④
81	① ② ③ ④
82	① ② ③ ④
83	① ② ③ ④
84	① ② ③ ④
85	① ② ③ ④
86	① ② ③ ④
87	① ② ③ ④
88	① ② ③ ④
89	① ② ③ ④
90	① ② ③ ④

계산기
다음 ▶
안 푼 문제
답안 제출

01 회 실전점검!
CBT 실전모의고사

수험번호 :

수험자명 :

제한 시간 : 2시간 30분
남은 시간 :

글자
크기 100% 150% 200%

화면
배치

전체 문제 수 :
안 푼 문제 수 :

답안 표기란

61	① ② ③ ④
62	① ② ③ ④
63	① ② ③ ④
64	① ② ③ ④
65	① ② ③ ④
66	① ② ③ ④
67	① ② ③ ④
68	① ② ③ ④
69	① ② ③ ④
70	① ② ③ ④
71	① ② ③ ④
72	① ② ③ ④
73	① ② ③ ④
74	① ② ③ ④
75	① ② ③ ④
76	① ② ③ ④
77	① ② ③ ④
78	① ② ③ ④
79	① ② ③ ④
80	① ② ③ ④
81	① ② ③ ④
82	① ② ③ ④
83	① ② ③ ④
84	① ② ③ ④
85	① ② ③ ④
86	① ② ③ ④
87	① ② ③ ④
88	① ② ③ ④
89	① ② ③ ④
90	① ② ③ ④

5과목 가스계측

81 다음 분석법 중 LPG의 성분 분석에 이용될 수 있는 것을 모두 나열한 것은?

⑦ 가스크로마토그래피법   ⑭ 저온정밀증류법   ⑮ 적외선분광분석법

① ⑦
② ⑦, ⑭
③ ⑭, ⑮
④ ⑦, ⑭, ⑮

82 일산화탄소가스를 검지하기 위한 염화파라듐지는 $PdCl_2$ 0.2%액에 다음 중 어떤 물질을 침투시켜 제조하는가?

① 전분
② 초산
③ 암모니아
④ 벤젠

83 수분흡수법에 의한 습도측정에 사용되는 흡수제가 아닌 것은?

① 염화칼슘
② 황산
③ 오산화인
④ 과망간산칼륨

84 계량 관련법에서 정한 최대유량 $10m^3/h$ 이하인 가스미터의 검정 유효기간은?

① 1년
② 2년
③ 3년
④ 5년

85 다음 가스분석방법 중 흡수분석법이 아닌 것은?

① 헴펠법
② 적정법
③ 오르자트법
④ 게겔법

계산기

다음 ▶

안 푼 문제

답안 제출

01 회

실전점검!
CBT 실전모의고사

수험번호 :

수험자명 :

제한 시간 : 2시간 30분
남은 시간 :

글자
크기 100% 150% 200%

화면
배치

전체 문제 수 :
안 푼 문제 수 :

답안 표기란

86 가스 정량분석을 통해 표준상태의 체적을 구하는 식은?(단, V_0 : 표준상태의 체적, V : 측정 시의 가스의 체적, P_0 : 대기압, P_1 : t℃의 증기압이다.)

① $V_0 = \dfrac{760 \times (273 + t)}{V(P_1 - P_0) \times 273}$

② $V_0 = \dfrac{V(273 + t) \times 273}{760 \times (P_1 - P_0)}$

③ $V_0 = \dfrac{V(P_1 - P_0) \times 273}{760 \times (273 + t)}$

④ $V_0 = \dfrac{V(P_1 - P_0) \times 760}{273 \times (273 + t)}$

87 계량기의 검정기준에서 정하는 가스미터의 사용공차 범위는?(단, 최대유량이 1,000m³/h 이하이다.)

① 최대허용오차의 1배의 값으로 한다.
② 최대허용오차의 1.2배의 값으로 한다.
③ 최대허용오차의 1.5배의 값으로 한다.
④ 최대허용오차의 2배의 값으로 한다.

88 전자유량계의 특징에 대한 설명 중 가장 거리가 먼 내용은?

① 액체의 온도, 압력, 밀도, 점도의 영향을 거의 받지 않으며 체적유량의 측정이 가능하다.
② 측정관 내에 장애물이 없으며, 압력손실이 거의 없다.
③ 유량계 출력은 유량에 비례한다.
④ 기체의 유량측정이 가능하다.

89 피토관(Pitot Tube)의 주된 용도는?

① 압력을 측정하는 데 사용된다.
② 유속을 측정하는 데 사용된다.
③ 액체의 점도를 측정하는 데 사용된다.
④ 온도를 측정하는 데 사용된다.

90 폐루프를 형성하여 출력 측의 신호를 입력 측에 되돌리는 것은?

① 조절부
② 리셋
③ 온 · 오프동작
④ 피드백

번호	답안
61	① ② ③ ④
62	① ② ③ ④
63	① ② ③ ④
64	① ② ③ ④
65	① ② ③ ④
66	① ② ③ ④
67	① ② ③ ④
68	① ② ③ ④
69	① ② ③ ④
70	① ② ③ ④
71	① ② ③ ④
72	① ② ③ ④
73	① ② ③ ④
74	① ② ③ ④
75	① ② ③ ④
76	① ② ③ ④
77	① ② ③ ④
78	① ② ③ ④
79	① ② ③ ④
80	① ② ③ ④
81	① ② ③ ④
82	① ② ③ ④
83	① ② ③ ④
84	① ② ③ ④
85	① ② ③ ④
86	① ② ③ ④
87	① ② ③ ④
88	① ② ③ ④
89	① ② ③ ④
90	① ② ③ ④

계산기

다음 ▶

안 푼 문제

 답안 제출

01회 실전점검!
CBT 실전모의고사

수험번호 :

수험자명 :

제한 시간 : 2시간 30분
남은 시간 :

글자
크기 100% 150% 200%

화면
배치

전체 문제 수 :
안 푼 문제 수 :

답안 표기란				
91	①	②	③	④
92	①	②	③	④
93	①	②	③	④
94	①	②	③	④
95	①	②	③	④
96	①	②	③	④
97	①	②	③	④
98	①	②	③	④
99	①	②	③	④
100	①	②	③	④

91 가스분석법에 대한 설명으로 옳지 않은 것은?

① 비분산형 적외선분석계는 고순도 헬륨 등 불활성 가스의 분석에 적합하다.

② 불꽃광도검출기(FPD)는 열전도검출기(TCD)보다 미량분석에 적합하다.

③ 반도체용 특수재료가스의 검지방법에는 정전위전해법이 널리 사용된다.

④ 메탄(CH_4)과 같은 탄화수소 계통의 가스는 열전도검출기보다 불꽃이온화검출기 (FID)가 적합하다.

92 가스검지기의 경보방식이 아닌 것은?

① 즉시 경보형

② 경보 지연형

③ 중계 경보형

④ 반시한 경보형

93 4개의 실로 나누어진 습식가스미터의 드럼이 10회전했을 때 통과유량이 100L였 다면 각 실의 용량은 얼마인가?

① 1L

② 2.5L

③ 10L

④ 25L

94 복사열을 이용하여 온도를 측정하는 것은?

① 열전대 온도계

② 저항 온도계

③ 광고 온도계

④ 바이메탈 온도계

95 측정 전 상태의 영향으로 발생하는 히스테리시스(Hysteresis) 오차의 원인이 아닌 것은?

① 기어 사이의 틈

② 주위 온도의 변화

③ 운동 부위의 마찰

④ 탄성변형

계산기

다음 ▶

안 푼 문제

답안 제출

01회 실전점검!
CBT 실전모의고사

수험번호 :

수험자명 :

제한 시간 : 2시간 30분
남은 시간 :

글자 크기 100% 150% 200%

화면 배치

전체 문제 수 :
안 푼 문제 수 :

답안 표기란				
91	①	②	③	④
92	①	②	③	④
93	①	②	③	④
94	①	②	③	④
95	①	②	③	④
96	①	②	③	④
97	①	②	③	④
98	①	②	③	④
99	①	②	③	④
100	①	②	③	④

96 열전대의 종류 중 K형은 어느 것인가?

① C.C(구리 – 콘스탄탄)
② I.C(철 – 콘스탄탄)
③ C.A(크로멜 – 알루멜)
④ P.R(백금 – 백금 로듐)

97 Parr Bomb을 이용하여 열량을 측정할 때는 Parr Bomb의 어떤 특성을 이용하는 가?

① 일정 압력
② 일정 온도
③ 일정 부피
④ 일정 질량

98 습한 공기 205kg 중 수증기가 35kg 포함되어 있다고 할 때 절대습도는 약 얼마인가?(단, 공기와 수증기의 분자량은 각각 29, 18이다.)

① 0.106
② 0.128
③ 0.171
④ 0.206

99 다음 그림이 나타내는 제어 동작은?

① 비례미분동작
② 비례적분 미분동작
③ 미분동작
④ 비례적분동작

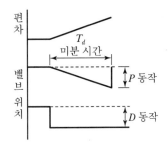

100 다음 중 최대 용량 범위가 가장 큰 가스미터는?

① 습식가스미터
② 막식가스미터
③ 루트미터
④ 오리피스미터

계산기

다음 ▶

안 푼 문제

답안 제출

01	02	03	04	05	06	07	08	09	10
②	④	①	③	④	②	②	④	④	③
11	12	13	14	15	16	17	18	19	20
④	②	①	②	①	④	③	③	①	②
21	22	23	24	25	26	27	28	29	30
④	③	③	④	②	①	②	④	④	③
31	32	33	34	35	36	37	38	39	40
②	④	③	①	④	④	④	③	④	④
41	42	43	44	45	46	47	48	49	50
④	①	①	④	③	①	④	③	④	④
51	52	53	54	55	56	57	58	59	60
②	③	④	②	②	①	④	①	①	①
61	62	63	64	65	66	67	68	69	70
③	②	③	③	④	①	①	①	③	①
71	72	73	74	75	76	77	78	79	80
④	④	①	③	③	④	④	④	②	②
81	82	83	84	85	86	87	88	89	90
④	②	④	②	③	④	③	④	②	④
91	92	93	94	95	96	97	98	99	100
①	③	②	③	②	③	③	④	①	③

01 정답 | ②

풀이 | ㉠ 펌프를 병렬로 연결할 경우 양정은 동일하고 유량은 설치 대수만큼 증가한다.

㉡ 펌프를 직렬로 연결할 경우 유량은 동일하고 양정은 설치 대수만큼 증가한다.

02 정답 | ④

풀이 | 손실두수$(H_L) = \left[1 - \left(\dfrac{A_1}{A_2}\right)^2\right]^2 \dfrac{V_1^{\,2}}{2g}$

$= \left[1 - \left(\dfrac{0.25}{0.4}\right)^2\right]^2 \times \dfrac{4.69^2}{2 \times 9.8}$

$= 0.417\text{mH}_2\text{O}$

유속$(V_1^{\,2}) = \dfrac{\text{유량}}{\text{단면적}} = \dfrac{0.23}{\dfrac{\pi \times 0.25^2}{4}} = 4.69\text{m/s}$

03 정답 | ①

풀이 | 유량$(Q) = A \times V$

㉠ 피스톤에 흐르는 양

유량$(Q) = \dfrac{\pi(0.8D)^2}{4} \times 0.1\text{m/s}$

$= 0.064\dfrac{\pi}{4}D^2$

㉡ 피스톤 사이 속도

유속$(V) = \dfrac{0.064\dfrac{\pi}{4}D^2}{\dfrac{\pi}{4}(D^2 - 0.8D^2)} = 0.178\text{m/s}$

04 정답 | ③

풀이 | ㉠ $V(\text{속도}) = \dfrac{Q}{\dfrac{\pi d^2}{4}} = \dfrac{\dfrac{1.35 \times 10^{-3}\text{m}^3}{60\text{sec}}}{\dfrac{3.14 \times 0.05\text{m}^2}{4}}$

$= 1.146\text{m/sec}$

㉡ 레이놀즈수$(R_e) = \dfrac{Dv\rho}{\mu}$

$= \dfrac{0.05 \times 1.146 \times 920\text{kg/m}^3}{0.56 \times 0.1\text{kg/m} \cdot \text{sec}}$

$= 941.^{36}$

㉢ 마찰손실계수$(f) = \dfrac{64}{R_e} = \dfrac{64}{941.^{36}} = 0.068$

㉣ 압력차이$(\Delta P) = \dfrac{fLV^2 r}{2qD}$

$= \dfrac{0.068 \times 800 \times (1.146)^2 \times 920}{2 \times 9.8 \times 0.05}$

$= 67070\text{kgf/m}^2 = 6.7\text{kgf/cm}^2$

05 정답 | ④

풀이 | 체적탄성계수$(K) = \dfrac{\Delta P}{\dfrac{\Delta V}{V}}$

압력 차이$(\Delta P) = K\left(1 - \dfrac{V_2}{V_1}\right)$

06 정답 | ②

풀이 | $C_p - C_v = R$, $K = \dfrac{C_p}{C_v}$, $1.33 = \dfrac{0.2}{x}$

$x = \dfrac{0.2}{1.33} = 0.15\text{kcal/kg} \cdot \text{k}$

$\therefore R = 0.2 - 0.15 = 0.05\text{kcal/kg} \cdot \text{k}$

07 정답 | ②

풀이 | $1\text{stokes} = 1\text{cm}^2/\text{sec}$, $1\text{c} \cdot \text{st} = \dfrac{1}{100}$

$\dfrac{980\text{c} \cdot \text{st}}{100} = 9.8\text{cm}^2/\text{sec} = 9.8 \times 10^{-4}\text{m}^2/\text{sec}$

08 정답 | ④

풀이 | ㉠ 유체의 변형은 압력(외력), 밀도, 점도 등의 영향을 받는다.
㉡ 전단응력은 여러 가지로 존재한다.
㉢ 이상유체일 경우 비압축성, 비탄성체이다.

09 정답 | ④

풀이 | $P = \dfrac{F}{A} = \dfrac{kgf}{m^2} = \dfrac{kg \cdot m/s^2}{m^2} = ML^{-1}T^{-2}$

10 정답 | ③

풀이 | R_h(수력반경) $= \dfrac{A(\text{유동단면적})}{P(\text{접수길이})} = \dfrac{a^2}{4a} = \dfrac{a}{4}$

즉, 정삼각형 단면의 경우

(3면인 면적 $=$ 넓이 $\times \dfrac{\sqrt{3}}{4}$)

$R_n = \dfrac{a}{4} \times \dfrac{\sqrt{3}}{4} = \dfrac{\sqrt{3}}{12}a$

11 정답 | ④

풀이 | 물체에 대하여 수직 아래로 작용하는 것은 중력이며, 부력은 수직 위로 작용한다.

12 정답 | ②

풀이 | 유적선(Path Line)은 한 유체의 입자가 일정기간 내에 흘러간 경로(흔적, 궤적)를 말한다.

13 정답 | ①

풀이 | Hagen-Poiseuille(수평원관 속에서의 층류유동) 법칙

손실수두$(H) = \dfrac{128\mu l Q}{r \pi d^4}$

※ 하겐-푸아죄유 방정식$(Q) = \dfrac{\Delta P \pi d^4}{128 \mu l}$

14 정답 | ②

풀이 | ① 피스톤펌프 : 피스톤의 왕복운동으로 흡수 및 토출 배수를 하는 펌프이다.
② 제트펌프 : 고압의 액체를 분출할 때 주변의 증기분류로 액체를 수송하는 펌프이다.
③ 기어펌프 : 기어를 맞물려 기어가 열릴 때 흡입, 닫힐 때 토출하도록 된 펌프이다.
④ 수격펌프 : 비교적 저낙차의 물을 긴 관으로 이끌어 그 관성작용으로 원래의 높이보다 약간 높은 곳으로 수송하는 펌프이다.

15 정답 | ①

풀이 | 송풍기(Blower)
㉠ 원심식 송풍기 : 다익 송풍기, 레이디얼 송풍기, 익형 송풍기, 굽음 깃 송풍기
㉡ 축류식 송풍기 : 프로펠러 송풍기, 튜브 축류 송풍기, 베인 축류 송풍기

16 정답 | ④

풀이 | 베르누이 방정식 : 내부에너지 손실이 없는 비압축성 유체에 적용한다.

17 정답 | ③

풀이 | 산소비중량$(r) = \dfrac{P}{RT} = \dfrac{2 \times 10^4 \times 9.8}{260 \times (25 + 273)} \times \dfrac{9.8}{1}$
$= 24.8 \text{ N/m}^3$

※ $1kgf = 9.8N$

18 정답 | ③

풀이 | Mercury Barometer(수은 기압계)는 수은을 이용한 토리첼리진공에 의해 대기압을 측정한 것으로 정밀압력측정에 이용한다.

19 정답 | ①

풀이 | 마하 수$(M) = \dfrac{Q}{a} = \dfrac{Q}{\sqrt{KRT}}$

$= \dfrac{50}{\sqrt{1.4 \times 260 \times (273 + 10)}} = 0.16$

20 정답 | ②

풀이 | LPG 기체를 흡입한 뒤 탱크로리 상부를 가압하면 액으로 변환되어 이송되며, 이때 이용되는 동력장치는 압축기이다.

21 정답 | ④

풀이 | 몰리에(Mollier)는 증기원동소에서 h-s(엔탈피-엔트로피) 선도를 작성한 자이다.

22 정답 | ③

풀이 | 고로가스는 제철용 고로에서 발생되는 가스로 주성분은 N_2, CO_2, CO 등이다. 불연성 성분이 많이 포함되어 있어 이론공기량이 적게 소요된다.

23 정답 | ③

풀이 | 이상기체의 교축과정은 엔탈피가 일정하고 온도는 변화하지 않으므로 압력강하가 현저할수록 엔트로피는 증가한다.

24 정답 | ④

풀이 | 브레이턴 사이클은 가스터빈의 기본 사이클이며 2개의 등압과정과 2개의 단열과정으로 구성된다.

25 정답 | ②

풀이 | $y = \dfrac{\text{실제 발열량}}{\text{총 발열량}} \times 100$

$= \dfrac{(50,232 - 8,372)\text{MJ/kg}}{46,046\text{MJ/kg}} \times 100 = 90.90\%$

26 정답 | ①

풀이 | $\dfrac{T_2}{T_1} = \left(\dfrac{P_2}{P_1}\right)^{\frac{r-1}{r}}$, $T_2 = T_1 \times \left(\dfrac{P_2}{P_1}\right)^{\frac{k-1}{k}}$

$= 298 \times \left(\dfrac{10.1305}{202.65}\right)^{\frac{1.4-1}{1.4}} = 126\text{K}$

27 정답 | ②

풀이 | 폭연은 예혼합 연소형태로 압력파가 미반응 물질 속으로 음속보다 느린 속도로 이동하는 것을 말한다. 음속보다 빠르게 이동하는 것은 폭굉이라 한다.

28 정답 | ④

풀이 | 연소의 불꽃온도는 순수산소일 때 가장 높다. 배기가스의 양이 적으면 불꽃온도가 상승하는데, 순수산소일 때 배기가스가 가정 적게 발생하기 때문이다.

29 정답 | ④

풀이 | 엔탈피~변화량$(\Delta H) = H_2 - H_1 = du + Pd\nu$

$\Delta H = (1.2\text{MPa} \times 0.2\text{m}^3) - (50 \times 2.5\text{m}^3) = 115\text{kJ}$

30 정답 | ③

풀이 | $C + O_2 \rightarrow CO_2$

$12 : 32\text{kg}$

$x : \left(230 \times \dfrac{29}{22.4} \times \dfrac{23}{100} \times \dfrac{1}{1.3}\right) = 52.68\text{kg}$

탄소량$(x) = \dfrac{12 \times 52.68}{32} = 19.8\text{kg}$

31 정답 | ②

풀이 | ㉠ 내압(耐壓)방폭구조 : 방폭전기기기의 용기 내부에서 가연성 가스가 폭발한 경우 그 용기가 폭발압력에 견디고, 접합면, 개구부 등을 통하여 외부의 가연성 가스에 인화되지 아니하도록 한 구조를 말한다.

㉡ 유입(油入)방폭구조 : 용기 내부에 절연유를 주입하여 불꽃·아크 또는 고온발생부분이 기름 속에 잠기게 함으로써 기름면 위에 존재하는 가연성 가스에 인화되지 아니하도록 한 구조를 말한다.

㉢ 압력(壓力)방폭구조 : 용기 내부에 보호가스(신선한 공기 또는 불활성 가스)를 압입하여 내부압력을 유지함으로써 가연성 가스가 용기 내부로 유입되지 아니하도록 한 구조를 말한다.

㉣ 안전증방폭구조 : 정상운전 중에 가연성 가스의 점화원이 될 전기불꽃·아크 또는 고온부분 등의 발생을 방지하기 위하여 기계적·전기적 구조상 또는 온도상승에 대하여 특히 안전도를 증가시킨 구조를 말한다.

㉤ 본질안전방폭구조 : 정상 및 사고 시에 발생하는 전기불꽃·아크 또는 고온부에 의하여 가연성 가스가 점화되지 아니하는 것이 점화시험, 기타 방법에 의하여 확인된 구조를 말한다.

㉥ 특수방폭구조 : 방폭구조로서 가연성 가스에 점화를 방지할 수 있다는 것이 시험, 기타 방법에 의하여 확인된 구조를 말한다.

〈방폭전기기기의 구조별 표시방법〉

방폭전기기기의 구조	표시방법
내압방폭구조	d
유입방폭구조	o
압력방폭구조	p
안전증방폭구조	e
본질안전방폭구조	ia 또는 ib
특수방폭구조	s

32 정답 | ④

풀이 | 예혼합연소는 가연성 가스와 공기를 혼합시켜 공급함으로써 화염이 짧고 화염온도가 높으나 비율이 맞지 않으면 역화의 우려가 있다.

33 정답 | ③

풀이 | 연소열

㉠ $CH_4 + 2O_2 \rightarrow CO_2 + 2H_2O + 9,500\text{kcal/m}^3$

㉡ $C_3H_8 + 5O_2 \rightarrow 3CO_2 + 4H_2O + 24,000\text{kcal/m}^3$

㉢ $CO + \dfrac{1}{2}O_2 \rightarrow CO_2 + 3,015\text{kcal/m}^3$

㉣ $C_2H_5OH + 3O_2 \rightarrow 2CO_2 + 3H_2O + 16,000\text{kcal/m}^3$

34 정답 | ①

풀이 | 개방형 증기운폭발(UVCE : Unconfined Vapor Cloud Explosion)

가연성 물질이 용기 또는 배관 내에 액체로 저장 취급되는 경우 외부 화재부식, 내부압력초과 등에 의해 대기 중으로 누출되면 증기로 변화되면서 화염의 발생, 폭발하는 현상

35 정답 | ④

풀이 | $CH_4 + 2O_2 \rightarrow CO_2 + 2H_2O$

㉠ 이론공기량 : $2 \times \dfrac{100}{21} = 9.5m^3$

㉡ 이론연소량

$CO_2 + H_2O + N_2 : 1 + 2 + [(1-0.21)9.5 = 7.5]$
$= 10.5m^3$

㉢ 질소분압 : 전압 × $\dfrac{\text{성분몰수}}{\text{전체몰수}}$

$= 0.1 \times \dfrac{7.5}{10.5} = 0.0715MPa$

36 정답 | ③

풀이 | 분진의 성분은 금속, 섬유질, 미세먼지 등으로 폭발할 수 있다.

37 정답 | ④

풀이 | 실제기체는 온도가 높고, 압력이 낮을수록 이상기체의 성질에 가까워 질 수 있다.

38 정답 | ③

풀이 | 엔트로피는 비가역이면 항상 증가하고 가역 시에는 변화가 없다.

39 정답 | ④

풀이 | 대향분류는 연료흐름과 공기흐름을 대향하여 분류를 분출시킴으로써 칼림점 부근의 저속영역에서 화열이 형성되는 확산화염이다.

40 정답 | ④

풀이 | 연소시작점이 아닌 연소 중에는 최초 점화에너지는 관계없다.

41 정답 | ④

풀이 | 가스의 폭발범위

㉠ H_2 4~75%(수소)
㉡ NH_3 15~28%(암모니아)
㉢ C_2H_4 3.1~32%(에틸렌)
㉣ C_3H_8 2.1~9.5%(프로판)
㉤ C_4H_{10} 1.9~8.5%(부탄)

42 정답 | ①

풀이 | 수소가스 : 비점이 낮은 고압의 압축가스로, 압력조정기를 설치하며, 사용압력을 낮춘 뒤 공급해야 한다.

43 정답 | ①

풀이 | 금속제 멤브레인 탱크는 금속박판을 사용하여 저온수축에 강하며 공기식보다 공간 면적이 크고 안정성이 높다고 평가된다.

44 정답 | ②

풀이 | 용기검사의 합격기준은 항구증가량이 10% 이하임

$\therefore 100mL \times \dfrac{10\%}{100\%} = 10mL$ 이하

45 정답 | ③

풀이 | 체적효율에 영향을 주는 요인

㉠ 압축비 또는 간극, 즉 톱클리어런스의 영향
㉡ 가스마찰에 의한 영향
㉢ 불완전한 냉각에 의한 영향
㉣ 가스 누설에 의한 영향

46 정답 | ①

풀이 | 2단 감압식 조정기는 단단 감압식 조정기보다 조정기 개수가 많이 소요된다.

47 정답 | ④

풀이 | 감압방식의 결정은 조정기 사용방법에 해당한다.

48 정답 | ③

풀이 | 공기분리장치의 수분제거제로 실리카겔, 알루미나겔, 몰레큘러-시브 등을 이용하며 또한 미량의 CO_2(탄산가스)도 제거할 수 있다.

49 정답 | ④

풀이 | 합성천연가스(SNG) 공정

㉠ 수첨분해공정
㉡ 수증기 개질공정
㉢ 분분연소공정
㉣ 메탄 합성공정(반응기)
㉤ 탈탄산장치
㉥ 탈황장치

50 정답 | ④

풀이 | $G = \dfrac{V}{C} = \dfrac{60}{2.35} = 25.53kg/$ 개

[프로판의 정수(C) = 2.35]

용기 수 $= \dfrac{500}{25.53} = 20$ 개

51 정답 | ②

풀이 | 충전구 형식에 따른 분류

ㄱ A형 : 충전구가 수나사 형식

ㄴ B형 : 충전구가 암나사 형식

ㄷ C형 : 충전구가 나사가 없는 형식

52 정답 | ③

풀이 | LPG 사용시설 설계 시 유의사항

ㄱ 사용 목적에 합당한 기능을 가지고 사용상 안전할 것

ㄴ 취급이 용이하고 사용에 편리할 것

ㄷ 모양이 좋고 관련 시설과 조화로울 것

ㄹ 구조가 간단하고 시공이 용이할 것

ㅁ 고장이 적고 내구성이 있으며, 취급ㆍ사용이 편리할 것

ㅂ 검침, 조사ㆍ수리 등의 유지관리가 용이할 것

ㅅ 용기, 조정기, 가스미터 등의 부착 교환이 용이할 것

ㅇ 기타 재해에 영향을 받지 않을 것

53 정답 | ④

풀이 | 저온장치 재료

ㄱ 알루미늄 및 알루미늄 합금

ㄴ 구리 및 구리합금

ㄷ 9% 니켈강

ㄹ 18－8 스테인리스강

54 정답 | ②

풀이 | 암모니아는 동과 작용하여 부식하고, 아세틸렌은 구리와 작용하여 폭발성 동아세틸리드를 발생시키므로 사용을 제한한다.

55 정답 | ②

풀이 | 안전밸브 작동압력 = 상용압력 $\times 1.5 \times \dfrac{8}{10}$

$= 30 \times 1.5$배 $\times \dfrac{8}{10} = 30MPa$

56 정답 | ①

풀이 | 해수식 기화기(ORV : Open Rack Vaporizev) 고압으로 이송된 LNG가 해수 및 하천수에 설치된 열교환기 하부로 공급되어 상부로 통과되는 동안 NG 상태로 기화되는 형식의 기화기이다.

57 정답 | ④

풀이 | LP가스 비용적 $= \dfrac{120L}{50kg} = 2.4L/kg$

$\therefore$ 비용적 2.4의 온도는 약 67℃ 부근임

58 정답 | ①

풀이 | 폴리에틸렌 피복강관은 재료의 부식이 적고, 강도가 양호하며 경제적이다. 이 외 가스용 폴리에틸렌관과 분말용착식 폴리에틸렌 피복강관도 사용된다.

59 정답 | ①

풀이 | 액화천연가스는 수송을 원활하게 하기 위해 액화한 것으로 기화설비가 필요하다[메탄(CH_4)의 탄화수소비 C/H 비 $= \dfrac{12}{4} = 3$].

60 정답 | ①

풀이 | 정류판에서 정류된 산소는 하부에서 유출되고 질소가 많은 액은 상부 증류드럼에 고여 상부로 유출된다.

61 정답 | ③

풀이 | 염소와 아세틸렌, 암모니아 또는 수소를 동일차량에 적재 운반하지 말아야 한다.

62 정답 | ②

풀이 | 〈용기 종류에 따른 스커트의 직경, 두께 및 아랫면 간격〉

용기 종류	직경	두께	아랫면 간격
내용적이 20L 이상 25L 미만	용기동체 직경 80% 이상	3mm 이상	10mm 이상
내용적이 25L 이상 50L 미만	용기동체 직경 80% 이상	3.6mm 이상	15mm 이상
내용적이 50L 이상 125L 미만		5mm 이상	15mm 이상

63 정답 | ③

풀이 | 아세틸렌은 산소가 없어도 분해폭발의 위험이 있다.

64 정답 | ③

풀이 | 최고충전압력 : FP

65 정답 | ③

풀이 | 액화석유가스 저장탱크라 함은 저장능력이 3톤 이상인 탱크를 말한다.

• 저장능력이 3줄 미만인 것은 '소형 저장 탱크'라 한다.

CBT 정답 및 해설

66 정답 | ③

풀이 | 〈압력조정기 조정압력의 규격〉

구분		종류	1단 감압식		2단 감압식	
			저압조정기	준저압조정기	1차용 조정기	2차용 조정기
입구 압력	하한		0.07MPa	0.1MPa	0.1MPa	0.01MPa
	상한		1.56MPa	1.56MPa	1.56MPa	0.1MPa
출구 압력	하한		2.3kPa	5kPa	0.057MPa	2.3kPa
	상한		3.3kPa	30kPa	0.083MPa	3.3kPa
내압 시험	입구측		3MPa 이상	3MPa 이상	3MPa 이상	0.8MPa 이상
	출구측		0.3MPa 이상	0.3MPa 이상	0.8MPa 이상	0.3MPa 이상
기밀 시험 압력	입구측		1.56MPa 이상	1.56MPa 이상	1.8MPa 이상	0.5MPa 이상
	출구측		5.5kPa	조정압력 2배 이상	0.15MPa 이상	5.5kPa 이상
최대폐쇄압력			3.5kPa	조정압력의 1.25배 이하	0.095MPa 이하	3.5kPa

구분		종류	자동절체식		
			분리형 조정기	일체형 조정기 (저압)	일체형 조정기 (준저압)
입구 압력	하한		0.1MPa	0.1MPa	0.1MPa
	상한		1.56MPa	1.56MPa	1.56MPa
출구 압력	하한		0.032MPa	2.55kPa	5kPa
	상한		0.083MPa	3.3kPa	30kPa
내압 시험	입구측		3MPa 이상	3MPa 이상	3MPa 이상
	출구측		0.8MPa 이상	0.3MPa 이상	0.3MPa 이상
기밀 시험 압력	입구측		1.8MPa 이상	1.8MPa 이상	1.8MPa 이상
	출구측		0.15MPa 이상	5.5kPa 이상	조정압력의 2배 이상
최대폐쇄압력			0.095MPa 이하	3.5kPa	조정압력의 1.25배 이하

67 정답 | ①

풀이 | 〈다공도에 따른 디메틸포름아미드의 최대충전량〉

다공질물의 다공도(%) 용기구분	내용적 10L 이하	내용적 10L 초과
90 이상 92 미만	43.5% 이하	43.7% 이하
85 이상 90 미만	41.1% 이하	42.8% 이하
80 이상 85 미만	38.7% 이하	40.3% 이하
75 이상 80 미만	36.3% 이하	37.8% 이하

68 정답 | ①

풀이 | 〈제독제별 구분〉

제독제	독성가스
소석회	염소, 포스겐
가성소다수용액	염소, 포스rps, 황화수소, 시안화수소, 아황산가스
탄산소다수용액	염소, 황화수소, 아황산가스
물	아황산가스, 암모니아, 산화에틸렌, 염화메탄

69 정답 | ③

풀이 | 〈고압용기 표시색상(공업용)〉

가스명	색상	가스명	색상
수소	주황색	염소	갈색
아세틸렌	황색	암모니아	백색
산소	녹색	액화탄산가스	청색
액화석유가스	회색	기타 가스	회색

71 정답 | ④

풀이 | 경보기의 정밀도는 경보설정치에 대하여 가연성 가스에서는 ±25% 이하, 독성가스용에서는 ±30% 이하로 한다.

72 정답 | ④

풀이 | 배기통 톱의 전방, 측변, 상하 주위 60cm(방열판이 설치된 경우 30cm) 이내에 가연물이 없을 것

73 정답 | ①

풀이 | 2중 배관이 필요한 가스
염소, 포스겐, 시안화수소, 아황산가스, 산화에틸렌, 암모니아, 염화메탄, 황화수소 등

74 정답 | ③

풀이 | 접합 면의 비드와 비드 사이의 경계 부위는 배관의 외면보다 높게 형성되어야 한다.

75 정답 | ③

풀이 | 환기구의 통풍가능면적은 바닥면적 $1m^2$마다 $300cm^2$의 비율로 계산하고 1개의 면적은 $2,400cm^2$ 이하로 한다.

76 정답 | ③

풀이 | 설비 내에서 작업이 가능한 산소농도 18~22%를 유지해야 한다. 가연성가스는 폭발하한계의 25% 이하, 독성가스는 TLV-TWA 기준농도 이하, 산소는 22% 이하인 설비 내에서는 산소농도 18~22%를 유지해야 작업이 가능하다.

77 정답 | ④

풀이 | 기밀실험은 공기 또는 위험성이 없는 기체의 압력으로 실시해야 하며, 수소는 가연성 가스로 기밀시험에 사용할 수 없다.

CBT 정답 및 해설

78 정답 | ④
풀이 | 밀폐식 가스보일러는 연소에 필요한 공기를 외부에서 취하고, 배기가스도 외부로 배출되므로 별도의 전용실을 설치하지 않아도 된다.

79 정답 | ②
풀이 | 강제환기설비의 통풍능력은 $0.5\mathrm{m}^3/\min \cdot \mathrm{m}^2$이다.
$$\therefore\ 25\mathrm{m}^2 \times 0.5\mathrm{m}^3 = 12.5\mathrm{m}^3/\min$$

80 정답 | ②
풀이 | ②는 이송작업보다는 액면계 사용상 주의사항에 해당한다.

81 정답 | ④
풀이 | LPG 분석법
　㉠ 가스크로마토그래피법(GC법)
　㉡ 저온정밀증류법
　㉢ 적외선분광법
　㉣ 전량분석법

82 정답 | ②
풀이 | 염화파라듐지는 $\mathrm{PdCl_2}$ 0.2% 용액에 침수시킨 다음 건조 후 초산 5% 용액에 침투시켜 제조한다.

83 정답 | ④
풀이 | 흡수제 : 염화칼슘, 오산화인, 황산, 실리카겔, 가성소다 등

84 정답 | ④
풀이 | 가스미터의 최대유량이 $10\mathrm{m}^3/\mathrm{h}$ 이하는 5년, 그 밖의 가스미터는 8년의 검정유효기간으로 한다.

85 정답 | ②
풀이 | (1) 화학분석법
　㉠ 적정법
　㉡ 중량법
　㉢ 흡광광도법
　(2) 흡수분석법
　㉠ 오르자트법
　㉡ 헴펠법
　㉢ 게겔법

86 정답 | ③
풀이 | $\dfrac{P_0 V_0}{T_0} = \dfrac{PV}{T(273+t)}$

$$V_0 = \frac{V(P_1 - P_0) \times T_0(273)}{P_0(760\mathrm{mmHg}) \times T(273+t)}$$
$$\therefore\ \text{변환체적} = V(P_1 - P_0)$$
$$P_0 V_0 T_0 = \text{표준상태}$$

87 정답 | ④
풀이 | 계량법에 의한 최대유량이 $1{,}000\mathrm{m}^3/\mathrm{hr}$ 이하인 가스미터의 사용공차는 최대허용오차의 2배의 값으로 한다.

88 정답 | ④
풀이 | 전자유량계를 사용하기 위해서는 도전성 유체가 가득 채워져야 한다.

89 정답 | ②
풀이 | 피토관
전압과 정압의 차를 측정한 뒤 이를 이용해 유체의 유량 및 유속을 측정한다.

90 정답 | ④
풀이 | 피드백 신호는 출력 측 제어량을 측정하여 목표치와 비교할 수 있도록 되돌려 보내는 신호이다.

91 정답 | ①
풀이 | 비분산형 적외선 분석계는 에너지 흡수가 안 되는 불활성 가스를 봉입하여 성분가스를 분석한다.

92 정답 | ③
풀이 | 가스검지기의 경보방식
　㉠ 즉시 경보형
　㉡ 경보 지연형
　㉢ 반시한 경보형

93 정답 | ②
풀이 | 통과유량(Q)
　=드럼실 용량(a)×드럼 수(d)×회전 수(n)
$$a = \frac{100}{4 \times 10} = 2.5\mathrm{L}$$

94 정답 | ③
풀이 | 광고 온도계는 비접촉 온도계로서 피물체에서 나오는 복사열(가시광선) 내의 일정 파장의 빛으로 표준전구에서 나오는 휘도의 정도에 따라 전류와 저항을 측정하여 온도를 아는 온도계

95 정답 | ②

　풀이 | 히스테리시스(Hysteresis)는 물질이 경과해온 이전 상태 변화로 발생하는 것으로 탄성의 변형, 강자성체의 자화의 변형, 운동 부위의 마찰, 기어 사이의 틈새 등은 계측기 오차의 원인이 된다.

96 정답 | ③

　풀이 | 〈열전대의 종류〉

형식	종류
J	철 – 콘스탄탄(I.C)
K	크로멜 – 알루멜(C.A)
T	구리 – 콘스탄탄(C.C)
R	백금 – 백금 로듐(P.R)

97 정답 | ③

　풀이 | Parr Bomb는 연소 시 생기는 수증기 부피량으로 열량을 측정한다.

98 정답 | ④

　풀이 | 절대습도$= \dfrac{\text{수증기질량}(\text{kg})}{\text{공기부피}(\text{m}^3)}$

$$= \dfrac{35\text{kg}}{\left[\dfrac{(205-35)}{29} \times 22.4\right] + \left(\dfrac{35}{18} \times 22.4\right)}$$

$$= 0.206$$

99 정답 | ①

　풀이 | 비례미분동작(PD)

　　비례동작(P)과 미분동작(D)으로 구성된 회로이다.

100 정답 | ③

　풀이 | 루트미터는 대용량에 사용된다(용량 범위 $100\sim5,000$ m^3/h). 다만 $0.5\text{m}^3/\text{h}$ 이하의 저유량인 경우 부동의 위험이 있다.

02회

실전점검!
CBT 실전모의고사

수험번호 :

수험자명 :

제한 시간 : 2시간 30분

남은 시간 :

글자
크기 100% 150% 200%

화면
배치

전체 문제 수 :

안 푼 문제 수 :

답안 표기란

1	① ② ③ ④
2	① ② ③ ④
3	① ② ③ ④
4	① ② ③ ④
5	① ② ③ ④
6	① ② ③ ④
7	① ② ③ ④
8	① ② ③ ④
9	① ② ③ ④
10	① ② ③ ④
11	① ② ③ ④
12	① ② ③ ④
13	① ② ③ ④
14	① ② ③ ④
15	① ② ③ ④
16	① ② ③ ④
17	① ② ③ ④
18	① ② ③ ④
19	① ② ③ ④
20	① ② ③ ④
21	① ② ③ ④
22	① ② ③ ④
23	① ② ③ ④
24	① ② ③ ④
25	① ② ③ ④
26	① ② ③ ④
27	① ② ③ ④
28	① ② ③ ④
29	① ② ③ ④
30	① ② ③ ④

1과목 **가스유체역학**

01 표면이 매끈한 원관인 경우 일반적으로 레이놀즈수가 어떤 값일 때 층류가 되는가?

① 4,000보다 클 때

② $4,000^2$일 때

③ 2,100보다 작을 때

④ $2,100^2$일 때

02 점도 6cP를 Pa · s로 환산하면 얼마인가?

① 0.0006

② 0.006

③ 0.06

④ 0.6

03 다음 중 용적형 펌프가 아닌 것은?

① 기어 펌프

② 베인 펌프

③ 플런저 펌프

④ 볼류트 펌프

04 다음 중 대기압을 측정하는 계기는?

① 수은기압계

② 오리피스미터

③ 로타미터

④ 둑(Weir)

05 그림과 같이 물을 사용하여 기체압력을 측정하는 경사마노미터에서 압력차 (P_1-P_2)는 몇 cmH_2O인가?(단, $\theta =$ 30°, R = 30cm이고 면적 $A_1 \gg$ 면적 A_2이다.)

① 15

② 30

③ 45

④ 90

계산기

다음 ▶

안 푼 문제

 답안 제출

실전점검!
CBT 실전모의고사

02회

수험번호 :

수험자명 :

제한 시간 : 2시간 30분
남은 시간 :

글자
크기 ⊖100% Ⓜ150% ⊕200%

화면
배치

전체 문제 수 :
안 푼 문제 수 :

답안 표기란

06 이상기체 속에서의 음속을 옳게 나타낸 식은?(단, ρ=밀도, P=압력, k=비열비, $\overline{R}$=일반기체상수, M=분자량이다.)

① $\sqrt{\dfrac{k}{\rho}}$

② $\sqrt{\dfrac{d\rho}{dP}}$

③ $\sqrt{\dfrac{\rho}{kP}}$

④ $\sqrt{\dfrac{k\overline{R}T}{M}}$

07 압력 750mmHg는 물의 수두로서 약 몇 mmH₂O인가?

① 1,033

② 102

③ 1,033

④ 10,200

08 6cm×12cm인 직사각형 단면의 관에 물이 가득 차 흐를 때 수력반지름은 몇 cm인가?

① 3/2

② 2

③ 3

④ 6

09 노점(Dew Point)에 대한 설명으로 틀린 것은?

① 액체와 기체의 비체적이 같아지는 온도이다.

② 등압과정에서 응축이 시작되는 온도이다.

③ 대기 중 수증기의 분압이 그 온도에서 포화수증기압과 같아지는 온도이다.

④ 상대습도가 100%가 되는 온도이다.

10 물이 23m/s의 속도로 노즐에서 수직상방으로 분사될 때 손실을 무시하면 약 몇 m까지 물이 상승하는가?

① 13

② 20

③ 27

④ 54

1	①	②	③	④
2	①	②	③	④
3	①	②	③	④
4	①	②	③	④
5	①	②	③	④
6	①	②	③	④
7	①	②	③	④
8	①	②	③	④
9	①	②	③	④
10	①	②	③	④
11	①	②	③	④
12	①	②	③	④
13	①	②	③	④
14	①	②	③	④
15	①	②	③	④
16	①	②	③	④
17	①	②	③	④
18	①	②	③	④
19	①	②	③	④
20	①	②	③	④
21	①	②	③	④
22	①	②	③	④
23	①	②	③	④
24	①	②	③	④
25	①	②	③	④
26	①	②	③	④
27	①	②	③	④
28	①	②	③	④
29	①	②	③	④
30	①	②	③	④

계산기

◀ 다음 ▶

안 푼 문제

답안 제출

02회

실전점검!
CBT 실전모의고사

수험번호 :

수험자명 :

제한 시간 : 2시간 30분
남은 시간 :

글자 크기 100% 150% 200%　화면 배치　전체 문제 수 :　안 푼 문제 수 :

답안 표기란

1	① ② ③ ④
2	① ② ③ ④
3	① ② ③ ④
4	① ② ③ ④
5	① ② ③ ④
6	① ② ③ ④
7	① ② ③ ④
8	① ② ③ ④
9	① ② ③ ④
10	① ② ③ ④
11	① ② ③ ④
12	① ② ③ ④
13	① ② ③ ④
14	① ② ③ ④
15	① ② ③ ④
16	① ② ③ ④
17	① ② ③ ④
18	① ② ③ ④
19	① ② ③ ④
20	① ② ③ ④
21	① ② ③ ④
22	① ② ③ ④
23	① ② ③ ④
24	① ② ③ ④
25	① ② ③ ④
26	① ② ③ ④
27	① ② ③ ④
28	① ② ③ ④
29	① ② ③ ④
30	① ② ③ ④

11 수평 원관 내에서의 유체흐름을 설명하는 Hagen – Poiseuille 식을 얻기 위해 필요한 가정이 아닌 것은?

① 완전히 발달된 흐름
② 정상상태 흐름
③ 층류
④ 포텐셜 흐름

12 아음속에서 초음속으로 속도를 변화시킬 수 있는 노즐은?

① 축소 · 확대노즐
② 확대 · 축소노즐
③ 확대노즐
④ 축소노즐

13 유량 $1m^3/min$, 전양정 15m, 효율이 0.78인 물을 사용하는 원심펌프를 설계하고자 한다. 펌프의 축동력은 몇 kW인가?

① 2.54
② 3.14
③ 4.24
④ 5.24

14 절대압력이 $4 \times 10^4 kgf/m^2$이고, 온도가 15℃인 공기의 밀도는 약 몇 kg/m^3인가?(단, 공기의 기체상수는 29.27kgf · m/kg · k이다.)

① 2.75
② 3.75
③ 4.75
④ 5.75

15 안지름 100mm인 관 속을 압력이 $5kgf/cm^2$이고, 온도가 15℃인 공기가 20kg/s의 비율로 흐를 때 평균유속은?(단, 공기의 기체상수는 29.27kgf · m/kg · k이다.)

① 42.8m/s
② 58.1m/s
③ 429m/s
④ 558m/s

계산기　　　다음 ▶　　　안 푼 문제　답안 제출

02회
실전점검!
CBT 실전모의고사

수험번호 :
수험자명 :

제한 시간 : 2시간 30분
남은 시간 :

글자
크기 100% 150% 200% 화면
배치

전체 문제 수 :
안 푼 문제 수 :

답안 표기란

1	① ② ③ ④
2	① ② ③ ④
3	① ② ③ ④
4	① ② ③ ④
5	① ② ③ ④
6	① ② ③ ④
7	① ② ③ ④
8	① ② ③ ④
9	① ② ③ ④
10	① ② ③ ④
11	① ② ③ ④
12	① ② ③ ④
13	① ② ③ ④
14	① ② ③ ④
15	① ② ③ ④
16	① ② ③ ④
17	① ② ③ ④
18	① ② ③ ④
19	① ② ③ ④
20	① ② ③ ④
21	① ② ③ ④
22	① ② ③ ④
23	① ② ③ ④
24	① ② ③ ④
25	① ② ③ ④
26	① ② ③ ④
27	① ② ③ ④
28	① ② ③ ④
29	① ② ③ ④
30	① ② ③ ④

16 왕복펌프에서 맥동을 방지하기 위해 설치하는 것은?

① 펌프구동용 원동기
② 공기실(에어챔버)
③ 펌프케이싱
④ 펌프회전차

17 공동현상(Cavitation) 방지책으로 옳은 것은?

① 펌프의 설치위치를 될 수 있는 대로 낮춘다.
② 펌프 회전수를 높게 한다.
③ 양흡입을 단흡입으로 바꾼다.
④ 손실수두를 크게 한다.

18 베르누이의 방정식에 쓰이지 않는 Head(수두)는?

① 압력수두
② 밀도수두
③ 위치수두
④ 속도수두

19 공기가 79vol% N_2와 21vol% O_2로 이루어진 이상기체 혼합물이라 할 때 25℃, 750mmHg에서 밀도는 약 몇 kg/m^3인가?

① 1.16
② 1.42
③ 1.56
④ 2.26

20 힘의 차원을 질량 M, 길이 L, 시간 T로 나타낼 때 옳은 것은?

① MLT^{-2}
② $ML^{-3}T^{-2}$
③ $ML^{-2}T^{-3}$
④ MLT^{-1}

계산기
다음 ▶
안 푼 문제
답안 제출

02회 실전점검!
CBT 실전모의고사

수험번호 :
수험자명 :

제한 시간 : 2시간 30분
남은 시간 :

글자
크기 100% 150% 200%
화면
배치
전체 문제 수 :
안 푼 문제 수 :

	답안 표기란
1	① ② ③ ④
2	① ② ③ ④
3	① ② ③ ④
4	① ② ③ ④
5	① ② ③ ④
6	① ② ③ ④
7	① ② ③ ④
8	① ② ③ ④
9	① ② ③ ④
10	① ② ③ ④
11	① ② ③ ④
12	① ② ③ ④
13	① ② ③ ④
14	① ② ③ ④
15	① ② ③ ④
16	① ② ③ ④
17	① ② ③ ④
18	① ② ③ ④
19	① ② ③ ④
20	① ② ③ ④
21	① ② ③ ④
22	① ② ③ ④
23	① ② ③ ④
24	① ② ③ ④
25	① ② ③ ④
26	① ② ③ ④
27	① ② ③ ④
28	① ② ③ ④
29	① ② ③ ④
30	① ② ③ ④

2과목 연소공학

21 랭킨사이클(Rankine Cycle)에 대한 설명으로 옳지 않은 것은?

① 증기기관의 기본사이클로 상의 변화를 가진다.
② 두 개의 단열변화와 두 개의 등압변화로 이루어져 있다.
③ 열효율을 높이려면 배압을 높게 하되 초온 및 초압은 낮춘다.
④ 단열압축 → 정압가열 → 단열팽창 → 정압냉각의 과정으로 되어 있다.

22 다음 [그림]은 적화식 연소에 의한 가연성 가스의 불꽃형태이다. 불꽃온도가 가장 낮은 곳은?

① A
② B
③ C
④ D

23 체적 $3m^3$의 탱크 안에 20℃, 100kPa의 공기가 들어 있다. 40kJ의 열량을 공급하면 공기의 온도는 약 몇 ℃가 되는가?(단, 공기의 정적비열(C_v)은 0.717kJ/kg · K이다.)

① 22
② 36
③ 44
④ 53

24 다음 [그림]은 프로판–산소, 수소–공기, 에틸렌–공기, 일산화탄소–공기의 층류연소속도를 나타낸 것이다. 이 중 프로판–산소 혼합기의 층류연소속도를 나타낸 것은?

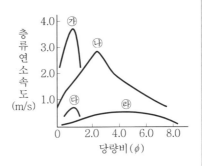

① ㉮
② ㉯
③ ㉰
④ ㉱

계산기   다음 ▶   안 푼 문제   답안 제출

글자
크기 🔍 100% Ⓜ 150% ⊕ 200% 화면
배치

전체 문제 수 :
안 푼 문제 수 :

25 위험도는 폭발가능성을 표시한 수치로서 수치가 클수록 위험하며 폭발상한과 하한의 차이가 클수록 위험하다. 공기 중 수소(H_2)의 위험도는 얼마인가?

① 0.94

② 1.05

③ 17.75

④ 71

26 Flash Fire에 대한 설명으로 옳은 것은?

① 느린 폭연으로 중대한 과압이 발생하지 않는 가스운에서 발생한다.

② 고압의 증기압 물질을 가진 용기가 고장으로 인해 액체의 Flashing에 의해 발생된다.

③ 누출된 물질이 연료라면 BLEVE에는 매우 큰 화구가 뒤따른다.

④ Flash Fire는 공정지역 또는 Offshore 모듈에서는 발생할 수 없다.

27 폭굉(Detonation)에 대한 설명으로 옳지 않은 것은?

① 폭굉파는 음속 이하에서 발생한다.

② 압력 및 화염속도가 최고치를 나타낸 곳에서 일어난다.

③ 폭굉유도거리는 혼합기의 종류, 상태, 관의 길이 등에 따라 변화한다.

④ 폭굉은 폭약 및 화약류의 폭발, 배관 내에서의 폭발사고 등에서 관찰된다.

28 다음 [보기]에서 비등액체팽창증기폭발(BLEVE) 발생의 단계를 순서에 맞게 나열한 것은?

> A. 탱크가 파열되고 그 내용물이 폭발적으로 증발한다.
> B. 액체가 들어 있는 탱크의 주위에서 화재가 발생한다.
> C. 화재에 의한 열에 의하여 탱크의 벽이 가열된다.
> D. 화염이 열을 제거시킬 액이 없고 증기만 존재하는 탱크의 벽이나 천장(Roof)에 도달하면, 화염과 접촉하는 부위의 금속의 온도는 상승하여 탱크의 구조적 강도를 잃게 된다.
> E. 액위 이하의 탱크 벽은 액에 의하여 냉각되나, 액의 온도는 올라가고, 탱크 내의 압력이 증가한다.

① E−D−C−A−B

② E−D−C−B−A

③ B−C−E−D−A

④ B−C−D−E−A

1	①	②	③	④
2	①	②	③	④
3	①	②	③	④
4	①	②	③	④
5	①	②	③	④
6	①	②	③	④
7	①	②	③	④
8	①	②	③	④
9	①	②	③	④
10	①	②	③	④
11	①	②	③	④
12	①	②	③	④
13	①	②	③	④
14	①	②	③	④
15	①	②	③	④
16	①	②	③	④
17	①	②	③	④
18	①	②	③	④
19	①	②	③	④
20	①	②	③	④
21	①	②	③	④
22	①	②	③	④
23	①	②	③	④
24	①	②	③	④
25	①	②	③	④
26	①	②	③	④
27	①	②	③	④
28	①	②	③	④
29	①	②	③	④
30	①	②	③	④

⌨ 계산기   다음 ▶   🖱 안 푼 문제   📋 답안 제출

02회

실전점검!
CBT 실전모의고사

수험번호 :

수험자명 :

제한 시간 : 2시간 30분
남은 시간 :

글자
크기 100% 150% 200%

화면
배치

전체 문제 수 :
안 푼 문제 수 :

답안 표기란

1	① ② ③ ④
2	① ② ③ ④
3	① ② ③ ④
4	① ② ③ ④
5	① ② ③ ④
6	① ② ③ ④
7	① ② ③ ④
8	① ② ③ ④
9	① ② ③ ④
10	① ② ③ ④
11	① ② ③ ④
12	① ② ③ ④
13	① ② ③ ④
14	① ② ③ ④
15	① ② ③ ④
16	① ② ③ ④
17	① ② ③ ④
18	① ② ③ ④
19	① ② ③ ④
20	① ② ③ ④
21	① ② ③ ④
22	① ② ③ ④
23	① ② ③ ④
24	① ② ③ ④
25	① ② ③ ④
26	① ② ③ ④
27	① ② ③ ④
28	① ② ③ ④
29	① ② ③ ④
30	① ② ③ ④

29 공기나 증기 등의 기체를 분무매체로 하여 연료를 무화시키는 방식은?

① 유압 분무식

② 이류체 무화식

③ 충돌 무화식

④ 정전 무화식

30 공기와 연료의 혼합기체의 표시에 대한 설명 중 옳은 것은?

① 공기비(Excess Air Ratio)는 연공비의 역수와 같다.

② 연공비(Fuel Air Ratio)라 함은 가연 혼합기 중의 공기와 연료의 질량비로 정의된다.

③ 공연비(Air Fuel Ratio)라 함은 가연 혼합기 중의 연료와 공기의 질량비로 정의된다.

④ 당량비(Equivalence Ratio)는 실제의 연공비와 이론 연공비의 비로 정의된다.

계산기

다음 ▶

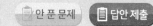

안 푼 문제

답안 제출

실전점검!
02회 CBT 실전모의고사

수험번호 :

수험자명 :

제한 시간 : 2시간 30분
남은 시간 :

글자
크기 100% 150% 200%

화면
배치

전체 문제 수 :
안 푼 문제 수 :

31 정상 및 사고(단선, 단락, 지락 등) 시에 발생하는 전기 불꽃, 아크 또는 고온부에 의하여 가연성 가스가 점화되지 않는 것이 점화시험, 기타 방법에 의하여 확인된 방폭구조의 종류는?

① 내압방폭구조
② 본질안전방폭구조
③ 안전증방폭구조
④ 압력방폭구조

32 불활성화에 대한 설명으로 틀린 것은?

① 가연성 혼합가스 중의 산소농도를 최소산소농도(MOC) 이하로 낮게 하여 폭발을 방지하는 것이다.
② 일반적으로 실시되는 산소농도의 제어점은 최소산소농도(MOC)보다 약 4% 낮은 농도이다.
③ 이너트 가스로는 질소, 이산화탄소, 수증기가 사용된다.
④ 일반적으로 가스의 MOC는 보통 10% 정도이고 분진인 경우 1% 정도로 낮다.

33 $-190℃$, 0.5MPa의 질소체를 20MPa으로 단열압축했을 때의 온도는 약 몇 ℃인가?(단, 비열비(k)는 1.41이고 이상기체로 간주한다.)

① $-15℃$
② $-25℃$
③ $-30℃$
④ $-35℃$

34 층류의 연소화염 측정법 중 혼합기 유속을 일정하게 하여 유속으로 연소속도를 측정하는 방법은?

① 평면화염버너법
② 분젠버너법
③ 비눗방울법
④ 슬롯노즐연소법

35 298.15K, 0.1MPa에서 메탄(CH_4)의 연소엔탈피는 약 몇 MJ/kg인가?(단, CH_4, CO_2, H_2O의 생성엔탈피는 각각 $-74,873$, $-393,522$, $-241,827$kJ/kmol이다.)

① -40
② -50
③ -60
④ -70

31	①	②	③	④
32	①	②	③	④
33	①	②	③	④
34	①	②	③	④
35	①	②	③	④
36	①	②	③	④
37	①	②	③	④
38	①	②	③	④
39	①	②	③	④
40	①	②	③	④
41	①	②	③	④
42	①	②	③	④
43	①	②	③	④
44	①	②	③	④
45	①	②	③	④
46	①	②	③	④
47	①	②	③	④
48	①	②	③	④
49	①	②	③	④
50	①	②	③	④
51	①	②	③	④
52	①	②	③	④
53	①	②	③	④
54	①	②	③	④
55	①	②	③	④
56	①	②	③	④
57	①	②	③	④
58	①	②	③	④
59	①	②	③	④
60	①	②	③	④

계산기

다음 ▶

안 푼 문제

답안 제출

02회

실전점검!

CBT 실전모의고사

수험번호 :

수험자명 :

제한 시간 : 2시간 30분
남은 시간 :

글자 크기 100% 150% 200%　　화면 배치

전체 문제 수 :
안 푼 문제 수 :

36 기체연료를 미리 공기와 혼합시켜 놓고, 점화해서 연소하는 것으로 연소실부하율을 높게 얻을 수 있는 연소방식은?

① 확산연소
② 예혼합연소
③ 증발연소
④ 분해연소

37 B급 화재가 발생하였을 때 가장 적당한 소화약제는?

① 건조사, CO가스
② 불연성 기체, 유기소화액
③ CO_2, 포, 분말약제
④ 봉상주수, 산 · 알칼리액

38 다음 중 임계압력을 가장 잘 표현한 것은?

① 액체가 증발하기 시작할 때의 압력을 말한다.
② 액체가 비등점에 도달했을 때의 압력을 말한다.
③ 액체, 기체, 고체가 공존할 수 있는 최소 압력을 말한다.
④ 임계온도에서 기체를 액화시키는 데 필요한 최저의 압력을 말한다.

39 디젤 사이클에서 압축비 10, 등압팽창비(체절비) 1.8일 때 열효율은 약 얼마인가?(단, 비열비는 $k = \dfrac{C_p}{C_V} = 1.3$이다.)

① 30.3%
② 38.2%
③ 42.5%
④ 44.7%

40 1kWh의 열당량은?

① 376kcal
② 427kcal
③ 632kcal
④ 860kcal

31	①	②	③	④
32	①	②	③	④
33	①	②	③	④
34	①	②	③	④
35	①	②	③	④
36	①	②	③	④
37	①	②	③	④
38	①	②	③	④
39	①	②	③	④
40	①	②	③	④
41	①	②	③	④
42	①	②	③	④
43	①	②	③	④
44	①	②	③	④
45	①	②	③	④
46	①	②	③	④
47	①	②	③	④
48	①	②	③	④
49	①	②	③	④
50	①	②	③	④
51	①	②	③	④
52	①	②	③	④
53	①	②	③	④
54	①	②	③	④
55	①	②	③	④
56	①	②	③	④
57	①	②	③	④
58	①	②	③	④
59	①	②	③	④
60	①	②	③	④

계산기　　　다음 ▶　　　안 푼 문제　　답안 제출

02회 실전점검!
CBT 실전모의고사

수험번호 :

수험자명 :

제한 시간 : 2시간 30분
남은 시간 :

글자 크기 100% 150% 200%

화면 배치

전체 문제 수 :
안 푼 문제 수 :

답안 표기란

31	①	②	③	④
32	①	②	③	④
33	①	②	③	④
34	①	②	③	④
35	①	②	③	④
36	①	②	③	④
37	①	②	③	④
38	①	②	③	④
39	①	②	③	④
40	①	②	③	④
41	①	②	③	④
42	①	②	③	④
43	①	②	③	④
44	①	②	③	④
45	①	②	③	④
46	①	②	③	④
47	①	②	③	④
48	①	②	③	④
49	①	②	③	④
50	①	②	③	④
51	①	②	③	④
52	①	②	③	④
53	①	②	③	④
54	①	②	③	④
55	①	②	③	④
56	①	②	③	④
57	①	②	③	④
58	①	②	③	④
59	①	②	③	④
60	①	②	③	④

3과목 **가스설비**

41 저온장치용 금속재료에 있어서 일반적으로 온도가 낮을수록 감소하는 기계적 성질은?

① 항복점
② 경도
③ 인장강도
④ 충격값

42 외경과 내경의 비가 1.2 이상인 산소가스 배관 두께를 구하는 식은 $t = \dfrac{D}{2}\left(\sqrt{\dfrac{\frac{f}{s}+P}{\frac{f}{s}-P}} - 1 \right) + C$이다. D는 무엇을 의미하는가?

① 배관의 내경
② 내경에서 부식여유의 상당부분을 뺀 부분의 수치
③ 배관의 상용압력
④ 배관의 지름

43 나프타 접촉개질장치의 주요 구성이 아닌 것은?

① 증류탑
② 예열로
③ 기액분리기
④ 반응기

44 역카르노 사이클의 경로로서 옳은 것은?

① 등온팽창 – 단열압축 – 등온압축 – 단열팽창
② 등온팽창 – 단열압축 – 단열팽창 – 등온압축
③ 단열압축 – 등온팽창 – 등온압축 – 단열팽창
④ 단열압축 – 단열팽창 – 등온팽창 – 등온압축

계산기

다음 ▶

안 푼 문제

답안 제출

02 실전점검!
CBT 실전모의고사

수험번호 :

수험자명 :

제한 시간 : 2시간 30분
남은 시간 :

글자
크기 100% 150% 200%

화면
배치

전체 문제 수 :
안 푼 문제 수 :

45 수소가스 집합장치의 설계 매니폴드 지관에서 감압밸브의 상용압력이 14MPa인 경우 내압시험 압력은 얼마인가?

① 14MPa
② 21MPa
③ 25MPa
④ 28MPa

46 아세틸렌(C_2H_2) 가스의 분해폭발을 방지하기 위한 희석제의 종류가 아닌 것은?

① CO
② C_2H_4
③ H_2S
④ N_2

47 LPG를 지상의 탱크로리에서 지상의 저장탱크로 이송하는 방법으로 가장 부적절한 것은?

① 위치에너지를 이용한 자연충전방법
② 차압에 의한 충전방법
③ 액펌프를 이용한 충전방법
④ 압축기를 이용한 충전방법

48 펌프를 운전할 때 펌프 내에 액이 충만하지 않으면 공회전하여 펌핑이 이루어지지 않는다. 이러한 현상을 방지하기 위하여 펌프 내에 액을 충만시키는 것을 무엇이라 하는가?

① 맥동
② 프라이밍
③ 캐비테이션
④ 서징

49 에틸렌, 프로필렌, 부틸렌과 같은 탄화수소의 분류로 올바른 것은?

① 파라핀계
② 방향족계
③ 나프텐계
④ 올레핀계

31	①	②	③	④
32	①	②	③	④
33	①	②	③	④
34	①	②	③	④
35	①	②	③	④
36	①	②	③	④
37	①	②	③	④
38	①	②	③	④
39	①	②	③	④
40	①	②	③	④
41	①	②	③	④
42	①	②	③	④
43	①	②	③	④
44	①	②	③	④
45	①	②	③	④
46	①	②	③	④
47	①	②	③	④
48	①	②	③	④
49	①	②	③	④
50	①	②	③	④
51	①	②	③	④
52	①	②	③	④
53	①	②	③	④
54	①	②	③	④
55	①	②	③	④
56	①	②	③	④
57	①	②	③	④
58	①	②	③	④
59	①	②	③	④
60	①	②	③	④

계산기

다음 ▶

안 푼 문제

답안 제출

02 실전점검!
CBT 실전모의고사

수험번호 :
수험자명 :

제한 시간 : 2시간 30분
남은 시간 :

글자 크기 100% 150% 200%
화면 배치
전체 문제 수 :
안 푼 문제 수 :

31	①	②	③	④
32	①	②	③	④
33	①	②	③	④
34	①	②	③	④
35	①	②	③	④
36	①	②	③	④
37	①	②	③	④
38	①	②	③	④
39	①	②	③	④
40	①	②	③	④
41	①	②	③	④
42	①	②	③	④
43	①	②	③	④
44	①	②	③	④
45	①	②	③	④
46	①	②	③	④
47	①	②	③	④
48	①	②	③	④
49	①	②	③	④
50	①	②	③	④
51	①	②	③	④
52	①	②	③	④
53	①	②	③	④
54	①	②	③	④
55	①	②	③	④
56	①	②	③	④
57	①	②	③	④
58	①	②	③	④
59	①	②	③	④
60	①	②	③	④

50 가스보일러의 물탱크 수위를 다이어프램에 의한 압력변화로 검출하여 전기접점에 의해 가스회로를 차단하는 안전장치는?

① 헛불방지장치
② 동결방지장치
③ 소화안전장치
④ 과열방지장치

51 LPG 용기 밸브 충전구의 일반적 나사 형식과 암모니아의 나사 형식이 바르게 연결된 것은?

① 수나사 – 암나사
② 암나사 – 수나사
③ 왼나사 – 오른나사
④ 오른나사 – 왼나사

52 가스 제조공정인 수증기 개질공정에서 주로 사용되는 촉매는 어느 계통인가?

① 철
② 니켈
③ 구리
④ 비금속

53 -160℃의 LNG(액비중 : 0.46, CH_4 : 90%, C_2H_6 : 10%)를 기화시켜 10℃의 가스로 만들면 체적은 몇 배가 되는가?

① 635
② 614
③ 592
④ 552

54 액화석유가스는 상온(15℃)에서 압력을 올렸을 때 쉽게 액화시킬 수 있으나 메탄은 상온(15℃)에서 액화할 수 없는 이유는?

① 비중 때문에
② 임계압력 때문에
③ 비점 때문에
④ 임계온도 때문에

계산기
다음 ▶
안 푼 문제
답안 제출

실전점검!
02 CBT 실전모의고사

수험번호 :
수험자명 :

제한 시간 : 2시간 30분
남은 시간 :

글자 크기 100% 150% 200% 화면 배치 전체 문제 수 :
안 푼 문제 수 :

55 LPG에 대한 설명으로 틀린 것은?

① 액화석유가스를 뜻한다.

② 프로판, 부탄 등을 주성분으로 한다.

③ 상온, 상압하에서 기체이나 가압, 냉각에 의해 쉽게 액체로 변한다.

④ 석유의 증류, 정제 과정에서는 생성되지 않는다.

56 다음 가스장치의 사용재료 중 구리 및 구리합금의 사용이 가능한 가스는?

① 산소 ② 황화수소

③ 암모니아 ④ 아세틸렌

57 가스보일러에 설치되어 있지 않은 안전장치는?

① 과열방지장치 ② 헛불방지장치

③ 전도안전장치 ④ 과압방지장치

58 가스레인지에 연결된 호스에 직경 1.0mm의 구멍이 뚫려 LP가스가 $250mmH_2O$ 압력으로 3시간 동안 누출되었다면 LP가스의 분출량은 약 몇 L인가?(단, LP가스의 비중은 1.2이다.)

① 360 ② 390

③ 420 ④ 450

59 가스액화 원리인 줄-톰슨 효과에 대한 설명으로 옳은 것은?

① 압축가스를 등온팽창시키면 온도나 압력이 증대

② 압축가스를 단열팽창시키면 온도나 압력이 강하

③ 압축가스를 단열압축시키면 온도나 압력이 증대

④ 압축가스를 등온압축시키면 온도나 압력이 강하

답안 표기란

31	①	②	③	④
32	①	②	③	④
33	①	②	③	④
34	①	②	③	④
35	①	②	③	④
36	①	②	③	④
37	①	②	③	④
38	①	②	③	④
39	①	②	③	④
40	①	②	③	④
41	①	②	③	④
42	①	②	③	④
43	①	②	③	④
44	①	②	③	④
45	①	②	③	④
46	①	②	③	④
47	①	②	③	④
48	①	②	③	④
49	①	②	③	④
50	①	②	③	④
51	①	②	③	④
52	①	②	③	④
53	①	②	③	④
54	①	②	③	④
55	①	②	③	④
56	①	②	③	④
57	①	②	③	④
58	①	②	③	④
59	①	②	③	④
60	①	②	③	④

계산기 다음 ▶ 안 푼 문제 답안 제출

실전점검!

02 회 **CBT 실전모의고사**

수험번호 :

수험자명 :

제한 시간 : 2시간 30분
남은 시간 :

글자
크기 100% 150% 200%

화면
배치

전체 문제 수 :
안 푼 문제 수 :

60 콕 및 호스에 대한 설명으로 옳은 것은?

① 고압고무호스 중 투윈호스는 차압 0.1MPa 이하에서 정상적으로 작동하는 체크밸브를 부착하여 제작한다.

② 용기밸브 및 조정기에 연결하는 이음쇠의 나사는 오른나사로서 W22.5×14T, 나사부의 길이는 12mm 이상으로 한다.

③ 상자콕은 카플러 안전기구 및 과류차단안전기구가 부착된 것으로서 배관과 카플러를 연결하는 구조이고, 주물황동을 사용할 수 있다.

④ 카플러안전기구부 및 과류차단안전기구부는 4.2 kPa 이상의 압력에서 1시간당 누출량이 카플러안전기구부는 1.0L/h 이하, 과류차단안전기구부는 0.55L/h 이하가 되도록 제작한다.

답안 표기란				
31	①	②	③	④
32	①	②	③	④
33	①	②	③	④
34	①	②	③	④
35	①	②	③	④
36	①	②	③	④
37	①	②	③	④
38	①	②	③	④
39	①	②	③	④
40	①	②	③	④
41	①	②	③	④
42	①	②	③	④
43	①	②	③	④
44	①	②	③	④
45	①	②	③	④
46	①	②	③	④
47	①	②	③	④
48	①	②	③	④
49	①	②	③	④
50	①	②	③	④
51	①	②	③	④
52	①	②	③	④
53	①	②	③	④
54	①	②	③	④
55	①	②	③	④
56	①	②	③	④
57	①	②	③	④
58	①	②	③	④
59	①	②	③	④
60	①	②	③	④

계산기

다음 ▶

안 푼 문제

답안 제출

02 실전점검!
CBT 실전모의고사

수험번호:

수험자명:

제한 시간 : 2시간 30분
남은 시간 :

글자
크기 ⊖ 100% Ⓜ 150% ⊕ 200%

화면
배치 ▭▯ ▯▯ ▯

전체 문제 수 :
안 푼 문제 수 :

답안 표기란

61	①	②	③	④
62	①	②	③	④
63	①	②	③	④
64	①	②	③	④
65	①	②	③	④
66	①	②	③	④
67	①	②	③	④
68	①	②	③	④
69	①	②	③	④
70	①	②	③	④
71	①	②	③	④
72	①	②	③	④
73	①	②	③	④
74	①	②	③	④
75	①	②	③	④
76	①	②	③	④
77	①	②	③	④
78	①	②	③	④
79	①	②	③	④
80	①	②	③	④
81	①	②	③	④
82	①	②	③	④
83	①	②	③	④
84	①	②	③	④
85	①	②	③	④
86	①	②	③	④
87	①	②	③	④
88	①	②	③	④
89	①	②	③	④
90	①	②	③	④

4과목 **가스안전관리**

61 공기액화 분리기에 설치된 액화 산소통 내의 액화산소 5L 중 아세틸렌의 질량이 몇 mg을 넘을 때에는 그 공기액화 분리기의 운전을 중지하고 액화산소를 방출하여야 하는가?

① 5
② 50
③ 100
④ 500

62 대기차단식 가스보일러에 의무적으로 장착하여야 하는 부품이 아닌 것은?

① 저수위안전장치
② 압력계
③ 압력팽창탱크
④ 과압방지용안전장치

63 가스누출경보 및 자동차단장치의 기능에 대한 설명으로 틀린 것은?

① 독성가스의 경보농도는 TLV-TWA 기준 농도 이하로 한다.
② 경보농도 설정치는 독성가스용에서는 ±30% 이하로 하다.
③ 가연성 가스경보기는 모든 가스에 감응하는 구조로 한다.
④ 검지에서 발신까지 걸리는 시간은 경보농도의 1.6배 농도에서 보통 30초 이내로 한다.

64 운반하는 액화염소의 질량이 500kg인 경우 갖추지 않아도 되는 보호구는?

① 방독마스크
② 공기호흡기
③ 보호의
④ 보호장화

65 염소와 동일 차량에 혼합 적재하여 운반이 가능한 가스는?

① 암모니아
② 산화에틸렌
③ 시안화수소
④ 포스겐

계산기   다음 ▶   안 푼 문제   📋 답안 제출

02회
실전점검!
CBT 실전모의고사

수험번호 :

수험자명 :

제한 시간 : 2시간 30분
남은 시간 :

글자
크기 · 100% · 150% · 200%

화면
배치

전체 문제 수 :
안 푼 문제 수 :

답안 표기란

61	①	②	③	④
62	①	②	③	④
63	①	②	③	④
64	①	②	③	④
65	①	②	③	④
66	①	②	③	④
67	①	②	③	④
68	①	②	③	④
69	①	②	③	④
70	①	②	③	④
71	①	②	③	④
72	①	②	③	④
73	①	②	③	④
74	①	②	③	④
75	①	②	③	④
76	①	②	③	④
77	①	②	③	④
78	①	②	③	④
79	①	②	③	④
80	①	②	③	④
81	①	②	③	④
82	①	②	③	④
83	①	②	③	④
84	①	②	③	④
85	①	②	③	④
86	①	②	③	④
87	①	②	③	④
88	①	②	③	④
89	①	②	③	④
90	①	②	③	④

66 LPG를 사용할 때 안전관리상 용기는 옥외에 두는 것이 좋다. 그 이유로 가장 옳은 것은?

① 옥외 쪽이 가스가 누출되어도 확산이 빨라 사고가 발생하기 어렵기 때문에
② 옥내는 수분이 있어 용기의 부식이 빠르기 때문에
③ 옥외 쪽이 햇빛이 많아 가스방출이 쉽기 때문에
④ 관련법상 용기는 옥외에 저장하도록 되어 있기 때문에

67 다음 [보기]의 가스 중 비중이 큰 것으로부터 옳게 나열한 것은?

㉮ 염소	㉯ 공기
㉰ 일산화탄소	㉱ 아세틸렌
㉲ 이산화질소	㉳ 아황산가스

① ㉮, ㉳, ㉲, ㉯, ㉰, ㉱
② ㉳, ㉮, ㉲, ㉯, ㉱, ㉰
③ ㉮, ㉲, ㉳, ㉰, ㉯, ㉱
④ ㉳, ㉮, ㉯, ㉱, ㉲, ㉰

68 지상에 설치하는 저장탱크 주위에 방류둑을 설치하지 않아도 되는 경우는?

① 저장능력 5톤의 염소탱크
② 저장능력 2,000톤의 액화산소탱크
③ 저장능력 1,000톤의 부탄탱크
④ 저장능력 5,000톤의 액화질소탱크

69 가스제조시설 등에 설치하는 플레어스택에 대한 설명으로 옳지 않은 것은?

① 긴급이송설비에 의하여 이송되는 가스를 안전하게 연소시킬 수 있는 것으로 한다.
② 설치 위치 및 높이는 플레어스택 바로 밑의 지표면에 미치는 복사열이 4,000kcal/m² · h 이하가 되도록 한다.
③ 방출된 가스가 지상에서 폭발한계에 도달하지 아니하도록 한다.
④ 파일럿 버너는 항상 점화하여 두어야 한다.

계산기

다음 ▶

 안 푼 문제 · 답안 제출

02회

실전점검!
CBT 실전모의고사

수험번호 :

수험자명 :

제한 시간 : 2시간 30분
남은 시간 :

글자
크기 100% 150% 200%

화면
배치

전체 문제 수 :
안 푼 문제 수 :

답안 표기란

61	①	②	③	④
62	①	②	③	④
63	①	②	③	④
64	①	②	③	④
65	①	②	③	④
66	①	②	③	④
67	①	②	③	④
68	①	②	③	④
69	①	②	③	④
70	①	②	③	④
71	①	②	③	④
72	①	②	③	④
73	①	②	③	④
74	①	②	③	④
75	①	②	③	④
76	①	②	③	④
77	①	②	③	④
78	①	②	③	④
79	①	②	③	④
80	①	②	③	④
81	①	②	③	④
82	①	②	③	④
83	①	②	③	④
84	①	②	③	④
85	①	②	③	④
86	①	②	③	④
87	①	②	③	④
88	①	②	③	④
89	①	②	③	④
90	①	②	③	④

70 최고충전압력 2.0MPa, 동체의 내경 65cm인 산소용 강재용접용기의 동판 두께는 약 몇 mm인가?(단, 재료의 인장강도 : 500N/mm², 용접효율 : 100%, 부식여유 : 1mm이다.)

① 2.30
② 6.25
③ 8.30
④ 10.25

71 자동차용기충전시설에서 충전기의 시설기준에 대한 설명으로 옳은 것은?

① 충전기 상부에는 캐노피를 설치하고 그 면적은 공지면적의 2분의 1 이하로 한다.
② 배관이 캐노피 내부를 통과하는 경우에는 2개 이상의 점검구를 설치한다.
③ 캐노피 내부의 배관으로서 점검이 곤란한 장소에 설치하는 배관은 안전상 필요한 강도를 가지는 플랜지접합으로 한다.
④ 충전기 주위에는 가스누출자동차단장치를 설치한다.

72 밀폐된 목욕탕에서 도시가스 순간온수기를 사용하던 중 쓰러져서 의식을 잃었다. 사고 원인으로 추정할 수 있는 것은?

① 가스누출에 의한 중독
② 부취제에 의한 중독
③ 산소결핍에 의한 질식
④ 질소과잉으로 인한 질식

73 고압가스제조시설 사업소에서 안전관리자가 상주하는 사업소와 현장사무소와의 사이 또는 현장사무소 상호 간에 설치하는 통신설비가 아닌 것은?

① 휴대용 확성기
② 구내전화
③ 구내 방송설비
④ 인터폰

74 가연성 가스와 산소의 혼합가스에 불활성가스를 혼합하여 산소농도를 감소해가면 어떤 산소농도 이하에서는 점화하여도 발화되지 않는다. 이때의 산소농도를 한계산소농도라 한다. 아세틸렌과 같이 폭발범위가 넓은 가스의 경우 한계산소농도는 약 몇 %인가?

① 2.5%
② 4%
③ 32.4%
④ 81%

계산기
다음 ▶
안 푼 문제
답안 제출

02회 실전점검!
CBT 실전모의고사

수험번호 :

수험자명 :

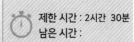
제한 시간 : 2시간 30분
남은 시간 :

글자
크기

화면
배치

전체 문제 수 :
안 푼 문제 수 :

답안 표기란

75 액화가스의 저장탱크 압력이 이상 상승하였을 때 조치사항으로 옳지 않은 것은?

① 가스방출밸브를 열어 가스를 방출시킨다.

② 살수장치를 작동시켜 저장탱크를 냉각시킨다.

③ 액이입 펌프를 긴급히 정지시킨다.

④ 출구 측의 긴급차단밸브를 작동시킨다.

76 최고충전압력의 정의로서 틀린 것은?

① 압축가스 충전용기(아세틸렌가스 제외)의 경우 35℃에서 용기에 충전할 수 있는 가스의 압력 중 최고 압력

② 초저온용기의 경우 상용압력 중 최고압력

③ 아세틸렌가스 충전용기의 경우 25℃에서 용기에 충전할 수 있는 가스의 압력 중 최고압력

④ 저온용기 외의 용기로서 액화가스를 충전하는 용기의 경우 내압시험 압력의 3/5배의 압력

77 방폭전기 기기의 구조별 표시방법이 아닌 것은?

① 내압(內壓) 방폭구조　　　② 내열(內熱) 방폭구조

③ 유입(油入) 방폭구조　　　④ 안전증(安全增) 방폭구조

78 차량에 고정된 탱크의 설계기준으로 틀린 것은?

① 탱크의 길이이음 및 원주이음은 맞대기 양면 용접으로 한다.

② 용접하는 부분의 탄소강은 탄소함유량이 1.0% 미만이어야 한다.

③ 탱크에는 지름 375mm 이상의 원형 맨홀 또는 긴 지름 375mm 이상, 짧은 지름 275mm 이상의 타원형 맨홀 1개 이상 설치한다.

④ 초저온탱크의 원주이음에 있어서 맞대기 양면 용접이 곤란한 경우에는 맞대기 한 면 용접을 할 수 있다.

61	①	②	③	④
62	①	②	③	④
63	①	②	③	④
64	①	②	③	④
65	①	②	③	④
66	①	②	③	④
67	①	②	③	④
68	①	②	③	④
69	①	②	③	④
70	①	②	③	④
71	①	②	③	④
72	①	②	③	④
73	①	②	③	④
74	①	②	③	④
75	①	②	③	④
76	①	②	③	④
77	①	②	③	④
78	①	②	③	④
79	①	②	③	④
80	①	②	③	④
81	①	②	③	④
82	①	②	③	④
83	①	②	③	④
84	①	②	③	④
85	①	②	③	④
86	①	②	③	④
87	①	②	③	④
88	①	②	③	④
89	①	②	③	④
90	①	②	③	④

계산기　　　　다음 ▶　　　　안 푼 문제　　답안 제출

02 실전점검!
CBT 실전모의고사

수험번호 :

수험자명 :

제한 시간 : 2시간 30분
남은 시간 :

글자
크기 100% 150% 200%

화면
배치

전체 문제 수 :
안 푼 문제 수 :

79 다음 중 재검사를 받아야 하는 용기가 아닌 것은?

① 법이 정하는 기간이 경과한 용기
② 최고 충전압력으로 사용했던 용기
③ 손상이 발생된 용기
④ 충전 가스의 종류를 변경한 용기

80 액화석유가스 용기의 안전점검기준 중 내용적 얼마 이하의 용기의 경우에 '실내보관 금지' 표시 여부를 확인하는가?

① 1L
② 10L
③ 15L
④ 20L

61	①	②	③	④
62	①	②	③	④
63	①	②	③	④
64	①	②	③	④
65	①	②	③	④
66	①	②	③	④
67	①	②	③	④
68	①	②	③	④
69	①	②	③	④
70	①	②	③	④
71	①	②	③	④
72	①	②	③	④
73	①	②	③	④
74	①	②	③	④
75	①	②	③	④
76	①	②	③	④
77	①	②	③	④
78	①	②	③	④
79	①	②	③	④
80	①	②	③	④
81	①	②	③	④
82	①	②	③	④
83	①	②	③	④
84	①	②	③	④
85	①	②	③	④
86	①	②	③	④
87	①	②	③	④
88	①	②	③	④
89	①	②	③	④
90	①	②	③	④

계산기

다음 ▶

안 푼 문제

답안 제출

02회 실전점검!
CBT 실전모의고사

수험번호 :
수험자명 :

제한 시간 : 2시간 30분
남은 시간 :

글자
크기 100% 150% 200%

화면
배치

전체 문제 수 :
안 푼 문제 수 :

답안 표기란

61	① ② ③ ④
62	① ② ③ ④
63	① ② ③ ④
64	① ② ③ ④
65	① ② ③ ④
66	① ② ③ ④
67	① ② ③ ④
68	① ② ③ ④
69	① ② ③ ④
70	① ② ③ ④
71	① ② ③ ④
72	① ② ③ ④
73	① ② ③ ④
74	① ② ③ ④
75	① ② ③ ④
76	① ② ③ ④
77	① ② ③ ④
78	① ② ③ ④
79	① ② ③ ④
80	① ② ③ ④
81	① ② ③ ④
82	① ② ③ ④
83	① ② ③ ④
84	① ② ③ ④
85	① ② ③ ④
86	① ② ③ ④
87	① ② ③ ④
88	① ② ③ ④
89	① ② ③ ④
90	① ② ③ ④

5과목 가스계측

81 습식가스미터의 기본형은?

① 임펠러형
② 오벌기어형
③ 드럼형
④ 루트형

82 온도계에 이용되는 것으로 가장 거리가 먼 것은?

① 열기전력
② 탄성체의 탄력
③ 복사에너지
④ 유체의 팽창

83 LPG저장탱크 내 액화가스의 높이가 2.0m일 때, 바닥에서 받는 압력은 약 몇 kPa 인가?(단, 액화석유가스 밀도는 0.5g/cm³이다.)

① 1.96
② 3.92
③ 4.90
④ 9.80

84 부유 피스톤 압력계로 측정한 압력이 20kg/cm²였다. 이 압력계의 피스톤 지름이 2cm, 실린더 지름이 4cm일 때 추와 피스톤의 무게는 약 몇 kg인가?

① 52.6
② 62.8
③ 72.6
④ 82.8

85 연소로의 드레프트용으로 주로 사용되며 공기식 자동제어의 압력 검출용으로도 이용 가능한 압력계는?

① 벨로우즈 압력계
② 자기변형 압력계
③ 공강식 압력계
④ 다이어프램형 압력계

계산기
다음 ▶
안 푼 문제
답안 제출

02회

실전점검!
CBT 실전모의고사

수험번호 :

수험자명 :

제한 시간 : 2시간 30분
남은 시간 :

글자
크기   100% 150% 200%

화면
배치

전체 문제 수 :
안 푼 문제 수 :

86 누출된 가스의 검지법으로서 연결이 잘못된 것은?

① 시안화수소 – 질산구리벤젠지
② 포스겐 – 하리슨 시약
③ 암모니아 – 요오드화칼륨전분지
④ 아세틸렌 – 염화제1구리착염지

87 강(Steel)으로 만들어진 자(Rule)로 길이를 잴 때 자가온도의 영향을 받아 팽창, 수축함으로써 발생하는 오차로 측정 중 온도가 높으면 길이가 짧게 측정되며, 온도가 낮으면 길이가 길게 측정되는 오차를 무슨 오차라 하는가?

① 과오에 의한 오차
② 측정자의 부주의로 생기는 오차
③ 우연오차
④ 계통적 오차

88 온도 측정범위가 가장 넓은 온도계는?

① 알루멜 – 크로멜
② 구리 – 콘스탄탄
③ 수은
④ 철 – 콘스탄탄

89 50℃에서의 저항이 100Ω인 저항온도계를 어떤 노 안에 삽입하였을 때 온도계의 저항이 200Ω을 가리키고 있었다. 노 안의 온도는 약 몇 ℃인가?(단, 저항온도계의 저항온도계수는 0.0025이다.)

① 100℃
② 250℃
③ 425℃
④ 500℃

90 액주식 압력계의 구비조건과 취급 시 주의사항으로 가장 옳은 것은?

① 온도에 따른 액체의 밀도변화를 크게 해야 한다.
② 모세관현상에 의한 액주의 변화가 없도록 해야 한다.
③ 순수한 액체를 사용하지 않아도 된다.
④ 점도를 크게 하여 사용하는 것이 안전하다.

답안 표기란

61	①	②	③	④
62	①	②	③	④
63	①	②	③	④
64	①	②	③	④
65	①	②	③	④
66	①	②	③	④
67	①	②	③	④
68	①	②	③	④
69	①	②	③	④
70	①	②	③	④
71	①	②	③	④
72	①	②	③	④
73	①	②	③	④
74	①	②	③	④
75	①	②	③	④
76	①	②	③	④
77	①	②	③	④
78	①	②	③	④
79	①	②	③	④
80	①	②	③	④
81	①	②	③	④
82	①	②	③	④
83	①	②	③	④
84	①	②	③	④
85	①	②	③	④
86	①	②	③	④
87	①	②	③	④
88	①	②	③	④
89	①	②	③	④
90	①	②	③	④

계산기

다음 ▶

안 푼 문제

답안 제출

02 회

실전점검!
CBT 실전모의고사

수험번호 :
수험자명 :

제한 시간 : 2시간 30분
남은 시간 :

글자
크기 100% 150% 200%

화면
배치

전체 문제 수 :
안 푼 문제 수 :

답안 표기란

91	①	②	③	④
92	①	②	③	④
93	①	②	③	④
94	①	②	③	④
95	①	②	③	④
96	①	②	③	④
97	①	②	③	④
98	①	②	③	④
99	①	②	③	④
100	①	②	③	④

91 와류유량계(Vortex Flow Meter)의 특성에 해당하지 않는 것은?

① 계량기 내에서 와류를 발생시켜 초음파로 측정하여 계량하는 방식

② 구조가 간단하여 설치, 관리가 쉬움

③ 유체의 압력이나 밀도에 관계없이 사용 가능

④ 가격이 경제적이나, 압력손실이 큰 단점이 있음

92 22℃의 1기압 공기(밀도 $1.21kg/m^3$)가 덕트를 흐르고 있다. 피토관을 덕트 중심부에 설치하고 물을 봉액으로 한 U자관 마노미터의 눈금이 4.0cm였다면, 이 덕트 중심부의 풍속은 약 몇 m/s인가?

① 25.5   ② 30.8

③ 56.9   ④ 97.4

93 가정용 가스계량기에 10kPa이라고 표시되어 있다면 이것은 무엇을 의미하는가?

① 최대순간유량   ② 기밀시험압력

③ 압력손실   ④ 계량실 체적

94 구리 – 콘스탄탄 열전대의 (–)극에 주로 사용되는 금속은?

① Ni – Al   ② Cu – Ni

③ Mn – Si   ④ Ni – Pt

95 헴펠식 가스분석법에서 흡수 · 분리되지 않는 성분은?

① 이산화탄소   ② 수소

③ 중탄화수소   ④ 산소

계산기   다음 ▶   안 푼 문제   답안 제출

02 실전점검!
CBT 실전모의고사

수험번호 :
수험자명 :

제한 시간 : 2시간 30분
남은 시간 :

글자 크기 ⊖ 100% ⊛ 150% ⊕ 200% 화면 배치

전체 문제 수 :
안 푼 문제 수 :

답안 표기란

91	① ② ③ ④
92	① ② ③ ④
93	① ② ③ ④
94	① ② ③ ④
95	① ② ③ ④
96	① ② ③ ④
97	① ② ③ ④
98	① ② ③ ④
99	① ② ③ ④
100	① ② ③ ④

96 가스를 일정용적의 통 속에 충만시킨 후 배출하여 그 횟수를 용적단위로 환산하는 방법의 가스미터는?

① 막식
② 루트식
③ 로터리식
④ 와류식

97 습도에 대한 설명으로 틀린 것은?

① 절대습도는 비습도라고도 하며 %로 나타낸다.
② 상대습도는 현재의 온도 상태에서 포함할 수 있는 포화수증기량에 대한 현재 공기가 포함하고 있는 수증기의 양을 %로 표시한 것이다.
③ 이슬점은 상대습도가 100%일 때의 온도이며 노점온도라고도 한다.
④ 포화공기는 더 이상 수분을 포함할 수 없는 상태의 공기이다.

98 흡착형 가스크로마토그래피에 사용하는 충전물이 아닌 것은?

① 실리콘(SE – 30)
② 활성알루미나
③ 활성탄
④ 뮬레큘러 시브

99 다음 가스분석방법 중 성질이 다른 하나는?

① 자동화학식
② 열전도율법
③ 밀도법
④ 가스크로마토그래피법

100 가스보일러의 배기가스에서 오르자트 분석기를 이용하여 시료 50mL를 채취하였더니 흡수 피펫을 통과한 후 남은 시료 부피는 각각 CO_2 40mL, O_2 20mL, CO 17mL였다. 이 가스 중 N_2의 조성은?

① 30%
② 34%
③ 64%
④ 70%

 계산기
다음 ▶
 안 푼 문제
 답안 제출

CBT 정답 및 해설

01	02	03	04	05	06	07	08	09	10
③	②	④	①	①	④	④	②	①	③
11	12	13	14	15	16	17	18	19	20
④	①	④	③	②	①	②	①	②	①
21	22	23	24	25	26	27	28	29	30
③	②	④	①	③	①	①	③	②	④
31	32	33	34	35	36	37	38	39	40
②	④	③	①	②	②	③	④	④	④
41	42	43	44	45	46	47	48	49	50
④	②	①	①	②	③	①	②	④	①
51	52	53	54	55	56	57	58	59	60
③	②	②	④	④	①	③	②	②	③
61	62	63	64	65	66	67	68	69	70
①	①	③	②	④	①	①	④	③	④
71	72	73	74	75	76	77	78	79	80
①	③	①	②	④	③	②	②	②	③
81	82	83	84	85	86	87	88	89	90
③	②	④	②	④	③	④	①	④	②
91	92	93	94	95	96	97	98	99	100
④	①	②	②	②	①	①	①	①	②

01 정답 | ③
풀이 | ㉠ 층류구역($R_e < 2,100$)
　　　㉡ 난류구역($R_e > 4,000$)
　　　㉢ 천이구역($2,100 < R_e < 4,000$)
　　　※ R_e : 레이놀즈수

02 정답 | ②
풀이 | 점성계수 단위 : Poise(푸아즈)＝100Cp
　　　동점성계수 단위 : Stokes(스토크스)
　　　$1\text{kg} \cdot \text{s/m}^2 = 9.8\text{N} \cdot \text{S/m}^2 = 98\text{P} = 9,800\text{Cp}$
　　　$\therefore P_{a \cdot s} = \dfrac{6}{10^3} = 0.006$
　　　※ 점성계수단위 $\text{N} \cdot \text{S/m}^2 = \text{Pa} \cdot \text{s}$이다.

03 정답 | ④
풀이 | 원심식 펌프(비용적형)
　　　㉠ 볼류트 펌프
　　　㉡ 다단 터빈 펌프

04 정답 | ①
풀이 | ① : 압력계
　　　②, ③, ④ : 유량계

05 정답 | ①
풀이 | $P_1 - P_2 = Lr\left(\sin a + \dfrac{a}{A}\right)$
　　　　　　　$= \sin 30° \cdot R$
　　　$\therefore 0.5 \times 30 = 15\text{cmH}_2\text{O}$

06 정답 | ④
풀이 | 이상기체음속
　　　$= \sqrt{\dfrac{k \cdot \overline{R} \cdot T}{M}}$
　　　$= \sqrt{\dfrac{\text{비열비} \times \text{일반기체상수} \times \text{절대온도}}{\text{분자량}}}$

07 정답 | ④
풀이 | $1\text{atm} = 760\text{mmHg} = 1.0332\text{kg/cm}^2$
　　　　　　　$= 10,332\text{mmH}_2\text{O}$
　　　$\therefore 10,332 \times \dfrac{750}{760} = 10,200\text{mmH}_2\text{O}$

08 정답 | ②
풀이 |
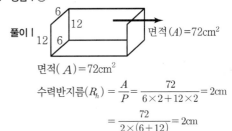
면적(A)＝72cm²
　　　수력반지름$(R_h) = \dfrac{A}{P} = \dfrac{72}{6 \times 2 + 12 \times 2} = 2\text{cm}$
　　　　　　　　　　$= \dfrac{72}{2 \times (6 + 12)} = 2\text{cm}$

09 정답 | ①
풀이 | 임계점 : 액체와 기체의 비체적(m^3/kg)이 같아지는
　　　온도

10 정답 | ③
풀이 | 높이(H) $= \dfrac{V^2}{2g} = \dfrac{23^2}{2 \times 9.8} = 27\text{m}$

11 정답 | ④
풀이 | Hagen – Poiseuille(하겐 – 푸아죄유) 방정식(Q)
　　　유량(Q) $= \dfrac{\Delta P \pi d^4}{128 \mu L}$
　　　㉠ 완전히 발달된 흐름
　　　㉡ 층류
　　　㉢ 정상상태 흐름
　　　※ 포텐셜 흐름은 점성의 영향이 없는 완전 유체의 흐
　　　름이다.

CBT 정답 및 해설

12 정답 | ①

풀이 | 축소·확대노즐 : 아음속(속도가 음속보다 작은 경우)에서 초음속(속도가 음속보다 큰 흐름)으로 속도를 변화시킬 수 있다[속도와 음속의 비 : 마하수(M), ⊙ 아음속(M<1), ⓒ 음속(M=1), ⓒ 초음속(M>1)].

13 정답 | ②

풀이 | 축동력(kW)

$$= \frac{r \cdot Q \cdot H}{102 \times 60 \times \eta} = \frac{1,000 \times 1 \times 15}{102 \times 60 \times 0.78} = 3.14 \text{kW}$$

※ 1kW=102kg · m/s
물의 비중량(r)=1,000kg=1,000L
1분=60초

축동력$(Ps) = \dfrac{r \cdot Q \cdot H}{75 \times 60 \times \eta}$

14 정답 | ③

풀이 | 밀도 $= \dfrac{질량}{단위체적} = (\text{kg/m}^3)$

$$= \left(\frac{\text{kgS}^2}{\text{m}^4}\right) = (\text{kg/ft}^3) = (\text{kg/in}^3)$$

$$\therefore \rho = \frac{4 \times 10^4}{29.27(273+15)} = \frac{P}{R \cdot T} = 4.75 \text{kg/m}^3$$

15 정답 | ③

풀이 | 유량=단면적×유속

단면적 $= \dfrac{\pi}{4} d^2 = \dfrac{3.14}{4} \times 0.1^2 = 0.00785 \text{m}^2$

유속 $= \dfrac{유량}{단면적} (\text{m/s})$

$PV = GRT,$

유속$(V) = \dfrac{GRT}{PA} = \dfrac{20 \times 29.27 \times (273+15)}{(5+1) \times 10^4 \times 0.00785}$

$= 429 \text{m/s}$

※ 절대압력(abs)=게이지압+1=5+1=6kg/cm²a

16 정답 | ②

풀이 | 왕복펌프(용적식 펌프)에서 맥동을 방지하기 위하여 공기실을 설치한다. 송출이 단속적인 왕복펌프는 맥동이 일어나기 쉬워 이를 완화할 필요가 있다.

17 정답 | ①

풀이 | 펌프의 설치위치를 높이면 거리 간격(흡입양정)이 짧아져서 공동현상(캐비테이션)이 방지된다.

18 정답 | ②

풀이 | 베르누이 방정식 수두

⊙ 압력수두 : $\left(\dfrac{P}{r}\right)$

ⓒ 위치수두 : Z

ⓒ 속도수두 : $\left(\dfrac{V^2}{2g}\right)$

ⓒ 전수두 : H

$\therefore H = \dfrac{P}{r} + \dfrac{V^2}{2g} + Z$

19 정답 | ①

풀이 | 질소 1킬로몰(28kg : 분자량)=22.4m³
산소 1킬로몰(32kg : 분자량)=22.4m³

밀도 $= \dfrac{질량}{체적} = \dfrac{(32 \times 0.21) + (28 \times 0.79)}{22.4 \times \dfrac{273+25}{273} \times \dfrac{760}{750}}$

$= 1.16 \text{kg/m}^3$

※ 체적변화$(V_2) = V_1 \times \dfrac{T_2}{T_1} \times \dfrac{P_1}{P_2} = \text{m}^3$

20 정답 | ①

풀이 | (1) 중력단위 : 길이(m), 힘(kgf), 시간(s)
　　　　　　차원 : 길이(L), 힘(F), 시간(T)
(2) 절대단위 차원
　　⊙ 길이(L)　　　　ⓒ 힘(MLT⁻²)
　　ⓒ 시간(T)　　　　ⓒ 질량(M)

21 정답 | ③

풀이 | 랭킨사이클(증기원동소 사이클)에서 열효율을 높이려면 배압은 낮추고 초온 및 초압은 높여야 한다(초압을 크게 하면 팽창 도중에 빨리 습증기가 되어서 습도가 증가하면 터빈 효율이 저하된다. 하여 재열사이클을 도입하여 방지한다).

22 정답 | ②

풀이 | 적화식

23 정답 | ②

풀이 | 정적변화=$PVT = V = V_1$

$V_2 = C, \quad \dfrac{P_1}{T_1} = \dfrac{P_2}{T_2}$

$T_2 = \dfrac{40}{0.717} - 20 = 36℃$

CBT 정답 및 해설

24 정답 | ①

풀이 | ㉠ 당량비 : 실제 연소용 공기와 양론 연소용 공기의 비(공기비의 일종)
㉡ 프로판과 산소의 연소 시 완전연소가 가능하여 당량비는 작아지고 층류연소속도는 증가한다.

25 정답 | ③

풀이 | 가연성 가스의 위험도(H), 수소가스 폭발범위
㉠ 상한치(U) : 75%
㉡ 하한치(L) : 4%

$$H = \frac{U-L}{L} = \frac{75-4}{4} = 17.75$$

26 정답 | ①

풀이 | ㉠ 플래시 화염(Flash Fire) : 느린 폭연으로 중대한 과압이 발생하지 않는 가스운에서 발생한다.
㉡ BLEVE : 비등액체 팽창증기폭발

27 정답 | ①

풀이 | 폭굉(디토네이션) : 화염전파속도가 1,000~3,000m/s로 음속(340m/s)보다 큰 곳에서 발생한다.

28 정답 | ③

풀이 | 비등액체팽창증기폭발의 발생단계순서
B → C → E → D → A
※ 비등액체팽창증기 폭발
가연성 액체가 든 탱크 주위에 화재 발생 시 그 열에 의해 탱크 벽이 가열되어 파열되고 내부 액체가 유출 · 팽창해 폭발한다.

29 정답 | ②

풀이 | 이류체 무화식 : 액체연료 버너연소에서 중질유를 증기나 공기로 안개방울화(분무매체)하여 무화시킨다.

30 정답 | ④

풀이 | ㉠ 당량비(ϕ) : 실제의 연공비와 이론 연공비의 비로 정의한다.

㉡ 연공비 $= \left(\dfrac{\text{공기}}{\text{연료}}\right) = \dfrac{\text{공기 몰수}}{\text{연료의 몰수}}$

㉢ 등가비 : 공기비의 역수 $= \dfrac{1}{m}$

㉣ 공기비 $= \dfrac{\text{실제공기량}}{\text{이론공기량}}$ (항상 1보다 크다.)

31 정답 | ②

풀이 | 본질안전방폭구조 : 점화시험이나 기타 방법에 의하여 확인된 방폭구조(정상이나 사고 시 전기, 아크, 고온부에 의하여 가연성 가스가 점화되지 않는 경우에 사용)
㉠ 내압방폭구조 : 내부에서 폭발이 발생하여도 그 압력에 견딜뿐더러 주위에 가스가 인화 및 파급되지 않게 만든 구조
㉡ 안전증방폭구조 : 이상 시 불꽃 또는 고온의 발생을 방지하기 위해 온도상승에 안전을 기한 구조
㉢ 압력방폭구조 : 용기 내 가스를 대기압 이상으로 봉입해 가연성가스 등이 침입하지 못하게 만든 구조

32 정답 | ④

풀이 | 최소산소농도(MOC) : 화염을 전파하기 위해 요구되는 최소한의 산소농도

$$MOC = \text{연소폭발하한치} \times \frac{\text{산소몰수}}{\text{연료몰수}}$$

(가스연료는 일반적으로 10% 미만이다.)

33 정답 | ③

풀이 | 단열압축 : $PV^k = P_1 V_1{}^k = P_2 V_2{}^k = C$

$$\frac{T_2}{T_1} = \left(\frac{V_1}{V_2}\right)^{k-1} = \left(\frac{P_2}{P_1}\right)^{\frac{k-1}{k}}$$

$1MPa = 1,000kPa$

$$T_2 = T_1 \times \left(\frac{P_2}{P_1}\right)^{\frac{k-1}{k}} = 83 \times \left(\frac{20}{0.5}\right)^{\frac{1.41-1}{1.41}}$$

$$= 243K$$

∴ $243 - 273 = -30℃$

※ $T_1 = -190 + 273 = 83K$

34 정답 | ①

풀이 | 연소속도
화염면에 수직방향으로 불길이 전파될 때 미연혼합기에 대한 상대속도
연소속도 측정기법
㉠ 평면화염버너법 : 가연성 혼합기를 일정한 속도분포로 만든 뒤 유속과 연소속도를 균형화시켜 그 유속으로 측정한다.
㉡ 분젠버너법 : 단위면적당 단위시간에 소비되는 미연혼합기의 체적으로 측정한다.
㉢ 비눗방울법 : 비눗방울 중심부에 점화를 시킨 뒤 화염이 바깥으로 전파되면서 비눗방울이 팽창하면 그 체적과 반지름을 이용해 측정한다.
㉣ 슬롯노즐연소법 : 균일한 속도 분포를 얻을 수 있는 노즐을 이용, 노즐 위에 역V형 화염을 만들어 곡률의 영향을 거의 받지 않고 측정한다.

35 정답 | ②

풀이 | 메탄(CH_4) $+ 2O_2 \rightarrow CO_2 + 2H_2O$(메탄 분자량 16)

CBT 정답 및 해설

$$연소엔탈피 = \frac{74,873 - (393,522 + 2 \times 241,827)}{16}$$
$$= -50,143kJ(-50,143,000J)/kg$$
$$\fallingdotseq -50MJ/kg$$

※ $1MJ = 10^6 J$

36 정답 | ②
풀이 | 예혼합연소 : (기체연료＋공기)의 혼합에 의해 연소
실부하율($kcal/m^3 h$)을 높게 얻을 수 있는 연소방식
(역화발생의 우려가 있다.)

37 정답 | ③
풀이 | B급 화재 : 오일화재이며 소화약제는 CO_2 소화기, 포
말 및 분말 소화기 사용

38 정답 | ④
풀이 | 임계압력 : 임계온도에서 기체를 액화시키는 데 필요
한 최저압력(압력을 올리고 온도를 낮추면 쉽게 액화
된다.)

39 정답 | ④
풀이 | 디젤사이클(내연기관 사이클) 열효율율(ηd)

$$\eta d = 1 - \left(\frac{1}{\varepsilon}\right)^{k-1}\left[\frac{\sigma^k - 1}{K(\sigma - 1)}\right]$$
$$= 1 - \left(\frac{1}{10}\right)^{1.3-1} \cdot \left[\frac{1.8^{1.3} - 1}{1.3(1.8 - 1)}\right]$$
$$= 0.447(44.7)\%$$

40 정답 | ④
풀이 | $1kW - h = 102kg \cdot m/s$

$$102 \times 60초 \times 60분/시간 \times \frac{1}{427} kcal/kg \cdot m$$
$$= 860kcal = 3,600kJ$$

41 정답 | ④
풀이 | 충격값 : 저온장치용 금속재료에서 온도가 낮을수록
감소하는 기계적 성질
• ①, ②, ③항은 온도가 낮을수록 증가하는 성질이다.

42 정답 | ②
풀이 | ㉠ D : 내경에서 부식여유의 상당부분을 뺀 부분의 수치
㉡ P : 배관의 상용압력
㉢ C : 부식여유

43 정답 | ①

44 정답 | ①
풀이 | 역카르노 사이클(이론 냉동사이클)
등온팽창 → 단열압축 → 등온압축 → 단열팽창
※ 카르노 사이클은 열기관의 이론적 사이클로 2개의
단열 과정과 2개의 등온 과정으로 구성되어 있고,
역카르노 사이클은 냉동기관의 이상적 사이클로
카르노 사이클과 반대 방향으로 작용하며 저열원
에서 열을 흡수해 고열원에 공급한다.

45 정답 | ②
풀이 | 내압시험 : 상용압력$\times 1.5$배$= 14 \times 1.5 = 21MPa$

46 정답 | ③
풀이 | ㉠ 분해폭발방지 희석제 : 에틸렌(C_2H_4), CO 가스,
질소, 메탄(CH_4) 등
㉡ 황화수소(H_2S) : 가연성, 독성가스

47 정답 | ①
풀이 | LPG 이송방법(탱크로리에서 지상의 저장탱크로)
㉠ 차압법
㉡ 액펌프이용법
㉢ 압축기사용법

48 정답 | ②
풀이 | 프라이밍(액비수) : 펌프 운전 시 공회전 방지 및 펌핑
부작용 시 펌프 내에 액을 충만시키는 것(마중액 이용)

49 정답 | ④
풀이 | 나프타
㉠ 알칸족 탄화수소 : 파라핀계, 메탄계, 포화계
㉡ 알켄족 탄화수소 : 올레핀계, 에틸렌계
㉢ 알킨족 탄화수소 : 아세틸렌계
㉣ 나프텐계 탄화수소
㉤ 파라핀계 탄화수소
※ 올레핀계 : 에틸렌, 프로필렌, 부틸렌 등의 탄화수
소(파라핀계 탄화수소가 많을수록 나프타는 좋다.)

50 정답 | ①
풀이 | 헛불방지장치 : 가스보일러의 물탱크 수위를 다이어
프램에 의한 압력변화로 검출하여 가스회로를 차단하
여 사고를 미연에 방지(저수위, 보일러과열사고 방지
장치)

51 정답 | ③

풀이 | ㉠ 암모니아, 브롬화메탄 가연성 : 밸브 충전구 나사
(오른나사)

㉡ LPG 등 가연성 가스 : 용기 밸브 충전구 나사(왼나사)

52 정답 | ②

풀이 | 니켈 : 수증기 개질공정에서 가스제조 시 촉매로 사용

53 정답 | ②

풀이 | 0.46kg=460g(분자량 : 메탄 16, 에탄 30)

평균분자량=$16 \times 0.9 + 30 \times 0.1 = 17.4$

몰량=$\dfrac{460g}{17.4g}=26.43678\text{moL}$

$26.43678 \times 22.4\text{L/moL} = 592.183\text{L}(체적)$

$\therefore$ 체적$(V)=592.183 \times \dfrac{273+10}{273}=614$배

54 정답 | ④

풀이 | 메탄(CH_4) 가스의 임계온도는 $-82.1℃$이므로 온도
가 매우 낮아서 상온에서는 액화가 불가능하다.

55 정답 | ④

풀이 | ㉠ LPG(L : 액화, P : 석유, G : 가스) : 액화석유가
스(석유의 정제과정에서 나프타, 프로판, 부탄, 프
로필렌, 부틸렌, 부타디엔 등을 얻는다.)

㉡ LNG(L : 액화, N : 천연자원, G : 가스) : 액화천
연가스로 주성분은 메탄(CH_4)

56 정답 | ①

풀이 | ㉠ 황화수소(H_2S) : 구리(CuS)로 금속 이온의 정성분
석에 사용하나 저온부식 발생

㉡ 암모니아($4NH_3$) $\rightarrow$ $Cu(NH_4)^{+2} + 2OH^-$ (착염 발생)

㉢ 아세틸렌(C_2H_2) $+ 2Cu \rightarrow Cu_2C_2$(아세틸라이트 생성)

57 정답 | ③

풀이 | 전도안전장치 : 가스보일러의 경우 넘어짐 안전장치
는 필요하지 않다.

58 정답 | ②

풀이 | 노즐에 의한 LP가스 분출량 계산(Q)

$Q=0.009D^2 \sqrt{\dfrac{P(압력)}{d(비중)}}$

$= 0.009 \times (1.0)^2 \times \sqrt{\dfrac{250}{1.2}} \times 3$시간

$= 0.3897\text{m}^3 \fallingdotseq 390\text{L}$

59 정답 | ②

풀이 | 줄-톰슨(Joule-Thomson) 효과 : 압축가스를 단열
팽창시키면 온도나 압력이 강하하는 효과

60 정답 | ③

풀이 | 콕 : 퓨즈콕, 상자콕, 주물연소기용 노즐콕
• ③항은 상자콕의 특성이다.

61 정답 | ①

풀이 | 운전정지

㉠ 아세틸렌이 5mg을 넘을 때

㉡ 탄소의 질량이 500mg을 넘을 때

62 정답 | ①

풀이 | 가스용 온수 보일러에는 헛불방지장치, 과열방지장치
가 필요하며 나머지는 ②, ③, ④ 부품이 장착된다.

63 정답 | ③

풀이 | ㉠ 가스누출경보농도는 가연성 가스의 경우 폭발하한
계의 $\dfrac{1}{4}$ 이하에서 감응하는 구조로 한다.

㉡ 독성가스의 경우 허용농도 이하에서 감응하는 구조
※ TLV[허용복용한계치=미국정부산업보건협회의 폭
로한계(종류 : TLV-TWA 시간하중평균, TLV-
STEL 단순폭로한계, TLV-C 천정치)]

64 정답 | ②

풀이 | 독성가스 질량이 1,000kg 미만인 경우 공기호흡기는
불필요하다.

65 정답 | ④

풀이 | 염소와 동일 차량에 혼합적재 금지가스

㉠ 아세틸렌

㉡ 암모니아

㉢ 수소

㉣ 시안화수소

66 정답 | ①

풀이 | LPG 액화석유가스는 공기보다 비중이 무거워서 옥내
에서 누출 시 피해가 매우 크다. 반면, 옥외 쪽은 확산
이 빨라서 사고발생이 예방된다.

67 정답 | ①

풀이 | 비중$=\dfrac{가스분자량}{29}$

CBT 정답 및 해설

분자량＝염소 : 71, 공기 : 29, 일산화탄소 : 28,
아세틸렌 : 26, 이산화질소 : 44, 아황산가스 : 64
※ 분자량이 크면 비중도 커진다.

68 정답 | ④
풀이 | 방류둑을 설치해야하는 가스양 기준(액화가스용)
ⓐ 가연성 가스 : 500톤 이상
ⓑ 독성가스 : 5톤 이상
ⓒ 산소가스 : 1천 톤 이상

69 정답 | ③
풀이 | ③항은 벤드스택에 관한 내용이다.

70 정답 | ②
풀이 | 산소 용접용기(t)
$$= \frac{P \cdot D}{400 \cdot s \cdot \eta} = \frac{2,000 \times 650}{400 \times 500 \times 1} = 6.5\text{mm}$$

71 정답 | ①
풀이 | 캐노피 면적은 공지면적 $\frac{1}{2}$ 이하

72 정답 | ③
풀이 | 밀폐된 목욕탕에서 도시가스 순간온수기를 사용하는
경우 산소요구량 감소로 인한 산소결핍(18% 이하)과
CO 가스 증가로 의식을 잃을 수 있다.

73 정답 | ①
풀이 | 휴대용 확성기 : 사업소 내 전체 및 종업원 상호 간(사
업소 내 임의의 장소)에만 사용하는 통신설비이다.

74 정답 | ②
풀이 | 한계산소농도 : 폭발범위가 넓은 가스의 경우는 한계
산소농도가 약 4%이다(폭발범위는 C_2H_2가스의 경우
2.5~81%).

75 정답 | ④
풀이 | 액화가스의 저장탱크 압력이 이상 상승하면 ①, ②,
③항 조치 및 입구 측의 긴급차단밸브를 작동시킨다.

76 정답 | ③
풀이 | 아세틸렌가스의 최고충전압력이란 15℃에서 용기에

충전할 수 있는 가스의 압력 중 최고압력(내압시험은
최고충전압력의 3배)

77 정답 | ②
풀이 | 전기설비의 방폭구조 구조별
①, ③, ④ 외 압력방폭구조, 본질안전방폭구조, 특수
방폭구조가 있다.

78 정답 | ②
풀이 | 용접용 탄소강은 일반적으로 0.35% 이하로 한다.

79 정답 | ②
풀이 | 재검사대상 가스용기의 기준조건은 ①, ③, ④항 외
합격 표시가 훼손된 용기, 열영향을 받은 용기도 포함
된다.

80 정답 | ③
풀이 | 액화석유가스 용기의 경우 15L 이하 용기의 경우 실내
보관금지 표시가 필요하다(액법 시행규칙 별표14).

81 정답 | ③
풀이 | 습식가스미터 기본형 : 드럼형 가스미터기(실측식 가
스미터기)이며 계량이 정확하고 사용 중 기차의 변동이
거의 없다.

82 정답 | ②
풀이 | 탄성체 탄력은 압력계의 이상적인 구비조건이다.
ⓐ 부르동관식
ⓑ 벨로스식
ⓒ 다이어프램식(격막식)

83 정답 | ④
풀이 | $0.5\text{g/cm}^3 = 0.5\text{kg/m}^3$
$P = rh$
$1.0332\text{kg/cm}^2 = 102\text{kPa} = 10.33\text{mH}_2\text{O}$
$$\therefore \frac{102 \times (0.5 \times 2)}{1.0332 \times 10.33} = 9.8\text{kPa}$$

84 정답 | ②
풀이 | 피스톤 단면적 $= \frac{\pi}{4}d^2 = \frac{3.14}{4} \times (2)^2 = 3.14\text{cm}^2$
$$\therefore \text{W} = 3.14 \times 20 = 62.8\text{kg}$$
실린더 단면적 $= \frac{\pi}{4}d^2 = \frac{3.14}{4} \times (4)^2 = 12.56\text{cm}^2$
※ 게이지압력$(P) = \frac{\text{추와 피스톤의 무게}}{\text{유효 피스톤의 단면적}}(\text{kg/cm}^2)$

85 정답 | ④

풀이 | 다이어프램 압력계(탄성식)

ⓐ 통풍력 측정(드래프트용)

ⓑ 공기식 자동제어 압력검출용

ⓒ 측정압력은 $0.01 \sim 20 kg/cm^2$

ⓓ 재질은 인, 구리, 청동, 스테인리스 등

86 정답 | ③

풀이 | ⓐ 요오드화칼륨전분지(KI 전분지) : 염소(Cl_2)가스의 가스검지에 사용

ⓑ 적색리트머스시험지 : 암모니아(NH_3) 가스의 검지용

87 정답 | ④

풀이 | 계통적 오차 : 계측기기의 고유의 오차로서 계측기의 팽창, 수축(신축)에 의한 영향의 오차이다.

88 정답 | ①

풀이 | ⓐ 수은온도계 : $-35℃ \sim 700℃$

ⓑ 알루멜-크로멜 : $0℃ \sim 1,200℃$

ⓒ 구리-콘스탄탄 : $-200℃ \sim 350℃$

ⓓ 철-콘스탄탄 : $-200℃ \sim 800℃$

89 정답 | ④

풀이 | 저항$(R_1) = R_0(1 + a \cdot \varDelta t)$

$200 = 100 \times (1 + 0.0025 \times \varDelta t)$

온도차$(\varDelta t) = 50 + \dfrac{1}{0.0025} \times \left(\dfrac{200}{100} - 1\right) = 450℃$

∴ 노 안의 온도 = $450 + 50 = 500℃$

90 정답 | ②

풀이 | 액주식 압력계는 액주의 모세관 현상에 의한 액주의 변화가 없도록 한다(액주는 밀도 변화가 적고 순수한 액체로서 점도가 작아야 한다).

91 정답 | ④

풀이 | 와유량계(소용돌이 유량계) : 압력손실이 없는 유량계이며 가동부분이 없고 측정범위가 넓다.

• 종류 : 델타식, 스와르메타, 카르만

92 정답 | ①

풀이 | 풍속$(V) = C\sqrt{2g\left(\dfrac{S_0 - S}{S}\right)h}$

$= \sqrt{2 \times 9.8\left(\dfrac{1,000 - 1.2}{1.2}\right) \times 0.04}$

$= 25.5 m/s$

※ 물의 밀도($1,000 kg/m^3$), $4.0cm = 0.04m$

93 정답 | ②

풀이 | 가스계량기 10kPa 표시 : 기밀시험압력

94 정답 | ②

풀이 | 구리-콘스탄탄(C.C)온도계 : 열전대 온도계

ⓐ 온도측정 : $-200 \sim 800℃$

ⓑ 사용금속 : +측 Cu, -측 콘스탄탄(구리+니켈)

ⓒ 특성 : 열기전력이 크고 저항 및 온도계수가 작아 저온용으로 사용된다.

95 정답 | ②

풀이 | 헴펠식 가스분석계 분석순서

CO_2 → 중탄화수소 → 산소 → CO(흡수분석법 가스분석기)

96 정답 | ①

풀이 | 막식(다이어프램식) : 실측식으로 횟수를 용적단위로 환산하는 가스미터이며 가격이 싸고 부착 후의 유지관리에 시간을 요하지 않는다. 대용량의 경우 설치스페이스가 크다.

97 정답 | ①

풀이 | 절대습도 : 건조공기 1kg 중의 H_2O의 중량이며 단위는 kg/kg′이다.

98 정답 | ①

풀이 | 흡착제 충전물

ⓐ 활성탄

ⓑ 활성알루미나

ⓒ 뮬레큘러시브

ⓓ 실리카겔

99 정답 | ①

풀이 | ① : 화학적인 가스분석계

②, ③, ④ : 물리적 가스분석계

100 정답 | ②

풀이 | $50 - 40 = 10mL$

$50 - 20 = 30mL$

$50 - 17 = 33mL$

$N_2 = 50 - 33 = 17mL$

∴ $\dfrac{17}{50} \times 100 = 34\%$

03 실전점검!
CBT 실전모의고사

수험번호:
수험자명:

제한 시간 : 2시간 30분
남은 시간 :

글자
크기
100% 150% 200%

화면
배치 [그림]

전체 문제 수 :
안 푼 문제 수 :

답안 표기란
1 ① ② ③ ④
2 ① ② ③ ④
3 ① ② ③ ④
4 ① ② ③ ④
5 ① ② ③ ④
6 ① ② ③ ④
7 ① ② ③ ④
8 ① ② ③ ④
9 ① ② ③ ④
10 ① ② ③ ④
11 ① ② ③ ④
12 ① ② ③ ④
13 ① ② ③ ④
14 ① ② ③ ④
15 ① ② ③ ④
16 ① ② ③ ④
17 ① ② ③ ④
18 ① ② ③ ④
19 ① ② ③ ④
20 ① ② ③ ④
21 ① ② ③ ④
22 ① ② ③ ④
23 ① ② ③ ④
24 ① ② ③ ④
25 ① ② ③ ④
26 ① ② ③ ④
27 ① ② ③ ④
28 ① ② ③ ④
29 ① ② ③ ④
30 ① ② ③ ④

1과목 연소공학

01 밀도 $1.2kg/m^3$의 기체가 직경 10cm인 관속을 20m/s로 흐르고 있다. 관의 마찰계수가 0.02라면 1m당 압력손실은 약 몇 Pa인가?

① 24
② 36
③ 48
④ 54

02 온도 20℃의 이상기체가 수평으로 놓인 관 내부를 흐르고 있다. 유동 중에 놓인 작은 물체의 코에서의 정체온도(Stagnation Temperature)가 $T_2 = 40$℃이면 관에서의 기체의 속도(m/s)는?(단, 기체의 정압비열 $C_p = 1,040J/(kg \cdot K)$이고, 등엔트로피 유동이라고 가정한다.)

① 204
② 217
③ 237
④ 253

03 정압비열(C_p)을 옳게 나타낸 것은?

① $\dfrac{k}{C_v}$

② $\left(\dfrac{\partial h}{\partial T}\right)p$

③ $\dfrac{h_2 - h_1}{T_2 - T_1}$

④ $\left(\dfrac{\partial T}{\partial h}\right)v$

04 동점성 계수가 각각 $1.1 \times 10^{-6}m^2/s$, $1.5 \times 10^{-5}m^2/s$인 물과 공기가 지름 10cm인 원형관 속을 10cm/s의 속도로 각각 흐르고 있을 때 물과 공기의 유동을 옳게 나타낸 것은?

① 물 : 층류, 공기 : 층류
② 물 : 층류, 공기 : 난류
③ 물 : 난류, 공기 : 층류
④ 물 : 난류, 공기 : 난류

계산기　　　　　　다음 ▶　　　　　안 푼 문제　　답안 제출

03회

실전점검!
CBT 실전모의고사

수험번호 :

수험자명 :

제한 시간 : 2시간 30분
남은 시간 :

글자
크기 100% 150% 200%

화면
배치

전체 문제 수 :
안 푼 문제 수 :

답안 표기란

1	①	②	③	④
2	①	②	③	④
3	①	②	③	④
4	①	②	③	④
5	①	②	③	④
6	①	②	③	④
7	①	②	③	④
8	①	②	③	④
9	①	②	③	④
10	①	②	③	④
11	①	②	③	④
12	①	②	③	④
13	①	②	③	④
14	①	②	③	④
15	①	②	③	④
16	①	②	③	④
17	①	②	③	④
18	①	②	③	④
19	①	②	③	④
20	①	②	③	④
21	①	②	③	④
22	①	②	③	④
23	①	②	③	④
24	①	②	③	④
25	①	②	③	④
26	①	②	③	④
27	①	②	③	④
28	①	②	③	④
29	①	②	③	④
30	①	②	③	④

05 충격파의 유동특성을 나타내는 Fanno 선도에 대한 설명 중 옳지 않은 것은?

① Fanno 선도는 열역학 제1법칙, 연속방정식, 상태방정식으로부터 얻을 수 있다.

② 질량유량이 일정하고 정체 엔탈피가 일정한 경우에 적용된다.

③ Fanno 선도는 정상상태에서 일정 단면유로를 압축성 유체가 외부와 열교환하면서 마찰 없이 흐를 때 적용된다.

④ 일정 질량유량에 대하여 Mach 수를 Parameter로 하여 작도한다.

06 관내 유체의 급격한 압력 강하에 따라 수중으로부터 기포가 분리되는 현상은?

① 공기바인딩
② 감압화
③ 에어리프트
④ 캐비테이션

07 관속을 유체가 층류로 흐를 때 관에서의 평균유속은 관 중심에서의 최대 유속의 얼마가 되는가?

① 0.5
② 0.75
③ 0.82
④ 1.00

08 내경 60cm의 관을 사용하여 수평거리 50km 떨어진 곳에 2m/s의 속도로 송수하고자 한다. 관마찰로 인한 손실수두는 약 몇 m에 해당하는가?(단, 관의 마찰계수는 0.02이다.)

① 240
② 340
③ 440
④ 540

계산기   다음 ▶   안 푼 문제   답안 제출

03회 실전점검!
CBT 실전모의고사

수험번호 :

수험자명 :

제한 시간 : 2시간 30분
남은 시간 :

글자
크기 ⊖ 100% Ⓜ 150% ⊕ 200% 화면 배치 전체 문제 수 :
안 푼 문제 수 :

답안 표기란

1	① ② ③ ④
2	① ② ③ ④
3	① ② ③ ④
4	① ② ③ ④
5	① ② ③ ④
6	① ② ③ ④
7	① ② ③ ④
8	① ② ③ ④
9	① ② ③ ④
10	① ② ③ ④
11	① ② ③ ④
12	① ② ③ ④
13	① ② ③ ④
14	① ② ③ ④
15	① ② ③ ④
16	① ② ③ ④
17	① ② ③ ④
18	① ② ③ ④
19	① ② ③ ④
20	① ② ③ ④
21	① ② ③ ④
22	① ② ③ ④
23	① ② ③ ④
24	① ② ③ ④
25	① ② ③ ④
26	① ② ③ ④
27	① ② ③ ④
28	① ② ③ ④
29	① ② ③ ④
30	① ② ③ ④

09 다음은 어떤 관내의 층류 흐름에서 관벽으로부터의 거리에 따른 속도구배의 변화를 나타낸 그림이다. 그림에서 Shear Stress가 가장 큰 곳은?(단, y는 관벽으로부터의 거리, u는 유속이다.)

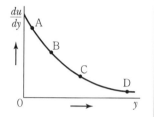

① A
② B
③ C
④ D

10 마하 수가 1보다 클 때 유체를 가속시키려면 어떻게 하여야 하는가?

① 단면적을 감소시킨다.
② 단면적을 증가시킨다.
③ 단면적을 일정하게 유지시킨다.
④ 단면적과는 상관없으므로 유체의 점도를 증가시킨다.

11 베르누이 방정식을 유도할 때 필요한 가정 중 틀린 것은?

① 유선상의 두 점에 적용한다.
② 마찰이 없는 흐름이다.
③ 압축성 유체의 흐름이다.
④ 정상상태의 흐름이다.

12 그림과 같은 사이펀을 통하여 나오는 물의 질량 유량은 약 몇 kg/s인가? (단, 수면은 항상 일정하다.)

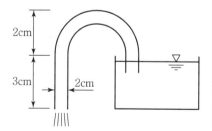

① 1.21
② 2.41
③ 3.61
④ 4.83

계산기   다음 ▶   안 푼 문제   📋 답안 제출

03회 실전점검!
CBT 실전모의고사

수험번호 :

수험자명 :

제한 시간 : 2시간 30분
남은 시간 :

글자
크기 ⊖ 100% Ⓜ 150% ⊕ 200%

화면
배치

전체 문제 수 :
안 푼 문제 수 :

답안 표기란

1	① ② ③ ④
2	① ② ③ ④
3	① ② ③ ④
4	① ② ③ ④
5	① ② ③ ④
6	① ② ③ ④
7	① ② ③ ④
8	① ② ③ ④
9	① ② ③ ④
10	① ② ③ ④
11	① ② ③ ④
12	① ② ③ ④
13	① ② ③ ④
14	① ② ③ ④
15	① ② ③ ④
16	① ② ③ ④
17	① ② ③ ④
18	① ② ③ ④
19	① ② ③ ④
20	① ② ③ ④
21	① ② ③ ④
22	① ② ③ ④
23	① ② ③ ④
24	① ② ③ ④
25	① ② ③ ④
26	① ② ③ ④
27	① ② ③ ④
28	① ② ③ ④
29	① ② ③ ④
30	① ② ③ ④

13 유체의 흐름에서 유선이란 무엇인가?

① 유체흐름의 모든 점에서 접선 방향이 그 점의 속도 방향과 일치하는 연속적인 선

② 유체흐름의 모든 점에서 속도벡터에 평행하지 않는 선

③ 유체흐름의 모든 점에서 속도벡터에 수직한 선

④ 유체흐름의 모든 점에서 유동단면의 중심을 연결한 선

14 충격파와 에너지선에 대한 설명으로 옳은 것은?

① 충격파는 아음속 흐름에서 갑자기 초음속 흐름으로 변할 때에만 발생한다.

② 충격파가 발생하면 압력, 온도, 밀도 등이 연속적으로 변한다.

③ 에너지선은 수력구배선보다 속도수두만큼 위에 있다.

④ 에너지선은 항상 상향 기울기를 갖는다.

15 내경이 2.5×10^{-3}m인 원관에 0.3m/s의 평균속도로 유체가 흐를 때 유량은 약 몇 m³/s인가?

① 1.06×10^{-6}

② 1.47×10^{-6}

③ 2.47×10^{-6}

④ 5.23×10^{-6}

16 그림과 같이 유체의 흐름 방향을 따라서 단면적이 감소하는 영역(Ⅰ)과 증가하는 영역(Ⅱ)이 있다. 단면적의 변화에 따른 유속의 변화에 대한 설명으로 옳은 것을 모두 나타낸 것은?(단, 유동은 마찰이 없는 1차원 유동이라고 가정한다.)

A : 비압축성 유체인 경우, 영역(Ⅰ)에서는 유속이 증가하고 (Ⅱ)에서는 감소한다.

B : 압축성 유체의 아음속 유동(Subsonic Flow)에서는 영역(Ⅰ)에서 유속이 증가한다.

C : 압축성 유체의 초음속 유동(Supersonic Flow)에서는 영역(Ⅱ)에서 유속이 증가한다.

Flow → (Ⅰ)   (Ⅱ) →

$dA=0$

① A, B

② A, C

③ B, C

④ A, B, C

계산기

다음 ▶

안 푼 문제

답안 제출

03회 실전점검!
CBT 실전모의고사

수험번호 :

수험자명 :

제한 시간 : 2시간 30분
남은 시간 :

글자
크기 100% 150% 200%

화면
배치

전체 문제 수 :
안 푼 문제 수 :

17 표면장력에 대한 관성력의 비를 나타내는 무차원의 수는?

① Reynolds수　　　　　② Froude수

③ 모세관수　　　　　　④ Weber수

18 액체에서 마찰열에 의한 온도상승이 작은 이유를 옳게 설명한 것은?

① 단위질량당 마찰일이 일반적으로 크기 때문에

② 액체의 열용량이 일반적으로 고체의 열용량보다 크기 때문에

③ 액체의 밀도가 일반적으로 고체의 밀도보다 크기 때문에

④ 내부에너지가 일반적으로 크기 때문에

19 1차원 유동에서 수직충격파가 발생하게 되면 어떻게 되는가?

① 속도, 압력, 밀도가 증가한다.

② 압력, 밀도, 온도가 증가한다.

③ 속도, 온도, 밀도가 증가한다.

④ 압력은 감소하고 엔트로피가 일정하게 된다.

20 유동하는 물의 속도가 12m/s이고 압력이 1.1kgf/ cm²이다. 이 경우에 속도수두와 압력수두는 각각 약 몇 m인가?(단, 물의 밀도는 1,000kg/m³이다.)

① 10.6, 11.0　　　　　② 7.35, 11.0

③ 7.35, 10.6　　　　　④ 10.6, 10.6

1	①	②	③	④
2	①	②	③	④
3	①	②	③	④
4	①	②	③	④
5	①	②	③	④
6	①	②	③	④
7	①	②	③	④
8	①	②	③	④
9	①	②	③	④
10	①	②	③	④
11	①	②	③	④
12	①	②	③	④
13	①	②	③	④
14	①	②	③	④
15	①	②	③	④
16	①	②	③	④
17	①	②	③	④
18	①	②	③	④
19	①	②	③	④
20	①	②	③	④
21	①	②	③	④
22	①	②	③	④
23	①	②	③	④
24	①	②	③	④
25	①	②	③	④
26	①	②	③	④
27	①	②	③	④
28	①	②	③	④
29	①	②	③	④
30	①	②	③	④

계산기

다음 ▶

안 푼 문제

답안 제출

03회
실전점검!
CBT 실전모의고사

수험번호 :

수험자명 :

⏱ 제한 시간 : 2시간 30분
남은 시간 :

글자
크기　⊖100%　Ⓜ150%　⊕200%　　화면
배치 ▰ ▭ ▯

전체 문제 수 :
안 푼 문제 수 :

답안 표기란

1	① ② ③ ④
2	① ② ③ ④
3	① ② ③ ④
4	① ② ③ ④
5	① ② ③ ④
6	① ② ③ ④
7	① ② ③ ④
8	① ② ③ ④
9	① ② ③ ④
10	① ② ③ ④
11	① ② ③ ④
12	① ② ③ ④
13	① ② ③ ④
14	① ② ③ ④
15	① ② ③ ④
16	① ② ③ ④
17	① ② ③ ④
18	① ② ③ ④
19	① ② ③ ④
20	① ② ③ ④
21	① ② ③ ④
22	① ② ③ ④
23	① ② ③ ④
24	① ② ③ ④
25	① ② ③ ④
26	① ② ③ ④
27	① ② ③ ④
28	① ② ③ ④
29	① ② ③ ④
30	① ② ③ ④

2과목　**연소공학**

21 용적 100L인 밀폐된 용기 속에 온도 0℃에서의 8mole의 산소와 12mole의 질소가 들어 있다면 이 혼합기체의 압력(kPa)은 약 얼마인가?

① 454　　　　　　　　　② 558
③ 658　　　　　　　　　④ 754

22 418.6kJ/kg의 내부에너지를 갖는 20℃의 공기 10kg이 탱크 안에 들어 있다. 공기의 내부 에너지가 502.3kJ/kg으로 증가할 때까지 가열하였을 경우 이때의 열량 변화는 약 몇 kJ인가?

① 775　　　　　　　　　② 793
③ 837　　　　　　　　　④ 893

23 연도가스의 몰조성이 CO_2 : 25%, CO : 5%, O_2 : 5%, N_2 : 65%이면 과잉공기 백분율(%)은?

① 14.46　　　　　　　　② 16.9
③ 18.8　　　　　　　　　④ 82.2

24 발열량이 21MJ/kg인 무연탄이 7%의 습분을 포함한다면 무연탄의 발열량은 약 몇 MJ/kg인가?

① 16.43　　　　　　　　② 17.85
③ 19.53　　　　　　　　④ 21.12

25 공기비가 작을 때 연소에 미치는 영향이 아닌 것은?

① 불완전연소가 되어 일산화탄소(CO)가 많이 발생한다.
② 미연소에 의한 열손실이 증가한다.
③ 미연소에 의한 열효율이 증가한다.
④ 미연소가스로 인한 폭발사고가 일어나기 쉽다.

⌨ 계산기　　　　　　　다음 ▶　　　　　🖩 안 푼 문제　　📋 답안 제출

03 실전점검!
CBT 실전모의고사

수험번호:
수험자명:

제한 시간 : 2시간 30분
남은 시간 :

글자 크기 100% 150% 200% 화면 배치

전체 문제 수 :
안 푼 문제 수 :

26 다음 기체 연료 중 발열량(MJ/Nm³)이 가장 작은 것은?

① 천연가스
② 석탄가스
③ 발생로가스
④ 수성가스

27 연소속도에 관한 설명으로 옳은 것은?

① 단위는 kg/s으로 나타낸다.
② 미연소 혼합기류의 화염면에 대한 법선 방향의 속도이다.
③ 연료의 종류, 온도, 압력과는 무관하다.
④ 정지 관찰자에 대한 상대적인 화염의 이동속도이다.

28 등심연소의 화염 높이에 대하여 바르게 설명한 것은?

① 공기 유속이 낮을수록 화염의 높이는 커진다.
② 공기 온도가 낮을수록 화염의 높이는 커진다.
③ 공기 유속이 낮을수록 화염의 높이는 낮아진다.
④ 공기 유속이 높고 공기 온도가 높을수록 화염의 높이는 커진다.

29 다음과 같은 조성을 갖는 혼합가스의 분자량은?(단, 혼합가스의 체적비는 CO_2(13.1%), O_2(7.7%), N_2 (79.2%)이다.)

① 22.81
② 24.94
③ 28.67
④ 30.40

30 800℃의 고열원과 100℃의 저열원 사이에서 작동하는 열기관의 효율은 얼마인가?

① 88%
② 65%
③ 58%
④ 55%

1	①	②	③	④
2	①	②	③	④
3	①	②	③	④
4	①	②	③	④
5	①	②	③	④
6	①	②	③	④
7	①	②	③	④
8	①	②	③	④
9	①	②	③	④
10	①	②	③	④
11	①	②	③	④
12	①	②	③	④
13	①	②	③	④
14	①	②	③	④
15	①	②	③	④
16	①	②	③	④
17	①	②	③	④
18	①	②	③	④
19	①	②	③	④
20	①	②	③	④
21	①	②	③	④
22	①	②	③	④
23	①	②	③	④
24	①	②	③	④
25	①	②	③	④
26	①	②	③	④
27	①	②	③	④
28	①	②	③	④
29	①	②	③	④
30	①	②	③	④

계산기　　　다음 ▶　　　안 푼 문제　　　답안 제출

실전점검!
03회 CBT 실전모의고사
수험번호 :

수험자명 :

제한 시간 : 2시간 30분
남은 시간 :

글자
크기 ⊖ 100% Ⓜ 150% ⊕ 200%   화면
배치 ▭▭ ▯▯ ▯

전체 문제 수 :
안 푼 문제 수 :

답안 표기란

31	①	②	③	④
32	①	②	③	④
33	①	②	③	④
34	①	②	③	④
35	①	②	③	④
36	①	②	③	④
37	①	②	③	④
38	①	②	③	④
39	①	②	③	④
40	①	②	③	④
41	①	②	③	④
42	①	②	③	④
43	①	②	③	④
44	①	②	③	④
45	①	②	③	④
46	①	②	③	④
47	①	②	③	④
48	①	②	③	④
49	①	②	③	④
50	①	②	③	④
51	①	②	③	④
52	①	②	③	④
53	①	②	③	④
54	①	②	③	④
55	①	②	③	④
56	①	②	③	④
57	①	②	③	④
58	①	②	③	④
59	①	②	③	④
60	①	②	③	④

31 안전성평가기법 중 시스템을 하위 시스템으로 점점 좁혀 가고 고장에 대해 그 영향을 기록하여 평가하는 방법으로, 서브시스템 위험분석이나 시스템 위험분석을 위하여 일반적으로 사용되는 전형적인 정성적 · 귀납적 분석기법으로 시스템에 영향을 미치는 모든 요소의 고장을 형태별로 분석하여 그 영향을 검토하는 기법은?

① 고장형태영향분석(FMEA)
② 원인결과분석(CCA)
③ 위험 및 운전성 검토(HAZOP)
④ 결함수분석(FTA)

32 헬륨을 냉매로 하는 극저온용 가스냉동기의 기본사이클 이름은?

① 역르누아사이클
② 역아트킨슨사이클
③ 역에릭슨사이클
④ 역스털링사이클

33 기상폭발의 발화원에 해당되지 않는 것은?

① 성냥
② 전기불꽃
③ 화염
④ 충격파

34 과잉공기비는 다음 중 어떤 식으로 계산되는가?

① (실제공기량) ÷ (이론공기량)
② (실제공기량) ÷ (이론공기량) − 1
③ (이론공기량) ÷ (실제공기량)
④ (이론공기량) ÷ (실제공기량) − 1

35 두께 4mm인 강의 평판에 고온 측 면의 온도가 100℃이고, 저온 측 면의 온도가 80℃일 때 m^2에 대해 30,000kJ/min의 전열을 한다고 하면 이 강판의 열전도율은 약 몇 W/m℃인가?

① 100
② 120
③ 130
④ 140

계산기   다음 ▶   안 푼 문제   📋 답안 제출

03 실전점검!
CBT 실전모의고사

수험번호:

수험자명:

제한 시간 : 2시간 30분
남은 시간 :

글자 크기 100% 150% 200%

화면 배치

전체 문제 수 :
안 푼 문제 수 :

답안 표기란				
31	①	②	③	④
32	①	②	③	④
33	①	②	③	④
34	①	②	③	④
35	①	②	③	④
36	①	②	③	④
37	①	②	③	④
38	①	②	③	④
39	①	②	③	④
40	①	②	③	④
41	①	②	③	④
42	①	②	③	④
43	①	②	③	④
44	①	②	③	④
45	①	②	③	④
46	①	②	③	④
47	①	②	③	④
48	①	②	③	④
49	①	②	③	④
50	①	②	③	④
51	①	②	③	④
52	①	②	③	④
53	①	②	③	④
54	①	②	③	④
55	①	②	③	④
56	①	②	③	④
57	①	②	③	④
58	①	②	③	④
59	①	②	③	④
60	①	②	③	④

36 프로판(C_3H_8)의 연소반응식은 다음과 같다. 프로판(C_3H_8)의 화학양론계수는?

$$C_3H_8 + 5O_2 \rightarrow 3CO_2 + 4H_2O$$

① 1
② 1/5
③ 6/7
④ −1

37 증기운 폭발(VCE)에 대한 설명 중 틀린 것은?

① 증기운의 크기가 증가하면 점화확률이 커진다.
② 증기운에 의한 재해는 폭발보다는 화재가 일반적이다.
③ 폭발효율이 커서 연소에너지의 전부가 폭풍파로 전환된다.
④ 방출점으로부터 먼 지점에서의 증기운의 점화는 폭발의 충격을 증가시킨다.

38 다음 중 연소의 3대 요소가 아닌 것은?

① 공기
② 가연물
③ 시간
④ 점화원

39 가연성 혼합기 중에서 화염이 형성되어 전파할 수 있는 가연성 기체 농도의 한계를 의미하지 않는 것은?

① 연소한계
② 폭발한계
③ 가연한계
④ 소염한계

40 과잉공기계수가 1일 때 $224Nm^3$의 공기로 탄소는 약 몇 kg을 완전 연소시킬 수 있는가?

① 20.1
② 23.4
③ 25.2
④ 27.3

계산기
다음 ▶
안 푼 문제
답안 제출

03회 실전점검!
CBT 실전모의고사

수험번호 :
수험자명 :

제한 시간 : 2시간 30분
남은 시간 :

글자 크기 100% 150% 200% 화면 배치

전체 문제 수 :
안 푼 문제 수 :

답안 표기란

31	① ② ③ ④
32	① ② ③ ④
33	① ② ③ ④
34	① ② ③ ④
35	① ② ③ ④
36	① ② ③ ④
37	① ② ③ ④
38	① ② ③ ④
39	① ② ③ ④
40	① ② ③ ④
41	① ② ③ ④
42	① ② ③ ④
43	① ② ③ ④
44	① ② ③ ④
45	① ② ③ ④
46	① ② ③ ④
47	① ② ③ ④
48	① ② ③ ④
49	① ② ③ ④
50	① ② ③ ④
51	① ② ③ ④
52	① ② ③ ④
53	① ② ③ ④
54	① ② ③ ④
55	① ② ③ ④
56	① ② ③ ④
57	① ② ③ ④
58	① ② ③ ④
59	① ② ③ ④
60	① ② ③ ④

3과목 가스설비

41 도시가스사업법에서 정의하는 것으로 가스를 제조하여 배관을 통해 공급하는 도시가스가 아닌 것은?

① 천연가스
② 나프타부생가스
③ 석탄가스
④ 바이오가스

42 역카르노 사이클로 작동되는 냉동기가 20kW의 일을 받아서 저온체에서 20kcal/s의 열을 흡수한다면 고온체로 방출하는 열량은 약 몇 kcal/s인가?

① 14.8
② 24.8
③ 34.8
④ 44.8

43 다음 [조건]에 따라 연소기를 설치할 때 적정용기 설치개수는?(단, 표준가스 발생 능력은 1.5kg/h이다.)

- 가스레인지 1대 : 0.15kg/h
- 순간온수기 1대 : 0.65kg/h
- 가스보일러 1대 : 2.50kg/h

① 20kg 용기 : 2개
② 20kg 용기 : 3개
③ 20kg 용기 : 4개
④ 20kg 용기 : 7개

44 고압가스 탱크를 수리하기 위하여 내부가스를 배출하고 불활성가스로 치환하여 다시 공기로 치환하였다. 내부의 가스를 분석한 결과 탱크 안에서 용접작업을 해도 되는 경우는?

① 산소 20%
② 질소 85%
③ 수소 2%
④ 일산화탄소 100ppm

계산기 다음 ▶ 안 푼 문제 답안 제출

03 실전점검!
CBT 실전모의고사

수험번호 :

수험자명 :

제한 시간 : 2시간 30분
남은 시간 :

글자
크기 100% 150% 200% 화면 배치 전체 문제 수 :
안 푼 문제 수 :

답안 표기란

31	①	②	③	④
32	①	②	③	④
33	①	②	③	④
34	①	②	③	④
35	①	②	③	④
36	①	②	③	④
37	①	②	③	④
38	①	②	③	④
39	①	②	③	④
40	①	②	③	④
41	①	②	③	④
42	①	②	③	④
43	①	②	③	④
44	①	②	③	④
45	①	②	③	④
46	①	②	③	④
47	①	②	③	④
48	①	②	③	④
49	①	②	③	④
50	①	②	③	④
51	①	②	③	④
52	①	②	③	④
53	①	②	③	④
54	①	②	③	④
55	①	②	③	④
56	①	②	③	④
57	①	②	③	④
58	①	②	③	④
59	①	②	③	④
60	①	②	③	④

45 지하에 설치하는 지역정압기실(기지)의 조작을 안전하고 확실하게 하기 위하여 조명도는 최소 어느 정도로 유지하여야 하는가?

① 80Lux 이상
② 100Lux 이상
③ 150Lux 이상
④ 200Lux 이상

46 다음 중 역류를 방지하기 위하여 사용되는 밸브는?

① 체크밸브(Check Valve)
② 글로브 밸브(Glove Valve)
③ 게이트 밸브(Gate Valve)
④ 버터플라이 밸브(Butterfly Valve)

47 액화석유가스 사용시설에 대한 설명으로 틀린 것은?

① 저장설비로부터 중간밸브까지의 배관은 강관·동관 또는 금속플렉시블 호스로 한다.
② 건축물 안의 배관은 매설하여 시공한다.
③ 건축물의 벽을 통과하는 배관에는 보호관과 부식방지 피복을 한다.
④ 호스의 길이는 연소기까지 3m 이내로 한다.

48 고무호스가 노후되어 직경 1mm의 구멍이 뚫려 280mmH₂O의 압력으로 LP가스가 대기 중으로 2시간 유출되었을 때 분출된 가스의 양은 약 몇 L인가?(단, 가스의 비중은 1.6이다.)

① 140L
② 238L
③ 348L
④ 672L

49 지하에 매설하는 배관의 이음방법으로 가장 부적합한 것은?

① 링조인트 접합
② 용접접합
③ 전기융착접합
④ 열융착접합

계산기 다음 ▶ 안 푼 문제 답안 제출

03회 실전점검!
CBT 실전모의고사

수험번호 :

수험자명 :

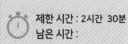

제한 시간 : 2시간 30분
남은 시간 :

글자 크기 100% 150% 200%　화면 배치

전체 문제 수 :
안 푼 문제 수 :

답안 표기란

31	① ② ③ ④
32	① ② ③ ④
33	① ② ③ ④
34	① ② ③ ④
35	① ② ③ ④
36	① ② ③ ④
37	① ② ③ ④
38	① ② ③ ④
39	① ② ③ ④
40	① ② ③ ④
41	① ② ③ ④
42	① ② ③ ④
43	① ② ③ ④
44	① ② ③ ④
45	① ② ③ ④
46	① ② ③ ④
47	① ② ③ ④
48	① ② ③ ④
49	① ② ③ ④
50	① ② ③ ④
51	① ② ③ ④
52	① ② ③ ④
53	① ② ③ ④
54	① ② ③ ④
55	① ② ③ ④
56	① ② ③ ④
57	① ② ③ ④
58	① ② ③ ④
59	① ② ③ ④
60	① ② ③ ④

50 액화석유가스용 염화비닐호스의 안지름 치수가 12.7mm인 경우 제 몇 종으로 분류되는가?

① 1
② 2
③ 3
④ 4

51 다음 중 인장시험방법에 해당하는 것은?

① 올센법
② 샤르피법
③ 아이조드법
④ 파우더법

52 구리 및 구리합금을 고압장치의 재료로 사용하기에 가장 적당한 가스는?

① 아세틸렌
② 황화수소
③ 암모니아
④ 산소

53 고압가스용 스프링식 안전밸브의 구조에 대한 설명으로 틀린 것은?

① 밸브 시트는 이탈되지 않도록 밸브 몸통에 부착한다.
② 안전밸브는 압력을 마음대로 조정할 수 없도록 봉인된 구조로 한다.
③ 가연성 가스 또는 독성가스용의 안전밸브는 개방형으로 한다.
④ 안전밸브는 그 일부가 파손되어도 충분한 분출량을 얻어야 한다.

54 동력 및 냉동시스템에서 사이클의 효율을 향상시키기 위한 방법이 아닌 것은?

① 재생기 사용
② 다단 압축
③ 다단 팽창
④ 압축비 감소

계산기　　　다음 ▶　　　안 푼 문제　답안 제출

03 실전점검!
CBT 실전모의고사

수험번호 :

수험자명 :

제한 시간 : 2시간 30분
남은 시간 :

글자
크기 100% 150% 200%

화면
배치

전체 문제 수 :

안 푼 문제 수 :

답안 표기란

31	①	②	③	④
32	①	②	③	④
33	①	②	③	④
34	①	②	③	④
35	①	②	③	④
36	①	②	③	④
37	①	②	③	④
38	①	②	③	④
39	①	②	③	④
40	①	②	③	④
41	①	②	③	④
42	①	②	③	④
43	①	②	③	④
44	①	②	③	④
45	①	②	③	④
46	①	②	③	④
47	①	②	③	④
48	①	②	③	④
49	①	②	③	④
50	①	②	③	④
51	①	②	③	④
52	①	②	③	④
53	①	②	③	④
54	①	②	③	④
55	①	②	③	④
56	①	②	③	④
57	①	②	③	④
58	①	②	③	④
59	①	②	③	④
60	①	②	③	④

55 다음 그림은 가정용 LP가스 소비시설이다. R_1에 사용되는 조정기의 종류는?

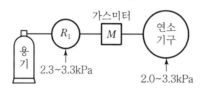

① 1단 감압식 저압조정기   ② 1단 감압식 중압조정기

③ 1단 감압식 고압조정기   ④ 2단 감압식 저압조정기

56 배관의 전기방식 중 희생양극법에서 저전위 금속으로 주로 사용되는 것은?

① 철   ② 구리

③ 칼슘   ④ 마그네슘

57 펌프의 유효 흡입수두(NPSH)를 가장 잘 표현한 것은?

① 펌프가 흡입할 수 있는 전흡입 수두로 펌프의 특성을 나타낸다.

② 펌프의 동력을 나타내는 척도이다.

③ 공동현상을 일으키지 않을 한도의 최대 흡입 양정을 말한다.

④ 공동현상 발생조건을 나타내는 척도이다.

58 압력에 따른 도시가스 공급방식의 일반적인 분류가 아닌 것은?

① 저압공급방식   ② 중압공급방식

③ 고압공급방식   ④ 초고압공급방식

계산기   다음 ▶   안 푼 문제   답안 제출

03 실전점검!
CBT 실전모의고사

수험번호 :

수험자명 :

제한 시간 : 2시간 30분
남은 시간 :

글자
크기 100% 150% 200%

화면
배치

전체 문제 수 :
안 푼 문제 수 :

답안 표기란

31	① ② ③ ④
32	① ② ③ ④
33	① ② ③ ④
34	① ② ③ ④
35	① ② ③ ④
36	① ② ③ ④
37	① ② ③ ④
38	① ② ③ ④
39	① ② ③ ④
40	① ② ③ ④
41	① ② ③ ④
42	① ② ③ ④
43	① ② ③ ④
44	① ② ③ ④
45	① ② ③ ④
46	① ② ③ ④
47	① ② ③ ④
48	① ② ③ ④
49	① ② ③ ④
50	① ② ③ ④
51	① ② ③ ④
52	① ② ③ ④
53	① ② ③ ④
54	① ② ③ ④
55	① ② ③ ④
56	① ② ③ ④
57	① ② ③ ④
58	① ② ③ ④
59	① ② ③ ④
60	① ② ③ ④

59 LiBr – H_2O형 흡수식 냉난방기에 대한 설명으로 옳지 않은 것은?

① 증발기 내부압력을 5~6mmHg로 할 경우 물은 약 5℃에서 증발한다.

② 증발기 내부의 압력은 진공상태이다.

③ 냉매는 LiBr이다.

④ LiBr은 수증기를 흡수할 때 흡수열이 발생한다.

60 흡입구경이 100mm, 송출구경이 90mm인 원심펌프의 올바른 표시는?

① 100×90 원심펌프

② 90×100 원심펌프

③ 100－90 원심펌프

④ 90－100 원심펌프

계산기

다음 ▶

안 푼 문제

답안 제출

03 실전점검!
CBT 실전모의고사

수험번호 :

수험자명 :

제한 시간 : 2시간 30분
남은 시간 :

글자
크기
100%
150%
200%

화면
배치

전체 문제 수 :
안 푼 문제 수 :

답안 표기란

61	① ② ③ ④
62	① ② ③ ④
63	① ② ③ ④
64	① ② ③ ④
65	① ② ③ ④
66	① ② ③ ④
67	① ② ③ ④
68	① ② ③ ④
69	① ② ③ ④
70	① ② ③ ④
71	① ② ③ ④
72	① ② ③ ④
73	① ② ③ ④
74	① ② ③ ④
75	① ② ③ ④
76	① ② ③ ④
77	① ② ③ ④
78	① ② ③ ④
79	① ② ③ ④
80	① ② ③ ④
81	① ② ③ ④
82	① ② ③ ④
83	① ② ③ ④
84	① ② ③ ④
85	① ② ③ ④
86	① ② ③ ④
87	① ② ③ ④
88	① ② ③ ④
89	① ② ③ ④
90	① ② ③ ④

4과목 가스안전관리

61 산업재해 발생 및 그 위험요인에 대하여 짝지어진 것 중 틀린 것은?

① 화재, 폭발 – 가연성, 폭발성 물질   ② 중독 – 독성가스, 유독물질

③ 난청 – 누전, 배선불량   ④ 화상, 동상 – 고온, 저온물질

62 15℃에서 아세틸렌 용기의 최고충전압력은 1.55MPa이다. 아세틸렌 용기의 내압시험압력 및 기밀시험압력은 각각 얼마인가?

① 4.65MPa, 1.71MPa   ② 2.58MPa, 1.55MPa

③ 2.58MPa, 1.71MPa   ④ 4.65MPa, 2.79MPa

63 고압가스를 충전하는 내용적 500L 미만의 용접용기가 제조 후 경과연수가 15년 미만일 경우 재검사 주기는?

① 1년마다   ② 2년마다

③ 3년마다   ④ 5년마다

64 고압가스 저온저장탱크의 내부압력이 외부압력보다 낮아져 저장탱크가 파괴되는 것을 방지하기 위한 조치로 설치하여야 할 설비로 가장 거리가 먼 것은?

① 압력계   ② 압력경보설비

③ 진공안전밸브   ④ 역류방지밸브

65 고압가스 운반차량에 대한 설명으로 틀린 것은?

① 액화가스를 충전하는 탱크에는 요동을 방지하기 위한 방파판 등을 설치한다.

② 허용농도가 200ppm 이하인 독성가스는 전용차량으로 운반한다.

③ 가스운반 중 누출 등의 위해 우려가 있는 경우에는 소방서 및 경찰서에 신고한다.

④ 질소를 운반하는 차량에는 소화설비를 반드시 휴대하여야 한다.

계산기

다음 ▶

안 푼 문제

답안 제출

03 실전점검!
CBT 실전모의고사

수험번호 :
수험자명 :

제한 시간 : 2시간 30분
남은 시간 :

글자 크기 100% 150% 200% 화면 배치

전체 문제 수 :
안 푼 문제 수 :

답안 표기란

61	① ② ③ ④
62	① ② ③ ④
63	① ② ③ ④
64	① ② ③ ④
65	① ② ③ ④
66	① ② ③ ④
67	① ② ③ ④
68	① ② ③ ④
69	① ② ③ ④
70	① ② ③ ④
71	① ② ③ ④
72	① ② ③ ④
73	① ② ③ ④
74	① ② ③ ④
75	① ② ③ ④
76	① ② ③ ④
77	① ② ③ ④
78	① ② ③ ④
79	① ② ③ ④
80	① ② ③ ④
81	① ② ③ ④
82	① ② ③ ④
83	① ② ③ ④
84	① ② ③ ④
85	① ② ③ ④
86	① ② ③ ④
87	① ② ③ ④
88	① ② ③ ④
89	① ② ③ ④
90	① ② ③ ④

66 아세틸렌을 용기에 충전하는 작업에 대한 내용으로 틀린 것은?

① 아세틸렌을 2.5MPa의 압력으로 압축할 때에는 질소, 메탄, 일산화탄소 또는 에틸렌 등의 희석제를 첨가할 것

② 습식아세틸렌발생기의 표면은 70℃ 이하의 온도로 유지하여야 하며, 그 부근에서는 불꽃이 튀는 작업을 하지 아니할 것

③ 아세틸렌을 용기에 충전할 때에는 미리 용기에 다공성 물질을 고루 채워 다공도가 80% 이상 92% 미만이 되도록 한 후 아세톤 또는 디메틸포름아미드를 고루 침윤시키고 충전할 것

④ 아세틸렌을 용기에 충전할 때의 충전 중 압력은 2.5MPa 이하로 하고, 충전 후에는 압력이 15℃에서 1.5MPa 이하로 될 때까지 정치하여 둘 것

67 고압가스 저장탱크에 설치하는 방류둑에 대한 설명으로 옳지 않은 것은?

① 흙으로 방류둑을 설치할 경우 경사를 45° 이하로 하고 성토 윗부분의 폭은 30cm 이상으로 한다.

② 방류둑에는 출입구를 둘레 50m마다 1개 이상 설치하고 둘레가 50m 미만일 경우에는 2개 이상의 출입구를 분산하여 설치한다.

③ 방류둑의 배수조치는 방류둑 밖에서 배수 및 차단 조작을 할 수 있어야 하며 배수할 때 이외에는 반드시 닫혀 있도록 한다.

④ 독성가스 저장 탱크의 방류둑 높이는 가능한 한 낮게 하여 방류둑 내에 체류한 액의 표면적이 넓게 되도록 한다.

68 암모니아가스 누출 검지의 특징으로 틀린 것은?

① 냄새 → 악취 발생

② 적색리트머스시험지 → 청색으로 변함

③ 진한 염산 접촉 → 흰 연기 발생

④ 네슬러시약 투입 → 백색으로 변함

계산기   다음 ▶   안 푼 문제   답안 제출

03 실전점검!
CBT 실전모의고사

수험번호 :

수험자명 :

제한 시간 : 2시간 30분
남은 시간 :

글자
크기 · 100% · 150% · 200%

화면
배치

전체 문제 수 :
안 푼 문제 수 :

답안 표기란

61	①	②	③	④
62	①	②	③	④
63	①	②	③	④
64	①	②	③	④
65	①	②	③	④
66	①	②	③	④
67	①	②	③	④
68	①	②	③	④
69	①	②	③	④
70	①	②	③	④
71	①	②	③	④
72	①	②	③	④
73	①	②	③	④
74	①	②	③	④
75	①	②	③	④
76	①	②	③	④
77	①	②	③	④
78	①	②	③	④
79	①	②	③	④
80	①	②	③	④
81	①	②	③	④
82	①	②	③	④
83	①	②	③	④
84	①	②	③	④
85	①	②	③	④
86	①	②	③	④
87	①	②	③	④
88	①	②	③	④
89	①	②	③	④
90	①	②	③	④

69 2개 이상의 탱크를 동일한 차량에 고정하여 운반하는 경우의 기준에 대한 설명으로 틀린 것은?

① 탱크마다 탱크의 주 밸브를 설치한다.

② 탱크와 차량 사이를 단단하게 부착하는 조치를 한다.

③ 충전관에는 안전밸브를 설치한다.

④ 충전관에는 유량계를 설치한다.

70 아세틸렌의 화학적 성질에 대한 설명으로 틀린 것은?

① 산소-아세틸렌 불꽃은 약 3,000℃이다.

② 아세틸렌은 흡열화합물이다.

③ 암모니아성 질산은 용액에 아세틸렌을 통하면 백색의 아세틸라이드를 얻는다.

④ 백금촉매를 사용하여 수소화하면 메탄이 생성된다.

71 공기액화 분리기를 운전하는 과정에서 안전대책상 운전을 중지하고 액화산소를 방출해야 하는 경우는?(단, 액화산소통 내의 액화산소 5L 중의 기준이다.)

① 아세틸렌이 0.1mg을 넘을 때

② 아세틸렌이 5mg을 넘을 때

③ 탄화수소의 탄소의 질량이 5mg을 넘을 때

④ 탄화수소의 탄소의 질량이 50mg을 넘을 때

72 용기 내장형 난방기용 용기의 네크링 재료는 탄소함유량이 얼마 이하이어야 하는가?

① 0.28%

② 0.30%

③ 0.35%

④ 0.40%

계산기

다음 ▶

안 푼 문제

답안 제출

03회 실전점검!
CBT 실전모의고사

수험번호 :

수험자명 :

제한 시간 : 2시간 30분
남은 시간 :

글자 크기 100% 150% 200% 화면 배치 전체 문제 수 :
안 푼 문제 수 :

답안 표기란

61	① ② ③ ④
62	① ② ③ ④
63	① ② ③ ④
64	① ② ③ ④
65	① ② ③ ④
66	① ② ③ ④
67	① ② ③ ④
68	① ② ③ ④
69	① ② ③ ④
70	① ② ③ ④
71	① ② ③ ④
72	① ② ③ ④
73	① ② ③ ④
74	① ② ③ ④
75	① ② ③ ④
76	① ② ③ ④
77	① ② ③ ④
78	① ② ③ ④
79	① ② ③ ④
80	① ② ③ ④
81	① ② ③ ④
82	① ② ③ ④
83	① ② ③ ④
84	① ② ③ ④
85	① ② ③ ④
86	① ② ③ ④
87	① ② ③ ④
88	① ② ③ ④
89	① ② ③ ④
90	① ② ③ ④

73 정압기 설치 시 주의사항에 대한 설명으로 가장 옳은 것은?

① 최고 1차 압력이 정압기의 설계 압력 이상이 되도록 선정한다.

② 대규모 지역의 정압기로서 사용하는 경우 동 특성이 우수한 정압기를 선정한다.

③ 스프링제어식의 정압기를 사용할 때에는 필요한 1차 압력 설정범위에 적합한 스프링을 사용한다.

④ 사용조건에 따라 다르나, 일반적으로 최저 1차 압력의 정압기 최대용량의 60~80% 정도의 부하가 되도록 정압기 용량을 선정한다.

74 수소의 특성으로 인한 폭발, 화재 등의 재해 발생 원인으로 가장 거리가 먼 것은?

① 가벼운 기체이므로 가스가 확산하기 쉽다.

② 고온, 고압에서 강에 대해 탈탄 작용을 일으킨다.

③ 공기와 혼합된 경우 폭발범위가 약 4~75%이다.

④ 증발잠열로 인해 수분이 동결하여 밸브나 배관을 폐쇄시킨다.

75 소형저장 탱크에 액화석유가스를 충전할 경우 액화가스의 용량이 상용온도에서 그 저장탱크 내용적의 몇 %를 넘지 않아야 하는가?

① 75% ② 80%

③ 85% ④ 90%

76 고압가스제조시설 사업소에서 안전관리자가 상주하는 사무소와 현장사무소 사이 또는 현장사무소 상호 간에 신속히 통보할 수 있도록 통신시설을 갖추어야 하는데, 이에 해당되지 않는 것은?

① 구내방송설비 ② 메가폰

③ 인터폰 ④ 페이징설비

계산기 다음 ▶ 안 푼 문제 답안 제출

03ᵉ **실전점검!**
CBT 실전모의고사

수험번호 :

수험자명 :

제한 시간 : 2시간 30분
남은 시간 :

글자
크기 100% 150% 200%

화면
배치

전체 문제 수 :
안 푼 문제 수 :

77 어느 가스용기에 구리관을 연결시켜 사용하던 도중 구리관에 충격을 가하였더니 폭발사고가 발생하였다. 이 용기에 충전된 가스로서 가장 가능성이 높은 것은?

① 황화수소

② 아세틸렌

③ 암모니아

④ 산소

78 액화석유가스용 차량에 고정된 탱크의 폭발을 방지하기 위하여 탱크 내벽에 설치하는 장치로서 가장 적절한 것은?

① 다공성 벌집형 알루미늄합금박판

② 다공성 벌집형 아연합금박판

③ 다공성 봉형 알루미늄합금박판

④ 다공성 봉형 아연합금박판

79 도시가스 배관을 지하에 매설하는 경우 배관은 그 외면으로부터 지하의 다른 시설물과 얼마 이상을 유지하여야 하는가?

① 1.0m

② 0.7m

③ 0.5m

④ 0.3m

80 콕 제조 기술기준에 대한 설명으로 틀린 것은?

① 1개의 핸들로 1개의 유로를 개폐하는 구조로 한다.

② 완전히 열었을 때 핸들의 방향은 유로의 방향과 직각인 것으로 한다.

③ 닫힌 상태에서 예비적 동작이 없이는 열리지 아니하는 구조로 한다.

④ 핸들의 회전각도를 90°나 180°로 규제하는 스토퍼를 갖추어야 한다.

61	①	②	③	④
62	①	②	③	④
63	①	②	③	④
64	①	②	③	④
65	①	②	③	④
66	①	②	③	④
67	①	②	③	④
68	①	②	③	④
69	①	②	③	④
70	①	②	③	④
71	①	②	③	④
72	①	②	③	④
73	①	②	③	④
74	①	②	③	④
75	①	②	③	④
76	①	②	③	④
77	①	②	③	④
78	①	②	③	④
79	①	②	③	④
80	①	②	③	④
81	①	②	③	④
82	①	②	③	④
83	①	②	③	④
84	①	②	③	④
85	①	②	③	④
86	①	②	③	④
87	①	②	③	④
88	①	②	③	④
89	①	②	③	④
90	①	②	③	④

계산기

다음 ▶

안 푼 문제

답안 제출

03 실전점검!
CBT 실전모의고사

수험번호 :

수험자명 :

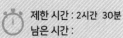
제한 시간 : 2시간 30분
남은 시간 :

글자
크기 100% 150% 200%

화면
배치

전체 문제 수 :
안 푼 문제 수 :

답안 표기란

5과목 | **가스계측**

81 가스공급용 저장탱크의 가스저장량을 일정하게 유지하기 위하여 탱크 내부의 압력을 측정하고 측정된 압력과 설정압력(목표압력)을 비교하여 탱크에 유입되는 가스의 양을 조절하는 자동제어계가 있다. 탱크 내부의 압력을 측정하는 동작은 다음 중 어디에 해당하는가?

① 비교
② 판단
③ 조작
④ 검출

82 선팽창계수가 다른 두 종류의 금속을 맞대어 온도변화를 주면 휘어지는 성질을 이용한 온도계는?

① 저항 온도계
② 바이메탈 온도계
③ 열전대 온도계
④ 유리 온도계

83 1kmol의 가스가 0℃, 1기압에서 22.4m³의 부피를 갖고 있을 때 기체상수는 얼마인가?

① 0.082kg · m/kmol · K
② 848kg · m/kmol · K
③ 1.98kg · m/kmol · K
④ 8.314kg · m/kmol · K

84 자동제어에서 희망하는 온도에 일치시키려는 물리량을 무엇이라 하는가?

① 목푯값
② 제어대상
③ 되먹임 양
④ 편차량

85 다음 중 직접식 액면 측정기기는?

① 부자식 액면계
② 벨로우즈식 액면계
③ 정전용량식 액면계
④ 전기저항식 액면계

61	①	②	③	④
62	①	②	③	④
63	①	②	③	④
64	①	②	③	④
65	①	②	③	④
66	①	②	③	④
67	①	②	③	④
68	①	②	③	④
69	①	②	③	④
70	①	②	③	④
71	①	②	③	④
72	①	②	③	④
73	①	②	③	④
74	①	②	③	④
75	①	②	③	④
76	①	②	③	④
77	①	②	③	④
78	①	②	③	④
79	①	②	③	④
80	①	②	③	④
81	①	②	③	④
82	①	②	③	④
83	①	②	③	④
84	①	②	③	④
85	①	②	③	④
86	①	②	③	④
87	①	②	③	④
88	①	②	③	④
89	①	②	③	④
90	①	②	③	④

계산기

다음 ▶

안 푼 문제

답안 제출

03 실전점검!
CBT 실전모의고사

수험번호 :

수험자명 :

제한 시간 : 2시간 30분
남은 시간 :

글자 크기 ⊖ 100% Ⓜ 150% ⊕ 200% 화면 배치

전체 문제 수 :
안 푼 문제 수 :

답안 표기란

61	①	②	③	④
62	①	②	③	④
63	①	②	③	④
64	①	②	③	④
65	①	②	③	④
66	①	②	③	④
67	①	②	③	④
68	①	②	③	④
69	①	②	③	④
70	①	②	③	④
71	①	②	③	④
72	①	②	③	④
73	①	②	③	④
74	①	②	③	④
75	①	②	③	④
76	①	②	③	④
77	①	②	③	④
78	①	②	③	④
79	①	②	③	④
80	①	②	③	④
81	①	②	③	④
82	①	②	③	④
83	①	②	③	④
84	①	②	③	④
85	①	②	③	④
86	①	②	③	④
87	①	②	③	④
88	①	②	③	④
89	①	②	③	④
90	①	②	③	④

86 모발습도계에 대한 설명으로 틀린 것은?

① 히스테리시스가 없다.　　② 재현성이 좋다.

③ 구조가 간단하고 취급이 용이하다.　④ 한랭지역에서 사용하기가 편리하다.

87 머무른 시간 407초, 길이 2.2m인 칼럼의 띠 너비를 바닥에서 측정하였을 때 13초였다. 이때 단 높이는 몇 mm인가?

① 0.58

② 0.68

③ 0.78

④ 0.88

88 루트식 유량계의 특징에 대한 설명 중 틀린 것은?

① 스트레이너의 설치가 필요하다.

② 맥동에 의한 영향이 대단히 크다.

③ 적은 유량에서는 동작되지 않을 수 있다.

④ 구조가 비교적 복잡하다.

89 오르자트(Orsat) 가스분석기에 의한 배기가스 각 성분의 계산식으로 틀린 것은?

① $N_2[\%] = 100 - (CO_2[\%] - O_2[\%] - CO[\%])$

$CO[\%] = \dfrac{\text{암모니아성 염화제일구리용액 흡수량}}{\text{시료채취량}} \times 100$

③ $O_2[\%] = \dfrac{\text{알칼리성 피로카롤용액 흡수량}}{\text{시료채취량}} \times 100$

④ $CO_2[\%] = \dfrac{30\% \text{ KOH 용액 흡수량}}{\text{시료채취량}} \times 100$

90 염화파라듐지로 일산화탄소의 누출 유무를 확인할 경우 누출이 되었다면 이 시험지는 무슨 색으로 변하는가?

① 검은색

② 청색

③ 적색

④ 오렌지색

계산기　　　다음 ▶　　　안 푼 문제　　답안 제출

03회 실전점검!
CBT 실전모의고사

수험번호 :

수험자명 :

제한 시간 : 2시간 30분
남은 시간 :

글자 크기 100% 150% 200%   화면 배치

전체 문제 수 :
안 푼 문제 수 :

답안 표기란

91	①	②	③	④
92	①	②	③	④
93	①	②	③	④
94	①	②	③	④
95	①	②	③	④
96	①	②	③	④
97	①	②	③	④
98	①	②	③	④
99	①	②	③	④
100	①	②	③	④

91 내경이 30cm인 어떤 관 속에 내경 15cm인 오리피스를 설치하여 물의 유량을 측정하려 한다. 압력강하는 $0.1kgf/cm^2$이고, 유량계수는 0.72일 때 물의 유량은 약 몇 m^3/s인가?

① $0.028m^3/s$

② $0.28m^3/s$

③ $0.056m^3/s$

④ $0.56m^3/s$

92 대규모의 플랜트가 많은 화학공장에서 사용하는 제어방식이 아닌 것은?

① 비율제어(Ratio Control)

② 요소제어(Element Control)

③ 종속제어(Cascade Control)

④ 전치제어(Feed Forward Control)

93 캐리어가스의 유량이 60mL/min이고, 기록지의 속도가 3cm/min일 때 어떤 성분시료를 주입하였더니 주입점에서 성분피크까지의 길이가 15cm였다. 지속용량은 약 mL인가?

① 100

② 200

③ 300

④ 400

94 부르동관(Bourdon Tube)에 대한 설명 중 틀린 것은?

① 다이어프램압력계보다 고압 측정이 가능하다.

② C형, 와권형, 나선형, 버튼형 등이 있다.

③ 계기 하나로 2공정의 압력차 측정이 가능하다.

④ 곡관에 압력이 가해지면 곡률 반경이 증대되는 것을 이용한 것이다.

95 다음 [보기]에서 설명하는 가스미터는?

• 계량이 정확하고 사용 중 기차(器差)의 변동이 거의 없다.
• 설치공간이 크고 수위 조절 등의 관리가 필요하다.

① 막식 가스미터

② 습식 가스미터

③ 루트(Roots)미터

④ 벤투리미터

계산기   다음 ▶   안 푼 문제   답안 제출

03회 실전점검!
CBT 실전모의고사

수험번호 :

수험자명 :

제한 시간 : 2시간 30분
남은 시간 :

글자 크기 100% 150% 200%

화면 배치

전체 문제 수 :
안 푼 문제 수 :

답안 표기란

91	① ② ③ ④
92	① ② ③ ④
93	① ② ③ ④
94	① ② ③ ④
95	① ② ③ ④
96	① ② ③ ④
97	① ② ③ ④
98	① ② ③ ④
99	① ② ③ ④
100	① ② ③ ④

96 가스크로마토그래피의 캐리어가스로 사용하지 않는 것은?

① He
② N_2
③ Ar
④ O_2

97 스프링식 저울의 경우 측정하고자 하는 물체의 무게가 작용하여 스프링의 변위가 생기고 이에 따라 바늘의 변위가 생겨 지시하는 양으로 물체의 무게를 알 수 있다. 이와 같은 측정방법은?

① 편위법
② 영위법
③ 치환법
④ 보상법

98 자동조절계의 비례적분동작에서 적분시간에 대한 설명으로 가장 적당한 것은?

① P동작에 의한 조작신호의 변화가 I동작만으로 일어나는 데 필요한 시간
② P동작에 의한 조작신호의 변화가 PI동작만으로 일어나는 데 필요한 시간
③ I동작에 의한 조작신호의 변화가 PI동작만으로 일어나는 데 필요한 시간
④ I동작에 의한 조작신호의 변화가 P동작만으로 일어나는 데 필요한 시간

99 다음 중 화학적 가스 분석방법에 해당하는 것은?

① 밀도법
② 열전도율법
③ 적외선 흡수법
④ 연소열법

100 진동이 일어나는 장치의 진동을 억제하는 데 가장 효과적인 제어동작은?

① 뱅뱅동작
② 비례동작
③ 적분동작
④ 미분동작

계산기 　 다음 ▶ 　 안 푼 문제 　 답안 제출

CBT 정답 및 해설

01	02	03	04	05	06	07	08	09	10
③	①	②	③	③	④	①	②	①	②
11	12	13	14	15	16	17	18	19	20
③	②	①	③	②	④	④	②	②	②
21	22	23	24	25	26	27	28	29	30
①	③	②	③	③	③	②	①	④	②
31	32	33	34	35	36	37	38	39	40
①	④	①	②	①	④	③	③	④	③
41	42	43	44	45	46	47	48	49	50
③	②	③	④	③	①	②	②	①	③
51	52	53	54	55	56	57	58	59	60
①	④	③	④	①	④	③	④	③	①
61	62	63	64	65	66	67	68	69	70
③	④	③	④	③	④	④	④	④	④
71	72	73	74	75	76	77	78	79	80
②	①	②	④	③	②	②	①	④	②
81	82	83	84	85	86	87	88	89	90
④	②	③	①	①	⑤	③	②	①	①
91	92	93	94	95	96	97	98	99	100
③	④	③	②	④	①	①	④	④	④

01 정답 | ③

풀이 | $1\text{kgf} = 1\text{kg} \times 9.8\text{m/S}^2 = 9.8\text{N}$, $1\text{Pa} = 1\text{N/m}^2$

$10\text{cm} = 0.1\text{m}$

압력손실수두$(H) = f\dfrac{L}{d} \cdot \dfrac{V^2}{2g}$

$\qquad = 0.02 \times \dfrac{1}{0.1} \times \dfrac{20^2}{2 \times 9.8}$

$\qquad\quad \times (1.2 \times 9.8)$

$\qquad = 48\text{Pa}$

02 정답 | ①

풀이 | 정체온도$(SI$ 단위$)$ $T_0 = T + \dfrac{K-1}{KR} \cdot \dfrac{V^2}{2}$

코에서 유속$(V) = 0$이므로, $C_p T_0 = C_p T + \dfrac{V^2}{2g}$

$\therefore C_p = 1,040\text{J} = 1.04\text{kJ}$

일량$(W) = 0.248447\text{kcal/kg} \cdot \text{K} \times 427\text{kg} \cdot \text{m/kcal}$

$\qquad\quad = 106.0869565\text{kg} \cdot \text{m}$

$\therefore V = \sqrt{106.0869565 \times 2 \times 9.8 \times (40-20)} = 204\text{m/s}$

※ $1\text{kcal} = 4.186\text{kJ} = 427\text{kg} \cdot \text{m/kcal}$

03 정답 | ②

풀이 | ㉠ 정압비열$(C_p) = \left(\dfrac{\partial h}{\partial T}\right)p$

㉡ 정적비열$(C_v) = \left(\dfrac{\partial u}{\partial T}\right)v$

이상기체의 내부에너지, 엔탈피는 온도만의 함수

04 정답 | ③

풀이 | ㉠ Re(레이놀즈 수) $= \dfrac{Vd}{\nu}$

㉡ 유량$(Q) =$ 단면적$\left(\dfrac{\pi d^2}{4^2}\right) \times$ 유속(V)

유속$(V) = \dfrac{4Q}{\pi d^2} = 0.1\text{m/s}$

$\therefore R_e = \dfrac{0.1 \times 0.1}{1.1 \times 10^{-6}} = 9,090(\text{물}) > R_e$

$R_e = \dfrac{0.1 \times 0.1}{1.1 \times 10^{-5}} = 666(\text{공기}) < R_e$

※ R_e가 $2,100$ 이하이면 층류, $4,000$ 이상이면 난류

$10\text{cm} = 0.1\text{m}$

05 정답 | ③

풀이 | 충격파 : 초음속 흐름이 갑작스럽게 아음속으로 변할 때 이 흐름에 생기는 불연속면을 충격파라고 한다.

• Fanno 방정식

$\dfrac{G}{A} = \dfrac{P}{\sqrt{T}} \cdot \sqrt{\dfrac{K}{R}M} \cdot \sqrt{1 + \dfrac{k-1}{2}\text{M}^2}$

(그 특징은 ①, ②, ④항)

06 정답 | ④

풀이 | 캐비테이션 : 관내 유체의 급격한 압력 강하에 따라 해당 유체의 증기압력보다 낮은 부분이 발생하면 펌프나 배관 등 수중으로부터 증발을 일으키면서 기포가 분리되는 현상

07 정답 | ①

풀이 | 관속을 유체가 층류로 흐를 때 평균유속$(\overline{V})$은 관에서의 관 중심 최대 유속(V_{max})의 0.5 정도이다 $\left(\overline{V} = \dfrac{1}{2}V_{max}\right)$.

08 정답 | ②

풀이 | 관마찰손실수두(H)

$= \lambda \cdot \dfrac{L}{d} \cdot \dfrac{V^2}{2g} = 0.02 \times \dfrac{50 \times 1,000}{0.6} \times \dfrac{2^2}{2 \times 9.8}$

$= 340\text{m}$

※ $60\text{cm} = 0.6\text{m}$, $50\text{km} = 50 \times 1,000\text{m}$

09 정답 | ①

풀이 | ㉠ $\dfrac{du}{dy}$ (속도구배 또는 각 변형률)

㉡ Shear

㉢ Stress

10 정답 | ②

풀이 | ㉠ 마하 수$(M) = \dfrac{V}{C} = \dfrac{V}{\sqrt{KRT}}$

㉡ 속도(V)가 음속(C)보다 작으면 : 아음속 흐름

㉢ 속도가 음속보다 크면 : 초음속 흐름

∴ 마하 수가 1보다 클 때 단면적을 증가시키면 유체가 가속된다.

11 정답 | ③

풀이 | 베르누이(Bernoulli's Equation) 방정식

$$\dfrac{P_1}{\gamma} + \dfrac{V_1^{\,2}}{2g} + Z_1 = \dfrac{P_2}{\gamma} + \dfrac{V_2^{\,2}}{2g} + Z_2 = \text{H(전수두)}$$

방정식 유도 시 필요한 내용은 ①, ②, ④항의 적용을 받는다.

즉, 정상류, 무마찰, 비압축성, 동일 유선상 적용

12 정답 | ②

풀이 | 단면적$\left(\dfrac{\pi}{4}d^2\right) = \dfrac{3.14}{4}(0.02)^2 = 0.000314\text{m}^2$

유속$(V) = \sqrt{2gh} = \sqrt{2 \times 9.8 \times 3} = 7.668\text{m/s}$

급수유량$(Q) = 0.000314 \times 7.668 = 0.00241\text{m}^3\text{/s}$

$= 2.41\text{kg/s}$

13 정답 | ①

풀이 | 유체흐름의 유선 : 유체흐름의 모든 점에서 접선 방향이 그 점의 속도방향과 일치하는 연속적인 선

$$\dfrac{dx}{u} = \dfrac{dy}{\text{v}} = \dfrac{dz}{w}$$

14 정답 | ③

풀이 | ㉠ 충격파에서 에너지선은 수력구배선보다 속도수두만큼 위에 있다(E · L : Energy Line).

㉡ 베르누이 방정식에서 수력구배선(H · G · L)은 항상 에너지선(E · L)보다 속도수두$\left(\dfrac{V^2}{2g}\right)$만큼 아래에 위치한다.

15 정답 | ②

풀이 | 내경 $2.5 \times 10^{-3} = 0.0025\text{m}$

단면적 $= \dfrac{\pi}{4}d^2 = \dfrac{3.14}{4} \times (0.0025)^2$

$= 0.0000049\text{m}^2$

유량$(Q) = $ 단면적 $\times$ 유속 $= 0.0000049 \times 0.3$

$= 0.00000147 = 1.47 \times 10^{-6}\text{m}^3\text{/s}$

16 정답 | ④

풀이 |

축소확대노즐(아음속)	축소확대노즐(초음속)
속도증가 속도감소 (압력감소) (압력증가)	속도감소 속도증가 (압력증가) (압력감소)

17 정답 | ④

풀이 | Weber Number(We)

$= \dfrac{\rho V^2 L}{\sigma}\left(\dfrac{\text{관성력}}{\text{표면장력}}\right)$: 자유표면흐름

18 정답 | ②

풀이 | 액체에서 마찰열에 의한 온도상승이 작은 이유는 액체의 열용량이 일반적으로 고체의 열용량(kcal/℃)보다 크기 때문이다(또는 액체의 비열이 고체의 비열보다 크기 때문).

19 정답 | ②

풀이 | 1차원 유동에서 수직충격파(유동방향에 수직으로 생긴 충격파)가 발생하면 압력, 밀도, 온도가 증가한다.

※ 비가역과정이다.

20 정답 | ②

풀이 | ㉠ 압력수도$\left(\dfrac{P}{\gamma}\right) = \dfrac{1.1 \times 10^4}{1,000} = 11\text{m}$

㉡ 속도수도$\left(\dfrac{V^2}{2g}\right) = \dfrac{12^2}{2 \times 9.8} = 7.35\text{m}$

전수두 $= 11 + 7.35 = 18.35\text{m}$

21 정답 | ①

풀이 | $8 \times 22.4 = 179.2\text{L}$, $12 \times 22.4 = 268.8\text{L}$

1몰(분자량 값) $= 22.4\text{L}$, 1atm $= 101.356\text{kPa}$

압력 $= \dfrac{179.2 + 268.8}{100\text{L}} = 4.48\text{atm}$

∴ $4.48 \times 101.356 = 454\text{kPa}$

22 정답 | ③

풀이 | 1kg당 열량변화=502.3-418.6=83.7kJ/kg

∴ 83.7×10=837kJ

23 정답 | ②

풀이 | 과잉공기 백분율(%)=(m-1)×100(%)

$$공기비(m)=\frac{N_2}{N_2-3.76\{O_2-0.5(CO)\}}$$

$$=\frac{65}{65-3.76(5-0.5\times5)}$$

$$=\frac{65}{55.6}=1.169$$

∴ 과잉공기 백분율=(1.169-1)×100=16.9%

24 정답 | ③

풀이 | 21×0.07=1.47MJ/kg(수분기화열량)

∴ 무연탄 저위발열량=21-1.47=19.53MJ/kg

25 정답 | ③

풀이 | 공기비가 작으면 공기량이 부족하여 미연소(CO) 가스에 의해 열효율이 감소한다.

$$공기비(m)=\frac{실제공기량}{이론공기량}\text{(항상 1보다 크다.)}$$

26 정답 | ③

풀이 | ㉠ 천연가스 : 9,000~9,200kcal/Nm^3

㉡ 석탄가스(H$_2$, CH$_4$, CO) : 5,670kcal/Nm^3

㉢ 발생로가스(N$_2$, CO, H$_2$) : 1,100kcal/Nm^3

㉣ 수성가스(H$_2$, CO, N$_2$) : 2,500kcal/Nm^3

27 정답 | ②

풀이 | 연소속도 : 미연소 혼합기류의 화염면에 대한 법선 방향의 속도를 말한다(단위 : cm/s). 가연물의 종류, 온도, 압력과 관계가 있다.

28 정답 | ①

풀이 | 등심연소 : 공기유속이 낮을수록 화염의 높이는 커진다(심지연소).

29 정답 | ④

풀이 | 혼합가스 평균 분자량

CO$_2$: 44, O$_2$: 32, N$_2$: 28

∴ (44×0.131)+(32×0.077)+(28×0.792)

=5.764+2.464+22.176=30.40

30 정답 | ②

풀이 | 절대온도(K)=℃+273

800+273=1,073K, 100+273=373K

$$효율=\left(1-\frac{373}{1,073}\right)\times100=65\%$$

31 정답 | ①

풀이 | FMEA 분석 : 서브시스템 위험분석이나 시스템 위험분석을 위하여 전형적인 정성적·귀납적 분석기법으로 그 영향을 검토하는 기법

32 정답 | ④

풀이 | 역스털링사이클 : 헬륨(He : 분자량 4)을 냉매로 하는 극저온용 가스냉동기 기본 사이클

33 정답 | ①

풀이 | 기상폭발(Gas Explosion) : 폭발을 일으키는 이전의 물질 상태가 기체인 경우의 폭발(혼합가스폭발, 가스분해폭발, 분진폭발)로서, 발화원은 전기불꽃, 화염, 충격파 등이다.

34 정답 | ②

풀이 | 과잉공기비=(m-1)×100%

$$공기비(m)=\frac{실제공기량}{이론공기량}\text{(1보다 크다.)}$$

35 정답 | ①

풀이 | 전열(Q)=$\lambda\times\frac{A(t_1-t_2)}{b}=\lambda\times\frac{1(100-80)}{0.004}$

$$=30,000kJ/m^2h$$

∴ 열전도율(λ)=$\frac{30,000\times0.004}{1\times(100-80)}$=6kJ/min

$$=360kJ/h$$

$$=86kcal/h(100W/m℃)$$

1kJ=0.24kcal, 1W=0.86kcal/h, 1kcal=4.186kJ

1kW=1,000W=3,600kJ/h=860kcal/h

∴ 100W=86kcal/h

36 정답 | ④

풀이 | 화학양론 : 화학반응에서 질량 및 에너지에 관하여 연구하는 것

∴ (1+5)-(3+4)=-1

37 정답 | ③

CBT 정답 및 해설

풀이 | ㉠ 증기운 폭발 : 가연성 증기가 다량으로 방출되어 증
기운을 형성하고, 이 증기운이 점화되어 일어나는
폭발(내용물의 비등기화로 액체입자를 포함하는
증기가 대기에 대량으로 방출되어 화염으로 착화되
어 화구를 형성한다.)
㉡ 폭풍파 : 지상폭발에서만 발생한다.

38 정답 | ③
풀이 | 연소의 3대 요소
㉠ 공기
㉡ 가연물(연료)
㉢ 점화원
※ 시간 : 완전연소의 구비조건이다.

39 정답 | ④
풀이 | ㉠ 연소한계, 폭발한계, 가연한계 : 가연성 혼합기 중
에서 화염이 형성되어 전파할 수 있는 가연성 기체
농도의 한계
㉡ 소염한계 : 화염이 소멸될 수 있는 조건의 한계

40 정답 | ③
풀이 | C + O₂ → CO₂(연소반응식)

$12kg + 22.4Nm^3 → 22.4Nm^3$

탄소 이론공기량$(A_0) = \dfrac{22.4}{12} \times \dfrac{100\%}{21\%}$

$= 8.89Nm^3/kg$

$\therefore \dfrac{224}{8.89} = 25.2kg$

41 정답 | ③
풀이 | 석탄가스 : 석탄을 1,000℃ 내외로 건류할 때 얻어지
는 가스이다(성분은 H₂ : 51%, CH₄ : 32%, CO :
8%, 발열량 : 5,670kcal/Nm³ 정도).

42 정답 | ②
풀이 | $1kW - h = 860kcal/h = 3,600kJ/h$

$20 \times 860 = 17,200kcal/h = 4.777kcal/s$

∴ 고온체로 방출열량 = 4.777 + 20 = 24.8kcal/s

43 정답 | ②
풀이 | 최대소비수량 = 0.15 + 0.65 + 2.50 = 3.3kg/h

용기설치대수 = $\dfrac{\text{가스최대소비량(kg/h)}}{\text{표준가스 발생능력(kg/h개)}}$

$\dfrac{3.3}{1.5} = 2.2$개

∴ 20kg 용기 3개 소요

44 정답 | ①
풀이 | 용접작업 시 인체의 산소요구량 : 18~21%

45 정답 | ③
풀이 | 지역정압기실 조작 시 조명도 : 150Lux 이상

46 정답 | ①
풀이 | ①항은 유체흐름 중 역류방지용 밸브이다.

47 정답 | ②
풀이 | 건축물 안의 배관은 누설검지를 원활하게 하기 위하여
노출배관을 원칙으로 한다.

48 정답 | ②
풀이 | 노출가스양$(Q) = 0.009D^2\sqrt{\dfrac{h}{d}} \times$ 시간(H)

$= 0.009 \times 1^2 \sqrt{\dfrac{280}{1.6}} \times 2 = 0.238m^3 (238L)$

49 정답 | ①
풀이 | 지하 매설배관 이음방법
㉠ 용접접합
㉡ 전기융착접합
㉢ 열융착접합

50 정답 | ③
풀이 | ㉠ 6.3mm : 제1종
㉡ 9.5mm : 제2종
㉢ 12.7mm : 제3종

51 정답 | ①
풀이 | 금속의 인장시험방법 : 올센법
• 금속의 양 끝을 축방향으로 당겨 변형된 크기를 측정
함으로 비례한도 및 항복점, 인장강도, 연신율, 탄성
한도 등을 측정한다.

52 정답 | ④
풀이 | 구리 사용이 불가능한 것
㉠ 암모니아는 구리의 금속이온과 반응하여 착이온
생성
㉡ 아세틸렌 C₂H₂ + 2CU → CU₂C₂(동아세틸라이드)
+ H₂
㉢ 황화수소 4CU + 2H₂S + O₂ → 2CU₂S + 2H₂O(황
화합물 발생)

CBT 정답 및 해설

53 정답 | ③
풀이 | 가연성 가스, 독성가스용 안전밸브는 옥외로 안전하게
분출하기 위해 밀폐형 안전밸브를 장착한다.

54 정답 | ④
풀이 | 압축비 감소는 압축기의 과열 방지를 위한 방법이다.

55 정답 | ①
풀이 | R_1 : 1단 감압식 저압조정기
• 가정용 LP가스 소비시설에는 1단 감압식 저압조정
기를 설치하도록 되어 있다.

56 정답 | ④
풀이 | 회생양극법(유전양극법) : 지하매설배관에서 전기방
식으로 저전위금속은 마그네슘(Mg)을 사용한다. 이
방식은 도복장의 저항이 큰 대상이나 저항이 큰 대상
에 대한 전기방식이다.

57 정답 | ③
풀이 | 유효 흡입수두 설명은 ③항의 양정을 의미한다. NPSH
를 통해 펌프 운전 중 캐비테이션 현상 없이 얼마나 안
정적으로 운전할 수 있는지 확인할 수 있다.

58 정답 | ④
풀이 | 도시가스 공급방식
㉠ 고압공급 : 1MPa 이상
㉡ 중압공급 : 0.1MPa 이상~1MPa 미만
㉢ 저압공급 : 0.1MPa 미만

59 정답 | ③
풀이 | 흡수식 냉난방기에서 흡수제는 리튬브로마이드 LiBr,
냉매는 물(H_2O)이다.

60 정답 | ①
풀이 | 원심식 펌프(비용적식) 100×90의 의미
㉠ 흡입구경 : 100mm
㉡ 송출구경 : 90mm

61 정답 | ③
풀이 | 난청 : 소음, 고음

62 정답 | ④
풀이 | 아세틸렌(C_2H_2) 가스
㉠ 기밀시험 : 최고충전압력의 1.8배
(1.55×1.8＝2.79)

㉡ 내압시험 : 최고충전압력의 3배(1.55×3＝4.65)

63 정답 | ③
풀이 | 용기의 재검사 기간(15년 미만 용기의 경우)
용접용기 ┌ 500L 이상 : 5년마다
└ 500L 미만 : 3년마다

64 정답 | ④
풀이 | 저장탱크 진공방지용 설비
㉠ 압력계
㉡ 압력경보설비
㉢ 진공안전밸브

65 정답 | ④
풀이 | 질소(N_2)는 불연성 가스이므로 소화설비가 필요 없다.

66 정답 | ③
풀이 | ㉠ 다공물질 : 규조토, 점토, 목탄, 석회, 산화철 등
㉡ 다공도 : 75% 이상, 92% 미만
㉢ 용제
• 아세톤 : $(CH_3)_2CO$
• 디메틸포름아미드[$HCON(CH_3)_2$]

67 정답 | ④
풀이 | 독성가스 저장탱크 방류둑 : 저장탱크의 저장능력에
상당하는 용적 이상의 용적을 요한다.
㉠ 냉동기의 수액기 : 수액기 내용적의 90% 이상 용적
㉡ 성토(흙)는 수평에 대하여 45° 이하, 성토 윗부분
폭은 30cm 이상

68 정답 | ④
풀이 | 네슬러시약 투입 : NH_3 가스 누설 시 황색으로 변화
(페놀프탈레인지 사용 시 : 홍색으로 변화)

69 정답 | ④
풀이 | 충전관 설치 부품
㉠ 안전밸브
㉡ 압력계
㉢ 긴급탈압밸브

70 정답 | ④
풀이 | 아세틸렌의 화학적 성질로 ①, ②, ③항 외에 산화폭
발, 분해폭발, 화합폭발성이 있다.

71 정답 | ②
　　풀이 | 액화산소 제조 중 안전을 위한 방출조건
　　　　　 액화산소 5L 중 아세틸렌이 5mg을 넘거나 탄화수소
　　　　　 에서 탄소의 질량이 500mg을 넘을 때 실시한다.

72 정답 | ①
　　풀이 | 용기 내장형 난방기용 용기의 네크링 재료 중 탄소함유
　　　　　 량은 연강으로서 0.28% 이하여야 한다. 용기 내장형 난
　　　　　 방기용 용기의 재료 기준은 몸통부, 프로텍터, 스커트
　　　　　 별로 각기 다르다.

73 정답 | ④
　　풀이 | 도시가스 정압기는 사용조건에 따라 다르나 일반적으
　　　　　 로 최저 1차 압력의 정압기 최대용량 60~80% 정도 부
　　　　　 하가 되도록 정압기 용량을 선정한다.
　　　　　 ①항은 설계 압력 이하가 되도록 해야 하며,
　　　　　 ②항은 정특성이 우수한 정압기를 선정해야 하고,
　　　　　 ③항은 2차 압력 설정범위에 적합한 스프링을 사용해
　　　　　 야 한다.

74 정답 | ④
　　풀이 | 수분동결은 폭발, 화재 등의 재해 발생 원인으로는 보
　　　　　 기가 어렵다(설비폐쇄가 가능하다).

75 정답 | ③
　　풀이 |
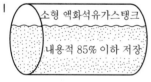

76 정답 | ②
　　풀이 | 메가폰 : 사업소 내 전체, 종업원 상호 간에 필요한 통
　　　　　 신설비이다.

77 정답 | ②
　　풀이 |
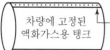
$$\underset{\text{아세틸렌}}{C_2H_2} + 2Cu(구리) \longrightarrow \underset{\text{동아세틸라이드 발생}}{\boxed{Cu_2C_2}} + H_2$$

78 정답 | ①
　　풀이 |

79 정답 | ④
　　풀이 |
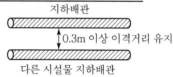

80 정답 | ②
　　풀이 |
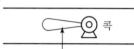
콕을 완전히 열면 핸들은 유로의
방향과 직각이 아닌 축방향과
일치하여야 한다(회전각도 90° 가능).

81 정답 | ④
　　풀이 | 유량, 압력, 온도 등의 검출은 자동제어 검출부에 속
　　　　　 한다.

82 정답 | ②
　　풀이 | 바이메탈 온도계(황동+인바) : 선팽창계수가 다른
　　　　　 두 종류의 금속을 맞대어 온도변화를 주었을 때 휘어지
　　　　　 는 성질을 이용한 온도계

83 정답 | ②
　　풀이 | 가스의 기체상수(R) : 848kg · m/kmol · K
　　　　　 ㉠ $PV = nRT$,
　　　　　　 $R = \dfrac{PV}{nT} = \dfrac{1atm \times 22.4l}{1mol \times 273K} = 0.08205atm$
　　　　　 ㉡ $PV = nRT$,
　　　　　　 $R = \dfrac{PV}{nT} = \dfrac{1.0332 \times 10^4 kg/m^2 a \times 22.4m^3}{1kmol \times 273K}$
　　　　　　　 $= 848kg \cdot m/kmol \cdot K$

84 정답 | ①
　　풀이 | 자동제어 희망값 : 목푯값=설정값

85 정답 | ①
　　풀이 | 직접식 액면계
　　　　　　 ㉠ 부자식(플로트식)
　　　　　　 ㉡ 검척식
　　　　　　 ㉢ 유리관식

86 정답 | ①
　　풀이 | 모발습도계 : 모발의 신축을 이용한 습도계
　　　　　　 ㉠ 정밀도가 낮다.

ⓒ 히스테리시스가 있다.
ⓒ 응답시간이 느리다.
ⓔ 구조가 간단하다.
ⓜ 상대습도가 바로 나타난다.

87 정답 | ③

풀이 | ㉠ 이론단수$(N) = 16 \times \left(\dfrac{tr}{w}\right)^2$ (단)

ⓒ 이론단 높이$(HETP) = \dfrac{L}{N}$ (cm)

ⓒ 지속용량 $= \dfrac{유량 \times 피크길이}{기록지속도}$ (mL)

※ L : 관의 길이(m)

88 정답 | ②

풀이 | 루트식 가스미터기 : 용적식 대용량 가스미터기로서 (중압가스 유량측정 가능, 설치스페이스가 적다.) 실측식이다. 맥동에 의한 영향력은 적다.

89 정답 | ①

풀이 | 질소$(N_2) = 100 - (CO_2 + O_2 + CO)$[%]

90 정답 | ①

풀이 | ⓒ 청색 : 암모니아 가스를 적색리트머스지로 시험하거나, 시안화수소를 초산벤젠지로 시험할 때 나타나는 색
ⓒ 적갈색 : 아세틸렌은 염화제1구리착염지로 시험할 때 나타나는 색
ⓔ 오렌지색 : 포스겐을 해리슨시험지로 시험할 때 나타나는 색

91 정답 | ③

풀이 | 유량$(Q) = A \times \sqrt{2gh}$, 교축비 $= \left(\dfrac{15}{30}\right)^2 = 0.25$

압력차 $0.1 kg/cm^2 = 1,000 kg/m^2$,
물의 비중량 $= 1,000 kg/m^3$

$Q = 0.01252a \cdot B^2 \cdot Dt^2 \sqrt{\dfrac{P_1 - P_2}{r_1}}$

$= 0.01252 \times 0.72 \times 0.25 \times (30 \times 10)^2 \times \sqrt{\dfrac{1,000}{1,000}}$

$= 202.824 m^3/h$

$\therefore \dfrac{202.824}{3,600} = 0.056 m^3/s$

92 정답 | ②

풀이 | ①, ③, ④ : 대규모 플랜트 화학공장 제어법

93 정답 | ③

풀이 | 지속용량 $= \dfrac{유량 \times 피크길이}{기록지속도} = \dfrac{60 \times 15}{3} = 300 mL$

94 정답 | ③

풀이 | 부르동관 압력계는 1공정의 압력에 사용되는 압력계이다(탄성 고압용).

95 정답 | ②

풀이 | 습식 가스미터
㉠ 계량이 정확하다.
ⓒ 수위조절이 필요하다.
ⓒ 기차의 변동이 거의 없다.

96 정답 | ④

풀이 | 캐리어가스(시료가스의 분석이송가스)
㉠ 헬륨
ⓒ 질소
ⓒ 아르곤
ⓔ 수소

97 정답 | ①

풀이 | 편위법 : 스프링의 변위 → 지침바늘의 변위(스프링식 저울 등)에 의해 물체의 무게를 측정할 수 있다. 또한 부르동관 등이 여기에 속하고 정도가 낮지만 측정이 간단하다.

98 정답 | ①

풀이 | 적분시간 : P동작(비례동작)에 의한 조작신호의 변화가 I동작(적분동작)만으로 일어나는 데 필요한 시간

99 정답 | ④

풀이 | 화학적 가스 분석법
㉠ 오르자트법
ⓒ 연소열법
ⓒ 헴펠법
ⓔ 미연소$(CO + H_2)$ 분석법

100 정답 | ④

풀이 | 자동제어 미분동작(D) : 진동을 억제하는 데 가장 효과적인 동작(연속동작은 P.I.D 동작이 있다.)

04회 실전점검!
CBT 실전모의고사

수험번호 :

수험자명 :

제한 시간 : 2시간 30분
남은 시간 :

글자
크기 100% 150% 200%

화면
배치

전체 문제 수 :
안 푼 문제 수 :

	답안 표기란			
1	①	②	③	④
2	①	②	③	④
3	①	②	③	④
4	①	②	③	④
5	①	②	③	④
6	①	②	③	④
7	①	②	③	④
8	①	②	③	④
9	①	②	③	④
10	①	②	③	④
11	①	②	③	④
12	①	②	③	④
13	①	②	③	④
14	①	②	③	④
15	①	②	③	④
16	①	②	③	④
17	①	②	③	④
18	①	②	③	④
19	①	②	③	④
20	①	②	③	④
21	①	②	③	④
22	①	②	③	④
23	①	②	③	④
24	①	②	③	④
25	①	②	③	④
26	①	②	③	④
27	①	②	③	④
28	①	②	③	④
29	①	②	③	④
30	①	②	③	④

1과목 **가스유체역학**

01 37℃, 200kPa 상태의 N_2의 밀도는 약 몇 kg/m^3인가?(단, N의 원자량은 14이다.)

① 0.24

② 0.45

③ 1.12

④ 2.17

02 직각좌표계에 적용되는 가장 일반적인 연속방정식은 $\frac{\partial \rho}{\partial t} + \frac{\partial(\rho u)}{\partial x} + \frac{\partial(\rho v)}{\partial y} + \frac{\partial(\rho w)}{\partial z} = 0$으로 주어진다. 다음 중 정상상태(Steady State)의 유동에 적용되는 연속방정식은?

① $\frac{\partial \rho}{\partial t} + \frac{\partial(\rho u)}{\partial x} + \frac{\partial(\rho v)}{\partial y} + \frac{\partial(\rho w)}{\partial z} = 0$

② $\frac{\partial(\rho u)}{\partial x} + \frac{\partial(\rho v)}{\partial y} + \frac{\partial(\rho w)}{\partial z} = 0$

③ $\frac{\partial u}{\partial x} + \frac{\partial v}{\partial y} + \frac{\partial w}{\partial z} = 0$

④ $\frac{\partial \rho}{\partial t} + \rho\frac{\partial u}{\partial x} + \rho\frac{\partial v}{\partial y} + \rho\frac{\partial w}{\partial z} = 0$

03 1차원 흐름에서 수직충격파가 발생하면 어떻게 되는가?

① 속도, 압력, 밀도가 증가

② 압력, 밀도, 온도가 증가

③ 속도, 온도, 밀도가 증가

④ 압력, 밀도, 속도가 감소

04 안지름 20cm의 원관 속을 비중이 0.83인 유체가 층류(Laminar Flow)로 흐를 때 관 중심에서의 유속이 48cm/s이라면 관벽에서 7cm 떨어진 지점에서의 유체의 속도(cm/s)는?

① 25.52

② 34.68

③ 43.68

④ 46.92

계산기

다음 ▶

안 푼 문제

답안 제출

04회

실전점검!
CBT 실전모의고사

수험번호:
수험자명:

제한 시간 : 2시간 30분
남은 시간 :

글자
크기 100% 150% 200%

화면
배치

전체 문제 수 :
안 푼 문제 수 :

05 유체가 흐르는 배관 내에서 갑자기 밸브를 닫았더니 급격한 압력변화가 일어났다. 이때 발생할 수 있는 현상은?

① 공동현상
② 서어징 현상
③ 워터해머 현상
④ 숏피닝 현상

06 단단한 탱크 속에 2.94kPa, 5℃의 이상기체가 들어 있다. 이것을 110℃까지 가열하였을 때 압력은 몇 kPa 상승하는가?

① 4.05
② 3.05
③ 2.54
④ 1.11

07 밀도 1g/cm^{3}인 액체가 들어 있는 개방탱크의 수면에서 1m 아래의 절대 압력은 약 몇 kgf/cm^{2}인가?(단, 이때 대기압은 1.033kgf/cm^{2}이다.)

① 1.113
② 1.52
③ 2.033
④ 2.52

08 2차원 직각좌표계(x, y)상에서 속도 포텐셜(ϕ, Velocity Potential)이 $\phi = Ux$로 주어지는 유동장이 있다. 이 유동장의 흐름함수(Ψ, Stream Function)에 대한 표현식으로 옳은 것은?(단, U는 상수이다.)

① $U(x+y)$
② $U(-x+y)$
③ Uy
④ $2Ux$

09 기준면으로부터 10m인 곳에 5m/s로 물이 흐르고 있다. 이때 압력을 재어보니 0.6kgf/cm^{2}이었다. 전수두는 약 몇 m가 되는가?

① 6.28
② 10.46
③ 15.48
④ 17.28

답안 표기란

1	①	②	③	④
2	①	②	③	④
3	①	②	③	④
4	①	②	③	④
5	①	②	③	④
6	①	②	③	④
7	①	②	③	④
8	①	②	③	④
9	①	②	③	④
10	①	②	③	④
11	①	②	③	④
12	①	②	③	④
13	①	②	③	④
14	①	②	③	④
15	①	②	③	④
16	①	②	③	④
17	①	②	③	④
18	①	②	③	④
19	①	②	③	④
20	①	②	③	④
21	①	②	③	④
22	①	②	③	④
23	①	②	③	④
24	①	②	③	④
25	①	②	③	④
26	①	②	③	④
27	①	②	③	④
28	①	②	③	④
29	①	②	③	④
30	①	②	③	④

계산기   다음 ▶   안 푼 문제   답안 제출

04 실전점검!
CBT 실전모의고사

수험번호 :

수험자명 :

제한 시간 : 2시간 30분
남은 시간 :

글자
크기 100% 150% 200%

화면
배치

전체 문제 수 :
안 푼 문제 수 :

답안 표기란

10 베르누이 방정식을 실제 유체에 적용할 때 보정해 주기 위해 도입하는 항이 아닌 것은?

① W_p(펌프일)

② H_f(마찰손실)

③ ΔP(압력차)

④ η(펌프효율)

11 기체수송에 사용되는 기계들이 줄 수 있는 압력차를 크기 순서로 옳게 나타낸 것은?

① 팬(Fan) < 압축기 < 송풍기(Blower)

② 송풍기(Blower) < 팬(Fan) < 압축기

③ 팬(Fan) < 송풍기(Blower) < 압축기

④ 송풍기(Blower) < 압축기 < 팬(Fan)

12 뉴턴의 점성법칙을 옳게 나타낸 것은?(단, 전단응력은 τ, 유체속도는 u, 점성계수는 μ, 벽면으로부터의 거리는 y로 나타낸다.)

① $\tau = \dfrac{1}{\mu}\dfrac{dy}{du}$

② $\tau = \mu\dfrac{du}{dy}$

③ $\tau = \dfrac{1}{\mu}\dfrac{du}{dy}$

④ $\tau = \mu\dfrac{dy}{du}$

13 내경이 5cm인 파이프 속에 유속이 3m/s이고 동점성 계수가 2stokes인 용액이 흐를 때 레이놀즈수는?

① 333

② 750

③ 1,000

④ 3,000

14 펌프의 종류를 옳게 나타낸 것은?

① 원심펌프 : 볼류트펌프, 베인펌프

② 왕복펌프 : 피스톤펌프, 플런저펌프

③ 회전펌프 : 터빈펌프, 제트펌프

④ 특수펌프 : 볼류트펌프, 터빈펌프

	답안 표기란			
1	①	②	③	④
2	①	②	③	④
3	①	②	③	④
4	①	②	③	④
5	①	②	③	④
6	①	②	③	④
7	①	②	③	④
8	①	②	③	④
9	①	②	③	④
10	①	②	③	④
11	①	②	③	④
12	①	②	③	④
13	①	②	③	④
14	①	②	③	④
15	①	②	③	④
16	①	②	③	④
17	①	②	③	④
18	①	②	③	④
19	①	②	③	④
20	①	②	③	④
21	①	②	③	④
22	①	②	③	④
23	①	②	③	④
24	①	②	③	④
25	①	②	③	④
26	①	②	③	④
27	①	②	③	④
28	①	②	③	④
29	①	②	③	④
30	①	②	③	④

계산기   다음 ▶   안 푼 문제   답안 제출

04회 실전점검!
CBT 실전모의고사

수험번호 :

수험자명 :

제한 시간 : 2시간 30분
남은 시간 :

글자
크기 ⊖ 100% Ⓜ 150% ⊕ 200%

화면
배치 ▦ ▢ ▢

전체 문제 수 :
안 푼 문제 수 :

15 비점성 유체에 대한 설명으로 옳은 것은?

① 유체유동 시 마찰저항이 존재하는 유체이다.

② 실제 유체를 뜻한다.

③ 유체유동 시 마찰저항이 유발되지 않는 유체를 뜻한다.

④ 전단응력이 존재하는 유체흐름을 뜻한다.

16 U자 Manometer에 수은(비중 13.6)과 물(비중 1)이 채워져 있고 압력계 읽음이 $R = 32.7$cm일 때 양쪽 단에서 같은 높이에 있는 물 내부 두 점에서의 압력차는? (단, 물의 밀도는 1,000kg/m³이다.)

① 40,400kgf/cm²

② 40.4kgf/cm²

③ 40.4N/m²

④ 40,400N/m²

17 물이 내경 2cm인 원형관을 평균 유속 5cm/s로 흐르고 있다. 같은 유량이 내경 1cm인 관을 흐르면 평균 유속은?

① $\frac{1}{2}$ 만큼 감소

② 2배로 증가

③ 4배로 증가

④ 변함없다.

18 관속의 난류흐름에서 관 마찰계수 f는?

① 레이놀즈수에는 관계없고 상대조도만의 함수이다.

② 레이놀즈수만의 함수이다.

③ 레이놀즈수와 상대조도의 함수이다.

④ 프루드수와 마하수의 함수이다.

1	① ② ③ ④
2	① ② ③ ④
3	① ② ③ ④
4	① ② ③ ④
5	① ② ③ ④
6	① ② ③ ④
7	① ② ③ ④
8	① ② ③ ④
9	① ② ③ ④
10	① ② ③ ④
11	① ② ③ ④
12	① ② ③ ④
13	① ② ③ ④
14	① ② ③ ④
15	① ② ③ ④
16	① ② ③ ④
17	① ② ③ ④
18	① ② ③ ④
19	① ② ③ ④
20	① ② ③ ④
21	① ② ③ ④
22	① ② ③ ④
23	① ② ③ ④
24	① ② ③ ④
25	① ② ③ ④
26	① ② ③ ④
27	① ② ③ ④
28	① ② ③ ④
29	① ② ③ ④
30	① ② ③ ④

▦ 계산기

다음 ▶

▢ 안 푼 문제

▤ 답안 제출

04 실전점검!
CBT 실전모의고사

수험번호 :

수험자명 :

제한 시간 : 2시간 30분
남은 시간 :

글자
크기
100%
150%
200%

화면
배치

전체 문제 수 :
안 푼 문제 수 :

답안 표기란

1	① ② ③ ④
2	① ② ③ ④
3	① ② ③ ④
4	① ② ③ ④
5	① ② ③ ④
6	① ② ③ ④
7	① ② ③ ④
8	① ② ③ ④
9	① ② ③ ④
10	① ② ③ ④
11	① ② ③ ④
12	① ② ③ ④
13	① ② ③ ④
14	① ② ③ ④
15	① ② ③ ④
16	① ② ③ ④
17	① ② ③ ④
18	① ② ③ ④
19	① ② ③ ④
20	① ② ③ ④
21	① ② ③ ④
22	① ② ③ ④
23	① ② ③ ④
24	① ② ③ ④
25	① ② ③ ④
26	① ② ③ ④
27	① ② ③ ④
28	① ② ③ ④
29	① ② ③ ④
30	① ② ③ ④

19 지름이 0.1m인 관에 유체가 흐르고 있다. 임계 레이놀즈수가 2,100이고, 이에 대응하는 임계유속이 0.25 m/s이다. 이 유체의 동점성 계수는 약 몇 cm^2/s인가?

① 0.095

② 0.119

③ 0.354

④ 0.454

20 단면적 $0.5m^2$의 원관 내를 유량 $2m^3/s$, 압력 $2kgf/cm^2$로 물이 흐르고 있다. 이 유체의 전수두는?(단, 위치수두는 무시하고 물의 비중량은 $1,000kgf/m^3$이다.)

① 18.8m

② 20.8m

③ 22.4m

④ 24.4m

계산기

다음 ▶

안 푼 문제

답안 제출

04회

실전점검!
CBT 실전모의고사

수험번호 :

수험자명 :

제한 시간 : 2시간 30분
남은 시간 :

글자
크기 100% 150% 200%

화면
배치

전체 문제 수 :
안 푼 문제 수 :

2과목 | 연소공학

21 최대안전틈새의 범위가 가장 적은 가연성 가스의 폭발 등급은?

① A
② B
③ C
④ D

22 벤젠(C_6H_6)에 대한 최소산소농도(MOC, vol%)를 추산하면?[단, 벤젠의 LFL(연소하한계)는 1.3(vol%)이다.]

① 7.58
② 8.55
③ 9.75
④ 10.46

23 층류연소속도에 대한 설명으로 가장 거리가 먼 것은?

① 층류연소속도는 혼합기체의 압력에 따라 결정된다.
② 층류연소속도는 표면적에 따라 결정된다.
③ 층류연소속도는 연료의 종류에 따라 결정된다.
④ 층류연소속도는 혼합기체의 조성에 따라 결정된다.

24 산소의 성질, 취급 등에 대한 설명으로 틀린 것은?

① 임계압력이 25MPa이다.
② 산화력이 아주 크다.
③ 고압에서 유기물과 접촉시키면 위험하다.
④ 공기액화 분리기 내에 아세틸렌이나 탄화수소가 축적되면 방출시켜야 한다.

25 내부에너지의 정의는 어느 것인가?

① (총에너지) – (위치에너지) – (운동에너지)
② (총에너지) – (열에너지) – (운동에너지)
③ (총에너지) – (열에너지) – (위치에너지) – (운동에너지)
④ (총에너지) – (열에너지) – (위치에너지)

1	① ② ③ ④
2	① ② ③ ④
3	① ② ③ ④
4	① ② ③ ④
5	① ② ③ ④
6	① ② ③ ④
7	① ② ③ ④
8	① ② ③ ④
9	① ② ③ ④
10	① ② ③ ④
11	① ② ③ ④
12	① ② ③ ④
13	① ② ③ ④
14	① ② ③ ④
15	① ② ③ ④
16	① ② ③ ④
17	① ② ③ ④
18	① ② ③ ④
19	① ② ③ ④
20	① ② ③ ④
21	① ② ③ ④
22	① ② ③ ④
23	① ② ③ ④
24	① ② ③ ④
25	① ② ③ ④
26	① ② ③ ④
27	① ② ③ ④
28	① ② ③ ④
29	① ② ③ ④
30	① ② ③ ④

계산기 다음 ▶ 안 푼 문제 답안 제출

04 실전점검!
CBT 실전모의고사

수험번호 :

수험자명 :

제한 시간 : 2시간 30분
남은 시간 :

글자 크기 100% 150% 200% 화면 배치 전체 문제 수 :
안 푼 문제 수 :

답안 표기란

1	① ② ③ ④
2	① ② ③ ④
3	① ② ③ ④
4	① ② ③ ④
5	① ② ③ ④
6	① ② ③ ④
7	① ② ③ ④
8	① ② ③ ④
9	① ② ③ ④
10	① ② ③ ④
11	① ② ③ ④
12	① ② ③ ④
13	① ② ③ ④
14	① ② ③ ④
15	① ② ③ ④
16	① ② ③ ④
17	① ② ③ ④
18	① ② ③ ④
19	① ② ③ ④
20	① ② ③ ④
21	① ② ③ ④
22	① ② ③ ④
23	① ② ③ ④
24	① ② ③ ④
25	① ② ③ ④
26	① ② ③ ④
27	① ② ③ ④
28	① ② ③ ④
29	① ② ③ ④
30	① ② ③ ④

26 디젤 사이클의 작동순서로 옳은 것은?

① 단열압축 → 정압가열 → 단열팽창 → 정적방열
② 단열압축 → 정압가열 → 단열팽창 → 정압방열
③ 단열압축 → 정적가열 → 단열팽창 → 정적방열
④ 단열압축 → 정적가열 → 단열팽창 → 정압방열

27 화염의 안정범위가 넓고 조작이 용이하며 역화의 위험이 없고 연소실의 부하가 적은 특징을 가지는 연소형태는?

① 분무연소
② 확산연소
③ 분해연소
④ 예혼합연소

28 액체연료를 미세한 기름방울로 잘게 부수어 단위 질량당의 표면적을 증가시키고 기름방울을 분산, 주위 공기와의 혼합을 적당히 하는 것을 미립화라 한다. 다음 중 원판, 컵 등의 외주에서 원심력으로 액체를 분산시키는 방법에 의해 미립화하는 분무기는?

① 회전체 분무기
② 충돌식 분무기
③ 초음파 분무기
④ 정전식 분무기

29 가연성 가스의 폭발범위에 대한 설명으로 옳지 않은 것은?

① 일반적으로 압력이 높을수록 폭발범위는 넓어진다.
② 가연성 혼합가스의 폭발범위는 고압에서는 상압에 비해 훨씬 넓어진다.
③ 프로판과 공기의 혼합가스에 불연성 가스를 첨가하는 경우 폭발범위는 넓어진다.
④ 수소와 공기의 혼합가스는 고온에 있어서는 폭발범위가 상온에 비해 훨씬 넓어진다.

30 연소온도를 높이는 방법으로 가장 거리가 먼 것은?

① 연료 또는 공기를 예열한다.
② 발열량이 높은 연료를 사용한다.
③ 연소용 공기의 산소농도를 높인다.
④ 복사전열을 줄이기 위해 연소속도를 늦춘다.

계산기   다음 ▶   안 푼 문제   답안 제출

04회

실전점검!
CBT 실전모의고사

수험번호 :

수험자명 :

제한 시간 : 2시간 30분
남은 시간 :

글자
크기 · ⊖ 100% · ⓜ 150% · ⊕ 200%

화면
배치

전체 문제 수 :
안 푼 문제 수 :

31 다음 중 액체 연료의 연소 형태가 아닌 것은?

① 등심연소(Wick Combustion)
② 증발연소(Vaporizing Combustion)
③ 분무연소(Spray Combustion)
④ 확산연소(Diffusive Combustion)

32 0.3g의 이상기체가 750mmHg, 25℃에서 차지하는 용적이 300mL이다. 이 기체 10g이 101.325kPa에서 1L가 되려면 온도는 약 몇 ℃가 되어야 하는가?

① −243℃
② −30℃
③ 30℃
④ 298℃

33 실내화재 시 연소열에 의해 천정류(Ceiling Jet)의 온도가 상승하여 600℃ 정도가 되면 천정류에서 방출되는 복사열에 의하여 실내에 있는 모든 가연물질이 분해되어 가연성 증기를 발생하게 됨으로써 실내 전체가 연소하게 되는 상태를 무엇이라 하는가?

① 발화(Ignition)
② 전실화재(Flash Over)
③ 화염분출(Flame Gusing)
④ 역화(Back Draft)

34 표준대기압에서 지름 10cm인 실린더의 피스톤 위에 686N의 추를 얹어 놓았을 때 평형상태에서 실린더 속의 가스가 받는 절대압력은 약 몇 kPa인가?(단, 피스톤의 중량은 무시한다.)

① 87
② 189
③ 207
④ 309

35 C : 86%, H_2 : 12%, S : 2%의 조성을 갖는 중유 100kg을 표준상태에서 완전 연소시킬 때 동일 압력, 온도 590K에서 연소가스의 체적은 약 몇 m^3인가?

① 296m^3
② 320m^3
③ 426m^3
④ 640m^3

31	①	②	③	④
32	①	②	③	④
33	①	②	③	④
34	①	②	③	④
35	①	②	③	④
36	①	②	③	④
37	①	②	③	④
38	①	②	③	④
39	①	②	③	④
40	①	②	③	④
41	①	②	③	④
42	①	②	③	④
43	①	②	③	④
44	①	②	③	④
45	①	②	③	④
46	①	②	③	④
47	①	②	③	④
48	①	②	③	④
49	①	②	③	④
50	①	②	③	④
51	①	②	③	④
52	①	②	③	④
53	①	②	③	④
54	①	②	③	④
55	①	②	③	④
56	①	②	③	④
57	①	②	③	④
58	①	②	③	④
59	①	②	③	④
60	①	②	③	④

계산기
다음 ▶
안 푼 문제
답안 제출

04 실전점검!
실전점검!
CBT 실전모의고사

수험번호 :
수험자명 :

제한 시간 : 2시간 30분
남은 시간 :

글자
크기 100% 150% 200%

화면
배치

전체 문제 수 :
안 푼 문제 수 :

36 고발열량에 대한 설명 중 틀린 것은?

① 연료가 연소될 때 연소가스 중에 수증기의 응축잠열을 포함한 열량이다.

② $H_h = H_L + H_S = H_L + 600(9H + W)$로 나타낼 수 있다.

③ 진발열량이라고도 한다.

④ 총발열량이다.

37 다음 반응 중 폭굉(Detonation) 속도가 가장 빠른 것은?

① $2H_2 + O_2$
② $CH_4 + 2O_2$
③ $C_3H_8 + 3O_2$
④ $C_3H_8 + 6O_2$

38 액체 프로판이 298K, 0.1MPa에서 이론공기를 이용하여 연소하고 있을 때 고발열량은 약 몇 MJ/kg인가? (단, 연료의 증발엔탈피는 370kJ/kg이고, 기체상태 C_3H_8의 생성엔탈피 $-103,909$kJ/kmol, CO_2의 생성엔탈피 $-393,757$kJ/kmol, 액체 및 기체상태 H_2O의 생성엔탈피는 각각 $-286,010$kJ/kmol, $-241,971$kJ/kmol이다.)

① 44
② 46
③ 50
④ 2,205

39 메탄가스 $1Nm^3$를 10%의 과잉공기량으로 완전 연소시켰을 때의 습연소 가스양은 약 몇 Nm^3인가?

① 5.2
② 7.3
③ 9.4
④ 11.6

40 어떤 Carnot 기관이 4,186kJ의 열을 수취하였다가 2,512kJ의 열을 배출한다면 이 동력기관의 효율은 약 얼마인가?

① 20%
② 40%
③ 67%
④ 80%

답안 표기란

31	①	②	③	④
32	①	②	③	④
33	①	②	③	④
34	①	②	③	④
35	①	②	③	④
36	①	②	③	④
37	①	②	③	④
38	①	②	③	④
39	①	②	③	④
40	①	②	③	④
41	①	②	③	④
42	①	②	③	④
43	①	②	③	④
44	①	②	③	④
45	①	②	③	④
46	①	②	③	④
47	①	②	③	④
48	①	②	③	④
49	①	②	③	④
50	①	②	③	④
51	①	②	③	④
52	①	②	③	④
53	①	②	③	④
54	①	②	③	④
55	①	②	③	④
56	①	②	③	④
57	①	②	③	④
58	①	②	③	④
59	①	②	③	④
60	①	②	③	④

계산기   다음 ▶   안 푼 문제   답안 제출

04 실전점검!
CBT 실전모의고사

수험번호 :

수험자명 :

제한 시간 : 2시간 30분
남은 시간 :

글자
크기 100% 150% 200%

화면
배치

전체 문제 수 :
안 푼 문제 수 :

		답안 표기란		
31	①	②	③	④
32	①	②	③	④
33	①	②	③	④
34	①	②	③	④
35	①	②	③	④
36	①	②	③	④
37	①	②	③	④
38	①	②	③	④
39	①	②	③	④
40	①	②	③	④
41	①	②	③	④
42	①	②	③	④
43	①	②	③	④
44	①	②	③	④
45	①	②	③	④
46	①	②	③	④
47	①	②	③	④
48	①	②	③	④
49	①	②	③	④
50	①	②	③	④
51	①	②	③	④
52	①	②	③	④
53	①	②	③	④
54	①	②	③	④
55	①	②	③	④
56	①	②	③	④
57	①	②	③	④
58	①	②	③	④
59	①	②	③	④
60	①	②	③	④

3과목 가스설비

41 펌프의 실양정(m)을 h, 흡입실양정을 h_1, 송출실양정을 h_2라 할 때 펌프의 실양정 계산식을 옳게 표시한 것은?

① $h = h_2 - h_1$

② $h = \dfrac{h_2 - h_1}{2}$

③ $h = h_1 + h_2$

④ $h = \dfrac{h_1 + h_2}{2}$

42 조정압력이 3.3kPa 이하인 조정기의 안전장치의 작동표준 압력은?

① 3kPa

② 5kPa

③ 7kPa

④ 9kPa

43 액화천연가스(메탄기준)를 도시가스 원료로 사용할 때 액화천연가스의 특징을 바르게 설명한 것은?

① C/H 질량비가 3이고 기화설비가 필요하다.

② C/H 질량비가 4이고 기화설비가 필요 없다.

③ C/H 질량비가 3이고 가스제조 및 정제설비가 필요하다.

④ C/H 질량비가 4이고 개질설비가 필요하다.

44 초저온 용기의 단열재 구비조건으로 가장 거리가 먼 것은?

① 열전도율이 클 것

② 불연성일 것

③ 난연성일 것

④ 밀도가 작을 것

45 가스액화분리장치를 구분할 경우 구성요소에 해당되지 않는 것은?

① 단열장치

② 냉각장치

③ 정류장치

④ 불순물 제거장치

계산기

다음 ▶

안 푼 문제 답안 제출

04 실전점검!
CBT 실전모의고사

수험번호 :

수험자명 :

⏱ 제한 시간 : 2시간 30분
남은 시간 :

글자
크기 100% 150% 200% | 화면
배치 | 전체 문제 수 :
안 푼 문제 수 :

		답안 표기란			
31	①	②	③	④
32	①	②	③	④
33	①	②	③	④
34	①	②	③	④
35	①	②	③	④
36	①	②	③	④
37	①	②	③	④
38	①	②	③	④
39	①	②	③	④
40	①	②	③	④
41	①	②	③	④
42	①	②	③	④
43	①	②	③	④
44	①	②	③	④
45	①	②	③	④
46	①	②	③	④
47	①	②	③	④
48	①	②	③	④
49	①	②	③	④
50	①	②	③	④
51	①	②	③	④
52	①	②	③	④
53	①	②	③	④
54	①	②	③	④
55	①	②	③	④
56	①	②	③	④
57	①	②	③	④
58	①	②	③	④
59	①	②	③	④
60	①	②	③	④

46 자동절체식 조정기를 사용할 때의 장점에 해당하지 않는 것은?

① 잔류액이 거의 없어질 때까지 가스를 소비할 수 있다.

② 전체 용기의 개수가 수동절체식보다 적게 소요된다.

③ 용기교환 주기를 길게 할 수 있다.

④ 일체형을 사용하면 다단 감압식보다 배관의 압력손실을 크게 해도 된다.

47 독성가스 제조설비의 기준에 대한 설명 중 틀린 것은?

① 독성가스 식별표시 및 위험표시를 할 것

② 배관은 용접이음을 원칙으로 할 것

③ 유지를 제거하는 여과기를 설치할 것

④ 가스의 종류에 따라 이중관으로 할 것

48 나프타(Naphtha)에 대한 설명으로 틀린 것은?

① 비점 200℃ 이하의 유분이다.

② 파라핀계 탄화수소의 함량이 높은 것이 좋다.

③ 도시가스의 증열용으로 이용된다.

④ 헤비 나프타가 옥탄가가 높다.

49 피스톤의 지름 : 100mm, 행정거리 : 150mm, 회전 수 : 1,200rpm, 체적 효율 : 75%인 왕복압축기의 압출량은?

① 0.95m³/min

② 1.06m³/min

③ 2.23m³/min

④ 3.23m³/min

50 액화석유가스집단공급소의 저장탱크에 가스를 충전하는 경우에 저장탱크 내용적의 몇 %를 넘어서는 아니 되는가?

① 60%

② 70%

③ 80%

④ 90%

🖩 계산기   다음 ▶   🖐 안 푼 문제   📋 답안 제출

04회

실전점검!
CBT 실전모의고사

수험번호 :

수험자명 :

제한 시간 : 2시간 30분
남은 시간 :

글자
크기   100% 150% 200%

화면
배치

전체 문제 수 :
안 푼 문제 수 :

답안 표기란

31	① ② ③ ④
32	① ② ③ ④
33	① ② ③ ④
34	① ② ③ ④
35	① ② ③ ④
36	① ② ③ ④
37	① ② ③ ④
38	① ② ③ ④
39	① ② ③ ④
40	① ② ③ ④
41	① ② ③ ④
42	① ② ③ ④
43	① ② ③ ④
44	① ② ③ ④
45	① ② ③ ④
46	① ② ③ ④
47	① ② ③ ④
48	① ② ③ ④
49	① ② ③ ④
50	① ② ③ ④
51	① ② ③ ④
52	① ② ③ ④
53	① ② ③ ④
54	① ② ③ ④
55	① ② ③ ④
56	① ② ③ ④
57	① ② ③ ④
58	① ② ③ ④
59	① ② ③ ④
60	① ② ③ ④

51 압력조정기를 설치하는 주된 목적은?

① 유량 조절
② 발열량 조절
③ 가스의 유속 조절
④ 일정한 공급압력 유지

52 LPG수송관의 이음부분에 사용할 수 있는 패킹재료로 가장 적합한 것은?

① 목재
② 천연고무
③ 납
④ 실리콘 고무

53 아세틸렌에 대한 설명으로 틀린 것은?

① 반응성이 대단히 크고 분해 시 발열반응을 한다.
② 탄화칼슘에 물을 가하여 만든다.
③ 액체 아세틸렌보다 고체 아세틸렌이 안정하다.
④ 폭발범위가 넓은 가연성 기체이다.

54 산소용기의 내압시험 압력은 얼마인가?(단, 최고충전압력은 15MPa이다.)

① 12MPa
② 15MPa
③ 25MPa
④ 27.5MPa

55 압력용기라 함은 그 내용물이 액화가스인 경우 35℃에서의 압력 또는 설계압력이 얼마 이상인 용기를 말하는가?

① 0.1MPa
② 0.2MPa
③ 1MPa
④ 2MPa

56 가스와 공기의 열전도가 다른 특성을 이용하는 가스검지기는?

① 서모스탯식
② 적외선식
③ 수소염 이온화식
④ 반도체식

계산기

다음 ▶

안 푼 문제

답안 제출

04 실전점검!
CBT 실전모의고사

수험번호 :

수험자명 :

제한 시간 : 2시간 30분
남은 시간 :

글자
크기 100% 150% 200%

화면
배치

전체 문제 수 :
안 푼 문제 수 :

답안 표기란

31	①	②	③	④
32	①	②	③	④
33	①	②	③	④
34	①	②	③	④
35	①	②	③	④
36	①	②	③	④
37	①	②	③	④
38	①	②	③	④
39	①	②	③	④
40	①	②	③	④
41	①	②	③	④
42	①	②	③	④
43	①	②	③	④
44	①	②	③	④
45	①	②	③	④
46	①	②	③	④
47	①	②	③	④
48	①	②	③	④
49	①	②	③	④
50	①	②	③	④
51	①	②	③	④
52	①	②	③	④
53	①	②	③	④
54	①	②	③	④
55	①	②	③	④
56	①	②	③	④
57	①	②	③	④
58	①	②	③	④
59	①	②	③	④
60	①	②	③	④

57 터보형 압축기에 대한 설명으로 옳은 것은?

① 기체흐름이 축방향으로 흐를 때, 깃에 발생하는 양력으로 에너지를 부여하는 방식이다.

② 기체흐름이 축방향과 반지름방향의 중간적 흐름의 것을 말한다.

③ 기체흐름이 축방향에서 반지름방향으로 흐를 때, 원심력에 의하여 에너지를 부여하는 방식이다.

④ 한 쌍의 특수한 형상의 회전체 틈의 변화에 의하여 압력에너지를 부여하는 방식이다.

58 가스배관 내의 압력손실을 작게 하는 방법으로 틀린 것은?

① 유체의 양을 많게 한다.　② 배관 내면의 거칠기를 줄인다.

③ 배관 구경을 크게 한다.　④ 유속을 느리게 한다.

59 CNG충전소에서 천연가스가 공급되지 않는 지역에 차량을 이용하여 충전설비에 충전하는 방법을 의미하는 것은?

① Combination Fill　② Fast/Quick Fill

③ Mother/Daughter Fill　④ Slow/Time Fill

60 이음매 없는 용기와 용접용기의 비교 설명으로 틀린 것은?

① 이음매가 없으면 고압에서 견딜 수 있다.

② 용접용기는 용접으로 인하여 고가이다.

③ 만네스만법, 에르하르트식 등이 이음매 없는 용기의 제조법이다.

④ 용접용기는 두께공차가 적다.

계산기　　　다음 ▶　　　안 푼 문제　　답안 제출

04회 실전점검!
CBT 실전모의고사

수험번호 :

수험자명 :

제한 시간 : 2시간 30분
남은 시간 :

글자 크기 100% 150% 200%

화면 배치

전체 문제 수 :
안 푼 문제 수 :

답안 표기란				
61	①	②	③	④
62	①	②	③	④
63	①	②	③	④
64	①	②	③	④
65	①	②	③	④
66	①	②	③	④
67	①	②	③	④
68	①	②	③	④
69	①	②	③	④
70	①	②	③	④
71	①	②	③	④
72	①	②	③	④
73	①	②	③	④
74	①	②	③	④
75	①	②	③	④
76	①	②	③	④
77	①	②	③	④
78	①	②	③	④
79	①	②	③	④
80	①	②	③	④
81	①	②	③	④
82	①	②	③	④
83	①	②	③	④
84	①	②	③	④
85	①	②	③	④
86	①	②	③	④
87	①	②	③	④
88	①	②	③	④
89	①	②	③	④
90	①	②	③	④

4과목 가스안전관리

61 차량에 고정된 탱크의 내용적에 대한 설명으로 틀린 것은?

① LPG 탱크의 내용적은 1만 8천L를 초과해서는 안 된다.

② 산소 탱크의 내용적은 1만 8천L를 초과해서는 안 된다.

③ 염소 탱크의 내용적은 1만 2천L를 초과해서는 안 된다.

④ 액화천연가스 탱크의 내용적은 1만 8천L를 초과해서는 안 된다.

62 위험장소를 구분할 때 2종 장소가 아닌 것은?

① 밀폐된 용기 또는 설비 안에 밀봉된 가연성 가스가 그 용기 또는 설비의 사고로 인해 파손되거나 오조작의 경우에만 누출할 위험이 있는 장소

② 확실한 기계적 환기조치에 따라 가연성 가스가 체류하지 않도록 되어 있으나 환기장치에 이상이나 사고가 발생한 경우에는 가연성 가스가 체류하여 위험하게 될 우려가 있는 장소

③ 상용상태에서 가연성 가스가 체류하여 위험하게 될 우려가 있는 장소

④ 1종 장소의 주변 또는 인접한 실내에서 위험한 농도의 가연성 가스가 종종 침입할 우려가 있는 장소

63 용기보관장소에 대한 설명으로 틀린 것은?

① 용기보관장소의 주위 2m 이내에 화기 또는 인화성 물질 등을 치웠다.

② 수소용기 보관장소에는 겨울철 실내온도가 내려가므로 상부의 통풍구를 막았다.

③ 가연성 가스의 충전용기 보관실은 불연재료를 사용하였다.

④ 가연성 가스와 산소의 용기보관실을 각각 구분하여 설치하였다.

64 독성가스인 포스겐을 운반하고자 할 경우에 반드시 갖추어야 할 보호구 및 자재가 아닌 것은?

① 방독마스크

② 보호장갑

③ 제독제 및 공구

④ 소화설비 및 공구

계산기

다음 ▶

안 푼 문제

답안 제출

04

실전점검!
CBT 실전모의고사

수험번호 :

수험자명 :

제한 시간 : 2시간 30분
남은 시간 :

글자
크기 100% 150% 200%

화면
배치

전체 문제 수 :
안 푼 문제 수 :

답안 표기란

61	①	②	③	④
62	①	②	③	④
63	①	②	③	④
64	①	②	③	④
65	①	②	③	④
66	①	②	③	④
67	①	②	③	④
68	①	②	③	④
69	①	②	③	④
70	①	②	③	④
71	①	②	③	④
72	①	②	③	④
73	①	②	③	④
74	①	②	③	④
75	①	②	③	④
76	①	②	③	④
77	①	②	③	④
78	①	②	③	④
79	①	②	③	④
80	①	②	③	④
81	①	②	③	④
82	①	②	③	④
83	①	②	③	④
84	①	②	③	④
85	①	②	③	④
86	①	②	③	④
87	①	②	③	④
88	①	②	③	④
89	①	②	③	④
90	①	②	③	④

65 아세틸렌을 용기에 충전할 때 충전 중의 압력은 얼마 이하로 하여야 하는가?

① 1MPa 이하
② 1.5MPa 이하
③ 2MPa 이하
④ 2.5MPa 이하

66 액화석유가스 취급에 대한 설명으로 옳은 것은?

① 자동차에 고정된 탱크는 저장탱크 외면으로부터 2m 이상 떨어져 정지한다.
② 소형 용접용기에 가스를 충전할 때에는 가스 압력이 40℃에서, 0.62MPa 이하가 되도록 한다.
③ 충전용 주관의 모든 압력계는 매년 1회 이상 표준이 되는 압력계로 비교 검사한다.
④ 공기 중의 혼합비율이 0.1v% 상태에서 감지할 수 있도록 냄새나는 물질(부취제)을 충전한다.

67 액화가스를 충전하는 차량의 탱크 내부에 액면 요동 방지를 위하여 설치하는 것은?

① 콕
② 긴급 탈압밸브
③ 방파판
④ 충진판

68 상용압력이 40.0MPa인 고압가스설비에 설치된 안전밸브의 작동 압력은 얼마인가?

① 33MPa
② 35MPa
③ 43MPa
④ 48MPa

69 LPG 용기 보관실의 바닥면적이 40m^{2}이라면 환기구의 최소 통풍가능 면적은?

① 10,000cm^2
② 11,000cm^2
③ 12,000cm^2
④ 13,000cm^2

계산기   다음 ▶   안 푼 문제   답안 제출

04회

실전점검!
CBT 실전모의고사

수험번호 :

수험자명 :

제한 시간 : 2시간 30분
남은 시간 :

글자
크기 100% 150% 200%

화면
배치

전체 문제 수 :
안 푼 문제 수 :

답안 표기란

61	① ② ③ ④
62	① ② ③ ④
63	① ② ③ ④
64	① ② ③ ④
65	① ② ③ ④
66	① ② ③ ④
67	① ② ③ ④
68	① ② ③ ④
69	① ② ③ ④
70	① ② ③ ④
71	① ② ③ ④
72	① ② ③ ④
73	① ② ③ ④
74	① ② ③ ④
75	① ② ③ ④
76	① ② ③ ④
77	① ② ③ ④
78	① ② ③ ④
79	① ② ③ ④
80	① ② ③ ④
81	① ② ③ ④
82	① ② ③ ④
83	① ② ③ ④
84	① ② ③ ④
85	① ② ③ ④
86	① ② ③ ④
87	① ② ③ ④
88	① ② ③ ④
89	① ② ③ ④
90	① ② ③ ④

70 시안화수소의 안전성에 대한 설명으로 틀린 것은?

① 순도 98% 이상으로서 착색된 것은 60일을 경과할 수 있다.

② 안정제로는 아황산, 황산 등을 사용한다.

③ 맹독성 가스이므로 흡수장치나 재해방지장치를 설치해야 한다.

④ 1일 1회 이상 질산구리벤젠지로 누출을 검지해야 한다.

71 산소기체가 30L의 용기에 27℃, 150atm으로 압축 저장되어 있다. 이 용기에는 약 몇 kg의 산소가 충전되어 있는가?

① 5.9

② 7.9

③ 9.6

④ 10.6

72 정전기를 억제하기 위한 방법이 아닌 것은?

① 접지(Grounding)한다.

② 접촉 전위차가 큰 재료를 선택한다.

③ 정전기의 중화 및 전기가 잘 통하는 물질을 사용한다.

④ 습도를 높여준다.

73 고압가스 냉동제조시설에서 냉동능력 20ton 이상의 냉동설비에 설치하는 압력계의 설치기준으로 옳지 않은 것은?

① 압축기의 토출압력 및 흡입압력을 표시하는 압력계를 보기 쉬운 곳에 설치한다.

② 강제윤활방식인 경우에는 윤활압력을 표시하는 압력계를 설치한다.

③ 강제윤활방식인 것은 윤활유 압력에 대한 보호장치가 설치되어 있는 경우 압력계를 설치한다.

④ 발생기에는 냉매가스의 압력을 표시하는 압력계를 설치한다.

계산기

다음 ▶

안 푼 문제

답안 제출

04 실전점검!
CBT 실전모의고사

수험번호 :

수험자명 :

제한 시간 : 2시간 30분
남은 시간 :

글자
크기 100% 150% 200%

화면
배치

전체 문제 수 :
안 푼 문제 수 :

답안 표기란				
61	①	②	③	④
62	①	②	③	④
63	①	②	③	④
64	①	②	③	④
65	①	②	③	④
66	①	②	③	④
67	①	②	③	④
68	①	②	③	④
69	①	②	③	④
70	①	②	③	④
71	①	②	③	④
72	①	②	③	④
73	①	②	③	④
74	①	②	③	④
75	①	②	③	④
76	①	②	③	④
77	①	②	③	④
78	①	②	③	④
79	①	②	③	④
80	①	②	③	④
81	①	②	③	④
82	①	②	③	④
83	①	②	③	④
84	①	②	③	④
85	①	②	③	④
86	①	②	③	④
87	①	②	③	④
88	①	②	③	④
89	①	②	③	④
90	①	②	③	④

74 고압가스 충전용기의 차량 운반 시 안전대책으로 옳지 않은 것은?

① 충격을 방지하기 위해 와이어로프 등으로 결속한다.

② 염소와 아세틸렌 충전용기는 동일 차량에 적재, 운반하지 않는다.

③ 운반 중 충전용기는 항상 56℃ 이하를 유지한다.

④ 독성가스 중 가연성 가스와 조연성 가스는 동일 차량에 적재하여 운반하지 않는다.

75 폭발에 대한 설명으로 옳은 것은?

① 폭발은 급격한 압력의 발생 등으로 심한 음을 내며, 팽창하는 현상으로 화학적인 원인으로만 발생한다.

② 가스의 발화에는 전기불꽃, 마찰, 정전기 등의 외부발화원이 반드시 필요하다.

③ 최소 발화에너지가 큰 혼합가스는 안전간격이 작다.

④ 아세틸렌, 산화에틸렌, 수소는 산소 중에서 폭굉을 발생하기 쉽다.

76 액화석유가스 충전시설의 안전유지기준에 대한 설명으로 틀린 것은?

① 저장탱크이 안전을 위하여 1년에 1회 이상 정기적으로 침하 상태를 측정한다.

② 소형 저장탱크 주위에 있는 밸브류의 조작은 원칙적으로 자동조작으로 한다.

③ 소형 저장탱크의 세이프티커플링의 주 밸브는 액봉방지를 위하여 항상 열어둔다.

④ 가스누출검지기와 휴대용 손전등은 방폭형으로 한다.

77 내용적이 50L 이상 125L 미만인 LPG용 용접용기의 스커트 통기면적은?

① 100mm² 이상

② 300mm² 이상

③ 500mm² 이상

④ 1,000mm² 이상

 계산기

다음 ▶

안 푼 문제

답안 제출

실전점검!
04 회 CBT 실전모의고사

수험번호 :
수험자명 :

제한 시간 : 2시간 30분
남은 시간 :

글자 크기 100% 150% 200% 화면 배치

전체 문제 수 :
안 푼 문제 수 :

답안 표기란

61	① ② ③ ④
62	① ② ③ ④
63	① ② ③ ④
64	① ② ③ ④
65	① ② ③ ④
66	① ② ③ ④
67	① ② ③ ④
68	① ② ③ ④
69	① ② ③ ④
70	① ② ③ ④
71	① ② ③ ④
72	① ② ③ ④
73	① ② ③ ④
74	① ② ③ ④
75	① ② ③ ④
76	① ② ③ ④
77	① ② ③ ④
78	① ② ③ ④
79	① ② ③ ④
80	① ② ③ ④
81	① ② ③ ④
82	① ② ③ ④
83	① ② ③ ④
84	① ② ③ ④
85	① ② ③ ④
86	① ② ③ ④
87	① ② ③ ④
88	① ② ③ ④
89	① ② ③ ④
90	① ② ③ ④

78 충전된 가스를 전부 사용한 빈 용기의 밸브는 닫아두는 것이 좋다. 주된 이유로서 가장 거리가 먼 것은?

① 외기 공기에 의한 용기 내면의 부식
② 용기 내 공기의 유입으로 인해 재충전 시 충전량 감소
③ 용기의 안전밸브 작동 방지
④ 용기 내 공기의 유입으로 인한 폭발성 가스의 형성

79 고압가스 특정제조시설에서 배관을 지하에 매설할 경우 지하도로 및 터널과 최소 몇 m 이상의 수평거리를 유지하여야 하는가?

① 1.5m
② 5m
③ 8m
④ 10m

80 저장탱크의 긴급차단장치에 대한 설명으로 옳은 것은?

① 저장탱크의 주 밸브와 겸용하여 사용할 수 있다.
② 저장탱크에 부착된 액배관에는 긴급차단장치를 설치한다.
③ 저장탱크의 외면으로부터 2m 이상 떨어진 곳에서 조작할 수 있어야 한다.
④ 긴급차단장치는 방류둑 내측에 설치하여야 한다.

계산기   다음 ▶   안 푼 문제 답안 제출

실전점검!
04회 CBT 실전모의고사

수험번호 :
수험자명 :

제한 시간 : 2시간 30분
남은 시간 :

글자
크기 100% 150% 200%

화면
배치

전체 문제 수 :
안 푼 문제 수 :

답안 표기란

61	①	②	③	④
62	①	②	③	④
63	①	②	③	④
64	①	②	③	④
65	①	②	③	④
66	①	②	③	④
67	①	②	③	④
68	①	②	③	④
69	①	②	③	④
70	①	②	③	④
71	①	②	③	④
72	①	②	③	④
73	①	②	③	④
74	①	②	③	④
75	①	②	③	④
76	①	②	③	④
77	①	②	③	④
78	①	②	③	④
79	①	②	③	④
80	①	②	③	④
81	①	②	③	④
82	①	②	③	④
83	①	②	③	④
84	①	②	③	④
85	①	②	③	④
86	①	②	③	④
87	①	②	③	④
88	①	②	③	④
89	①	②	③	④
90	①	②	③	④

5과목 가스계측

81 기체 크로마토그래피에서 분리도(Resolution)와 칼럼 길이의 상관관계는?

① 분리도는 칼럼 길이의 제곱근에 비례한다.
② 분리도는 칼럼 길이에 비례한다.
③ 분리도는 칼럼 길이의 2승에 비례한다.
④ 분리도는 칼럼 길이의 3승에 비례한다.

82 반도체식 가스누출 검지기의 특징에 대한 설명으로 옳은 것은?

① 안정성은 떨어지지만 수명이 길다.
② 가연성 가스 이외의 가스는 검지할 수 없다.
③ 소형·경량화가 가능하며 응답속도가 빠르다.
④ 미량가스에 대한 출력이 낮으므로 감도는 좋지 않다.

83 루트미터와 습식 가스미터 특징 중 루트미터의 특징에 해당되는 것은?

① 유량이 정확하다.
② 사용 중 수위조정 등의 관리가 필요하다.
③ 실험실용으로 적합하다.
④ 설치공간이 적게 필요하다.

84 습한 공기 205kg 중 수증기가 35kg 포함되어 있다고 할 때 절대습도[kg/kg′]는?(단, 공기와 수증기의 분자량은 각각 29, 18로 한다.)

① 0.206
② 0.171
③ 0.128
④ 0.106

85 단위계의 종류가 아닌 것은?

① 절대단위계
② 실제단위계
③ 중력단위계
④ 공학단위계

계산기
다음 ▶
안 푼 문제
답안 제출

04 회 실전점검!
CBT 실전모의고사

수험번호 :
수험자명 :

제한 시간 : 2시간 30분
남은 시간 :

글자 크기 100% 150% 200% 화면 배치

전체 문제 수 :
안 푼 문제 수 :

답안 표기란

61	① ② ③ ④
62	① ② ③ ④
63	① ② ③ ④
64	① ② ③ ④
65	① ② ③ ④
66	① ② ③ ④
67	① ② ③ ④
68	① ② ③ ④
69	① ② ③ ④
70	① ② ③ ④
71	① ② ③ ④
72	① ② ③ ④
73	① ② ③ ④
74	① ② ③ ④
75	① ② ③ ④
76	① ② ③ ④
77	① ② ③ ④
78	① ② ③ ④
79	① ② ③ ④
80	① ② ③ ④
81	① ② ③ ④
82	① ② ③ ④
83	① ② ③ ④
84	① ② ③ ④
85	① ② ③ ④
86	① ② ③ ④
87	① ② ③ ④
88	① ② ③ ④
89	① ② ③ ④
90	① ② ③ ④

86 스프링식 저울로 무게를 측정할 경우 다음 중 어떤 방법에 속하는가?

① 치환법
② 보상법
③ 영위법
④ 편위법

87 헴펠(Hempel)법으로 가스분석을 할 경우 분석가스와 흡수액이 잘못 연결된 것은?

① CO_2 – 수산화칼륨 용액
② O_2 – 알칼리성 피로카롤 용액
③ C_mH_n – 무수황산 25%를 포함한 발연 황산
④ CO – 염화암모늄 용액

88 깊이 3m의 탱크에 사염화탄소가 가득 채워져 있다. 밑바닥에서 받는 압력은 약 몇 kgf/m^2인가?(단, CCl_4의 비중은 20℃일 때 1.59, 물의 비중량은 998.2kgf/m^3[20℃]이고, 탱크 상부는 대기압과 같은 압력을 받는다.)

① 15,093
② 14,761
③ 10,806
④ 5,521

89 대기압이 750mmHg일 때 탱크 내의 기체압력이 게이지압력으로 1.96kg/cm^2이었다. 탱크 내 이 기체의 절대압력은 약 얼마인가?

① 1kg/cm^2
② 2kg/cm^2
③ 3kg/cm^2
④ 4kg/cm^2

90 물리량은 몇 개의 독립된 기본단위(기본량)의 나누기와 곱하기의 형태로 표시할 수 있다. 이를 각각 길이[L], 질량[M], 시간[T]의 관계로 표시할 때 다음의 관계가 맞는 것은?

① 압력 : $[ML^{-1}T^{-2}]$
② 에너지 : $[ML^2T^{-1}]$
③ 동력 : $[ML^2T^{-2}]$
④ 밀도 : $[ML^{-2}]$

계산기 다음 ▶ 안 푼 문제 답안 제출

04 실전점검!
CBT 실전모의고사

수험번호 :

수험자명 :

제한 시간 : 2시간 30분
남은 시간 :

글자 크기 100% 150% 200% 화면 배치

전체 문제 수 :
안 푼 문제 수 :

답안 표기란

91	① ② ③ ④
92	① ② ③ ④
93	① ② ③ ④
94	① ② ③ ④
95	① ② ③ ④
96	① ② ③ ④
97	① ② ③ ④
98	① ② ③ ④
99	① ② ③ ④
100	① ② ③ ④

91 점도의 차원은?(단, 차원기호는 M : 질량, L : 길이, T : 시간이다.)

① MLT^{-1}

② $ML^{-1}T^{-1}$

③ $M^{-1}LT^{-1}$

④ $M^{-1}L^{-1}T$

92 막식가스미터의 부동현상에 대한 설명으로 가장 옳은 것은?

① 가스가 미터를 통과하지만 지침이 움직이지 않는 고장

② 가스가 미터를 통과하지 못하는 고장

③ 가스가 누출되고 있는 고장

④ 가스가 통과될 때 미터가 이상음을 내는 고장

93 검지가스와 누출 확인 시험지가 잘못 연결된 것은?

① 일산화탄소(CO) – 염화칼륨지

② 포스겐($COCl_2$) – 하리슨 시험지

③ 시안화수소(HCN) – 초산벤젠지

④ 황화수소(H_2S) – 연당지(초산납 시험지)

94 실온 22℃, 습도 45%, 기압 765mmHg인 공기의 증기 분압(Pw)은 약 몇 mmHg 인가?(단, 공기의 가스 상수는 29.27kg · m/kg · K, 22℃에서 포화 압력(Ps)은 18.66mmHg이다.)

① 4.1

② 8.4

③ 14.3

④ 16.7

95 유압식 조절계의 제어동작에 대한 설명으로 옳은 것은?

① P 동작이 기본이고 PI, PID 동작이 있다.

② I 동작이 기본이고 P, PI 동작이 있다.

③ P 동작이 기본이고 I, PID 동작이 있다.

④ I 동작이 기본이고 PI, PID 동작이 있다.

계산기   다음 ▶   안 푼 문제   답안 제출

04 실전점검!
CBT 실전모의고사

수험번호 :

수험자명 :

제한 시간 : 2시간 30분
남은 시간 :

글자 크기 100% 150% 200%　화면 배치　전체 문제 수 :
안 푼 문제 수 :

답안 표기란				
91	①	②	③	④
92	①	②	③	④
93	①	②	③	④
94	①	②	③	④
95	①	②	③	④
96	①	②	③	④
97	①	②	③	④
98	①	②	③	④
99	①	②	③	④
100	①	②	③	④

96 루트가스미터에 대한 설명 중 틀린 것은?

① 설치장소가 작아도 된다.　② 대유량 가스 측정에 적합하다.

③ 중압가스의 계량이 가능하다.　④ 계량이 정확하여 기준기로 사용된다.

97 제어기의 신호전송방법 중 유압식 신호전송의 특징이 아닌 것은?

① 사용유압은 $0.2 \sim 1 kg/cm^2$ 정도이다. ② 전송거리는 $100 \sim 150 m$ 정도이다.

③ 전송지연이 작고 조직력이 크다.　④ 조작속도와 응답속도가 빠르다.

98 기체크로마토그래피의 열린관 칼럼 중 유연성이 있고, 화학적 비활성이 우수하여 널리 사용되고 있는 것은?

① 충전 칼럼　　　　　　　② 지지체도포 열린관 칼럼(SCOT)

③ 벽도포 열린관 칼럼(WCOT)　④ 용융실리카도포 열린관 칼럼(FSWC)

99 계측기의 선정 시 고려사항으로 가장 거리가 먼 것은?

① 정확도와 정밀도　　　　② 감도

③ 견고성 및 내구성　　　　④ 지시방식

100 그림과 같이 원유 탱크에 원유가 채워져 있고, 원유 위의 가스 압력을 측정하기 위하여 수은 마노미터를 연결하였다. 주어진 조건하에서 Pg의 압력(절대압)은?(단, 수은, 원유의 밀도는 각각 $13.6 g/cm^3$, $0.86 g/cm^3$, 중력가속도는 $9.8 m/s^2$이다.)

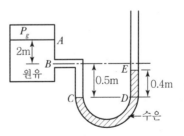

① 69.1kPa

② 101.3kPa

③ 133.5kPa

④ 175.8kPa

 계산기　　　　　 다음 ▶　　　　안 푼 문제  답안 제출

01	02	03	04	05	06	07	08	09	10
④	②	②	③	③	④	①	③	④	③
11	12	13	14	15	16	17	18	19	20
③	②	②	②	③	④	③	③	②	②
21	22	23	24	25	26	27	28	29	30
③	③	③	①	①	①	②	①	③	④
31	32	33	34	35	36	37	38	39	40
④	①	③	④	③	①	③	④	④	②
41	42	43	44	45	46	47	48	49	50
③	③	④	①	④	③	④	③	②	④
51	52	53	54	55	56	57	58	59	60
④	④	④	②	②	④	③	①	③	②
61	62	63	64	65	66	67	68	69	70
①	④	②	④	④	③	④	②	③	①
71	72	73	74	75	76	77	78	79	80
①	②	④	④	②	④	③	④	③	②
81	82	83	84	85	86	87	88	89	90
①	④	②	②	④	④	④	①	③	①
91	92	93	94	95	96	97	98	99	100
②	①	①	②	②	④	②	④	④	③

01 정답 | ④

풀이 | ㉠ 밀도$(\rho) = \dfrac{P}{RT} = \dfrac{200}{8.314(37+273)} \times 28$

$= 2.17$

㉡ 밀도$(\rho) = \dfrac{P}{RT} = \dfrac{200}{\left(\dfrac{8.314}{28}\right) \times (37+273)}$

$= 2.17(\text{kg/m}^3)$

※ 질소분자량$(\text{N}_2) = 28$

02 정답 | ②

풀이 | 미소 체적요소 연속방정식은 ②항이다.

㉠ 연속방정식 : 질량보존의 법칙을 잘 따르는 유체
(질량이 증가되거나 손실되지 않는다.)

㉡ 직각 좌표계에 적용되는 3차원 연속방정식

03 정답 | ②

풀이 | ㉠ 1차원 흐름에서 수직충격파가 발생하면 압력, 밀도, 온도가 증가한다.

㉡ 충격파(Shock Wave) : 유체의 흐름이 갑자기 아음속으로 변할 때 급격한 변화를 일으키는 파(충격방향이 유동방향과 수직방향이면 수직충격파, 경사진 방향이면 경사충격파라 한다.)

04 정답 | ③

풀이 | $U = U_{\max}\left[1 - \left(\dfrac{r}{a}\right)^2\right] = U_{\max}\left(1 - \dfrac{r^2}{r_0{}^2}\right)$

$\therefore U = 48 \times \left(1 - \dfrac{3^2}{10^2}\right) = 43.68(\text{cm/s})$

※ $r_0 = 20 \times \dfrac{1}{2} = 10\text{cm}$, $r = 10 - 7 = 3\text{cm}$

05 정답 | ③

풀이 | 워터해머 현상
유체가 흐르는 배관 내에서 갑자기 밸브를 차단하면 급격한 압력변화에 의해 수격작용이 미치는 현상

06 정답 | ④

풀이 | $P_2 = 2.94 \times \dfrac{T_2}{T_1} = 2.94 \times \dfrac{273+110}{273+5} = 4.05\text{kPa}$

$\therefore$ 압력 상승$(\Delta P) = 4.05 - 2.94 = 1.11\text{kPa}$

07 정답 | ①

풀이 | 밀도 $1\text{g/cm}^3 = 1,000\text{kg/m}^3 = \text{H}_2\text{O}$

H_2O $10\text{mAq} = 1\text{kg/cm}^2$, $1\text{mAq} = 0.1\text{kg/cm}^2$

절대압력(abs) = 대기압 + 계기압

$= 1.033 + 0.1 = 1.133\text{kgf/cm}^2$

08 정답 | ③

풀이 | 2차원 직각좌표계 상에서 속도 포텐셜 $\phi = Ux$ 유동장의 흐름함수는 Uy이다.

09 정답 | ④

풀이 | ㉠ 위치수두 $= 10\text{mH}_2\text{O} = 1\text{kgf/cm}^2$

㉡ 속도수두 $= \dfrac{V^2}{2g} = \dfrac{(5)^2}{2 \times 9.8} = 1.276\text{kgf/cm}^2$

㉢ 압력수두 $= 0.6\text{kgf/cm}^2 = 6\text{mH}_2\text{O}$

$\therefore$ 전수두 $= 6 + 1.276 + 10 = 17.28\text{mH}_2\text{O}$

10 정답 | ③

풀이 | ㉠ 베르누이 방정식

$\dfrac{P_1}{r_1} + \dfrac{V_1{}^2}{2g} + Z_1 = \dfrac{P_2}{r_2} + \dfrac{V_2{}^2}{2g} + Z_2 = H$

㉡ 실체유체 보정항 : 펌프일, 마찰손실, 펌프효율

11 정답 | ③

풀이 | 기체수송 기계의 압력차 크기(압력이 큰 순서)
압축기(0.1MPa 이상) > 송풍기(10kPa 이상 0.1MPa 미만) > 팬(10kPa 미만)

CBT 정답 및 해설

12 정답 | ②

풀이 | 뉴턴의 점성법칙

전단응력(마찰응력) $\tau = \mu \dfrac{du}{dy}$

※ μ(점성계수), $\dfrac{du}{dy}$ (속도구배)

13 정답 | ②

풀이 | 레이놀즈수$(R_e) = \dfrac{\rho Vd}{\mu} = \dfrac{Vd}{\nu}$

1stokes(스토크스)$=1\text{cm}^2/\text{sec}$

3m/s$=300$cm/s

$\therefore R_e = \dfrac{300 \times 5}{2} = 750$

14 정답 | ②

풀이 | ① 원심펌프 : 볼류트펌프, 터빈펌프

③ 회전펌프 : 기어펌프, 나사펌프, 베인 편심펌프

④ 특수펌프 : 마찰펌프, 제트펌프, 기포펌프, 수격펌프

15 정답 | ③

풀이 | 비점성 유체

유체 유동 시 마찰저항이 유발되지 않은 유체로 점성이 없다고 가정한 이상유체이다.

16 정답 | ④

풀이 | ㉠ 물 $1,000\text{kg/m}^3 = 1,000\text{N} \cdot \text{sec}^2/\text{m}^4$
$= 102\text{kgf} \cdot \text{s}^2/\text{m}^4 = 9,800\text{N/m}^3$

㉡ 압력 $1\text{atm} = 101.325\text{kPa} = 101,325\text{N/m}^2$
$= 760\text{mmHg} = 1.0332\text{kg/cm}^2$

$P_1 - P_2 = 0.327(1,000 \times 13.6 - 1,000)$
$= 4,120.2\text{kg/cm}^2 = 0.41202\text{kg/m}^2$

$\therefore$ 압력차$(\Delta P) = \dfrac{0.41202}{1.0332} \times 101,325$
$= 40,400\text{kN/m}^2$
$= 40,400\text{N/m}^2$

17 정답 | ③

풀이 | 유량 $Q = \dfrac{\pi}{4}d^2$, $2^2 = 4\text{cm}$, $1^2 = 1\text{cm}^2$

$\therefore$ 평균유속(V)$ = \dfrac{4}{1} = 4 : 1$

유속의 2승에 비례하여 압력이 손실된다.
(유속이 2배면 압력손실은 4배)

18 정답 | ③

풀이 | ㉠ 관 속의 난류흐름에서 관 마찰계수(f)

㉡ f : 레이놀즈수와 상대조도의 함수이다.

㉢ $R_e > 4,000$: 난류, R_e $2,100 \sim 4,000$: 천이 흐름,
$R_e < 2,100$: 층류

19 정답 | ②

풀이 | 동점계수$(\nu) = 1(\text{stokes}) = 100\text{cst}$

1 $R_e = 10^4 \text{stokes} = 1\text{cm}^2/\text{s} = 0.0001\text{m}^2/\text{s}$

2 $2,100(R_e) = \dfrac{Vd}{\nu} = \dfrac{0.1 \times 0.25}{2,100} \times 10^4$
$= 0.119\text{cm}^2/\text{s}$

$1\text{m}^2 = 10,000(10^4)\text{cm}^2$

20 정답 | ②

풀이 | ㉠ 속도수두 $= \dfrac{V^2}{2 \cdot g} = \dfrac{4^2}{2 \times 9.8} = 0.816\text{m}$

유속$ = \dfrac{\text{유량}}{\text{단면적}} = \dfrac{2}{\dfrac{3.14}{4} \times d^2} = \dfrac{2}{0.5} = 4\text{m/s}$

㉡ 압력수두 $2\text{kgf/cm}^2 = 20\text{mH}_2\text{O}$

$\therefore$ 전수두$(H) = 0.816 + 20 = 20.8\text{mH}_2\text{O}$

21 정답 | ③

풀이 | ㉠ 폭발 A등급 : 안전간격 0.6mm 초과

㉡ 폭발 B등급 : 안전간격 $0.4 \sim 0.6$mm

㉢ 폭발 C등급 : 안전간격 0.4mm 이하

• 안전틈새 간격이 작은 가스일수록 위험하다.

22 정답 | ③

풀이 | • 연소반응식 : $C_6H_6 + 7.5O_2 \rightarrow 6CO_2 + 3H_2O$

• 폭발범위 : $1.3 \sim 7.9\%$

• 최소산소농도(MOC) : $7.5(O_2) \times 1.3 = 9.75\%$

23 정답 | ②

풀이 | ㉠ 층류연소 : 화염의 두께가 얇은 반응 시 화염

㉡ 층류연소속도는 압력이 높을수록, 온도가 높을수록, 열전도율이 클수록, 분자량이 작을수록 빨라진다.

24 정답 | ①

풀이 | 산소

㉠ 임계압력(50.1atm=5MPa)

㉡ 임계온도(-118.4℃)

㉢ 증발잠열(51kcal/kg)

㉣ 비점(-183℃)

CBT 정답 및 해설

25 정답 | ①
풀이 | ㉠ 내부에너지=총에너지－(위치에너지＋운동에너지)
㉡ 기계적에너지＝위치에너지＋운동에너지
㉢ 위치에너지(Zm 높이에 있는 경우)

26 정답 | ①
풀이 | Diesel Cycle(가스동력사이클)

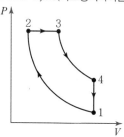

㉠ 1→2 : 단열압축
㉡ 2→3 : 등압가열
　　　　　(연소 발생)
㉢ 3→4 : 단열팽창
㉣ 4→1 : 등적방열

27 정답 | ②
풀이 | 확산연소
기체연료의 연소방식이며 화염의 안정범위가 넓고 조작이 용이하며 역화의 위험이 없고 연소실 부하가 적은 연소형태

28 정답 | ①
풀이 | 회전체 분무기(로터리컵 사용)
원심력에 의해 원판이나 분무컵을 이용하여 중질유를 3,000~10,000rpm으로 분산시키는 미립화 분무기

29 정답 | ③
풀이 | ㉠ 프로판가스 연소반응식
$C_3H_8 + 5O_2 \rightarrow 3CO_2 + 4H_2O$
㉡ 이론공기량$(A_0) = 5 \times \dfrac{1}{0.21} = 23.8 \text{Nm}^3/\text{Nm}^3$
㉢ 불연성 가스 CO_2, N_2, H_2O 등을 첨가하면 폭발범위가 좁아진다.

30 정답 | ④
풀이 | 연소속도를 크게 하면 연소온도를 높일 수가 있다.

31 정답 | ④
풀이 | 확산연소, 예혼합연소 : 기체연료의 연소 형태

32 정답 | ①
풀이 | 760mmHg＝101.325kPa
$750 \text{mmHg} \times \dfrac{101.325}{760} = 100 \text{kPa}$
$0.3 : 300 = 10 : x$
$x = 300 \times \dfrac{10}{0.3} \times \dfrac{100}{101.325} = 9,869 \text{mL} = 9.87 \text{L}$
$9.87 \times \dfrac{273 + t\,℃}{273 + 0} = 1\text{L}$
$273 + t\,℃ = \dfrac{273}{9.87} = 27.7$
$\therefore t\,℃ = 27.7 - 273 = -245 ℃$

33 정답 | ②
풀이 | 전실화재
실내온도가 600℃로 상승하여 천정류에서 방출되는 복사열에 의해 실내 가연물질이 분해되어 가연성 증기를 발생하여 실내 전체가 연소되는 상태

34 정답 | ②
풀이 | 1atm＝76cmHg＝101,325N/m^2
　　＝101.325kPa＝1.033kg/cm^2
단면적＝$\dfrac{\pi}{4}d^2 = \dfrac{3.14}{4}(10)^2 = 78.5 \text{cm}^2 (0.00785\text{m}^2)$
$\dfrac{686}{78.5} \times 10^4 = 87,389 \text{N/m}^2$(게이지압력)
$\dfrac{87,389}{101,325} \times 101.325 = 87 \text{kPa}$(게이지압력)
$\therefore$ 절대압력＝101.325＋87＝189kPa
- $1\text{N} = 1\text{kg} \times 1\text{m/s}^2 = 1\text{kg} \cdot \text{m/s}^2$
- $1\text{Pa} = 1\text{N/m}^2$

35 정답 | ④
풀이 | 이론습연소가스의 체적양(성분 중 O_2가 없는 경우)
$1.867C + 11.2H + 0.7S + 0.8N + 1.24W$
$= (1.867 \times 0.86 + 11.2 \times 0.12 + 0.7 \times 0.02)$
$\quad \times 100 \times \dfrac{590}{273}$
$= 640(\text{m}^3)$

36 정답 | ③
풀이 | 진발열량(저위발열량＝H_L)
$H_L = H_h(\text{고위발열량}) - 600(9H + W) = \text{kcal/kg}$
- H(수소성분), W(수분성분)

37 정답 | ①

풀이 | 폭굉 유도거리(DID)

최초의 완만한 연소에서 격렬한 폭굉으로 발전할 때까지의 거리나 시간을 말한다. 연소속도가 큰 H_2(수소) 등은 폭굉속도(1,000~3,500m/s)가 빠르다.

38 정답 | ③

풀이 | 프로판 $C_3H_8 + 5O_2 \rightarrow 3CO_2 + 4H_2O + Q$

$CO_2 = 3 \times 393,757$, $H_2O = 4 \times 241,971$

$Q = \dfrac{(3 \times 393,757) + (4 \times 241,971) - 103,909}{44} + 370$

$= 46,853kJ/kg(≒50MJ/kg)$

• $1kJ/10^3J$, $1MJ = 10^6J$

39 정답 | ④

풀이 | 메탄 $CH_4 + 2O_2 \rightarrow CO_2 + 2H_2O$

10% 과잉공기 = 공기비 1.1

습연소가스양$(G_w) = G_{ow} + (m-1)A_0$

이론습연소가스양

$G_{ow} = (1 - 0.21)A_0 + CO_2 + H_2O$

$= 0.79 \times A_0 + CO_2 + H_2O$

이론공기량$(A_0) = 2 \times \dfrac{1}{0.21} = 9.52Nm^3/Nm^3$

$\therefore G_w = \{(0.79 \times 9.52) + 1 + 2\} + (1.1 - 1)$

$\times 9.52 = 11.5Nm^3/Nm^3$

40 정답 | ②

풀이 | • 손실열 $= 4,186 - 2,512 = 1,674kJ$

• 효율 $= \dfrac{1,674}{4,186} \times 100 = 40\%$

41 정답 | ③

풀이 | 펌프의 실제양정(h)

$=$ 흡입양정$(h_1) +$ 송출실양정(h_2)

42 정답 | ③

풀이 | 조정압력 3.3kPa(330mmH2O) 이하 조정기

※ 조정안전장치(액화석유가스용)

㉠ 작동 표준 압력 : 7kPa(700mmH₂O)

㉡ 작동 개시 압력 : 5.6~8.4kPa(560~840 mmH₂O)

㉢ 작동 정지 압력 : 5.04~8.4kPa(504~840 mmH₂O)

43 정답 | ①

풀이 | 메탄(CH_4)의 액화천연가스(비점온도 $-162℃$)

㉠ $\dfrac{C}{12} + \dfrac{H_4}{4}$, $\dfrac{12}{4} = 3$(탄화수소비 또는 질량비)

㉡ 액화가스를 기체로 만들려면 기화기설비가 필요하다.

㉢ 탄소원자량 12, 수소원자량 1, 메탄의 분자량 16

44 정답 | ①

풀이 | $-50℃$ 이하용 초저온 용기(비점이 낮은 액화질소, 액화산소, 액화아르곤)의 단열재는 열전도율(kcal/mh℃)이 작아야 한다.

45 정답 | ①

풀이 | 가스액화분리장치(린데식, 클로우드식, 필립스식, 캐스케이드식, 다원식)의 구성 요소

㉠ 정류장치

㉡ 냉각장치

㉢ 불순물 제거장치

46 정답 | ④

풀이 | ④항의 경우 일체형이 아닌 분리형이어야 한다.

47 정답 | ③

풀이 | 독성가스는 여과기의 유지 및 제거가 어렵다(세퍼레이터 설치).

48 정답 | ④

풀이 | 나프타

원유의 상압증류에 의하여 얻어지는 비점 200℃ 이하의 유분이다.

49 정답 | ②

풀이 | 단면적$(A) = \dfrac{\pi d^2}{4} = \dfrac{3.14 \times (0.1)^2}{4}$

$= 0.00785m^2$

유량$(Q) = 0.00785 \times 0.15 = 0.0011775m^3/s$

분당유량$(Q) = 0.0011775 \times 1,200rpm$

$= 1.413m^3/min$

$\therefore$ 압출량$(Q) =$ 유량 $\times$ 효율 $= 1.413 \times 0.75$

$= 1.06m^3/min$

50 정답 | ④

풀이 |

팽창 대비 10% 안전공간 확보

(가스충전량은 90% 이내 저장)

액화석유가스 저장탱크

CBT 정답 및 해설

51 정답 | ④
풀이 | 가스압력조정기(R) : 일정한 가스공급압력 유지용.
가스의 공급압력이 일정하면 연소가 안정적이 된다.

52 정답 | ④
풀이 | LPG(액화석유가스) 수송관 이음부 패킹재
실리콘 고무 사용(천연고무는 용해된다.)

53 정답 | ①
풀이 | (1) 아세틸렌 폭발
ⓐ 산화폭발
ⓑ 화합폭발(아세틸라이드)
ⓒ 분해폭발(압축 시)
(2) C_2H_2 분해폭발
$C_2H_2 \xrightarrow{\text{압축}} 2C + H_2 + 54.2kcal$

54 정답 | ③
풀이 | 산소용기 내압시험
산소는 초저온 용기에 저장하지 않고 압축가스에 해당하므로 아세틸렌 외의 압축가스는 최고 충전압력의 $\frac{5}{3}$ 배
∴ 내압시험(TP) $= 15 \times \left(\frac{5}{3}\right) = 25MPa$

55 정답 | ②
풀이 | 액화가스 압력용기는 35℃에서 압력 또는 설계압력이 0.2MPa 이상인 용기이다.

56 정답 | ①
풀이 | 서모스탯식(열전도율식) 가스분석기
가스와 공기의 열전도도가 다른 특성을 이용한 가스검지기(공기는 열전도율이 매우 낮다.)

57 정답 | ③
풀이 | 터보형(원심식) 압축기
비용적형이며 가스 흐름이 축방향에서 반지름방향으로 흐를 때 원심력에 의하여 에너지를 부여하는 방식.
임펠러의 회전운동을 압력과 속도에너지로 전환해 압력을 상승시킨다.

58 정답 | ①
풀이 | 가스배관 내 유체의 양을 많게 하면 압력손실이 커진다.
$$\text{압력손실}(h) = \frac{Q^2 \cdot S \cdot L}{K^2 \cdot D^5}$$
$$= \frac{(\text{가스유량})^2 \times \text{가스비중} \times \text{관길이}}{(\text{유량계수})^2 \times (\text{관지름})^5}$$

59 정답 | ③
풀이 | Mother/Daughter Fill
압축천연가스(CNG) 충전소에서 차량을 이용하여 천연가스가 공급되지 않는 지역의 충전설비에 충전하는 방법

60 정답 | ②
풀이 | 용접용기는 이음매 부품이 없어서 용접으로 인한 시공단가가 저렴하다.

61 정답 | ①
풀이 | 탱크의 내용적
ⓐ 가연성 가스, 산소탱크 : 1만 8천L(단, 액화석유가스는 제외)
ⓑ 독성가스 : 1만 2천L(액화암모니아는 제외)

62 정답 | ③
풀이 | ③항의 내용은 위험성 제1종 장소의 등급 내용이다.

63 정답 | ②
풀이 | 수소(H_2)는 비중$\left(\frac{2}{29} = 0.07\right)$이 가벼워서 누설 시 상부로 모이기 때문에 상부 통풍구는 항상 개방되어 있어야 한다(비점이 -252℃이므로 겨울철에도 액화되지 않는다).

64 정답 | ④
풀이 | 소화설비는 가연성 가스의 보호구이다.

65 정답 | ④
풀이 | 아세틸렌가스(C_2H_2)의 압력은 충전 중 $25kgf/cm^2$ (2.5MPa) 이하로 할 것(단, 충전 후 15℃에서는 15.5 kgf/cm^2 이하로 한다.)
$C_2H_2 + 2.5O_2 \rightarrow 2CO_2 + H_2O$

66 정답 | ④
풀이 | 가연성 가스는 감지용 부취제로 가스양의 $\frac{1}{1,000}$ (0.1%)을 투입하여 누설 시 냄새로 누설이 파악되도록 한다.

67 정답 | ③
풀이 | 액화가스 요동 방지로 방파판을 탱크 내에 설치한다.

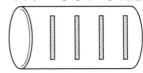

• 방파판 면적 : 탱크 횡단면적의 40% 이상

CBT 정답 및 해설

68 정답 | ④

풀이 | 안전밸브의 작동압력 : 내압시험의 $\frac{8}{10}$ 배

내압시험＝상용압력×1.5배

$\therefore$ 작동압력＝$40.0×1.5×\frac{8}{10}=48MPa$

69 정답 | ③

풀이 | 환기구＝바닥면적 $1m^2$당 $300cm^2$

$\therefore 40×300=12,000cm^2$

70 정답 | ①

풀이 | HCN(시안화수소)

㉠ 폭발범위 6~41%

㉡ 상온 20℃에서 액화가스

㉢ 복숭아 향이 난다.

㉣ 독성가스이다.

㉤ 순도 98% 이하에서는 용기충전 후 60일이 경과되기 전 다른 용기에 안정제를 첨가하여 재충전한다(순도 98% 이상으로서 착색되지 않은 것은 다른 용기에 옮겨 충전하지 아니할 수 있다).

71 정답 | ①

풀이 | 산소분자량 32(32kg＝$22.4Nm^3$)

$1kg=\frac{22.4}{32}=0.7Nm^3/kg$, 산소 32g＝22.4L

$\frac{273}{273+27}×\frac{30}{22.4}×150atm×32g=5,850g(≒5.9kg)$

72 정답 | ②

풀이 | 정전기를 억제하기 위하여 접촉 전위차가 작은 재료를 선택한다.

73 정답 | ③

풀이 | 압축기 오일의 강제윤활방식에서 윤활유 압력 보호장치는 필요 없다.

74 정답 | ③

풀이 | 차량운반용 가스 용기 온도 : 항상 40℃ 이하로 유지한다.

75 정답 | ④

풀이 | ㉠ 폭발 : 화학적, 물리적 폭발

㉡ 가스발화원 : 착화점 이상에서도 발화된다.

㉢ 최소 발화에너지가 큰 혼합가스는 안전간격이 크다.

㉣ C_2H_2, C_4H_4O, H_2 가스는 O_2 중에서 폭굉발생이 일어나기 용이하다.

76 정답 | ②

풀이 | 액화석유가스 대형 저장탱크 주위 밸브류 조작은 원칙적으로 자동조작이 가능하여야 한다.

77 정답 | ④

풀이 | 액화석유가스(LPG) 용접용기 스커트 면적

• 50L 이상~125L 미만 : $1,000mm^2$ 이상

• 25L 이상~50L 미만 : $500mm^2$ 이상

• 20L 이상~25L 미만 : $300mm^2$ 이상

78 정답 | ③

풀이 | 충전용기가 빈 용기라면 ①, ②, ④항의 요인에 의해 밸브는 닫아두는 것이 좋다.

79 정답 | ④

풀이 |

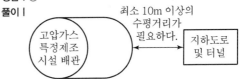

80 정답 | ②

풀이 | 긴급차단장치

㉠ 저장탱크 주 밸브와 긴급차단장치는 별개로 설치한다.

㉡ ③에서는 2m 이상이 아닌 5m 이상이어야 한다.

㉢ ④에서는 주 밸브 외측에 가능한 한 저장탱크 가까운 위치, 방류둑을 설치한 경우에는 그 외측에 설치

81 정답 | ①

풀이 | 기체 크로마토그래피 가스분석기에서 분리도와 칼럼 길이의 상관관계

분리도는 칼럼 길이의 제곱근에 비례한다.

이론단수$(\eta)=16×\left(\frac{보유시간}{바탕선의\ 길이}\right)^2$

이론 1단에 해당하는 분리관의 길이

$(HETP)=\dfrac{분리관의\ 길이}{이론단수}$

82 정답 | ③

풀이 | 반도체식 가스누출 검지기의 특징

소형이나 경량화가 가능하며 응답속도가 빠르다. 안정성이 우수하고 수명도 길며, 가연성가스 이외의 가스를 검지할 수 있다. 농도가 낮은 가스도 민감하게 반응한다.

CBT 정답 및 해설

83 정답 | ④
풀이 | (1) 루트미터(용적식) 유량계
       ㉠ 설치공간이 적게 필요하다.
       ㉡ 대용량 가스미터기이다.
       ㉢ 중압가스의 유량측정이 가능하다.
     (2) 습식 가스미터의 장단점은 ①, ②, ③항이다.

84 정답 | ①
풀이 | $205 - 35 = 170$kg(건공기)
      절대습도$= \dfrac{35}{170} = 0.206$(kg/kg′)

85 정답 | ②
풀이 | 단위계
       ㉠ 절대단위계 : 질량, 길이, 시간 기준(MLT 단위계)
         MKS 단위계 : 길이(m), 질량(kg), 시간(sec)
       ㉡ 중력단위계 : 중력 힘(F), 길이(L), 시간(T) 기준
         (FLT 단위계)
       ㉢ 공학단위계 : 조합단위계, FMLT 단위계

86 정답 | ④
풀이 | ㉠ 편위법 : 스프링식 저울(정밀도는 낮으나 조작이 간단
         하다.)
       ㉡ 영위법 : 천칭 사용(편위법보다 정밀도가 높다.)
       ㉢ 보상법 : 측정량과 크기가 거의 같거나 미리 알고
         있는 양을 준비하여 측정량과 미리 알고 있는 양의
         차이로 측정량을 알아낸다.

87 정답 | ④
풀이 | CO : 암모니아성 염화 제1동(구리) 용액 사용

88 정답 | ①
풀이 | 사염화탄소 게이지 압력
      $998.2 \times 1.59 = 1,587.138$kg/m^3
      $= \mathrm{H_2O}$ 10m $=$ 1kg/cm^2
      $= 998.2 \times 1.59 \times 3 = 4,761.414$kg/m^2
             $= 0.4761414$kg/cm^2
      ∴ 절대압 $= 1.0332 + 0.4761414 = 1.5093$kg/cm^2
             $= 15,093$kg/m^2
      ※ 1m^2 = 10,000cm^2

89 정답 | ③
풀이 | ㉠ 대기압 $= 1.033 \times \dfrac{750}{760} = 1$kg/cm^2
      ㉡ 절대압 $= 1 + 1.96 = 2.96$kg/cm$^2 ≒ 3$kg/cm^2

90 정답 | ①
풀이 | 압력의 차원
      $\mathrm{FL}^{-2} = \mathrm{MLT}^{-2}\mathrm{L}^{-2} = \mathrm{ML}^{-1}\mathrm{T}^{-2}$
      MLT계 차원 : M(질량), 길이(L), 시간(T),
      FLT계 차원에서는 질량 대신 힘(F)이다.

91 정답 | ②
풀이 | ㉠ 점도의 차원(FLT계 차원) $= \dfrac{\mathrm{FL}^{-2}}{\dfrac{\mathrm{LT}^{-1}}{\mathrm{L}}} = \mathrm{FL}^{-2} \cdot \mathrm{T}$
      ㉡ 점도의 차원(MLT계 차원)
        $= \dfrac{\mathrm{ML}^{-1}\mathrm{T}^{-2}}{\dfrac{\mathrm{LT}^{-1}}{\mathrm{L}}} = \mathrm{ML}^{-1}\mathrm{T}^{-1}$

92 정답 | ①
풀이 | 가스미터 고장
      ㉠ 부동 : ①항
      ㉡ 불통 : ②항

93 정답 | ①
풀이 | 일산화탄소 검지용 시험지
      염화파라듐지(누출 시 흑색으로 변화)

94 정답 | ②
풀이 | 공기 중 증기분압 $= 18.66 \times 0.45 = 8.4$mmHg

95 정답 | ②
풀이 | 유압식 조절계 제어동작
      ㉠ 기본동작 : 적분동작(I)
      ㉡ 동작 : 비례동작(P), 비례적분동작(PI)

96 정답 | ④
풀이 | ㉠ ④항은 습식 가스미터기의 장점이다.
      ㉡ ①, ②, ③항은 루트미터식의 장점이다.

97 정답 | ②
풀이 | ㉠ 유압식 신호전송거리 : 300m 이내이다.
      ㉡ ②항은 공기식 신호전송거리이다.

98 정답 | ④
풀이 | FSWC(용융실리카도포 열린관 칼럼)
      가스기체크로마토그래피 가스분석기의 칼럼으로 유
      연성, 화학적 비활성이 우수하다.

CBT 정답 및 해설

99 정답 | ④
  풀이 | 계측기의 선정 시 지시방식은 고려대상이 아니다.

100 정답 | ③
  풀이 | 표준대기압(1atm)=760mmHg=101,325N/m^2
                      =101.325kPa
    물의 비중량=9,800N/m^3
    0.5m+2m=2.5m(원유)
    $P_x + r_x \times H_s = r_{Hg} \times H$
    $P_x = 13.6 \times 9,800 \times 0.4 - 0.86 \times 9,800 \times 2.5$
       =32,242N/m^2(게이지 압력)
    $\therefore$ 절대압=$101.325 + \left(101.325 \times \dfrac{32,242}{101,325}\right)$
              =133.5kPa
    • 압력(P)=P=N/m^2=kgf/m^2

05 회 실전점검!
CBT 실전모의고사

수험번호 :

수험자명 :

제한 시간 : 2시간 30분

남은 시간 :

글자 크기 100% 150% 200%　│　화면 배치 　│　전체 문제 수 :

안 푼 문제 수 :

답안 표기란

1	①	②	③	④
2	①	②	③	④
3	①	②	③	④
4	①	②	③	④
5	①	②	③	④
6	①	②	③	④
7	①	②	③	④
8	①	②	③	④
9	①	②	③	④
10	①	②	③	④
11	①	②	③	④
12	①	②	③	④
13	①	②	③	④
14	①	②	③	④
15	①	②	③	④
16	①	②	③	④
17	①	②	③	④
18	①	②	③	④
19	①	②	③	④
20	①	②	③	④
21	①	②	③	④
22	①	②	③	④
23	①	②	③	④
24	①	②	③	④
25	①	②	③	④
26	①	②	③	④
27	①	②	③	④
28	①	②	③	④
29	①	②	③	④
30	①	②	③	④

1과목 **가스유체역학**

01 그림과 같이 U자 관에 세 액체가 평형상태에 있다. a=30cm, b=15cm, c=40cm 일 때, 비중 S는 얼마인가?

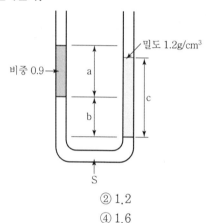

비중 0.9

밀도 1.2g/cm³

a

c

b

S

① 1.0

② 1.2

③ 1.4

④ 1.6

02 일반적으로 다음 장치에 발생하는 압력차가 작은 것부터 큰 순서대로 옳게 나열한 것은?

① 송풍기<팬<압축기

② 압축기<팬<송풍기

③ 팬<송풍기<압축기

④ 송풍기<압축기<팬

03 25℃에서 비열비가 1.4인 공기가 이상기체라면, 이 공기의 실제속도가 458m/s일 때 마하수는 얼마인가?(단, 공기의 평균분자량은 29로 한다.)

① 1.25

② 1.32

③ 1.42

④ 1.49

04 다음 중 등엔트로피 과정은?

① 가역 단열 과정

② 비가역 등온 과정

③ 수축과 확대 과정

④ 마찰이 있는 가역적 과정

계산기　　　　　　다음 ▶　　　　안 푼 문제　　📋답안 제출

실전점검!
05회
CBT 실전모의고사
수험번호 :
수험자명 :
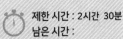
제한 시간 : 2시간 30분
남은 시간 :

글자
크기 ⊖ 100% Ⓜ 150% ⊕ 200% 화면 배치 ▯▯ ▯▯▯ ▯ 전체 문제 수 :
안 푼 문제 수 :

답안 표기란				
1	①	②	③	④
2	①	②	③	④
3	①	②	③	④
4	①	②	③	④
5	①	②	③	④
6	①	②	③	④
7	①	②	③	④
8	①	②	③	④
9	①	②	③	④
10	①	②	③	④
11	①	②	③	④
12	①	②	③	④
13	①	②	③	④
14	①	②	③	④
15	①	②	③	④
16	①	②	③	④
17	①	②	③	④
18	①	②	③	④
19	①	②	③	④
20	①	②	③	④
21	①	②	③	④
22	①	②	③	④
23	①	②	③	④
24	①	②	③	④
25	①	②	③	④
26	①	②	③	④
27	①	②	③	④
28	①	②	③	④
29	①	②	③	④
30	①	②	③	④

05 비열비가 1.2이고 기체상수가 200J/kg · K인 기체에서의 음속이 400m/s이다. 이때, 기체의 온도는 약 얼마인가?

① 253℃
② 394℃
③ 520℃
④ 667℃

06 개방된 탱크에 물이 채워져 있다. 수면에서 2m 깊이의 지점에서 받는 절대압력은 몇 kgf/cm²인가?

① 0.03
② 1.033
③ 1.23
④ 1.92

07 유체에 잠겨 있는 곡면에 작용하는 전압력의 수평분력에 대한 설명으로 다음 중 가장 올바른 것은?

① 전압력의 수평성분 방향에 수직인 연직면에 투영한 투영면의 압력 중심의 압력과 투영면을 곱한 값과 같다.
② 전압력의 수평성분 방향에 수직인 연직면에 투영한 투영면의 도심의 압력과 곡면의 면적을 곱한 값과 같다.
③ 수평면에 투영한 투영면에 작용하는 전압력과 같다.
④ 전압력의 수평성분 방향에 수직인 연직면에 투영한 투영면의 도심의 압력과 투영면의 면적을 곱한 값과 같다.

08 공기 압축기의 입구 온도는 21℃이며 대기압 상태에서 공기를 흡입하고, 절대압력 350kPa, 38.6℃로 압축하여 송출구로 평균속도 30m/s, 질량유량 10kg/s로 배출한다. 압축기에 가해진 압력 동력이 450kW이고, 입구 측의 흡입속도를 무시하면 압축기에서의 열전달량은 몇 kW인가?(단, 정압비열 $C_p = 1,000 \dfrac{J}{kg \cdot K}$ 이다.)

① 270kW로 열이 압축기로부터 방출된다.
② 450kW로 열이 압축기로부터 방출된다.
③ 270kW로 열이 압축기로 흡수된다.
④ 450kW로 열이 압축기로 흡수된다.

▨ 계산기   다음 ▶   📄 안 푼 문제 📋 답안 제출

05 실전점검!
실전점검!
CBT 실전모의고사

수험번호 :
수험자명 :

제한 시간 : 2시간 30분
남은 시간 :

글자 크기 100% 150% 200%
화면 배치
전체 문제 수 :
안 푼 문제 수 :

09 다음 중 옳은 설명을 모두 나타낸 것은?

> ㉮ 정상류는 모든 점에서의 흐름 특성이 시간에 따라 변하지 않는 흐름이다.
> ㉯ 유맥선은 한 개의 유체입자에 대한 순간궤적이다.

① ㉮
② ㉯
③ ㉮, ㉯
④ 모두 틀림

10 아음속 등엔트로피 흐름의 축소 – 확대 노즐에서 확대되는 부분에서의 변화로 옳은 것은?

① 속도는 증가하고, 밀도는 감소한다.
② 압력 및 밀도는 감소한다.
③ 속도 및 밀도는 증가한다.
④ 압력은 증가하고, 속도는 감소한다.

11 점성계수의 차원을 질량(M), 길이(L), 시간(T)으로 나타내면?

① $ML^{-1}T^{-1}$
② $ML^{-2}T$
③ $ML^{-1}T^2$
④ ML^{-2}

12 초음속 흐름인 확대관에서 감소하지 않는 것은?(단, 등엔트로피 과정이다.)

① 압력
② 온도
③ 속도
④ 밀도

13 질량 보존의 법칙을 유체유동에 적용한 방정식은?

① 오일러 방정식
② 달시 방정식
③ 운동량 방정식
④ 연속 방정식

1	①	②	③	④
2	①	②	③	④
3	①	②	③	④
4	①	②	③	④
5	①	②	③	④
6	①	②	③	④
7	①	②	③	④
8	①	②	③	④
9	①	②	③	④
10	①	②	③	④
11	①	②	③	④
12	①	②	③	④
13	①	②	③	④
14	①	②	③	④
15	①	②	③	④
16	①	②	③	④
17	①	②	③	④
18	①	②	③	④
19	①	②	③	④
20	①	②	③	④
21	①	②	③	④
22	①	②	③	④
23	①	②	③	④
24	①	②	③	④
25	①	②	③	④
26	①	②	③	④
27	①	②	③	④
28	①	②	③	④
29	①	②	③	④
30	①	②	③	④

계산기
다음 ▶
안 푼 문제
답안 제출

05회 실전점검!
CBT 실전모의고사

수험번호:

수험자명:

제한 시간 : 2시간 30분
남은 시간 :

글자
크기 100% 150% 200%

화면
배치

전체 문제 수 :
안 푼 문제 수 :

답안 표기란

1	① ② ③ ④
2	① ② ③ ④
3	① ② ③ ④
4	① ② ③ ④
5	① ② ③ ④
6	① ② ③ ④
7	① ② ③ ④
8	① ② ③ ④
9	① ② ③ ④
10	① ② ③ ④
11	① ② ③ ④
12	① ② ③ ④
13	① ② ③ ④
14	① ② ③ ④
15	① ② ③ ④
16	① ② ③ ④
17	① ② ③ ④
18	① ② ③ ④
19	① ② ③ ④
20	① ② ③ ④
21	① ② ③ ④
22	① ② ③ ④
23	① ② ③ ④
24	① ② ③ ④
25	① ② ③ ④
26	① ② ③ ④
27	① ② ③ ④
28	① ② ③ ④
29	① ② ③ ④
30	① ② ③ ④

14 관로의 유동에서 각각의 경우에 대한 손실수두를 나타낸 것이다. 이 중 틀린 것은?

(단, f : 마찰계수, d : 관의 지름, $\dfrac{V^2}{2g}$: 속도수두, R_h : 수력반지름, k : 손실계수, L : 관의 길이, A : 관의 단면적, C_c : 단면적 축소계수이다.)

① 원형관 속의 손실수두 : $h_L = \dfrac{\Delta P}{\gamma} = f \dfrac{L}{d} \dfrac{V^2}{2g}$

② 비원형관 속의 손실수두 : $h_L = f \dfrac{4R_h}{L} \dfrac{V^2}{2g}$

③ 돌연 확대관 손실수두 : $h_L = \left(1 - \dfrac{A_1}{A_2}\right)^2 \dfrac{V_1^2}{2g}$

④ 돌연 축소관 손실수두 : $h_L = \left(\dfrac{1}{C_c} - 1\right)^2 \dfrac{V_2^2}{2g}$

15 압축성 유체의 1차원 유동에서 수직충격파 구간을 지나는 기체의 성질의 변화로 옳은 것은?

① 속도, 압력, 밀도가 증가한다.
② 속도, 온도, 밀도가 증가한다.
③ 압력, 밀도, 온도가 증가한다.
④ 압력, 밀도, 단위시간당 운동량이 증가한다.

16 원심펌프의 공동현상 발생의 원인으로 다음 중 가장 거리가 먼 것은?

① 과속으로 유량이 증대될 때
② 관로 내의 온도가 상승할 때
③ 흡입양정이 길 때
④ 흡입의 마찰저항이 감소할 때

17 층류와 난류에 대한 설명으로 틀린 것은?

① 층류는 유체입자가 층을 형성하여 질서정연하게 흐른다.
② 곧은 원관 속의 흐름이 층류일 때 전단응력은 원관의 중심에서 0이 된다.
③ 난류유동에서의 전단응력은 일반적으로 층류유동보다 작다.
④ 난류운동에서 마찰저항의 특징은 점성계수의 영향을 받는다.

계산기   다음 ▶   안 푼 문제   답안 제출

05 실전점검!
CBT 실전모의고사

수험번호 :

수험자명 :

제한 시간 : 2시간 30분
남은 시간 :

글자 크기 ⊖ 100% ⓜ 150% ⊕ 200% 화면 배치 전체 문제 수 : 안 푼 문제 수 :

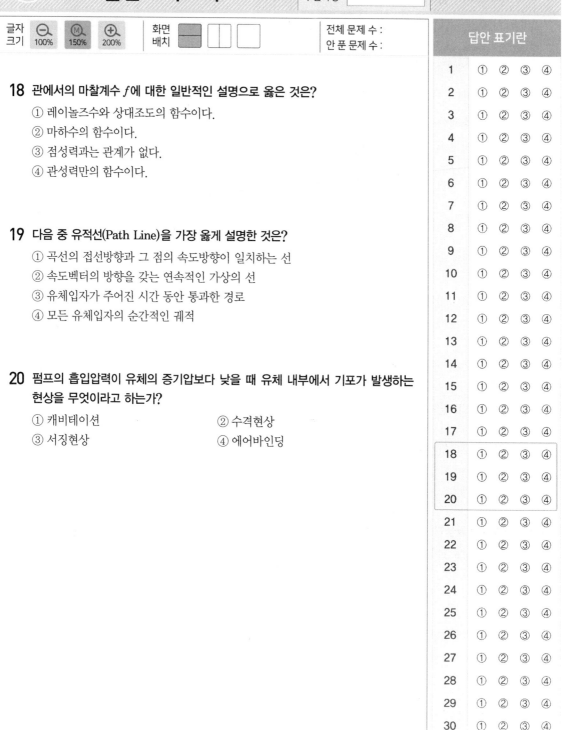

18 관에서의 마찰계수 f에 대한 일반적인 설명으로 옳은 것은?

① 레이놀즈수와 상대조도의 함수이다.

② 마하수의 함수이다.

③ 점성력과는 관계가 없다.

④ 관성력만의 함수이다.

19 다음 중 유적선(Path Line)을 가장 옳게 설명한 것은?

① 곡선의 접선방향과 그 점의 속도방향이 일치하는 선

② 속도벡터의 방향을 갖는 연속적인 가상의 선

③ 유체입자가 주어진 시간 동안 통과한 경로

④ 모든 유체입자의 순간적인 궤적

20 펌프의 흡입압력이 유체의 증기압보다 낮을 때 유체 내부에서 기포가 발생하는 현상을 무엇이라고 하는가?

① 캐비테이션

② 수격현상

③ 서징현상

④ 에어바인딩

	답안 표기란			
1	①	②	③	④
2	①	②	③	④
3	①	②	③	④
4	①	②	③	④
5	①	②	③	④
6	①	②	③	④
7	①	②	③	④
8	①	②	③	④
9	①	②	③	④
10	①	②	③	④
11	①	②	③	④
12	①	②	③	④
13	①	②	③	④
14	①	②	③	④
15	①	②	③	④
16	①	②	③	④
17	①	②	③	④
18	①	②	③	④
19	①	②	③	④
20	①	②	③	④
21	①	②	③	④
22	①	②	③	④
23	①	②	③	④
24	①	②	③	④
25	①	②	③	④
26	①	②	③	④
27	①	②	③	④
28	①	②	③	④
29	①	②	③	④
30	①	②	③	④

계산기   다음 ▶   안 푼 문제   답안 제출

05회

실전점검!
CBT 실전모의고사

수험번호 :

수험자명 :

제한 시간 : 2시간 30분
남은 시간 :

글자
크기
 100%
 150%
 200%

화면
배치

전체 문제 수 :
안 푼 문제 수 :

	답안 표기란
1	① ② ③ ④
2	① ② ③ ④
3	① ② ③ ④
4	① ② ③ ④
5	① ② ③ ④
6	① ② ③ ④
7	① ② ③ ④
8	① ② ③ ④
9	① ② ③ ④
10	① ② ③ ④
11	① ② ③ ④
12	① ② ③ ④
13	① ② ③ ④
14	① ② ③ ④
15	① ② ③ ④
16	① ② ③ ④
17	① ② ③ ④
18	① ② ③ ④
19	① ② ③ ④
20	① ② ③ ④
21	① ② ③ ④
22	① ② ③ ④
23	① ② ③ ④
24	① ② ③ ④
25	① ② ③ ④
26	① ② ③ ④
27	① ② ③ ④
28	① ② ③ ④
29	① ② ③ ④
30	① ② ③ ④

2과목 **연소공학**

21 프로판과 부탄의 체적비가 40 : 60인 혼합가스 10m³를 완전 연소하는 데 필요한 이론 공기량은 몇 m³인가?(단, 공기의 체적비는 산소 : 질소 = 21 : 79이다.)

① 95.2
② 181.0
③ 205.6
④ 281

22 2.5kg의 이상기체를 0.15MPa, 15℃에서 체적이 0.2 m³가 될 때까지 등온 압축할 때 압축 후의 압력은 약 몇 MPa인가?(단, 이상기체의 C_p=0.8kJ/kg · K, C_v=0.5kJ/kg · K이다.)

① 0.98
② 1.09
③ 1.23
④ 1.37

23 C(s)가 완전 연소하여 CO₂(g)가 될 때의 연소열(MJ/kmol)은 얼마인가?

$$C(s) + \frac{1}{2}O_2 \rightarrow CO + 122MJ/kmol \qquad CO + \frac{1}{2}O_2 \rightarrow CO_2 + 285MJ/kmol$$

① 407
② 330
③ 223
④ 141

24 기체연료의 연소형태에 해당하는 것은?

① 확산연소, 증발연소
② 예혼합연소, 증발연소
③ 예혼합연소, 확산연소
④ 예혼합연소, 분해연소

계산기

다음 ▶

안 푼 문제

답안 제출

05 실전점검!
CBT 실전모의고사

수험번호 :
수험자명 :

제한 시간 : 2시간 30분
남은 시간 :

글자
크기 화면
배치

전체 문제 수 :
안 푼 문제 수 :

답안 표기란				
1	①	②	③	④
2	①	②	③	④
3	①	②	③	④
4	①	②	③	④
5	①	②	③	④
6	①	②	③	④
7	①	②	③	④
8	①	②	③	④
9	①	②	③	④
10	①	②	③	④
11	①	②	③	④
12	①	②	③	④
13	①	②	③	④
14	①	②	③	④
15	①	②	③	④
16	①	②	③	④
17	①	②	③	④
18	①	②	③	④
19	①	②	③	④
20	①	②	③	④
21	①	②	③	④
22	①	②	③	④
23	①	②	③	④
24	①	②	③	④
25	①	②	③	④
26	①	②	③	④
27	①	②	③	④
28	①	②	③	④
29	①	②	③	④
30	①	②	③	④

25 액체연료가 증발하여 증기를 형성한 후 증기와 공기가 혼합하여 연소하는 과정에 대한 설명으로 옳은 것은?

① 주로 공업적으로 연소시킬 때 이용된다.

② 이 전체 과정을 확산(Diffusion)연소라 한다.

③ 예혼합기연소에 비해 반응대가 넓고, 탄화수소연료에서는 Soot를 생성한다.

④ 이 과정에서 연료의 증발속도가 연소의 속도보다 빠른 경우 불완전연소가 된다.

26 가스폭발 원인으로 작용하는 점화원이 아닌 것은?

① 정전기 불꽃　　　　　② 압축열

③ 기화열　　　　　　　④ 마찰열

27 소화안전장치(화염감시장치)의 종류가 아닌 것은?

① 열전대식　　　　　　② 플레임 로드식

③ 자외선 광전관식　　　④ 방사선식

28 오토사이클(Otto Cycle)의 선도에서 정적가열 과정은?

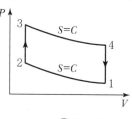

① 1 → 2　　　　　　② 2 → 3

③ 3 → 4　　　　　　④ 4 → 1

 계산기

다음 ▶

안 푼 문제

답안 제출

05^회 실전점검!
CBT 실전모의고사

수험번호 :

수험자명 :

제한 시간 : 2시간 30분
남은 시간 :

글자
크기 100% 150% 200%

화면
배치

전체 문제 수 :
안 푼 문제 수 :

29 불완전연소의 원인으로 틀린 것은?

① 배기가스의 배출이 불량할 때

② 공기와의 접촉 및 혼합이 불충분할 때

③ 과대한 가스양 혹은 필요량의 공기가 없을 때

④ 불꽃이 고온 물체에 접촉되어 온도가 올라갈 때

30 착화온도가 낮아지는 조건으로 틀린 것은?

① 산소농도가 클수록

② 발열량이 높을수록

③ 반응활성도가 클수록

④ 분자구조가 간단할수록

답안 표기란

1	①	②	③	④
2	①	②	③	④
3	①	②	③	④
4	①	②	③	④
5	①	②	③	④
6	①	②	③	④
7	①	②	③	④
8	①	②	③	④
9	①	②	③	④
10	①	②	③	④
11	①	②	③	④
12	①	②	③	④
13	①	②	③	④
14	①	②	③	④
15	①	②	③	④
16	①	②	③	④
17	①	②	③	④
18	①	②	③	④
19	①	②	③	④
20	①	②	③	④
21	①	②	③	④
22	①	②	③	④
23	①	②	③	④
24	①	②	③	④
25	①	②	③	④
26	①	②	③	④
27	①	②	③	④
28	①	②	③	④
29	①	②	③	④
30	①	②	③	④

계산기

다음 ▶

안 푼 문제

답안 제출

05

실전점검!
CBT 실전모의고사

수험번호 :

수험자명 :

제한 시간 : 2시간 30분
남은 시간 :

글자
크기 100% 150% 200%

화면
배치

전체 문제 수 :
안 푼 문제 수 :

답안 표기란

31	① ② ③ ④
32	① ② ③ ④
33	① ② ③ ④
34	① ② ③ ④
35	① ② ③ ④
36	① ② ③ ④
37	① ② ③ ④
38	① ② ③ ④
39	① ② ③ ④
40	① ② ③ ④
41	① ② ③ ④
42	① ② ③ ④
43	① ② ③ ④
44	① ② ③ ④
45	① ② ③ ④
46	① ② ③ ④
47	① ② ③ ④
48	① ② ③ ④
49	① ② ③ ④
50	① ② ③ ④
51	① ② ③ ④
52	① ② ③ ④
53	① ② ③ ④
54	① ② ③ ④
55	① ② ③ ④
56	① ② ③ ④
57	① ② ③ ④
58	① ② ③ ④
59	① ② ③ ④
60	① ② ③ ④

31 다음 중 열역학 제0법칙에 대하여 설명한 것은?

① 저온체에서 고온체로 아무 일도 없이 열을 전달할 수 없다.

② 절대온도 0에서 모든 완전 결정체의 절대 엔트로피의 값은 0이다.

③ 기계가 일을 하기 위해서는 반드시 다른 에너지를 소비해야 하고 어떤 에너지도 소비하지 않고 계속 일을 하는 기계는 존재하지 않는다.

④ 온도가 서로 다른 물체를 접촉시키면 높은 온도를 지닌 물체의 온도는 내려가고, 낮은 온도를 지닌 물체의 온도는 올라가서 두 물체의 온도 차이는 없어진다.

32 압력을 고압으로 할수록 공기 중에서의 폭발범위가 좁아지는 가스는?

① 일산화탄소   ② 메탄

③ 에틸렌   ④ 프로판

33 저발열량이 41,860kJ/kg인 연료를 3kg 연소시켰을 때 연소가스의 열용량이 62.8kJ/℃였다면 이때의 이론연소 온도는 약 몇 ℃인가?

① 1,000℃   ② 2,000℃

③ 3,000℃   ④ 4,000℃

34 가연성 기체의 연소에 대한 설명으로 가장 옳은 것은?

① 가연성 가스는 CO_2와 혼합하면 연소가 잘 된다.

② 가연성 가스는 혼합한 공기가 적을수록 연소가 잘 된다.

③ 가연성 가스는 어떤 비율로 공기와 혼합해도 연소가 잘 된다.

④ 가연성 가스는 혼합한 공기와의 비율이 연소범위일 때 연소가 잘 된다.

35 고발열량(高發熱量)과 저발열량(低發熱量)의 값이 가장 가까운 연료는?

① LPG   ② 가솔린

③ 목탄   ④ 유연탄

계산기   다음 ▶   안 푼 문제   답안 제출

05 실전점검!
CBT 실전모의고사

수험번호 :
수험자명 :

제한 시간 : 2시간 30분
남은 시간 :

글자
크기 100% 150% 200%

화면
배치

전체 문제 수 :
안 푼 문제 수 :

답안 표기란

31	①	②	③	④
32	①	②	③	④
33	①	②	③	④
34	①	②	③	④
35	①	②	③	④
36	①	②	③	④
37	①	②	③	④
38	①	②	③	④
39	①	②	③	④
40	①	②	③	④
41	①	②	③	④
42	①	②	③	④
43	①	②	③	④
44	①	②	③	④
45	①	②	③	④
46	①	②	③	④
47	①	②	③	④
48	①	②	③	④
49	①	②	③	④
50	①	②	③	④
51	①	②	③	④
52	①	②	③	④
53	①	②	③	④
54	①	②	③	④
55	①	②	③	④
56	①	②	③	④
57	①	②	③	④
58	①	②	③	④
59	①	②	③	④
60	①	②	③	④

36 화격자 연소의 화염이동 속도에 대한 설명으로 옳은 것은?

① 발열량이 낮을수록 커진다. ② 석탄화도가 낮을수록 커진다.

③ 입자의 직경이 클수록 커진다. ④ 1차 공기온도가 낮을수록 커진다.

37 실제 가스의 엔탈피에 대한 설명으로 틀린 것은?

① 엔트로피만의 함수이다. ② 온도와 비체적의 함수이다.

③ 압력과 비체적의 함수이다. ④ 온도, 질량, 압력의 함수이다.

38 다음 중 역화의 가능성이 가장 큰 연소방식은?

① 전1차식 ② 분젠식

③ 세미분젠식 ④ 적화식

39 다음 중 화학적 폭발과 가장 거리가 먼 것은?

① 분해 ② 연소

③ 파열 ④ 산화

40 내압방폭구조의 폭발등급 분류 중 가연성 가스의 폭발 등급 A에 해당하는 최대안전
틈새의 범위(mm)는?

① 0.9 이하 ② 0.5 초과 0.9 미만

③ 0.5 이하 ④ 0.9 이상

계산기 다음 ▶ 안 푼 문제 답안 제출

실전점검!

05회 CBT 실전모의고사

수험번호 :

수험자명 :

제한 시간 : 2시간 30분

남은 시간 :

글자
크기 100% 150% 200%

화면
배치

전체 문제 수 :

안 푼 문제 수 :

	답안 표기란			
31	①	②	③	④
32	①	②	③	④
33	①	②	③	④
34	①	②	③	④
35	①	②	③	④
36	①	②	③	④
37	①	②	③	④
38	①	②	③	④
39	①	②	③	④
40	①	②	③	④
41	①	②	③	④
42	①	②	③	④
43	①	②	③	④
44	①	②	③	④
45	①	②	③	④
46	①	②	③	④
47	①	②	③	④
48	①	②	③	④
49	①	②	③	④
50	①	②	③	④
51	①	②	③	④
52	①	②	③	④
53	①	②	③	④
54	①	②	③	④
55	①	②	③	④
56	①	②	③	④
57	①	②	③	④
58	①	②	③	④
59	①	②	③	④
60	①	②	③	④

3과목 가스설비

41 액화 사이클의 종류가 아닌 것은?

① 클라우드식 사이클

② 린데식 사이클

③ 필립스식 사이클

④ 헨리식 사이클

42 압축기와 적합한 윤활유 종류가 잘못 짝지어진 것은?

① 산소가스 압축기 : 유지류

② 수소가스 압축기 : 순광물유

③ 메틸클로라이드 압축기 : 화이트유

④ 이산화황가스 압축기 : 정제된 용제 터빈유

43 가스미터의 설치 시 주의사항으로 틀린 것은?

① 전기개폐기 및 전기계량기로부터 60cm 이격시켜 설치

② 절연조치를 하지 아니한 전선으로부터 가스미터까지 15cm 이상 이격시켜 설치

③ 가스계량기의 설치높이는 1.6~2m 이내에 수평 · 수직으로 설치

④ 당해 시설에 사용하는 자체 화기와 2m 이상 떨어지고 화기에 대해 차열판을 설치

계산기

다음 ▶

안 푼 문제

답안 제출

05회 실전점검!
CBT 실전모의고사

수험번호:

수험자명:

제한 시간 : 2시간 30분
남은 시간 :

글자
크기 100% 150% 200%

화면
배치

전체 문제 수 :
안 푼 문제 수 :

답안 표기란

31	①	②	③	④
32	①	②	③	④
33	①	②	③	④
34	①	②	③	④
35	①	②	③	④
36	①	②	③	④
37	①	②	③	④
38	①	②	③	④
39	①	②	③	④
40	①	②	③	④
41	①	②	③	④
42	①	②	③	④
43	①	②	③	④
44	①	②	③	④
45	①	②	③	④
46	①	②	③	④
47	①	②	③	④
48	①	②	③	④
49	①	②	③	④
50	①	②	③	④
51	①	②	③	④
52	①	②	③	④
53	①	②	③	④
54	①	②	③	④
55	①	②	③	④
56	①	②	③	④
57	①	②	③	④
58	①	②	③	④
59	①	②	③	④
60	①	②	③	④

44 다음 그림은 어떤 종류의 압축기인가?

① 가동날개식
② 루트식
③ 플런저식
④ 나사식(스크류식)

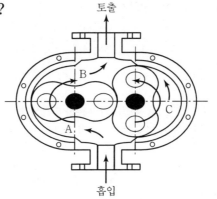

토출

흡입

45 다음 중 가스의 호환성을 판정할 때 사용되는 것은?

① Reynolds 수
② Webbe 지수
③ Nusselt 수
④ Mach 수

46 압력용기에 해당하는 것은?

① 설계압력(MPa)과 내용적(m^3)을 곱한 수치가 0.03인 용기
② 완충기 및 완충장치에 속하는 용기와 자동차 에어백용 가스충전용기
③ 압력에 관계없이 안지름, 폭, 길이 또는 단면의 지름이 100mm인 용기
④ 펌프, 압축장치 및 축압기의 본체와 그 본체와 분리되지 아니하는 일체형 용기

47 이론적 압축일량이 큰 순서로 나열된 것은?

① 등온압축 > 단열압축 > 폴리트로픽압축
② 단열압축 > 폴리트로픽압축 > 등온압축
③ 폴리트로픽압축 > 등온압축 > 단열압축
④ 등온압축 > 폴리트로픽압축 > 단열압축

계산기

다음 ▶

안 푼 문제

답안 제출

05 실전점검!
CBT 실전모의고사

수험번호 :

수험자명 :

제한 시간 : 2시간 30분
남은 시간 :

글자
크기 100% 150% 200%

화면
배치

전체 문제 수 :
안 푼 문제 수 :

답안 표기란

48 고압가스 기화장치의 형식이 아닌 것은?

① 온수식　　　　　　　② 코일식
③ 단관식　　　　　　　④ 캐비닛형

49 다음의 수치를 이용하여 고압가스용 용접용기의 동판 두께를 계산하면 얼마인가? (단, 아세틸렌용기 및 액화석유가스 용기는 아니며, 부식여유 두께는 고려하지 않는다.)

- 최고충전압력 : 4.5MPa
- 재료의 허용응력 : 200N/mm^2
- 동체의 내경 : 200mm
- 용접효율 : 1.00

① 1.98mm　　　　　　② 2.28mm
③ 2.84mm　　　　　　④ 3.45mm

50 LPG 집단공급시설 및 사용시설에 설치하는 가스누출자동차단기를 설치하지 않아도 되는 것은?

① 동일 건축물 안에 있는 전체 가스 사용시설의 주 배관
② 체육관, 수영장, 농수산시장 등 상가와 유사한 가스 사용시설
③ 동일 건축물 안으로서 구분 밀폐된 2개 이상의 층에서 가스를 사용하는 경우 층별 주 배관
④ 동일 건축물의 동일 층 안에서 2 이상의 자가가스를 사용하는 경우 사용자별 주 배관

51 관지름 50A인 SPPS가 최고 사용압력이 5MPa, 허용응력이 500N/mm^{2}일 때 SCH No.는?(단, 안전율은 4이다.)

① 40　　　　　　② 60
③ 80　　　　　　④ 100

31	① ② ③ ④
32	① ② ③ ④
33	① ② ③ ④
34	① ② ③ ④
35	① ② ③ ④
36	① ② ③ ④
37	① ② ③ ④
38	① ② ③ ④
39	① ② ③ ④
40	① ② ③ ④
41	① ② ③ ④
42	① ② ③ ④
43	① ② ③ ④
44	① ② ③ ④
45	① ② ③ ④
46	① ② ③ ④
47	① ② ③ ④
48	① ② ③ ④
49	① ② ③ ④
50	① ② ③ ④
51	① ② ③ ④
52	① ② ③ ④
53	① ② ③ ④
54	① ② ③ ④
55	① ② ③ ④
56	① ② ③ ④
57	① ② ③ ④
58	① ② ③ ④
59	① ② ③ ④
60	① ② ③ ④

계산기　　　　　다음 ▶　　　　안 푼 문제　　답안 제출

05 실전점검!
CBT 실전모의고사

수험번호 :

수험자명 :

제한 시간 : 2시간 30분
남은 시간 :

글자
크기
100%
150%
200%

화면
배치

전체 문제 수 :
안 푼 문제 수 :

답안 표기란

31	①	②	③	④
32	①	②	③	④
33	①	②	③	④
34	①	②	③	④
35	①	②	③	④
36	①	②	③	④
37	①	②	③	④
38	①	②	③	④
39	①	②	③	④
40	①	②	③	④
41	①	②	③	④
42	①	②	③	④
43	①	②	③	④
44	①	②	③	④
45	①	②	③	④
46	①	②	③	④
47	①	②	③	④
48	①	②	③	④
49	①	②	③	④
50	①	②	③	④
51	①	②	③	④
52	①	②	③	④
53	①	②	③	④
54	①	②	③	④
55	①	②	③	④
56	①	②	③	④
57	①	②	③	④
58	①	②	③	④
59	①	②	③	④
60	①	②	③	④

52 다음 부취제 주입방식 중 액체식 주입방식이 아닌 것은?

① 펌프주입식
② 적하주입식
③ 위크식
④ 미터연결 바이패스식

53 어떤 용기에 액체를 넣어 밀폐하고 에너지를 가하면 액체의 비등점은 어떻게 되는가?

① 상승한다.
② 저하한다.
③ 변하지 않는다.
④ 이 조건으로 알 수 없다.

54 공기액화분리장치에서 반드시 제거해야 하는 물질이 아닌 것은?

① 탄산가스
② 아세틸렌
③ 수분
④ 질소

55 LP가스 판매사업의 용기보관실의 면적은?

① $9m^2$ 이상
② $10m^2$ 이상
③ $12m^2$ 이상
④ $19m^2$ 이상

56 펌프의 이상 현상인 베이퍼록(Vapor - rock)을 방지하기 위한 방법으로 가장 거리가 먼 것은?

① 흡입배관을 단열처리한다.
② 흡입관의 지름을 크게 한다.
③ 실린더 라이너의 외부를 냉각한다.
④ 저장탱크와 펌프의 액면차를 충분히 작게 한다.

57 흡수식 냉동기에서 냉매로 사용되는 것은?

① 암모니아, 물
② 프레온 22, 물
③ 메틸클로라이드, 물
④ 암모니아, 프레온 22

계산기

다음 ▶

안 푼 문제

답안 제출

05 실전점검!
CBT 실전모의고사

수험번호 :

수험자명 :

제한 시간 : 2시간 30분
남은 시간 :

글자
크기 100% 150% 200%

화면
배치

전체 문제 수 :
안 푼 문제 수 :

58 고압가스 저장탱크와 유리제 게이지를 접속하는 상·하 배관에 설치하는 밸브는?

① 역류방지밸브
② 수동식 스톱밸브
③ 자동식 스톱밸브
④ 자동식 및 수동식의 스톱밸브

59 탱크로리에서 저장탱크로 액화석유가스를 이송하는 방법이 아닌 것은?

① 액송펌프에 의한 방법
② 압축기를 이용하는 방법
③ 압축가스 용기에 의한 방법
④ 탱크의 자체 압력에 의한 방법

60 오토클레이브(Autoclave)의 종류가 아닌 것은?

① 교반형
② 가스교반형
③ 피스톤형
④ 진탕형

답안 표기란

31	①	②	③	④
32	①	②	③	④
33	①	②	③	④
34	①	②	③	④
35	①	②	③	④
36	①	②	③	④
37	①	②	③	④
38	①	②	③	④
39	①	②	③	④
40	①	②	③	④
41	①	②	③	④
42	①	②	③	④
43	①	②	③	④
44	①	②	③	④
45	①	②	③	④
46	①	②	③	④
47	①	②	③	④
48	①	②	③	④
49	①	②	③	④
50	①	②	③	④
51	①	②	③	④
52	①	②	③	④
53	①	②	③	④
54	①	②	③	④
55	①	②	③	④
56	①	②	③	④
57	①	②	③	④
58	①	②	③	④
59	①	②	③	④
60	①	②	③	④

계산기
다음 ▶
안 푼 문제
답안 제출

05 실전점검!
CBT 실전모의고사

수험번호 :

수험자명 :

제한 시간 : 2시간 30분
남은 시간 :

글자
크기 ⊖ 100% Ⓜ 150% ⊕ 200%

화면
배치

전체 문제 수 :
안 푼 문제 수 :

답안 표기란

4과목 가스안전관리

61 액화석유가스용 차량에 고정된 저장탱크 외벽이 화염에 의하여 국부적으로 가열될 경우를 대비하여 폭발방지장치를 설치한다. 이때 재료로 사용되는 금속은?

① 아연
② 알루미늄
③ 주철
④ 스테인리스

62 최대지름이 8m인 2개의 가연성 가스 저장탱크가 유지하여야 할 안전거리는?

① 1m
② 2m
③ 3m
④ 4m

63 용기에 표시된 각인 기호의 연결이 잘못된 것은?

① V : 내용적
② TP : 검사일
③ TW : 질량
④ FP : 최고충전압력

64 충전용기의 적재에 관한 기준으로 옳은 것은?

① 충전용기를 적재한 차량은 제1종 보호시설과 15m 이상 떨어진 곳에 주차하여야 한다.
② 고정된 프로텍터가 있는 용기는 보호캡을 부착한다.
③ 용량 15kg의 액화석유가스 충전용기는 2단으로 적재하여 운반할 수 있다.
④ 운반차량 뒷면에는 두께 2mm 이상, 폭 50mm 이상의 범퍼를 설치한다.

65 다음 중 압축가스로만 되어 있는 것은?

① 산소, 수소
② LPG, 염소
③ 암모니아, 아세틸렌
④ 메탄, LPG

61	①	②	③	④
62	①	②	③	④
63	①	②	③	④
64	①	②	③	④
65	①	②	③	④
66	①	②	③	④
67	①	②	③	④
68	①	②	③	④
69	①	②	③	④
70	①	②	③	④
71	①	②	③	④
72	①	②	③	④
73	①	②	③	④
74	①	②	③	④
75	①	②	③	④
76	①	②	③	④
77	①	②	③	④
78	①	②	③	④
79	①	②	③	④
80	①	②	③	④
81	①	②	③	④
82	①	②	③	④
83	①	②	③	④
84	①	②	③	④
85	①	②	③	④
86	①	②	③	④
87	①	②	③	④
88	①	②	③	④
89	①	②	③	④
90	①	②	③	④

계산기　　　다음 ▶　　　안 푼 문제　　📋 답안 제출

05 실전점검!
CBT 실전모의고사

수험번호 :

수험자명 :

제한 시간 : 2시간 30분
남은 시간 :

글자
크기 100% 150% 200%

화면
배치

전체 문제 수 :
안 푼 문제 수 :

답안 표기란

61	①	②	③	④
62	①	②	③	④
63	①	②	③	④
64	①	②	③	④
65	①	②	③	④
66	①	②	③	④
67	①	②	③	④
68	①	②	③	④
69	①	②	③	④
70	①	②	③	④
71	①	②	③	④
72	①	②	③	④
73	①	②	③	④
74	①	②	③	④
75	①	②	③	④
76	①	②	③	④
77	①	②	③	④
78	①	②	③	④
79	①	②	③	④
80	①	②	③	④
81	①	②	③	④
82	①	②	③	④
83	①	②	③	④
84	①	②	③	④
85	①	②	③	④
86	①	②	③	④
87	①	②	③	④
88	①	②	③	④
89	①	②	③	④
90	①	②	③	④

66 독성가스 관련시설에서 가스누출의 우려가 있는 부분에는 안전사고 방지를 위하여 어떤 표지를 설치해야 하는가?

① 경계표지
② 누출표지
③ 위험표지
④ 식별표지

67 다음 ( ) 안에 들어갈 알맞은 수치는?

"초저온 용기의 충격시험은 3개의 시험편 온도를 섭씨 ( )℃ 이하로 하여 그 충격치의 최저가 ( )J/cm^2 이상이고, 평균 ( )J/cm^2 이상의 경우를 적합한 것으로 한다."

① 100, 30, 20
② −100, 20, 30
③ 150, 30, 20
④ −150, 20, 30

68 산소 및 독성가스의 운반 중 가스누출부분의 수리가 불가능한 사고 발생 시 응급조치사항으로 틀린 것은?

① 상황에 따라 안전한 장소로 운반한다.
② 부근에 있는 사람을 대피시키고, 농행인은 교통통제를 하여 출입을 금지시킨다.
③ 화재가 발생한 경우 소화하지 말고 즉시 대피한다.
④ 독성가스가 누출된 경우에는 가스를 제독한다.

69 아세틸렌을 충전하기 위한 설비 중 충전용지관에는 탄소 함유량이 얼마 이하의 강을 사용하여야 하는가?

① 0.1%
② 0.2%
③ 0.3%
④ 0.4%

계산기
다음 ▶
안 푼 문제
답안 제출

05회 실전점검!
CBT 실전모의고사

수험번호 :

수험자명 :

제한 시간 : 2시간 30분
남은 시간 :

글자 크기 100% 150% 200%

화면 배치

전체 문제 수 :
안 푼 문제 수 :

답안 표기란

61	① ② ③ ④
62	① ② ③ ④
63	① ② ③ ④
64	① ② ③ ④
65	① ② ③ ④
66	① ② ③ ④
67	① ② ③ ④
68	① ② ③ ④
69	① ② ③ ④
70	① ② ③ ④
71	① ② ③ ④
72	① ② ③ ④
73	① ② ③ ④
74	① ② ③ ④
75	① ② ③ ④
76	① ② ③ ④
77	① ② ③ ④
78	① ② ③ ④
79	① ② ③ ④
80	① ② ③ ④
81	① ② ③ ④
82	① ② ③ ④
83	① ② ③ ④
84	① ② ③ ④
85	① ② ③ ④
86	① ② ③ ④
87	① ② ③ ④
88	① ② ③ ④
89	① ② ③ ④
90	① ② ③ ④

70 차량에 고정된 탱크를 운행할 때의 주의사항으로 옳지 않은 것은?

① 차를 수리할 때에는 반드시 사람의 통행이 없고 밀폐된 장소에서 한다.

② 운행 중은 물론 정차 시에도 허용된 장소이외에서는 담배를 피우거나 화기를 사용하지 않는다.

③ 운행 시 도로교통법을 준수하고 번화가를 피하여 운행한다.

④ 화기를 사용하는 수리는 가스를 완전히 빼고 질소나 불활성 가스로 치환한 후 실시한다.

71 다음의 고압가스를 차량에 적재하여 운반하는 때에 운반자 외에 운반책임자를 동승시키지 않아도 되는 것은?

① 수소 $400m^3$

② 산소 $400m^3$

③ 액화석유가스 3,500kg

④ 암모니아 3,500kg

72 프로판가스 폭발 시 폭발위력 및 격렬함 정도가 가장 크게 될 때 공기와의 혼합농도로 가장 옳은 것은?

① 2.2%

② 4.0%

③ 9.5%

④ 15.7%

73 고압가스용 용접용기의 내압시험방법 중 팽창측정시험의 경우 용기가 완전히 팽창한 후 적어도 얼마 이상의 시간을 유지하여야 하는가?

① 30초

② 45초

③ 1분

④ 5분

74 특정설비의 재검사 주기의 기준으로 틀린 것은?

① 압력용기 – 5년마다

② 저장탱크 – 5년마다, 다만, 재검사에 불합격되어 수리한 것은 3년마다

③ 차량에 고정된 탱크 – 15년 미만인 경우 5년마다

④ 안전밸브 – 검사 후 2년을 경과하여 해당 안전밸브가 설치된 저장탱크의 재검사시마다

계산기

다음 ▶

안 푼 문제   답안 제출

05회 실전점검!
CBT 실전모의고사

수험번호 :

수험자명 :

제한 시간 : 2시간 30분
남은 시간 :

글자
크기 ⊖ 100% Ⓜ 150% ⊕ 200%

화면
배치

전체 문제 수 :
안 푼 문제 수 :

답안 표기란

61	①	②	③	④
62	①	②	③	④
63	①	②	③	④
64	①	②	③	④
65	①	②	③	④
66	①	②	③	④
67	①	②	③	④
68	①	②	③	④
69	①	②	③	④
70	①	②	③	④
71	①	②	③	④
72	①	②	③	④
73	①	②	③	④
74	①	②	③	④
75	①	②	③	④
76	①	②	③	④
77	①	②	③	④
78	①	②	③	④
79	①	②	③	④
80	①	②	③	④
81	①	②	③	④
82	①	②	③	④
83	①	②	③	④
84	①	②	③	④
85	①	②	③	④
86	①	②	③	④
87	①	②	③	④
88	①	②	③	④
89	①	②	③	④
90	①	②	③	④

75 후부취출식 탱크 외의 탱크에서 탱크 후면과 차량의 뒤범퍼와의 수평거리의 기준은?

① 50cm 이상
② 40cm 이상
③ 30cm 이상
④ 25cm 이상

76 용기의 용접에 대한 설명으로 틀린 것은?

① 이음매 없는 용기 제조 시 압궤시험을 실시한다.
② 용접용기의 측면 굽힘시험은 시편을 180도로 굽혀서 3mm 이상의 금이 생기지 아니하여야 한다.
③ 용접용기는 용접부에 대한 안내 굽힘시험을 실시한다.
④ 용접용기의 방사선 투과시험은 3급 이상을 합격으로 한다.

77 운전 중 고압반응기의 플랜지부에서 가연성 가스가 누출되기 시작했을 때 취해야 할 일반적인 대책으로 가장 부적당한 것은?

① 화기 사용 금지
② 일상점검 및 운전
③ 가스공급의 즉시정지
④ 장치 내 불활성 가스로 치환

78 냉동제조시설의 안전장치에 대한 설명 중 틀린 것은?

① 압축기 최종단에 설치된 안전장치는 1년에 1회 이상 작동시험을 한다.
② 독성 가스의 안전밸브에는 가스방출관을 설치한다.
③ 내압성능을 확보하여야 할 대상은 냉매설비로 한다.
④ 압력이 상용압력을 초과할 때 압축기의 운전을 정지시키는 고압차단장치는 자동복귀방식으로 한다.

계산기

다음 ▶

안 푼 문제

답안 제출

05회 실전점검!
CBT 실전모의고사

수험번호 :

수험자명 :

제한 시간 : 2시간 30분
남은 시간 :

글자 크기 100% 150% 200%

화면 배치

전체 문제 수 :
안 푼 문제 수 :

79 다음 중 방호벽으로 부적합한 것은?

① 두께 2.3mm인 강판에 앵글강을 용접 보강한 강판제

② 두께 6mm인 강판제

③ 두께 12cm인 철근콘크리트제

④ 두께 15cm인 콘크리트 블럭제

80 아세틸렌 가스를 온도에도 불구하고 희석제를 첨가하여 압축할 수 있는 최고 압력의 기준은?

① 1.5MPa 이하

② 1.8MPa 이하

③ 2.5MPa 이하

④ 3.0MPa 이하

번호	답안 표기란
61	① ② ③ ④
62	① ② ③ ④
63	① ② ③ ④
64	① ② ③ ④
65	① ② ③ ④
66	① ② ③ ④
67	① ② ③ ④
68	① ② ③ ④
69	① ② ③ ④
70	① ② ③ ④
71	① ② ③ ④
72	① ② ③ ④
73	① ② ③ ④
74	① ② ③ ④
75	① ② ③ ④
76	① ② ③ ④
77	① ② ③ ④
78	① ② ③ ④
79	① ② ③ ④
80	① ② ③ ④
81	① ② ③ ④
82	① ② ③ ④
83	① ② ③ ④
84	① ② ③ ④
85	① ② ③ ④
86	① ② ③ ④
87	① ② ③ ④
88	① ② ③ ④
89	① ② ③ ④
90	① ② ③ ④

계산기

다음 ▶

안 푼 문제

답안 제출

05회 실전점검!
CBT 실전모의고사

수험번호 :

수험자명 :

제한 시간 : 2시간 30분
남은 시간 :

글자
크기 100% 150% 200%

화면
배치

전체 문제 수 :
안 푼 문제 수 :

답안 표기란

61	① ② ③ ④
62	① ② ③ ④
63	① ② ③ ④
64	① ② ③ ④
65	① ② ③ ④
66	① ② ③ ④
67	① ② ③ ④
68	① ② ③ ④
69	① ② ③ ④
70	① ② ③ ④
71	① ② ③ ④
72	① ② ③ ④
73	① ② ③ ④
74	① ② ③ ④
75	① ② ③ ④
76	① ② ③ ④
77	① ② ③ ④
78	① ② ③ ④
79	① ② ③ ④
80	① ② ③ ④
81	① ② ③ ④
82	① ② ③ ④
83	① ② ③ ④
84	① ② ③ ④
85	① ② ③ ④
86	① ② ③ ④
87	① ② ③ ④
88	① ② ③ ④
89	① ② ③ ④
90	① ② ③ ④

5과목 **가스계측**

81 오르자트(Orsat) 법에서 가스 흡수의 순서를 바르게 나타낸 것은?

① $CO_2 \rightarrow O_2 \rightarrow CO$

② $CO_2 \rightarrow CO \rightarrow O_2$

③ $O_2 \rightarrow CO \rightarrow CO_2$

④ $O_2 \rightarrow CO_2 \rightarrow CO$

82 물속에 피토관을 설치하였더니 전압이 $20mH_2O$, 정압이 $10mH_2O$이었다. 이때의 유속은 약 몇 m/s인가?

① 9.8

② 10.8

③ 12.4

④ 14

83 고압 밀폐탱크의 액면 측정용으로 주로 사용되는 것은?

① 편위식 액면계

② 차압식 액면계

③ 부자식 액면계

④ 기포식 액면계

84 가스계량기의 설치 장소에 대한 설명으로 틀린 것은?

① 습도가 낮은 곳에 부착한다.

② 진동이 적은 장소에 설치한다.

③ 화기와 2m 이상 떨어진 곳에 설치한다.

④ 바닥으로부터 2.5m 이상에 수직 및 수평으로 설치한다.

85 가스압력식 온도계의 봉입액으로 사용되는 액체로 가장 부적당한 것은?

① 프레온

② 에틸에테르

③ 벤젠

④ 아닐린

계산기

다음 ▶

안 푼 문제

답안 제출

05 실전점검!
CBT 실전모의고사

수험번호 :
수험자명 :

제한 시간 : 2시간 30분
남은 시간 :

글자 크기 100% 150% 200% 화면 배치

전체 문제 수 :
안 푼 문제 수 :

답안 표기란

61	① ② ③ ④
62	① ② ③ ④
63	① ② ③ ④
64	① ② ③ ④
65	① ② ③ ④
66	① ② ③ ④
67	① ② ③ ④
68	① ② ③ ④
69	① ② ③ ④
70	① ② ③ ④
71	① ② ③ ④
72	① ② ③ ④
73	① ② ③ ④
74	① ② ③ ④
75	① ② ③ ④
76	① ② ③ ④
77	① ② ③ ④
78	① ② ③ ④
79	① ② ③ ④
80	① ② ③ ④
81	① ② ③ ④
82	① ② ③ ④
83	① ② ③ ④
84	① ② ③ ④
85	① ② ③ ④
86	① ② ③ ④
87	① ② ③ ④
88	① ② ③ ④
89	① ② ③ ④
90	① ② ③ ④

86 LPG의 정량분석에서 흡광도의 원리를 이용한 가스 분석법은?

① 저온 분류법
② 질량 분석법
③ 적외선 흡수법
④ 가스크로마토그래피법

87 산소(O_2)는 다른 가스에 비하여 강한 상자성체이므로 자장에 대하여 흡인되는 특성을 이용하여 분석하는 가스분석계는?

① 세라믹식 O_2계
② 자기식 O_2계
③ 연소식 O_2계
④ 밀도식 O_2계

88 가스미터의 특징에 대한 설명으로 옳은 것은?

① 막식 가스미터는 비교적 값이 싸고 용량에 비하여 설치면적이 작은 장점이 있다.
② 루트미터는 대유량의 가스 측정에 적합하고 설치면적이 작고, 대수용가에 사용한다.
③ 습식 가스미터는 사용 중에 기차의 변동이 큰 단점이 있다.
④ 습식 가스미터는 계량이 정확하고 설치면적이 작은 장점이 있다.

89 관의 길이 250cm에서 벤젠의 가스크로마토그램을 재었더니 머무른 부피가 82.2mm, 봉우리의 폭(띠너비)이 9.2mm였다. 이때 이론단 수는?

① 812
② 995
③ 1,063
④ 1,277

90 기준기로서 150m^3/h로 측정된 유량은 기차가 4%인 가스미터를 사용하면 지시량은 몇 m^3/h를 나타내는가?

① 144.23
② 146.23
③ 150.25
④ 156.25

계산기　　　　　다음 ▶　　　　안 푼 문제 답안 제출

05 실전점검!
CBT 실전모의고사

수험번호 :

수험자명 :

제한 시간 : 2시간 30분
남은 시간 :

글자
크기 ⊖ 100% Ⓜ 150% ⊕ 200%   화면
배치 ▭▭ ▯▯ ▯

전체 문제 수 :
안 푼 문제 수 :

답안 표기란				
91	①	②	③	④
92	①	②	③	④
93	①	②	③	④
94	①	②	③	④
95	①	②	③	④
96	①	②	③	④
97	①	②	③	④
98	①	②	③	④
99	①	②	③	④
100	①	②	③	④

91 비례미적분 제어(PID Control)를 사용하는 제어는?

① 피드백 제어
② 수동제어
③ ON – OFF 제어
④ 불연속동작 제어

92 과열증기로부터 부르동관(Bourdon) 압력계를 보호하기 위한 방법으로 가장 적당한 것은?

① 밀폐액 충전
② 과부하 예방판 설치
③ 사이펀(Siphon) 설치
④ 격막(Diaphragm) 설치

93 가스크로마토그래피로 가스를 분석할 때 사용하는 캐리어 가스가 아닌 것은?

① H_2
② CO_2
③ N_2
④ Ar

94 최고사용압력이 0.1MPa 미만인 도시가스 공급관을 설치하고, 내용적을 계산하였더니 $8m^3$이었다. 전기식다이어프램형 압력계로 기밀시험을 할 경우 최소 유지시간은 얼마인가?

① 4분
② 10분
③ 24분
④ 40분

95 탄성압력계의 오차유발요인으로 가장 거리가 먼 것은?

① 마찰에 의한 오차
② 히스테리시스 오차
③ 디지털식 탄성압력계의 측정오차
④ 탄성요소와 압력지시기의 비직진성

계산기   다음 ▶   안 푼 문제   답안 제출

05회 실전점검!
CBT 실전모의고사

수험번호:

수험자명:

제한 시간 : 2시간 30분
남은 시간 :

글자
크기 100% 150% 200%

화면
배치

전체 문제 수 :
안 푼 문제 수 :

답안 표기란
91	① ② ③ ④
92	① ② ③ ④
93	① ② ③ ④
94	① ② ③ ④
95	① ② ③ ④
96	① ② ③ ④
97	① ② ③ ④
98	① ② ③ ④
99	① ② ③ ④
100	① ② ③ ④

96 다이어프램(Diaphragm)식 압력계의 격막재료로서 적합하지 않은 것은?

① 인청동   ② 스테인리스

③ 고무   ④ 연강판

97 국제표준규격에서 다루고 있는 파이프(Pipe) 안에 삽입되는 차압 1차 장치(Primary Device)에 속하지 않는 것은?

① Nozzle(노즐)   ② Thermo Well(서모 웰)

③ Venturi Nozzle(벤투리 노즐)   ④ Orifice Plate(오리피스 플레이트)

98 도시가스 누출 검출기로 사용되는 수소이온화 검출기(FID)가 검출할 수 없는 것은?

① CO   ② CH_4

③ C_3H_8 ④ C_4H_{10}

99 자동제어에서 미리 정해놓은 순서에 따라 제어의 각 단계가 순차적으로 진행되는 제어방식은?

① 피드백제어   ② 시퀀스제어

③ 서보제어   ④ 프로세스제어

100 입력(x)과 출력(y)의 관계식이 $y=kx$로 표현될 경우 제어요소는?

① 비례요소   ② 적분요소

③ 미분요소   ④ 비례적분요소

계산기   다음 ▶   안 푼 문제   답안 제출

CBT 정답 및 해설

01	02	03	04	05	06	07	08	09	10
③	③	②	①	②	③	④	①	①	④
11	12	13	14	15	16	17	18	19	20
①	③	④	②	③	④	③	①	③	①
21	22	23	24	25	26	27	28	29	30
④	②	①	③	④	③	④	②	④	④
31	32	33	34	35	36	37	38	39	40
④	①	④	④	③	②	①	①	③	④
41	42	43	44	45	46	47	48	49	50
④	①	④	③	②	①	②	③	②	②
51	52	53	54	55	56	57	58	59	60
①	③	④	④	④	④	①	④	③	③
61	62	63	64	65	66	67	68	69	70
②	④	②	④	③	④	③	①	①	①
71	72	73	74	75	76	77	78	79	80
②	②	①	①	③	④	②	④	①	③
81	82	83	84	85	86	87	88	89	90
①	④	②	④	③	④	②	②	④	④
91	92	93	94	95	96	97	98	99	100
①	③	②	④	③	④	③	①	②	①

01 정답 | ③
풀이 | 압력평형 $= P_a + r_{oc}(h_1 + h_2) = r_b h_3$
$\therefore P_u = r_b h_3 - r_{oc}(h_1 + h_2)$
$= (9,800 \times 1.2) \times 0.4 - 9,800 \times 0.9(0.3 - 0.15)$
$= 3,381$
$\therefore$ 비중$(S) = \dfrac{(9,800 \times 1.2) \times 0.4}{3,381} = 1.4$
• 물의 비중 : 1
$1,000 \text{kgf/m}^3 = 9,800 \text{N/m}^3$

02 정답 | ③
풀이 | ㉠ 압축기 : 0.1MPa 이상(1kg/cm²)
㉡ 블로어(송풍기) : 0.1~1.0(kg/cm²)
$= 1,000 \sim 10,000 \text{mmAq}$
㉢ 팬 : 0.1kg/cm² 미만 송풍기

03 정답 | ②
풀이 | 마하수$(M) = \dfrac{V}{C} = \dfrac{V}{\sqrt{KRT}}$
$R(\text{기체상수}) = \dfrac{848}{29} = 29.24$
$\therefore$ 음속 $C = \sqrt{1.4 \times 29.24 \times (273 + 25) \times 9.8}$
$= 346 \text{m/s}$
$\therefore M = \dfrac{458}{346} = 1.32$

04 정답 | ①
풀이 | 등엔트로피
가역단열과정(엔트로피 불변)

05 정답 | ②
풀이 | 비열비$(K) = \dfrac{C_p}{C_v}$, $R = C_p - C_v$, $K = 1.2$
$C_v = \dfrac{R}{K-1} = \dfrac{200}{1.2-1} = 1,000 \text{J/kg} \cdot \text{K}$
$C_p = \dfrac{KR}{K-1} = \dfrac{1.2 \times 200}{1.2-1} = 1,200 \text{J/kg} \cdot \text{K}$
$400 = \sqrt{KRT} = \sqrt{1.2 \times 200 \times T}$
캘빈절대온도$(T) = \dfrac{400^2}{1.2 \times 200} = 667K(394℃)$

06 정답 | ③
풀이 | 절대압력(abs) = 게이지압력 + 대기압
$10\text{mH}_2\text{O} = 1\text{kg/cm}^2$
대기압은 1.033kg/cm^2
$\therefore \text{abs} = 1.033 + \left(1 \times \dfrac{2}{10}\right) = 1.23 \text{kgf/cm}^2$

07 정답 | ④
풀이 | 유체에 잠겨 있는 곡면에 작용하는 전압력의 수평분력에 대한 설명은 ④항과 같다.
• $F_x = P \times A$

08 정답 | ①
풀이 | $1,000 \text{J/kg} \cdot \text{K} = 1\text{kJ/kg} \cdot \text{K}$
압축기 열전달량 $= 450 - 10 \times 1(311.6 - 294) = 270\text{kW}$

09 정답 | ①
풀이 | 유맥선
한 점에서 모든 유체입자가 그린 순간체적을 유맥선이라고 한다(㉮항은 정상류 특성).

10 정답 | ④
풀이 | 축소 – 확대 노즐
㉠ 확대부분 : 압력은 증가, 속도는 감소
㉡ 초음속이 가능하다.

11 정답 | ①
풀이 | 차원계
㉠ MLT계 : 질량(M), 길이(L), 시간(T)
점성계수 차원 $= \text{ML}^{-1}\text{T}^{-1}$
㉡ FLT계 : 힘(F), 길이(L), 시간(T)
점성계수 차원 $= \text{FL}^{-2}\text{T}$

CBT 정답 및 해설

12 정답 | ③
풀이 | 초음속 흐름(등엔트로피 과정)
속도(V)가 음속(C)보다 큰 경우
㉠ 확대노즐 : 속도증가, 압력감소, 밀도감소
㉡ 축소노즐 : 속도감소, 압력증가, 밀도증가

13 정답 | ④
풀이 | 연속방정식
질량보존의 법칙을 유체유동에 적용한 방정식
㉠ 체적유량 : $Q = A \cdot V$
㉡ 질량유량 : $M = \rho \cdot A \cdot V$
㉢ 중량유량 : $G = \gamma \cdot A \cdot V$

14 정답 | ②
풀이 | 비원형관의 손실수두$(h_L) = f\dfrac{L}{4R_h} \cdot \dfrac{V^2}{2g}$

15 정답 | ③
풀이 | 충격파
초음속 흐름이 아음속으로 변할 때 이 흐름에 불연속면이 생기는데 이 불연속면이 충격파이고 수직충격파, 경사충격파가 있다.
• 수직충격파 : 압력, 밀도, 온도가 증가한다.

16 정답 | ④
풀이 | 원심 펌프의 공동현상(캐비테이션)은 유체 흡입의 마찰저항이 증가할 때 발생한다.

17 정답 | ③
풀이 | 유체의 난류유동에서 전단응력(마찰저항)이 일반적으로 층류운동보다 크다.

18 정답 | ①
풀이 | 배관에서 유체의 마찰계수(f)는 레이놀즈수와 상대조도의 함수이다.
㉠ 층류 : $f = \dfrac{64}{Re}$
㉡ 난류 : $\dfrac{1}{\sqrt{f}} = 1.14 - 0.861n\left(\dfrac{e}{d}\right)$
여기서, f : 관 마찰계수
Re : 레이놀즈수
$\dfrac{e}{d}$: 상대조도

19 정답 | ③
풀이 | 유적선이란 유체입자가 주어진 시간 동안 통과한 경로이다.

• 유선 : 유체 내 한 점에서, 해당 유체의 순간속도에 평행한 접선
• 유맥선 : 공간 내 한 점을 지나는 모든 유체입자의 순간 궤적

20 정답 | ①
풀이 | 캐비테이션(공동현상)이란 펌프의 흡입압력이 유체의 증기압보다 낮을 때 물이 증발하고 유체 내부에서 기포가 발생하는 현상이다.

21 정답 | ④
풀이 | 프로판$(C_3H_8) + 5O_2 \rightarrow 3CO_2 + 4H_2O$
부탄$(C_4H_{10}) + 6.5O_2 \rightarrow 4CO_2 + 5H_2O$
A_0(이론 공기량)
$$= \left(5 \times \dfrac{1}{0.21} \times 0.4\right) + \left(6.5 \times \dfrac{1}{0.21} \times 0.6\right)$$
$$= 28.1(\text{m}^3/\text{m}^3)$$
$$\therefore A_0 = 28.1\text{m}^3 \times 10 = 281\text{m}^3$$

22 정답 | ②
풀이 | 등온변화 $PV = P_1V_1 = P_2V_2$
비열비$(K) = \dfrac{0.8}{0.5} = 1.6$
$R = C_p - C_v = 0.8 - 0.5 = 0.3\text{kJ/kg} \cdot \text{K}$
등온압축$(W) = GRT\ln\dfrac{P_1}{P_2} = P_1V_1\ln\dfrac{V_2}{V_1}$
$$= P_1V_1\ln\dfrac{P_1}{P_2}$$
$P_2 = P_1 \times \dfrac{V_1}{V_2}$
$V_1 = \dfrac{mRT_1}{P_1} = \dfrac{2.5 \times 0.3 \times (273 + 15)}{0.15 \times 1,000}$
$$= 1.44\text{m}^3$$
$\therefore$ 압축후$(P_2) = 0.15 \times \dfrac{1.44}{0.2} = 1.08\text{MPa}$

23 정답 | ①
풀이 | 연소열 $= 122 + 285 = 407\text{MJ/kmol}$
$C + O_2 \rightarrow CO_2$
• 연소열 : 물질 1몰이 공기 중에서 완전 연소할 때 발생하는 열량이다.
$C + O_2 \rightarrow CO_2 + 94.1(\text{kcal})$

24 정답 | ③
풀이 | ㉠ 고체연료의 연소형태 : 분해연소, 표면연소

ⓛ 기체연료의 연소형태 : 예혼합연소, 확산연소
ⓒ 액체연료의 연소형태 : 증발연소, 분해연소

25 정답 | ④
　풀이 | 액체연료가 증발하여 증기발생 후 증기와 공기가 혼합
　　　　하여 연소하는 경우 연료의 증발속도가 연소의 속도보
　　　　다 느려야 완전연소가 된다.

26 정답 | ③
　풀이 | 기화열
　　　　액체연료가 증기가 될 때 필요한 열이다.

27 정답 | ④
　풀이 | 소화안전장치(화염차단장치)
　　　　열전대식, 플레임 로드식, 자외선 광전관식

28 정답 | ②
　풀이 | ① 1 → 2 : 가역단열압축
　　　　② 2 → 3 : 정적 연소(정적 가열)
　　　　③ 3 → 4 : 가역단열팽창
　　　　④ 4 → 1 : 정적 방열

29 정답 | ④
　풀이 | 불꽃이 저온물체에 접촉되어 온도가 내려갈 때 불완전
　　　　연소가 된다.

30 정답 | ④
　풀이 | 분자구조가 복잡할수록 착화온도가 낮아진다.
　　　　(착화점＝발화점)

31 정답 | ④
　풀이 | 열역학 제0법칙은 ④항의 내용과 같다(열평형의 법칙).

32 정답 | ①
　풀이 | 일산화탄소(CO)가스는 압력이 고압일수록 폭발범위
　　　　(하한치~상한치)가 좁아진다.

33 정답 | ②
　풀이 | 연소온도
$$(T) = \frac{총발열량}{연소가스열용량} = \frac{41,860 \times 3}{62.8}$$
$$= 2,000℃$$

34 정답 | ④
　풀이 | 가연성 가스는 혼합한 공기와의 비율이 연소범위(폭발
　　　　범위)일 때 연소가 가장 잘 된다. CO₂ 등 불연소가스와

혼합하면 연소가 잘 안 되며, 혼합한 공기가 적으면 불
완전연소가 된다.

35 정답 | ③
　풀이 | 연료 중 수소(H_2) 성분이나 수분(W)이 없으면 발열량
　　　　(고위, 저위)이 같다.
　　　　• 목탄(炭) : 2차 연료(고정탄소만 존재)

36 정답 | ②
　풀이 | 화격자(고체연료연소장치) 연소
　　　　• 발열량이 크거나
　　　　• 석탄화도(탄화도)가 낮거나
　　　　• 입자의 직경이 작거나
　　　　• 1차 공기의 온도가 클수록
　　　　연소의 화염이동 속도가 커진다.

37 정답 | ①
　풀이 | 실제가스의 엔탈피
　　　　온도와 비체적, 압력과 비체적, 온도 · 질량 · 압력의
　　　　함수에 의해 결정된다.

38 정답 | ①
　풀이 | 전1차식 공기식 연소
　　　　분젠식이나 진1차식은 1차 공기를 가스와 혼합하여 연
　　　　소한다. 단, 전1차식은 연소에 필요한 공기의 전부를 1
　　　　차 공기로만 혼합시키며 분젠식은 1차 공기를 일부분
　　　　만 흡입한다(전1차식은 역화하기 쉬운 연소법이다).

39 정답 | ③
　풀이 | 파열
　　　　물리적 폭발(보일러, 압력용기 등의 파열)

40 정답 | ④
　풀이 | 최대안전틈새
　　　　ⓐ A등급 : 0.9mm 이상
　　　　ⓑ B등급 : 0.5mm 초과~0.9mm 미만
　　　　ⓒ C등급 : 0.5mm 이하

41 정답 | ④
　풀이 | 액화사이클(기체 액화사이클)
　　　　①, ②, ③항 외 캐스케이드식, 다원액화식 등이 있다.

42 정답 | ①
　풀이 | 산소압축기 내부 윤활유
　　　　ⓐ 물
　　　　ⓑ 10% 이하의 묽은 글리세린수

CBT 정답 및 해설

43 정답 | ④

풀이 | 가스미터기

화기로부터 2m 이상 떨어지고 화기에 대하여 차열판을 설치한다.

44 정답 | ②

풀이 | ㉠ 용적식 압축기(왕복동식, 회전식, 스크류식, 다이어프램식)

㉡ 비용적식 압축기(원심식, 축류식, 사류식)

45 정답 | ②

풀이 | ㉠ 웨버수(W_e) $= \dfrac{\rho V^2 L}{\sigma}\left(\dfrac{\text{관성력}}{\text{표면장력}}\right)$

$=$ 자유표면흐름

㉡ 웨버지수(WI) $= \dfrac{Hg}{\sqrt{d}}$

여기서, Hg : 도시가스 총 발열량(kcal/m^3)

d : 도시가스의 공기에 대한 비중

46 정답 | ①

풀이 | ㉠ 제2종 압력용기 : 기체의 압력이 0.2MPa 이상, 내용적 0.04m^3 이상

㉡ 제1종 압력용기 : 최고사용압력과 내용적을 곱한 수치가 0.04를 초과한 것

㉢ 압력용기 : ①항 내용

47 정답 | ②

풀이 | 이론적 압축일량이 큰 순서

단열압축 > 폴리트로픽 압축 > 등온압축

48 정답 | ③

풀이 | 가열방식의 고압가스 기화장치

온수식, 스팀식, 고체전열형

(구조에 따라 : 다관식, 코일식, 캐비닛식)

49 정답 | ②

풀이 | 두께(t) $= \dfrac{P \cdot D}{2s\eta - 1.2P}$

$\therefore\ t = \dfrac{4.5 \times 200}{2 \times 200 \times 1 - 1.2 \times 4.5} = 2.28$mm

50 정답 | ②

풀이 | LPG 집단공급시설 및 사용시설에 설치하는 가스누출 자동차단기가 필요한 장소는 ①, ③, ④항이다.

51 정답 | ①

풀이 | 관의 스케줄 번호(SCH)

$SCH = 1{,}000 \times \dfrac{P}{S}$, $S = $ 허용응력 $\times \dfrac{1}{\text{안전율}}$

$\therefore\ 1{,}000 \times \dfrac{5\text{MPa}}{500\text{N/mm}^2 \times \left(\dfrac{1}{4}\right)} = 40$번

(10kgf/cm^2 = 1,000kPa)

52 정답 | ③

풀이 | 부취제 주입방식

㉠ 액체주입방식 : 펌프주입식, 적하주입식, 미터연결 바이패스식

㉡ 증발주입방식 : 위크증발식, 바이패스 증발식

53 정답 | ①

풀이 | 밀폐용기에 에너지를 가하면 압력이 상승(비등점 상승)된다.

54 정답 | ④

풀이 | 공기 액화분리기 내의 제거물질

㉠ CO_2 : 고체탄산(드라이아이스 방지) 제거

㉡ 수분 : 얼음이 생성되므로 배관폐쇄로 제거

㉢ 아세틸렌 : 카바이트(CaC_2)와 수분이 반응하여 가연성 C_2H_2가 생성되므로 제거한다.

55 정답 | ④

풀이 | ㉠ 용기보관실 면적 : 19m^2 이상

㉡ 사무실 면적 : 9m^2 이상

56 정답 | ④

풀이 | 가스저장탱크와 펌프의 높이차를(펌프의 설치위치) 낮게 하고 흡입관경을 크게 하면 베이퍼록(액의 기화)이 방지된다.

57 ①

풀이 | 흡수식 냉동기 냉매 종류

㉠ 물(H_2O)

㉡ 암모니아(NH_3)

58 정답 | ④

풀이 |

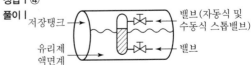

59 정답 | ③
풀이 | 탱크로리(차량적재용)에서 충전소 저장탱크 이송방법
은 ①, ②, ④항에 의한다(탱크 자체 압력이란 차압에
의한 방법).

60 정답 | ③
풀이 | 오토클레이브(고압반응기) 종류
①, ②, ④항 외에도 회전형이 있다.

61 정답 | ②
풀이 | LPG가스 차량·고정된 저장탱크 외벽에 화염에 의한
국부적 가열대비(폭발방지 장치재료 : 알루미늄)

62 정답 | ④
풀이 |
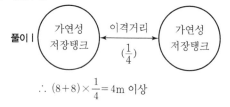
$$\therefore (8+8) \times \frac{1}{4} = 4\text{m} \text{ 이상}$$

63 정답 | ②
풀이 | TP : 내압시험, DP : 설계압력

64 정답 | ①
풀이 | ㉠ 제1종 보호시설 : 15m 이상 거리 유지
㉡ 제2종 보호시설 : 밀집된 지역은 피한다.

65 정답 | ①
풀이 | 압축가스(비점이 낮은 가스)
㉠ 산소 : $-183℃$
㉡ 수소 : $-252℃$

66 정답 | ③
풀이 | 독성가스 관련 시설의 경우 가스 누출 우려가 있는 부
분에 '위험표지'를 설치한다.
• 경계표지 : 고압가스 제조시설을 식별할 수 있게 설치
• 누출표지 : 가스나 증기가 누출됐음을 알리는 표지
• 식별표지 : 독성가스 제조시설을 식별할 수 있게 설치

67 정답 | ④
풀이 | 충격시험
㉠ 온도 : $-150℃$
㉡ 충격치 최저가 : $2\text{kg}\cdot\text{m/cm}^2 = 20\text{J/cm}^2$
㉢ 평균 : $3\text{kg}\cdot\text{m/cm}^2 = 30\text{J/cm}^2$

68 정답 | ③
풀이 | 산소 및 독성 가스는 가연성 가스가 아니므로 화재가
발생하지 않는다.

69 정답 | ①
풀이 | 아세틸렌가스 금속재료 금지사항
㉠ 구리(동) 함량이 62% 초과하지 않게 한다.
㉡ 충전용 지관에는 탄소가 0.1% 이하 강을 사용한다.

70 정답 | ①
풀이 | 차량에 고정된 탱크 수리 시 반드시 개방된 장소에서
수리한다.

71 정답 | ②
풀이 | 〈운반책임자 동승기준〉

압축가스	기준	액화가스	기준
가연성	300m³ 이상	가연성	3,000kg 이상
독성	100m³ 이상	독성	1,000kg 이상
조연성	600m³ 이상	조연성	6,000kg 이상

• 산소 : 조연성 가스

72 정답 | ②
풀이 | ㉠ 프로판가스 폭발범위 : 2.5%~9.1%
㉡ 프로판가스 폭굉범위 : 산소가 25%~42.5%에서
발생

73 정답 | ①
풀이 | 고압가스 용접용기(계목용기) 내압시험
팽창시험 시간 : 30초 이상

74 정답 | ①
풀이 | 압력용기(특정설비)
4년마다 재검사한다.

75 정답 | ③
풀이 | ㉠ 후부 취출식 탱크 : 40cm 이상
㉡ 후부 취출식 외의 탱크 : 30cm 이상

76 정답 | ④
풀이 | 용접용기 시험은 ①, ②, ③항 실시(방사선 투과시험
은 2급 이상을 합격으로 한다.)

77 정답 | ②
풀이 | 운전 중 고압반응기의 가연성 가스 누출 시 긴급대책은
①, ③, ④항에 따른다. 운전은 즉시 중지해야 한다.

CBT 정답 및 해설

78 정답 | ④
풀이 | 냉매설비
압력이 상용의 압력을 넘는 경우에는 즉시 상용의 압력 이하로 되돌릴 수 있는 안전장치를 설치한다.

79 정답 | ①
풀이 | 방호벽의 강판제는 3.2mm 이상의 두께와 높이 2m 이상을 요한다(30×30mm 이상의 앵글강을 용접으로 보강한다).

80 정답 | ③
풀이 | ㉠ 아세틸렌(C_2H_2) 가스는 온도에도 불구하고 2.5 MPa 이하로 한다.
㉡ 충전 후의 압력은 15℃에서 1.55MPa 이하로 한다.
㉢ 희석제 : C_2H_4, CH_4, CO, N_2

81 정답 | ①
풀이 | 오르자트(화학적) 가스분석순서
$CO_2 \rightarrow O_2 \rightarrow CO$
• 오르자트 가스분석기는 화학적 가스분석계로, 수분을 포함한 습식배기 가스의 성분 분석이 용이하며, CO_2는 KOH, 30% 수용액, O_2는 알칼리성 피로카롤 용액, CO는 암모니아성 염화제1구리 용액으로 흡수해 분석에 사용한다.

82 정답 | ④
풀이 | 유속(V)$= \sqrt{2gh} = \sqrt{2 \times 9.8(20-10)} = 14$m/s
• 동압=전압−정압

83 정답 | ②
풀이 | 차압식 액면계(햄프슨식)
간접식 액면계로서 고압이나 밀폐탱크의 액면계이다.
• 종류 : U자 관식, 다이어프램식, 변위평형식

84 정답 | ④
풀이 |

GM

1.6~2m 이하

지상면

85 정답 | ③
풀이 | 가스압력식 온도계 봉입액
프로판, 에틸에테르, 알코올, 아닐린, 에테르, 수은, 물, 에틸 알코올 등

86 정답 | ③

풀이 | 적외선 흡수법
적외선 분광분석법과 원리는 같으나 적외선을 분광하지 않고 측정성분의 흡수파장을 그대로 시료에 통하게 하는 것이다(단원자 분자 및 대칭 2원자 가스 분석은 어렵다).

87 정답 | ②
풀이 | 자기식 산소계
자화율이 큰 산소의 분석계이다. 자장을 가진 측정실 내에서 시료가스 중의 산소에 자기풍을 일으키고 이것을 검출하여 함량을 구하는 방식이다.

88 정답 | ②
풀이 | ㉠ 막식 : 대용량의 것은 설치면적이 크다.
㉡ 습식 : 사용 중 기차의 변동이 크지 않다.
㉢ 습식 : 설치면적이 크다.

89 정답 | ④
풀이 | 이론단 수(N)$= 16 \times \left(\dfrac{T_r}{W} \right)^2 = 16 \times \left(\dfrac{82.2}{9.2} \right)^2 = 1,277$
※ 이론단 높이$= \dfrac{L}{N} = \dfrac{250}{1,277} = 0.20$cm

90 정답 | ④
풀이 | 측정오차량
$150 \times 0.04 = 6$m³/h
∴ 지시량 : $150 + 6 = 156$m³/h

91 정답 | ①
풀이 | 피드백 제어
P.I.D 동작이 가능하다.
㉠ P 동작 : 비례동작
㉡ I 동작 : 적분동작
㉢ D 동작 : 미분동작

92 정답 | ③
풀이 |

부르동관 압력계

물

사이펀관

93 정답 | ②
　풀이 | 캐리어 가스(시료가스 이송용)
　　H₂, N₂, Ar, He 등의 가스

94 정답 | ④
　풀이 | 전기식다이어프램형 압력계(SD − 55)
　　• 저압 0.1 MPa 미만 사용압력계 기밀시험 유지시
　　　간 : 1m³ 이상~10m³ 미만 40분
　　• 0.1m³ 미만 4분

95 정답 | ③
　풀이 | 탄성식압력계(부르동관식 등)의 오차유발요인으로 가
　　장 주의할 점은 ①, ②, ④항이다.

96 정답 | ④
　풀이 | 다이어프램식 압력계의 격막의 재료
　　인청동, 고무, 스테인리스, 구리, 테플론, 가죽 등

97 정답 | ②
　풀이 | 파이프 내의 차압식 유량계 1차 장치는 ①, ③, ④항이
　　국제표준규격 차압장치이다.

98 정답 | ①
　풀이 | (1) FID(수소이온화 검출기)
　　　　　㉠ 탄화수소에서는 감도가 최고이다.
　　　　　㉡ H₂, O₂, CO, CO₂, SO₂ 등의 가스는 검출 불가
　　　　(2) ECD(전자포획이온화 검출기)
　　　　　㉠ 할로겐 및 산소화합물에서는 감도 최고
　　　　　㉡ 탄화수소는 감도가 나쁘다.

99 정답 | ②
　풀이 | 시퀀스제어
　　자동제어에서 미리 정해놓은 순서에 따라 제어의 각 단
　　계가 순차적으로 진행된다. 시퀀스제어가 적용되는 기
　　기로는 자동판매기, 보일러(점화) 등이 있다.

100 정답 | ①
　풀이 | 비례요소
　　출력$(y) = K_p \cdot X$(비례감도, 편차)

06회

실전점검!
CBT 실전모의고사

수험번호 :

수험자명 :

제한 시간 : 2시간 30분
남은 시간 :

글자
크기 100% 150% 200%

화면
배치

전체 문제 수 :
안 푼 문제 수 :

답안 표기란

1	①	②	③	④
2	①	②	③	④
3	①	②	③	④
4	①	②	③	④
5	①	②	③	④
6	①	②	③	④
7	①	②	③	④
8	①	②	③	④
9	①	②	③	④
10	①	②	③	④
11	①	②	③	④
12	①	②	③	④
13	①	②	③	④
14	①	②	③	④
15	①	②	③	④
16	①	②	③	④
17	①	②	③	④
18	①	②	③	④
19	①	②	③	④
20	①	②	③	④
21	①	②	③	④
22	①	②	③	④
23	①	②	③	④
24	①	②	③	④
25	①	②	③	④
26	①	②	③	④
27	①	②	③	④
28	①	②	③	④
29	①	②	③	④
30	①	②	③	④

1과목 가스유체역학

01 일정한 온도와 압력 조건에서 하수 슬러리(Slurry)와 같이 임계 전단응력 이상이 되어야만 흐르는 유체는?

① 뉴턴유체(Newtonian Fluid)
② 팽창유체(Dilatant Fluid)
③ 빙햄 가소성 유체(Bingham Plastics)
④ 의가소성유체(Pseudoplastic Fluid)

02 원심압축기의 폴리트로프 효율이 94%, 기계손실이 축동력의 3.0%라면 전 폴리트로프 효율은 약 몇 %인가?

① 88.9
② 91.2
③ 93.1
④ 94.7

03 회전차(Impeller)의 외경이 40cm인 원심펌프가 1,500rpm으로 회전할 때 물의 유량은 $1.6m^3/min$이다. 펌프의 전 양정이 50m라고 할 때 수동력은 몇 마력(HP)인가?

① 15.5
② 16.5
③ 17.5
④ 18.5

04 2차원 평면 유동장에서 어떤 이상 유체의 유속이 다음과 같이 주어질 때, 이 유동장의 흐름함수(Stream Function, Ψ)에 대한 식으로 옳은 것은?[단, u, v는 각각 2차원 직각좌표계(x, y)상에서 x방향과 y방향의 속도를 나타내고 K는 상수이다.]

$$u = \frac{-2Ky}{x^2+y^2}, \quad v = \frac{2Kx}{x^2+y^2}$$

① $\Psi = -K\sqrt{x^2+y^2}$
② $\Psi = -2K\sqrt{x^2+y^2}$
③ $\Psi = -Kl_n(x^2+y^2)$
④ $\Psi = -2Kl_n(x^2+y^2)$

계산기

다음 ▶

안 푼 문제

답안 제출

06회 실전점검!
CBT 실전모의고사

수험번호 :
수험자명 :

제한 시간 : 2시간 30분
남은 시간 :

글자 크기 100% 150% 200% 화면 배치 전체 문제 수 :
안 푼 문제 수 :

05 펌프의 캐비테이션을 방지할 수 있는 방법이 아닌 것은?

① 펌프의 설치높이를 낮추어 흡입양정을 작게 한다.

② 펌프의 회전수를 낮추어 흡입비교회전도를 작게 한다.

③ 양 흡입펌프 또는 2대 이상의 펌프를 사용한다.

④ 흡입배관계는 관경과 굽힘을 가능한 작게 한다.

06 점성력에 대한 관성력의 상대적인 비를 나타내는 무차원의 수는?

① Reynolds 수
② Froude 수
③ 모세관수
④ Weber 수

07 비행기의 속도를 측정하고자 할 때 다음 중 가장 적합한 장치는?

① 피토정압관
② 벤투리관
③ 부르동(Bourdon) 압력계
④ 오리피스

08 펌프에 관한 설명으로 옳은 것은?

① 볼류트 펌프는 안내판이 있는 펌프이다.

② 베인펌프는 왕복펌프이다.

③ 원심펌프의 비속도는 아주 크다.

④ 축류펌프는 주로 대용량 저양정용으로 사용한다.

09 압력의 단위 환산값으로 옳지 않은 것은?

① $1atm = 101.3kPa$
② $760mmHg = 1.013bar$
③ $1torr = 1mmHg$
④ $1.013bar = 0.98kPa$

10 축류펌프에서 양정을 만드는 힘은?

① 원심력
② 항력
③ 양력
④ 점성력

답안 표기란				
1	①	②	③	④
2	①	②	③	④
3	①	②	③	④
4	①	②	③	④
5	①	②	③	④
6	①	②	③	④
7	①	②	③	④
8	①	②	③	④
9	①	②	③	④
10	①	②	③	④
11	①	②	③	④
12	①	②	③	④
13	①	②	③	④
14	①	②	③	④
15	①	②	③	④
16	①	②	③	④
17	①	②	③	④
18	①	②	③	④
19	①	②	③	④
20	①	②	③	④
21	①	②	③	④
22	①	②	③	④
23	①	②	③	④
24	①	②	③	④
25	①	②	③	④
26	①	②	③	④
27	①	②	③	④
28	①	②	③	④
29	①	②	③	④
30	①	②	③	④

계산기 다음 ▶ 안 푼 문제 답안 제출

06회 실전점검!
CBT 실전모의고사

수험번호 :

수험자명 :

제한 시간 : 2시간 30분
남은 시간 :

글자 크기 100% 150% 200%　화면 배치　전체 문제 수 :　안 푼 문제 수 :

답안 표기란

1	① ② ③ ④
2	① ② ③ ④
3	① ② ③ ④
4	① ② ③ ④
5	① ② ③ ④
6	① ② ③ ④
7	① ② ③ ④
8	① ② ③ ④
9	① ② ③ ④
10	① ② ③ ④
11	① ② ③ ④
12	① ② ③ ④
13	① ② ③ ④
14	① ② ③ ④
15	① ② ③ ④
16	① ② ③ ④
17	① ② ③ ④
18	① ② ③ ④
19	① ② ③ ④
20	① ② ③ ④
21	① ② ③ ④
22	① ② ③ ④
23	① ② ③ ④
24	① ② ③ ④
25	① ② ③ ④
26	① ② ③ ④
27	① ② ③ ④
28	① ② ③ ④
29	① ② ③ ④
30	① ② ③ ④

11 물속에 피토관(Pitot Tube)을 설치하였더니 정체압이 1,250cmAq이고, 이때의 유속이 4.9m/s이었다면 정압은 몇 cmAq인가?

① 122.5

② 1,005.0

③ 1,127.5

④ 1,225.0

12 그림에서 비중이 0.9인 액체가 분출되고 있다. 원형 면 1을 통하는 속도가 15m/s일 때 원형 면 2를 통과하는 분출속도(m/s)는 얼마인가?(단, 비압축성 유체이고 각 단면에서의 속도는 균일하다고 가정한다.)

15cm　1　2　5cm

① 125

② 130

③ 135

④ 140

13 내경 0.0526m인 철관 내를 점도가 0.01kg/m · s이고 밀도가 1,200kg/m³인 액체가 1.16m/s의 평균속도로 흐를 때 Reynolds 수는 약 얼마인가?

① 36.61

② 3,661

③ 732.2

④ 7,322

14 어떤 매끄러운 수평 원관에 유체가 흐를 때 완전 난류유동(완전히 거친 난류유동) 영역이었고 이때 손실수두가 10m였다. 속도가 2배가 되면 손실수두는 얼마인가?

① 20m

② 40m

③ 80m

④ 160m

15 프란틀의 혼합길이(Prandtl Mixing Length)에 대한 설명으로 옳지 않은 것은?

① 난류유동에 관련된다.

② 전단응력과 밀접한 관련이 있다.

③ 벽면에서는 0이다.

④ 항상 일정한 값을 갖는다.

계산기　다음 ▶　안 푼 문제　답안 제출

06 실전점검!
CBT 실전모의고사

수험번호 :
수험자명 :

제한 시간 : 2시간 30분
남은 시간 :

글자
크기   100% 150% 200%

화면
배치

전체 문제 수 :
안 푼 문제 수 :

답안 표기란

1	① ② ③ ④
2	① ② ③ ④
3	① ② ③ ④
4	① ② ③ ④
5	① ② ③ ④
6	① ② ③ ④
7	① ② ③ ④
8	① ② ③ ④
9	① ② ③ ④
10	① ② ③ ④
11	① ② ③ ④
12	① ② ③ ④
13	① ② ③ ④
14	① ② ③ ④
15	① ② ③ ④
16	① ② ③ ④
17	① ② ③ ④
18	① ② ③ ④
19	① ② ③ ④
20	① ② ③ ④
21	① ② ③ ④
22	① ② ③ ④
23	① ② ③ ④
24	① ② ③ ④
25	① ② ③ ④
26	① ② ③ ④
27	① ② ③ ④
28	① ② ③ ④
29	① ② ③ ④
30	① ② ③ ④

16 그림과 같이 수직벽의 양쪽에 수위가 다른 물이 있다. 벽면에 붙인 오리피스를 통하여 수위가 높은 쪽에서 낮은 쪽으로 물이 유출되고 있다. 이 속도 V_2는?(단, 물의 밀도는 ρ, 중력가속도는 g라 한다.)

① $\sqrt{2gh_1/\rho}$

② $\sqrt{\dfrac{2g}{\rho}(h_1 - h_2)}$

③ $\sqrt{\dfrac{g}{\rho}(h_1 - h_2)}$

④ $\sqrt{2g(h_1 - h_2)}$

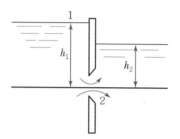

17 관 중의 난류영역에서의 패닝마찰계수(Fanning Friction Factor)에 직접적으로 영향을 미치지 않는 것은?

① 유체의 동점도
② 유체의 흐름속도
③ 관의 길이
④ 관 내부의 상대조도(Relative Roughness)

18 유체의 점성계수와 동점성계수에 관한 설명 중 옳은 것은?(단, M, L, T는 각각 질량, 길이, 시간을 나타낸다.)

① 상온에서의 공기의 점성계수는 물의 점성계수보다 크다.
② 점성계수의 차원은 $ML^{-1}T^{-1}$이다.
③ 동점성계수의 차원은 L^2T^{-2}이다.
④ 동점성계수의 단위에는 Poise가 있다.

19 베르누이의 정리 식에서 $\dfrac{V^2}{2g}$는 무엇을 의미하는가?

① 압력수두
② 위치수두
③ 속도수두
④ 전수두

계산기
다음 ▶
안 푼 문제
답안 제출

06 실전점검!
CBT 실전모의고사

수험번호 :

수험자명 :

제한 시간 : 2시간 30분
남은 시간 :

글자
크기 100% 150% 200%

화면
배치

전체 문제 수 :
안 푼 문제 수 :

20 다음은 면적이 변하는 도관에서의 흐름에 관한 그림이다. 그림에 대한 설명으로 옳지 않은 것은?

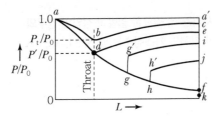

① d점에서의 압력비를 임계압력비라 한다.
② gg′ 및 hh′ 는 파동(Wave Motion)과 충격(Shock)을 나타낸다.
③ 선 abc상의 다른 모든 점에서의 흐름은 아음속이다.
④ 초음속인 경우 노즐 확산부의 단면적이 증가하면 속도는 감소한다.

1	① ② ③ ④
2	① ② ③ ④
3	① ② ③ ④
4	① ② ③ ④
5	① ② ③ ④
6	① ② ③ ④
7	① ② ③ ④
8	① ② ③ ④
9	① ② ③ ④
10	① ② ③ ④
11	① ② ③ ④
12	① ② ③ ④
13	① ② ③ ④
14	① ② ③ ④
15	① ② ③ ④
16	① ② ③ ④
17	① ② ③ ④
18	① ② ③ ④
19	① ② ③ ④
20	① ② ③ ④
21	① ② ③ ④
22	① ② ③ ④
23	① ② ③ ④
24	① ② ③ ④
25	① ② ③ ④
26	① ② ③ ④
27	① ② ③ ④
28	① ② ③ ④
29	① ② ③ ④
30	① ② ③ ④

계산기

다음 ▶

안 푼 문제

답안 제출

06회

실전점검!
CBT 실전모의고사

수험번호:

수험자명:

제한 시간 : 2시간 30분
남은 시간 :

글자
크기 100% 150% ⊕ 200%

화면
배치

전체 문제 수 :
안 푼 문제 수 :

		답안 표기란		
1	①	②	③	④
2	①	②	③	④
3	①	②	③	④
4	①	②	③	④
5	①	②	③	④
6	①	②	③	④
7	①	②	③	④
8	①	②	③	④
9	①	②	③	④
10	①	②	③	④
11	①	②	③	④
12	①	②	③	④
13	①	②	③	④
14	①	②	③	④
15	①	②	③	④
16	①	②	③	④
17	①	②	③	④
18	①	②	③	④
19	①	②	③	④
20	①	②	③	④
21	①	②	③	④
22	①	②	③	④
23	①	②	③	④
24	①	②	③	④
25	①	②	③	④
26	①	②	③	④
27	①	②	③	④
28	①	②	③	④
29	①	②	③	④
30	①	②	③	④

2과목 **연소공학**

21 이상기체 10kg을 240K만큼 온도를 상승시키는 데 필요한 열량이 정압인 경우와 정적인 경우에 그 차이가 415kJ이었다. 이 기체의 가스상수는 약 몇 kJ/ kg · K 인가?

① 0.173
② 0.287
③ 0.381
④ 0.423

22 상온, 상압의 공기 중에서 연소범위의 폭이 가장 넓은 가스는?

① 벤젠
② 프로판
③ n-부탄
④ 메탄

23 프로판과 부탄이 혼합된 경우로서 부탄의 함유량이 많아지면 발열량은?

① 커진다.
② 적어진다.
③ 일정하다.
④ 커시다가 줄어든다.

24 연료가 완전연소할 때 이론상 필요한 공기량을 $M_0(\text{m}^3)$, 실제로 사용한 공기량을 $M(\text{m}^3)$라 하면 과잉공기 백분율을 바르게 표시한 식은?

① $\dfrac{M}{M_0} \times 100$

② $\dfrac{M_0}{M} \times 100$

③ $\dfrac{M - M_0}{M} \times 100$

④ $\dfrac{M - M_0}{M_0} \times 100$

25 오토(Otto) 사이클에서 압축비가 7일 때의 열효율은 약 몇 %인가?(단, 비열비 k는 1.4이다.)

① 29.7
② 44.0
③ 54.1
④ 94.0

계산기

다음 ▶

안 푼 문제

답안 제출

06 실전점검!
CBT 실전모의고사

수험번호 :

수험자명 :

제한 시간 : 2시간 30분
남은 시간 :

글자
크기 ⊖ 100% Ⓜ 150% ⊕ 200%   화면
배치 ▦ ▯▯ ▯   전체 문제 수 :
안 푼 문제 수 :

26 냉동 사이클의 이상적인 사이클은?

① 카르노 사이클　　　　② 역카르노 사이클
③ 스털링 사이클　　　　④ 브레이튼 사이클

27 에탄 5vol%, 프로판 65vol%, 부탄 30vol% 혼합가스의 공기 중에서의 폭발범위를 표를 참조하여 구하면?

〈공기 중에서의 폭발한계〉

가스	폭발한계(vol%)	
	하한계	상한계
C_2H_6	3.0	12.4
C_3H_8	2.1	9.5
C_4H_{10}	1.8	8.4

① 1.95~8.93vol%　　　　② 2.03~9.25vol%
③ 2.55~10.85vol%　　　　④ 2.67~11.33vol%

28 확산연소에 대한 설명으로 옳지 않은 것은?

① 조작이 용이하다.　　　　② 연소 부하율이 크다.
③ 역화의 위험성이 적다.　　④ 화염의 안정범위가 넓다.

29 미분탄 연소의 특징에 대한 설명으로 틀린 것은?

① 가스화 속도가 빠르고 연소실의 공간을 유효하게 이용할 수 있다.
② 화격자연소보다 낮은 공기비로써 높은 연소효율을 얻을 수 있다.
③ 명료한 화염이 형성되지 않고 화염이 연소실 전체에 퍼진다.
④ 연소 완료시간은 표면연소속도에 의해 결정된다.

1	①	②	③	④
2	①	②	③	④
3	①	②	③	④
4	①	②	③	④
5	①	②	③	④
6	①	②	③	④
7	①	②	③	④
8	①	②	③	④
9	①	②	③	④
10	①	②	③	④
11	①	②	③	④
12	①	②	③	④
13	①	②	③	④
14	①	②	③	④
15	①	②	③	④
16	①	②	③	④
17	①	②	③	④
18	①	②	③	④
19	①	②	③	④
20	①	②	③	④
21	①	②	③	④
22	①	②	③	④
23	①	②	③	④
24	①	②	③	④
25	①	②	③	④
26	①	②	③	④
27	①	②	③	④
28	①	②	③	④
29	①	②	③	④
30	①	②	③	④

계산기　　　　다음 ▶　　　　안 푼 문제　　 답안 제출

06 실전점검!
CBT 실전모의고사

수험번호 :

수험자명 :

제한 시간 : 2시간 30분
남은 시간 :

글자
크기 100% 150% 200%

화면
배치

전체 문제 수 :
안 푼 문제 수 :

답안 표기란

1	① ② ③ ④
2	① ② ③ ④
3	① ② ③ ④
4	① ② ③ ④
5	① ② ③ ④
6	① ② ③ ④
7	① ② ③ ④
8	① ② ③ ④
9	① ② ③ ④
10	① ② ③ ④
11	① ② ③ ④
12	① ② ③ ④
13	① ② ③ ④
14	① ② ③ ④
15	① ② ③ ④
16	① ② ③ ④
17	① ② ③ ④
18	① ② ③ ④
19	① ② ③ ④
20	① ② ③ ④
21	① ② ③ ④
22	① ② ③ ④
23	① ② ③ ④
24	① ② ③ ④
25	① ② ③ ④
26	① ② ③ ④
27	① ② ③ ④
28	① ② ③ ④
29	① ② ③ ④
30	① ② ③ ④

30 다음은 Carnot Cycle의 압력 – 부피선도이다. 이 중 등온팽창 과정은?

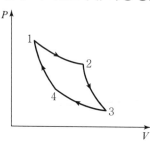

[카르노 사이클의 $P-V$ 선도]

① $1 \rightarrow 2$
② $2 \rightarrow 3$
③ $3 \rightarrow 4$
④ $4 \rightarrow 1$

계산기   다음 ▶   안 푼 문제   답안 제출

06회 실전점검!
CBT 실전모의고사

수험번호 :

수험자명 :

제한 시간 : 2시간 30분
남은 시간 :

글자
크기 100% 150% 200%

화면
배치

전체 문제 수 :
안 푼 문제 수 :

31 폭발등급은 안전간격에 따라 구분할 수 있다. 다음 중 안전간격이 가장 넓은 것은?

① 이황화탄소
② 수성가스
③ 수소
④ 프로판

32 어떤 경우에는 실험 데이터가 없어 연소한계를 추산해야 할 필요가 있다. 존스 (Jones)는 많은 탄화수소 증기의 연소하한계(LFL)와 연소상한계(UFL)는 연료의 양론농도(C_{st})의 함수라는 것을 발견하였다. 다음 중 존스 연소하한계(LFL) 관계식을 옳게 나타낸 것은?(단, C_{st}는 연료와 공기로 된 완전연소가 일어날 수 있는 혼합기체에 대한 연료의 부피 %이다.)

① $LFL = 0.55 C_{st}$
② $LFL = 1.55 C_{st}$
③ $LFL = 2.50 C_{st}$
④ $LFL = 3.50 C_{st}$

33 착화온도가 낮아지는 경우로 볼 수 없는 것은?

① 압력이 높은 경우
② 발열량이 높은 경우
③ 산소농도가 높은 경우
④ 분자구조가 간단한 경우

34 공기비에 대한 설명으로 옳은 것은?

① 연료 1kg당 완전연소에 필요한 공기량에 대한 실제 혼합된 공기량의 비로 정의된다.
② 연료 1kg당 불완전연소에 필요한 공기량에 대한 실제 혼합된 공기량의 비로 정의된다.
③ 기체 $1m^3$당 실제로 혼합된 공기량에 대한 완전연소에 필요한 공기량의 비로 정의된다.
④ 기체 $1m^3$당 실제로 혼합된 공기량에 대한 불완전연소에 필요한 공기량의 비로 정의된다.

31	①	②	③	④
32	①	②	③	④
33	①	②	③	④
34	①	②	③	④
35	①	②	③	④
36	①	②	③	④
37	①	②	③	④
38	①	②	③	④
39	①	②	③	④
40	①	②	③	④
41	①	②	③	④
42	①	②	③	④
43	①	②	③	④
44	①	②	③	④
45	①	②	③	④
46	①	②	③	④
47	①	②	③	④
48	①	②	③	④
49	①	②	③	④
50	①	②	③	④
51	①	②	③	④
52	①	②	③	④
53	①	②	③	④
54	①	②	③	④
55	①	②	③	④
56	①	②	③	④
57	①	②	③	④
58	①	②	③	④
59	①	②	③	④
60	①	②	③	④

계산기
다음 ▶
안 푼 문제
답안 제출

06 실전점검!
CBT 실전모의고사

수험번호 :

수험자명 :

제한 시간 : 2시간 30분
남은 시간 :

글자
크기 100% 150% 200%

화면
배치

전체 문제 수 :
안 푼 문제 수 :

답안 표기란

31	① ② ③ ④
32	① ② ③ ④
33	① ② ③ ④
34	① ② ③ ④
35	① ② ③ ④
36	① ② ③ ④
37	① ② ③ ④
38	① ② ③ ④
39	① ② ③ ④
40	① ② ③ ④
41	① ② ③ ④
42	① ② ③ ④
43	① ② ③ ④
44	① ② ③ ④
45	① ② ③ ④
46	① ② ③ ④
47	① ② ③ ④
48	① ② ③ ④
49	① ② ③ ④
50	① ② ③ ④
51	① ② ③ ④
52	① ② ③ ④
53	① ② ③ ④
54	① ② ③ ④
55	① ② ③ ④
56	① ② ③ ④
57	① ② ③ ④
58	① ② ③ ④
59	① ② ③ ④
60	① ② ③ ④

35 폭발범위에 대한 설명으로 틀린 것은?

① 일반적으로 폭발범위는 고압일수록 넓어진다.

② 일산화탄소는 공기와 혼합 시 고압이 되면 폭발범위가 좁아진다.

③ 혼합가스의 폭발범위는 그 가스의 폭굉범위보다 좁다.

④ 상온에 비해 온도가 높을수록 폭발범위가 넓어진다.

36 에틸렌(Ethylene) $1m^3$를 완전히 연소시키는 데 필요한 공기의 양은 약 몇 m^3인가?(단, 공기 중의 산소 및 질소는 각각 21vol%, 79vol%이다.)

① 9.5

② 11.9

③ 14.3

④ 19.0

37 연료의 구비조건에 해당하는 것은?

① 발열량이 클 것

② 희소성이 있을 것

③ 저장 및 운반 효율이 낮을 것

④ 연소 후 유해물질 및 배출물이 많을 것

38 액체상태의 프로판이 이론 공기연료비로 연소하고 있을 때 저발열량은 약 몇 kJ/kg인가?(단, 이때 온도는 25℃이고, 이 연료의 증발엔탈피는 360kJ/kg이다. 또한 기체상태의 C_3H_8의 형성엔탈피는 −103,909 kJ/kmol, CO_2의 형성 엔탈피는 −393,757kJ/kmol, 기체상태의 H_2O 형성 엔탈피는 −241,971kJ/kmol이다.)

① 23,501

② 46,017

③ 50,002

④ 2,149,155

계산기

다음 ▶

안 푼 문제

답안 제출

06회
실전점검!
CBT 실전모의고사

수험번호 :

수험자명 :

제한 시간 : 2시간 30분
남은 시간 :

글자
크기   100%   150%   200%

화면
배치

전체 문제 수 :
안 푼 문제 수 :

답안 표기란

31	①	②	③	④
32	①	②	③	④
33	①	②	③	④
34	①	②	③	④
35	①	②	③	④
36	①	②	③	④
37	①	②	③	④
38	①	②	③	④
39	①	②	③	④
40	①	②	③	④
41	①	②	③	④
42	①	②	③	④
43	①	②	③	④
44	①	②	③	④
45	①	②	③	④
46	①	②	③	④
47	①	②	③	④
48	①	②	③	④
49	①	②	③	④
50	①	②	③	④
51	①	②	③	④
52	①	②	③	④
53	①	②	③	④
54	①	②	③	④
55	①	②	③	④
56	①	②	③	④
57	①	②	③	④
58	①	②	③	④
59	①	②	③	④
60	①	②	③	④

39 피열물의 가열에 사용된 유효열량이 7,000kcal/kg, 전입열량이 12,000kcal/kg일 때 열효율은 약 얼마인가?

① 49.2%

② 58.3%

③ 67.4%

④ 76.5%

40 가스호환성이란 가스를 사용하고 있는 지역 내에서 가스기기의 성능이 보장되는 대체가스의 허용 가능성을 말한다. 호환성을 만족하기 위한 조건이 아닌 것은?

① 초기 점화가 안정되게 이루어져야 한다.

② 황염(Yellow Tip)과 그을음이 없어야 한다.

③ 비화 및 역화(Flash Back)가 발생되지 않아야 한다.

④ 웨버(Wobbe)지수가 ±15% 이내이어야 한다.

계산기

다음 ▶

안 푼 문제   답안 제출

06회 실전점검!
CBT 실전모의고사

수험번호 :

수험자명 :

제한 시간 : 2시간 30분
남은 시간 :

글자
크기 ⊖ 100% Ⓜ 150% ⊕ 200% 화면 배치 ▨□□ 전체 문제 수 :
안 푼 문제 수 :

답안 표기란

31	①	②	③	④
32	①	②	③	④
33	①	②	③	④
34	①	②	③	④
35	①	②	③	④
36	①	②	③	④
37	①	②	③	④
38	①	②	③	④
39	①	②	③	④
40	①	②	③	④
41	①	②	③	④
42	①	②	③	④
43	①	②	③	④
44	①	②	③	④
45	①	②	③	④
46	①	②	③	④
47	①	②	③	④
48	①	②	③	④
49	①	②	③	④
50	①	②	③	④
51	①	②	③	④
52	①	②	③	④
53	①	②	③	④
54	①	②	③	④
55	①	②	③	④
56	①	②	③	④
57	①	②	③	④
58	①	②	③	④
59	①	②	③	④
60	①	②	③	④

3과목 가스설비

41 수소가스 공급 시 용기의 충전구에 사용하는 패킹 재료로서 가장 적당한 것은?

① 석면
② 고무
③ 화이버
④ 금속 평형 가스켓

42 펌프를 운전할 때 펌프 내에 액이 충만되지 않으면 공회전하여 펌프작업이 이루어지지 않는 현상을 방지하기 위하여 펌프 내에 액을 충만시키는 것을 무엇이라 하는가?

① 서징(Surging)
② 프라이밍(Priming)
③ 베이퍼록(Vaper Lock)
④ 캐비테이션(Cavitation)

43 내용적이 50L인 용기에 다공도가 80%인 다공성 물질이 충전되어 있고 내용적의 40%만큼 아세톤이 차지할 때 이 용기에 충전되어 있는 아세톤의 양(kg)은?(단, 아세톤 비중은 0.79이다.)

① 25.3
② 20.3
③ 15.8
④ 12.6

44 터보 압축기의 특징에 대한 설명으로 틀린 것은?

① 원심형이다.
② 효율이 높다.
③ 용량조정이 어렵다.
④ 맥동이 없어 연속적으로 송출한다.

45 LP 가스 1단 감압식 저압조정기의 입구압력은?

① 0.025~1.56MPa
② 0.07~1.56MPa
③ 0.025~0.35MPa
④ 0.07~0.35MPa

계산기　　　　　다음 ▶　　　　　안 푼 문제　　답안 제출

실전점검!
06회

CBT 실전모의고사

수험번호 :

수험자명 :

제한 시간 : 2시간 30분
남은 시간 :

글자
크기 ⊖ 100% Ⓜ 150% ⊕ 200%

화면
배치

전체 문제 수 :
안 푼 문제 수 :

답안 표기란

31	①	②	③	④
32	①	②	③	④
33	①	②	③	④
34	①	②	③	④
35	①	②	③	④
36	①	②	③	④
37	①	②	③	④
38	①	②	③	④
39	①	②	③	④
40	①	②	③	④
41	①	②	③	④
42	①	②	③	④
43	①	②	③	④
44	①	②	③	④
45	①	②	③	④
46	①	②	③	④
47	①	②	③	④
48	①	②	③	④
49	①	②	③	④
50	①	②	③	④
51	①	②	③	④
52	①	②	③	④
53	①	②	③	④
54	①	②	③	④
55	①	②	③	④
56	①	②	③	④
57	①	②	③	④
58	①	②	③	④
59	①	②	③	④
60	①	②	③	④

46 겨울철 LPG 용기에 서릿발이 생겨 가스가 잘 나오지 않을 때 가스를 사용하기 위한 조치로 옳은 것은?

① 용기를 힘차게 흔든다.
② 연탄불로 쪼인다.
③ 40℃ 이하의 열습포로 녹인다.
④ 90℃ 정도의 물을 용기에 붓는다.

47 호칭 지름이 동일한 외경의 강관에 있어서 스케줄 번호가 다음과 같을 때 두께가 가장 두꺼운 것은?

① XXS
② XS
③ Sch20
④ Sch40

48 일정한 용적의 실린더 내에 기체를 흡입한 다음 흡입구를 닫아 기체를 압축하면서 다른 토출구에 압축하는 형식의 압축기는?

① 용적형
② 터보형
③ 원심식
④ 축류식

49 다음 반응으로 진행되는 접촉분해 반응 중 카본 생성을 방지하는 방법으로 옳은 것은?

$$2CO \rightarrow CO_2 + C$$

① 반응온도 : 낮게, 반응압력 : 높게
② 반응온도 : 높게, 반응압력 : 낮게
③ 반응온도 : 낮게, 반응압력 : 낮게
④ 반응온도 : 높게, 반응압력 : 높게

50 용기에 의한 액화석유가스 사용시설에서 가스계량기($30m^3/h$ 미만) 설치장소로 옳지 않은 것은?

① 환기가 양호한 장소에 설치하였다.
② 전기접속기와 50cm 떨어진 위치에 설치하였다.
③ 전기계량기와 50cm 떨어진 위치에 설치하였다.
④ 바닥으로부터 160cm 이상 200cm 이내인 위치에 설치하였다.

계산기

다음 ▶

안 푼 문제

답안 제출

06 실전점검!
CBT 실전모의고사

수험번호 :

수험자명 :

제한 시간 : 2시간 30분
남은 시간 :

글자
크기 100% 150% 200%

화면
배치

전체 문제 수 :
안 푼 문제 수 :

답안 표기란

31	①	②	③	④
32	①	②	③	④
33	①	②	③	④
34	①	②	③	④
35	①	②	③	④
36	①	②	③	④
37	①	②	③	④
38	①	②	③	④
39	①	②	③	④
40	①	②	③	④
41	①	②	③	④
42	①	②	③	④
43	①	②	③	④
44	①	②	③	④
45	①	②	③	④
46	①	②	③	④
47	①	②	③	④
48	①	②	③	④
49	①	②	③	④
50	①	②	③	④
51	①	②	③	④
52	①	②	③	④
53	①	②	③	④
54	①	②	③	④
55	①	②	③	④
56	①	②	③	④
57	①	②	③	④
58	①	②	③	④
59	①	②	③	④
60	①	②	③	④

51 전구용 봉입가스, 금속의 정련 및 열처리 시공기 외의 접촉 방지를 위한 보호가스로 주로 사용되는 가스의 방전관 발광색은?

① 보라색
② 녹색
③ 황색
④ 적색

52 고온, 고압에서 수소가스 설비에 탄소강을 사용하면 수소취성을 일으키게 되므로 이것을 방지하기 위하여 첨가시키는 금속 원소로서 적당하지 않은 것은?

① 몰리브덴
② 크립톤
③ 텅스텐
④ 바나듐

53 공기를 액화시켜 산소와 질소를 분리하는 원리는?

① 액체산소와 액체질소의 비중 차이에 의한 분리
② 액체산소와 액체질소의 비등점의 차이에 의한 분리
③ 액체산소와 액체질소의 열용량 차이로 분리
④ 액체산소와 액체질소의 전기적 성질 차이에 의한 분리

54 용기용 밸브가 B형이며, 가연성 가스가 충전되어 있을 때 충전구의 형태는?

① 수나사 – 오른나사
② 수나사 – 왼나사
③ 암나사 – 오른나사
④ 암나사 – 왼나사

55 공기액화분리장치의 폭발 방지대책으로 가장 적절한 것은?

① 공기 취입구로부터 아세틸렌 및 탄화수소 혼입이 없도록 관리한다.
② 산소 압축기 윤활제로 식물성 기름을 사용한다.
③ 내부장치는 연 1회 정도 세척하는 것이 좋고 세정제로 아세톤을 사용한다.
④ 액체산소 중에 오존(O_3)의 혼입은 산소 농도를 증가시키므로 안전하다.

계산기   다음 ▶   안 푼 문제   답안 제출

06 실전점검!
CBT 실전모의고사

수험번호 :

수험자명 :

제한 시간 : 2시간 30분
남은 시간 :

글자
크기 100% 150% 200%   화면
배치

전체 문제 수 :
안 푼 문제 수 :

답안 표기란

31	① ② ③ ④
32	① ② ③ ④
33	① ② ③ ④
34	① ② ③ ④
35	① ② ③ ④
36	① ② ③ ④
37	① ② ③ ④
38	① ② ③ ④
39	① ② ③ ④
40	① ② ③ ④
41	① ② ③ ④
42	① ② ③ ④
43	① ② ③ ④
44	① ② ③ ④
45	① ② ③ ④
46	① ② ③ ④
47	① ② ③ ④
48	① ② ③ ④
49	① ② ③ ④
50	① ② ③ ④
51	① ② ③ ④
52	① ② ③ ④
53	① ② ③ ④
54	① ② ③ ④
55	① ② ③ ④
56	① ② ③ ④
57	① ② ③ ④
58	① ② ③ ④
59	① ② ③ ④
60	① ② ③ ④

56 고압가스용 기화장치의 구성요소에 해당하지 않는 것은?

① 기화통
② 열매온도 제어장치
③ 액유출 방지장치
④ 긴급차단장치

57 도시가스 배관에서 가스 공급이 불량하게 되는 원인으로 가장 거리가 먼 것은?

① 배관의 파손
② Terminal Box의 불량
③ 정압기의 고장 또는 능력부족
④ 배관 내의 물의 고임, 녹으로 인한 폐쇄

58 가스레인지의 열효율을 측정하기 위하여 주전자에 순수 1,000g을 넣고 10분간 가열하였더니 처음 15 ℃인 물의 온도가 65℃가 되었다. 이 가스레인지의 열효율은 약 몇 %인가?(단, 물의 비열은 1kcal/kg · ℃, 가스사용량은 0.008m^3, 가스발열량은 13,000kcal/m^3이며, 온도 및 압력에 대한 보정치는 고려하지 않는다.)

① 42
② 45
③ 48
④ 52

59 흡입압력 105kPa, 토출압력 480kPa, 흡입공기량이 3m^3/min인 공기압축기의 등온압축일은 약 몇 kW인가?

① 2
② 4
③ 6
④ 8

60 가스설비에 대한 전기방식(防蝕)의 방법이 아닌 것은?

① 희생양극법
② 외부전원법
③ 배류법
④ 압착전원법

계산기

다음 ▶

안 푼 문제   답안 제출

06회 실전점검!
CBT 실전모의고사

수험번호 :

수험자명 :

제한 시간 : 2시간 30분
남은 시간 :

글자
크기
 100%
 150%
200%

화면
배치

전체 문제 수 :
안 푼 문제 수 :

4과목 가스안전관리

61 재료의 허용응력(σa), 재료의 기준강도(σe) 및 안전율(S)의 관계를 옳게 나타낸 식은?

① $\sigma a = \dfrac{S}{\sigma e}$

② $\sigma a = \dfrac{\sigma e}{S}$

③ $\sigma a = 1 - \dfrac{S}{\sigma e}$

④ $\sigma a = 1 - \dfrac{\sigma e}{S}$

62 가정용 가스보일러에서 발생되는 질식사고 원인 중 가장 높은 비율은?

① 제품불량

② 시설 미비

③ 공급자 부주의

④ 사용자 취급 부주의

63 물분무장치는 당해 저장탱크의 외면에서 몇 m 이상 떨어진 안전한 위치에서 조작할 수 있어야 하는가?

① 5

② 10

③ 15

④ 20

64 고압가스용기의 보관장소에 용기를 보관할 경우 준수할 사항 중 틀린 것은?

① 충전용기와 잔가스용기는 각각 구분하여 용기보관장소에 놓는다.

② 용기보관장소에는 계량기 등 작업에 필요한 물건 외에는 두지 아니한다.

③ 용기보관장소의 주위 2m 이내에는 화기 또는 인화성 물질이나 발화성 물질을 두지 아니한다.

④ 가연성 가스 용기보관장소에는 비방폭형 손전등을 사용한다.

65 아세틸렌 충전작업 시 아세틸렌을 몇 MPa 압력으로 압축하는 때에 질소, 메탄, 에틸렌 등의 희석제를 첨가하는가?

① 1

② 1.5

③ 2

④ 2.5

계산기

다음 ▶

안 푼 문제

답안 제출

실전점검!

06회 CBT 실전모의고사

수험번호:

수험자명:

제한 시간 : 2시간 30분
남은 시간 :

글자
크기 · 100% · 150% · 200%

화면
배치

전체 문제 수 :
안 푼 문제 수 :

답안 표기란

61	① ② ③ ④
62	① ② ③ ④
63	① ② ③ ④
64	① ② ③ ④
65	① ② ③ ④
66	① ② ③ ④
67	① ② ③ ④
68	① ② ③ ④
69	① ② ③ ④
70	① ② ③ ④
71	① ② ③ ④
72	① ② ③ ④
73	① ② ③ ④
74	① ② ③ ④
75	① ② ③ ④
76	① ② ③ ④
77	① ② ③ ④
78	① ② ③ ④
79	① ② ③ ④
80	① ② ③ ④
81	① ② ③ ④
82	① ② ③ ④
83	① ② ③ ④
84	① ② ③ ④
85	① ② ③ ④
86	① ② ③ ④
87	① ② ③ ④
88	① ② ③ ④
89	① ② ③ ④
90	① ② ③ ④

66 수소가스 용기가 통상적인 사용 상태에서 파열사고를 일으켰다. 그 사고의 원인으로 가장 거리가 먼 것은?

① 용기가 수소 취성을 일으켰다.　　② 과충전되었다.

③ 용기를 난폭하게 취급하였다.　　④ 용기에 균열, 녹 등이 발생하였다.

67 고압가스 충전용기의 운반기준 중 용기운반 시 주의사항으로 옳은 것은?

① 염소와 아세틸렌은 동일 차량에 적재하여 운반하여도 된다.

② 충전용기는 운반 중 항상 40℃ 이하를 유지하여야 한다.

③ 가연성 가스 또는 산소를 운반하는 차량에는 방독면 및 고무장갑 등의 보호구를 휴대하여야 한다.

④ 밸브가 돌출된 충전용기는 캡을 부착시킬 필요가 없다.

68 프로판가스의 충전용 용기로 주로 사용되는 것은?

① 리벳용기　　　　　　　　② 주철용기

③ 이음새 없는 용기　　　　④ 용접용기

69 산소제조시설 및 기술기준에 대한 설명으로 틀린 것은?

① 공기액화분리장치기에 설치된 액화산소통 안의 액화산소 5L 중 아세틸렌의 질량이 50mg 이상이면 액화산소를 방출한다.

② 석유류 또는 글리세린은 산소압축기 내부 윤활유로 사용하지 아니한다.

③ 산소의 품질검사 시 순도가 99.5% 이상이어야 한다.

④ 산소를 수송하기 위한 배관과 이에 접속하는 압축기와의 사이에는 수취기를 설치한다.

70 보일러의 파일럿(Pilot) 버너 또는 메인(Main) 버너의 불꽃이 접촉할 수 있는 부분에 부착하여 불이 꺼졌을 때 가스가 누출되는 것을 방지하는 안전장치의 방식이 아닌 것은?

① 바이메탈(Bimetal) 식　　　　② 열전대(Thermocouple) 식

③ 플레임로드(Flame Rod) 식　　④ 퓨즈메탈(Fuse Metal) 식

계산기　　　　　　다음 ▶　　　　　안 푼 문제

06회

실전점검!

CBT 실전모의고사

수험번호 :

수험자명 :

제한 시간 : 2시간 30분
남은 시간 :

글자
크기 100% 150% 200%

화면
배치

전체 문제 수 :
안 푼 문제 수 :

71 수소의 취성을 방지하는 원소가 아닌 것은?

① 텅스텐(W)

② 바나듐(V)

③ 규소(Si)

④ 크롬(Cr)

72 독성가스 중 다량의 가연성 가스를 차량에 적재하여 운반하는 경우 휴대하여야 하는 소화기는?

① BC용, B-3 이상

② BC용, B-10 이상

③ ABC용, B-3 이상

④ ABC용, B-10 이상

73 수소의 일반적 성질에 대한 설명으로 틀린 것은?

① 열에 대하여 안정하다.

② 가스 중 비중이 가장 적다.

③ 무색, 무미, 무취의 기체이다.

④ 기체 중 확산속도가 가장 느리다.

74 고압가스용 이음매 없는 용기의 재검사 기준에서 정한 용기의 상태에 따른 등급분류 중 3급에 해당하는 것은?

① 깊이가 0.1mm 미만이라고 판단되는 흠

② 깊이가 0.3mm 미만이라고 판단되는 흠

③ 깊이가 0.5mm 미만이라고 판단되는 흠

④ 깊이가 1mm 미만이라고 판단되는 흠

75 냉동기의 냉매설비는 진동, 충격, 부식 등으로 냉매가스가 누출되지 않도록 조치하여야 한다. 다음 중 그 조치방법이 아닌 것은?

① 주름관을 사용한 방진 조치

② 냉매설비 중 돌출부위에 대한 적절한 방호 조치

③ 냉매가스가 누출될 우려가 있는 부분에 대한 부식 방지 조치

④ 냉매설비 중 냉매가스가 누출될 우려가 있는 곳에 차단밸브 설치

답안 표기란

61	①	②	③	④
62	①	②	③	④
63	①	②	③	④
64	①	②	③	④
65	①	②	③	④
66	①	②	③	④
67	①	②	③	④
68	①	②	③	④
69	①	②	③	④
70	①	②	③	④
71	①	②	③	④
72	①	②	③	④
73	①	②	③	④
74	①	②	③	④
75	①	②	③	④
76	①	②	③	④
77	①	②	③	④
78	①	②	③	④
79	①	②	③	④
80	①	②	③	④
81	①	②	③	④
82	①	②	③	④
83	①	②	③	④
84	①	②	③	④
85	①	②	③	④
86	①	②	③	④
87	①	②	③	④
88	①	②	③	④
89	①	②	③	④
90	①	②	③	④

계산기

다음 ▶

안 푼 문제

답안 제출

실전점검!
06회 CBT 실전모의고사

수험번호 :
수험자명 :

제한 시간 : 2시간 30분
남은 시간 :

글자
크기 100% 150% 200%

화면
배치

전체 문제 수 :
안 푼 문제 수 :

답안 표기란

61	①	②	③	④
62	①	②	③	④
63	①	②	③	④
64	①	②	③	④
65	①	②	③	④
66	①	②	③	④
67	①	②	③	④
68	①	②	③	④
69	①	②	③	④
70	①	②	③	④
71	①	②	③	④
72	①	②	③	④
73	①	②	③	④
74	①	②	③	④
75	①	②	③	④
76	①	②	③	④
77	①	②	③	④
78	①	②	③	④
79	①	②	③	④
80	①	②	③	④
81	①	②	③	④
82	①	②	③	④
83	①	②	③	④
84	①	②	③	④
85	①	②	③	④
86	①	②	③	④
87	①	②	③	④
88	①	②	③	④
89	①	②	③	④
90	①	②	③	④

76 가연성 가스의 제조설비 중 검지경보장치가 방폭성능 구조를 갖추지 아니하여도 되는 가연성 가스는?

① 암모니아
② 아세틸렌
③ 염화에탄
④ 아크릴알데히드

77 충전용기 등을 차량에 적재하여 운행할 때 운반책임자를 동승하는 차량의 운행에 있어서 현저하게 우회하는 도로란 이동거리가 몇 배 이상인 경우를 말하는가?

① 1
② 1.5
③ 2
④ 2.5

78 저장능력이 4톤인 액화석유가스 저장탱크 1기와 산소탱크 1기의 최대지름이 각각 4m, 2m일 때 상호 간의 최소 이격거리는?

① 1m
② 1.5m
③ 2m
④ 2.5m

79 가연성 가스 제조소에서 화재의 원인이 될 수 있는 착화원이 모두 나열된 것은?

Ⓐ 정전기
Ⓑ 베릴륨 합금제 공구에 의한 타격
Ⓒ 안전증방폭구조의 전기기기 사용
Ⓓ 사용 촉매의 접촉작용
Ⓔ 밸브의 급격한 조작

① Ⓐ, Ⓓ, Ⓔ
② Ⓐ, Ⓑ, Ⓒ
③ Ⓐ, Ⓒ, Ⓓ
④ Ⓑ, Ⓒ, Ⓔ

80 다음 중 특수고압가스가 아닌 것은?

① 압축모노실란
② 액화알진
③ 게르만
④ 포스겐

계산기
다음 ▶
안 푼 문제
답안 제출

06회

실전점검!
CBT 실전모의고사

수험번호 :

수험자명 :

제한 시간 : 2시간 30분
남은 시간 :

글자
크기 100% 150% 200%

화면
배치

전체 문제 수 :
안 푼 문제 수 :

답안 표기란

61	① ② ③ ④
62	① ② ③ ④
63	① ② ③ ④
64	① ② ③ ④
65	① ② ③ ④
66	① ② ③ ④
67	① ② ③ ④
68	① ② ③ ④
69	① ② ③ ④
70	① ② ③ ④
71	① ② ③ ④
72	① ② ③ ④
73	① ② ③ ④
74	① ② ③ ④
75	① ② ③ ④
76	① ② ③ ④
77	① ② ③ ④
78	① ② ③ ④
79	① ② ③ ④
80	① ② ③ ④
81	① ② ③ ④
82	① ② ③ ④
83	① ② ③ ④
84	① ② ③ ④
85	① ② ③ ④
86	① ② ③ ④
87	① ② ③ ④
88	① ② ③ ④
89	① ② ③ ④
90	① ② ③ ④

5과목 **가스계측**

81 가스크로마토그래피의 분리관에 사용되는 충전담체에 대한 설명 중 틀린 것은?

① 화학적으로 활성을 띠는 물질이 좋다.

② 큰 표면적을 가진 미세한 분말이 좋다.

③ 입자 크기가 균등하면 분리작용이 좋다.

④ 충전하기 전에 비휘발성 액체로 피복해야 한다.

82 열전대 온도계의 특징에 대한 설명으로 틀린 것은?

① 접촉식 온도계 중 가장 낮은 온도에 사용된다.

② 원격측정용으로 적합하다.

③ 보상 도선을 사용한다.

④ 냉접점이 있다.

83 태엽의 힘으로 통풍하는 통풍형 건습구 습도계로서 휴대가 편리하고 필요 풍속이 약 3m/s인 습도계는?

① 아스만 습도계

② 모발 습도계

③ 간이건습구 습도계

④ Dewcel식 노점계

84 방사온도계의 원리는 방사열(전방사에너지)과 절대온도의 관계인 스테판–볼츠만의 법칙을 응용한 것이다. 이때 전방사 에너지 Q는 절대온도 T의 몇 제곱에 비례하는가?

① 2

② 3

③ 4

④ 5

계산기

다음 ▶

안 푼 문제

답안 제출

06회 실전점검!
CBT 실전모의고사

수험번호 :

수험자명 :

제한 시간 : 2시간 30분
남은 시간 :

글자 크기 100% 150% 200% 화면 배치

전체 문제 수 :
안 푼 문제 수 :

답안 표기란

61	① ② ③ ④
62	① ② ③ ④
63	① ② ③ ④
64	① ② ③ ④
65	① ② ③ ④
66	① ② ③ ④
67	① ② ③ ④
68	① ② ③ ④
69	① ② ③ ④
70	① ② ③ ④
71	① ② ③ ④
72	① ② ③ ④
73	① ② ③ ④
74	① ② ③ ④
75	① ② ③ ④
76	① ② ③ ④
77	① ② ③ ④
78	① ② ③ ④
79	① ② ③ ④
80	① ② ③ ④
81	① ② ③ ④
82	① ② ③ ④
83	① ② ③ ④
84	① ② ③ ④
85	① ② ③ ④
86	① ② ③ ④
87	① ② ③ ④
88	① ② ③ ④
89	① ② ③ ④
90	① ② ③ ④

85 적외선분광분석법에 대한 설명으로 틀린 것은?

① 적외선을 흡수하기 위해서는 쌍극자모멘트의 알짜변화를 일으켜야 한다.

② H_2, O_2, N_2, Cl_2 등의 2원자 분자는 적외선을 흡수하지 않으므로 분석이 불가능하다.

③ 미량성분의 분석에는 셀(Cell) 내에서 다중반사되는 기체 셀을 사용한다.

④ 흡광계수는 셀압력과는 무관하다.

86 액체산소, 액체질소 등과 같이 초저온 저장탱크에 주로 사용되는 액면계는?

① 마그네틱 액면계 ② 햄프슨식 액면계

③ 벨로스식 액면계 ④ 슬립튜브식 액면계

87 다음 그림은 자동제어계의 특성에 대하여 나타낸 것이다. 그림 중 B는 입력신호의 변화에 대하여 출력신호의 변화가 즉시 따르지 않는 것을 나타내는 것으로 이를 무엇이라고 하는가?

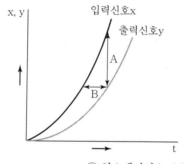

① 정오차 ② 히스테리시스 오차

③ 동오차 ④ 지연(遲延)

계산기 다음 ▶ 안 푼 문제 답안 제출

06 실전점검!
CBT 실전모의고사

수험번호 :

수험자명 :

제한 시간 : 2시간 30분
남은 시간 :

글자 크기 100% 150% 200%

화면 배치

전체 문제 수 :
안 푼 문제 수 :

88 다음 중 프로세스 제어량으로 보기 어려운 것은?

① 온도

② 유량

③ 밀도

④ 액면

89 다음 중 미량의 탄화수소를 검지하는 데 가장 적당한 검출기는?

① TCD 검출기

② ECD 검출기

③ FID 검출기

④ NOD 검출기

90 액면계 선정 시 고려사항이 아닌 것은?

① 동특성

② 안전성

③ 측정범위와 정도

④ 변동상태

61	① ② ③ ④
62	① ② ③ ④
63	① ② ③ ④
64	① ② ③ ④
65	① ② ③ ④
66	① ② ③ ④
67	① ② ③ ④
68	① ② ③ ④
69	① ② ③ ④
70	① ② ③ ④
71	① ② ③ ④
72	① ② ③ ④
73	① ② ③ ④
74	① ② ③ ④
75	① ② ③ ④
76	① ② ③ ④
77	① ② ③ ④
78	① ② ③ ④
79	① ② ③ ④
80	① ② ③ ④
81	① ② ③ ④
82	① ② ③ ④
83	① ② ③ ④
84	① ② ③ ④
85	① ② ③ ④
86	① ② ③ ④
87	① ② ③ ④
88	① ② ③ ④
89	① ② ③ ④
90	① ② ③ ④

계산기

다음 ▶

안 푼 문제

답안 제출

06회

실전점검!
CBT 실전모의고사

수험번호 :

수험자명 :

제한 시간 : 2시간 30분
남은 시간 :

글자
크기
ⓒ 100%
ⓜ 150%
ⓟ 200%

화면
배치

전체 문제 수 :
안 푼 문제 수 :

답안 표기란				
91	①	②	③	④
92	①	②	③	④
93	①	②	③	④
94	①	②	③	④
95	①	②	③	④
96	①	②	③	④
97	①	②	③	④
98	①	②	③	④
99	①	②	③	④
100	①	②	③	④

91 다음 중 일반적인 가스미터의 종류가 아닌 것은?

① 스크류식 가스미터

② 막식 가스미터

③ 습식 가스미터

④ 추량식 가스미터

92 열전 온도계의 원리로 맞는 것은?

① 열복사를 측정한다.

② 두 물체의 열팽창량을 이용한다.

③ 두 물체의 열기전력을 이용한다.

④ 두 물체의 열전도율 차이를 이용한다.

93 레이더의 방향 및 선박과 항공기의 방향제어 등에 사용되는 제어는 제어량 성질에 따라 분류할 때 어떤 제어방식에 해당하는가?

① 정치제어

② 추치제어

③ 자동조정

④ 서보기구

94 가스 누출을 검지할 때 사용되는 시험지가 아닌 것은?

① KI 전분지

② 리트머스지

③ 파라핀지

④ 염화파라듐지

95 가스미터의 검정에서 피시험미터의 지시량이 $1m^3$이고 기준기의 지시량이 750L일 때 기차(器差)는 약 몇 %인가?

① 2.5

② 3.3

③ 25.0

④ 33.3

96 유량계를 교정하는 방법 중 기체 유량계의 교정에 가장 적합한 것은?

① 저울을 사용하는 방법

② 기준탱크를 사용하는 방법

③ 기준 체적관을 사용하는 방법

④ 기준 유량계를 사용하는 방법

계산기

다음 ▶

안 푼 문제

답안 제출

06회 실전점검!
CBT 실전모의고사

수험번호 :
수험자명 :

제한 시간 : 2시간 30분
남은 시간 :

글자 크기 100% 150% 200%　화면 배치　전체 문제 수 :　안 푼 문제 수 :

답안 표기란

91	① ② ③ ④
92	① ② ③ ④
93	① ② ③ ④
94	① ② ③ ④
95	① ② ③ ④
96	① ② ③ ④
97	① ② ③ ④
98	① ② ③ ④
99	① ② ③ ④
100	① ② ③ ④

97 자동제어의 각 단계가 바르게 연결된 것은?

① 비교부 – 전자유량계

② 조작부 – 열전대 온도계

③ 검출부 – 공기압식 자동밸브

④ 조절부 – 비례미적분제어(PID 제어)

98 물이 흐르는 수평관 2개소의 압력차를 측정하기 위하여 수은을 넣은 마노미터를 부착시켰더니 수은주의 높이차(h)가 600mm이었다. 이때의 차압($P_1 - P_2$)은 약 몇 kgf/cm^{2}인가?(단, Hg의 비중은 13.6이다.)

① 0.63

② 0.76

③ 0.86

④ 0.97

99 고속회전이 가능하여 소형으로 대용량을 계량할 수 있기 때문에 보일러의 공기조화장치와 같은 대량가스 수요처에 적합한 가스미터는?

① 격막식 가스미터

② 루츠식 가스미터

③ 오리피스식 가스미터

④ 터빈식 가스미터

100 가스크로마토그래피법의 검출기에 대한 설명으로 옳은 것은?

① 불꽃이온화 검출기는 감도가 낮다.

② 전자포착 검출기는 직선성이 좋다.

③ 열전도도 검출기는 수소와 헬륨의 검출한계가 가장 낮다.

④ 불꽃광도 검출기는 모든 물질에 적용된다.

계산기　　　다음 ▶　　　안 푼 문제　답안 제출

📖 CBT 정답 및 해설

01	02	03	04	05	06	07	08	09	10
③	②	③	③	④	①	①	④	④	③
11	12	13	14	15	16	17	18	19	20
③	③	④	②	④	④	③	②	③	④
21	22	23	24	25	26	27	28	29	30
①	④	④	④	③	②	②	②	①	①
31	32	33	34	35	36	37	38	39	40
④	①	④	①	③	③	①	②	②	④
41	42	43	44	45	46	47	48	49	50
③	②	②	④	④	③	①	①	②	③
51	52	53	54	55	56	57	58	59	60
④	②	④	①	④	②	③	④	④	④
61	62	63	64	65	66	67	68	69	70
②	④	③	④	④	①	②	④	①	④
71	72	73	74	75	76	77	78	79	80
③	②	④	②	④	①	③	②	①	④
81	82	83	84	85	86	87	88	89	90
①	①	①	③	④	②	④	③	③	①
91	92	93	94	95	96	97	98	99	100
①	③	④	③	③	③	④	②	②	③

01 정답 | ③
풀이 | 빙햄 가소성 유체
일정한 온도와 압력 조건에서 하수 슬러리와 같이 임계 전단응력 이상이 되어야만 흐르는 유체이다.

02 정답 | ②
풀이 | ㉠ 펌프의 전효율＝기계효율×체적효율×수력효율

㉡ 수력효율 $=\dfrac{\text{펌프가 끌어올리는 실제양정}}{\text{깃수 유한에 대한 이론양정}}$

원심식(기계효율) 압축기 : $100-3.0=97\%$

∴ 전 폴리트로프 효율
＝폴리트로프 효율×기계효율
$=0.94 \times 0.97 = 0.912 (91.2\%)$

03 정답 | ③
풀이 | 수동력(원심식) $=\dfrac{r \cdot H \cdot Q}{76 \times 60}$ (HP)

$1\text{HP}=76\text{kg} \cdot \text{m/s}$
물의 비중량 : $1,000\text{kg/m}^3$

∴ $\text{HP} = \dfrac{1,000 \times 50 \times 1.6}{76 \times 60} = 17.5\text{HP}$

04 정답 | ③
풀이 | ㉠ 2차원 평면 유동장에서 유동장의 흐름함수
$\Psi = -Kl_n\,(x^2 + y^2)$

㉡ 2차원 유동 : 평행한 평면 사이에서 일률적이고 1차원이 아닌 유동이다.

㉢ 1차원 유동 : 유체흐름의 변수들이 있는 어떤 단면을 지나더라도 일정한 흐름을 유지하는 유동

05 정답 | ④
풀이 | 펌프의 캐비테이션(관 내 공동현상) 방지를 위해 흡입배관의 관경을 크게 한다.

06 정답 | ①
풀이 | 레이놀즈수
점성력에 대한 관성력의 상대적인 비를 나타내는 무차원 수이다 $\left(Re = \dfrac{\rho DV}{\mu} = \dfrac{\text{관성력}}{\text{점성력}} \right)$.

07 정답 | ①
풀이 | 피토정압관
$Z^1 = Z^2, \quad V_2 = O, \quad P_2 = P_1$

$\dfrac{V_1^{\,2}}{2g} + \dfrac{P_1}{r} = \dfrac{P_s}{r}$

$P_s = P_1 + \dfrac{\rho V_1^{\,2}}{Z}, \quad P_s - P_1 = rsh - rh$

∴ $V = \sqrt{2gh\left(\dfrac{r_s}{r} - 1 \right)}$

08 정답 | ④
풀이 | 축류펌프
유량이 대단히 크고 저양정에 적합하다. 고속운전에 적합하고 형태가 비교적 단순하다(풋밸브, 송출밸브 등이 생략된다).
• 안내판 : 다단터빈펌프용

09 정답 | ④
풀이 | 1.013bar＝101,325kPa＝1atm＝760mmHg
＝1.033kg/cm² ＝760torr＝14.7PSI

10 정답 | ③
풀이 | 양정(리프트)
축류펌프에서 양정을 만드는 힘은 양력이다.
㉠ 축류형 펌프
• 프로펠러형
• 디스크형

ⓒ 양력계수

$$C_L = \frac{2(V_{u2} - V_{u1})}{V_m} = \frac{\cos\lambda\sin^2\beta_\infty}{\sin(\beta_\infty + \lambda)}$$

$$\therefore \ C_L = \frac{0.197}{\left(\dfrac{l}{t}\right)}$$

11 정답 | ③

풀이 | $V = \sqrt{2gh}$, $4.9 = \sqrt{2gh} = \sqrt{2 \times 9.8 \times h}$

$$\therefore \ 동압 = \frac{V^2}{2g} = \frac{4.9^2}{2 \times 9.8} = 1.225\text{m}$$

$$= 122.5\text{cmAq}$$

$\therefore$ 정압 $= 1,250 - 122.5 = 1,127.5\text{cmAq}$

12 정답 | ③

풀이 | $V_2 = \dfrac{A_2}{A_1} \times V_1 = 15 \times \dfrac{\left(\dfrac{3.14 \times (0.15)^2}{4}\right)}{\left(\dfrac{3.14 \times (0.05)^2}{4}\right)}$

$$= 135\text{m/s}$$

13 정답 | ④

풀이 | 레이놀즈수

$$(Re) = \frac{\rho Vd}{\mu} = \frac{1,200 \times 1.16 \times 0.0526}{0.01} = 7,322$$

14 정답 | ②

풀이 | 손실수두는 $(유속)^2$이므로

손실수두 $= 10 \times 2^2 = 40\text{m}$

15 정답 | ④

풀이 | 무차원수(Prandtl Number)

$$= \frac{\mu \cdot C_p}{K} = \frac{열확산}{열전도} (중요성 = 열대류)$$

즉, 프란틀의 혼합길이는 항상 일정한 값을 가지지 않는다.

16 정답 | ④

풀이 | 유속 $(V_2) = \sqrt{2g(h_1 - h_2)}$ (m/s)

• $h_1 + \dfrac{\rho_1}{r} + \dfrac{V_1^2}{2g} = h_2 + \dfrac{\rho_2}{r} + \dfrac{V_2^2}{2g}$

17 정답 | ③

풀이 | 관 중의 난류영역에서 패닝마찰계수에 직접적으로 영향을 미치는 것은 ①, ②, ④항이다.

18 정답 | ②

풀이 | 유체의 점성계수 차원

ⓐ MLT계 : $\text{ML}^{-1}\text{T}^{-1}$

ⓑ FLT계 : FL^{-2}T

19 정답 | ③

풀이 | $\dfrac{P}{r}$: 압력수두, Z : 위치수두, H : 전수두

20 정답 | ④

풀이 | 초음속에서 노즐 확산부의 단면적이 증가하면 유속이 증가한다(단, 압력과 밀도는 감소한다).

21 정답 | ①

풀이 | 가스상수 $(R) = \dfrac{\theta}{m \times \Delta t} = \dfrac{415}{10 \times 240}$

$$= 0.173\text{kJ/kg} \cdot \text{K}$$

22 정답 | ④

풀이 | 가스의 폭발 범위

ⓐ 벤젠 : 1.2~7.8%

ⓑ 프로판 : 2.1~9.5%

ⓒ n-부탄 : 1.8~8.4%

ⓓ 메탄 : 5~15%

• 부탄의 분자량 : 58, 노르말부탄 분자량 : 58.1
(부탄은 보통 노르말부탄을 의미하는데, 이는 단지 이소부탄과 구별하기 위하여 붙인 이름이다.)

23 정답 | ①

풀이 | 프로판(분자량 44), 부탄(분자량 58)

• 가스는 분자량이 크면 비중이 커지고 또한 발열량은 많아진다(공기의 분자량 : 29).

24 정답 | ④

풀이 | ⓐ 과잉공기(공기비) 백분율 : $\dfrac{M - M_0}{M_0} \times 100(\%)$

ⓑ 과잉공기량 = 실제공기량 - 이론공기량

25 정답 | ③

풀이 | 오토사이클(내연기관 사이클) : 가솔린기관(정적 사이클)

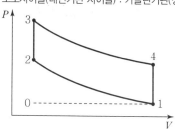

CBT 정답 및 해설

㉠ $0 \to 1$: 정압변화(실린더 속 흡입)

㉡ $1 \to 2$: 단열변화

㉢ $2 \to 3$: 압력 상승(점화폭발)

㉣ $3 \to 4$: 단열팽창

㉤ $4 \to 1 \to 0$: 배기

$$\eta_0 = 1 - \frac{1}{\varepsilon^{k-1}} = 1 - \frac{1}{7^{1.4-1}} = 0.541(54.1\%)$$

26 정답 | ②

풀이 | 냉동 사이클

역카르노 사이클 채택(압축기 → 응축기 → 팽창밸브 → 증발기)

27 정답 | ②

풀이 | 하한치

$$\frac{100}{L} = \frac{100}{\left(\frac{5}{3}\right) + \left(\frac{65}{2.1}\right) + \left(\frac{30}{1.8}\right)} = 2.03$$

상한치

$$\frac{100}{L} = \frac{100}{\left(\frac{5}{12.4}\right) + \left(\frac{65}{9.5}\right) + \left(\frac{30}{8.4}\right)} = 9.25$$

28 정답 | ②

풀이 | • 연소실 열부하율 : $kcal/m^3 \cdot h$

• 예혼합연소가 연소부하율이 크다(다만, 역화의 위험이 따른다).

29 정답 | ①

풀이 | 미분탄은 석탄을 분쇄화한 연료로서 고체연료의 일종이며, 즉 표면연소에 가깝다.

30 정답 | ①

풀이 | 카르노 사이클

㉠ $1 \to 2$: 등온팽창

㉡ $2 \to 3$: 단열팽창

㉢ $3 \to 4$: 등온압축

㉣ $4 \to 1$: 단열압축

31 정답 | ④

풀이 | ① 이황화탄소 : 안전간격 0.4mm 이하(폭발 3등급)

② 수성가스 : 안전간격 0.4mm 이하(폭발 3등급)

③ 수소 : 안전간격 0.4mm 이하(폭발 3등급)

④ 프로판 : 안전간격 0.6mm 이하(폭발 1등급)

32 정답 | ①

풀이 | 존스의 연소하한계 : $LFL = 0.55 C_{st}$

• 연소상한계 : $UFL = 4.8\sqrt{C_{st}}$

33 정답 | ④

풀이 | 분자구조가 복잡하면 착화온도가 낮아진다. 이 외에 반응 활성도와 산소 친화력이 크거나 열전도율이 작을 때도 착화온도는 낮아진다.

34 정답 | ①

풀이 | 공기비$(m) = \dfrac{\text{실제 공기량}}{\text{이론 공기량}}$ (항상 1보다 크다.)

①번 항은 공기비에 대한 설명이다.

35 정답 | ③

풀이 | ㉠ 혼합가스의 폭발범위(하한계 - 상한계)는 그 혼합가스의 폭굉(DID) 범위보다 넓다.

㉡ 폭굉 시 화염전파속도 : $1,000 \sim 3,500 m/s$

36 정답 | ③

풀이 | 에틸렌$(C_2H_4) + 3O_2 \to 2CO_2 + 2H_2O$

이론공기량(A_0) = 이론산소량 $\times \dfrac{1}{0.21}$

$$\therefore 3 \times \frac{1}{0.21} = 14.3 m^3$$

37 정답 | ①

풀이 | 연료는 희소성보다는 양이 풍부하고 저장 및 효율이 높으며, 연소 후 유해물질 및 배출물이 적어야 한다.

38 정답 | ②

풀이 | 연소반응식 $C_3H_8 + 5O_2 \to 3CO_2 + 4H_2O + Q$

저위발열량(Q)

$$= \frac{(3 \times 393,757) + (4 \times 241,971) - 103,909}{44} - 360$$

$$\fallingdotseq 46,017 kJ/kg$$

※ C_3H_8 1kmol = 44kg

• 저위발열량 = 고위발열량 - H_2O 증발엔탈피

39 정답 | ②

풀이 | $12,000 - 7,000 = 5,000 kcal/kg$(손실열)

열효율 = $\dfrac{\text{유효열량}}{\text{전입열량}} = \dfrac{7,000}{12,000} \times 100 = 58.3\%$

40 정답 | ④

풀이 | WI(웨버지수)가 표준웨버지수의 $\pm 4.5\%$ 이내를 유지해야 한다.

$$WI = \frac{Hg}{\sqrt{d}} = \frac{\text{도시가스 총 발열량}(kcal/m^3)}{\sqrt{\text{도시가스 비중}}}$$

41 정답 | ③

풀이 | 수소(H_2) 가스(가연성 가스) 용기의 충전구 패킹재는 화이버를 사용한다.

42 정답 | ②

풀이 | 프라이밍(마중물)은 펌프 내에 에어가 차서 펌프 임펠러가 공회전 시 진공상태를 제거하고 펌프 내를 움직이게 하는 물을 채우는 과정이다.

43 정답 | ③

풀이 | 총 질량＝$50 \times 0.79 = 39.5$kg
아세톤 양＝$39.5 \times 0.4 = 15.8$kg

44 정답 | ②

풀이 | 비용적식 압축기(터보형 : 원심식)
㉠ 일반적으로 효율이 적고 용량조절이 곤란하다.
㉡ 대용량에 적합하며, 높은 압축비를 얻을 수 없다.

45 정답 | ②

풀이 | LP 가스 1단 감압식 저압조정기
㉠ 입구압력＝$0.07 \sim 1.56$MPa
㉡ 조정압력＝$230 \sim 330$mmH$_2$O($2.3 \sim 3.3$kPa)

46 정답 | ③

풀이 | 동절기 액화석유가스(LPG) 용기에 서릿발이 생겨 가스가 잘 나오지 않으면 40℃ 이하의 열습포로 녹인다.

47 정답 | ①

풀이 | 스케줄 번호
㉠ Metric(mm) 단위계(Sch No.)＝$10 \times \dfrac{P}{S}$
㉡ Inch 단위계(Sch No.)＝$1,000 \times \dfrac{P}{S}$

48 정답 | ①

풀이 | 압축기(용적형)
실린더 내(왕복식 등) 일정한 용적의 실린더 내에 기체를 흡입한 다음 흡입구를 닫아 기체를 압축하는 형식

49 정답 | ②

풀이 | 접촉분해 반응 중 카본 생성 방지법
$2CO \rightarrow CO_2 + C$(카본)
㉠ 온도를 높이면 흡열반응 쪽으로 평형이 이동한다.
㉡ 온도를 낮추면 발열반응 쪽으로 평형이 이동한다.
㉢ 압력을 높이면 역반응(←) 쪽으로, 압력을 낮추면 정반응(→) 쪽으로 평형이 이동한다.

접촉카본 생성 방지＝반응온도는 높게, 반응압력은 낮게 한다.

50 정답 | ③

풀이 |

가스계량기	→ 60cm 이상 →	전기계량기

51 정답 | ④

풀이 | 전구용 봉입가스 금속의 정련 및 열처리 시 공기 외의 접촉 방지를 위한 보호가스로 주로 사용되는 가스의 방전관 발광색은 적색이다.

52 정답 | ②

풀이 | 용기 강철 재료 중 170℃ 이상 250atm에서 수소는 탄소와 반응하여 탈탄작용에 의하여 수소취성을 일으킨다.
$Fe_3C + 2H_2 \rightarrow CH_4 + 3Fe$(수소취성)
• 수소취성 방지 첨가 원소 : Cr, Ti, V, W, Mo, Nb 등

53 정답 | ②

풀이 | ㉠ 산소의 끓는점(비등점) : -183℃
㉡ 질소의 끓는점(비등점) : -195.8℃
따라서, 질소가 먼저 분리된다(비점이 낮아서).

54 정답 | ④

풀이 | 충전구 나사의 형태
㉠ 가연성 가스 : 왼나사(단, 암모니아, 브롬화메탄은 제외한다.)
㉡ 불연성 가스, 조연성 가스 : 오른나사
㉢ B형 : 암나사, A형 : 수나사, C형 : 충전구 나사가 없다.

55 정답 | ①

풀이 | 공기액화분리장치는 공기취입구로부터 아세틸렌(C_2H_2) 가스가 혼입되거나 카바이트(CaC_2)를 버리면 산소와 혼합하여 분리기가 폭발하는 경우가 있다(세척제 : 사염화탄소).

56 정답 | ④

풀이 | 긴급차단장치는 가스가 누설 시에 경보와 함께 가스가 차단된다(가스안전장치).

57 정답 | ②

풀이 | 도시가스 배관에서 가스 공급이 불량해지는 원인은 ①, ③, ④항이다.
• 터미널박스 : 전기방식시설을 관리하는 시설이다.

58 정답 | ③

풀이 | 물의 현열(Q)$=1×1×(65-15)=50$kcal

가스의 소비열량(Q)$=0.008×13,000=104$kcal

$\therefore$ 가스레인지 열효율$=\dfrac{50}{104}×100=48\%$

59 정답 | ④

풀이 | 압축비$=\dfrac{480}{105}=4.5714$

1시간$=60$min, 1kWh$=3,600$kJ

등온압축($_1W_2$)$=P_1V_1\ln\left(\dfrac{P_2}{P_1}\right)=P_1V_1\ln\left(\dfrac{V_1}{V_2}\right)$

$P_1V_1=P_2V_2$

$V_2=3×\dfrac{105}{480}=0.65625(\text{m}^3/\text{min})$

$_1W_2=\dfrac{105×3×60×\ln\left(\dfrac{480}{105}\right)}{3,600}=8$kW

60 정답 | ④

풀이 | 대표적인 가스설비 전기방식으로는 ①, ②, ③항이 있다.

61 정답 | ②

풀이 | 금속재료의 허용응력(σa)$=\dfrac{\sigma e}{S}$(kg/mm^2)

• 안전율 : 재료의 인장강도와 허용응력의 비이다.

62 정답 | ④

풀이 | 질식사고(가스보일러)의 주원인
사용자 취급 부주의

63 정답 | ③

풀이 |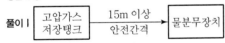

64 정답 | ④

풀이 | 가연성 가스 보관실에서는 방폭형 손전등을 사용한다.

65 정답 | ④

풀이 | 아세틸렌 가스 충전 시 2.5MPa 이상 압력으로 압축 시에는 희석제를 반드시 첨가한다(분해폭발 방지를 위하여).

66 정답 | ①

풀이 | 수소 취성(수소용기 여림상태)은 고온·고압에서만 발생한다. 파열사고의 직접적인 원인이 아니고 탈탄작용을 일으켜 강도를 저하시킨다.

67 정답 | ②

풀이 | 고압가스 충전용기는 항상 40℃ 이하를 유지하고 직사광선을 받지 않도록 한다.

68 정답 | ④

풀이 | 프로판가스 충전에서 최고사용압력이 15.6kg/cm^2 이하이므로 용접용기(계목용기)로 충전이 가능하다.

69 정답 | ①

풀이 | ①항에서는 50mg 이상이 아닌 5mg 이상이면 액화산소를 방출한다(탄화수소의 경우는 500mg을 넘으면 액화산소를 방출한다).

70 정답 | ④

풀이 | 가스 누출 방지 소화안전장치
ⓐ 바이메탈식
ⓑ 열전대 방식
ⓒ 플레임로드 방식
• 퓨즈메탈 : 가스용기 등에서 압력이나 고온에서 용해되어 가스의 누출에 용기에 의한 안전관리용이다.

71 정답 | ③

풀이 | 수소취성방지 원소
ⓐ 크롬   ⓑ 티타늄
ⓒ 바나듐   ⓓ 텅스텐
ⓔ 몰리브덴   ⓕ 니오브 등

72 정답 | ②

풀이 | (1) 가연성 가스 분말소화제 소화기의 능력단위
ⓐ BC용 : B-10 이상
ⓑ ABC용 : B-12 이상
(2) 차량 좌우에 각각 1개 이상 비치한다.

73 정답 | ④

풀이 | 기체의 확산속도(그레이엄의 법칙) : 수소와 산소의 경우

$\dfrac{u_1}{u_2}=\sqrt{\dfrac{M_2}{M_1}}=\sqrt{\dfrac{d_2}{d_1}}=\sqrt{\dfrac{2}{32}}=\sqrt{\dfrac{1}{16}}=\dfrac{1}{4}$

$=$H$_2$ 4 : O$_2$ 1 $=4$: 1(수소가 가장 빠르다.)

74 정답 | ②

풀이 | 이음매 없는 용기의 재검사 기준
3등급 : 깊이가 0.3mm 미만이라고 판단되는 흠, 그리고 깊이가 0.5mm 미만이라고 판단되는 부식이다.

CBT 정답 및 해설

75 정답 | ④

풀이 | ④항에서는 차단밸브 설치가 아닌 냉매가스가 누출되지 않도록 조치가 필요하다.

76 정답 | ①

풀이 | 방폭성능이 불필요한 곳
ㄱ 암모니아 설비
ㄴ 브롬화메탄 설비
ㄷ 공기 중에서 자기 발화하는 가스설비

77 정답 | ③

풀이 | 현저하게 차량이 우회하는 도로
이동거리의 2배 이상인 도로거리

78 정답 | ②

풀이 | 탱크 이격거리＝탱크 지름 합산 $\times \dfrac{1}{4}$

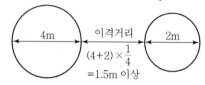

$(4+2) \times \dfrac{1}{4}$
＝1.5m 이상

79 정답 | ①

풀이 | 가연성 가스 제조소의 화재원인이 되는 착화원은 Ⓐ, Ⓓ, Ⓔ항이나. Ⓑ항은 방폭 공구로 충격에 의해 불꽃이 발생하지 않으며 Ⓒ항은 폭발을 방지하는 전자기기로 화재가 발생하지 않는다.

80 정답 | ④

풀이 | 포스겐(COCl₂) : 독성가스
ㄱ 허용농도 : LC50 기준 5ppm(독성가스 : 독성농도 100만분의 5,000 이하)
이때 LC50(Lethal Concentration의 약자)이란 치사농도를 의미한다.
ㄴ 2008. 6. 21 이전에는 TLV－TWA 기준 사용

81 정답 | ①

풀이 | ㄱ 분리관(컬럼)에 사용되는 충전담체의 성능은 ②, ③, ④항에 대한 기능이 있어야 한다.
ㄴ 담체 : 시료 및 고정상 액체에 대하여 반응을 하지 않는 규조토, 내화벽돌, 유리, 석영, 합성수지 등 불활성 물질

82 정답 | ①

풀이 | 열전대 온도계는 접촉식 온도계 중 가장 높은 온도(0~1,600℃, −200~1,600℃)에 사용된다.

83 정답 | ①

풀이 | 아스만 습도계
태엽의 힘으로 통풍하는 건습구 습도계로, 휴대가 간편하고 풍속 약 3m/s인 습도계로 사용한다.

84 정답 | ③

풀이 | 복사(방사)의 최대
$(Q) = \sigma A T^4 (w)$
• 스테판−볼츠만 상수
$(\sigma) = 5.67 \times 10^{-8} w/m^2 \cdot K^4$
• 표면방사율 : ε
• 절대온도 : T
• 표면적 : A
• 흡수체 : a

85 정답 | ④

풀이 | 적외선분광분석법
분자의 진동 중 쌍극자모멘트의 변화를 일으킨 진동에 의하여 적외선의 흡수가 일어나는 것을 이용하여 가스를 분석하는 기기분석법이다. 그 특징은 ①, ②, ③항이고 흡광계수는 셀(통) 압력과 관계된다.

86 정답 | ②

풀이 | 햄프슨식 액면계(초저온가스 액면계)
액체산소나 액체질소, 액체 아르곤 등 초저온가스 액면계로 사용된다.

87 정답 | ④

풀이 | 지연
자동제어에서 입력신호(x)와 출력신호(y)의 변화가 즉시 따르지 않는 것

88 정답 | ③

풀이 | 밀도(kg/m³) : 단위 체적당 질량이다.
공기밀도 : $\dfrac{29}{22.4} = 1.293 kg/m^3$
(체적 22.4Nm³＝29kg)

89 정답 | ③

풀이 | FID(수소이온화 검출기)
ㄱ 탄화수소에서 감도가 최고
ㄴ H₂, O₂, CO, CO₂, SO₂ 등은 감도가 없어서 측정이 불가능하다.

CBT 정답 및 해설

90 정답 | ①
풀이 | (1) 가스미터기의 특성
ㄱ 압력손실
ㄴ 공차
ㄷ 검정 유효기간
ㄹ 부동
ㅁ 불통
ㅂ 기차불량
(2) 정압기 특성 : 정특성, 동특성, 유량특성, 최대최소차압

91 정답 | ①
풀이 | 스크류식 압축기
케이싱 내 암로터 및 수로터의 맞물림에 의해서 서로 역회전하면서 가스를 연속압축시킨다(용적형으로 회전식의 일종). 소음 발생이 심한 압축기이다.

92 정답 | ③
풀이 | 열전대는 서로 다른 2가지 금속선의 양 끝을 이어서 회로를 만든 다음 두 접점에 열을 가하면 열기전력이 발생한다.
• PR 온도계 +극 : Pt, Rh
• PR 온도계 −극 : Pt

93 정답 | ④
풀이 | 제어의 서보기구
ㄱ 레이더 방향
ㄴ 선박, 항공기 방향제어

94 정답 | ③
풀이 | 가스 누출 시험지
ㄱ 염소가스(KI 전분지)
ㄴ 암모니아가스(적색 리트머스 시험지)
ㄷ 시안화수소(초산벤젠지)
ㄹ 황화수소(초산납 시험지 : 연당지)
ㅁ 일산화탄소(염화파라듐지)
ㅂ 포스겐(하리슨 시험지)
ㅅ 아세틸렌(염화 제1동 착염지)

95 정답 | ③
풀이 | 피시험 지시량 $1m^3 = 1,000L$
기준기 지시량 $= 750L$
기차 $= 1,000 - 750 = 250L$
∴ 기차 $= \dfrac{250}{1,000} \times 100 = 25\%$

96 정답 | ③
풀이 | 유량계(가스미터기 등)의 교정
기체 유량계 교정 시 기준 체적관을 사용한다.

97 정답 | ④
풀이 | ㄱ 유량계, 온도계 : 검출부
ㄴ 자동밸브 : 조작부

98 정답 | ②
풀이 | $P_1 - P_2 = (r_g - r_w) \times r_w \times h$
∴ $\dfrac{(13.6 - 1) \times 1,000 \times 0.6}{10^4} = 0.76 kg/cm^2$
• $600mm = 0.6m$, $1m^2 = 10^4 cm^2$
• 물의 비중 $= 1(1,000kg/m^3)$
• 수은의 비중량 $= 13.6(13,600kg/m^3)$

99 정답 | ②
풀이 | 가스미터(루츠식 용적식) 유량계
고속회전이 가능하며 소형으로 대용량 계량이 가능한 유량계이다.

100 정답 | ③
풀이 | TCD(열전도도 검출기)
캐리어 가스와 시료성분의 열전도 차를 금속필라멘트의 저항 변화로 검출. 일반적으로 가장 많이 사용된다. 수소와 헬륨은 캐리어 가스로 사용한다.

MEMO

■ 저자약력

권오수
- (사)한국가스기술인협회 회장
- (자)한국에너지관리자격증연합회 회장
- (기)한국기계설비유지관리자협회 회장
- (재)한국보일러사랑재단 이사장

전삼종
- 대한민국 가스명장
- 대한민국 산업현장 교수
- (주)건일산업 대표이사
- 기업체(가스, 안전관리) 위촉강사

최종만
- 기능장 3관왕
- 한국에너지기술인협회 정책위원장
- 한국가스기술인협회 임원
- 대한민국산업현장 교수

가스기사 필기
과년도 문제풀이 [7개년]

발행일 | 2023. 1. 10   초판 발행
2024. 1. 10   개정 1판1쇄

저 자 | 권오수 · 최종만 · 전삼종
발행인 | 정용수
발행처 | 예문사

주 소 | 경기도 파주시 직지길 460(출판도시) 도서출판 예문사
T E L | 031) 955-0550
F A X | 031) 955-0660
등록번호 | 11-76호

정가 : 27,000원

ISBN 978-89-274-5254-6 13570